KB155013

3판

식품 · 영양 · 외식 · 호텔조리 전공자를 위한

식품위생법 및 외식사업 관계법규

3판

식품 · 영양 · 외식 · 호텔조리
전공자를 위한

식품위생법 및 외식사업 관계법규

김두진 | 김석주 | 김광오 | 김미자 | 김부영 편저

FOOD
SANITATION LAW

교문사

Preface

머리말

법령집은 실무에 종사하는 사람이라면 반드시 곁에 두고 수시로 보아야 하는 필수 도서이다. 현장에서 업무를 얼마나 잘 할 수 있느냐는 자기 업무와 관련된 법규를 얼마나 많이 알고 있는지에 달려 있다고 할 수 있다. 단순한 업무의 실수는 약간의 경제적인 손실만 가져 올 수 있으나, 그 실수가 법규를 몰라서 발생된 것이라면 경제적인 손실뿐만 아니라 민·형사상의 책임과 극단적으로는 사업의 생사를 결정할 수도 있다. 따라서 법규는 업무의 지침서라고 할 수 있으며, 그러므로 업무를 원활히 하기 위해서는 관련 법규를 잘 아는 것이 매우 중요하다고 할 수 있다.

그런 의미에서 식품 관련 학과를 대상으로 '식품위생관계법규'를 편집하는데 다년간 관여하면서 너무 전공과 관련된 법규만을 다루고 있지 않는지에 대한 아쉬움이 있었다. 현대 사회는 복잡해지고 있고 따라서 업무도 복잡해지고 있는데 전공과 관련된 법규만을 가르치는 것은 학생들이 현장에 배치되었을 때 업무에 대한 시야를 좁게 만든다는 생각이 들었다.

얼마 전부터 학생들이 외식사업 관련 분야에 관심이 많아지면서 졸업 후에 단순히 취업만 하는 것이 아니라 언젠가는 창업을 하는 경우도 많을 것이며, 그 때는 법에 대한 지식이 많은 사람이 훨씬 유리할 것이다.

이 책은 식품 및 외식(조리)사업 분야에 종사하는 사람들이 업무를 보거나 창업을 할 때 도움이 될 수 있는 법규들을 모아서 만들었다. 즉,

식품 분야나 외식사업 분야 모두 식품을 상품으로 하는 분야이므로 식품의 위생뿐만 아니라 영업에 대한 내용도 포함되어 있는 식품위생법을 기본으로 하여 부동산 임대차, 소방 및 옥외광고 등 외식사업과 관련된 법규들이 포함되어 있다.

특히 이 책은 주로 대학에서 식품·조리 및 외식사업 관련 학과의 교재로 사용되는 것을 감안하여 전공 분야와 관련성이 적은 조항은 생략하였고, 시행령, 시행규칙, 그리고 별표 등을 모두 연계된 법령 밑에 두어 관련된 법 조항의 내용을 파악하기 쉽도록 하였다.

이제까지 식품위생 관련 법규와 소방, 광고, 부동산 등 외식사업 관련 법규가 같이 구성된 책이 없어 이 분야에 일천한 저자가 필요한 내용을 빠뜨리지 않고 정리하는 것이 쉽지 않았다. 다음에는 더욱 알찬 내용이 되도록 노력할 것이며, 이 책을 이용하는 학생들에게 현장지침서로서 조금이나마 도움이 되었으면 한다. 발췌된 법령의 전문이나 다른 법령이 필요하면 국가법령센터 홈페이지(www.law.go.kr)에서 필요한 내용을 검색하면 자료를 얻을 수 있다.

끝으로 이 교재의 출간에 여러 가지로 힘써주신 교문사 류제동 회장님과 편집부 관계자께 진심으로 감사를 드린다.

2015월 2월

저자 김두진

Contents

차 례

3장 식품위생법 관련 기타 법령

4장 외식사업 관련 법규

Food Sanitation Law

1장

법의 개요

1. 법의 본질
2. 법의 존재형식
3. 법의 분류
4. 법의 효력
5. 용어 해석

1장 법의 개요

1 법의 본질

1) 법의 개념

다수설에 의한 법의 개념을 표현하면 '법은 사람의 공동생활(사회생활)에 필요한 행위의 준칙으로서 국가에 의하여 강행되는 사회규범이다'라고 할 수 있다.

모든 인간은 사회생활을 원만히 유지하기 위하여 이기심과 투쟁을 억제하고 만인이 사회생활을 하면서 준수하도록 강요하는 일정한 기준이 필요로 하게 되었으니 이것을 일러 규범이라 한다.

2) 법의 의의

(1) '행위의 준칙'으로서의 법

법이란 사람이 자기의 의사에 의하여 하는 행위의 준칙이다. 법의 대상이 되는 '행위'는 사람의 의사에 의한 신체의 외부적 동정(動靜)을 말한다. 그러므로 수면 중의 행위는 자기의 의사에 의하여 하는 동작이 아니기 때문에 법의 대상이 되지 못하며, 또 어떠한 행동을 하고자 하는 의사가 있더라도 외부로 동작이 없을 때는 법의 대상이 되지 못한다.

(2) '강제규범'으로서의 법

법은 국가권력에 의하여 그 준수가 강행되는 규범인 것이다. 이러한 점에서 법규범은 종교·도덕·관습 따위의 사회규범과 구별되는 특색이 있다. 법이 강제규범인 것은 법의 실효성의 담보를 위한 것이다. 따라서 법은 일정한 범죄에 대해서는 일정한 형벌을 과할 것을, 채무를 스스로 이행하지 않을 경우에는 강제집행이나 또는 손해배상을 규정하고 있다.

(3) 법의 목적

법의 목적에는 크게 두 가지가 있다. 그 하나는 사회생활의 질서를 안정시키고(안정성), 다른 하나는 사회생활을 올바르게 규율해 가는 것이다. 이 두 가지 목적은 서로 모순 없이 조화시켜 나가야 하는 것이지만, 법이 놓여 있는 사정 여하에 따라서는 그중 어느 하나가 다른 하나에 우선되지 않을 수 없는 경우도 생기게 된다. 그러므로 법해석학에 의한 실정법의 해석방식도 두 가지의 다른 태도가 나타나기 마련이다.

2 법의 존재형식

법을 인식할 수 있는 법의 존재형식은 크게 성문법(成文法)과 불문법(不文法)의 두 가지가 있다. 성문법은 제도상의 입법권을 가지는 기관에 의하여 만들어지고, 그 내용이 문서로 표시되어 일정한 형식 및 절차에 의해서 제정되는 것이며 '제정법'이라고도 한다. 불문법이란 성문법 이외의 법을 말하며 입법기관에 의하여 문서로서 제정·공포되어 있지 않으므로 이를 불문법 또는 '비제정법'이라 한다.

1) 성문법

(1) 성문법의 의의

근대국가는 국민의 권리를 보호하기 위하여 법치주의를 채택하고 그 전제로서 성문법을 갖추고 있는 것이 보통이다. 특히 독일·프랑스 등 유럽의 여러 나라는 성문법을 위주로 하므로 이들 나라를 성문법주의국가라고도 한다. 우리나라도 성문법주의를 취하고 있으며, 성문법에는 헌법·법률·명령·자치법규·조약 등이 있다.

(2) 성문법의 종류

① 헌법

헌법(憲法)은 대체로 국가의 통치조직·국가권력의 통치 작용이나 국민의 권리·의무 등의 기본적인 대강을 정하는 국가기본법이다. 헌법은 최고위에 있는 법이며,

법률·법령 등은 헌법의 하위에 있기 때문에 그 기본원리에 저촉될 수 없다.

② 법률

법률(法律)은 국회의 의결을 거쳐 대통령이 공포한 법을 말한다. 법률은 헌법에 위배되어서는 안 되며 국민의 기본권에 관한 것은 반드시 법률로 제정하여야 한다.

예 식품위생법, 형법, 민법 등

③ 명령

명령(命令)은 국회의 의결을 거치지 아니 하고 권한 있는 행정기관이 단독으로 정하는 성문법이다. 명령은 법률의 하위에 있으므로 명령에 의하여 헌법 또는 법률을 개폐(改廢)하지 못한다. 다만 대통령의 긴급명령은 예외가 된다.

명령을 형식적으로 제정권자를 표준으로 분류하면 대통령령·총리령·부령으로 나누어지며, 법률과의 관계에서 실질적으로 분류하면 긴급명령·집행명령·위임명령으로 나누어진다.

- 긴급명령 : 대통령은 내우(內憂)·외환(外患)·천재·지변, 또는 중대한 재정·경제상의 위기에서 국가의 안전보장 또는 공공의 안녕 질서를 유지하기 위하여 긴급한 조치가 필요하고, 국회의 집회를 기다릴 여유가 없을 때에 한하여 최소한으로 필요한 재정·경제상의 처분을 하거나 이에 관하여 법률의 효력을 가지는 명령을 발할 수 있다(헌법 제76조 1항).

  대통령이 위와 같은 명령 또는 처분을 한 때에는 지체 없이 국회에 보고하여 그 승인을 얻어야 하며, 승인을 얻지 못한 때에는 그 명령 또는 처분은 그 때부터 효력을 잃는다.
- 집행명령 : 법률을 집행하기 위하여 필요한 사항에 관하여 행정기관이 발하는 명령이다. 대통령이 발하는 명령을 대통령령, 국무총리가 발하는 명령을 총리령, 각부장관이 발하는 명령을 부령이라고 한다.

  예 식품위생법 시행령(대통령령), 식품위생법 시행규칙(총리령)
- 위임명령 : 입법사항에 관하여 법률이 구체적 범위를 정하여 행정기관이 위임받아 발하는 명령이다. 위임명령은 법률을 대신하는 것이고, 사실상 법률의 내용을 보충하는 것으로, 이것을 '보충명령'이라고도 한다.

  예 식품위생 분야 종사자의 건강진단 규칙(보건복지부령)

④ 규칙

헌법은 특별히 각 기관에 규칙(規則)제정권을 부여하고 있다. 즉, 국회는 법률에 저촉되지 아니 하는 범위 안에서 의사와 내부규칙을 제정할 수 있다(헌법 제64조 1항). 이는 국회 내에서만 효력을 가지며 공포되지 않지만, 폐지·변경될 때까지 영속적인 효력을 가지며 국가법규로서의 성질을 가지는 것이다.

예 국회방청규칙(국회), 법원공무원규칙(법원)

⑤ 자치법규

지방자치단체는 법령의 범위 안에서 자치에 관한 규정을 제정할 수 있는 권한, 즉, 자치입법권을 가진다(헌법 제117조 1항). 자치법규(自治法規)에는 조례(條例)와 규칙(規則)이 있다.

조례는 지방자치단체가 법령의 범위 안에서 그 사무에 관하여 지방의회의 의결을 거쳐서 제정하는 자치법규를 말하며, 규칙은 지방자치단체의 장의 명령 또는 조례가 위임하는 범위 안에서 그 권한에 속하는 사무에 관하여 제정하는 법규를 말한다.

⑥ 조약

국가 간의 문서에 의한 합의가 조약(條約)이며, 협정·협약·의정서·헌장 등으로 부르기도 한다.

(3) 법의 단계

위와 같이 성문법에는 여러 가지 종류가 있는데 이 중 국제조약 및 국제법규는 국제법이고, 다른 것들은 국내법이다. 그러나 국내법인 헌법, 법률, 명령, 규칙, 자치법규 등은 모두 같은 순서에 있는 것이 아니라 헌법을 최고 정점으로 하여 수직선 단계구조를 이루고 있는 까닭에 하위에 있는 법은 상위의 법을 저촉하여서는 안 된다. 또한 하위의 법으로서 상위의 법을 개정하거나 폐지할 수도 없다. 그리고 자치법규 중 조례는 규칙보다 상위에 있다.

2) 불문법

불문법이란 법의 존재형식이 성문으로 되어 있지 않은 법으로서, 제정·공포 등의 절차를 밟지 않는 것이므로 이를 비제정법이라고도 한다. 불문법으로서는 관습법(慣習法)·판례법(判例法)·조리(條理) 등이 있다.

3 법의 분류

1) 국내법과 국제법

(1) 국내법

국내법은 한 국가에 의하여 인정되고 그 국가의 통치권이 미치는 범위 안에서만 효력을 가지는 법으로서, 국가와 국민간의 관계와 국민과 국민간의 권리·의무관계를 규율하는 법이다.

(2) 국제법

국제법은 국제사회에서 주로 국가와 국가와의 권리·의무관계를 규율하는 법인데, 조약과 국제관습법이 주요한 법원이 되고 있다.

2) 공법과 사법

(1) 공법

공법(公法)은 국가생활을 규율하는 법이다.

(2) 사법

사법(私法)은 사회생활을 규율하는 법이다.

3) 실체법과 절차법

법의 내용, 즉 그 규정하는 사항을 기초로 분류한다.

(1) 실체법

권리·의무의 실체, 예컨대 권리·의무의 발생·변경·소멸·성질·내용 및 범위 등을 규율하는 법이다.

(2) 절차법

권리·의무를 실현하는 절차, 예컨대 권리 또는 의무의 행사·보전·이행·강제 등을 규율하는 법이다.

4) 일반법과 특별법

(1) 사람을 표준으로 하는 구분

일반 국민에 대하여 적용되는 법(민법·형법 등)이 일반법이고, 특정의 신분을 가지는 국민의 일부에만 적용되는 법(국가공무원법, 군인사법 등)이 특별법이다.

(2) 사항을 표준으로 하는 구분

법이 적용되는 사항의 범위에서 널리 일반적 사항을 적용하는 것이 일반법이고, 특별한 사항을 적용하는 것이 특별법이다. 예컨대 국민의 일반적 사생활을 규율하는 민법은 일반법이고, 사생활 가운데 상사(商事)에 관한 사항을 규율하는 상법(商法)은 특별법이다.

(3) 장소를 표준으로 하는 구분

법이 적용되는 지역적인 범위에서 전국에 걸쳐 작용되는 법이 일반법이고, 일부 지역에만 적용되는 법이 특별법이다. 예컨대 국내 전반에 적용되는 정부조직법·지방자치법 등은 일반법이고, 서울특별시에만 적용되는 서울특별시행정에 관한 특별조치법 등은 특별법이다.

4 법의 효력

법의 효력이란 '법이 그 규범의 의미대로 실현되는가'에 대한 문제이다. 이러한 법의 효력에는 실질적 효력과 형식적 효력의 두 가지가 있다.

전자는 규범이 정당한 기능을 가진다는 타당성과 규범이 실제로 행해지고 있다는 상태인 실효성이 결합되어 이루어진 것으로서 법의 효력 근거를 나타내는 것이며, 후자는 일정한 법규범이 그 나라의 역사적·사회적 배경으로 인하여 시간적·장소적·인적으로 어떠한 범위로 제약되는지에 대한 것으로 법의 효력범위를 말한다.

1) 법의 실질적 효력(법의 효력근거)

(1) 법의 타당성

법은 행위규범으로서 현실에서 지켜지기 위해서는 정당한 기능을 가지고 있어야 하는데, 이를 법의 타당성이라 한다.

(2) 법의 실효성

법의 요구 또는 금지하는 대로 행해지도록 하는 것을 의미하며 이러한 요구 또는 금지에 위반하였을 경우 국가권력에 의한 강제를 받는다. 따라서 법의 실효성의 보장은 국가권력에 의한 보장을 의미하는 것이다.

2) 법의 형식적 효력

(1) 시간적 효력

법은 시행일로부터 폐지일까지 효력이 생긴다. 이를 법의 유효기간 또는 시행기간이라고 한다. 즉, 법은 성립 후 공포에 의하여 일정한 기간 일반 국민에게 법의 존재를 알리기 위한 일정기간을 거친 후에 시행되는 것이 원칙이다. 이를 시행유예기간 또는 주지기간이라 한다. 시행유예기간은 첫째, 부칙 또는 시행법령 등에 일정한 기일을 정한 경우에는 그 날부터 시행하고 둘째, 시행기일이 정해져 있지 않은 경우에는 공포한 날로부터 20일을 경과한 후 원칙적으로 효력이 생긴다.

(2) 인적 효력

속인주의(屬人主義)는 장소를 불문하고 한국인이 어디에 가 있든지 한국의 법에 의해서 규율되는 것을 말하고, 속지주의는 국적 여하를 불문하고 한 국내에 있는 모든 사람은 그가 거주한 지역인 한국의 법률에 의해서 규율되는 것을 말한다.

(3) 장소적 효력

한나라의 법은 원칙적으로 그 국가의 전역에 걸쳐 적용된다. 국가의 영역은 주권이 미치는 범위로서 영토·영해·영공을 포함하며, 이러한 영역 안에서 내국인·외국인을 불문하고 모든 사람에게 일률적으로 적용되는 것을 원칙으로 한다.

5 용어 해석

법에 나오는 용어의 해석은 다음과 같다.

- 준용한다 : 그 조항에 필요한 사항만을 적용한다는 뜻이다.
- 초과, 미만, 넘는 : 그 수치를 포함하지 않는다.
- 이상, 이하, 이전, 이후, 이내 : 그 수치를 포함한다.
- 병과한다 : 범칙사항에 대하여 징역형과 벌금형을 동시에 과한다는 뜻이다.
- 각 호에, 각 호의 1 : 각 호는 각 호에서 게재된 호의 전부를 가리키고, 각 호의 1은 게재되어 있는 호 중 어느 하나의 호만 가리킨다.
- 내지 : ~에서 ~까지를 뜻하며, 제1항 내지 제3항이란 제1항에서 제3항까지의 전체를 말한다.
- 공하는 : 사용되는 또는 쓰이는 것을 말한다.
- 그러하지 아니하다, 하여서는 아니 된다 : '그러하지 아니하다'는 허용을 말하며, '하여서는 아니 된다'는 불허를 말한다.
- 갈음할 수 있다 : 대신할 수 있다는 뜻이다.
- 전 2항, 제2항 : 전 2항은 2항을 포함하지 않는 그 항의 앞에 있는 2개 항을 가리키고, 제2항은 제1항 다음에 오는 제2항만을 가리킨다.

Food Sanitation Law

2장

식품위생법 및 관련 고시

1. 식품위생법
2. 식품등의 표시·광고에 관한 법률
3. 식품등의 표시기준(발췌)
4. 유전자변형식품등의 표시기준
5. 식품의 기준 및 규격 (발췌)
6. 수입 식품등 검사에 관한 규정(발췌)
7. 소비자 위생점검에 관한 기준(발췌)
8. 식품 및 축산물 안전관리인증기준(발췌)
9. 식품등 영업자 등에 대한 위생교육기관지정

»»

2장 식품위생법 및 관련 고시

1 식품위생법

식품위생법

[시행 2019.11.1.] [법률 제16431호, 2019.4.30., 일부개정]

식품위생법 시행령

[시행 2019.7.16.] [대통령령 제29973호, 2019.7.9., 일부개정]

식품위생법 시행규칙

[시행 2019.6.12.] [총리령 제1543호, 2019.6.12., 일부개정]

제1장 총칙

제1조 (목적) 이 법은 식품으로 인하여 생기는 위생상의 위해(危害)를 방지하고 식품영양의 질적 향상을 도모하며 식품에 관한 올바른 정보를 제공하여 국민보건의 증진에 이바지함을 목적으로 한다.

영 제1조 (목적) 이 영은 「식품위생법」에서 위임된 사항과 그 시행에 필요한 사항을 규정함을 목적으로 한다.

규칙 제1조 (목적) 이 규칙은 「식품위생법」 및 같은 법 시행령에서 위임된 사항과 그 시행에 필요한 사항을 규정함을 목적으로 한다.

제2조 (정의) 이 법에서 사용하는 용어의 뜻은 다음과 같다. 〈개정 2017.12.19.〉

1. “식품”이란 모든 음식물(의약으로 섭취하는 것은 제외한다)을 말한다.
2. “식품첨가물”이란 식품을 제조·가공·조리 또는 보존하는 과정에서 감미(甘味), 착색(着色), 표백(漂白) 또는 산화방지 등을 목적으로 식품에 사용되는 물질을 말한다. 이 경우 기구(器具)·용기·포장을 살균·소독하는 데에 사용되어 간접적으로 식품으로 옮아갈 수 있는 물질을 포함한다.
3. “화학적 합성품”이란 화학적 수단으로 원소(元素) 또는 화합물에 분해 반응 외의 화학 반응을 일으켜서 얻은 물질을 말한다.
4. “기구”란 다음 각 목의 어느 하나에 해당하는 것으로서 식품 또는 식품첨가물에 직접 닿는 기계·기구나 그 밖의 물건(농업과 수산업에서 식품을 채취하는 데에 쓰는 기계·기구나 그 밖의 물건 및 「위생용품관리점」 제2조제1호에 따른 위생용품은 제외한다)을 말한다.
   가. 음식을 먹을 때 사용하거나 담는 것
   나. 식품 또는 식품첨가물을 채취·제조·가공·조리·저장·소분[(小分) : 완제품을 나누어 유통을 목적으로 재포장하는 것을 말한다. 이하 같다]·운반·진열할 때 사용하는 것
5. “용기·포장”이란 식품 또는 식품첨가물을 넣거나 싸는 것으로서 식품 또는 식품첨가물을 주고받을 때 함께 건네는 물품을 말한다.
6. “위해”란 식품, 식품첨가물, 기구 또는 용기·포장에 존재하는 위험요소로서 인체의 건강을 해치거나 해칠 우려가 있는 것을 말한다.
7. 삭제 〈2018.3.13〉
8. 삭제 〈2018.3.13〉
9. “영업”이란 식품 또는 식품첨가물을 채취·제조·수입·가공·조리·저장·소분·운반 또는 판매하거나 기구 또는 용기·포장을 제조·수입·운반·판매하는 업(농업과 수산업에 속하는 식품 채취업은 제외한다)을 말한다.
10. “영업자”란 제37조 제1항에 따라 영업허가를 받은 자나 같은 조 제4항에 따라 영업신고를 한 자 또는 같은 조 제5항에 따라 영업등록을 한 자를 말한다.
11. “식품위생”이란 식품, 식품첨가물, 기구 또는 용기·포장을 대상으로 하는 음식에 관한 위생을 말한다.
12. “집단급식소”란 영리를 목적으로 하지 아니하면서 특정 다수인에게 계속하여 음식물을 공급하는 다음 각 목의 어느 하나에 해당하는 곳의 급식시설로서 대통령령으로 정하는 시설을 말한다.
    가. 기숙사　　나. 학교　　다. 병원
    라. 「사회복지사업법」 제2조 제4호의 사회복지시설　　마. 산업체
    바. 국가, 지방자치단체 및 「공공기관의 운영에 관한 법률」 제4조 제1항에 따른 공공기관
    사. 그 밖의 후생기관 등
13. “식품이력추적관리”란 식품을 제조·수입·가공단계부터 판매단계까지 각 단계별로 정보를 기록·관리하여 그 식품의 안전성 등에 문제가 발생할 경우 그 식품을 추적하여 원인을 규명하고 필요한 조치를 할 수 있도록 관리하는 것을 말한다.
14. “식중독”이란 식품 섭취로 인하여 인체에 유해한 미생물 또는 유독물질에 의하여 발생하였거나 발생한 것으로 판단되는 감염성 질환 또는 독소형 질환을 말한다.
15. “집단급식소에서의 식단”이란 급식대상 집단의 영양섭취기준에 따라 음식명, 식재료, 영양성분, 조리방법, 조리인력 등을 고려하여 작성한 급식계획서를 말한다.

영 제2조(집단급식소의 범위) 「식품위생법」(이하 "법"이라 한다) 제2조 제12호에 따른 집단급식소는 1회 50명 이상에게 식사를 제공하는 급식소를 말한다.

제3조(식품 등의 취급) ① 누구든지 판매(판매 외의 불특정 다수인에 대한 제공을 포함한다. 이하 같다)를 목적으로 식품 또는 식품첨가물을 채취·제조·가공·사용·조리·저장·소분·운반 또는 진열을 할 때에는 깨끗하고 위생적으로 하여야 한다.
② 영업에 사용하는 기구 및 용기·포장은 깨끗하고 위생적으로 다루어야 한다.
③ 제1항 및 제2항에 따른 식품, 식품첨가물, 기구 또는 용기·포장(이하 "식품 등"이라 한다)의 위생적인 취급에 관한 기준은 총리령으로 정한다. 〈개정 2013.3.23.〉

규칙 제2조(식품 등의 위생적인 취급에 관한 기준) 「식품위생법」(이하 "법"이라 한다) 제3조 제3항에 따른 식품, 식품첨가물, 기구 또는 용기·포장(이하 "식품 등"이라 한다)의 위생적인 취급에 관한 기준은 별표 1과 같다.

■ **별표 1** ■ 〈개정 2012.1.17.〉

식품 등의 위생적인 취급에 관한 기준 (제2조 관련)

1. 식품 등을 취급하는 원료보관실·제조가공실·조리실·포장실 등의 내부는 항상 청결하게 관리하여야 한다.
2. 식품 등의 원료 및 제품 중 부패·변질이 되기 쉬운 것은 냉동·냉장시설에 보관·관리하여야 한다.
3. 식품 등의 보관·운반·진열 시에는 식품 등의 기준 및 규격이 정하고 있는 보존 및 유통기준에 적합하도록 관리하여야 하고, 이 경우 냉동·냉장시설 및 운반시설은 항상 정상적으로 작동시켜야 한다.
4. 식품 등의 제조·가공·조리 또는 포장에 직접 종사하는 사람은 위생모를 착용하는 등 개인위생관리를 철저히 하여야 한다.
5. 제조·가공(수입품을 포함한다)하여 최소판매 단위로 포장(위생상 위해가 발생할 우려가 없도록 포장되고, 제품의 용기·포장에 법 제10조에 적합한 표시가 되어 있는 것을 말한다)된 식품 또는 식품첨가물을 허가를 받지 아니하거나 신고를 하지 아니하고 판매의 목적으로 포장을 뜯어 분할하여 판매하여서는 아니 된다. 다만, 컵라면, 일회용 다류, 그 밖의 음식류에 뜨거운 물을 부어주거나, 호빵 등을 따뜻하게 데워 판매하기 위하여 분할하는 경우는 제외한다.
6. 식품 등의 제조·가공·조리에 직접 사용되는 기계·기구 및 음식기는 사용 후에 세척·살균하는 등 항상 청결하게 유지·관리하여야 하며, 어류·육류·채소류를 취급하는 칼·도마는 각각 구분하여 사용하여야 한다.
7. 유통기한이 경과된 식품 등을 판매하거나 판매의 목적으로 진열·보관하여서는 아니 된다.

제2장 식품과 식품첨가물

제4조 (위해식품 등의 판매 등 금지) 누구든지 다음 각 호의 어느 하나에 해당하는 식품 등을 판매하거나 판매할 목적으로 채취·제조·수입·가공·사용·조리·저장·소분·운반 또는 진열하여서는 아니 된다. 〈개정 2016.2.3.〉

1. 썩거나 상하거나 설익어서 인체의 건강을 해칠 우려가 있는 것
2. 유독·유해물질이 들어 있거나 묻어 있는 것 또는 그러할 염려가 있는 것. 다만, 식품의약품안전처장이 인체의 건강을 해칠 우려가 없다고 인정하는 것은 제외한다.
3. 병(病)을 일으키는 미생물에 오염되었거나 그러할 염려가 있어 인체의 건강을 해칠 우려가 있는 것
4. 불결하거나 다른 물질이 섞이거나 첨가(添加)된 것 또는 그 밖의 사유로 인체의 건강을 해칠 우려가 있는 것
5. 제18조에 따른 안전성 평가 대상인 농·축·수산물 등 가운데 안전성 평가를 받지 아니하였거나 안전성 평가에서 식용(食用)으로 부적합하다고 인정된 것
6. 수입이 금지된 것 또는 「수입식품안전관리 특별법」 제20조제1항에 따른 수입신고를 하지 아니하고 수입한 것
7. 영업자가 아닌 자가 제조·가공·소분한 것

규칙 제3조 (판매 등이 허용되는 식품 등) 유독·유해물질이 들어 있거나 묻어 있는 식품 등 또는 그러할 염려가 있는 식품 등으로서 법 제4조 제2호 단서에 따라 인체의 건강을 해칠 우려가 없다고 식품의약품안전처장이 인정하여 판매 등의 금지를 하지 아니할 수 있는 것은 다음 각 호의 어느 하나에 해당하는 것으로 한다. 〈개정 2013.3.23.〉

1. 법 제7조 제1항·제2항 또는 법 제9조 제1항·제2항에 따른 식품 등의 제조·가공 등에 관한 기준 및 성분에 관한 규격(이하 "식품 등의 기준 및 규격"이라 한다)에 적합한 것
2. 제1호의 식품 등의 기준 및 규격이 정해지지 아니한 것으로서 식품의약품안전처장이 법 제57조에 따른 식품위생심의위원회(이하 "식품위생심의위원회"라 한다)의 심의를 거쳐 유해의 정도가 인체의 건강을 해칠 우려가 없다고 인정한 것

제5조 (병든 동물 고기 등의 판매 등 금지) 누구든지 총리령으로 정하는 질병에 걸렸거나 걸렸을 염려가 있는 동물이나 그 질병에 걸려 죽은 동물의 고기·뼈·젖·장기 또는 혈액을 식품으로 판매하거나 판매할 목적으로 채취·수입·가공·사용·조리·저장·소분 또는 운반하거나 진열하여서는 아니 된다. 〈개정 2013.3.23.〉

규칙 제4조 (판매 등이 금지되는 병든 동물 고기 등) 법 제5조에서 "총리령으로 정하는 질병"이란 다음 각 호의 질병을 말한다. 〈개정 2014.2.19.〉

1. 「축산물 위생관리법 시행규칙」 별표 3 제1호 다목에 따라 도축이 금지되는 가축전염병
2. 리스테리아병, 살모넬라병, 파스튜렐라병 및 선모충증

제6조 (기준 · 규격이 정하여지지 아니한 화학적 합성품 등의 판매 등 금지) 누구든지 다음 각 호의 어느 하나에 해당하는 행위를 하여서는 아니 된다. 다만, 식품의약품안전처장이 제57조에 따른 식품위생심의위원회(이하 "심의위원회"라 한다)의 심의를 거쳐 인체의 건강을 해칠 우려가 없다고 인정하는 경우에는 그러하지 아니하다. 〈개정 2016.2.3.〉

1. 제7조 제1항에 따라 기준 · 규격이 고시되지 아니한 화학적 합성품인 첨가물과 이를 함유한 물질을 식품첨가물로 사용하는 행위
2. 제1호에 따른 식품첨가물이 함유된 식품을 판매하거나 판매할 목적으로 제조 · 수입 · 가공 · 사용 · 조리 · 저장 · 소분 · 운반 또는 진열하는 행위

[제목개정 2016.2.3.]

제7조 (식품 또는 식품첨가물에 관한 기준 및 규격) ① 식품의약품안전처장은 국민보건을 위하여 필요하면 판매를 목적으로 하는 식품 또는 식품첨가물에 관한 다음 각 호의 사항을 정하여 고시한다. 〈개정 2016.2.3.〉

1. 제조 · 가공 · 사용 · 조리 · 보존 방법에 관한 기준
2. 성분에 관한 규격

② 식품의약품안전처장은 제1항에 따라 기준과 규격이 고시되지 아니한 식품 또는 식품첨가물의 기준과 규격을 인정받으려는 자에게 제1항 각 호의 사항을 제출하게 하여 「식품 · 의약품분야 시험 · 검사 등에 관한 법률」 제6조제3항제1호에 따라 식품의약품안전처장이 지정한 식품전문 시험 · 검사기관 또는 같은 조 제4항 단서에 따라 총리령으로 정하는 시험 · 검사기관의 검토를 거쳐 제1항에 따른 기준과 규격이 고시될 때까지 그 식품 또는 식품첨가물의 기준과 규격으로 인정할 수 있다. 〈개정 2016.2.3.〉

③ 수출할 식품 또는 식품첨가물의 기준과 규격은 제1항 및 제2항에도 불구하고 수입자가 요구하는 기준과 규격을 따를 수 있다.

④ 제1항 및 제2항에 따라 기준과 규격이 정하여진 식품 또는 식품첨가물은 그 기준에 따라 제조 · 수입 · 가공 · 사용 · 조리 · 보존하여야 하며, 그 기준과 규격에 맞지 아니하는 식품 또는 식품첨가물은 판매하거나 판매할 목적으로 제조 · 수입 · 가공 · 사용 · 조리 · 저장 · 소분 · 운반 · 보존 또는 진열하여서는 아니 된다.

규칙 제5조 (식품 등의 한시적 기준 및 규격의 인정 등) ① 식품 등을 제조 · 가공하는 자가 법 제7조 제2항 또는 법 제9조 제2항에 따라 한시적으로 제조 · 가공 등에 관한 기준과 성분에 관한 규격을 인정받을 수 있는 식품 등은 다음 각 호와 같다. 〈개정 2013.3.23.〉

1. 식품(원료로 사용되는 경우만 해당한다)
   가. 국내에서 새로 원료로 사용하려는 농산물 · 축산물 · 수산물 등
   나. 농산물 · 축산물 · 수산물 등으로부터 추출 · 농축 · 분리 등의 방법으로 얻은 것으로서 식품으로 사용하려는 원료
2. 식품첨가물
   가. 천연 물질로부터 유용한 성분을 추출 · 농축 · 분리 · 정제 등의 방법으로 얻은 물질

나. 법 제7조 제1항에 따라 식품의약품안전처장이 고시한 성분으로 제조한 것으로서 기구 또는 용기·포장을 살균·소독할 목적으로 사용되는 식품첨가물(이하 "기구 등의 살균·소독제"라 한다)

3. 기구 또는 용기·포장 : 법 제9조 제1항에 따라 개별 기준 및 규격이 고시되지 아니한 식품 및 식품첨가물에 사용되는 기구 또는 용기·포장

② 식품의약품안전처장은 「식품·의약품분야 시험·검사 등에 관한 법률」 제6조 제3항 제1호에 따라 지정된 식품전문 시험·검사기관 또는 같은 조 제4항 단서에 따라 총리령으로 정하는 시험·검사기관(이하 이 조에서 "식품 등 시험·검사기관"이라 한다)이 한시적으로 인정하는 식품 등의 제조·가공 등에 관한 기준과 성분의 규격에 대하여 검토한 내용이 제4항에 따른 검토기준에 적합하지 아니하다고 인정하는 경우에는 그 식품 등 시험·검사기관에 시정을 요청할 수 있다. 〈개정 2014.8.20.〉

③ 식품 등 시험·검사기관은 제2항에 따른 검토를 하는 데에 필요한 경우에는 그 검토를 의뢰한 자에게 관계 문헌, 원료 및 시험에 필요한 특수시약의 제출을 요청할 수 있다. 〈개정 2014.8.20.〉

④ 한시적으로 인정하는 식품 등의 제조·가공 등에 관한 기준과 성분의 규격에 관하여 필요한 세부 검토기준 등에 대해서는 식품의약품안전처장이 정하여 고시한다. 〈개정 2013.3.23.〉

제7조의 2 (권장규격 예시 등) ① 식품의약품안전처장은 판매를 목적으로 하는 제7조 및 제9조에 따른 기준 및 규격이 설정되지 아니한 식품 등이 국민보건상 위해 우려가 있어 예방조치가 필요하다고 인정하는 경우에는 그 기준 및 규격이 설정될 때까지 위해 우려가 있는 성분 등의 안전관리를 권장하기 위한 규격(이하 "권장규격"이라 한다)을 예시할 수 있다. 〈개정 2013.3.23.〉

② 식품의약품안전처장은 제1항에 따라 권장규격을 예시할 때에는 국제식품규격위원회 및 외국의 규격 또는 다른 식품 등에 이미 규격이 신설되어 있는 유사한 성분 등을 고려하여야 하고 심의위원회의 심의를 거쳐야 한다. 〈개정 2013.3.23.〉

③ 식품의약품안전처장은 영업자가 제1항에 따른 권장규격을 준수하도록 요청할 수 있으며 이행하지 아니한 경우 그 사실을 공개할 수 있다. 〈개정 2013.3.23.〉

[본조신설 2011.6.7.]

제7조의 3 (농약 등의 잔류허용기준 설정 요청 등) ① 식품에 잔류하는 「농약관리법」에 따른 농약, 「약사법」에 따른 동물용 의약품의 잔류허용기준 설정이 필요한 자는 식품의약품안전처장에게 신청하여야 한다.

② 수입식품에 대한 농약 및 동물용 의약품의 잔류허용기준 설정을 원하는 자는 식품의약품안전처장에게 관련 자료를 제출하여 기준 설정을 요청할 수 있다.

(계속)

③ 식품의약품안전처장은 제1항의 신청에 따라 잔류허용기준을 설정하는 경우 관계 행정기관의 장에게 자료제공 등의 협조를 요청할 수 있다. 이 경우 요청을 받은 관계 행정기관의 장은 특별한 사유가 없으면 이에 따라야 한다.

④ 제1항 및 제2항에 따른 신청 절차·방법 및 자료제출의 범위 등 세부사항은 총리령으로 정한다. [본조신설 2013.7.30.]

규칙 제5조의 2 (농약 또는 동물용 의약품 잔류허용기준의 설정) ① 식품에 대하여 법 제7조의 3 제1항에 따라 농약 또는 동물용 의약품 잔류허용기준(이하 "잔류허용기준"이라 한다)의 설정을 신청하려는 자는 별지 제1호 서식의 설정 신청서(전자문서로 된 신청서를 포함한다)를 식품의약품안전처장에게 제출하여야 한다.

② 법 제7조의 3 제2항에 따라 수입식품에 대한 잔류허용기준의 설정을 요청하려는 자는 별지 제1호의 2서식의 설정 요청서(전자문서로 된 요청서를 포함한다)에 다음 각 호의 자료(전자문서를 포함한다)를 첨부하여 식품의약품안전처장에게 제출하여야 한다.

1. 농약 또는 동물용 의약품의 독성에 관한 자료와 그 요약서
2. 농약 또는 동물용 의약품의 식품 잔류에 관한 자료와 그 요약서
3. 국제식품규격위원회의 잔류허용기준에 관한 자료와 잔류허용기준의 설정에 관한 자료
4. 수출국의 잔류허용기준에 관한 자료와 잔류허용기준의 설정에 관한 자료
5. 수출국의 농약 또는 동물용 의약품의 표준품

③ 식품의약품안전처장은 제1항에 따른 신청이나 제2항에 따른 요청 내용이 타당한 경우에는 잔류허용기준을 설정할 수 있으며, 잔류허용기준 설정 여부가 결정되면 지체 없이 그 사실을 별지 제1호의 3서식에 따라 신청인 또는 요청인에게 통보하여야 한다. [본조신설 2014.3.6.]

규칙 제5조의 3 (잔류허용기준의 변경 등) ① 제5조의 2 제1항 또는 제2항에 따라 잔류허용기준의 설정을 받은 자가 그 기준을 변경할 필요가 있는 경우에는 별지 제1호 서식의 변경 신청서 또는 별지 제1호의 2서식의 변경 요청서를 식품의약품안전처장에게 제출하여야 한다.

② 제5조의 2 제1항 또는 제2항에 따라 잔류허용기준 설정을 신청 또는 요청하는 대신 잔류허용기준을 설정할 필요가 없음을 확인받으려는 자는 별지 제1호 서식의 설정면제 신청서 또는 별지 제1호의 2서식의 설정면제 요청서를 식품의약품안전처장에게 제출하여야 한다.

③ 잔류허용기준의 변경·설정면제 및 통보에 관하여는 제5조의 2 제3항을 준용한다. [본조신설 2014.3.6.]

제7조의 4 (식품 등의 기준 및 규격 관리계획 등) ① 식품의약품안전처장은 관계 중앙행정기관의 장과의 협의 및 심의위원회의 심의를 거쳐 식품등의 기준 및 규격 관리 기본계획(이하 "관리계획"이라 한다)을 5년마다 수립·추진할 수 있다. 〈개정 2016.2.3.〉

② 관리계획에는 다음 각 호의 사항이 포함되어야 한다.

(계속)

1. 식품 등의 기준 및 규격 관리의 기본 목표 및 추진방향
2. 식품 등의 유해물질 노출량 평가
3. 식품 등의 유해물질의 총 노출량 적정관리 방안
4. 식품 등의 기준 및 규격의 재평가에 관한 사항
5. 그 밖에 식품 등의 기준 및 규격 관리에 필요한 사항

③ 식품의약품안전처장은 관리계획을 시행하기 위하여 해마다 관계 중앙행정기관의 장과 협의하여 식품 등의 기준 및 규격 관리 시행계획(이하 "시행계획"이라 한다)을 수립하여야 한다.

④ 식품의약품안전처장은 관리계획 및 시행계획을 수립·시행하기 위하여 필요한 때에는 관계 중앙행정기관의 장 및 지방자치단체의 장에게 협조를 요청할 수 있다. 이 경우 협조를 요청받은 관계 중앙행정기관의 장 등은 특별한 사유가 없으면 이에 따라야 한다.

⑤ 관리계획에 포함되는 노출량 평가·관리의 대상이 되는 유해물질의 종류, 관리계획 및 시행계획의 수립·시행 등에 필요한 사항은 총리령으로 정한다. [본조신설 2014.5.28.]

규칙 제5조의 4(식품등의 기준 및 규격 관리 기본계획 등의 수립 · 시행) ① 법 제7조의4제1항에 따른 식품등의 기준 및 규격 관리 기본계획(이하 "관리계획"이라 한다)에 포함되는 노출량 평가 · 관리의 대상이 되는 유해물질의 종류는 다음 각 호와 같다.

1. 중금속
2. 곰팡이 독소
3. 유기성오염물질
4. 제조 · 가공 과정에서 생성되는 오염물질
5. 그 밖에 식품등의 안전관리를 위하여 식품의약품안전처장이 노출량 평가 · 관리가 필요하다고 인정한 유해물질

② 식품의약품안전처장은 관리계획 및 법 제7조의4제3항에 따른 식품등의 기준 및 규격 관리 시행계획을 수립 · 시행할 때에는 다음 각 호의 자료를 바탕으로 하여야 한다.

1. 식품등의 유해물질 오염도에 관한 자료
2. 식품등의 유해물질 저감화(低減化)에 관한 자료
3. 총식이조사(TDS, Total Diet Study)에 관한 자료
4. 「국민영양관리법」 제7조제2항제2호다목에 따른 영양 및 식생활 조사에 관한 자료

[본조신설 2015.8.18.]

제7조의 5 (식품 등의 기준 및 규격의 재평가 등) ① 식품의약품안전처장은 관리계획에 따라 식품 등에 관한 기준 및 규격을 주기적으로 재평가하여야 한다.

② 제1항에 따른 재평가 대상, 방법 및 절차 등에 필요한 사항은 총리령으로 정한다.
[본조신설 2014.5.28.]

규칙 제5조의 5(식품등의 기준 및 규격의 재평가 등) ① 법 제7조의5제1항에 따른 재평가 대상은 다음 각 호와 같다.

1. 법 제7조제1항에 따라 정해진 식품 또는 식품첨가물의 기준 및 규격

2. 법 제9조제1항에 따라 정해진 기구 및 용기 · 포장의 기준 및 규격

② 식품의약품안전처장은 법 제7조의5제1항에 따라 재평가를 할 때에는 미리 그 계획서를 작성하여 식품위생심의위원회의 심의를 받아야 한다.

③ 법 제7조의5제1항에 따른 재평가의 방법 및 절차에 관한 세부 사항은 식품의약품안전처장이 정하여 고시한다.

[본조신설 2015.8.18.]

제3장 기구와 용기 · 포장

제8조 (유독기구 등의 판매 · 사용 금지) 유독·유해물질이 들어 있거나 묻어 있어 인체의 건강을 해칠 우려가 있는 기구 및 용기·포장과 식품 또는 식품첨가물에 직접 닿으면 해로운 영향을 끼쳐 인체의 건강을 해칠 우려가 있는 기구 및 용기·포장을 판매하거나 판매할 목적으로 제조·수입·저장·운반·진열하거나 영업에 사용하여서는 아니 된다.

제9조 (기구 및 용기 · 포장에 관한 기준 및 규격) ① 식품의약품안전처장은 국민보건을 위하여 필요한 경우에는 판매하거나 영업에 사용하는 기구 및 용기·포장에 관하여 다음 각 호의 사항을 정하여 고시한다. 〈개정 2013.3.23.〉

1. 제조 방법에 관한 기준
2. 기구 및 용기·포장과 그 원재료에 관한 규격

② 식품의약품안전처장은 제1항에 따라 기준과 규격이 고시되지 아니한 기구 및 용기·포장에 대하여는 그 제조·가공업자에게 제1항 각 호의 사항을 제출하게 하여 「식품·의약품분야 시험·검사 등에 관한 법률」 제6조 제3항 제1호에 따라 식품의약품안전처장이 지정한 식품전문 시험·검사기관 또는 같은 조 제4항 단서에 따라 총리령으로 정하는 시험·검사기관의 검토를 거쳐 제1항에 따라 기준과 규격이 고시될 때까지 해당 기구 및 용기·포장의 기준과 규격으로 인정할 수 있다. 〈개정 2013.7.30.〉

③ 수출할 기구 및 용기·포장과 그 원재료에 관한 기준과 규격은 제1항 및 제2항에도 불구하고 수입자가 요구하는 기준과 규격을 따를 수 있다.

④ 제1항 및 제2항에 따라 기준과 규격이 정하여진 기구 및 용기·포장은 그 기준에 따라 제조하여야 하며, 그 기준과 규격에 맞지 아니한 기구 및 용기·포장은 판매하거나 판매할 목적으로 제조·수입·저장·운반·진열하거나 영업에 사용하여서는 아니 된다.

제4장 표시

제10조 삭제 〈2018.3.13.〉

제11조 삭제 〈2018.3.13.〉

규칙 제6조 삭제 〈2019.4.25.〉

제11조의2 삭제 〈2018.3.13.〉

규칙 제7조 삭제 〈2019.4.25.〉

제12조 삭제 〈2010.2.4.〉

[별표 2] 삭제 〈2011.8.19.〉

제12조의 2(유전자변형식품등의 표시) ① 다음 각 호의 어느 하나에 해당하는 생명공학기술을 활용하여 재배·육성된 농산물·축산물·수산물 등을 원재료로 하여 제조·가공한 식품 또는 식품첨가물(이하 "유전자변형식품등"이라 한다)은 유전자변형식품임을 표시하여야 한다. 다만, 제조·가공 후에 유전자변형 디엔에이(DNA, Deoxyribonucleic acid) 또는 유전자변형 단백질이 남아 있는 유전자변형식품등에 한정한다. 〈개정 2016.2.3.〉

1. 인위적으로 유전자를 재조합하거나 유전자를 구성하는 핵산을 세포 또는 세포 내 소기관으로 직접 주입하는 기술
2. 분류학에 따른 과(科)의 범위를 넘는 세포융합기술

② 제1항에 따라 표시하여야 하는 유전자변형식품등은 표시가 없으면 판매하거나 판매할 목적으로 수입 · 진열 · 운반하거나 영업에 사용하여서는 아니 된다. 〈개정 2016.2.3.〉

③ 제1항에 따른 표시의무자, 표시대상 및 표시방법 등에 필요한 사항은 식품의약품안전처장이 정한다. 〈개정 2013.3.23.〉

[본조신설 2011.6.7.] [제목개정 2016.2.3.]

제12조의 3 삭제 〈2018.3.13.〉

영 제3조 삭제 〈2019.3.14.〉

제12조의 4 삭제 〈2018.3.13.〉

제13조 삭제 〈2018.3.13.〉

규칙 제8조, [별표 3] 삭제 〈2019.4.25.〉

제5장 식품 등의 공전(公典)

제14조 (식품 등의 공전) 식품의약품안전처장은 다음 각 호의 기준 등을 실은 식품 등의 공전을 작성·보급하여야 한다. 〈개정 2013.3.23.〉

1. 제7조 제1항에 따라 정하여진 식품 또는 식품첨가물의 기준과 규격
2. 제9조 제1항에 따라 정하여진 기구 및 용기·포장의 기준과 규격
3. 삭제 〈2018.3.13〉

제6장 검사 등

제15조 (위해평가) ① 식품의약품안전처장은 국내외에서 유해물질이 함유된 것으로 알려지는 등 위해의 우려가 제기되는 식품 등이 제4조 또는 제8조에 따른 식품 등에 해당한다고 의심되는 경우에는 그 식품 등의 위해요소를 신속히 평가하여 그것이 위해식품 등인지를 결정하여야 한다. 〈개정 2013.3.23.〉

② 식품의약품안전처장은 제1항에 따른 위해평가가 끝나기 전까지 국민건강을 위하여 예방조치가 필요한 식품 등에 대하여는 판매하거나 판매할 목적으로 채취·제조·수입·가공·사용·조리·저장·소분·운반 또는 진열하는 것을 일시적으로 금지할 수 있다. 다만, 국민건강에 급박한 위해가 발생하였거나 발생할 우려가 있다고 식품의약품안전처장이 인정하는 경우에는 그 금지조치를 하여야 한다. 〈개정 2013.3.23.〉

③ 식품의약품안전처장은 제2항에 따른 일시적 금지조치를 하려면 미리 심의위원회의 심의·의결을 거쳐야 한다. 다만, 국민건강을 급박하게 위해할 우려가 있어서 신속히 금지조치를 하여야 할 필요가 있는 경우에는 먼저 일시적 금지조치를 한 뒤 지체 없이 심의위원회의 심의·의결을 거칠 수 있다. 〈개정 2013.3.23.〉

④ 심의위원회는 제3항 본문 및 단서에 따라 심의하는 경우 대통령령으로 정하는 이해관계인의 의견을 들어야 한다.

⑤ 식품의약품안전처장은 제1항에 따른 위해평가나 제3항 단서에 따른 사후 심의위원회의 심의·의결에서 위해가 없다고 인정된 식품 등에 대하여는 지체 없이 제2항에 따른 일시적 금지조치를 해제하여야 한다. 〈개정 2013.3.23.〉

⑥ 제1항에 따른 위해평가의 대상, 방법 및 절차, 그 밖에 필요한 사항은 대통령령으로 정한다.

영 제4조 (위해평가의 대상 등) ① 법 제15조 제1항에 따른 식품, 식품첨가물, 기구 또는 용기·포장(이하 "식품 등"이라 한다)의 위해평가(이하 "위해평가"라 한다) 대상은 다음 각 호로 한다.

1. 국제식품규격위원회 등 국제기구 또는 외국 정부가 인체의 건강을 해칠 우려가 있다고 인정하여 판매하거나 판매할 목적으로 채취·제조·수입·가공·사용·조리·저장·소분(소분 : 완제품을 나누어 유통을 목적으로 재포장하는 것을 말한다. 이하 같다)·운반 또는 진열을 금지하거나 제한한 식품 등
2. 국내외의 연구·검사기관에서 인체의 건강을 해칠 우려가 있는 원료 또는 성분 등이 검출된 식품 등
3. 「소비자기본법」 제29조에 따라 등록한 소비자단체 또는 식품관련학회가 위해평가를 요청한 식품 등으로서 법 제57조에 따른 식품위생심의위원회(이하 "심의위원회"라 한다)가 인체의 건강을 해칠 우려가 있다고 인정한 식품 등
4. 새로운 원료·성분 또는 기술을 사용하여 생산·제조·조합되거나 안전성에 대한 기준 및 규격이 정하여지지 아니하여 인체의 건강을 해칠 우려가 있는 식품 등

② 위해평가에서 평가하여야 할 위해요소는 다음 각 호의 요인으로 한다.
1. 잔류농약, 중금속, 식품첨가물, 잔류 동물용 의약품, 환경오염물질 및 제조·가공·조리과정에서 생성되는 물질 등 화학적 요인
2. 식품 등의 형태 및 이물(異物) 등 물리적 요인
3. 식중독 유발 세균 등 미생물적 요인

③ 위해평가는 다음 각 호의 과정을 순서대로 거친다. 다만, 식품의약품안전처장이 현재의 기술수준이나 위해요소의 특성에 따라 따로 방법을 정한 경우에는 그에 따를 수 있다. 〈개정 2013.3.23.〉
1. 위해요소의 인체 내 독성을 확인하는 위험성 확인과정
2. 위해요소의 인체노출 허용량을 산출하는 위험성 결정과정
3. 위해요소가 인체에 노출된 양을 산출하는 노출평가과정
4. 위험성 확인과정, 위험성 결정과정 및 노출평가과정의 결과를 종합하여 해당 식품 등이 건강에 미치는 영향을 판단하는 위해도(危害度) 결정과정

④ 심의위원회는 제3항 각 호에 따른 각 과정별 결과 등에 대하여 심의·의결하여야 한다. 다만, 해당 식품 등에 대하여 국제식품규격위원회 등 국제기구 또는 국내외의 연구·검사기관에서 이미 위해평가를 실시하였거나 위해요소에 대한 과학적 시험·분석 자료가 있는 경우에는 심의·의결을 한 것으로 본다.

⑤ 삭제 〈2011.12.19.〉

⑥ 제1항부터 제4항까지의 규정에 따른 위해평가의 방법, 기준 및 절차 등에 관한 세부사항은 식품의약품안전처장이 정하여 고시한다. 〈개정 2013.3.23.〉

영 **제5조(위해평가에 관한 이해관계인의 범위)** 법 제15조 제4항에서 "대통령령으로 정하는 이해관계인"이란 법 제15조 제2항에 따른 일시적 금지조치로 인하여 영업상의 불이익을 받았거나 받게 되는 영업자를 말한다.

제15조의 2 (위해평가 결과 등에 관한 공표) ① 식품의약품안전처장은 제15조에 따른 위해평가 결과에 관한 사항을 공표할 수 있다. 〈개정 2013.3.23.〉

② 중앙행정기관의 장, 특별시장·광역시장·특별자치시장·도지사·특별자치도지사(이하 "시·도지사"라 한다), 시장·군수·구청장(자치구의 구청장을 말한다. 이하 같다) 또는 대통령령으로 정하는 공공기관의 장은 식품의 위해 여부가 의심되는 경우나 위해와 관련된 사실을 공표하려는 경우로서 제15조에 따른 위해평가가 필요한 경우에는 반드시 식품의약품안전처장에게 그 사실을 미리 알리고 협의하여야 한다. 〈개정 2016.2.3.〉

③ 제1항에 따른 공표방법 등 공표에 필요한 사항은 대통령령으로 정한다. [본조신설 2011.6.7.]

영 제5조의 2 (위해평가 결과의 공표) ① 식품의약품안전처장은 법 제15조의 2 제1항에 따라 위해평가의 결과를 인터넷 홈페이지, 신문, 방송 등을 통하여 공표할 수 있다. 〈개정 2013. 3. 23.〉

② 법 제15조의 2 제2항에서 "대통령령으로 정하는 공공기관"이란 「공공기관의 운영에 관한 법률」 제4조에 따른 공공기관을 말한다. [본조신설 2011.12.19.]

제16조 (소비자 등의 위생검사 등 요청) ① 식품의약품안전처장(대통령령으로 정하는 그 소속기관의 장을 포함한다. 이하 이 조에서 같다), 시·도지사 또는 시장·군수·구청장은 대통령령으로 정하는 일정 수 이상의 소비자, 소비자단체 또는 「식품·의약품분야 시험·검사 등에 관한 법률」 제6조에 따른 시험·검사기관 중 총리령으로 정하는 시험·검사기관이 식품 등 또는 영업시설 등에 대하여 제22조에 따른 출입·검사·수거 등(이하 이 조에서 "위생검사 등"이라 한다)을 요청하는 경우에는 이에 따라야 한다. 다만, 다음 각 호의 어느 하나에 해당하는 경우에는 그러하지 아니하다. 〈개정 2013.7.30.〉

1. 같은 소비자, 소비자단체 또는 시험·검사기관이 특정 영업자의 영업을 방해할 목적으로 같은 내용의 위생검사 등을 반복적으로 요청하는 경우
2. 식품의약품안전처장, 시·도지사 또는 시장·군수·구청장이 기술 또는 시설, 재원(財源) 등의 사유로 위생검사 등을 할 수 없다고 인정하는 경우

② 식품의약품안전처장, 시·도지사 또는 시장·군수·구청장은 제1항에 따라 위생검사 등의 요청에 따르는 경우 14일 이내에 위생검사 등을 하고 그 결과를 대통령령으로 정하는 바에 따라 위생검사 등의 요청을 한 소비자, 소비자단체 또는 시험·검사기관에 알리고 인터넷 홈페이지에 게시하여야 한다. 〈개정 2013.7.30.〉

③ 위생검사 등의 요청 요건 및 절차, 그 밖에 필요한 사항은 대통령령으로 정한다.

영 제6조 (소비자 등의 위생검사 등 요청) ① 법 제16조 제1항 각 호 외의 부분 본문에서 "대통령령으로 정하는 그 소속 기관의 장"이란 지방식품의약품안전청장을 말하고, "대통령령으로 정하는 일정 수 이상의 소비자"란 같은 영업소에 의하여 같은 피해를 입은 5명 이상의 소비자를 말한다. 〈개정 2014.1.28.〉

② 법 제16조제1항에 따라 법 제22조에 따른 출입·검사·수거 등(이하 이 조에서 "위생검사등"이라 한다)을 요청하려는 자는 총리령으로 정하는 요청서를 식품의약품안전처장(지방식품의약품안전청장을 포함한다. 이하 이 조에서 같다), 특별시장·광역시장·특

별자치시장·도지사·특별자치도지사(이하 "시·도지사"라 한다) 또는 시장·군수·구청장(자치구의 구청장을 말한다. 이하 같다)에게 제출하되, 소비자의 대표자, 「소비자기본법」 제29조에 따른 소비자단체의 장 또는 「식품·의약품분야 시험·검사 등에 관한 법률」 제6조에 따른 시험·검사기관의 장을 통하여 제출하여야 한다. 〈개정 2016.7.26.〉

③ 식품의약품안전처장, 시·도지사 또는 시장·군수·구청장은 법 제16조 제2항에 따라 위생검사 등의 결과를 알리는 경우에는 소비자의 대표자, 소비자단체의 장 또는 시험·검사기관의 장이 요청하는 방법으로 하되, 따로 정하지 아니한 경우에는 문서로 한다. 〈개정 2014.7.28.〉 [제목개정 2014.1.28.]

규칙 **제9조 (위생검사 등 요청서)** 「식품위생법 시행령」(이하 "영"이라 한다) 제6조 제2항에 따라 출입·검사·수거 등(이하 "위생검사등"이라 한다)을 요청하려는 자는 별지 제1호의 4서식의 요청서에 요청인의 신분을 확인할 수 있는 증명서를 첨부하여 식품의약품안전처장, 지방식품의약품안전청장, 특별시장·광역시장·특별자치시장·도지사·특별자치도지사(이하 "시·도지사"라 한다) 또는 시장·군수·구청장(자치구의 구청장을 말한다. 이하 같다)에게 제출하여야 한다. 〈개정 2019.6.12.〉

규칙 **제9조의 2 (위생검사 등 요청기관)** 법 제16조 제1항 각 호 외의 부분 본문에서 "총리령으로 정하는 식품위생검사기관"이란 다음 각 호의 기관을 말한다. 〈개정 2019.6.12〉

1. 식품의약품안전평가원
2. 지방식품의약품안전청
3. 「보건환경연구원법」 제2조제1항에 따른 보건환경연구원

제17조 (위해식품 등에 대한 긴급대응) ① 식품의약품안전처장은 판매하거나 판매할 목적으로 채취·제조·수입·가공·조리·저장·소분 또는 운반(이하 이 조에서 "제조·판매 등"이라 한다)되고 있는 식품 등이 다음 각 호의 어느 하나에 해당하는 경우에는 긴급대응방안을 마련하고 필요한 조치를 하여야 한다. 〈개정 2013.3.23.〉

1. 국내외에서 식품 등 위해발생 우려가 총리령으로 정하는 과학적 근거에 따라 제기되었거나 제기된 경우
2. 그 밖에 식품 등으로 인하여 국민건강에 중대한 위해가 발생하거나 발생할 우려가 있는 경우로서 대통령령으로 정하는 경우

② 제1항에 따른 긴급대응방안은 다음 각 호의 사항이 포함되어야 한다.

1. 해당 식품 등의 종류
2. 해당 식품 등으로 인하여 인체에 미치는 위해의 종류 및 정도
3. 제3항에 따른 제조·판매 등의 금지가 필요한 경우 이에 관한 사항
4. 소비자에 대한 긴급대응요령 등의 교육·홍보에 관한 사항
5. 그 밖에 식품 등의 위해 방지 및 확산을 막기 위하여 필요한 사항

③ 식품의약품안전처장은 제1항에 따른 긴급대응이 필요하다고 판단되는 식품 등에 대하여는 그 위해 여부가 확인되기 전까지 해당 식품 등의 제조·판매 등을 금지하여야 한다. 〈개정 2013.3.23.〉

④ 영업자는 제3항에 따른 식품 등에 대하여는 제조·판매 등을 하여서는 아니 된다.

(계속)

⑤ 식품의약품안전처장은 제3항에 따라 제조·판매 등을 금지하려면 미리 대통령령으로 정하는 이해관계인의 의견을 들어야 한다. 〈개정 2013.3.23.〉

⑥ 영업자는 제3항에 따른 금지조치에 대하여 이의가 있는 경우에는 대통령령으로 정하는 바에 따라 식품의약품안전처장에게 해당 금지의 전부 또는 일부의 해제를 요청할 수 있다. 〈개정 2013.3.23.〉

⑦ 식품의약품안전처장은 식품 등으로 인하여 국민건강에 위해가 발생하지 아니하였거나 발생할 우려가 없어졌다고 인정하는 경우에는 제3항에 따른 금지의 전부 또는 일부를 해제하여야 한다. 〈개정 2013.3.23.〉

⑧ 식품의약품안전처장은 국민건강에 급박한 위해가 발생하거나 발생할 우려가 있다고 인정되는 위해식품에 관한 정보를 국민에게 긴급하게 전달하여야 하는 경우로서 대통령령으로 정하는 요건에 해당하는 경우에는 「방송법」 제2조 제3호에 따른 방송사업자 중 대통령령으로 정하는 방송사업자에 대하여 이를 신속하게 방송하도록 요청하거나 「전기통신사업법」 제5조에 따른 기간통신사업자 중 대통령령으로 정하는 기간통신사업자에 대하여 이를 신속하게 문자 또는 음성으로 송신하도록 요청할 수 있다. 〈개정 2013.3.23.〉

⑨ 제8항에 따라 요청을 받은 방송사업자 및 기간통신사업자는 특별한 사유가 없는 한 이에 응하여야 한다.

규칙 **제10조 (긴급대응의 대상 등)** 법 제17조 제1항 제1호에 따른 "국내외에서 식품 등 위해발생 우려가 총리령으로 정하는 과학적 근거에 따라 제기되었거나 제기된 경우"란 식품위생심의위원회가 과학적 시험 및 분석자료 등을 바탕으로 조사·심의하여 인체의 건강을 해칠 우려가 있다고 인정한 경우를 말한다. 〈개정 2013.3.23.〉

영 **제7조 (위해식품 등에 대한 긴급대응)** ① 법 제17조 제1항 제2호에서 "대통령령으로 정하는 경우"란 다음 각 호의 어느 하나에 해당하는 경우를 말한다.

1. 국내외에서 위해식품 등의 섭취로 인하여 사상자가 발생한 경우
2. 국내외의 연구·검사기관에서 인체의 건강을 해칠 심각한 우려가 있는 원료 또는 성분이 식품 등에서 검출된 경우
3. 법 제93조 제1항에 따른 질병에 걸린 동물을 사용하였거나 같은 조 제2항에 따른 원료 또는 성분 등을 사용하여 제조·가공 또는 조리한 식품 등이 발견된 경우

② 법 제17조 제5항에서 "대통령령으로 정하는 이해관계인"이란 법 제17조 제3항에 따른 금지조치로 인하여 영업상의 불이익을 받거나 받게 되는 영업자를 말한다.

③ 법 제17조 제6항에 따라 해당 금지의 전부 또는 일부의 해제를 요청하려는 영업자는 총리령으로 정하는 해제 요청서를 식품의약품안전처장에게 제출하여야 한다. 〈개정 2013.3.23.〉

④ 제3항에 따른 해제 요청서를 받은 식품의약품안전처장은 검토 결과를 지체 없이 해당 요청자에게 알려야 한다. 〈개정 2013.3.23.〉

규칙 **제11조 (금지 해제 요청서)** 영 제7조 제3항에 따라 해당 금지의 전부 또는 일부의 해제를 요청하려는 영업자는 별지 제2호 서식의 해제 요청서에 「식품·의약품분야 시험·검사 등에 관한 법률」 제6조 제3항 제1호에 따라 지정된 식품전문 시험·검사기관 또는 같은 조 제4항 단서에 따라 총리령으로 정하는 시험·검사기관이 발행한 시험·검사성적서(이하 "검사성적

서"라 한다)를 첨부하여 식품의약품안전처장에게 제출하여야 한다. 〈개정 2014.8.20.〉

영 **제8조(위해식품 긴급정보 발송)** ① 법 제17조 제8항에서 "대통령령으로 정하는 요건에 해당하는 경우"란 제7조 제1항 각 호의 어느 하나에 해당하는 경우를 말한다.

② 법 제17조 제8항에서 "대통령령으로 정하는 방송사업자"란 「방송법 시행령」 제1조의2 제1호의 지상파텔레비전방송사업자 및 같은 조 제2호의 지상파라디오방송사업자를 말한다.

③ 법 제17조 제8항에서 "대통령령으로 정하는 기간통신사업자"란 「전기통신사업법」 제6조에 따라 기간통신사업의 등록을 한 자로서 주파수를 할당받아 제공하는 역무 중 이동전화 역무 또는 개인휴대통신 역무를 제공하는 자를 말한다. 〈개정 2019.6.25.〉

④ 법 제17조 제8항에 따른 방송 및 송신의 구체적인 방법과 절차는 제2항 및 제3항에 따른 각각의 방송사업자 및 기간통신사업자가 자율적으로 결정한다.

제18조(유전자변형식품등의 안전성 심사 등) ① 유전자변형식품등을 식용(食用)으로 수입·개발·생산하는 자는 최초로 유전자변형식품등을 수입하는 경우 등 대통령령으로 정하는 경우에는 식품의약품안전처장에게 해당 식품등에 대한 안전성 심사를 받아야 한다. 〈개정 2016.2.3.〉

② 식품의약품안전처장은 제1항에 따른 유전자변형식품등의 안전성 심사를 위하여 식품의약품안전처에 유전자변형식품등 안전성심사위원회(이하 "안전성심사위원회"라 한다)를 둔다. 〈개정 2016.2.3.〉

③ 안전성심사위원회는 위원장 1명을 포함한 20명 이내의 위원으로 구성한다. 이 경우 공무원이 아닌 위원이 전체 위원의 과반수가 되도록 하여야 한다. 〈신설 2019.1.15.〉

④ 안전성심사위원회의 위원은 유전자변형식품등에 관한 학식과 경험이 풍부한 사람으로서 다음 각 호의 어느 하나에 해당하는 사람 중에서 식품의약품안전처장이 위촉하거나 임명한다. 〈신설 2019.1.15.〉

1. 유전자변형식품 관련 학회 또는 「고등교육법」 제2조제1호 및 제2호에 따른 대학 또는 산업대학의 추천을 받은 사람
2. 「비영리민간단체 지원법」 제2조에 따른 비영리민간단체의 추천을 받은 사람
3. 식품위생 관계 공무원

⑤ 안전성심사위원회의 위원장은 위원 중에서 호선한다. 〈신설 2019.1.15.〉

⑥ 위원의 임기는 2년으로 한다. 다만, 공무원인 위원의 임기는 해당 직(職)에 재직하는 기간으로 한다. 〈신설 2019.1.15.〉

⑦ 그 밖에 안전성심사위원회의 구성·기능·운영에 필요한 사항은 대통령령으로 정한다. 〈개정 2016.2.3., 2019.1.15.〉

⑧ 제1항에 따른 안전성 심사의 대상, 안전성 심사를 위한 자료제출의 범위 및 심사절차 등에 관하여는 식품의약품안전처장이 정하여 고시한다. 〈개정 2019.1.15.〉

영 **제9조(유전자재조합식품 등의 안전성 평가)** 법 제18조제1항에서 "최초로 유전자변형식품등을 수입하는 경우 등 대통령령으로 정하는 경우"란 다음 각 호의 어느 하나에 해당하는 경우를 말한다. 〈개정 2019.7.9.〉

1. 최초로 유전자변형식품등[인위적으로 유전자를 재조합하거나 유전자를 구성하는

핵산을 세포나 세포 내 소기관으로 직접 주입하는 기술 또는 분류학에 따른 과(科)의 범위를 넘는 세포융합기술에 해당하는 생명공학기술을 활용하여 재배·육성된 농산물·축산물·수산물 등을 원재료로 하여 제조·가공한 식품 또는 식품첨가물을 말한다. 이하 이 조에서 같다]을 수입하거나 개발 또는 생산하는 경우

2. 법 제18조에 따른 안전성 심사를 받은 후 10년이 지난 유전자변형식품등으로서 시중에 유통되어 판매되고 있는 경우

3. 그 밖에 법 제18조에 따른 안전성 심사를 받은 후 10년이 지나지 아니한 유전자변형식품등으로서 식품의약품안전처장이 새로운 위해요소가 발견되었다는 등의 사유로 인체의 건강을 해칠 우려가 있다고 인정하여 심의위원회의 심의를 거쳐 고시하는 경우

[제목개정 2016.7.26.]

영 **제10조 (유전자변형식품등 안전성심사위원회의 구성·운영 등)** ① 삭제 〈개정 2019.7.9.〉

② 삭제 〈2019.7.9.〉

③ 삭제 〈2019.7.9.〉

④ 법 제18조제2항에 따른 유전자변형식품등 안전성심사위원회(이하 "안전성심사위원회"라 한다)의 위원(공무원인 위원은 제외한다)이 궐위(闕位)된 경우 그 보궐위원의 임기는 전임위원 임기의 남은 기간으로 한다. 〈개정 2019.7.9.〉

⑤ 위원장은 안전성심사위원회를 대표하며, 안전성심사위원회의 업무를 총괄한다. 〈개정 2016.7.26.〉

⑥ 안전성심사위원회에 출석한 위원에게는 예산의 범위에서 수당과 여비를 지급할 수 있다. 다만, 공무원인 위원이 그 소관 업무와 직접 관련하여 출석하는 경우에는 그러하지 아니하다. 〈개정 2016.7.26.〉

⑦ 제4항부터 제6항까지, 제10조의2 및 제10조의3에서 규정한 사항 외에 안전성심사위원회의 운영에 필요한 사항은 안전성심사위원회의 의결을 거쳐 위원장이 정한다. 〈개정 2019.7.9.〉

영 **제10조의 2 (위원의 제척·기피·회피)** ① 안전성심사위원회의 위원이 다음 각 호의 어느 하나에 해당하는 경우에는 안전성심사위원회의 심의·의결에서 제척(除斥)된다. 〈개정 2016.7.26.〉

1. 위원 또는 그 배우자나 배우자이었던 사람이 해당 안건의 당사자(당사자가 법인·단체 등인 경우에는 그 임원 또는 직원을 포함한다. 이하 이 호 및 제2호에서 같다)가 되거나 그 안건의 당사자와 공동권리자 또는 공동의무자인 경우
2. 위원이 해당 안건의 당사자와 친족이거나 친족이었던 경우
3. 위원 또는 위원이 속한 법인·단체 등이 해당 안건에 대하여 증언, 진술, 자문, 연구, 용역 또는 감정을 한 경우
4. 위원이나 위원이 속한 법인·단체 등이 해당 안건의 당사자의 대리인이거나 대리인이었던 경우
5. 위원이 해당 안건의 당사자인 법인·단체 등에 최근 3년 이내에 임원 또는 직원으로 재직하였던 경우

② 해당 안건의 당사자는 위원에게 공정한 심의·의결을 기대하기 어려운 사정이 있는 경우에는 안전성심사위원회에 기피 신청을 할 수 있고, 안전성심사위원회는 의결로 이를

결정한다. 이 경우 기피 신청의 대상인 위원은 그 의결에 참여하지 못한다. 〈개정 2016.7.26.〉

③ 위원이 제1항 각 호에 따른 제척 사유에 해당하는 경우에는 스스로 해당 안건의 심의·의결에서 회피(回避)하여야 한다.

[본조신설 2012.7.4.] [종전 제10조의2는 제10조의4로 이동 〈2012.7.4.〉]

영 제10조의 3 (위원의 해촉) 식품의약품안전처장은 위원이 다음 각 호의 어느 하나에 해당하는 경우에는 해당 위원을 해촉(解囑)할 수 있다. 〈개정 2013.3.23.〉

1. 심신장애로 인하여 직무를 수행할 수 없게 된 경우
2. 직무태만, 품위손상이나 그 밖의 사유로 인하여 위원으로 적합하지 아니하다고 인정되는 경우
3. 제10조의 2 제1항 각 호의 어느 하나에 해당하는 데에도 불구하고 회피하지 아니한 경우 [본조신설 2012.7.4.]

제19조 삭제 〈2015.2.3〉

규칙 제12조, [별표 4] 삭제 〈2016.2.4〉

규칙 제13조 삭제 〈2016.2.4.〉

규칙 제14조 삭제 〈2016.2.4.〉

규칙 제15조, [별표 5] 삭제 〈2016.2.4.〉

규칙 제15조의 2 삭제 〈2016.2.4.〉

제19조의 2 삭제 〈2015.2.3〉

영 제10조의 4 삭제 〈2016.1.22.〉

규칙 제15조의 3 삭제 〈2016.2.4.〉

규칙 제15조의 4 삭제 〈2016.2.4.〉

규칙 제15조의 5 삭제 〈2016.2.4.〉

규칙 제15조의 6, [별표 5의2] 삭제 〈2016.2.4.〉

제19조의 3 삭제 〈2015.2.3〉

규칙 제15조의 7 삭제 〈2016.2.4.〉

제19조의 4 (검사명령 등) ① 식품의약품안전처장은 다음 각 호의 어느 하나에 해당하는 식품등을 채취·제조·가공·사용·조리·저장·소분·운반 또는 진열하는 영업자에 대하여 「식품·의약품분야 시험·검사 등에 관한 법률」 제6조제3항제1호에 따른 식품전문 시험·검사기관 또는 같은 법 제8조에 따른 국외시험·검사기관에서 검사를 받을 것을 명(이하 "검사명령"이라 한다)할 수 있다. 다만, 검사로써 위해성분을 확인할 수 없다고 식품의약품안전처장이 인정하는 경우에는 관계 자료 등으로 갈음할 수 있다. 〈개정 2015.2.3.〉

1. 국내외에서 유해물질이 검출된 식품등
2. 삭제 〈2015.2.3.〉
3. 그 밖에 국내외에서 위해발생의 우려가 제기되었거나 제기된 식품등

② 검사명령을 받은 영업자는 총리령으로 정하는 검사기한 내에 검사를 받거나 관련 자료 등을 제출하여야 한다. 〈개정 2013.3.23.〉

③ 제1항 및 제2항에 따른 검사명령 대상 식품 등의 범위, 제출 자료 등 세부사항은 식품의약품안전처장이 정하여 고시한다. 〈개정 2013.3.23.〉 [본조신설 2011.6.7.]

규칙 제15조의 8 (검사명령 이행기한) 법 제19조의 4 제2항에 따른 검사기한은 같은 조 제1항에 따른 검사명령을 받은 날부터 20일 이내로 한다. [본조신설 2012.1.17.]

제20조 삭제 〈2015.2.3〉

규칙 제16조 삭제 〈2016.2.4.〉

규칙 제17조, [별표 6] 삭제 〈2016.2.4.〉

규칙 제18조, [별표 7] 삭제 〈2016.2.4.〉

제21조 (특정 식품 등의 수입·판매 등 금지) ① 식품의약품안전처장은 특정 국가 또는 지역에서 채취·제조·가공·사용·조리 또는 저장된 식품 등이 그 특정 국가 또는 지역에서 위해한 것으로 밝혀졌거나 위해의 우려가 있다고 인정되는 경우에는 그 식품 등을 수입·판매하거나 판매할 목적으로 제조·가공·사용·조리·저장·소분·운반 또는 진열하는 것을 금지할 수 있다. 〈개정 2013.3.23.〉

② 식품의약품안전처장은 제15조 제1항에 따른 위해평가 또는 제19조 제2항에 따른 검사 후 식품 등에서 제4조 제2호에 따른 유독·유해물질이 검출된 경우에는 해당 식품 등의 수입을 금지하여야 한다. 다만, 인체의 건강을 해칠 우려가 없다고 식품의약품안전처장이 인정하는 경우는 그러하지 아니하다. 〈개정 2013.3.23.〉

③ 식품의약품안전처장은 제1항 및 제2항에 따른 금지를 하려면 미리 관계 중앙행정기관의 장의 의견을 듣고 심의위원회의 심의·의결을 거쳐야 한다. 다만, 국민건강을 급박하게 위해할 우려가 있어서 신속히 금지 조치를 하여야 할 필요가 있는 경우 먼저 금지조치를 한 뒤 지체 없이 심의위원회의 심의·의결을 거칠 수 있다. 〈개정 2013.3.23.〉

④ 제3항 본문 및 단서에 따라 심의위원회가 심의하는 경우 대통령령으로 정하는 이해관계인은 심의위원회에 출석하여 의견을 진술하거나 문서로 의견을 제출할 수 있다.

(계속)

⑤ 식품의약품안전처장은 직권으로 또는 제1항 및 제2항에 따라 수입·판매 등이 금지된 식품 등에 대하여 이해관계가 있는 국가 또는 수입한 영업자의 신청을 받아 그 식품 등에 위해가 없는 것으로 인정되면 심의위원회의 심의·의결을 거쳐 제1항 및 제2항에 따른 금지의 전부 또는 일부를 해제할 수 있다. 〈개정 2013.3.23.〉

⑥ 식품의약품안전처장은 제1항 및 제2항에 따른 금지나 제5항에 따른 해제를 하는 경우에는 고시하여야 한다. 〈개정 2013.3.23.〉

⑦ 식품의약품안전처장은 제1항 및 제2항에 따라 수입·판매 등이 금지된 해당 식품 등의 제조업소, 이해관계가 있는 국가 또는 수입한 영업자가 원인 규명 및 개선사항을 제시할 경우에는 제1항 및 제2항에 따른 금지의 전부 또는 일부를 해제할 수 있다. 이 경우 개선사항에 대한 확인이 필요한 때에는 현지 조사를 할 수 있다. 〈개정 2013.3.23.〉

영 **제11조 (특정 식품 등의 수입·판매 등 금지조치에 관한 이해관계인의 범위)** 법 제21조 제4항에서 "대통령령으로 정하는 이해관계인"이란 법 제21조 제1항에 따른 금지조치로 인하여 영업상의 불이익을 받았거나 받게 되는 영업자를 말한다.

제22조 (출입·검사·수거 등) ① 식품의약품안전처장(대통령령으로 정하는 그 소속 기관의 장을 포함한다. 이하 이 조에서 같다), 시·도지사 또는 시장·군수·구청장은 식품 등의 위해방지·위생관리와 영업질서의 유지를 위하여 필요하면 다음 각 호의 구분에 따른 조치를 할 수 있다. 〈개정 2013.3.23.〉

1. 영업자나 그 밖의 관계인에게 필요한 서류나 그 밖의 자료의 제출 요구
2. 관계 공무원으로 하여금 다음 각 목에 해당하는 출입·검사·수거 등의 조치
   가. 영업소(사무소, 창고, 제조소, 저장소, 판매소, 그 밖에 이와 유사한 장소를 포함한다)에 출입하여 판매를 목적으로 하거나 영업에 사용하는 식품 등 또는 영업시설 등에 대하여 하는 검사
   나. 가목에 따른 검사에 필요한 최소량의 식품 등의 무상 수거
   다. 영업에 관계되는 장부 또는 서류의 열람

② 식품의약품안전처장은 시·도지사 또는 시장·군수·구청장이 제1항에 따른 출입·검사·수거 등의 업무를 수행하면서 식품 등으로 인하여 발생하는 위생 관련 위해방지 업무를 효율적으로 하기 위하여 필요한 경우에는 관계 행정기관의 장, 다른 시·도지사 또는 시장·군수·구청장에게 행정응원(行政應援)을 하도록 요청할 수 있다. 이 경우 행정응원을 요청받은 관계 행정기관의 장, 시·도지사 또는 시장·군수·구청장은 특별한 사유가 없으면 이에 따라야 한다. 〈개정 2013.3.23.〉

③ 제1항 및 제2항의 경우에 출입·검사·수거 또는 열람하려는 공무원은 그 권한을 표시하는 증표 및 조사기간, 조사범위, 조사담당자, 관계 법령 등 대통령령으로 정하는 사항이 기재된 서류를 지니고 이를 관계인에게 내보여야 한다. 〈개정 2016.2.3.〉

④ 제2항에 따른 행정응원의 절차, 비용 부담 방법, 그 밖에 필요한 사항은 대통령령으로 정한다.

영 **제12조 (출입·검사·수거 등)** 법 제22조 제1항 각 호 외의 부분에서 "대통령령으로 정하는 그 소속 기관의 장"이란 지방식품의약품안전청장을 말한다.

영 **제13조 (행정응원의 절차 등)** ① 법 제22조 제2항에 따라 식품의약품안전처장(지방식품의약품안전청장을 포함한다. 이하 이 조에서 같다)이 관계 행정기관의 장, 다른 관할구역의 시·도

지사 또는 시장·군수·구청장에게 행정응원을 요청할 때에는 응원이 필요한 지역, 업무 수행의 내용, 위생점검반의 편성 및 운영에 관한 계획을 수립하여 통보하여야 한다. 〈개정 2014.1.28.〉

② 제1항에 따른 행정응원 업무를 수행하는 공무원은 식품의약품안전처장의 지휘·감독을 받는다. 〈개정 2013.3.23.〉

③ 제1항에 따른 행정응원에 드는 비용은 식품의약품안전처장이 부담한다. 〈개정 2013. 3. 23.〉

규칙 **제19조 (출입·검사·수거 등)** ① 법 제22조에 따른 출입·검사·수거 등은 국민의 보건위생을 위하여 필요하다고 판단되는 경우에는 수시로 실시한다.

② 제1항에도 불구하고 제89조에 따라 행정처분을 받은 업소에 대한 출입·검사·수거 등은 그 처분일부터 6개월 이내에 1회 이상 실시하여야 한다. 다만, 행정처분을 받은 영업자가 그 처분의 이행 결과를 보고하는 경우에는 그러하지 아니하다.

규칙 **제20조 (수거량 및 검사 의뢰 등)** ① 법 제22조 제1항 제2호 나목에 따라 무상으로 수거할 수 있는 식품 등의 대상과 그 수거량은 별표 8과 같다.

② 관계 공무원이 제1항에 따라 식품 등을 수거한 경우에는 별지 제16호 서식의 수거증(전자문서를 포함한다)을 발급하여야 한다. 〈개정 2011.8.19.〉

③ 제1항에 따라 식품 등을 수거한 관계 공무원은 그 수거한 식품 등을 그 수거 장소에서 봉함하고 관계 공무원 및 피수거자의 인장 등으로 봉인하여야 한다.

④ 식품의약품안전처장, 시·도지사 또는 시장·군수·구청장은 제1항에 따라 수거한 식품 등에 대해서는 지체 없이 「식품·의약품분야 시험·검사 등에 관한 법률」 제6조 제3항 제1호에 따라 식품의약품안전처장이 지정한 식품전문 시험·검사기관 또는 같은 조 제4항 단서에 따라 총리령으로 정하는 시험·검사기관에 검사를 의뢰하여야 한다. 〈개정 2014.8.20.〉

⑤ 식품의약품안전처장, 시·도지사 또는 시장·군수·구청장은 법 제22조 제1항에 따라 관계 공무원으로 하여금 출입·검사·수거를 하게 한 경우에는 별지 제17호 서식의 수거검사 처리대장(전자문서를 포함한다)에 그 내용을 기록하고 이를 갖춰 두어야 한다. 〈개정 2013.3.23.〉

⑥ 법 제22조 제3항에 따른 출입·검사·수거 또는 열람하려는 공무원의 권한을 표시하는 증표는 별지 제18호 서식과 같다.

■ **별표 8** ■ 〈개정 2017.1.7.〉

식품 등의 무상수거대상 및 수거량 (제20조 제1항 관련)

1. 무상수거대상 식품 등 : 제19조 제1항에 따라 검사에 필요한 식품 등을 수거할 경우
2. 수거대상 및 수거량

가. 식품(식품접객업소 등의 음식물 포함)

<table>
<tr><th>식품의 종류</th><th>수거량</th><th>비고</th></tr>
<tr><td>1) 가공식품</td><td>600g(mL)
(다만, 캡슐류는 200g)</td><td rowspan="7">1. 수거량은 검체의 개수별 무게 또는 용량을 모두 합한 것으로 말하며, 검사에 필요한 시험재료 1건 당 수거양의 범위 안에서 수거하여야 한다. 다만, 검체채취로 인한 오염 등 소분·채취하기 어려운 경우에는 수거량을 초과하더라도 최소포장단위 그대로 채취할 수 있다.
2. 가공식품에 잔류농약검사, 방사능검사, 이물검사 등이 추가될 경우에는 각각 1kg을 추가로 수거하여야 한다(다만, 잔류농약검사 중 건조채소 및 침출차는 0.3kg).
3. 방사선 조사 검사가 추가될 경우에는 0.2kg을 추가로 수거하여야 한다. 다만, 소스류 및 식품 등의 기준 및 규격에 따른 방사선 조사 검사 대상 원료가 2종 이상이 혼합된 식품은 0.6kg을 추가로 수거하고, 밤·생버섯·곡류 및 두류는 1kg을 추가로 수거하여야 한다.
4. 세균발육검사항목이 있는 경우 및 통조림식품은 6개(세균발육검사용 5개, 그 밖에 이화학검사용 1개)를 수거하여야 한다.
5. 2개 이상을 수거하는 경우에는 그 용기 또는 포장과 제조연월일이 같은 것이어야 한다.
6. 용량검사를 하여야 하는 경우에는 수거량을 초과하더라도 식품 등의 기준 및 규격에서 정한 용량검사에 필요한 양을 추가하여 수거할 수 있다.
7. 분석 중 최종 확인 등을 위하여 추가로 검체가 필요한 경우에는 추가로 검체를 수거할 수 있다.
8. 식품위생감시원이 의심물질이 있다고 판단되어 검사항목을 추가하는 경우 또는 「식품·의약품분야 시험·검사 등에 관한 법률」 제16조에 따른 식품 등 시험·검사기관 또는 같은 조 제4항 단서에 따라 총리령으로 정하는 시험·검사기관(이하 이 표에서 "시험·검사기관"이라 한다)이 두 곳 이상인 경우에는 수거량을 초과하여 수거할 수 있다.</td></tr>
<tr><td>2) 유탕처리식품</td><td>추가 1kg</td></tr>
<tr><td>3) 자연산물
• 곡류·두류 및 기타 자연산물</td><td>1~3kg</td></tr>
<tr><td>• 채소류</td><td>1~3kg</td></tr>
<tr><td>• 과실류</td><td>3~5kg</td></tr>
<tr><td>• 수산물</td><td>0.3~4kg</td></tr>
<tr><td></td><td></td></tr>
</table>

나. 식품첨가물

시험항목별	수거량
식품 등의 기준 및 규격의 적부에 관한시험	• 고체 : 200g • 액체 : 500g(mL) • 기체 : 1kg
비소·중금속 함유량시험	50g(mL)

비고) 1. 분석 중 최종 확인 등을 위하여 추가로 검체가 필요한 경우에는 추가로 검체를 수거할 수 있다.
2. 식품위생감시원이 의심물질이 있다고 판단되어 검사항목을 추가하는 경우 또는 시험·검사기관이 두 곳 이상인 경우에는 수거량을 초과하여 수거할 수 있다.

다. 기구 또는 용기·포장

시험항목별	수거량
재질·용출시험	기구 또는 용기·포장에 대한 식품 등의 기준 및 규격검사에 필요한 양

비고) 1. 분석 중 최종 확인 등을 위하여 추가로 검체가 필요한 경우에는 추가로 검체를 수거할 수 있다.
2. 식품위생감시원이 의심물질이 있다고 판단되어 검사항목을 추가하는 경우 또는 시험·검사기관이 두 곳 이상인 경우에는 수거량을 초과하여 수거할 수 있다.

제22조의 2 삭제 〈2015.2.3〉

제23조 (식품 등의 재검사) ① 식품의약품안전처장(대통령령으로 정하는 그 소속 기관의 장을 포함한다. 이하 이 조에서 같다), 시·도지사 또는 시장·군수·구청장은 제22조, 「수입식품안전관리 특별법」 제21조 또는 제25조에 따라 식품등을 검사한 결과 해당 식품등이 제7조 또는 제9조에 따른 식품등의 기준이나 규격에 맞지 아니하면 대통령령으로 정하는 바에 따라 해당 영업자에게 그 검사 결과를 통보하여야 한다. 〈개정 2015.2.3.〉

② 제1항에 따른 통보를 받은 영업자가 그 검사 결과에 이의가 있으면 검사한 제품과 같은 제품(같은 날에 같은 영업시설에서 같은 제조 공정을 통하여 제조·생산된 제품에 한정한다)을 식품의약품안전처장이 인정하는 국내외 검사기관 2곳 이상에서 같은 검사 항목에 대하여 검사를 받아 그 결과가 제1항에 따라 통보받은 검사 결과와 다를 때에는 그 검사기관의 검사성적서 또는 검사증명서를 첨부하여 식품의약품안전처장, 시·도지사 또는 시장·군수·구청장에게 재검사를 요청할 수 있다. 다만, 시간이 경과함에 따라 검사 결과가 달라질 수 있는 검사항목 등 총리령으로 정하는 검사항목은 재검사 대상에서 제외한다. 〈개정 2014.5.28.〉

③ 제2항에 따른 재검사 요청을 받은 식품의약품안전처장, 시·도지사 또는 시장·군수·구청장은 영업자가 제출한 검사 결과가 제1항에 따른 검사 결과와 다르다고 확인되거나 같은 항의 검사에 따른 검체(檢體)의 채취·취급방법, 검사방법·검사과정 등이 제7조 제1항 또는 제9조 제1항에 따른 식품 등의 기준 및 규격에 위반된다고 인정되는 때에는 지체 없이 재검사하고 해당 영업자에게 재검사 결과를 통보하여야 한다. 이 경우 재검사 수수료와 보세창고료 등 재검사에 드는 비용은 영업자가 부담한다. 〈개정 2014.5.28.〉

④ 제2항 및 제3항에 따른 재검사 요청 절차, 재검사 방법 및 결과 통보 등에 필요한 사항은 총리령으로 정한다. 〈신설 2018.12.11.〉

[시행일 : 2019. 6. 12.]

영 제14조 (식품의 재검사) ① 법 제23조 제1항에서 "대통령령으로 정하는 그 소속 기관의 장"이란 지방식품의약품안전청장을 말한다.

② 법 제23조 제1항에 따라 식품의약품안전처장(지방식품의약품안전청장을 포함한다. 이하 이 조에서 같다), 시·도지사 또는 시장·군수·구청장은 해당 영업자에게 해당 검사에 적용한 검사방법, 검체의 채취·취급방법 및 검사 결과를 해당 검사성적서 또는 검사증명서가 작성된 날부터 7일 이내에 통보하여야 한다. 〈개정 2013.3.23.〉

③ 삭제 〈2015.12.30.〉

④ 삭제 〈2015.12.30.〉

⑤ 삭제 〈2015.12.30.〉

규칙 **제20조의2(식품등의 재검사 요청 절차 및 방법 등)** ① 법 제23조제2항 본문에 따라 식품등의 재검사를 요청하려는 영업자는 법 제23조제1항에 따른 검사 결과를 통보받은 날부터 60일 이내에 별지 제17호의2서식의 식품등 재검사 신청서(전자문서로 된 신청서를 포함한다)에 다음 각 호의 서류를 첨부하여 식품의약품안전처장(지방식품의약품안전청장을 포함한다. 이하 이 조에서 같다), 시·도지사 또는 시장·군수·구청장에게 제출해야 한다.

1. 법 제23조제1항에 따른 검사 결과에 관한 서류
2. 법 제23조제2항 본문에 따른 검사성적서 또는 검사증명서
3. 제2호에 따른 검사 제품이 제1호에 따른 검사 제품과 같은 제품(같은 날에 같은 영업시설에서 같은 제조 공정을 통해 제조·생산된 제품에 한정한다)임을 증명하는 자료

② 식품의약품안전처장, 시·도지사 또는 시장·군수·구청장은 제1항에 따른 재검사 요청이 법 제23조제3항 전단에 따른 재검사 요건에 부합하면 다음 각 호의 구분에 따라 재검사를 해야 한다.

1. 「보건환경연구원법」 제2조제1항에 따른 보건환경연구원에서 실시한 검사에 대해서는 지방식품의약품안전청장에게 의뢰하여 검사할 것
2. 「식품·의약품분야 시험·검사 등에 관한 법률」 제6조제3항제1호에 따른 식품전문시험·검사기관에서 실시한 검사에 대해서는 지방식품의약품안전청장에게 의뢰하여 검사할 것
3. 지방식품의약품안전청장이 실시한 검사에 대해서는 식품의약품안전평가원장에게 의뢰하여 검사할 것

③ 법 제23조제3항에 따른 식품등의 재검사는 법 제23조제1항에 따른 검사를 하고 남아 있는 제품을 대상으로 실시한다. 다만, 남아 있는 제품이 없는 경우에는 법 제23조제1항에 따라 검사한 제품과 같은 제품(같은 날에 같은 영업시설에서 같은 제조 공정을 통해 제조·생산된 제품에 한정한다)을 대상으로 실시한다.

④ 식품의약품안전처장, 시·도지사 또는 시장·군수·구청장은 법 제23조제3항에 따라 재검사를 완료한 경우에는 별지 제17호의3서식에 따라 그 결과를 신청인에게 알려야 한다. 이 경우 그 통보기간은 제1항에 따라 재검사를 요청받은 날부터 20일로 한다.

⑤ 제1항부터 제4항까지에서 규정한 사항 외에 식품등의 재검사 요청 절차 및 재검사 방법 등에 필요한 세부 사항은 식품의약품안전처장이 정하여 고시한다.

[본조신설 2019.6.12.]

규칙 **제21조(식품등의 재검사 제외대상)** 법 제23조제2항 단서에 따라 재검사 대상에서 제외하는 검사항목은 이물, 미생물, 곰팡이독소, 잔류농약 및 잔류동물용의약품에 관한 검사로 한다.

[본조신설 2015.12.31.]

제24조~제30조 삭제 〈2013.7.30.〉

영 제15조 삭제 〈2014.7.28.〉

규칙 제21조~제30조, [별표 9]~[별표 11] 삭제 〈2014.8.20.〉

제31조 (자가품질검사 의무) ① 식품 등을 제조·가공하는 영업자는 총리령으로 정하는 바에 따라 제조·가공하는 식품 등이 제7조 또는 제9조에 따른 기준과 규격에 맞는지를 검사하여야 한다. 〈개정 2013.3.23.〉

② 식품등을 제조 · 가공하는 영업자는 제1항에 따른 검사를 「식품·의약품분야 시험·검사 등에 관한 법률」 제6조제3항제2호에 따른 자가품질위탁 시험·검사기관에 위탁하여 실시할 수 있다. 〈개정 2018.12.11.〉

③ 제1항에 따른 검사를 직접 행하는 영업자는 제1항에 따른 검사 결과 해당 식품 등이 제4조부터 제6조까지, 제7조 제4항, 제8조 또는 제9조 제4항을 위반하여 국민 건강에 위해가 발생하거나 발생할 우려가 있는 경우에는 지체 없이 식품의약품안전처장에게 보고하여야 한다. 〈신설 2013.7.30.〉

④ 제1항에 따른 검사의 항목·절차, 그 밖에 검사에 필요한 사항은 총리령으로 정한다. 〈개정 2013.7.30.〉

규칙 제31조 (자가품질검사) ① 법 제31조 제1항에 따른 자가품질검사는 별표 12의 자가품질검사 기준에 따라 하여야 한다.

② 삭제 〈2014.8.20.〉

③ 삭제 〈2014.8.20.〉

④ 자가품질검사에 관한 기록서는 2년간 보관하여야 한다.

■ **별표 12** ■ 〈개정 2017.12.29.〉

자가품질검사기준 (제31조 제1항 관련)

1. 식품 등에 대한 자가품질검사는 판매를 목적으로 제조·가공하는 품목별로 실시하여야 한다. 다만, 식품공전에서 정한 동일한 검사항목을 적용받은 품목을 제조·가공하는 경우에는 식품유형별로 이를 실시할 수 있다.
2. 기구 및 용기·포장의 경우 동일한 재질의 제품으로 크기나 형태가 다를 경우에는 재질별로 자가품질검사를 실시할 수 있다.
3. 자가품질검사주기의 적용시점은 제품제조일을 기준으로 산정한다. 다만, 법 제44조 제4항에 따른 주문자상표부착식품 등과 식품제조·가공업자가 자신의 제품을 만들기 위하여 수입한 반가공 원료식품 및 용기·포장은 「관세법」 제248조에 따라 관할 세관장이 신고필증을 발급한 날을 기준으로 산정한다.
4. 자가품질검사는 식품의약품안전처장이 정하여 고시하는 식품유형별 검사항목을 검사한다. 다만, 식품제조·가공 과정 중 특정 식품첨가물을 사용하지 아니한 경우에는 그 항목의 검사를 생략할 수 있다.
5. 영업자가 다른 영업자에게 식품 등을 제조하게 하는 경우에는 식품 등을 제조하게 하는 자 또는 직접 그 식품 등을 제조하는 자가 자가품질검사를 실시하여야 한다.
6. 식품 등의 자가품질검사는 다음의 구분에 따라 실시하여야 한다.

가. 식품제조·가공업

1) 과자류, 빵류 또는 떡류(과자, 캔디류, 추잉껌 및 떡류만 해당한다), 코코아가공품류, 초콜릿류, 잼류, 당류, 음료류[다류(茶類) 및 커피류만 해당한다], 절임류 또는 조림류, 수산가공식품류(젓갈류, 건포류, 조미김, 기타 수산물가공품만 해당한다), 두부류 또는 묵류, 주류, 면류, 조미식품(고춧가루, 실고추 및 향신료가공품, 식염만 해당한다), 즉석식품류(만두류, 즉석섭취식품, 즉석조리식품만 해당한다), 장류, 농산가공식품류(전분류, 밀가루, 기타농산가공품류 중 곡류가공품, 두류가공품, 서류가공품, 기타 농산가공품만 해당한다), 식용유지가공품(모조치즈, 식물성크림, 기타 식용유지가공품만 해당한다), 동물성가공식품류(추출가공식품만 해당한다), 기타가공품, 선박에서 통·병조림을 제조하는 경우 및 단순가공품(자연산물을 그 원형을 알아볼 수 없도록 분해·절단 등의 방법으로 변형시키거나 1차 가공처리한 식품원료를 식품첨가물을 사용하지 아니하고 단순히 서로 혼합만 하여 가공한 제품이거나 이 제품에 식품제조·가공업의 허가를 받아 제조·포장된 조미식품을 포장된 상태 그대로 첨부한 것을 말한다)만을 가공하는 경우: 3개월마다 1회 이상 식품의약품안전처장이 정하여 고시하는 식품유형별 검사항목
2) 식품제조·가공업자가 자신의 제품을 만들기 위하여 수입한 반가공 원료식품 및 용기·포장
   가) 반가공 원료식품 : 6개월마다 1회 이상 식품의약품안전처장이 정하여 고시하는 식품유형별 검사항목
   나) 용기·포장 : 동일재질별로 6개월마다 1회 이상 재질별 성분에 관한 규격
3) 빵류, 식육함유가공품, 알함유가공품, 동물성가공식품류(기타식육 또는 기타알제품), 음료류(과일·채소류음료, 탄산음료류, 두유류, 발효음료류, 인삼·홍삼음료, 기타음료만 해당한다, 비가열음료는 제외한다), 식용유지류(들기름, 추출들깨유만 해당한다) : 3개월마다 1회 이상 식품의약품안전처장이 정하여 고시하는 식품유형별 검사항목
4) 1)부터 3)까지의 규정 외의 식품 : 1개월마다 1회 이상 식품의약품안전처장이 정하여 고시하는 식품유형별 검사항목
5) 법 제48조제8항에 따른 전년도의 조사·평가 결과가 만점의 90퍼센트 이상인 식품 : 1)·3)·4)에도 불구하고 6개월마다 1회 이상 식품의약품안전처장이 정하여 고시하는 식품유형별 검사항목
6) 보건복지부장관이 식중독 발생위험이 높다고 인정하여 지정·고시한 기간에는 1) 및 2)에 해당하는 식품은 1개월마다 1회 이상, 3)에 해당하는 식품은 15일마다 1회 이상, 4)에 해당하는 식품은 1주일마다 1회 이상 실시하여야 한다.
7) 「주세법」 제51조에 따른 검사 결과 적합판정을 받은 주류는 자가품질검사를 실시하지 않을 수 있다. 이 경우 해당 검사는 제4호에 따른 주류의 자가품질검사 항목에 대한 검사를 포함하여야 한다.

나. 즉석판매제조·가공업
1) 빵류(크림을 위에 바르거나 안에 채워 넣은 것만 해당한다), 당류(설탕류, 포도당, 과당류, 올리고당류만 해당한다), 식육함유가공품, 어육가공품류(연육, 어묵, 어육소시지 및 기타 어육가공품만 해당한다), 두부류 또는 묵류, 식용유지류(압착식용유만 해당한다), 특수용도식품, 소스, 음료류(커피, 과일·채소류음료, 탄산음료류, 두유류, 발효음료류, 인삼·홍삼음료, 기타음료만 해당한다), 동물성가공식품류(추출가공식품만 해당한다), 빙과류, 즉석섭취식품(도시락, 김밥류, 햄버거류 및 샌드위치류만 해당한다), 즉석조리식품(순대류만 해당한다), 「축산물 위생관리법」 제2조제2호에 따른 유가공품, 식육가공품 및 알가공품: 9개월 마다 1회 이상 식품의약품안전처장이 정하여 고시하는 식품 및 축산물가공품 유형별 검사항목
2) 별표 15 제2호에 따른 영업을 하는 경우에는 자가품질검사를 실시하지 않을 수 있다.

다. 식품첨가물
1) 기구 등 살균소독제 : 6개월마다 1회 이상 살균소독력
2) 1) 외의 식품첨가물 : 6개월마다 1회 이상 식품첨가물별 성분에 관한 규격

라. 기구 또는 용기·포장 : 동일재질별로 6개월마다 1회 이상 재질별 성분에 관한 규격

제31조의2(자가품질검사의무의 면제) 식품의약품안전처장 또는 시·도지사는 제48조제3항에 따른 식품안전관리인증기준적용업소가 다음 각 호에 해당하는 경우에는 제31조제1항에도 불구하고 총리령으로 정하는 바에 따라 자가품질검사를 면제할 수 있다.

1. 제48조제3항에 따른 식품안전관리인증기준적용업소가 제31조제1항에 따른 검사가 포함된 식품안전관리인증기준을 지키는 경우
2. 제48조제8항에 따른 조사·평가 결과 그 결과가 우수하다고 총리령으로 정하는 바에 따라 식품의약품안전처장이 인정하는 경우

[본조신설 2016.2.3.]

규칙 제31조의2(자가품질검사의무의 면제) 법 제31조의2제2호에 따라 식품안전관리인증기준적용업소의 자가품질검사 의무를 면제하는 경우는 해당 식품안전관리인증기준적용업소에 대하여 제66조제1항에 따른 조사·평가를 한 결과가 만점의 95퍼센트 이상인 경우로 한다.
[본조신설 2016.8.2.]

제32조 (식품위생감시원) ① 제22조제1항에 따른 관계 공무원의 직무와 그 밖에 식품위생에 관한 지도 등을 하기 위하여 식품의약품안전처(대통령령으로 정하는 그 소속 기관을 포함한다), 특별시·광역시·특별자치시·도·특별자치도(이하 "시·도"라 한다) 또는 시·군·구(자치구를 말한다. 이하 같다)에 식품위생감시원을 둔다. 〈개정 2016.2.3.〉

② 제1항에 따른 식품위생감시원의 자격·임명·직무범위, 그 밖에 필요한 사항은 대통령령으로 정한다.

영 제16조 (식품위생감시원의 자격 및 임명) ① 법 제32조 제1항에서 "대통령령으로 정하는 그 소속 기관"이란 지방식품의약품안전청을 말한다.

② 법 제32조제1항에 따른 식품위생감시원(이하 "식품위생감시원"이라 한다)은 식품의약품안전처장(지방식품의약품안전청장을 포함한다), 시·도지사 또는 시장·군수·구청장이 다음 각 호의 어느 하나에 해당하는 소속 공무원 중에서 임명한다. 〈개정 2018.12.11.〉

1. 위생사, 식품기술사·식품기사·식품산업기사·수산제조기술사·수산제조기사·수산제조산업기사 또는 영양사
2. 「고등교육법」 제2조 제1호 및 제4호에 따른 대학 또는 전문대학에서 의학·한의학·약학·한약학·수의학·축산학·축산가공학·수산제조학·농산제조학·농화학·화학·화학공학·식품가공학·식품화학·식품제조학·식품공학·식품과학·식품영양학·위생학·발효공학·미생물학·조리학·생물학 분야의 학과 또는 학부를 졸업한 자 또는 이와 같은 수준 이상의 자격이 있는 자
3. 외국에서 위생사 또는 식품제조기사의 면허를 받은 자나 제2호와 같은 과정을 졸업한 자로서 식품의약품안전처장이 적당하다고 인정하는 자

4. 1년 이상 식품위생행정에 관한 사무에 종사한 경험이 있는 자

③ 식품의약품안전처장(지방식품의약품안전청장을 포함한다), 시·도지사 또는 시장·군수·구청장은 제2항 각 호의 요건에 해당하는 자만으로는 식품위생감시원의 인력 확보가 곤란하다고 인정될 경우에는 식품위생행정에 종사하는 자 중 소정의 교육을 2주 이상 받은 자에 대하여 그 식품위생행정에 종사하는 기간 동안 식품위생감시원의 자격을 인정할 수 있다. 〈개정 2013.3.23.〉

영 제17조(식품위생감시원의 직무) 식품위생감시원의 직무는 다음 각 호와 같다. 〈개정 2019.3.14.〉

1. 식품 등의 위생적인 취급에 관한 기준의 이행 지도
2. 수입·판매 또는 사용 등이 금지된 식품 등의 취급 여부에 관한 단속
3. 「식품 등의 표시 · 광고에 관한 법률」 제4조부터 제8조까지의 규정에 따른 표시 또는 광고기준의 위반 여부에 관한 단속
4. 출입·검사 및 검사에 필요한 식품 등의 수거
5. 시설기준의 적합 여부의 확인·검사
6. 영업자 및 종업원의 건강진단 및 위생교육의 이행 여부의 확인·지도
7. 조리사 및 영양사의 법령 준수사항 이행 여부의 확인·지도
8. 행정처분의 이행 여부 확인
9. 식품 등의 압류·폐기 등
10. 영업소의 폐쇄를 위한 간판 제거 등의 조치
11. 그 밖에 영업자의 법령 이행 여부에 관한 확인·지도

영 제17조의2(식품위생감시원의 교육) ① 식품의약품안전처장, 시·도지사 또는 시장·군수·구청장은 식품위생감시원을 대상으로 제17조에 따른 직무 수행에 필요한 전문지식과 역량을 강화하는 교육 프로그램을 운영하여야 한다.

② 식품의약품안전처장, 시·도지사 또는 시장·군수·구청장은 제1항에 따른 교육 프로그램을 국내외 교육기관 등에 위탁하여 실시할 수 있다.

③ 식품위생감시원은 제1항에 따른 교육을 받아야 한다. 이 경우 교육의 방법·시간·내용 및 그 밖에 교육에 필요한 사항은 총리령으로 정한다.

[본조신설 2018. 12. 11.]

[시행일 : 2019. 12. 12.] 제17조의2

제33조 (소비자식품위생감시원) ① 식품의약품안전처장(대통령령으로 정하는 그 소속 기관의 장을 포함한다. 이하 이 조에서 같다), 시·도지사 또는 시장·군수·구청장은 식품위생관리를 위하여 「소비자기본법」 제29조에 따라 등록한 소비자단체의 임직원 중 해당 단체의 장이 추천한 자나 식품위생에 관한 지식이 있는 자를 소비자식품위생감시원으로 위촉할 수 있다. 〈개정 2013.3.23.〉

(계속)

② 제1항에 따라 위촉된 소비자식품위생감시원(이하 "소비자식품위생감시원"이라 한다)의 직무는 다음 각 호와 같다. 〈개정 2018.3.13.〉
 1. 제36조 제1항 제3호에 따른 식품접객업을 하는 자(이하 "식품접객영업자"라 한다)에 대한 위생관리 상태 점검
 2. 유통 중인 식품등이 「식품등의 표시·광고에 관한 법률」 제4조부터 제7조까지에 따른 표시·광고의 기준에 맞지 아니하거나 같은 법 제8조에 따른 부당한 표시 또는 광고행위의 금지 규정을 위반한 경우 관할 행정관청에 신고하거나 그에 관한 자료 제공
 3. 제32조에 따른 식품위생감시원이 하는 식품 등에 대한 수거 및 검사 지원
 4. 그 밖에 식품위생에 관한 사항으로서 대통령령으로 정하는 사항
③ 소비자식품위생감시원은 제2항 각 호의 직무를 수행하는 경우 그 권한을 남용하여서는 아니 된다.
④ 제1항에 따라 소비자식품위생감시원을 위촉한 식품의약품안전처장, 시·도지사 또는 시장·군수·구청장은 소비자식품위생감시원에게 직무 수행에 필요한 교육을 하여야 한다. 〈개정 2013.3.23.〉
⑤ 식품의약품안전처장, 시·도지사 또는 시장·군수·구청장은 소비자식품위생감시원이 다음 각 호의 어느 하나에 해당하면 그 소비자식품위생감시원을 해촉(解囑)하여야 한다. 〈개정 2013.3.23.〉
 1. 추천한 소비자단체에서 퇴직하거나 해임된 경우
 2. 제2항 각 호의 직무와 관련하여 부정한 행위를 하거나 권한을 남용한 경우
 3. 질병이나 부상 등의 사유로 직무 수행이 어렵게 된 경우
⑥ 소비자식품위생감시원이 제2항 제1호의 직무를 수행하기 위하여 식품접객영업자의 영업소에 단독으로 출입하려면 미리 식품의약품안전처장, 시·도지사 또는 시장·군수·구청장의 승인을 받아야 한다. 〈개정 2013.3.23.〉
⑦ 소비자식품위생감시원이 제6항에 따른 승인을 받아 식품접객영업자의 영업소에 단독으로 출입하는 경우에는 승인서와 신분을 표시하는 증표 및 조사기간, 조사범위, 조사담당자, 관계 법령 등 대통령령으로 정하는 사항이 기재된 서류를 지니고 이를 관계인에게 내보여야 한다. 〈개정 2016.2.3.〉
⑧ 소비자식품위생감시원의 자격, 직무 범위 및 교육, 그 밖에 필요한 사항은 대통령령으로 정한다.

영 **제18조 (소비자식품위생감시원의 자격 등)** ① 법 제33조 제1항에서 "대통령령으로 정하는 그 소속 기관의 장"이란 지방식품의약품안전청장을 말한다.
② 법 제33조 제1항에 따른 소비자식품위생감시원(이하 "소비자식품위생감시원"이라 한다)으로 위촉될 수 있는 자는 다음 각 호의 어느 하나에 해당하는 자로 한다. 〈개정 2013.3.23.〉
 1. 식품의약품안전처장이 정하여 고시하는 교육과정을 마친 자
 2. 제16조 제2항 각 호의 어느 하나에 해당하는 자
③ 법 제33조 제2항 제4호에서 "대통령령으로 정하는 사항"이란 제17조에 따른 식품위생감시원의 직무 중 같은 조 제8호에 따른 행정처분의 이행 여부 확인을 지원하는 업무를 말한다.
④ 법 제33조 제4항에 따라 식품의약품안전처장(지방식품의약품안전청장을 포함한다. 이하 제5항에서 같다), 시·도지사 또는 시장·군수·구청장은 소비자식품위생감시원에 대하여 반기(半期)마다 식품위생법령 및 위해식품 등 식별 등에 관한 교육을 실시하고,

소비자식품위생감시원이 직무를 수행하기 전에 그 직무에 관한 교육을 실시하여야 한다. 〈개정 2013. 3. 23.〉

⑤ 식품의약품안전처장, 시·도지사 또는 시장·군수·구청장은 소비자식품위생감시원의 활동을 지원하기 위하여 예산 또는 법 제89조에 따른 식품진흥기금(이하 "기금"이라 한다)의 범위에서 식품의약품안전처장이 정하는 바에 따라 수당 등을 지급할 수 있다. 〈개정 2013. 3. 23.〉

⑥ 법 제33조 제6항에 따른 단독출입의 승인 절차와 그 밖에 소비자식품위생감시원의 운영에 필요한 사항은 식품의약품안전처장이 정하여 고시한다. 〈개정 2013.3.23.〉

⑦ 법 제33조제7항에서 "조사기간, 조사범위, 조사담당자 및 관계 법령 등 대통령령으로 정하는 사항"이란 다음 각 호의 사항을 말한다. 〈신설 2016.7.26.〉

1. 조사목적
2. 조사기간 및 대상
3. 조사의 범위 및 내용
4. 소비자식품위생감시원의 성명 및 위촉기관
5. 소비자식품위생감시원의 소속 단체(단체에 소속된 경우만 해당한다)
6. 그 밖에 해당 조사에 필요한 사항

⑧ 법 제33조제7항에 따라 영업소를 단독으로 출입할 때 지니는 승인서 및 증표의 서식은 총리령으로 정한다. 〈개정 2016.7.26.〉

규칙 **제32조 (소비자식품위생감시원의 단독 출입 시 승인서 및 증표)** 영 제18조 제7항에 따라 소비자식품위생감시원이 영업소를 단독으로 출입할 때 지니는 승인서 및 증표는 각각 별지 제24호 서식 및 별지 제25호 서식과 같다.

제34조 삭제 〈2015.3.27.〉

영 제19조 삭제 〈2015.12.30.〉

규칙 제33조 삭제 〈2015.12.31.〉

규칙 제34조 삭제 〈2015.12.31.〉

제35조 (소비자 위생점검 참여 등) ① 대통령령으로 정하는 영업자는 식품위생에 관한 전문적인 지식이 있는 자 또는 「소비자기본법」 제29조에 따라 등록한 소비자단체의 장이 추천한 자로서 식품의약품안전처장이 정하는 자에게 위생관리 상태를 점검받을 수 있다. 〈개정 2013.3.23.〉

② 제1항에 따른 점검 결과 식품의약품안전처장이 정하는 기준에 적합하여 합격한 경우 해당 영업자는 그 합격사실을 총리령으로 정하는 바에 따라 해당 영업소에서 제조·가공한 식품 등에 표시하거나 광고할 수 있다. 〈개정 2013.3.23.〉

(계속)

③ 식품의약품안전처장(대통령령으로 정하는 그 소속 기관의 장을 포함한다. 이하 이 조에서 같다), 시·도지사 또는 시장·군수·구청장은 제1항에 따라 위생점검을 받은 영업소 중 식품의약품안전처장이 정하는 기준에 따른 우수 등급의 영업소에 대하여는 관계 공무원으로 하여금 총리령으로 정하는 일정 기간 동안 제22조에 따른 출입·검사·수거 등을 하지 아니하게 할 수 있다. 〈개정 2016.2.3.〉

④ 식품의약품안전처장, 시·도지사 또는 시장·군수·구청장은 제22조제1항에 따른 출입·검사·수거 등에 참여를 희망하는 소비자를 참여하게 하여 위생 상태를 점검할 수 있다. 〈개정 2016.2.3.〉

⑤ 제1항에 따른 위생점검의 시기 등은 대통령령으로 정한다. 〈개정 2013.7.30.〉

영 **제20조 (소비자 위생점검 참여 등)** ① 법 제35조 제1항에서 "대통령령으로 정하는 영업자"란 다음 각 호의 영업자를 말한다.

1. 제21조 제1호의 식품제조·가공업자
2. 제21조 제3호의 식품첨가물제조업자
3. 제21조 제5호 나목 6)의 기타 식품판매업자
4. 제21조 제8호의 식품접객업자 중 법 제47조 제1항에 따라 모범업소로 지정받은 영업자

② 법 제35조제3항에서 "대통령령으로 정하는 그 소속 기관의 장"이란 지방식품의약품안전청장을 말한다. 〈개정 2014.1.28., 2016.7.26.〉

③ 제1항에 따른 영업자가 법 제35조 제1항에 따라 위생관리 상태 점검을 신청하는 경우에는 1개월 이내에 위생점검을 하여야 한다. 이 경우 같은 업소에 대한 위생점검은 연 1회로 한정한다.

④ 제3항에 따른 위생점검 방법 및 절차는 총리령으로 정한다. 〈개정 2013.3.23.〉

규칙 **제35조 (위생점검의 절차 및 결과 표시 등)** ① 법 제35조 제1항에 따른 위생관리 상태의 점검을 신청하려는 영업자는 별지 제28호 서식의 소비자 위생점검 참여신청서(전자문서로 된 신청서를 포함한다)에 다음 각 호의 구분에 따른 서류(전자문서를 포함한다)를 첨부하여 식품의약품안전처장에게 제출하여야 한다. 〈개정 2013.3.23.〉

1. 영 제21조 제1호의 식품제조·가공업자 및 영 제21조 제3호의 식품첨가물제조업자의 경우 : 제품명, 사용한 원재료명 및 성분배합 비율, 제조·가공의 방법, 사용한 식품첨가물의 명칭·사용량 등에 관한 서류
2. 영 제21조 제5호 나목 6)의 기타 식품판매업자의 경우 : 제품의 안전성 및 위생적 관리, 보존 및 보관에 관한 서류
3. 영 제21조 제8호의 식품접객업자 중 법 제47조 제1항에 따라 모범업소로 지정받은 영업자의 경우 : 취수원, 배수시설 등 건물의 구조 및 환경, 주방시설 및 기구, 원재료의 보관 및 운반시설, 종업원의 서비스, 제공반찬과 가격 표시, 남은 음식을 처리할 수 있는 시설 및 설비에 관한 서류

② 식품의약품안전처장은 제1항에 따라 신청을 받은 경우에는 신청 받은 날부터 1개월 이내에 식품위생에 관한 전문적인 지식이 있는 사람 또는 소비자단체의 장이 추천한 사람

중에서 해당 영업소의 업종 등을 고려하여 적합한 전문가들로 점검단을 구성하여 위생 점검을 실시하게 하여야 한다. 〈개정 2013.3.23.〉

③ 식품의약품안전처장은 제2항에 따른 위생점검 결과 합격한 영업자에게는 별지 제29호 서식의 위생점검 합격증서를 발급하고, 그 영업자는 그 합격사실을 별표 13에 따라 표시하거나 광고할 수 있다. 이 경우 그 표시사항은 제품·포장·용기 및 주변의 도안 등을 고려하여 소비자가 알아보기 쉽게 표시하여야 한다. 〈개정 2013.3.23.〉

④ 법 제35조 제3항에 따라 식품의약품안전처장, 시·도지사 또는 시장·군수·구청장은 우수 등급의 영업소에 대하여는 우수 등급이 확정된 날부터 2년 동안 법 제22조에 따른 출입·검사·수거 등을 하지 아니할 수 있다. 〈개정 2013.3.23.〉

■ 별표 13 ■ 〈개정 2013.3.23.〉

소비자 위생점검 표시 및 광고 방법 (제35조 제3항 관련)

1. 표시기준

가. 도안모형

나. 도안요령

1) 심벌마크 상단의 태극문양 색상은 노란색(magenta 30+yellow 83)으로 하고, 심벌마크의 하단 밥그릇 색상은 회색(black 20)으로 한다.

2) 바탕색의 색상은 흰색(cyan 0+magenta 0+yellow 0+black 0)으로 하고 하단의 "소비자 위생점검 합격" 글씨는 검정색(black 100)으로 하며, 슬로건은 black 30으로 한다.

3) 문자의 활자체는 HY태백B로 하며 슬로건은 서울들국화로 한다.

2. 표시방법

가. 도안의 크기는 용도 및 포장재의 크기에 따라 동일배율로 조정한다.

나. 도안은 알아보기 쉽도록 인쇄 또는 각인 등의 방법으로 표시하여야 한다.

3. 광고방법

가. 소비자 위생점검 합격사실을 광고하는 경우에는 사실과 다름이 없어야 한다.

나. 「신문 등의 자유와 기능보장에 관한 법률」 제12조 제1항에 따라 등록한 전국을 보급지역으로 하는 1개 이상의 일반신문에 게재할 수 있다.

다. 식품의약품안전처나 관할 특별자치도·시·군·구청의 인터넷 홈페이지에 게재하도록 요청할 수 있다.

제7장 영업

제36조(시설기준) ① 다음의 영업을 하려는 자는 총리령으로 정하는 시설기준에 맞는 시설을 갖추어야 한다. 〈개정 2013.3.23.〉

1. 식품 또는 식품첨가물의 제조업, 가공업, 운반업, 판매업 및 보존업
2. 기구 또는 용기·포장의 제조업
3. 식품접객업

② 제1항 각 호에 따른 영업의 세부 종류와 그 범위는 대통령령으로 정한다.

규칙 제36조(업종별 시설기준) 법 제36조에 따른 업종별 시설기준은 별표 14와 같다.

■ **별표 14** ■ 〈개정 2019.4.19.〉

업종별 시설기준(제36조 관련)

1. 식품제조·가공업의 시설기준

가. 식품의 제조시설과 원료 및 제품의 보관시설 등이 설비된 건축물(이하 "건물"이라 한다)의 위치 등

1) 건물의 위치는 축산폐수·화학물질, 그 밖에 오염물질의 발생시설로부터 식품에 나쁜 영향을 주지 아니하는 거리를 두어야 한다.

2) 건물의 구조는 제조하려는 식품의 특성에 따라 적정한 온도가 유지될 수 있고, 환기가 잘 될 수 있어야 한다.

3) 건물의 자재는 식품에 나쁜 영향을 주지 아니하고 식품을 오염시키지 아니하는 것이어야 한다.

나. 작업장

1) 작업장은 독립된 건물이거나 식품제조·가공 외의 용도로 사용되는 시설과 분리(별도의 방을 분리함에 있어 벽이나 층 등으로 구분하는 경우를 말한다. 이하 같다)되어야 한다.

2) 작업장은 원료처리실·제조가공실·포장실 및 그 밖에 식품의 제조·가공에 필요한 작업실을 말하며, 각각의 시설은 분리 또는 구획(칸막이·커튼 등으로 구분하는 경우를 말한다. 이하 같다)되어야 한다. 다만, 제조공정의 자동화 또는 시설·제품의 특수성으로 인하여 분리 또는 구획할 필요가 없다고 인정되는 경우로서 각각의 시설이 서로 구분(선·줄 등으로 구분하는 경우를 말한다. 이하 같다)될 수 있는 경우에는 그러하지 아니하다.

3) 작업장의 바닥·내벽 및 천장 등은 다음과 같은 구조로 설비되어야 한다.

가) 바닥은 콘크리트 등으로 내수처리를 하여야 하며, 배수가 잘 되도록 하여야 한다.

나) 내벽은 바닥으로부터 1.5m까지 밝은 색의 내수성으로 설비하거나 세균방지용 페인트로 도색하여야 한다.

다) 작업장의 내부 구조물, 벽, 바닥, 천장, 출입문, 창문 등은 내구성, 내부식성 등을 가지고, 세척·소독이 용이하여야 한다.

4) 작업장 안에서 발생하는 악취·유해가스·매연·증기 등을 환기시키기에 충분한 환기시설을 갖추어야 한다.

5) 작업장은 외부의 오염물질이나 해충, 설치류, 빗물 등의 유입을 차단할 수 있는 구조이어야 한다.

6) 작업장은 폐기물·폐수 처리시설과 격리된 장소에 설치하여야 한다.

다. 식품취급시설 등

1) 식품을 제조·가공하는데 필요한 기계·기구류 등 식품취급시설은 식품의 특성에 따라 식품 등의 기준 및 규격에서 정하고 있는 제조·가공기준에 적합한 것이어야 한다.

2) 식품취급시설 중 식품과 직접 접촉하는 부분은 위생적인 내수성재질[스테인리스·알루미늄·에프알피(FRP)·테프론 등 물을 흡수하지 아니하는 것을 말한다. 이하 같다]로서 씻기 쉬운 것이거나 위생적인 목재로서 씻는 것이 가능한 것이어야 하며, 열탕·증기·살균제 등으로 소독·살균이 가능한 것이어야 한다.

3) 냉동·냉장시설 및 가열처리시설에는 온도계 또는 온도를 측정할 수 있는 계기를 설치하여야 한다.

라. 급수시설

1) 수돗물이나 「먹는 물 관리법」 제5조에 따른 먹는 물의 수질기준에 적합한 지하수 등을 공급할 수 있는 시설을 갖추어야 한다.

2) 지하수 등을 사용하는 경우 취수원은 화장실·폐기물처리시설·동물사육장, 그 밖에 지하수가 오염될 우려가 있는 장소로부터 영향을 받지 아니하는 곳에 위치하여야 한다.

3) 먹기에 적합하지 않은 용수는 교차 또는 합류되지 않아야 한다.

마. 화장실

1) 작업장에 영향을 미치지 아니하는 곳에 정화조를 갖춘 수세식화장실을 설치하여야 한다. 다만, 인근에 사용하기 편리한 화장실이 있는 경우에는 화장실을 따로 설치하지 아니할 수 있다.

2) 화장실은 콘크리트 등으로 내수처리를 하여야 하고, 바닥과 내벽(바닥으로부터 1.5m까지)에는 타일을 붙이거나 방수페인트로 색칠하여야 한다.

바. 창고 등의 시설

1) 원료와 제품을 위생적으로 보관·관리할 수 있는 창고를 갖추어야 한다. 다만, 창고에 갈음할 수 있는 냉동·냉장시설을 따로 갖춘 업소에서는 이를 설치하지 아니할 수 있다.

2) 창고의 바닥에는 양탄자를 설치하여서는 아니 된다.

사. 검사실

1) 식품 등의 기준 및 규격을 검사할 수 있는 검사실을 갖추어야 한다. 다만, 다음 각 호의 어느 하나에 해당하는 경우에는 이를 갖추지 아니할 수 있다.

가) 법 제31조 제2항에 따라 「식품·의약품분야 시험·검사 등에 관한 법률」 제6조 제3항 제2호에 따른 자가품질위탁 시험·검사기관 등에 위탁하여 자가품질검사를 하려는 경우

나) 같은 영업자가 다른 장소에 영업신고한 같은 업종의 영업소에 검사실을 갖추고 그 검사실에서 법 제31조 제1항에 따른 자가품질검사를 하려는 경우

다) 같은 영업자가 설립한 식품 관련 연구·검사기관에서 자사 제품에 대하여 법 제31조 제1항에 따른 자가품질검사를 하려는 경우

라) 「독점규제 및 공정거래에 관한 법률」 제2조 제2호에 따른 기업집단에 속하는 식품관련 연구·검사기관 또는 같은 조 제3호에 따른 계열회사가 영업신고한 같은 업종의 영업소의 검사실에서 법 제31조 제1항에 따른 자가품질검사를 하려는 경우

마) 같은 영업자, 동일한 기업집단(「독점규제 및 공정거래에 관한 법률」 제2조제2호에 따른 기업집단을 말한다)에 속하는 식품관련 연구 · 검사기관 또는 영업자의 계열회사(같은 법 제2조제3호에 따른 계열회사를 말한다)가 영 제21조제1항제3호에 따른 식품첨가물제조업, 「축산물 위생관리법」 제21조제1항제3호에 따른 축산물가공업, 「건강기능식품에 관한 법률 시행령」 제2조제1호가목에 따른 건강기능식품전문제조업, 「약사법」 제31조제1항 · 제4항에 따른 의약품 · 의약외품을 제조하는 영업 또는 「화장품법」 제3조제1항에 따른 화장품의 전부 또는 일부를 제조하는

영업을 하면서 해당 영업소에 검사실 또는 시험실을 갖추고 법 제31조제1항에 따른 자가품질검사를 하려는 경우

2) 검사실을 갖추는 경우에는 자가품질검사에 필요한 기계·기구 및 시약류를 갖추어야 한다.

아. 운반시설

식품을 운반하기 위한 차량, 운반도구 및 용기를 갖춘 경우 식품과 직접 접촉하는 부분의 재질은 인체에 무해하며 내수성·내부식성을 갖추어야 한다.

자. 시설기준 적용의 특례

1) 선박에서 수산물을 제조·가공하는 경우에는 다음의 시설만 설비할 수 있다.

가) 작업장 : 작업장에서 발생하는 악취·유해가스·매연·증기 등을 환기시키는 시설을 갖추어야 한다.

나) 창고 등의 시설 등 : 냉동·냉장시설을 갖추어야 한다.

다) 화장실 : 수세식 화장실을 두어야 한다.

2) 식품제조·가공업자가 제조·가공시설 등이 부족한 경우에는 영 제21조 각 호에 따른 영업자, 「축산물 위생관리법」 제21조제1항제3호에 따른 축산물가공업의 영업자 또는 「건강기능식품에 관한 법률 시행령」 제2조제1호가목에 따른 건강기능식품전문제조업의 영업자에게 위탁하여 식품을 제조·가공할 수 있다.

3) 하나의 업소가 둘 이상의 업종의 영업을 할 경우 또는 둘 이상의 식품을 제조·가공하고자 할 경우로서 각각의 제품이 전부 또는 일부의 동일한 공정을 거쳐 생산되는 경우에는 그 공정에 사용되는 시설 및 작업장을 함께 쓸 수 있다. 이 경우 「축산물위생관리법」 제22조에 따라 축산물가공업의 허가를 받은 업소, 「먹는 물 관리법」 제21조에 따라 먹는 샘물제조업의 허가를 받은 업소, 「주세법」 제6조에 따라 주류제조의 면허를 받아 주류를 제조하는 업소 및 「건강기능식품에 관한 법률」 제5조에 따라 건강기능식품제조업의 허가를 받은 업소 및 「양곡관리법」 제19조에 따라 양곡가공업 등록을 한 업소의 시설 및 작업장도 또한 같다.

4) 「농업·농촌 및 식품산업 기본법」 제3조제2호에 따른 농업인, 같은 조 제4호에 따른 생산자단체, 「수산업·어촌 발전 기본법」 제3조제2호에 따른 수산인, 같은 조 제3호에 따른 어업인, 같은 조 제5호에 따른 생산자단체, 「농어업경영체 육성 및 지원에 관한 법률」 제16조에 따른 영농조합법인·영어조합법인 또는 같은 법 제19조에 따른 농업회사법인·어업회사법인이 국내산 농산물과 수산물을 주된 원료로 식품을 직접 제조·가공하는 영업과 「전통시장 및 상점가 육성을 위한 특별법」 제2조 제1호에 따른 전통시장에서 식품을 제조·가공하는 영업에 대해서는 특별자치도지사·시장·군수·구청장은 그 시설기준을 따로 정할 수 있다.

5) 식품제조·가공업을 함께 영위하려는 의약품제조업자 또는 의약외품제조업자는 제조하는 의약품 또는 의약외품 중 내복용 제제가 식품에 전이될 우려가 없다고 식품의약품안전처장이 인정하는 경우에는 해당 의약품 또는 의약외품 제조시설을 식품제조·가공시설로 이용할 수 있다. 이 경우 식품제조·가공시설로 이용할 수 있는 기준 및 방법 등 세부사항은 식품의약품안전처장이 정하여 고시한다.

6) 「곤충산업의 육성 및 지원에 관한 법률」 제2조제3호에 따른 곤충농가가 곤충을 주된 원료로 하여 식품을 제조·가공하는 영업을 하려는 경우 특별자치시장·특별자치도지사·시장·군수·구청장은 그 시설기준을 따로 정할 수 있다.

2. 즉석판매제조·가공업의 시설기준

가. 건물의 위치 등

1) 독립된 건물이거나 즉석판매제조·가공 외의 용도로 사용되는 시설과 분리 또는 구획되어야 한다.

다만, 백화점 등 식품을 전문으로 취급하는 일정장소(식당가·식품매장 등을 말한다) 또는 일반음식점·휴게음식점·제과점 영업장과 직접 접한 장소에서 즉석판매제조·가공업의 영업을 하려는 경우와 「축산물가공처리법 시행령」 제21조 제7호 가목에 따른 식육판매업소에서 식육을 이용하여 즉석판매제조·가공업의 영업을 하려는 경우로서 식품위생상 위해발생의 우려가 없다고 인정되는 경우에는 그러하지 아니하다.

2) 건물의 위치·구조 및 자재에 관하여는 1. 식품제조·가공업의 시설기준 중 가. 건물의 위치 등의 관련 규정을 준용한다.

나. 작업장

1) 식품을 제조·가공할 수 있는 기계·기구류 등이 설치된 제조·가공실을 두어야 한다. 다만, 식품제조·가공업 영업자가 제조·가공한 식품 또는 식품 등 수입판매업 영업자가 수입·판매한 식품을 소비자가 원하는 만큼 덜어서 판매하는 것만 하고, 식품의 제조·가공은 하지 아니하는 영업자인 경우에는 제조·가공실을 두지 아니할 수 있다.

2) 제조가공실의 시설 등에 관하여는 1. 식품제조·가공업의 시설기준 중 나. 작업장의 관련 규정을 준용한다.

다. 식품취급시설 등

식품취급시설 등에 관하여는 1. 식품제조·가공업의 시설기준 중 다. 식품취급시설 등의 관련 규정을 준용한다.

라. 급수시설

급수시설은 1. 식품제조·가공업의 시설기준 중 라. 급수시설의 관련 규정을 준용한다. 다만, 인근에 수돗물이나 「먹는 물 관리법」 제5조에 따른 먹는 물 수질기준에 적합한 지하수 등을 공급할 수 있는 시설이 있는 경우에는 이를 설치하지 아니할 수 있다.

마. 판매시설

식품을 위생적으로 유지·보관할 수 있는 진열·판매시설을 갖추어야 한다.

바. 화장실

1) 화장실을 작업장에 영향을 미치지 아니하는 곳에 설치하여야 한다.

2) 정화조를 갖춘 수세식 화장실을 설치하여야 한다. 다만, 상·하수도가 설치되지 아니한 지역에서는 수세식이 아닌 화장실을 설치할 수 있다.

3) 2)단서에 따라 수세식이 아닌 화장실을 설치하는 경우에는 변기의 뚜껑과 환기시설을 갖추어야 한다.

4) 공동화장실이 설치된 건물 안에 있는 업소 및 인근에 사용이 편리한 화장실이 있는 경우에는 따로 설치하지 아니할 수 있다.

사. 시설기준 적용의 특례

1) 「전통시장 및 상점가 육성을 위한 특별법」 제2조제1호에 따른 전통시장 또는 「관광진흥법 시행령」 제2조제1항제5호가목에 따른 종합유원시설업의 시설 안에서 이동판매형태의 즉석판매제조·가공업을 하려는 경우에는 특별자치시장·특별자치도지사·시장·군수·구청장이 그 시설기준을 따로 정할 수 있다.

2) 「도시와 농어촌 간의 교류촉진에 관한 법률」 제10조에 따라 농어촌체험·휴양마을사업자가 지역 농·수·축산물을 주재료로 이용한 식품을 제조·판매·가공하는 경우에는 특별자치시장·특별자치도지사·시장·군수·구청장이 그 시설기준을 따로 정할 수 있다.

3) 지방자치단체의 장이 주최·주관 또는 후원하는 지역행사 등에서 즉석판매제조·가공업을 하려는 경우에는 특별자치시장·특별자치도지사·시장·군수·구청장이 그 시설기준을 따로 정할 수 있다.

4) 지방자치단체 및 농림축산식품부장관이 인정한 생산자단체등에서 국내산 농·수·축산물을 주재료

로 이용한 식품을 제조·판매·가공하는 경우에는 특별자치시장·특별자치도지사·시장·군수·구청장이 그 시설기준을 따로 정할 수 있다.

5) 「전시산업발전법」 제2조제4호에 따른 전시시설 또는 「국제회의산업 육성에 관한 법률」 제2조제3호에 따른 국제회의시설에서 즉석판매제조·가공업을 하려는 경우에는 특별자치시장·특별자치도지사·시장·군수·구청장이 그 시설기준을 따로 정할 수 있다.

6) 그 밖에 특별자치시장·특별자치도지사·시장·군수·구청장이 별도로 지정하는 장소에서 즉석판매제조·가공업을 하려는 경우에는 특별자치시장·특별자치도지사·시장·군수·구청장이 그 시설기준을 따로 정할 수 있다.

아. 〈삭제 2017.12.29〉

자. 〈삭제 2017.12.29〉

3. 식품첨가물제조업의 시설기준

식품제조·가공업의 시설기준을 준용한다. 다만, 건물의 위치·구조 및 작업장에 대하여는 신고관청이 위생상 위해발생의 우려가 없다고 인정하는 경우에는 그러하지 아니하다.

4. 식품운반업의 시설기준

가. 운반시설

1) 냉동 또는 냉장시설을 갖춘 적재고(積載庫)가 설치된 운반 차량 또는 선박이 있어야 한다. 다만, 어패류에 식용얼음을 넣어 운반하는 경우와 냉동 또는 냉장시설이 필요 없는 식품만을 취급하는 경우에는 그러하지 아니하다.

2) 냉동 또는 냉장시설로 된 적재고의 내부는 식품 등의 기준 및 규격 중 운반식품의 보존 및 유통기준에 적합한 온도를 유지하여야 하며, 시설외부에서 내부의 온도를 알 수 있도록 온도계를 설치하여야 한다.

3) 적재고는 혈액 등이 누출되지 아니하고 냄새를 방지할 수 있는 구조이어야 한다.

나. 세차시설

세차장은 「수질환경보전법」에 적합하게 전용세차장을 설치하여야 한다. 다만, 동일 영업자가 공동으로 세차장을 설치하거나 타인의 세차장을 사용계약한 경우에는 그러하지 아니하다.

다. 차고

식품운반용 차량을 주차시킬 수 있는 전용차고를 두어야 한다. 다만, 타인의 차고를 사용계약한 경우와 「화물자동차 운수사업법」 제55조에 따른 사용신고 대상이 아닌 자가용 화물자동차의 경우에는 그러하지 아니하다.

라. 사무소

영업활동을 위한 사무소를 두어야 한다. 다만, 영업활동에 지장이 없는 경우에는 다른 사무소를 함께 사용할 수 있고, 「화물자동차 운수사업법 시행령」 제3조제2호에 따른 개별화물자동차 운송사업의 영업자가 식품운반업을 하려는 경우에는 사무소를 두지 아니할 수 있다.

5. 식품소분·판매업의 시설기준

가. 공통시설기준

1) 작업장 또는 판매장(식품자동판매기영업·유통전문판매업을 제외한다)

가) 건물은 독립된 건물이거나 주거장소 또는 식품소분·판매업 외의 용도로 사용되는 시설과 분리 또는 구획되어야 한다.

나) 식품소분업의 소분실은 1. 식품제조·가공업의 시설기준 중 나. 작업장의 관련 규정을 준용한다.

2) 급수시설(식품소분업 등 물을 사용하지 아니하는 경우를 제외한다)

수돗물이나 「먹는 물 관리법」 제5조에 따른 먹는 물의 수질기준에 적합한 지하수 등을 공급할 수 있는 시설을 갖추어야 한다.

3) 화장실(식품자동판매기영업을 제외한다)

가) 화장실은 작업장 및 판매장에 영향을 미치지 아니하는 곳에 설치하여야 한다.

나) 정화조를 갖춘 수세식 화장실을 설치하여야 한다. 다만, 상·하수도가 설치되지 아니한 지역에서는 수세식이 아닌 화장실을 설치할 수 있다.

다) 나)단서에 따라 수세식이 아닌 화장실을 설치한 경우에는 변기의 뚜껑과 환기시설을 갖추어야 한다.

라) 공동화장실이 설치된 건물 안에 있는 업소 및 인근에 사용이 편리한 화장실이 있는 경우에는 따로 화장실을 설치하지 아니할 수 있다.

4) 공통시설기준의 적용특례

지방자치단체 및 농림축산식품부장관이 인정한 생산자단체 등에서 국내산 농·수·축산물의 판매촉진 및 소비홍보 등을 위하여 14일 이내의 기간에 한하여 특정장소에서 농·수·축산물의 판매행위를 하려는 경우에는 공통시설기준에 불구하고 특별자치도지사·시장·군수·구청장(시·도에서 농·수·축산물의 판매행위를 하는 경우에는 시·도지사)이 시설기준을 따로 정할 수 있다.

나. 업종별 시설기준

1) 식품소분업

가) 식품 등을 소분·포장할 수 있는 시설을 설치하여야 한다.

나) 소분·포장하려는 제품과 소분·포장한 제품을 보관할 수 있는 창고를 설치하여야 한다.

2) 식용얼음판매업

가) 판매장은 얼음을 저장하는 창고와 취급실이 구획되어야 한다.

나) 취급실의 바닥은 타일·콘크리트 또는 두꺼운 목판자 등으로 설비하여야 하고, 배수가 잘 되어야 한다.

다) 판매장의 주변은 배수가 잘 되어야 한다.

라) 배수로에는 덮개를 설치하여야 한다.

마) 얼음을 저장하는 창고에는 보기 쉬운 곳에 온도계를 비치하여야 한다.

바) 소비자에게 배달판매를 하려는 경우에는 위생적인 용기가 있어야 한다.

3) 식품자동판매기영업

가) 식품자동판매기(이하 "자판기"라 한다)는 위생적인 장소에 설치하여야 하며, 옥외에 설치하는 경우에는 비·눈·직사광선으로부터 보호되는 구조이어야 한다.

나) 더운 물을 필요로 하는 제품의 경우에는 제품의 음용온도는 68℃ 이상이 되도록 하여야 하고, 자판기 내부에는 살균등(더운 물을 필요로 하는 경우를 제외한다)·정수기 및 온도계가 부착되어야 한다. 다만, 물을 사용하지 않는 경우는 제외한다.

다) 자판기 안의 물탱크는 내부청소가 쉽도록 뚜껑을 설치하고 녹이 슬지 아니하는 재질을 사용하여야 한다.

라) 삭제 〈2011.8.19.〉

4) 유통전문판매업

가) 영업활동을 위한 독립된 사무소가 있어야 한다. 다만, 영업활동에 지장이 없는 경우에는 다른 사무소를 함께 사용할 수 있다.

나) 식품을 위생적으로 보관할 수 있는 창고를 갖추어야 한다. 이 경우 보관창고는 영업신고를 한 영업소의 소재지와 다른 곳에 설치하거나 임차하여 사용할 수 있다.

다) 상시 운영하는 반품·교환품의 보관시설을 두어야 한다.

5) 집단급식소 식품판매업

가) 사무소

영업활동을 위한 독립된 사무소가 있어야 한다. 다만, 영업활동에 지장이 없는 경우에는 다른 사무소를 함께 사용할 수 있다.

나) 작업장

(1) 식품을 선별·분류하는 작업은 항상 찬 곳(0~18℃)에서 할 수 있도록 하여야 한다.

(2) 작업장은 식품을 위생적으로 보관하거나 선별 등의 작업을 할 수 있도록 독립된 건물이거나 다른 용도로 사용되는 시설과 분리되어야 한다.

(3) 작업장 바닥은 콘크리트 등으로 내수처리를 하여야 하고, 물이 고이거나 습기가 차지 아니하게 하여야 한다.

(4) 작업장에는 쥐, 바퀴 등 해충이 들어오지 못하게 하여야 한다.

(5) 작업장에서 사용하는 칼, 도마 등 조리기구는 육류용과 채소용 등 용도별로 구분하여 그 용도로만 사용하여야 한다.

다) 창고 등 보관시설

(1) 식품 등을 위생적으로 보관할 수 있는 창고를 갖추어야 한다. 이 경우 창고는 영업신고를 한 소재지와 다른 곳에 설치하거나 임차하여 사용할 수 있다.

(2) 창고에는 식품의약품안전처장이 정하는 보존 및 유통기준에 적합한 온도에서 보관할 수 있도록 냉장시설 및 냉동시설을 갖추어야 한다. 다만, 창고에서 냉장처리나 냉동처리가 필요하지 아니한 식품을 처리하는 경우에는 냉장시설 또는 냉동시설을 갖추지 아니하여도 된다.

(3) 서로 오염원이 될 수 있는 식품을 보관·운반하는 경우 구분하여 보관·운반하여야 한다.

라) 운반차량

(1) 식품을 위생적으로 운반하기 위하여 냉동시설이나 냉장시설을 갖춘 적재고가 설치된 운반차량을 1대 이상 갖추어야 한다. 다만, 법 제37조에 따라 허가, 신고 또는 등록한 영업자와 계약을 체결하여 냉동 또는 냉장시설을 갖춘 운반차량을 이용하는 경우에는 운반차량을 갖추지 아니하여도 된다.

(2) (1)의 규정에도 불구하고 냉동 또는 냉장시설이 필요 없는 식품만을 취급하는 경우에는 운반차량에 냉동시설이나 냉장시설을 갖춘 적재고를 설치하지 아니하여도 된다.

6) 삭제 〈2016.2.4.〉

7) 기타식품판매업

가) 냉동시설 또는 냉장고·진열대 및 판매대를 설치하여야 한다. 다만, 냉장·냉동 보관 및 유통을 필요로 하지 않는 제품을 취급하는 경우는 제외한다.

나) 삭제 〈2012.1.17.〉

6. 식품보존업의 시설기준

가. 식품조사처리업

원자력관계법령에서 정한 시설기준에 적합하여야 한다.

나. 식품냉동·냉장업

1) 작업장은 독립된 건물이거나 다른 용도로 사용되는 시설과 분리되어야 한다. 다만, 다음 각 호의 어느 하나에 해당하는 경우에는 그러하지 아니할 수 있다.

가) 밀봉 포장된 식품과 밀봉 포장된 축산물(「축산물 위생관리법」 제2조제2호에 따른 축산물을 말한다)을 같은 작업장에 구분하여 보관하는 경우

나) 「수입식품안전관리 특별법」 제15조제1항에 따라 등록한 수입식품등 보관업의 시설과 함께 사용하는 작업장의 경우

2) 작업장에는 적하실(積下室)·냉동예비실·냉동실 및 냉장실이 있어야 하고, 각각의 시설은 분리 또는 구획되어야 한다. 다만, 냉동을 하지 아니할 경우에는 냉동예비실과 냉동실을 두지 아니할 수 있다.

3) 작업장의 바닥은 콘크리트 등으로 내수처리를 하여야 하고, 물이 고이거나 습기가 차지 아니하도록 하여야 한다.

4) 냉동예비실·냉동실 및 냉장실에는 보기 쉬운 곳에 온도계를 비치하여야 한다.

5) 작업장에는 작업장 안에서 발생하는 악취·유해가스·매연·증기 등을 배출시키기 위한 환기시설을 갖추어야 한다.

6) 작업장에는 쥐·바퀴 등 해충이 들어오지 못하도록 하여야 한다.

7) 상호오염원이 될 수 있는 식품을 보관하는 경우에는 서로 구별할 수 있도록 하여야 한다.

8) 작업장 안에서 사용하는 기구 및 용기·포장 중 식품에 직접 접촉하는 부분은 씻기 쉬우며, 살균소독이 가능한 것이어야 한다.

9) 수돗물이나 「먹는 물 관리법」 제5조에 따른 먹는 물의 수질기준에 적합한 지하수 등을 공급할 수 있는 시설을 갖추어야 한다.

10) 화장실을 설치하여야 하며, 화장실의 시설은 2. 즉석판매제조·가공업의 시설기준 중 바. 화장실의 관련 규정을 준용한다.

7. 용기·포장류 제조업의 시설기준

식품제조·가공업의 시설기준을 준용한다. 다만, 신고관청이 위생상 위해발생의 우려가 없다고 인정하는 경우에는 그러하지 아니하다.

8. 식품접객업의 시설기준

가. 공통시설기준

1) 영업장

가) 독립된 건물이거나 식품접객업의 영업허가를 받거나 영업신고를 한 업종 외의 용도로 사용되는 시설과 분리, 구획 또는 구분되어야 한다(일반음식점에서 「축산물위생관리법 시행령」 제21조제7호가목의 식육판매업을 하려는 경우, 휴게음식점에서 「음악산업진흥에 관한 법률」 제2조제10호에 따른 음반·음악영상물판매업을 하는 경우 및 관할 세무서장의 의제 주류판매 면허를 받고 제과점에서 영업을 하는 경우는 제외한다). 다만, 다음의 어느 하나에 해당하는 경우에는 분리되어야 한다.

(1) 식품접객업의 영업허가를 받거나 영업신고를 한 업종과 다른 식품접객업의 영업을 하려는 경우. 다만, 휴게음식점에서 일반음식점영업 또는 제과점영업을 하는 경우, 일반음식점에서 휴게음식점영업 또는 제과점영업을 하는 경우 또는 제과점에서 휴게음식점영업 또는 일반음식점영업을 하는 경우는 제외한다.

(2) 「음악산업진흥에 관한 법률」 제2조제13호의 노래연습장업을 하려는 경우

(3) 「다중이용업소의 안전관리에 관한 특별법 시행규칙」 제2조제3호의 콜라텍업을 하려는 경우

(4) 「체육시설의 설치·이용에 관한 법률」 제10조제1항제2호에 따른 무도학원업 또는 무도장업을 하려는 경우

(5) 「동물보호법」 제2조제1호에 따른 동물의 출입, 전시 또는 사육이 수반되는 영업을 하려는 경우

나) 영업장은 연기·유해가스 등의 환기가 잘 되도록 하여야 한다.

다) 음향 및 반주시설을 설치하는 영업자는 「소음·진동관리법」 제21조에 따른 생활소음·진동이 규제기준에 적합한 방음장치 등을 갖추어야 한다.

라) 공연을 하려는 휴게음식점·일반음식점 및 단란주점의 영업자는 무대시설을 영업장 안에 객석과 구분되게 설치하되, 객실 안에 설치하여서는 아니 된다.

마) 「동물보호법」 제2조제1호에 따른 동물의 출입, 전시 또는 사육이 수반되는 시설과 직접 접한 영업장의 출입구에는 손을 소독할 수 있는 장치, 용품 등을 갖추어야 한다.

2) 조리장

가) 조리장은 손님이 그 내부를 볼 수 있는 구조로 되어 있어야 한다. 다만, 영 제21조 제8호 바목에 따른 제과점영업소로서 같은 건물 안에 조리장을 설치하는 경우와 「관광진흥법 시행령」 제2조 제1항 제2호 가목 및 같은 항 제3호 마목에 따른 관광호텔업 및 관광공연장업의 조리장의 경우에는 그러하지 아니하다.

나) 조리장 바닥에 배수구가 있는 경우에는 덮개를 설치하여야 한다.

다) 조리장 안에는 취급하는 음식을 위생적으로 조리하기 위하여 필요한 조리시설·세척시설·폐기물용기 및 손 씻는 시설을 각각 설치하여야 하고, 폐기물용기는 오물·악취 등이 누출되지 아니하도록 뚜껑이 있고 내수성 재질로 된 것이어야 한다.

라) 1명의 영업자가 하나의 조리장을 둘 이상의 영업에 공동으로 사용할 수 있는 경우는 다음과 같다.

(1) 같은 건물 내에서 휴게음식점, 제과점, 일반음식점 및 즉석판매제조·가공업의 영업 중 둘 이상의 영업을 하려는 경우

(2) 「관광진흥법 시행령」에 따른 전문휴양업, 종합휴양업 및 유원시설업 시설 안의 같은 장소에서 휴게음식점·제과점영업 또는 일반음식점영업 중 둘 이상의 영업을 하려는 경우

(3) 삭제 〈2017.12.29.〉

(4) 제과점 영업자가 식품제조·가공업의 제과·제빵류 품목 등을 제조·가공하려는 경우

(5) 제과점영업자가 다음의 구분에 따라 둘 이상의 제과점영업을 하는 경우

(가) 기존 제과점의 영업신고관청과 같은 관할 구역에서 제과점영업을 하는 경우

(나) 기존 제과점의 영업신고관청과 다른 관할 구역에서 제과점영업을 하는 경우로서 제과점 간 거리가 5킬로미터 이내인 경우

마) 조리장에는 주방용 식기류를 소독하기 위한 자외선 또는 전기살균소독기를 설치하거나 열탕세척소독시설(식중독을 일으키는 병원성 미생물 등이 살균될 수 있는 시설이어야 한다. 이하 같다)을 갖추어야 한다. 다만, 주방용 식기류를 기구 등의 살균·소독제로만 소독하는 경우에는 그러하지 아니하다.

바) 충분한 환기를 시킬 수 있는 시설을 갖추어야 한다. 다만, 자연적으로 통풍이 가능한 구조의 경우에는 그러하지 아니하다.

사) 식품 등의 기준 및 규격 중 식품별 보존 및 유통기준에 적합한 온도가 유지될 수 있는 냉장시설 또는 냉동시설을 갖추어야 한다.

3) 급수시설

가) 수돗물이나 「먹는 물 관리법」 제5조에 따른 먹는 물의 수질기준에 적합한 지하수 등을 공급할 수 있는 시설을 갖추어야 한다.

나) 지하수를 사용하는 경우 취수원은 화장실·폐기물처리시설·동물사육장, 그 밖에 지하수가 오염될 우려가 있는 장소로부터 영향을 받지 아니하는 곳에 위치하여야 한다.

4) 화장실

가) 화장실은 콘크리트 등으로 내수처리를 하여야 한다. 다만, 공중화장실이 설치되어 있는 역·터미널·유원지 등에 위치하는 업소, 공동화장실이 설치된 건물 안에 있는 업소 및 인근에 사용하기 편리한 화장실이 있는 경우에는 따로 화장실을 설치하지 아니할 수 있다.

나) 화장실은 조리장에 영향을 미치지 아니하는 장소에 설치하여야 한다.

다) 정화조를 갖춘 수세식 화장실을 설치하여야 한다. 다만, 상·하수도가 설치되지 아니한 지역에서는 수세식이 아닌 화장실을 설치할 수 있다.

라) 다)단서에 따라 수세식이 아닌 화장실을 설치하는 경우에는 변기의 뚜껑과 환기시설을 갖추어야

한다.

마) 화장실에는 손을 씻는 시설을 갖추어야 한다.

5) 공통시설기준의 적용특례

가) 공통시설기준에도 불구하고 다음의 경우에는 특별자치시장·특별자치도지사·군수·구청장(시·도에서 음식물의 조리·판매행위를 하는 경우에는 시·도지사)이 시설기준을 따로 정할 수 있다.

(1) 「전통시장 및 상점가 육성을 위한 특별법」 제2조제1호에 따른 전통시장에서 음식점영업을 하는 경우

(2) 해수욕장 등에서 계절적으로 음식점영업을 하는 경우

(3) 고속도로·자동차전용도로·공원·유원시설 등의 휴게장소에서 영업을 하는 경우

(4) 건설공사현장에서 영업을 하는 경우

(5) 지방자치단체 및 농림축산식품부장관이 인정한 생산자단체 등에서 국내산 농·수·축산물의 판매촉진 및 소비홍보 등을 위하여 특정장소에서 음식물의 조리·판매행위를 하려는 경우

(6) 「전시산업발전법」 제2조 제4호에 따른 전시시설에서 휴게음식점영업, 일반음식점영업 또는 제과점영업을 하는 경우

(7) 지방자치단체의 장이 주최, 주관 또는 후원하는 지역행사 등에서 휴게음식점영업, 일반음식점영업 또는 제과점영업을 하는 경우.

(8) 「국제회의산업 육성에 관한 법률」 제2조제3호에 따른 국제회의시설에서 휴게음식점, 일반음식점, 제과점 영업을 하려는 경우

(9) 그 밖에 특별자치시장·특별자치도지사·시장·군수·구청장이 별도로 지정하는 장소에서 휴게음식점, 일반음식점, 제과점 영업을 하려는 경우

나) 「도시와 농어촌 간의 교류촉진에 관한 법률」 제10조에 따라 농어촌체험·휴양마을사업자가 농어촌체험·휴양프로그램에 부수하여 음식을 제공하는 경우로서 그 영업시설기준을 따로 정한 경우에는 그 시설기준에 따른다.

다) 백화점, 슈퍼마켓 등에서 휴게음식점영업 또는 제과점영업을 하려는 경우와 음식물을 전문으로 조리하여 판매하는 백화점 등의 일정장소(식당가를 말한다)에서 휴게음식점영업·일반음식점영업 또는 제과점영업을 하려는 경우로서 위생상 위해발생의 우려가 없다고 인정되는 경우에는 각 영업소와 영업소 사이를 분리 또는 구획하는 별도의 차단벽이나 칸막이 등을 설치하지 아니할 수 있다.

라) 「관광진흥법」 제70조에 따라 시·도지사가 지정한 관광특구에서 휴게음식점영업, 일반음식점영업 또는 제과점영업을 하는 경우에는 영업장 신고면적에 포함되어 있지 아니한 옥외시설에서 해당 영업별 식품을 제공할 수 있다. 이 경우 옥외시설의 기준에 관한 사항은 시장·군수 또는 구청장이 따로 정하여야 한다.

마) 「관광진흥법」 제3조 제1항 제2호 가목의 호텔업을 영위하는 장소 또는 시·도지사 또는 시장·군수·구청장이 별도로 지정하는 장소에서 휴게음식점영업, 일반음식점영업 또는 제과점영업을 하는 경우에는 공통시설기준에도 불구하고 시장·군수 또는 구청장이 시설기준 등을 따로 정하여 영업장 신고면적 외 옥외 등에서 음식을 제공할 수 있다.

나. 업종별시설기준

1) 휴게음식점영업·일반음식점영업 및 제과점영업

가) 일반음식점에 객실(투명한 칸막이 또는 투명한 차단벽을 설치하여 내부가 전체적으로 보이는 경우는 제외한다)을 설치하는 경우 객실에는 잠금장치를 설치할 수 없다.

나) 휴게음식점 또는 제과점에는 객실(투명한 칸막이 또는 투명한 차단벽을 설치하여 내부가 전체적으로 보이는 경우는 제외한다)을 둘 수 없으며, 객석을 설치하는 경우 객석에는 높이 1.5m 미만의 칸막이(이동식 또는 고정식)를 설치할 수 있다. 이 경우 2면 이상을 완전히 차단하지 아니하

여야 하고, 다른 객석에서 내부가 서로 보이도록 하여야 한다.

다) 기차·자동차·선박 또는 수상구조물로 된 유선장(遊船場)·도선장(渡船場) 또는 수상레저사업장을 이용하는 경우 다음 시설을 갖추어야 한다.

(1) 1일의 영업시간에 사용할 수 있는 충분한 양의 물을 저장할 수 있는 내구성이 있는 식수탱크

(2) 1일의 영업시간에 발생할 수 있는 음식물 찌꺼기 등을 처리하기에 충분한 크기의 오물통 및 폐수탱크

(3) 음식물의 재료(원료)를 위생적으로 보관할 수 있는 시설

라) 영업장으로 사용하는 바닥면적(「건축법 시행령」 제119조 제1항 제3호에 따라 산정한 면적을 말한다)의 합계가 100m^2(영업장이 지하층에 설치된 경우에는 그 영업장의 바닥면적 합계가 66m^2) 이상인 경우에는 「다중이용업소의 안전관리에 관한 특별법」 제9조 제1항에 따른 소방시설 등 및 영업장 내부 피난통로 그 밖의 안전시설을 갖추어야 한다. 다만, 영업장(내부계단으로 연결된 복층구조의 영업장을 제외한다)이 지상 1층 또는 지상과 직접 접하는 층에 설치되고 그 영업장의 주된 출입구가 건축물 외부의 지면과 직접 연결되는 곳에서 하는 영업을 제외한다.

마) 휴게음식점·일반음식점 또는 제과점의 영업장에는 손님이 이용할 수 있는 자막용 영상장치 또는 자동반주장치를 설치하여서는 아니 된다. 다만, 연회석을 보유한 일반음식점에서 회갑연, 칠순연 등 가정의 의례로서 행하는 경우에는 그러하지 아니하다.

바) 일반음식점의 객실 안에는 무대장치, 음향 및 반주시설, 우주볼 등의 특수조명시설을 설치하여서는 아니 된다.

사) 삭제 〈2012.12.17.〉

2) 단란주점영업

가) 영업장 안에 객실이나 칸막이를 설치하려는 경우에는 다음 기준에 적합하여야 한다.

(1) 객실을 설치하는 경우 주된 객장의 중앙에서 객실 내부가 전체적으로 보일 수 있도록 설비하여야 하며, 통로형태 또는 복도형태로 설비하여서는 아니 된다.

(2) 객실로 설치할 수 있는 면적은 객석면적의 2분의 1을 초과할 수 없다.

(3) 주된 객장 안에서는 높이 1.5m 미만의 칸막이(이동식 또는 고정식)를 설치할 수 있다. 이 경우 2면 이상을 완전히 차단하지 아니하여야 하고, 다른 객석에서 내부가 서로 보이도록 하여야 한다.

나) 객실에는 잠금장치를 설치할 수 없다.

다) 「다중이용업소의 안전관리에 관한 특별법」 제9조 제1항에 따른 소방시설 등 및 영업장 내부 피난통로 그 밖의 안전시설을 갖추어야 한다.

3) 유흥주점영업

가) 객실에는 잠금장치를 설치할 수 없다.

나) 「다중이용업소의 안전관리에 관한 특별법」 제9조 제1항에 따른 소방시설 등 및 영업장 내부 피난통로 그 밖의 안전시설을 갖추어야 한다.

9. 위탁급식영업의 시설기준

가) 사무소

영업활동을 위한 독립된 사무소가 있어야 한다. 다만, 영업활동에 지장이 없는 경우에는 다른 사무소를 함께 사용할 수 있다.

나) 창고 등 보관시설

(1) 식품 등을 위생적으로 보관할 수 있는 창고를 갖추어야 한다. 이 경우 창고는 영업신고를 한 소재지와 다른 곳에 설치하거나 임차하여 사용할 수 있다.

(2) 창고에는 식품 등을 법 제7조 제1항에 따른 식품 등의 기준 및 규격에서 정하고 있는 보존 및 유통기준에 적합한 온도에서 보관할 수 있도록 냉장·냉동시설을 갖추어야 한다.

다) 운반시설

(1) 식품을 위생적으로 운반하기 위하여 냉동시설이나 냉장시설을 갖춘 적재고가 설치된 운반차량을 1대 이상 갖추어야 한다. 다만, 법 제37조에 따라 허가 또는 신고한 영업자와 계약을 체결하여 냉동 또는 냉장시설을 갖춘 운반차량을 이용하는 경우에는 운반차량을 갖추지 아니하여도 된다.

(2) (1)의 규정에도 불구하고 냉동 또는 냉장시설이 필요 없는 식품만을 취급하는 경우에는 운반차량에 냉동시설이나 냉장시설을 갖춘 적재고를 설치하지 아니하여도 된다.

라) 식재료 처리시설

식품첨가물이나 다른 원료를 사용하지 아니하고 농·임·수산물을 단순히 자르거나 껍질을 벗기거나 말리거나 소금에 절이거나 숙성하거나 가열(살균의 목적 또는 성분의 현격한 변화를 유발하기 위한 목적의 경우를 제외한다)하는 등의 가공과정 중 위생상 위해발생의 우려가 없고 식품의 상태를 관능검사로 확인할 수 있도록 가공하는 경우 그 재료처리시설의 기준은 제1호 나목부터 마목까지의 규정을 준용한다.

마) 나)부터 라)까지의 시설기준에도 불구하고 집단급식소의 창고 등 보관시설 및 식재료 처리시설을 이용하는 경우에는 창고 등 보관시설과 식재료 처리시설을 설치하지 아니할 수 있으며, 위탁급식업자가 식품을 직접 운반하지 않는 경우에는 운반시설을 갖추지 아니할 수 있다.

영 **제21조(영업의 종류)** 법 제36조제2항에 따른 영업의 세부 종류와 그 범위는 다음 각 호와 같다. 〈개정 2017.12.12.〉

1. 식품제조·가공업 : 식품을 제조·가공하는 영업
2. 즉석판매제조·가공업 : 총리령으로 정하는 식품을 제조·가공업소에서 직접 최종소비자에게 판매하는 영업
3. 식품첨가물제조업
   가. 감미료·착색료·표백제 등의 화학적 합성품을 제조·가공하는 영업
   나. 천연 물질로부터 유용한 성분을 추출하는 등의 방법으로 얻은 물질을 제조·가공하는 영업
   다. 식품첨가물의 혼합제재를 제조·가공하는 영업
   라. 기구 및 용기·포장을 살균·소독할 목적으로 사용되어 간접적으로 식품에 이행(移行)될 수 있는 물질을 제조·가공하는 영업
4. 식품운반업 : 직접 마실 수 있는 유산균음료(살균유산균음료를 포함한다)나 어류·조개류 및 그 가공품 등 부패·변질되기 쉬운 식품을 전문적으로 운반하는 영업. 다만, 해당 영업자의 영업소에서 판매할 목적으로 식품을 운반하는 경우와 해당 영업자가 제조·가공한 식품을 운반하는 경우는 제외한다.
5. 식품소분·판매업
   가. 식품소분업 : 총리령으로 정하는 식품 또는 식품첨가물의 완제품을 나누어 유통할 목적으로 재포장·판매하는 영업
   나. 식품판매업
      1) 식용얼음판매업 : 식용얼음을 전문적으로 판매하는 영업

2) 식품자동판매기영업 : 식품을 자동판매기에 넣어 판매하는 영업. 다만, 유통기간이 1개월 이상인 완제품만을 자동판매기에 넣어 판매하는 경우는 제외한다.

3) 유통전문판매업 : 식품 또는 식품첨가물을 스스로 제조·가공하지 아니하고 제1호의 식품제조·가공업자 또는 제3호의 식품첨가물제조업자에게 의뢰하여 제조·가공한 식품 또는 식품첨가물을 자신의 상표로 유통·판매하는 영업

4) 집단급식소 식품판매업 : 집단급식소에 식품을 판매하는 영업

5) 삭제 〈2016.1.22.〉

6) 기타 식품판매업 : 1)부터 5)까지를 제외한 영업으로서 총리령으로 정하는 일정 규모 이상의 백화점, 슈퍼마켓, 연쇄점 등에서 식품을 판매하는 영업

6. 식품보존업

가. 식품조사처리업 : 방사선을 쬐어 식품의 보존성을 물리적으로 높이는 것을 업(業)으로 하는 영업

나. 식품냉동·냉장업 : 식품을 얼리거나 차게 하여 보존하는 영업. 다만, 수산물의 냉동·냉장은 제외한다.

7. 용기·포장류제조업

가. 용기·포장지제조업 : 식품 또는 식품첨가물을 넣거나 싸는 물품으로서 식품 또는 식품첨가물에 직접 접촉되는 용기(옹기류는 제외한다)·포장지를 제조하는 영업

나. 옹기류제조업 : 식품을 제조·조리·저장할 목적으로 사용되는 독, 항아리, 뚝배기 등을 제조하는 영업

8. 식품접객업

가. 휴게음식점영업 : 주로 다류(茶類), 아이스크림류 등을 조리·판매하거나 패스트푸드점, 분식점 형태의 영업 등 음식류를 조리·판매하는 영업으로서 음주행위가 허용되지 아니하는 영업. 다만, 편의점, 슈퍼마켓, 휴게소, 그 밖에 음식류를 판매하는 장소(만화가게 및 「게임산업진흥에 관한 법률」 제2조 제7호에 따른 인터넷컴퓨터게임시설제공업을 하는 영업소 등 음식류를 부수적으로 판매하는 장소를 포함한다)에서 컵라면, 일회용 다류 또는 그 밖의 음식류에 물을 부어 주는 경우는 제외한다.

나. 일반음식점영업 : 음식류를 조리·판매하는 영업으로서 식사와 함께 부수적으로 음주행위가 허용되는 영업

다. 단란주점영업 : 주로 주류를 조리·판매하는 영업으로서 손님이 노래를 부르는 행위가 허용되는 영업

라. 유흥주점영업 : 주로 주류를 조리·판매하는 영업으로서 유흥종사자를 두거나 유흥시설을 설치할 수 있고 손님이 노래를 부르거나 춤을 추는 행위가 허용되는 영업

마. 위탁급식영업 : 집단급식소를 설치·운영하는 자와의 계약에 따라 그 집단급식소에서 음식류를 조리하여 제공하는 영업

바. 제과점영업 : 주로 빵, 떡, 과자 등을 제조·판매하는 영업으로서 음주행위가 허용되지 아니하는 영업

규칙 **제37조 (즉석판매제조·가공업의 대상)** 영 제21조 제2호에서 "총리령으로 정하는 식품"이란 별표 15와 같다. 〈개정 2016.2.4.〉

■ **별표 15** ■ 〈개정 2018.6.28.〉

즉석판매제조·가공 대상 식품 (제37조 관련)

1. 영 제21조 제1호에 따른 식품제조·가공업 및 「축산물위생관리법 시행령」 제21조 제3호에 따른 축산물가공업에서 제조·가공할 수 있는 식품에 해당하는 모든 식품(통·병조림 식품 제외)
2. 영 제21조제1호에 따른 식품제조·가공업의 영업자 및 「축산물 위생관리법 시행령」 제21조제3호에 따른 축산물가공업의 영업자가 제조·가공한 식품 또는 「수입식품안전관리 특별법」 제15조제1항에 따라 등록한 수입식품등 수입·판매업 영업자가 수입·판매한 식품으로 즉석판매제조·가공업소 내에서 소비자가 원하는 만큼 덜어서 직접 최종 소비자에게 판매하는 식품. 다만, 다음 각 목의 어느 하나에 해당하는 식품은 제외한다.
   가. 통·병조림 제품
   나. 레토르트식품
   다. 냉동식품
   라. 어육제품
   마. 특수용도식품(체중조절용 조제식품은 제외한다)
   바. 식초
   사. 전분
   아. 알가공품
   자. 유가공품

규칙 **제38조 (식품소분업의 신고대상)** ① 영 제21조제5호가목에서 "총리령으로 정하는 식품 또는 식품첨가물"이란 영 제21조제1호 및 제3호에 따른 영업의 대상이 되는 식품 또는 식품첨가물(수입되는 식품 또는 식품첨가물을 포함한다)과 벌꿀[영업자가 자가채취하여 직접 소분(小分)·포장하는 경우를 제외한다]을 말한다. 다만, 어육제품, 특수용도식품(체중조절용 조제식품은 제외한다), 통·병조림 제품, 레토르트식품, 전분, 장류 및 식초는 소분·판매하여서는 아니 된다. 〈개정 2014.10.13.〉

② 식품 또는 식품첨가물제조업의 신고를 한 자가 자기가 제조한 제품의 소분·포장만을 하기 위하여 신고를 한 제조업소 외의 장소에서 식품소분업을 하려는 경우에는 그 제품이 제1항의 식품소분업 신고대상 품목이 아니더라도 식품소분업 신고를 할 수 있다.

규칙 **제39조 (기타 식품판매업의 신고대상)** 영 제21조 제5호 나목 6)의 기타 식품판매업에서 "총리령으로 정하는 일정 규모 이상의 백화점, 슈퍼마켓, 연쇄점 등"이란 백화점, 슈퍼마켓, 연쇄점 등의 영업장의 면적이 300m^2 이상인 업소를 말한다. 〈개정 2013.3.23.〉

영 **제22조 (유흥종사자의 범위)** ① 제21조 제8호에서 "유흥종사자"란 손님과 함께 술을 마시거나 노래 또는 춤으로 손님의 유흥을 돋우는 부녀자인 유흥접객원을 말한다.

② 제21조 제8호 라목에서 "유흥시설"이란 유흥종사자 또는 손님이 춤을 출 수 있도록 설치한 무도장을 말한다.

제37조 (영업허가 등) ① 제36조제1항 각 호에 따른 영업 중 대통령령으로 정하는 영업을 하려는 자는 대통령령으로 정하는 바에 따라 영업 종류별 또는 영업소별로 식품의약품안전처장 또는 특별자치시장 · 특별자치도지사 · 시장 · 군수 · 구청장의 허가를 받아야 한다. 허가받은 사항 중 대통령령으로 정하는 중요한 사항을 변경할 때에도 또한 같다. 〈개정 2016.2.3.〉

② 식품의약품안전처장 또는 특별자치시장 · 특별자치도지사 · 시장 · 군수 · 구청장은 제1항에 따른 영업허가를 하는 때에는 필요한 조건을 붙일 수 있다. 〈개정 2016.2.3.〉

③ 제1항에 따라 영업허가를 받은 자가 폐업하거나 허가받은 사항 중 같은 항 후단의 중요한 사항을 제외한 경미한 사항을 변경할 때에는 식품의약품안전처장 또는 특별자치시장 · 특별자치도지사 · 시장 · 군수 · 구청장에게 신고하여야 한다. 〈개정 2016.2.3.〉

④ 제36조제1항 각 호에 따른 영업 중 대통령령으로 정하는 영업을 하려는 자는 대통령령으로 정하는 바에 따라 영업 종류별 또는 영업소별로 식품의약품안전처장 또는 특별자치시장 · 특별자치도지사 · 시장 · 군수 · 구청장에게 신고하여야 한다. 신고한 사항 중 대통령령으로 정하는 중요한 사항을 변경하거나 폐업할 때에도 또한 같다. 〈개정 2016.2.3.〉

⑤ 제36조제1항 각 호에 따른 영업 중 대통령령으로 정하는 영업을 하려는 자는 대통령령으로 정하는 바에 따라 영업 종류별 또는 영업소별로 식품의약품안전처장 또는 특별자치시장 · 특별자치도지사 · 시장 · 군수 · 구청장에게 등록하여야 하며, 등록한 사항 중 대통령령으로 정하는 중요한 사항을 변경할 때에도 또한 같다. 다만, 폐업하거나 대통령령으로 정하는 중요한 사항을 제외한 경미한 사항을 변경할 때에는 식품의약품안전처장 또는 특별자치시장 · 특별자치도지사 · 시장 · 군수 · 구청장에게 신고하여야 한다. 〈신설 2016.2.3.〉

⑥ 제1항, 제4항 또는 제5항에 따라 식품 또는 식품첨가물의 제조업 · 가공업의 허가를 받거나 신고 또는 등록을 한 자가 식품 또는 식품첨가물을 제조 · 가공하는 경우에는 총리령으로 정하는 바에 따라 식품의약품안전처장 또는 특별자치시장 · 특별자치도지사 · 시장 · 군수 · 구청장에게 그 사실을 보고하여야 한다. 보고한 사항 중 총리령으로 정하는 중요한 사항을 변경하는 경우에도 또한 같다. 〈개정 2016.2.3.〉

⑦ 식품의약품안전처장 또는 특별자치시장 · 특별자치도지사 · 시장 · 군수 · 구청장은 영업자(제4항에 따른 영업신고 또는 제5항에 따른 영업등록을 한 자만 해당한다)가 「부가가치세법」 제8조에 따라 관할세무서장에게 폐업신고를 하거나 관할세무서장이 사업자등록을 말소한 경우에는 신고 또는 등록 사항을 직권으로 말소할 수 있다. 〈개정 2016.2.3.〉

⑧ 제3항부터 제5항까지의 규정에 따라 폐업하고자 하는 자는 제71조부터 제76조까지의 규정에 따른 영업정지 등 행정 제재처분기간과 그 처분을 위한 절차가 진행 중인 기간(「행정절차법」 제21조에 따른 처분의 사전 통지 시점부터 처분이 확정되기 전까지의 기간을 말한다) 중에는 폐업신고를 할 수 없다. 〈개정 2019.4.30.〉

⑨ 식품의약품안전처장 또는 특별자치시장 · 특별자치도지사 · 시장 · 군수 · 구청장은 제7항의 직권말소를 위하여 필요한 경우 관할 세무서장에게 영업자의 폐업여부에 대한 정보 제공을 요청할 수 있다. 이 경우 요청을 받은 관할 세무서장은 「전자정부법」 제39조에 따라 영업자의 폐업여부에 대한 정보를 제공한다. 〈개정 2016.2.3.〉

(계속)

⑩ 식품의약품안전처장 또는 특별자치시장·특별자치도지사·시장·군수·구청장은 제1항에 따른 허가 또는 변경허가의 신청을 받은 날부터 총리령으로 정하는 기간 내에 허가 여부를 신청인에게 통지하여야 한다. 〈신설 2018.12.11.〉

⑪ 식품의약품안전처장 또는 특별자치시장 · 특별자치도지사·시장·군수·구청장이 제10항에서 정한 기간 내에 허가 여부 또는 민원 처리 관련 법령에 따른 처리기간의 연장을 신청인에게 통지하지 아니하면 그 기간(민원 처리 관련 법령에 따라 처리기간이 연장 또는 재연장된 경우에는 해당 처리기간을 말한다)이 끝난 날의 다음 날에 허가를 한 것으로 본다. 〈신설 2018.12.11.〉

⑫ 식품의약품안전처장 또는 특별자치시장·특별자치도지사·시장·군수·구청장은 다음 각 호의 어느 하나에 해당하는 신고 또는 등록의 신청을 받은 날부터 3일 이내에 신고수리 여부 또는 등록 여부를 신고인 또는 신청인에게 통지하여야 한다. 〈신설 2018.12.11.〉

1. 제3항에 따른 변경신고
2. 제4항에 따른 영업신고 또는 변경신고
3. 제5항에 따른 영업의 등록·변경등록 또는 변경신고

⑬ 식품의약품안전처장 또는 특별자치시장·특별자치도지사·시장·군수·구청장이 제12항에서 정한 기간 내에 신고수리 여부, 등록 여부 또는 민원 처리 관련 법령에 따른 처리기간의 연장을 신고인이나 신청인에게 통지하지 아니하면 그 기간(민원 처리 관련 법령에 따라 처리기간이 연장 또는 재연장된 경우에는 해당 처리기간을 말한다)이 끝난 날의 다음 날에 신고를 수리하거나 등록을 한 것으로 본다. 〈신설 2018. 12. 11.〉

영 **제23조(허가를 받아야 하는 영업 및 허가관청)** 법 제37조제1항 전단에 따라 허가를 받아야 하는 영업 및 해당 허가관청은 다음 각 호와 같다. 〈개정 2016.7.26.〉

1. 제21조제6호가목의 식품조사처리업: 식품의약품안전처장
2. 제21조제8호다목의 단란주점영업과 같은 호 라목의 유흥주점영업: 특별자치시장·특별자치도지사 또는 시장·군수·구청장

영 **제24조(허가를 받아야 하는 변경사항)** 법 제37조 제1항 후단에 따라 변경할 때 허가를 받아야 하는 사항은 영업소 소재지로 한다.

영 **제25조(영업신고를 하여야 하는 업종)** ① 법 제37조제4항 전단에 따라 특별자치시장·특별자치도지사 또는 시장·군수·구청장에게 신고를 하여야 하는 영업은 다음 각 호와 같다. 〈개정 2016.7.26.〉

1. 삭제 〈2011.12.19.〉
2. 제21조 제2호의 즉석판매제조·가공업
3. 삭제 〈2011.12.19.〉
4. 제21조 제4호의 식품운반업
5. 제21조 제5호의 식품소분·판매업
6. 제21조 제6호 나목의 식품냉동·냉장업
7. 제21조 제7호의 용기·포장류제조업(자신의 제품을 포장하기 위하여 용기·포장류를 제조하는 경우는 제외한다)
8. 제21조 제8호 가목의 휴게음식점영업, 같은 호 나목의 일반음식점영업, 같은 호 마목

의 위탁급식영업 및 같은 호 바목의 제과점영업

② 제1항에도 불구하고 다음 각 호의 어느 하나에 해당하는 경우에는 신고하지 아니한다. 〈개정 2016.1.22.〉

1. 「양곡관리법」 제19조에 따른 양곡가공업 중 도정업을 하는 경우
2. 「식품산업진흥법」 제19조의 5에 따라 수산물가공업[어유(간유) 가공업, 냉동·냉장업 및 선상수산물가공업만 해당한다]의 신고를 하고 해당 영업을 하는 경우
3. 삭제 〈2012.11.27.〉
4. 「축산물 위생관리법」 제22조에 따라 축산물가공업의 허가를 받아 해당 영업을 하거나 같은 법 제24조 및 같은 법 시행령 제21조 제8호에 따라 식육즉석판매가공업 신고를 하고 해당 영업을 하는 경우
5. 「건강기능식품에 관한 법률」 제5조 및 제6조에 따라 건강기능식품제조업, 건강기능식품수입업 및 건강기능식품판매업의 영업허가를 받거나 영업신고를 하고 해당 영업을 하는 경우
6. 식품첨가물이나 다른 원료를 사용하지 아니하고 농산물·임산물·수산물을 단순히 자르거나, 껍질을 벗기거나, 말리거나, 소금에 절이거나, 숙성하거나, 가열(살균의 목적 또는 성분의 현격한 변화를 유발하기 위한 목적의 경우는 제외한다. 이하 같다)하는 등의 가공과정 중 위생상 위해가 발생할 우려가 없고 식품의 상태를 관능검사(官能檢査)로 확인할 수 있도록 가공하는 경우. 다만, 다음 각 목의 어느 하나에 해당하는 경우는 제외한다.
   가. 집단급식소에 식품을 판매하기 위하여 가공하는 경우
   나. 식품의약품안전처장이 법 제7조 제1항에 따라 기준과 규격을 정하여 고시한 신선편의식품(과일, 야채, 채소, 새싹 등을 식품첨가물이나 다른 원료를 사용하지 아니하고 단순히 자르거나, 껍질을 벗기거나, 말리거나, 소금에 절이거나, 숙성하거나, 가열하는 등의 가공과정을 거친 상태에서 따로 씻는 등의 과정 없이 그대로 먹을 수 있게 만든 식품을 말한다)을 판매하기 위하여 가공하는 경우
7. 「농어업·농어촌 및 식품산업 기본법」 제3조 제2호에 따른 농어업인 및 「농어업경영체 육성 및 지원에 관한 법률」 제16조에 따른 영농조합법인과 영어조합법인이 생산한 농산물·임산물·수산물을 집단급식소에 판매하는 경우. 다만, 다른 사람으로 하여금 생산하거나 판매하게 하는 경우는 제외한다.

영 **제26조(신고를 하여야 하는 변경사항)** 법 제37조제4항 후단에 따라 변경할 때 신고를 하여야 하는 사항은 다음 각 호와 같다. 〈개정 2016.7.26.〉

1. 영업자의 성명(법인인 경우에는 그 대표자의 성명을 말한다)
2. 영업소의 명칭 또는 상호
3. 영업소의 소재지
4. 영업장의 면적
5. 삭제 〈2011.12.19.〉
6. 제21조 제2호의 즉석판매제조·가공업을 하는 자가 같은 호에 따른 즉석판매제조·가공대상 식품 중 식품의 유형을 달리하여 새로운 식품을 제조·가공하려는 경우(변경 전

식품의 유형 또는 변경하려는 식품의 유형이 법 제31조에 따른 자가품질검사 대상인 경우만 해당한다)

7. 삭제 〈2011.12.19.〉
8. 제21조 제4호의 식품운반업을 하는 자가 냉장·냉동차량을 증감하려는 경우
9. 제21조 제5호 나목 2)의 식품자동판매기영업을 하는 자가 같은 시(「제주특별자치도 설치 및 국제자유도시 조성을 위한 특별법」에 따른 행정시를 포함한다)·군·구(자치구를 말한다. 이하 같다)에서 식품자동판매기의 설치 대수를 증감하려는 경우

영 **제26조의 2 (등록하여야 하는 영업)** ① 법 제37조제5항 본문에 따라 특별자치시장·특별자치도지사 또는 시장·군수·구청장에게 등록하여야 하는 영업은 다음 각 호와 같다. 다만, 제1호에 따른 식품제조·가공업 중 「주세법」 제3조제1호의 주류를 제조하는 경우에는 식품의약품안전처장에게 등록하여야 한다. 〈개정 2018.12.11.〉

1. 제21조 제1호의 식품제조·가공업
2. 제21조 제3호의 식품첨가물제조업

② 제1항에도 불구하고 다음 각 호의 어느 하나에 해당하는 경우에는 등록하지 아니한다. 〈개정 2014.1.28.〉

1. 「양곡관리법」 제19조에 따른 양곡가공업 중 도정업을 하는 경우
2. 「식품산업진흥법」 제19조의 5에 따라 수산물가공업[어유(간유) 가공업, 냉동·냉장업 및 선상수산물가공업만 해당한다]의 신고를 하고 해당 영업을 하는 경우
3. 삭제 〈2012.11.27.〉
4. 「축산물 위생관리법」 제22조에 따라 축산물가공업의 허가를 받아 해당 영업을 하는 경우
5. 「건강기능식품에 관한 법률」 제5조에 따라 건강기능식품제조업의 영업허가를 받아 해당 영업을 하는 경우
6. 식품첨가물이나 다른 원료를 사용하지 아니하고 농산물·임산물·수산물을 단순히 자르거나, 껍질을 벗기거나, 말리거나, 소금에 절이거나, 숙성하거나, 가열하는 등의 가공과정 중 위생상 위해가 발생할 우려가 없고 식품의 상태를 관능검사로 확인할 수 있도록 가공하는 경우. 다만, 다음 각 목의 어느 하나에 해당하는 경우는 제외한다.
   가. 집단급식소에 식품을 판매하기 위하여 가공하는 경우
   나. 식품의약품안전처장이 법 제7조 제1항에 따라 기준과 규격을 정하여 고시한 신선편의식품(과일, 야채, 채소, 새싹 등을 식품첨가물이나 다른 원료를 사용하지 아니하고 단순히 자르거나, 껍질을 벗기거나, 말리거나, 소금에 절이거나, 숙성하거나, 가열하는 등의 가공과정을 거친 상태에서 따로 씻는 등의 과정 없이 그대로 먹을 수 있게 만든 식품을 말한다)을 판매하기 위하여 가공하는 경우 [본조신설 2011.12.19.]

영 **제26조의 3 (등록하여야 하는 변경사항)** 법 제37조 제5항 본문에 따라 변경할 때 등록하여야 하는 사항은 다음 각 호와 같다. 〈개정 2013.3.23.〉

1. 영업소의 소재지
2. 제21조 제1호의 식품제조·가공업을 하는 자가 추가로 시설을 갖추어 새로운 식품군(법

제7조 제1항에 따라 식품의약품안전처장이 정하여 고시하는 식품의 기준 및 규격에 따른 식품군을 말한다)에 해당하는 식품을 제조·가공하려는 경우

3. 제21조 제3호의 식품첨가물제조업을 하는 자가 추가로 시설을 갖추어 새로운 식품첨가물(법 제7조 제1항에 따라 식품의약품안전처장이 정하여 고시하는 식품의 기준 및 규격에 따른 식품첨가물을 말한다)을 제조하려는 경우 [본조신설 2011.12.19.]

규칙 **제40조(영업허가의 신청)** ① 법 제37조 제1항 전단에 따라 영업허가를 받으려는 자는 별지 제30호 서식의 영업허가신청서(전자문서로 된 신청서를 포함한다)에 다음 각 호의 서류(전자문서를 포함한다)를 첨부하여 영 제23조에 따른 허가관청(이하 "허가관청"이라 한다)에 제출하여야 한다. 〈개정 2012.5.31.〉

1. 삭제 〈2012.5.31.〉
2. 교육이수증(법 제41조 제2항에 따라 미리 교육을 받은 경우만 해당한다)
3. 유선 및 도선사업 면허증 또는 신고필증(수상구조물로 된 유선장 또는 도선장에서 영 제21조 제8호 다목의 단란주점영업 및 같은 호 라목의 유흥주점영업을 하려는 경우만 해당한다)
4. 「먹는 물 관리법」에 따른 먹는 물 수질검사기관이 발행한 수질검사(시험)성적서(수돗물이 아닌 지하수 등을 먹는 물 또는 식품 등의 제조과정이나 식품의 조리·세척 등에 사용하는 경우만 해당한다)
5. 「다중이용업소의 안전관리에 관한 특별법」 제9조 제5항에 따라 소방본부장 또는 소방서장이 발행하는 안전시설 등 완비증명서(영 제21조 제8호 다목의 단란주점영업 및 같은 호 라목의 유흥주점영업을 하려는 경우만 해당한다)
6. 삭제 〈2016.6.30.〉

② 제1항에 따라 신청서를 제출받은 허가관청은 「전자정부법」 제36조제1항에 따른 행정정보의 공동이용을 통하여 다음 각 호의 서류를 확인하여야 한다. 다만, 신청인이 제3호부터 제5호까지의 확인에 동의하지 아니하는 경우에는 그 사본을 첨부하도록 하여야 한다. 〈신설 2012.5.31., 2015.8.18., 2016.6.30.〉

1. 토지이용계획확인서
2. 건축물대장
3. 액화석유가스 사용시설완성검사증명서(영 제21조제8호다목의 단란주점영업 및 같은 호 라목의 유흥주점영업을 하려는 자 중 「액화석유가스의 안전관리 및 사업법」 제27조제2항에 따라 액화석유가스 사용시설의 완성검사를 받아야 하는 경우만 해당한다)
4. 「전기사업법」 제66조의2제1항제3호 및 같은 법 시행규칙 제38조제3항에 따른 전기안전점검확인서(영 제21조제8호다목의 단란주점영업 및 같은 호 라목의 유흥주점영업을 하려는 경우만 해당한다)
5. 건강진단결과서(제49조에 따른 건강진단대상자의 경우만 해당한다)

③ 허가관청은 신청인이 법 제38조 제1항 제8호에 해당하는지 여부를 내부적으로 확인할 수 없는 경우에는 제1항 각 호의 서류 외에 신원 확인에 필요한 자료를 제출하게 할

수 있다. 이 경우 신청인이 외국인인 경우에는 해당 국가의 정부나 그 밖의 권한 있는 기관이 발행한 서류 또는 공증인이 공증한 신청인의 진술서로서 「재외공관 공증법」에 따라 해당 국가에 주재하는 대한민국공관의 영사관이 확인한 서류를 제출하게 할 수 있다. 〈개정 2012.5.31.〉

④ 허가관청은 영업허가를 할 경우에는 영 제21조 제6호 가목의 영업의 경우에는 별지 제31호 서식, 영 제21조 제8호 다목 및 라목의 영업의 경우에는 별지 제32호 서식의 영업허가증을 각각 발급하여야 한다. 이 경우 허가관청은 영 제21조 제6호 가목의 영업의 경우에는 별지 제33호 서식, 영 제21조 제8호 다목 및 라목의 영업의 경우에는 별지 제34호 서식의 영업허가 관리대장을 각각 작성하여 보관하거나 같은 서식으로 전산망에 입력하여 관리하여야 한다. 〈개정 2012.5.31.〉

⑤ 영업자가 허가증을 잃어버렸거나 허가증이 헐어 못 쓰게 되어 허가증을 재발급받으려는 경우에는 별지 제35호 서식의 재발급신청서(허가증이 헐어 못 쓰게 된 경우에는 못 쓰게 된 허가증을 첨부하여야 한다)를 허가관청에 제출하여야 한다. 〈개정 2012.5.31.〉

1. 삭제 〈2011.8.19.〉
2. 삭제 〈2011.8.19.〉

규칙 **제41조(허가사항의 변경)** ① 법 제37조제1항 후단에 따라 변경허가를 받으려는 자는 별지 제36호서식의 허가사항 변경 신청·신고서에 허가증과 다음 각 호의 서류를 첨부하여 변경한 날부터 7일 이내에 허가관청에 제출하여야 한다. 〈개정 2018.12.31.〉

1. 삭제 〈2012.5.31.〉
2. 유선 및 도선사업 면허증 또는 신고필증(수상구조물로 된 유선장 또는 도선장에서 영 제21조 제8호 다목의 단란주점영업 및 같은 호 라목의 유흥주점영업을 하려는 경우만 해당한다)
3. 「먹는 물 관리법」에 따른 먹는 물 수질검사기관이 발행한 수질검사(시험)성적서(수돗물이 아닌 지하수 등을 먹는 물 또는 식품 등의 제조과정이나 식품의 조리·세척 등에 사용하는 경우만 해당한다)
4. 「다중이용업소의 안전관리에 관한 특별법」 제9조 제5항에 따라 소방본부장 또는 소방서장이 발행하는 안전시설 등 완비증명서(영 제21조 제8호 다목의 단란주점영업 및 같은 호 라목의 유흥주점영업을 하려는 경우만 해당한다)

② 제1항에 따라 신청서를 제출받은 허가관청은 「전자정부법」 제36조제1항에 따른 행정정보의 공동이용을 통하여 다음 각 호의 서류를 확인하여야 한다. 다만, 신청인이 제3호 및 제4호의 확인에 동의하지 아니하는 경우에는 그 사본을 첨부하도록 하여야 한다. 〈신설 2015.8.18.〉

1. 토지이용계획확인서
2. 건축물대장
3. 액화석유가스 사용시설완성검사증명서(영 제21조 제8호 다목의 단란주점영업 및 같은 호 라목의 유흥주점영업을 하려는 자 중 「액화석유가스의 안전관리 및 사업법」 제27조 제2항에 따라 액화석유가스 사용시설의 완성검사를 받아야 하는 경우만 해당한다)

4. 「전기사업법」 제66조의2제1항제3호 및 같은 법 시행규칙 제38조제3항에 따른 전기안전점검확인서(영 제21조제8호다목의 단란주점영업 및 같은 호 라목의 유흥주점영업을 하려는 경우만 해당한다)

③ 영업허가를 받은 자가 다음 각 호의 사항을 변경한 경우에는 법 제37조제3항에 따라 변경한 날부터 7일 이내에 허가관청에 별지 제36호 서식의 허가사항 변경 신청·신고서에 허가증(영업장의 면적을 변경하는 경우에는 제40조제1항제5호의 서류를 포함한다)을 첨부하여 신고하여야 한다. 다만, 제48조의 영업자 지위승계에 따른 변경의 경우는 제외한다. 〈개정 2018.12.31.〉

1. 영업자의 성명(영업자가 법인인 경우에는 그 대표자의 성명을 말한다)
2. 영업소의 명칭 또는 상호
3. 영업장의 면적

규칙 **제42조(영업의 신고 등)** ① 법 제37조 제4항 전단에 따라 영업신고를 하려는 자는 영업에 필요한 시설을 갖춘 후 별지 제37호 서식의 영업신고서(전자문서로 된 신고서를 포함한다)에 다음 각 호의 서류(전자문서를 포함한다)를 첨부하여 영 제25조 제1항에 따른 신고관청(이하 "신고관청"이라 한다)에 제출하여야 한다. 〈개정 2018.12.31.〉

1. 교육이수증(법 제41조 제2항에 따라 미리 교육을 받은 경우만 해당한다)
2. 제조·가공하려는 식품 및 식품첨가물의 종류 및 제조방법설명서(영 제21조 제2호의 영업만 해당한다)
3. 시설사용계약서(영 제21조 제4호의 식품운반업을 하려는 자 중 차고 또는 세차장을 임대할 경우만 해당한다)
4. 「먹는 물 관리법」에 따른 먹는 물 수질검사기관이 발행한 수질검사(시험)성적서(수돗물이 아닌 지하수 등을 먹는 물 또는 식품 등의 제조과정이나 식품의 조리·세척 등에 사용하는 경우만 해당한다)
5. 삭제 〈2012.5.31.〉
6. 유선 및 도선사업 면허증 또는 신고필증(수상구조물로 된 유선장 및 도선장에서 영 제21조 제8호 가목의 휴게음식점영업, 같은 호 나목의 일반음식점영업 및 같은 호 바목의 제과점영업을 하려는 경우만 해당한다)
7. 「다중이용업소의 안전관리에 관한 특별법」 제9조 제5항에 따라 소방본부장 또는 소방서장이 발행하는 안전시설 등 완비증명서(같은 법에 따른 안전시설 등 완비증명서의 발급대상 영업의 경우만 해당한다)
8. 식품자동판매기의 종류 및 설치장소가 기재된 서류(2대 이상의 식품자동판매기를 설치하고 일련관리번호를 부여하여 일괄 신고를 하는 경우만 해당한다)
9. 수상레저사업 등록증(수상구조물로 된 수상레저사업장에서 영 제21조 제8호 가목의 휴게음식점영업 및 같은 호 바목의 제과점영업을 하려는 경우만 해당한다)
10. 「국유재산법 시행규칙」 제16조 제3항에 따른 국유재산 사용·수익허가서(군사시설 또는 국유철도의 정거장시설에서 영 제21조 제2호의 즉석판매제조·가공업의 영업, 같은 조 제5호의 식품소분·판매업의 영업, 같은 조 제8호 가목의 휴게음

식점영업, 같은 호 나목의 일반음식점영업 또는 같은 호 바목의 제과점영업을 하려는 경우만 해당한다)

11. 해당 도시철도사업자와 체결한 도시철도시설 사용계약에 관한 서류(도시철도의 정거장시설에서 영 제21조 제2호의 즉석판매제조·가공업의 영업, 같은 조 제5호의 식품소분·판매업의 영업, 같은 조 제8호 가목의 휴게음식점영업, 같은 호 나목의 일반음식점영업 또는 같은 호 바목의 제과점영업을 하려는 경우만 해당한다)
12. 예비군식당 운영계약에 관한 서류(군사시설에서 영 제21조 제8호 나목의 일반음식점영업을 하려는 경우만 해당한다)
13. 삭제 〈2016.6.30.〉
14. 「자동차관리법 시행규칙」 별표 1 제1호 · 제2호 및 비고 제1호가목에 따른 이동용 음식판매 용도인 소형·경형화물자동차 또는 같은 표 제2호에 따른 이동용 음식판매 용도인 특수작업형 특수자동차(이하 "음식판매자동차"라 한다)를 사용하여 영 제21조제8호가목의 휴게음식점영업 또는 같은 호 바목의 제과점영업을 하려는 경우는 별표 15의2에 따른 서류
15. 「어린이놀이시설 안전관리법」 제12조제1항 및 같은 법 시행령 제7조제4항에 따른 어린이놀이시설 설치검사합격증 또는 「어린이놀이시설 안전관리법」 제12조제2항 및 같은 법 시행령 제8조제5항에 따른 어린이놀이시설 정기시설검사합격증(영 제21조제8호가목, 나목, 마목 또는 바목의 영업을 하려는 경우로서 해당 영업장에 어린이놀이시설을 설치하는 경우만 해당한다)

② 제1항에 따라 신고서를 제출받은 신고관청은 「전자정부법」 제36조 제1항에 따른 행정정보의 공동이용을 통하여 다음 각 호의 서류를 확인하여야 한다. 다만, 신청인이 제3호 및 제4호의 확인에 동의하지 아니하는 경우에는 그 사본을 첨부하도록 하여야 한다. 〈개정 2018.12.31.〉

1. 토지이용계획확인서(제1항제10호에 따른 국유재산 사용허가서를 제출한 경우에는 제외한다)
2. 건축물대장 또는 「건축법」 제22조제3항제2호에 따른 건축물의 임시사용 승인서(제1항제10호에 따른 국유재산 사용허가서를 제출한 경우에는 제외한다)
3. 액화석유가스 사용시설완성검사증명서(영 제21조 제8호 가목의 휴게음식점영업, 같은 호 나목의 일반음식점영업 및 같은 호 바목의 제과점영업을 하려는 자 중 「액화석유가스의 안전관리 및 사업법」 제27조 제2항에 따라 액화석유가스 사용시설의 완성검사를 받아야 하는 경우만 해당한다)
4. 자동차등록증(음식판매자동차를 사용하여 영 제21조 제8호 가목의 휴게음식점영업 또는 같은 호 바목의 제과점영업을 하려는 경우만 해당한다)
5. 사업자등록증(「고등교육법」 제2조에 따른 학교에서 해당 학교의 경영자가 음식판매자동차를 사용하여 영 제21조제8호가목의 휴게음식점영업 또는 같은 호 바목의 제과점영업을 하려는 경우만 해당한다)
6. 건강진단결과서(제49조에 따른 건강진단 대상자만 해당한다)

③ 제1항에도 불구하고, 신고한 영업소의 소재지 이외의 장소에서 1개월 이내의 범위에서

한시적으로 영업을 하려는 영 제21조 제2호의 즉석판매제조·가공업자는 영업을 하려는 지역의 관할 행정관청에 영업신고증 및 자가품질검사 결과(자가품질검사가 필요한 영업의 경우만 해당한다)를 제출하여야 한다. 〈신설 2012.5.31.〉

④ 제1항에도 불구하고 음식판매자동차를 사용하는 영 제21조제8호가목의 휴게음식점영업자 또는 같은 호 바목의 제과점영업자가 신고한 영업소의 소재지 외의 장소에서 해당 영업을 하려는 경우에는 영업을 하려는 지역의 관할 행정관청에 영업신고증 및 별표 15의2에 따른 서류(전자문서를 포함한다)를 제출하여야 한다. 〈신설 2016.7.12.〉

⑤ 제4항에 따라 영업신고증 및 서류를 제출받은 관할 행정관청은 지체 없이 제출된 영업신고증의 뒷면에 제출일 및 새로운 영업소의 소재지를 적어 발급하고 그 사실을 신고관청에 통보하여야 하며, 신고관청은 통보받은 내용을 영업신고 관리대장에 작성·보관하거나 전산망에 입력하여 관리하여야 한다. 〈신설 2016.7.12.〉

⑥ 제1항에 따른 영업신고를 할 경우 같은 사람이 같은 시설 안에서 영 제21조제5호나목의 식품판매업 중 식용얼음판매업, 식품자동판매기영업 및 기타 식품판매업을 하려는 경우에도 영업별로 각각 영업신고를 하여야 한다. 〈개정 2016.7.12.〉

⑦ 제1항에 따른 식품자동판매기영업을 신고할 때 같은 특별자치시·시(제주특별자치도의 경우에는 행정시를 말한다)·군·구(자치구를 말한다)에서 식품자동판매기를 2대 이상 설치하여 영업을 하려는 경우에는 해당 식품자동판매기에 일련관리번호를 부여하여 일괄 신고를 할 수 있다. 〈개정 2016.8.4.〉

⑧ 제1항에 따라 신고를 받은 신고관청은 지체 없이 영 제21조제2호 및 제7호의 영업의 경우에는 별지 제38호서식의 영업신고증을 발급하고, 영 제21조제4호 · 제5호 · 제6호나목 및 제8호가목 · 나목 · 마목 및 바목의 영업의 경우에는 별지 제39호서식의 영업신고증을 발급하여야 한다. 〈개정 2016.7.12.〉

⑨ 제8항에 따라 신고증을 발급한 신고관청은 영 제21조제2호, 제4호, 제5호, 제6호나목 및 제7호의 영업의 경우에는 별지 제33호서식의 영업신고 관리대장을, 영 제21조제8호가목·나목·마목 및 바목의 영업의 경우에는 별지 제34호서식의 영업신고 관리대장을 각각 작성·보관하거나 같은 서식으로 전산망에 입력하여 관리하여야 한다. 〈개정 2016.7.12.〉

⑩ 제1항에 따라 신고를 받은 신고관청은 해당 영업소의 시설에 대한 확인이 필요한 경우에는 신고증 발급 후 15일 이내에 신고받은 사항을 확인하여야 한다. 다만, 영 제21조제8호의 식품접객업 영업신고를 받은 경우에는 반드시 1개월 이내에 해당 영업소의 시설에 대하여 신고받은 사항을 확인하여야 한다. 〈개정 2016.7.12.〉

⑪ 영업자가 신고증을 잃어버렸거나 헐어 못 쓰게 되어 신고증을 재발급 받으려는 경우에는 별지 제35호서식의 재발급신청서에 신고증(신고증이 헐어 못 쓰게 되어 재발급을 신청하는 경우만 해당한다)을 첨부하여 신고관청에 신청하여야 한다. 〈개정 2016.7.12.〉

1. 삭제 〈2011.4.7.〉
2. 삭제 〈2011.4.7.〉

■ **별표 15의 2** ■ 〈개정 2017.12.29.〉

음식판매자동차를 사용하는 영업의 신고 시 첨부서류 (제42조 제1항 제14호 관련)

1. 유원시설 : 「관광진흥법」에 따른 유원시설업 영업장(이하 이 호에서 "유원시설업 영업장"이라 한다)에서 영 제21조 제8호 가목의 휴게음식점영업 또는 같은 호 바목의 제과점영업(이하 이 표에서 "휴게음식점영업 등"이라 한다)을 하려는 경우
   가. 「관광진흥법」 제5조 제2항 또는 제4항에 따라 허가를 받거나 신고한 유원시설업자(이하 이 호에서 "유원시설업자"라 한다)가 해당 유원시설업 영업장에서 휴게음식점영업 등을 하려는 경우 : 「관광진흥법 시행규칙」 제7조 제4항 또는 제11조 제4항에 따른 유원시설업 허가증 또는 유원시설업 신고증 사본
   나. 유원시설업자가 아닌 자가 유원시설업 영업장에서 휴게음식점영업 등을 하려는 경우 : 해당 유원시설업자와 체결한 유원시설업 영업장 사용계약에 관한 서류
2. 관광지 등 : 「관광진흥법」에 따른 관광지 및 관광단지(이하 이 호에서 "관광지 등"이라 한다)에서 휴게음식점영업 등을 하려는 경우
   가. 「관광진흥법」 제55조에 따른 관광지등의 사업시행자 또는 같은 법 제59조 제1항에 따라 토지·관광시설 또는 지원시설을 매수·임차하거나 그 경영을 수탁한 자(이하 이 호에서 "시설운영자"라 한다)가 해당 관광지 등에서 휴게음식점영업 등을 하려는 경우 : 해당 관광지 등의 사업시행자 또는 시설운영자임을 증명하는 서류
   나. 관광지 등의 사업시행자나 시설운영자가 아닌 자가 관광지등에서 휴게음식점영업 등을 하려는 경우 : 해당 관광지 등의 사업시행자나 시설운영자와 체결한 관광지등의 토지 등 사용계약에 관한 서류
3. 체육시설 : 「체육시설의 설치·이용에 관한 법률」에 따른 체육시설(이하 이 호에서 "체육시설"이라 한다)에서 휴게음식점영업 등을 하려는 경우
   가. 「체육시설의 설치·이용에 관한 법률」 제19조 또는 제20조에 따라 등록 또는 신고한 체육시설업자(이하 이 호에서 "민간체육시설업자"라 한다)가 해당 체육시설에서 휴게음식점영업 등을 하려는 경우 : 「체육시설의 설치·이용에 관한 법률 시행규칙」 제19조 제1항에 따른 체육시설업 등록증 사본 또는 같은 법 시행규칙 제21조 제3항에 따른 체육시설업 신고증명서 사본
   나. 「체육시설의 설치·이용에 관한 법률」 제7조에 따라 직장체육시설을 설치·운영하는 자가 해당 직장체육시설에서 휴게음식점영업 등을 하려는 경우 : 해당 직장체육시설의 설치·운영자임을 증명하는 서류
   다. 민간체육시설업자, 「체육시설의 설치·이용에 관한 법률」 제5조부터 제7조까지의 규정에 따른 전문체육시설, 생활체육시설 또는 직장체육시설을 설치·운영하는 자가 아닌 자가 해당 체육시설에서 휴게음식점영업 등을 하려는 경우 : 해당 체육시설업자나 체육시설의 설치·운영자와 체결한 체육시설 사용계약에 관한 서류
4. 도시공원 : 「도시공원 및 녹지 등에 관한 법률」에 따른 도시공원에서 휴게음식점영업 등을 하려는 경우에는 같은 법 제20조 제1항 또는 제3항에 따른 공원관리청 또는 공원수탁관리자와 체결한 도시공원 사용계약에 관한 서류
5. 하천 : 「하천법」 제2조 제1호에 따른 하천에서 휴게음식점영업 등을 하려는 경우에는 다음 각 목의 어느 하나에 해당하는 자와 체결한 하천 사용계약에 관한 서류
   가. 「하천법」 제2조 제4호에 따른 하천관리청
   나. 다음 중 어느 하나에 해당하는 자로서 「하천법」 제33조 제1항 제3호에 따른 공작물의 신축·개축·변경에 관한 하천의 점용허가(음식판매자동차를 사용한 휴게음식점영업 등을 하게 할 수

있는 권한이 포함된 것이어야 한다)를 받은 자
1) 시·도지사
2) 시장·군수·구청장
3) 「지방공기업법」에 따른 지방공사 또는 지방공단 등 국토교통부장관이 정하여 고시하는 자

6. 학교 : 「고등교육법」 제2조에 따른 학교(이하 이 호에서 "학교"라 한다)에서 해당 학교의 경영자 외의 자가 휴게음식점영업등을 하려는 경우에는 해당 학교의 장과 체결한 학교시설의 사용 계약에 관한 서류
7. 고속국도 졸음쉼터 : 「도로법」 제10조제1호에 따른 고속국도의 졸음쉼터(같은 법 시행령 제3조제1호에 따른 졸음쉼터를 말한다. 이하 이 호에서 같다)에서 휴게음식점영업등을 하려는 경우에는 같은 법 제112조에 따라 고속국도에 관한 국토교통부장관의 권한을 대행하는 한국도로공사와 체결한 졸음쉼터 사용계약에 관한 서류
8. 공용재산 : 「국유재산법」 제6조제2항제1호에 따른 공용재산 또는 「공유재산 및 물품 관리법」 제5조제2항제1호에 따른 공용재산에서 휴게음식점영업등을 하려는 경우
  가. 「국유재산법」 제6조제2항제1호에 따른 공용재산에서 휴게음식점영업등을 하려는 경우 : 「국유재산법 시행규칙」 제14조제3항에 따른 사용허가서
  나. 「공유재산 및 물품 관리법」 제5조제2항제1호에 따른 공용재산에서 휴게음식점영업등을 하려는 경우 : 「공용재산 및 물품 관리법」 제20조제1항에 따라 사용·수익허가를 받았음을 증명하는 서류
9. 영업자가 신청하여 지정하는 장소: 음식판매자동차를 사용하는 영업을 하려는 자가 신청하여 특별시장·광역시장·도지사 또는 특별자치시장·특별자치도지사·시장·군수·구청장이 정하는 장소의 운영 주체와 체결한 사용계약에 관한 서류
10. 그 밖에 특별시·광역시·도·특별자치시·특별자치도(이하 이 호에서 "시·도"라 한다) 또는 시·군·구(자치구를 말한다. 이하 이 호에서 같다)의 조례로 정하는 시설 또는 장소 : 해당 시설 또는 장소에서 휴게음식점영업등을 하려는 경우에는 그 시설 또는 장소를 사용할 수 있음을 증명하는 서류 등으로서 특별자치시·특별자치도·시·군·구의 조례로 정하는 서류

규칙 **제43조 (신고사항의 변경)** 법 제37조제4항 후단에 따라 변경신고를 하려는 자는 별지 제41호서식의 영업신고사항 변경신고서(전자문서로 된 신고서를 포함한다)에 영업신고증(소재지를 변경하는 경우에는 제42조제1항제2호부터 제4호까지, 제6호부터 제12호까지, 제14호 및 제15호의 서류를 포함하되, 제42조제1항제2호의 서류는 제조·가공하려는 식품의 종류 또는 제조방법이 변경된 경우만 해당하며, 영업장의 면적을 변경하는 경우에는 제42조제1항제7호의 서류를 포함한다)을 첨부하여 변경한 날부터 7일 이내에 신고관청에 제출하여야 한다. 이 경우 신고관청은 「전자정부법」 제36조제1항에 따른 행정정보의 공동이용을 통하여 다음 각 호의 서류를 확인하여야 하며, 신청인이 제3호 및 제4호의 확인에 동의하지 아니하는 경우에는 그 사본을 첨부하도록 하여야 한다. 〈개정 2018.12.31.〉
1. 토지이용계획확인서(제42조제1항제10호에 따른 국유재산 사용허가서를 제출한 경우에는 제외한다)
2. 건축물대장 또는 「건축법」 제22조제3항제2호에 따른 건축물의 임시사용 승인서(제42조제1항제10호에 따른 국유재산 사용허가서를 제출한 경우에는 제외한다)
3. 액화석유가스 사용시설완성검사증명서(영 제21조 제8호 가목의 휴게음식점영업, 같은

호 나목의 일반음식점영업 및 같은 호 바목의 제과점영업을 하려는 자 중 「액화석유가스의 안전관리 및 사업법」 제27조 제2항에 따라 액화석유가스 사용시설의 완성검사를 받아야 하는 경우만 해당한다)

4. 자동차등록증(신고한 음식판매자동차의 면적을 변경하려는 경우만 해당한다)

[전문개정 2010.9.1.]

규칙 **제43조의 2 (영업의 등록 등)** ① 법 제37조제5항 본문에 따라 영업등록을 하려는 자는 영업에 필요한 시설을 갖춘 후 별지 제41호의2서식의 영업등록신청서(전자문서로 된 신청서를 포함한다)에 다음 각 호의 서류(전자문서를 포함한다)를 첨부하여 영 제26조의2에 따른 등록관청(이하 "등록관청"이라 한다)에 제출하여야 한다. 이 경우 등록신청을 받은 등록관청은 「전자정부법」 제36조제1항에 따른 행정정보의 공동이용을 통하여 토지이용계획확인서, 건축물대장 및 건강진단결과서(제49조에 따른 건강진단대상자만 해당한다. 이하 이항에서 같다)를 확인하여야 하며, 신청인이 건강진단결과서의 확인에 동의하지 아니하는 경우에는 그 사본을 첨부하도록 하여야 한다. 〈개정 2016.6.30.〉

1. 교육이수증(법 제41조 제2항에 따라 미리 교육을 받은 경우에만 해당한다)
2. 제조·가공하려는 식품 또는 식품첨가물의 종류 및 제조방법 설명서
3. 「먹는 물 관리법」에 따른 먹는 물 수질검사기관이 발행한 수질검사(시험)성적서(수돗물이 아닌 지하수 등을 먹는 물 또는 식품 등의 제조과정 등에 사용하는 경우에만 해당한다)
4. 삭제 〈2016.6.30.〉

② 제1항에 따른 등록신청을 받은 등록관청은 해당 영업소의 시설을 확인한 후 별지 제41호의 3 서식의 영업등록증을 발급하여야 한다.

③ 제2항에 따라 등록증을 발급한 등록관청은 별지 제33호 서식의 영업등록 관리대장을 작성·보관하거나 같은 서식으로 전산망에 입력하여 관리하여야 한다.

④ 영업자가 등록증을 잃어버렸거나 등록증이 헐어 못 쓰게 되어 등록증을 재발급 받으려는 경우에는 별지 제35호 서식의 재발급신청서(등록증이 헐어 못 쓰게 된 경우에는 못쓰게 된 등록증을 첨부하여야 한다)를 등록관청에 제출하여야 한다. 〈개정 2012.6.29.〉

규칙 **제43조의 3 (등록사항의 변경)** ① 법 제37조제5항 본문에 따라 변경등록을 하려는 자는 별지 제41호의4서식의 변경등록신청서에 등록증과 다음 각 호의 서류를 첨부하여 변경한 날부터 7일 이내에 등록관청에 제출하여야 한다. 이 경우 등록관청은 「전자정부법」 제36조제1항에 따른 행정정보의공동이용을 통하여 토지이용계획확인서 및 건축물대장을 확인하여야 한다. 〈개정 2018.12.31.〉

1. 새롭게 제조·가공하려는 식품 또는 식품첨가물의 종류 및 제조방법설명서(영 제26조의 3 제2호 또는 제3호에 따른 변경사항의 경우에만 해당한다)
2. 「먹는 물 관리법」에 따른 먹는 물 수질검사기관이 발행한 수질검사(시험)성적서(수돗물이 아닌 지하수 등을 먹는 물 또는 식품 등의 제조과정 등에 사용하는 경우에만 해당한다)

② 영업등록을 한 자가 다음 각 호의 사항을 변경한 경우에는 법 제37조 제5항 단서에 따라 별지 제41호의 4서식의 변경신고서에 등록증과 변경내용을 기재한 서류를 첨부하

여 변경한 날부터 7일 이내에 등록관청에 신고하여야 한다. 다만, 제48조의 영업자 지위승계에 따른 변경의 경우는 제외한다. 〈개정 2018.12.31.〉

1. 영업자의 성명(법인의 경우에는 그 대표자의 성명을 말한다)
2. 영업소의 명칭 또는 상호
3. 영업장의 면적 [본조신설 2012.1.17.]

규칙 **제44조(폐업신고)** ① 법 제37조 제3항부터 5항까지의 규정에 따라 폐업신고를 하려는 자는 별지 제42호 서식의 영업의 폐업신고서(전자문서로 된 신고서를 포함한다)에 영업허가증, 영업신고증 또는 영업등록증을 첨부하여 허가관청, 신고관청 또는 등록관청에 제출하여야 한다.

② 제1항에 따라 폐업신고를 하려는 자가 「부가가치세법」 제8조 제6항에 따른 폐업신고를 같이 하려는 경우에는 제1항에 따른 폐업신고서에 「부가가치세법 시행규칙」 별지 제9호 서식의 폐업신고서를 함께 제출하여야 한다. 이 경우 허가관청, 신고관청 또는 등록관청은 함께 제출받은 폐업신고서를 지체 없이 관할 세무서장에게 송부(정보통신망을 이용한 송부를 포함한다. 이하 이 조에서 같다)하여야 한다.

③ 관할 세무서장이 「부가가치세법 시행령」 제13조 제5항에 따라 제1항에 따른 폐업신고를 받아 이를 해당 허가관청, 신고관청 또는 등록관청에 송부한 경우에는 제1항에 따른 폐업신고서가 제출된 것으로 본다. [전문개정 2013.12.13.]

규칙 **제45조(품목제조의 보고 등)** ① 법 제37조 제6항에 따라 식품 또는 식품첨가물의 제조·가공에 관한 보고를 하려는 자는 별지 제43호 서식의 품목제조보고서(전자문서로 된 보고서를 포함한다)에 다음 각 호의 서류(전자문서를 포함한다)를 첨부하여 제품생산 시작 전이나 제품생산 시작 후 7일 이내에 등록관청에 제출하여야 한다. 이 경우 식품제조·가공업자가 식품을 위탁 제조·가공하는 경우에는 위탁자가 보고를 하여야 한다. 〈개정 2019.4.25.,.〉

1. 제조방법설명서
2. 「식품·의약품분야 시험·검사 등에 관한 법률」 제6조 제3항 제1호에 따라 식품의약품안전처장이 지정한 식품전문 시험·검사기관 또는 같은 조 제4항 단서에 따라 총리령으로 정하는 시험·검사기관이 발급한 식품 등의 한시적 기준 및 규격 검토서(제5조 제1항에 따른 식품 등의 한시적 기준 및 규격의 인정 대상이 되는 식품 등만 해당한다)
3. 식품의약품안전처장이 정하여 고시한 기준에 따라 설정한 유통기한의 설정사유서(「식품 등의 표시·광고에 관한 법률」 제4조제1항의 표시기준에 따른 유통기한 표시대상 식품 외에 유통기한을 표시하려는 식품을 포함한다)
4. 할랄인증 식품(제8조제1항제6호라목에 따른 기관으로부터 이슬람교도가 먹을 수 있도록 허용됨을 인증받은 식품을 말한다. 이하 같다) 인증서 사본(할랄인증 식품의 표시·광고를 하는 경우만 해당한다)

② 등록관청은 제1항에 따른 보고를 받은 경우에는 그 내용을 별지 제44호 서식의 품목제조보고 관리대장에 기록·보관하여야 한다. 〈개정 2014.5.9.〉

규칙 **제46조(품목제조보고사항 등의 변경)** ① 제45조에 따라 보고를 한 자가 해당 품목에 대하여 다음 각 호의 어느 하나에 해당하는 사항을 변경하려는 경우에는 별지 제45호 서식의 품목제조보고사항 변경보고서(전자문서로 된 보고서를 포함한다)에 품목제조보고서 사본 및 유통기한 연장사유서(제3호의 사항을 변경하려는 경우만 해당한다)를 첨부하여 제품생산 시작 전이나 제품생산 시작일부터 7일 이내에 등록관청에 제출하여야 한다. 다만, 수출용 식품 등을 제조하기 위하여 변경하는 경우는 그러하지 아니하다. 〈개정 2018.12.31.〉

1. 제품명
2. 원재료명 또는 성분명 및 배합비율(제45조 제1항에 따라 품목제조보고 시 등록관청에 제출한 원재료성분 및 배합비율을 변경하려는 경우만 해당한다)
3. 유통기한(제45조 제1항에 따라 품목제조보고를 한 자가 해당 품목의 유통기한을 연장하려는 경우만 해당한다)
4. 할랄인증 식품 해당 여부

② 삭제 〈2012.6.29.〉

규칙 **제47조 (영업허가 등의 보고)** ① 지방식품의약품안전청장 또는 특별자치시장 · 특별자치도지사 · 시장 · 군수 · 구청장은 법 제37조제1항 또는 제5항에 따른 영업허가(영 제21조제6호가목의 식품조사처리업만 해당한다)를 하였거나 영업등록을 한 경우에는 그 날부터 15일 이내에 별지 제47호서식에 따라 지방식품의약품안전청장 또는 특별자치시장 · 특별자치도지사의 경우에는 식품의약품안전처장에게, 시장 · 군수 · 구청장의 경우에는 시 · 도지사에게 보고하여야 한다. 이 경우 시 · 도지사는 시장 · 군수 · 구청장으로부터 보고받은 사항을 분기별로 분기 종료 후 20일 이내에 식품의약품안전처장에게 보고하여야 한다. 〈개정 2016.8.4.〉

② 삭제 〈2013.3.23.〉

③ 삭제 〈2014.5.9.〉

규칙 **제47조의 2 (영업 신고 또는 등록 사항의 직권말소 절차)** 지방식품의약품안전청장, 특별자치시장 · 특별자치도지사 · 시장 · 군수 · 구청장은 법 제37조제7항에 따라 직권으로 신고 또는 등록 사항을 말소하려는 경우에는 다음 각 호의 절차에 따른다. 〈개정 2016.8.4.〉

1. 신고 또는 등록 사항 말소 예정사실을 해당 영업자에게 사전 통지할 것
2. 신고 또는 등록 사항 말소 예정사실을 해당 기관 게시판과 인터넷 홈페이지에 10일 이상 예고할 것

제38조 (영업허가 등의 제한) ① 다음 각 호의 어느 하나에 해당하면 제37조 제1항에 따른 영업허가를 하여서는 아니 된다. 〈개정 2019.4.30.〉

1. 해당 영업 시설이 제36조에 따른 시설기준에 맞지 아니한 경우
2. 제75조제1항 또는 제2항에 따라 영업허가가 취소(제44조제2항제1호를 위반하여 영업허가가 취소된 경우와 제75조제1항제19호에 따라 영업허가가 취소된 경우는 제외한다)되거나 「식품 등의 표시 · 광고에 관한 법률」 제16조제1항 · 제2항에 따라 영업허가가 취소되고 6개월이 지나기 전에 같은 장소에서 같은 종류의 영업을 하려는 경우. 다만, 영업시설 전부를 철거하여 영업허가가 취소된 경우에는 그러하지 아니하다.

(계속)

3. 제44조 제2항 제1호를 위반하여 영업허가가 취소되거나 제75조제1항제19호에 따라 영업허가가 취소되고 2년이 지나기 전에 같은 장소에서 제36조 제1항 제3호에 따른 식품접객업을 하려는 경우
4. 제75조제1항 또는 제2항에 따라 영업허가가 취소(제4조부터 제6조까지, 제8조 또는 제44조제2항제1호를 위반하여 영업허가가 취소된 경우와 제75조제1항제19호에 따라 영업허가가 취소된 경우는 제외한다)되거나 「식품 등의 표시·광고에 관한 법률」 제16조제1항·제2항에 따라 영업허가가 취소되고 2년이 지나기 전에 같은 자(법인인 경우에는 그 대표자를 포함한다)가 취소된 영업과 같은 종류의 영업을 하려는 경우
5. 제44조 제2항 제1호를 위반하여 영업허가가 취소되거나 제75조제1항제19호에 따라 영업허가가 취소된 후 3년이 지나기 전에 같은 자(법인인 경우에는 그 대표자를 포함한다)가 제36조 제1항 제3호에 따른 식품접객업을 하려는 경우
6. 제4조부터 제6조까지 또는 제8조를 위반하여 영업허가가 취소되고 5년이 지나기 전에 같은 자(법인인 경우에는 그 대표자를 포함한다)가 취소된 영업과 같은 종류의 영업을 하려는 경우
7. 제36조 제1항 제3호에 따른 식품접객업 중 국민의 보건위생을 위하여 허가를 제한할 필요가 뚜렷하다고 인정되어 시·도지사가 지정하여 고시하는 영업에 해당하는 경우
8. 영업허가를 받으려는 자가 피성년후견인이거나 파산선고를 받고 복권되지 아니한 자인 경우

② 다음 각 호의 어느 하나에 해당하는 경우에는 제37조 제4항에 따른 영업신고 또는 같은 조 제5항에 따른 영업등록을 할 수 없다. 〈개정 2019.4.30.〉

1. 제75조제1항 또는 제2항에 따른 등록취소 또는 영업소 폐쇄명령(제44조제2항제1호를 위반하여 영업소 폐쇄명령을 받은 경우와 제75조제1항제19호에 따라 영업소 폐쇄명령을 받은 경우는 제외한다)이나 「식품 등의 표시·광고에 관한 법률」 제16조제1항부터 제4항까지에 따른 등록취소 또는 영업소 폐쇄명령을 받고 6개월이 지나기 전에 같은 장소에서 같은 종류의 영업을 하려는 경우. 다만, 영업시설 전부를 철거하여 등록취소 또는 영업소 폐쇄명령을 받은 경우에는 그러하지 아니하다.
2. 제44조 제2항 제1호를 위반하여 영업소 폐쇄명령을 받거나 제75조제1항제19호에 따라 영업소 폐쇄명령을 받은 후 1년이 지나기 전에 같은 장소에서 제36조 제1항 제3호에 따른 식품접객업을 하려는 경우
3. 제75조제1항 또는 제2항에 따른 등록취소 또는 영업소 폐쇄명령(제4조부터 제6조까지, 제8조 또는 제44조제2항제1호를 위반하여 등록취소 또는 영업소 폐쇄명령을 받은 경우와 제75조제1항제19호에 따라 영업소 폐쇄명령을 받은 경우는 제외한다)이나 「식품 등의 표시·광고에 관한 법률」 제16조제1항부터 제4항까지에 따른 등록취소 또는 영업소 폐쇄명령을 받고 2년이 지나기 전에 같은 자(법인인 경우에는 그 대표자를 포함한다)가 등록취소 또는 폐쇄명령을 받은 영업과 같은 종류의 영업을 하려는 경우
4. 제44조 제2항 제1호를 위반하여 영업소 폐쇄명령을 받거나 제75조제1항제19호에 따라 영업소 폐쇄명령을 받고 2년이 지나기 전에 같은 자(법인인 경우에는 그 대표자를 포함한다)가 제36조 제1항 제3호에 따른 식품접객업을 하려는 경우
5. 제4조부터 제6조까지 또는 제8조를 위반하여 등록취소 또는 영업소 폐쇄명령을 받고 5년이 지나지 아니한 자(법인인 경우에는 그 대표자를 포함한다)가 등록취소 또는 폐쇄명령을 받은 영업과 같은 종류의 영업을 하려는 경우

제39조 (영업 승계) ① 영업자가 영업을 양도하거나 사망한 경우 또는 법인이 합병한 경우에는 그 양수인·상속인 또는 합병 후 존속하는 법인이나 합병에 따라 설립되는 법인은 그 영업자의 지위를 승계한다.

② 다음 각 호의 어느 하나에 해당하는 절차에 따라 영업 시설의 전부를 인수한 자는 그 영업자의 지위를 승계한다. 이 경우 종전의 영업자에 대한 영업 허가·등록 또는 그가 한 신고는 그 효력을 잃는다. 〈개정 2016.12.27.〉

1. 「민사집행법」에 따른 경매
2. 「채무자 회생 및 파산에 관한 법률」에 따른 환가(換價)
3. 「국세징수법」, 「관세법」 또는 「지방세징수법」에 따른 압류재산의 매각
4. 그 밖에 제1호부터 제3호까지의 절차에 준하는 절차

③ 제1항 또는 제2항에 따라 그 영업자의 지위를 승계한 자는 총리령으로 정하는 바에 따라 1개월 이내에 그 사실을 식품의약품안전처장 또는 특별자치시장·특별자치도지사·시장·군수·구청장에게 신고하여야 한다. 〈개정 2016.2.3.〉

④ 식품의약품안전처장 또는 특별자치시장·특별자치도지사·시장·군수·구청장은 제3항에 따른 신고를 받은 날부터 3일 이내에 신고수리 여부를 신고인에게 통지하여야 한다. 〈신설 2018.12.11.〉

⑤ 식품의약품안전처장 또는 특별자치시장·특별자치도지사·시장·군수·구청장이 제4항에서 정한 기간 내에 신고수리 여부 또는 민원 처리 관련 법령에 따른 처리기간의 연장을 신고인에게 통지하지 아니하면 그 기간(민원 처리 관련 법령에 따라 처리기간이 연장 또는 재연장된 경우에는 해당 처리기간을 말한다)이 끝난 날의 다음 날에 신고를 수리한 것으로 본다. 〈신설 2018.12.11.〉

⑥ 제1항 및 제2항에 따른 승계에 관하여는 제38조를 준용한다. 다만, 상속인이 제38조제1항 제8호에 해당하면 상속받은 날부터 3개월 동안은 그러하지 아니하다. 〈개정 2018.12.11.〉

규칙 제48조 (영업자 지위승계 신고) ① 법 제39조 제3항에 따른 영업자의 지위승계 신고를 하려는 자는 별지 제49호 서식의 영업자 지위승계 신고서(전자문서로 된 신고서를 포함한다)에 다음 각 호의 서류를 첨부하여 허가관청, 신고관청 또는 등록관청에 제출하여야 한다. 〈개정 2018.12.31.〉

1. 영업허가증, 영업신고증 또는 영업등록증
2. 다음 각 목에 따른 권리의 이전을 증명하는 서류(전자문서를 포함한다)
   가. 양도의 경우에는 양도·양수를 증명할 수 있는 서류 사본
   나. 상속의 경우에는 「가족관계의 등록 등에 관한 법률」 제15조 제1항 제1호의 가족관계증명서와 상속인임을 증명하는 서류
   다. 그 밖에 해당 사유별로 영업자의 지위를 승계하였음을 증명할 수 있는 서류
3. 교육이수증(법 제41조 제2항 본문에 따라 미리 식품위생교육을 받은 경우만 해당한다)
4. 건강진단결과서(제49조에 따른 건강진단 대상자만 해당한다)
5. 위임인의 자필서명이 있는 위임인의 신분증명서 사본 및 위임장(양수인이 영업자 지위승계 신고를 위임한 경우만 해당한다)

6. 「다중이용업소의 안전관리에 관한 특별법」 제13조의2에 따른 화재배상책임보험에 가입하였음을 증명하는 서류(같은 법 시행령 제2조제1호에 따른 영업의 경우만 해당한다)

② 제1항에 따라 영업자의 지위승계 신고를 하려는 상속인이 제44조제1항에 따른 폐업신고를 함께 하려는 경우에는 제1항 각 호의 첨부서류 중 제1항제1호 및 같은 항 제2호나목의 서류(상속인이 영업자 지위승계 신고를 위임한 경우에는 같은 항 제5호의 서류를 포함한다)만을 첨부하여 제출할 수 있다. 〈신설 2018.6.28.〉

③ 허가관청은 신청인이 법 제38조 제1항 제8호에 해당하는지 여부를 내부적으로 확인할 수 없는 경우에는 제1항의 서류 외에 신원 확인에 필요한 자료를 제출하게 할 수 있다. 〈개정 2011.8.19.〉

④ 제1항에 따라 영업자 지위승계 신고를 하는 자가 제41조 제2항 제2호 및 제43조에 따라 영업소의 명칭 또는 상호를 변경하려는 경우에는 이를 함께 신고할 수 있다.

제40조 (건강진단) ① 총리령으로 정하는 영업자 및 그 종업원은 건강진단을 받아야 한다. 다만, 다른 법령에 따라 같은 내용의 건강진단을 받는 경우에는 이 법에 따른 건강진단을 받은 것으로 본다. 〈개정 2013.3.23.〉

② 제1항에 따라 건강진단을 받은 결과 타인에게 위해를 끼칠 우려가 있는 질병이 있다고 인정된 자는 그 영업에 종사하지 못한다.

③ 영업자는 제1항을 위반하여 건강진단을 받지 아니한 자나 제2항에 따른 건강진단 결과 타인에게 위해를 끼칠 우려가 있는 질병이 있는 자를 그 영업에 종사시키지 못한다.

④ 제1항에 따른 건강진단의 실시방법 등과 제2항 및 제3항에 따른 타인에게 위해를 끼칠 우려가 있는 질병의 종류는 총리령으로 정한다. 〈개정 2013.3.23.〉

규칙 제49조 (건강진단 대상자) ① 법 제40조 제1항 본문에 따라 건강진단을 받아야 하는 사람은 식품 또는 식품첨가물(화학적 합성품 또는 기구 등의 살균·소독제는 제외한다)을 채취·제조·가공·조리·저장·운반 또는 판매하는 일에 직접 종사하는 영업자 및 종업원으로 한다. 다만, 완전 포장된 식품 또는 식품첨가물을 운반하거나 판매하는 일에 종사하는 사람은 제외한다.

② 제1항에 따라 건강진단을 받아야 하는 영업자 및 그 종업원은 영업 시작 전 또는 영업에 종사하기 전에 미리 건강진단을 받아야 한다.

③ 제1항에 따른 건강진단은 「식품위생 분야 종사자의 건강진단 규칙」에서 정하는 바에 따른다. 〈개정 2013.3.23.〉

규칙 제50조 (영업에 종사하지 못하는 질병의 종류) 법 제40조 제4항에 따라 영업에 종사하지 못하는 사람은 다음의 질병에 걸린 사람으로 한다. 〈개정 2010.12.30.〉

1. 「감염병의 예방 및 관리에 관한 법률」 제2조 제2호에 따른 제1군감염병
2. 「감염병의 예방 및 관리에 관한 법률」 제2조 제4호 나목에 따른 결핵(비감염성인 경우는 제외한다)
3. 피부병 또는 그 밖의 화농성(化膿性)질환

4. 후천성면역결핍증(「감염병의 예방 및 관리에 관한 법률」 제19조에 따라 성병에 관한 건강진단을 받아야 하는 영업에 종사하는 사람만 해당한다)

제41조 (식품위생교육) ① 대통령령으로 정하는 영업자 및 유흥종사자를 둘 수 있는 식품접객업 영업자의 종업원은 매년 식품위생에 관한 교육(이하 "식품위생교육"이라 한다)을 받아야 한다.

② 제36조 제1항 각 호에 따른 영업을 하려는 자는 미리 식품위생교육을 받아야 한다. 다만, 부득이한 사유로 미리 식품위생교육을 받을 수 없는 경우에는 영업을 시작한 뒤에 식품의약품안전처장이 정하는 바에 따라 식품위생교육을 받을 수 있다. 〈개정 2013.3.23.〉

③ 제1항 및 제2항에 따라 교육을 받아야 하는 자가 영업에 직접 종사하지 아니하거나 두 곳 이상의 장소에서 영업을 하는 경우에는 종업원 중에서 식품위생에 관한 책임자를 지정하여 영업자 대신 교육을 받게 할 수 있다. 다만, 집단급식소에 종사하는 조리사 및 영양사(「국민영양관리법」 제15조에 따라 영양사 면허를 받은 사람을 말한다. 이하 같다)가 식품위생에 관한 책임자로 지정되어 제56조 제1항 단서에 따라 교육을 받은 경우에는 제1항 및 제2항에 따른 해당 연도의 식품위생교육을 받은 것으로 본다. 〈개정 2010.3.26.〉

④ 제2항에도 불구하고 다음 각 호의 어느 하나에 해당하는 면허를 받은 자가 제36조제1항제3호에 따른 식품접객업을 하려는 경우에는 식품위생교육을 받지 아니하여도 된다. 〈개정 2016.2.3.〉

1. 제53조에 따른 조리사 면허
2. 「국민영양관리법」 제15조에 따른 영양사 면허
3. 「공중위생관리법」 제6조의2에 따른 위생사 면허

⑤ 영업자는 특별한 사유가 없는 한 식품위생교육을 받지 아니한 자를 그 영업에 종사하게 하여서는 아니 된다.

⑥ 제1항 및 제2항에 따른 교육의 내용, 교육비 및 교육 실시 기관 등에 관하여 필요한 사항은 총리령으로 정한다. 〈개정 2013.3.23.〉

영 **제27조 (식품위생교육의 대상)** 법 제41조 제1항에서 "대통령령으로 정하는 영업자"란 다음 각 호의 영업자를 말한다.

1. 제21조 제1호의 식품제조·가공업자
2. 제21조 제2호의 즉석판매제조·가공업자
3. 제21조 제3호의 식품첨가물제조업자
4. 제21조 제4호의 식품운반업자
5. 제21조 제5호의 식품소분·판매업자(식용얼음판매업자 및 식품자동판매기영업자는 제외한다)
6. 제21조 제6호의 식품보존업자
7. 제21조 제7호의 용기·포장류제조업자
8. 제21조 제8호의 식품접객업자

규칙 **제51조 (식품위생교육기관 등)** ① 법 제41조 제1항에 따른 식품위생교육을 실시하는 기관은 식품의약품안전처장이 지정·고시하는 식품위생교육전문기관, 법 제59조 제1항에 따른 동업자조합 또는 법 제64조 제1항에 따른 한국식품산업협회로 한다. 〈개정 2013.3.23.〉

② 식품위생교육의 내용은 식품위생, 개인위생, 식품위생시책, 식품의 품질관리 등으로 한다.

③ 식품위생교육전문기관의 운영과 식품교육내용에 관한 세부 사항은 식품의약품안전처장이 정한다. 〈개정 2013.3.23.〉

규칙 **제52조 (교육시간)** ① 법 제41조 제1항(제88조 제3항에 따라 준용되는 경우를 포함한다)에 따라 영업자와 종업원이 받아야 하는 식품위생교육 시간은 다음 각 호와 같다.

1. 영 제21조 제1호부터 제8호까지에 해당하는 영업자[같은 조 제5호 나목 1)의 식용얼음판매업자와 같은 목 2)의 식품자동판매기영업자는 제외한다] : 3시간
2. 영 제21조 제8호 라목에 따른 유흥주점영업의 유흥종사자 : 2시간
3. 법 제88조 제2항에 따라 집단급식소를 설치·운영하는 자 : 3시간

② 법 제41조 제2항(법 제88조 제3항에 따라 준용되는 경우를 포함한다)에 따라 영업을 하려는 자가 받아야 하는 식품위생교육 시간은 다음 각 호와 같다.

1. 영 제21조 제1호부터 제3호까지에 해당하는 영업을 하려는 자 : 8시간
2. 영 제21조 제4호부터 제7호까지에 해당하는 영업을 하려는 자 : 4시간
3. 영 제21조 제8호의 영업을 하려는 자 : 6시간
4. 법 제88조 제1항에 따라 집단급식소를 설치·운영하려는 자 : 6시간

③ 제1항 및 제2항에 따라 식품위생교육을 받은 자가 다음 각 호의 어느 하나에 해당하는 경우에는 해당 영업에 대한 신규 식품위생교육을 받은 것으로 본다. 〈개정 2011.4.7.〉

1. 신규 식품위생교육을 받은 날부터 2년이 지나지 않은 자 또는 제1항에 따른 교육을 받은 날부터 1년이 지나지 아니한 자가 교육받은 업종과 같은 업종으로 영업을 하려는 경우 〈개정 2017.12.29.〉
2. 신규 식품위생교육을 받은 날부터 2년이 지나지 않은 자 또는 제1항에 따른 교육을 받은 날부터 1년이 지나지 아니한 자가 다음 각 목의 어느 하나에 해당하는 업종 중에서 같은 목의 다른 업종으로 영업을 하려는 경우
   가. 영 제21조 제1호의 식품제조·가공업, 같은 조 제2호의 즉석판매제조·가공업 및 같은 조 제3호의 식품첨가물제조업
   나. 영 제21조 제8호 가목의 휴게음식점영업, 같은 호 나목의 일반음식점영업 및 같은 호 바목의 제과점영업
   다. 영 제21조 제8호 다목의 단란주점영업 및 같은 호 라목의 유흥주점영업
3. 영 제21조 제1호부터 제3호까지의 어느 하나에 해당하는 영업에서 같은 조 제4호부터 제7호까지의 어느 하나에 해당하는 영업으로 업종을 변경하거나 그 업종을 함께 하려는 경우
4. 영 제21조 제1호부터 제8호까지의 어느 하나에 해당하는 영업을 하는 자가 영 제21조 제5호 나목 2)의 식품자동판매기영업으로 업종을 변경하거나 그 업종을 함께 하려는 경우

④ 제1항에 따라 식품위생교육을 받은 자가 다음 각 호의 어느 하나에 해당하는 경우에는 해당 영업에 대하여 제1항에 따른 식품위생교육을 받은 것으로 본다. 〈신설 2015.12.31.〉

1. 해당 연도에 제1항에 따른 교육을 받은 자가 기존 영업의 허가관청·신고관청·등록

관청과 같은 관할 구역에서 교육받은 업종과 같은 업종으로 영업을 하고 있는 경우

2. 해당 연도에 제1항에 따른 교육을 받은 자가 기존 영업의 허가관청·신고관청·등록관청과 같은 관할 구역에서 다음 각 목의 어느 하나에 해당하는 업종 중에서 같은 목의 다른 업종으로 영업을 하고 있는 경우
   가. 영 제21조제1호에 따른 식품제조·가공업, 같은 조 제2호에 따른 즉석판매제조·가공업 및 같은 조 제3호에 따른 식품첨가물제조업
   나. 영 제21조제8호가목에 따른 휴게음식점영업, 같은 호 나목에 따른 일반음식점영업 및 같은 호 바목에 따른 제과점영업
   다. 영 제21조제8호다목에 따른 단란주점영업 및 같은 호 라목에 따른 유흥주점영업

규칙 **제53조 (교육교재 등)** ① 제51조 제1항에 따른 식품위생교육기관은 교육교재를 제작하여 교육 대상자에게 제공하여야 한다.

② 식품위생교육기관은 식품위생교육을 수료한 사람에게 수료증을 발급하고, 교육 실시 결과를 교육 후 1개월 이내에 허가관청, 신고관청 또는 등록관청에, 해당 연도 종료 후 1개월 이내에 식품의약품안전처장에게 각각 보고하여야 하며, 수료증 발급대장 등 교육에 관한 기록을 2년 이상 보관·관리하여야 한다. 〈개정 2015.8.18.〉

규칙 **제54조 (도서·벽지 등의 영업자 등에 대한 식품위생교육)** ① 법 제41조제1항 및 제2항에 따른 식품위생교육 대상자 중 허가관청, 신고관청 또는 등록관청에서 교육에 참석하기 어렵다고 인정하는 도서·벽지 등의 영업자 및 종업원에 대해서는 제53조에 따른 교육교재를 배부하여 이를 익히고 활용하도록 함으로써 교육을 갈음할 수 있다. 〈개정 2015.8.18.〉

② 법 제41조제2항에 따른 식품위생교육 대상자 중 영업준비상 사전교육을 받기가 곤란하다고 허가관청, 신고관청 또는 등록관청이 인정하는 자에 대해서는 영업허가를 받거나 영업신고 또는 영업등록을 한 후 3개월 이내에 허가관청, 신고관청 또는 등록관청이 정하는 바에 따라 식품위생교육을 받게 할 수 있다. 〈개정 2015.8.18.〉

제42조 (실적보고) ① 삭제 〈2016.2.3.〉

② 식품 또는 식품첨가물을 제조·가공하는 영업자는 총리령으로 정하는 바에 따라 식품 및 식품첨가물을 생산한 실적 등을 식품의약품안전처장 또는 시·도지사에게 보고하여야 한다. 〈개정 2016.2.3.〉

[제목개정 2016.2.3.]

규칙 제55조, [별표 16] 삭제 〈2016.8.4.〉

규칙 **제56조 (생산실적 등의 보고)** ① 법 제42조 제2항에 따른 식품 및 식품첨가물의 생산실적 등에 관한 보고(전자문서를 포함한다)는 별지 제50호 서식에 따라 하되, 해당 연도 종료 후 1개월 이내에 하여야 한다. 〈개정 2011.8.19.〉

② 영업자가 제1항에 따른 보고를 할 때에는 등록관청을 거쳐 식품의약품안전처장 또는 시·도지사(특별자치시장·특별자치도지사를 제외한다)에게 보고하여야 한다. 〈개정 2016.8.4.〉

규칙 제56조의 2 삭제 〈2016.2.4.〉

제43조 (영업 제한) ① 특별자치시장 · 특별자치도지사 · 시장 · 군수 · 구청장은 영업 질서와 선량한 풍속을 유지하는 데에 필요한 경우에는 영업자 중 식품접객영업자와 그 종업원에 대하여 영업시간 및 영업행위를 제한할 수 있다. 〈개정 2019.1.15.〉

② 제1항에 따른 제한 사항은 대통령령으로 정하는 범위에서 해당 특별자치시 · 특별자치도 · 시 · 군 · 구의 조례로 정한다. 〈개정 2019.1.15.〉

[시행일 : 2019.7.16.]

영 제28조 (영업의 제한 등) 법 제43조제2항에 따라 특별자치시·특별자치도·시·군·구의 조례로 영업을 제한하는 경우 영업시간의 제한은 1일당 8시간 이내로 하여야 한다. 〈개정 2019.7.9.〉

제44조(영업자 등의 준수사항) ① 제36조제1항 각 호의 영업을 하는 자 중 대통령령으로 정하는 영업자와 그 종업원은 영업의 위생관리와 질서유지, 국민의 보건위생 증진을 위하여 영업의 종류에 따라 다음 각 호에 해당하는 사항을 지켜야 한다. 〈개정 2018.12.11.〉

1. 「축산물 위생관리법」 제12조에 따른 검사를 받지 아니한 축산물 또는 실험 등의 용도로 사용한 동물은 운반·보관·진열·판매하거나 식품의 제조·가공에 사용하지 말 것
2. 「야생생물 보호 및 관리에 관한 법률」을 위반하여 포획·채취한 야생생물은 이를 식품의 제조·가공에 사용하거나 판매하지 말 것
3. 유통기한이 경과된 제품 · 식품 또는 그 원재료를 제조·가공·조리·판매의 목적으로 소분·운반·진열·보관하거나 이를 판매 또는 식품의 제조·가공·조리에 사용하지 말 것
4. 수돗물이 아닌 지하수 등을 먹는 물 또는 식품의 조리·세척 등에 사용하는 경우에는 「먹는물관리법」 제43조에 따른 먹는물 수질검사기관에서 총리령으로 정하는 바에 따라 검사를 받아 마시기에 적합하다고 인정된 물을 사용할 것. 다만, 둘 이상의 업소가 같은 건물에서 같은 수원(水源)을 사용하는 경우에는 하나의 업소에 대한 시험결과로 나머지 업소에 대한 검사를 갈음할 수 있다.
5. 제15조제2항에 따라 위해평가가 완료되기 전까지 일시적으로 금지된 식품등을 제조·가공·판매·수입·사용 및 운반하지 말 것
6. 식중독 발생 시 보관 또는 사용 중인 식품은 역학조사가 완료될 때까지 폐기하거나 소독 등으로 현장을 훼손하여서는 아니 되고 원상태로 보존하여야 하며, 식중독 원인규명을 위한 행위를 방해하지 말 것
7. 손님을 꾀어서 끌어들이는 행위를 하지 말 것
8. 그 밖에 영업의 원료관리, 제조공정 및 위생관리와 질서유지, 국민의 보건위생 증진 등을 위하여 총리령으로 정하는 사항

② 식품접객영업자는 「청소년 보호법」 제2조에 따른 청소년(이하 이 항에서 "청소년"이라 한다)에게 다음 각 호의 어느 하나에 해당하는 행위를 하여서는 아니 된다. 〈개정 2011.9.15.〉

(계속)

1. 청소년을 유흥접객원으로 고용하여 유흥행위를 하게 하는 행위
2. 「청소년 보호법」 제2조제5호가목3)에 따른 청소년출입·고용 금지업소에 청소년을 출입시키거나 고용하는 행위
3. 「청소년 보호법」 제2조제5호나목3)에 따른 청소년고용금지업소에 청소년을 고용하는 행위
4. 청소년에게 주류(酒類)를 제공하는 행위

③ 누구든지 영리를 목적으로 제36조제1항제3호의 식품접객업을 하는 장소(유흥종사자를 둘 수 있도록 대통령령으로 정하는 영업을 하는 장소는 제외한다)에서 손님과 함께 술을 마시거나 노래 또는 춤으로 손님의 유흥을 돋우는 접객행위(공연을 목적으로 하는 가수, 악사, 댄서, 무용수 등이 하는 행위는 제외한다)를 하거나 다른 사람에게 그 행위를 알선하여서는 아니 된다.

④ 제3항에 따른 식품접객영업자는 유흥종사자를 고용·알선하거나 호객행위를 하여서는 아니 된다.

⑤ 삭제 〈2015.2.3.〉

규칙 제57조(식품접객영업자 등의 준수사항 등) 법 제44조 제1항에 따라 식품접객영업자 등이 지켜야 할 준수사항은 별표 17과 같다.

■ **별표 17** ■ 〈개정 2019.4.25.〉

식품접객업영업자 등의 준수사항(제57조 관련)

1. 식품제조·가공업자 및 식품첨가물제조업자와 그 종업원의 준수사항

가. 생산 및 작업기록에 관한 서류와 원료의 입고·출고·사용에 대한 원료수불 관계 서류를 작성하되 이를 거짓으로 작성해서는 안된다. 이 경우 해당 서류는 최종 기재일부터 3년간 보관하여야 한다.

나. 식품제조·가공업자는 제품의 거래기록을 작성하여야 하고, 최종 기재일부터 3년간 보관하여야 한다.

다. 유통기한이 경과된 제품은 판매목적으로 진열·보관·판매(대리점을 통하여 또는 직접 진열·보관하거나 판매하는 경우만 해당한다)하거나 이를 식품 등의 제조·가공에 사용하지 아니하여야 한다. 다만, 폐기용 또는 교육용이라는 표시를 명확하게 하여 진열·보관하는 경우는 제외한다.

라. 삭제 〈2019.4.25.〉

마. 식품제조·가공업자는 장난감 등을 식품과 함께 포장하여 판매하는 경우 장난감 등이 식품의 보관·섭취에 사용되는 경우를 제외하고는 식품과 구분하여 별도로 포장하여야 한다. 이 경우 장난감 등은 「품질경영 및 공산품안전관리법」 제14조제3항에 따른 제품검사의 안전기준에 적합한 것이어야 한다.

바. 식품제조·가공업자 또는 식품첨가물제조업자는 별표 14 제1호자목2) 또는 제3호에 따라 식품제조·가공업 또는 식품첨가물제조업의 영업등록을 한 자에게 위탁하여 식품 또는 식품첨가물을 제조·가공하는 경우에는 위탁한 그 제조·가공업자에 대하여 반기별 1회 이상 위생관리상태 등을 점검하여야 한다. 다만, 위탁하려는 식품과 동일한 식품에 대하여 법 제48조에 따라 식품안전관리인증기준적용업소로 인증받거나 「어린이 식생활안전관리 특별법」 제14조에 따라 품질인증을 받은 영업자에게 위탁하는 경우는 제외한다.

사. 식품제조·가공업자 및 식품첨가물제조업자는 이물이 검출되지 아니하도록 필요한 조치를 하여야 하고, 소비자로부터 이물 검출 등 불만사례 등을 신고 받은 경우 그 내용을 기록하여 2년간 보관하여야 하며, 이 경우 소비자가 제시한 이물과 증거품(사진, 해당 식품 등을 말한다)은 6개월간 보관하여야 한다. 다만, 부패하거나 변질될 우려가 있는 이물 또는 증거품은 2개월간 보관할 수 있다.

아. 식품제조·가공업자는「식품 등의 표시·광고에 관한 법률」제4조 및 제5조에 따른 표시사항을 모두 표시하지 않은 축산물,「축산물 위생관리법」제7조제1항을 위반하여 허가받지 않은 작업장에서 도축·집유·가공·포장 또는 보관된 축산물, 같은 법 제12조제1항·제2항에 따른 검사를 받지 않은 축산물, 같은 법 제22조에 따른 영업 허가를 받지 아니한 자가 도축·집유·가공·포장 또는 보관된 축산물 또는 같은 법 제33조제1항에 따른 축산물 또는 실험 등의 용도로 사용한 동물을 식품의 제조 또는 가공에 사용하여서는 아니 된다.

자. 수돗물이 아닌 지하수 등을 먹는 물 또는 식품의 제조·가공 등에 사용하는 경우에는「먹는물관리법」제43조에 따른 먹는 물 수질검사기관에서 1년(음료류 등 마시는 용도의 식품인 경우에는 6개월)마다「먹는물관리법」제5조에 따른 먹는 물의 수질기준에 따라 검사를 받아 마시기에 적합하다고 인정된 물을 사용하여야 한다.

차. 삭제 〈2019.4.25.〉

카. 법 제15조제2항에 따라 위해평가가 완료되기 전까지 일시적으로 금지된 제품에 대하여는 이를 제조·가공·유통·판매하여서는 아니 된다.

타. 식품제조·가공업자가 자신의 제품을 만들기 위하여 수입한 반가공 원료 식품 및 용기·포장과「대외무역법」에 따른 외화획득용 원료로 수입한 식품등을 부패하거나 변질되어 또는 유통기한이 경과하여 폐기한 경우에는 이를 증명하는 자료를 작성하고, 최종 작성일부터 2년간 보관하여야 한다.

파. 법 제47조제1항에 따라 우수업소로 지정받은 자 외의 자는 우수업소로 오인·혼동할 우려가 있는 표시를 하여서는 아니 된다.

하. 법 제31조제1항에 따라 자가품질검사를 하는 식품제조·가공업자 또는 식품첨가물제조업자는 검사설비에 검사 결과의 변경 시 그 변경내용이 기록·저장되는 시스템을 설치·운영하여야 한다.

거. 초산($C_2H_4O_2$) 함량비율이 99% 이상인 빙초산을 제조하는 식품첨가물제조업자는 빙초산에「품질경영 및 공산품안전관리법」제2조제11호에 따른 어린이보호포장을 하여야 한다.

2. 즉석판매제조·가공업자의 준수사항

가. 제조·가공한 식품을 판매를 목적으로 하는 사람에게 판매하여서는 아니 되며, 다음의 어느 하나에 해당하는 방법으로 배달하는 경우를 제외하고는 영업장 외의 장소에서 판매하여서는 아니 된다.
   1) 영업자나 그 종업원이 최종소비자에게 직접 배달하는 경우
   2) 식품의약품안전처장이 정하여 고시하는 기준에 따라 우편 또는 택배 등의 방법으로 최종소비자에게 배달하는 경우

나. 손님이 보기 쉬운 곳에 가격표를 붙여야 하며, 가격표대로 요금을 받아야 한다.

다. 영업신고증을 업소 안에 보관하여야 한다.

라.「식품 등의 표시 · 광고에 관한 법률」제4조 및 제5조에 따른 표시사항을 모두 표시하지 않은 축산물,「축산물 위생관리법」제7조제1항을 위반하여 허가받지 않은 작업장에서 도축·집유·가공·포장 또는 보관된 축산물, 같은 법 제12조제1항·제2항에 따른 검사를 받지 않은 축산물, 같은 법 제22조에 따른 영업 허가를 받지 아니한 자가 도축·집유·가공·포장 또는 보관된 축산물 또는 같은 법 제33조제1항에 따른 축산물 또는 실험 등의 용도로 사용한 동물은 식품의 제조·가공에 사용하여서는 아니 된다.

마. 「야생생물 보호 및 관리에 관한 법률」을 위반하여 포획한 야생동물은 이를 식품의 제조·가공에 사용하여서는 아니 된다.
바. 유통기한이 경과된 제품을 진열·보관하거나 이를 식품의 제조·가공에 사용하여서는 아니 된다.
사. 수돗물이 아닌 지하수 등을 먹는 물 또는 식품의 조리·세척 등에 사용하는 경우에는 「먹는물관리법」 제43조에 따른 먹는 물 수질검사기관에서 다음의 검사를 받아 마시기에 적합하다고 인정된 물을 사용하여야 한다. 다만, 둘 이상의 업소가 같은 건물에서 같은 수원(水原)을 사용하는 경우에는 하나의 업소에 대한 시험결과로 해당 업소에 대한 검사에 갈음할 수 있다.
  1) 일부항목 검사 : 1년마다(모든 항목 검사를 하는 연도의 경우는 제외한다) 「먹는물 수질기준 및 검사 등에 관한 규칙」 제4조제1항제2호에 따른 마을상수도의 검사기준에 따른 검사(잔류염소검사를 제외한다). 다만, 시·도지사가 오염의 염려가 있다고 판단하여 지정한 지역에서는 같은 규칙 제2조에 따른 먹는 물의 수질기준에 따른 검사를 하여야 한다.
  2) 모든 항목 검사 : 2년마다 「먹는물 수질기준 및 검사 등에 관한 규칙」 제2조에 따른 먹는 물의 수질기준에 따른 검사
아. 법 제15조제2항에 따라 위해평가가 완료되기 전까지 일시적으로 금지된 식품등을 제조·가공·판매하여서는 아니 된다.

3. 식품소분·판매(식품자동판매기영업 및 집단급식소 식품판매업은 제외한다)·운반업자의 준수사항
가. 영업자간의 거래에 관하여 식품의 거래기록(전자문서를 포함한다)을 작성하고, 최종 기재일부터 2년 동안 이를 보관하여야 한다.
나. 영업허가증 또는 신고증을 영업소 안에 보관하여야 한다.
다. 수돗물이 아닌 지하수 등을 먹는 물 또는 식품의 조리·세척 등에 사용하는 경우에는 「먹는물관리법」 제43조에 따른 먹는 물 수질검사기관에서 다음의 구분에 따라 검사를 받아 마시기에 적합하다고 인정된 물을 사용하여야 한다. 다만, 같은 건물에서 같은 수원을 사용하는 경우에는 하나의 업소에 대한 시험결과로 갈음할 수 있다.
  1) 일부항목 검사 : 1년마다(모든 항목 검사를 하는 연도의 경우를 제외한다) 「먹는물 수질기준 및 검사 등에 관한 규칙」 제4조제1항제2호에 따른 마을 상수도의 검사기준에 따른 검사(잔류염소검사를 제외한다). 다만, 시·도지사가 오염의 염려가 있다고 판단하여 지정한 지역에서는 같은 규칙 제2조에 따른 먹는 물의 수질기준에 따른 검사를 하여야 한다.
  2) 모든 항목 검사 : 2년마다 「먹는물 수질기준 및 검사 등에 관한 규칙」 제2조에 따른 먹는 물의 수질기준에 따른 검사
라. 삭제 <2019.4.25.>
마. 식품판매업자는 제1호마목을 위반한 식품을 판매하여서는 아니 된다.
바. 삭제 <2016.2.4.>
사. 식품운반업자는 운반차량을 이용하여 살아있는 동물을 운반하여서는 아니 되며, 운반목적 외에 운반차량을 사용하여서는 아니 된다.
아. 「식품 등의 표시 · 광고에 관한 법률」 제4조 및 제5조에 따른 표시사항을 모두 표시하지 않은 축산물, 「축산물 위생관리법」 제7조제1항을 위반하여 허가받지 않은 작업장에서 도축·집유·가공·포장 또는 보관된 축산물, 같은 법 제12조제1항·제2항에 따른 검사를 받지 않은 축산물, 같은 법 제22조에 따른 영업 허가를 받지 아니한 자가 도축·집유·가공·포장 또는 보관된 축산물 또는 같은 법 제33조제1항에 따른 축산물 또는 실험 등의 용도로 사용한 동물은 운반·보관·진열 또는 판매하여서는 아니 된다.
자. 유통기한이 경과된 제품을 판매의 목적으로 소분·운반·진열 또는 보관하여서는 아니 되며, 이를

판매하여서는 아니 된다.

차. 식품판매영업자는 즉석판매제조·가공영업자가 제조·가공한 식품을 진열·판매하여서는 아니 된다.

카. 삭제 〈2019.4.25.〉

타. 삭제 〈2016.2.4.〉

파. 식품소분·판매업자는 법 제15조제2항에 따라 위해평가가 완료되기 전까지 일시적으로 금지된 식품 등에 대하여는 이를 수입·가공·사용·운반 등을 하여서는 아니 된다.

하. 식품소분업자 및 유통전문판매업자는 소비자로부터 이물 검출 등 불만사례 등을 신고 받은 경우에는 그 내용을 2년간 기록·보관하여야 하며, 소비자가 제시한 이물과 증거품(사진, 해당 식품 등을 말한다)은 6개월간 보관하여야 한다. 다만, 부패하거나 변질될 우려가 있는 이물 또는 증거품은 2개월간 보관할 수 있다.

거. 유통전문판매업자는 제조·가공을 위탁한 제조·가공업자에 대하여 반기마다 1회 이상 위생관리 상태를 점검하여야 한다. 다만, 위탁받은 제조·가공업자가 위탁받은 식품과 동일한 식품에 대하여 법 제48조에 따른 식품안전관리인증기준적용업소인 경우 또는 위탁받은 식품과 동일한 식품에 대하여 「어린이 식생활안전관리 특별법」 제14조에 따라 품질인증을 받은 자인 경우는 제외한다.

4. 식품자동판매기영업자와 그 종업원의 준수사항

가. 자판기용 제품은 적법하게 제조·가공된 것을 사용하여야 하며, 유통기한이 경과된 제품을 보관하거나 이를 사용하여서는 아니 된다.

나. 자판기 내부의 정수기 또는 살균장치 등이 낡거나 닳아 없어진 경우에는 즉시 바꾸어야 하고, 그 기능이 떨어진 경우에는 즉시 그 기능을 보강하여야 한다.

다. 자판기 내부(재료혼합기, 급수통, 급수호스 등)는 하루 1회 이상 세척 또는 소독하여 청결히 하여야 하고, 그 기능이 떨어진 경우에는 즉시 교체하여야 한다.

라. 자판기 설치장소 주변은 항상 청결하게 하고, 뚜껑이 있는 쓰레기통 또는 종이컵 수거대(종이컵을 사용하는 자판기만 해당한다)를 비치하여야 하며, 쥐·바퀴 등 해충이 자판기 내부에 침입하지 아니하도록 하여야 한다.

마. 매일 위생상태 및 고장여부를 점검하여야 하고, 그 내용을 다음과 같은 점검표에 기록하여 보기 쉬운 곳에 항상 비치하여야 한다.

점검일시	점검자	점검결과		비고
		내부청결상태	정상가동여부	

바. 자판기에는 영업신고번호, 자판기별 일련관리번호(제42조제3항에 따라 2대 이상을 일괄신고한 경우에 한한다), 제품의 명칭 및 고장시의 연락전화번호를 12포인트 이상의 글씨로 판매기 앞면의 보기 쉬운 곳에 표시하여야 한다.

5. 집단급식소 식품판매업자와 그 종업원의 준수사항

가. 영업자는 식품의 구매·운반·보관·판매 등의 과정에 대한 거래내역을 2년간 보관하여야 한다.

나. 「식품 등의 표시 · 광고에 관한 법률」 제4조 및 제5조에 따른 표시사항을 모두 표시하지 않은 축산물, 「축산물 위생관리법」 제7조제1항을 위반하여 허가받지 않은 작업장에서 도축·집유·가공·포장 또는 보관된 축산물, 같은 법 제12조제1항·제2항에 따른 검사를 받지 않은 축산물, 같은 법 제22조에 따른 영업 허가를 받지 아니한 자가 도축·집유·가공·포장 또는 보관된 축산물 또는 같은 법 제33조제1항에 따른 축산물, 실험 등의 용도로 사용한 동물 또는 「야생동·식물보호법」 을 위반하여 포획한 야생동물은 판매하여서는 아니 된다.

다. 냉동식품을 공급할 때에 해당 집단급식소의 영양사 및 조리사가 해동(解凍)을 요청할 경우 해동을 위한 별도의 보관 장치를 이용하거나 냉장운반을 할 수 있다. 이 경우 해당 제품이 해동 중이라는 표시, 해동을 요청한 자, 해동 시작시간, 해동한 자 등 해동에 관한 내용을 표시하여야 한다.

라. 작업장에서 사용하는 기구, 용기 및 포장은 사용 전, 사용 후 및 정기적으로 살균·소독하여야 하며, 동물·수산물의 내장 등 세균의 오염원이 될 수 있는 식품 부산물을 처리한 경우에는 사용한 기구에 따른 오염을 방지하여야 한다.

마. 유통기한이 지난 식품 또는 그 원재료를 집단급식소에 판매하기 위하여 보관·운반 및 사용하여서는 아니 된다.

바. 수돗물이 아닌 지하수 등을 먹는 물 또는 식품의 조리·세척 등에 사용하는 경우에는 「먹는물관리법」 제43조에 따른 먹는 물 수질검사기관에서 다음의 검사를 받아 마시기에 적합하다고 인정된 물을 사용하여야 한다. 다만, 둘 이상의 업소가 같은 건물에서 같은 수원을 사용하는 경우에는 하나의 업소에 대한 시험결과로 해당 업소에 대한 검사에 갈음할 수 있다.

1) 일부항목 검사 : 1년(모든 항목 검사를 하는 연도는 제외한다)마다 「먹는물 수질기준 및 검사 등에 관한 규칙」 제4조에 따른 마을상수도의 검사기준에 따른 검사(잔류염소검사는 제외한다)를 하여야 한다. 다만, 시·도지사가 오염의 염려가 있다고 판단하여 지정한 지역에서는 같은 규칙 제2조에 따른 먹는 물의 수질기준에 따른 검사를 하여야 한다.

2) 모든 항목 검사 : 2년마다 「먹는물 수질기준 및 검사 등에 관한 규칙」 제2조에 따른 먹는 물의 수질기준에 따른 검사

사. 법 제15조에 따른 위해평가가 완료되기 전까지 일시적으로 금지된 식품등을 사용하여서는 아니 된다.

아. 식중독 발생시 보관 또는 사용 중인 식품은 역학조사가 완료될 때까지 폐기하거나 소독 등으로 현장을 훼손하여서는 아니 되고 원상태로 보존하여야 하며, 식중독 원인규명을 위한 행위를 방해하여서는 아니 된다.

6. 식품조사처리업자 및 그 종업원의 준수사항

조사연월일 및 시간, 조사대상식품명칭 및 무게 또는 수량, 조사선량 및 선량보증, 조사목적에 관한 서류를 작성하여야 하고, 최종 기재일부터 3년간 보관하여야 한다.

7. 식품접객업자(위탁급식영업자는 제외한다)와 그 종업원의 준수사항

가. 물수건, 숟가락, 젓가락, 식기, 찬기, 도마, 칼, 행주, 그 밖의 주방용구는 기구등의 살균 · 소독제, 열탕, 자외선살균 또는 전기살균의 방법으로 소독한 것을 사용하여야 한다.

나. 「식품 등의 표시 · 광고에 관한 법률」 제4조 및 제5조에 따른 표시사항을 모두 표시하지 않은 축산물, 「축산물 위생관리법」 제7조제1항을 위반하여 허가받지 않은 작업장에서 도축·집유·가공·포장 또는 보관된 축산물, 같은 법 제12조제1항·제2항에 따른 검사를 받지 않은 축산물, 같은 법 제22조에 따른 영업 허가를 받지 아니한 자가 도축·집유·가공·포장 또는 보관된 축산물 또는 같은 법 제33조제1항에 따른 축산물 또는 실험 등의 용도로 사용한 동물은 음식물의 조리에 사용하여서는 아니 된다.

다. 업소 안에서는 도박이나 그 밖의 사행행위 또는 풍기문란행위를 방지하여야 하며, 배달판매 등의 영업행위 중 종업원의 이러한 행위를 조장하거나 묵인하여서는 아니 된다.

라. 삭제 〈2011.8.19〉

마. 삭제 〈2011.8.19〉

바. 제과점영업자가 별표 14 제8호가목2)라)(5)에 따라 조리장을 공동 사용하는 경우 빵류를 실제

제조한 업소명과 소재지를 소비자가 알아볼 수 있도록 별도로 표시하여야 한다. 이 경우 게시판, 팻말 등 다양한 방법으로 표시할 수 있다.

사. 간판에는 영 제21조에 따른 해당업종명과 허가를 받거나 신고한 상호를 표시하여야 한다. 이 경우 상호와 함께 외국어를 병행하여 표시할 수 있으나 업종구분에 혼동을 줄 수 있는 사항은 표시하여서는 아니 된다.

아. 손님이 보기 쉽도록 영업소의 외부 또는 내부에 가격표(부가가치세 등이 포함된 것으로서 손님이 실제로 내야 하는 가격이 표시된 가격표를 말한다)를 붙이거나 게시하되, 신고한 영업장 면적이 150제곱미터 이상인 휴게음식점 및 일반음식점은 영업소의 외부와 내부에 가격표를 붙이거나 게시하여야 하고, 가격표대로 요금을 받아야 한다.

자. 영업허가증·영업신고증·조리사면허증(조리사를 두어야 하는 영업에만 해당한다)을 영업소 안에 보관하고, 허가관청 또는 신고관청이 식품위생·식생활개선 등을 위하여 게시할 것을 요청하는 사항을 손님이 보기 쉬운 곳에 게시하여야 한다.

차. 식품의약품안전처장 또는 시·도지사가 국민에게 혐오감을 준다고 인정하는 식품을 조리·판매하여서는 아니 되며, 「멸종위기에 처한 야생동식물종의 국제거래에 관한 협약」에 위반하여 포획·채취한 야생동물·식물을 사용하여 조리·판매하여서는 아니 된다.

카. 유통기한이 경과된 원료 또는 완제품을 조리·판매의 목적으로 보관하거나 이를 음식물의 조리에 사용하여서는 아니 된다.

타. 허가를 받거나 신고한 영업 외의 다른 영업시설을 설치하거나 다음에 해당하는 영업행위를 하여서는 아니 된다.

1) 휴게음식점영업자·일반음식점영업자 또는 단란주점영업자가 유흥접객원을 고용하여 유흥접객행위를 하게 하거나 종업원의 이러한 행위를 조장하거나 묵인하는 행위

2) 휴게음식점영업자·일반음식점영업자가 음향 및 반주시설을 갖추고 손님이 노래를 부르도록 허용하는 행위. 다만, 연회석을 보유한 일반음식점에서 회갑연, 칠순연 등 가정의 의례로서 행하는 경우에는 그러하지 아니하다.

3) 일반음식점영업자가 주류만을 판매하거나 주로 다류를 조리·판매하는 다방형태의 영업을 하는 행위

4) 휴게음식점영업자가 손님에게 음주를 허용하는 행위

5) 식품접객업소의 영업자 또는 종업원이 영업장을 벗어나 시간적 소요의 대가로 금품을 수수하거나, 영업자가 종업원의 이러한 행위를 조장하거나 묵인하는 행위

6) 휴게음식점영업 중 주로 다류 등을 조리·판매하는 영업소에서 「청소년보호법」 제2조제1호에 따른 청소년인 종업원에게 영업소를 벗어나 다류 등을 배달하게 하여 판매하는 행위

7) 휴게음식점영업자·일반음식점영업자가 음향시설을 갖추고 손님이 춤을 추는 것을 허용하는 행위. 다만, 특별자치도·시·군·구의 조례로 별도의 안전기준, 시간 등을 정하여 별도의 춤을 추는 공간이 아닌 객석에서 춤을 추는 것을 허용하는 경우는 제외한다.

파. 유흥주점영업자는 성명, 주민등록번호, 취업일, 이직일, 종사분야를 기록한 종업원(유흥접객원만 해당한다)명부를 비치하여 기록·관리하여야 한다.

하. 손님을 꾀어서 끌어들이는 행위를 하여서는 아니 된다.

거. 업소 안에서 선량한 미풍양속을 해치는 공연, 영화, 비디오 또는 음반을 상영하거나 사용하여서는 아니 된다.

너. 수돗물이 아닌 지하수 등을 먹는 물 또는 식품의 조리·세척 등에 사용하는 경우에는 「먹는물관리법」 제43조에 따른 먹는 물 수질검사기관에서 다음의 검사를 받아 마시기에 적합하다고 인정된 물을 사용하여야 한다. 다만, 둘 이상의 업소가 같은 건물에서 같은 수원을 사용하는 경우에는

하나의 업소에 대한 시험결과로 해당 업소에 대한 검사에 갈음할 수 있다.

1) 일부항목 검사 : 1년(모든 항목 검사를 하는 연도는 제외한다) 마다 「먹는물 수질기준 및 검사 등에 관한 규칙」 제4조에 따른 마을상수도의 검사기준에 따른 검사(잔류염소검사는 제외한다)를 하여야 한다. 다만, 시·도지사가 오염의 염려가 있다고 판단하여 지정한 지역에서는 같은 규칙 제2조에 따른 먹는 물의 수질기준에 따른 검사를 하여야 한다.

2) 모든 항목 검사 : 2년마다 「먹는물 수질기준 및 검사 등에 관한 규칙」 제2조에 따른 먹는 물의 수질기준에 따른 검사

더. 동물의 내장을 조리한 경우에는 이에 사용한 기계·기구류 등을 세척하여 살균하여야 한다.

러. 식품접객업영업자는 손님이 먹고 남긴 음식물이나 먹을 수 있게 진열 또는 제공한 음식물에 대해서는 다시 사용·조리 또는 보관(폐기용이라는 표시를 명확하게 하여 보관하는 경우는 제외한다) 해서는 안 된다. 다만, 식품의약품안전처장이 인터넷 홈페이지에 별도로 정하여 게시한 음식물에 대해서는 다시 사용·조리 또는 보관할 수 있다.

머. 식품접객업자는 공통찬통, 소형찬기 또는 복합찬기를 사용하거나, 손님이 남은 음식물을 싸서 가지고 갈 수 있도록 포장용기를 비치하고 이를 손님에게 알리는 등 음식문화개선을 위해 노력하여야 한다.

버. 휴게음식점영업자·일반음식점영업자 또는 단란주점영업자는 영업장 안에 설치된 무대시설 외의 장소에서 공연을 하거나 공연을 하는 행위를 조장·묵인하여서는 아니 된다. 다만, 일반음식점영업자가 손님의 요구에 따라 회갑연, 칠순연 등 가정의 의례로서 행하는 경우에는 그러하지 아니하다.

서. 「야생생물 보호 및 관리에 관한 법률」을 위반하여 포획한 야생동물을 사용한 식품을 조리·판매하여서는 아니 된다.

어. 법 제15조제2항에 따른 위해평가가 완료되기 전까지 일시적으로 금지된 식품등을 사용·조리하여서는 아니 된다.

저. 조리·가공한 음식을 진열하고, 진열된 음식을 손님이 선택하여 먹을 수 있도록 제공하는 형태(이하 "뷔페"라 한다)로 영업을 하는 일반음식점영업자는 제과점영업자에게 당일 제조·판매하는 빵류를 구입하여 구입 당일 이를 손님에게 제공할 수 있다. 이 경우 당일 구입하였다는 증명서(거래명세서나 영수증 등을 말한다)를 6개월간 보관하여야 한다.

처. 법 제47조제1항에 따른 모범업소가 아닌 업소의 영업자는 모범업소로 오인·혼동할 우려가 있는 표시를 하여서는 아니 된다.

커. 손님에게 조리하여 제공하는 식품의 주재료, 중량 등이 아목에 따른 가격표에 표시된 내용과 달라서는 아니 된다.

터. 아목에 따른 가격표에는 불고기, 갈비 등 식육의 가격을 100그램당 가격으로 표시하여야 하며, 조리하여 제공하는 경우에는 조리하기 이전의 중량을 표시할 수 있다. 100그램당 가격과 함께 1인분의 가격도 표시하려는 경우에는 다음의 예와 같이 1인분의 중량과 가격을 함께 표시하여야 한다.

예) 불고기 100그램 ○○원(1인분 120그램 △△원)
　　갈비 100그램 ○○원(1인분 150그램 △△원)

퍼. 음식판매자동차를 사용하는 휴게음식점영업자 및 제과점영업자는 신고한 장소가 아닌 장소에서 그 음식판매자동차로 휴게음식점영업 및 제과점영업을 하여서는 아니 된다.

허. 법 제47조의2제1항에 따라 위생등급을 지정받지 아니한 식품접객업소의 영업자는 위생등급 지정업소로 오인·혼동할 우려가 있는 표시를 해서는 아니 된다.

8. 위탁급식영업자와 그 종업원의 준수사항

가. 집단급식소를 설치·운영하는 자와 위탁 계약한 사항 외의 영업행위를 하여서는 아니 된다.

나. 물수건, 숟가락, 젓가락, 식기, 찬기, 도마, 칼, 행주 그 밖에 주방용구는 기구 등의 살균·소독제, 열탕, 자외선살균 또는 전기살균의 방법으로 소독한 것을 사용하여야 한다.

다. 「식품 등의 표시 · 광고에 관한 법률」 제4조 및 제5조에 따른 표시사항을 모두 표시하지 않은 축산물, 「축산물 위생관리법」 제7조제1항을 위반하여 허가받지 않은 작업장에서 도축·집유·가공·장 또는 보관된 축산물, 같은 법 제12조제1항·제2항에 따른 검사를 받지 않은 축산물, 같은 법 제22조에 따른 영업 허가를 받지 아니한 자가 도축·집유·가공·포장 또는 보관된 축산물 또는 같은 법 제33조제1항에 따른 축산물 또는 실험 등의 용도로 사용한 동물을 음식물의 조리에 사용하여서는 아니 되며, 「야생생물 보호 및 관리에 관한 법률」에 위반하여 포획한 야생동물을 사용하여 조리하여서는 아니 된다.

라. 유통기한이 경과된 원료 또는 완제품을 조리할 목적으로 보관하거나 이를 음식물의 조리에 사용하여서는 아니 된다.

마. 수돗물이 아닌 지하수 등을 먹는 물 또는 식품의 조리·세척 등에 사용하는 경우에는 「먹는물관리법」 제43조에 따른 먹는 물 수질검사기관에서 다음의 구분에 따라 검사를 받아 마시기에 적합하다고 인정된 물을 사용하여야 한다. 다만, 같은 건물에서 같은 수원을 사용하는 경우에는 하나의 업소에 대한 시험결과로 갈음할 수 있다.

1) 일부항목 검사 : 1년마다(모든 항목 검사를 하는 연도의 경우를 제외한다) 「먹는물 수질기준 및 검사 등에 관한 규칙」 제4조제1항제2호에 따른 마을상수도의 검사기준에 따른 검사(잔류염소검사를 제외한다). 다만, 시·도지사가 오염의 염려가 있다고 판단하여 지정한 지역에서는 같은 규칙 제2조에 따른 먹는 물의 수질기준에 따른 검사를 하여야 한다.

2) 모든 항목 검사 : 2년마다 「먹는물 수질기준 및 검사 등에 관한 규칙」 제2조에 따른 먹는 물의 수질기준에 따른 검사

바. 동물의 내장을 조리한 경우에는 이에 사용한 기계·기구류 등을 세척하고 살균하여야 한다.

사. 조리·제공한 식품(법 제2조제12호다목에 따른 병원의 경우에는 일반식만 해당한다)을 보관할 때에는 매회 1인분 분량을 섭씨 영하 18도 이하에서 144시간 이상 보관하여야 한다. 이 경우 완제품 형태로 제공한 가공식품은 유통기한 내에서 해당 식품의 제조업자가 정한 보관방법에 따라 보관할 수 있다.

아. 삭제 <2011.8.19>

자. 삭제 <2011.8.19>

차. 법 제15조제2항에 따라 위해평가가 완료되기 전까지 일시적으로 금지된 식품등에 대하여는 이를 사용·조리하여서는 아니 된다.

카. 식중독 발생시 보관 또는 사용 중인 보존식이나 식재료는 역학조사가 완료될 때까지 폐기하거나 소독 등으로 현장을 훼손하여서는 아니 되고 원상태로 보존하여야 하며, 원인규명을 위한 행위를 방해하여서는 아니 된다.

타. 법 제47조제1항에 따른 모범업소가 아닌 업소의 영업자는 모범업소로 오인·혼동할 우려가 있는 표시를 하여서는 아니 된다.

영 **제29조 (준수사항 적용 대상 영업자의 범위)** ① 법 제44조제1항 각 호 외의 부분에서 "대통령령으로 정하는 영업자"란 다음 각 호의 영업자를 말한다. 〈개정 2018.5.15.〉

1. 제21조 제1호의 식품제조·가공업자
2. 제21조 제2호의 즉석판매제조·가공업자
3. 제21조 제3호의 식품첨가물제조업자

4. 제21조 제4호의 식품운반업자
5. 제21조 제5호의 식품소분·판매업자
6. 제21조 제6호 가목의 식품조사처리업자
7. 제21조 제8호의 식품접객업자

② 법 제44조 제3항에서 "대통령령으로 정하는 영업"이란 제21조 제8호 라목의 유흥주점 영업을 말한다.

영 제30조 삭제 〈2016.1.22.〉

제45조 (위해식품 등의 회수) ① 판매의 목적으로 식품등을 제조·가공·소분·수입 또는 판매한 영업자(「수입식품안전관리 특별법」 제15조에 따라 등록한 수입식품등 수입·판매업자를 포함한다. 이하 이 조에서 같다)는 해당 식품등이 제4조부터 제6조까지, 제7조제4항, 제8조, 제9조제4항 또는 제12조의2제2항을 위반한 사실(식품등의 위해와 관련이 없는 위반사항을 제외한다)을 알게 된 경우에는 지체 없이 유통 중인 해당 식품등을 회수하거나 회수하는 데에 필요한 조치를 하여야 한다. 이 경우 영업자는 회수계획을 식품의약품안전처장, 시·도지사 또는 시장·군수·구청장에게 미리 보고하여야 하며, 회수결과를 보고받은 시·도지사 또는 시장·군수·구청장은 이를 지체 없이 식품의약품안전처장에게 보고하여야 한다. 다만, 해당 식품등이 「수입식품안전관리 특별법」에 따라 수입한 식품등이고, 보고의무자가 해당 식품등을 수입한 자인 경우에는 식품의약품안전처장에게 보고하여야 한다. 〈개정 2018.3.13.〉

② 식품의약품안전처장, 시·도지사 또는 시장·군수·구청장은 제1항에 따른 회수에 필요한 조치를 성실히 이행한 영업자에 대하여 해당 식품 등으로 인하여 받게 되는 제75조 또는 제76조에 따른 행정처분을 대통령령으로 정하는 바에 따라 감면할 수 있다. 〈개정 2013.3.23.〉

③ 제1항에 따른 회수대상 식품 등·회수계획·회수절차 및 회수결과 보고 등에 관하여 필요한 사항은 총리령으로 정한다. 〈개정 2013.3.23.〉

영 **제31조 (위해식품 등을 회수한 영업자에 대한 행정처분의 감면)** 법 제45조 제1항에 따라 위해식품 등의 회수에 필요한 조치를 성실히 이행한 영업자에 대하여 같은 조 제2항에 따라 행정처분을 감면하는 경우 그 감면기준은 다음 각 호의 구분에 따른다. 〈개정 2011.12.19.〉

1. 법 제45조 제1항 후단의 회수계획에 따른 회수계획량(이하 이 조에서 "회수계획량"이라 한다)의 5분의 4 이상을 회수한 경우 : 그 위반행위에 대한 행정처분을 면제
2. 회수계획량 중 일부를 회수한 경우 : 다음 각 목의 어느 하나에 해당하는 기준에 따라 행정처분을 경감
   가. 회수계획량의 3분의 1 이상을 회수한 경우(제1호의 경우는 제외한다)
      1) 법 제75조 제4항 및 제76조 제2항에 따른 행정처분의 기준(이하 이 조에서 "행정처분기준"이라 한다)이 영업허가 취소, 등록취소 또는 영업소 폐쇄인 경우에는 영업정지 2개월 이상 6개월 이하의 범위에서 처분
      2) 행정처분기준이 영업정지 또는 품목·품목류의 제조정지인 경우에는 정지처분기간의 3분의 2 이하의 범위에서 경감
   나. 회수계획량의 4분의 1 이상 3분의 1 미만을 회수한 경우

1) 행정처분기준이 영업허가 취소, 등록취소 또는 영업소 폐쇄인 경우에는 영업정지 3개월 이상 6개월 이하의 범위에서 처분

2) 행정처분기준이 영업정지 또는 품목·품목류의 제조정지인 경우에는 정지처분기간의 2분의 1 이하의 범위에서 경감

규칙 **제58조 (회수대상 식품 등의 기준)** ① 법 제45조 제1항 및 법 제72조 제3항에 따른 회수대상 식품 등의 기준은 별표 18과 같다.

② 법 제45조 제1항 전단에서 "위반한 사실(식품 등의 위해와 관련이 없는 위반사항을 제외한다)을 알게 된 경우"란 법 제31조에 따른 자가품질검사 또는 「식품·의약품분야 시험·검사 등에 관한 법률」 제6조에 따른 식품 등 시험·검사기관의 위탁검사 결과 해당 식품 등이 제1항에 따른 기준을 위반한 사실을 확인한 경우를 말한다. 〈개정 2014.8.20.〉

■ **별표 18** ■ 〈개정 2019.4.25.〉

회수대상이 되는 식품 등의 기준 (제58조 제1항 관련)

1. 법 제7조에 따라 식품의약품안전처장이 정한 식품·식품첨가물의 기준 및 규격의 위반사항 중 다음 각 목의 어느 하나에 해당한 경우
   가. 비소·카드뮴·납·수은·중금속·메탄올 및 시안화물의 기준을 위반한 경우
   나. 바륨, 포름알데히드, o-톨루엔설폰아미드, 다이옥신 또는 폴리옥시에틸렌의 기준을 위반한 경우
   다. 방사능기준을 위반한 경우
   라. 농산물의 농약잔류허용기준을 초과한 경우
   마. 곰팡이 독소기준을 초과한 경우
   바. 패류 독소기준을 위반한 경우
   사. 항생물질 등의 잔류허용기준(항생물질·합성항균제, 합성호르몬제)을 초과한 것을 원료로 사용한 경우
   아. 식중독균(살모넬라, 대장균 O157 : H7, 리스테리아 모노사이토제네스, 캠필로박터 제주니, 클로스트리디움 보툴리눔) 검출기준을 위반한 경우
   자. 허용한 식품첨가물 외의 인체에 위해한 공업용 첨가물을 사용한 경우
   차. 주석·포스파타제·암모니아성질소·아질산이온 또는 형광증백제시험에서 부적합하다고 판정된 경우
   카. 식품조사처리기준을 위반한 경우
   타. 식품 등에서 유리·금속 등 섭취과정에서 인체에 직접적인 위해나 손상을 줄 수 있는 재질이나 크기의 이물 또는 심한 혐오감을 줄 수 있는 이물이 발견된 경우. 다만, 이물의 혼입 원인이 객관적으로 밝혀져 다른 제품에서 더 이상 동일한 이물이 발견될 가능성이 없다고 식품의약품안전처장이 인정하는 경우에는 그러하지 아니하다.
   파. 자가품질검사 결과 허용된 첨가물 외의 첨가물이 검출된 경우
   하. 대장균검출기준을 위반한 사실이 확인된 경우
   거. 그 밖에 식품 등을 제조·가공·조리·소분·유통 또는 판매하는 과정에서 혼입되어 인체의 건강을 해칠 우려가 있거나 섭취하기에 부적합한 물질로서 식품의약품안전처장이 인정하는 경우
2. 법 제9조에 따라 식품의약품안전처장이 정한 기구 또는 용기·포장의 기준 및 규격에 위반한 것으로서 유독·유해물질이 검출된 경우
3. 국제기구 및 외국의 정부 등에서 위생상 위해우려를 제기하여 식품의약품안전처장이 사용금지한 원료·성분이 검출된 경우

4. 그 밖에 회수대상이 되는 경우는 섭취함으로서 인체의 건강을 해치거나 해칠 우려가 있다고 인정하는 경우로서 식품의약품안전처장이 정하는 기준에 따른다.

규칙 **제59조 (위해식품 등의 회수계획 및 절차 등)** ① 법 제45조 제1항에 따른 회수계획에 포함되어야 할 사항은 다음 각 호와 같다.

1. 제품명, 거래업체명, 생산량(수입량을 포함한다) 및 판매량
2. 회수계획량(위해식품 등으로 판명 당시 해당 식품 등의 소비량 및 유통기한 등을 고려하여 산출하여야 한다)
3. 회수 사유
4. 회수방법
5. 회수기간 및 예상 소요기간
6. 회수되는 식품 등의 폐기 등 처리방법
7. 회수 사실을 국민에게 알리는 방법

② 허가관청, 신고관청 또는 등록관청은 영업자로부터 회수계획을 보고받은 경우에는 지체 없이 다음 각 호에 따른 조치를 하여야 한다. 〈개정 2014.5.9.〉

1. 식품의약품안전처장에게 회수계획을 통보할 것. 이 경우 허가관청, 신고관청 또는 등록관청이 시장·군수·구청장인 경우에는 시·도지사를 거쳐야 한다.
2. 법 제73조 제1항에 따라 해당 영업자에게 회수계획의 공표를 명할 것
3. 유통 중인 해당 회수 식품 등에 대하여 해당 위반 사실을 확인하기 위한 검사를 실시할 것

③ 제2항 제2호에 따라 공표명령을 받은 영업자는 해당 위해식품 등을 회수하고, 그 회수결과를 지체 없이 허가관청, 신고관청 또는 등록관청에 보고하여야 한다. 이 경우 회수결과 보고서에는 다음 각 호의 사항이 포함되어야 한다. 〈개정 2014.5.9.〉

1. 식품 등의 제조·가공량, 판매량, 회수량 및 미회수량 등이 포함된 회수실적
2. 미회수량에 대한 조치계획
3. 재발 방지를 위한 대책

④ 제1항부터 제3항까지의 규정에 따른 회수계획, 허가관청 등의 조치, 회수 및 회수결과 보고에 관한 세부사항은 식품의약품안전처장이 정하여 고시한다. 〈신설 2017.1.4.〉

제46조 (식품 등의 이물 발견보고 등) ① 판매의 목적으로 식품 등을 제조·가공·소분·수입 또는 판매하는 영업자는 소비자로부터 판매제품에서 식품의 제조·가공·조리·유통 과정에서 정상적으로 사용된 원료 또는 재료가 아닌 것으로서 섭취할 때 위생상 위해가 발생할 우려가 있거나 섭취하기에 부적합한 물질[이하 "이물(異物)"이라 한다]을 발견한 사실을 신고받은 경우 지체 없이 이를 식품의약품안전처장, 시·도지사 또는 시장·군수·구청장에게 보고하여야 한다. 〈개정 2013.3.23.〉

② 「소비자기본법」에 따른 한국소비자원 및 소비자단체와 「전자상거래 등에서의 소비자보호에 관한 법률」에 따른 통신판매중개업자로서 식품접객업소에서 조리한 식품의 통신판매를 전문적으로 알선하는 자는 소비자로부터 이물 발견의 신고를 접수하는 경우 지체 없이 이를 식품의약품안전처장에게 통보하여야 한다. 〈개정 2019.1.15.〉

④ 식품의약품안전처장은 제1항부터 제3항까지의 규정에 따라 이물 발견의 신고를 통보받은 경우 이물혼입 원인 조사를 위하여 필요한 조치를 취하여야 한다. 〈개정 2013.3.23.〉

⑤ 제1항에 따른 이물 보고의 기준·대상 및 절차 등에 필요한 사항은 총리령으로 정한다. 〈개정 2013.3.23.〉

규칙 제60조 (이물 보고의 대상 등) ① 법 제46조 제1항에 따라 영업자가 지방식품의약품안전청장, 시·도지사 또는 시장·군수·구청장에게 보고하여야 하는 이물(異物)은 다음 각 호의 어느 하나에 해당하는 물질을 말한다. 〈개정 2014.5.9.〉

1. 금속성 이물, 유리조각 등 섭취과정에서 인체에 직접적인 위해나 손상을 줄 수 있는 재질 또는 크기의 물질
2. 기생충 및 그 알, 동물의 사체 등 섭취과정에서 혐오감을 줄 수 있는 물질
3. 그 밖에 인체의 건강을 해칠 우려가 있거나 섭취하기에 부적합한 물질로서 식품의약품안전처장이 인정하는 물질

② 법 제46조 제1항에 따라 이물의 발견 사실을 보고하려는 자는 별지 제51호 서식의 이물보고서(전자문서로 된 보고서를 포함한다)에 사진, 해당 식품 등 증거자료를 첨부하여 관할 지방식품의약품안전청장, 시·도지사 또는 시장·군수·구청장에게 제출하여야 한다. 〈개정 2014.5.9.〉

③ 제2항에 따라 이물 보고를 받은 관할 지방식품의약품안전청장, 시·도지사 또는 시장·군수·구청장은 다음 각 호에 따라 구분하여 식품의약품안전처장에게 통보하여야 한다. 〈개정 2014.5.9.〉

1. 제1항 제1호에 해당하는 이물 또는 같은 항 제2호·제3호 중 식품의약품안전처장이 위해 우려가 있다고 정하는 이물의 경우 : 보고받은 즉시 통보
2. 제1호 외의 이물의 경우 : 월별로 통보

④ 제1항부터 제3항까지의 규정에 따른 보고 대상 이물의 범위, 크기, 재질 및 보고 방법 등 세부적인 사항은 식품의약품안전처장이 정하여 고시한다. 〈개정 2013.3.23.〉

제47조 (위생등급) ① 식품의약품안전처장 또는 특별자치시장 · 특별자치도지사 · 시장 · 군수 · 구청장은 총리령으로 정하는 위생등급 기준에 따라 위생관리 상태 등이 우수한 식품등의 제조 · 가공업소, 식품접객업소 또는 집단급식소를 우수업소 또는 모범업소로 지정할 수 있다. 〈개정 2016.2.3.〉

② 식품의약품안전처장(대통령령으로 정하는 그 소속 기관의 장을 포함한다), 시 · 도지사 또는 시장 · 군수 · 구청장은 제1항에 따라 지정한 우수업소 또는 모범업소에 대하여 관계 공무원으로 하여금 총리령으로 정하는 일정 기간 동안 제22조에 따른 출입 · 검사 · 수거 등을 하지 아니하게 할 수 있으며, 시 · 도지사 또는 시장 · 군수 · 구청장은 제89조 제3항 제1호에 따른 영업자의 위생관리시설 및 위생설비시설 개선을 위한 융자 사업과 같은 항 제6호에 따른 음식문화 개선과 좋은 식단 실천을 위한 사업에 대하여 우선 지원 등을 할 수 있다. 〈개정 2013.3.23.〉

③ 식품의약품안전처장 또는 특별자치시장 · 특별자치도지사 · 시장 · 군수 · 구청장은 제1항에 따라 우수업소 또는 모범업소로 지정된 업소가 그 지정기준에 미치지 못하거나 영업정지 이상의 행정처분을 받게 되면 지체 없이 그 지정을 취소하여야 한다. 〈개정 2016.2.3.〉

④ 제1항 및 제3항에 따른 우수업소 또는 모범업소의 지정 및 그 취소에 관한 사항은 총리령으로 정한다. 〈개정 2013.3.23.〉

영 제32조 (위생등급) 법 제47조 제2항에서 "대통령령으로 정하는 그 소속 기관의 장"이란 지방식품의약품안전청장을 말한다.

규칙 제61조 (우수업소 · 모범업소의 지정 등) ① 법 제47조제1항에 따른 우수업소 또는 모범업소의 지정은 다음 각 호의 구분에 따른 자가 행한다. 〈개정 2016.8.4.〉

1. 우수업소의 지정 : 식품의약품안전처장 또는 특별자치시장 · 특별자치도지사 · 시장 · 군수 · 구청장
2. 모범업소의 지정 : 특별자치시장 · 특별자치도지사 · 시장 · 군수 · 구청장

② 영 제21조 제1호의 식품제조 · 가공업 및 같은 조 제3호의 식품첨가물제조업은 우수업소와 일반업소로 구분하며, 영 제2조의 집단급식소 및 영 제21조 제8호 나목의 일반음식점영업은 모범업소와 일반업소로 구분한다. 이 경우 그 등급 결정의 기준은 별표 19의 우수업소 · 모범업소의 지정기준에 따른다.

③ 식품의약품안전처장 또는 특별자치시장 · 특별자치도지사 · 시장 · 군수 · 구청장은 제2항에 따라 우수업소 또는 모범업소로 지정된 업소에 대하여 해당 업소에서 생산한 식품 또는 식품첨가물에 식품의약품안전처장이 정하는 우수업소 로고를 표시하게 하거나 해당 업소의 외부 또는 내부에 식품의약품안전처장이 정하는 규격에 따른 모범업소 표지판을 붙이게 할 수 있으며, 다음 각 호의 어느 하나에 해당하는 경우를 제외하고는 우수업소 또는 모범업소로 지정된 날부터 2년 동안은 법 제22조에 따른 출입 · 검사를 하지 아니할 수 있다. 〈개정 2016.8.4.〉

1. 법 제71조에 따른 시정명령 또는 법 제74조에 따른 시설개수명령을 받은 업소
2. 법 제93조부터 법 제98조까지의 규정에 따른 징역 또는 벌금형이 확정된 영업자가 운영하는 업소
3. 법 제101조에 따른 과태료 처분을 받은 업소

④ 식품의약품안전처장 또는 특별자치시장 · 특별자치도지사 · 시장 · 군수 · 구청장은 법 제

47조제3항에 따라 지정을 취소할 경우 다음 각 호의 조치를 취하여야 한다. 〈개정 2016.8.4.〉

1. 우수업소 지정증 또는 모범업소 지정증의 회수
2. 우수업소 표지판 또는 모범업소 표지판의 회수
3. 그 밖에 해당 업소에 대한 우수업소 또는 모범업소 지정에 따른 지원의 중지

⑤ 법 제47조제3항에 따라 지정이 취소된 우수업소 또는 모범업소의 영업자 또는 운영자는 그 지정증 및 표지판을 지체없이 식품의약품안전처장 또는 특별자치시장·특별자치도지사·시장·군수·구청장에게 반납하여야 한다. 〈개정 2016.8.4.〉

■ **별표 19** ■ 〈개정 2015.8.18.〉

우수업소·모범업소의 지정기준 (제61조 제2항 관련)

1. 우수업소

가. 건물의 주변환경은 식품위생환경에 나쁜 영향을 주지 아니하여야 하며, 항상 청결하게 관리되어야 한다.

나. 건물은 작업에 필요한 공간을 확보하여야 하며, 환기가 잘 되어야 한다.

다. 원료처리실·제조가공실·포장실 등 작업장은 분리·구획되어야 한다.

라. 작업장의 바닥·내벽 및 천장은 내수처리를 하여야 하며, 항상 청결하게 관리되어야 한다.

마. 작업장의 바닥은 적절한 경사를 유지하도록 하여 배수가 잘 되도록 하여야 한다.

바. 작업장의 출입구와 창은 완전히 꼭 닫힐 수 있어야 하며, 방충시설과 쥐 막이 시설이 설치되어야 한다.

사. 제조하려는 식품 등의 특성에 맞는 기계·기구류를 갖추어야 하며, 기계·기구류는 세척이 용이하고 부식되지 아니하는 재질이어야 한다.

아. 원료 및 제품은 항상 위생적으로 보관·관리되어야 한다.

자. 작업장·냉장시설·냉동시설 등에는 온도를 측정할 수 있는 계기가 알아보기 쉬운 곳에 설치되어야 한다.

차. 오염되기 쉬운 작업장의 출입구에는 탈의실·작업화 또는 손 등을 세척·살균할 수 있는 시설을 갖추어야 한다.

카. 급수시설은 식품의 특성별로 설치하여야 하며, 지하수 등을 사용하는 경우 취수원은 오염지역으로부터 20m 이상 떨어진 곳에 위치하여야 한다.

타. 하수나 폐수를 적절하게 처리할 수 있는 하수·폐수이동 및 처리시설을 갖추어야 한다.

파. 화장실은 정화조를 갖춘 수세식 화장실로서 내수처리 되어야 한다.

하. 식품 등을 직접 취급하는 종사자는 위생적인 작업복·신발 등을 착용하여야 하며, 손은 항상 청결히 유지하여야 한다.

거. 그 밖에 우수업소의 지정기준 등과 관련한 세부사항은 식품의약품안전처장이 정하는 바에 따른다.

2. 모범업소

가. 집단급식소

1) 법 제48조제3항에 따른 식품안전관리인증기준(HACCP) 적용업소로 인증받아야 한다.
2) 최근 3년간 식중독 발생하지 아니하여야 한다.

3) 조리사 및 영양사를 두어야 한다.
4) 그 밖에 나목의 일반음식점이 갖추어야 하는 기준을 모두 갖추어야 한다.

나. 일반음식점

1) 건물의 구조 및 환경
가) 청결을 유지할 수 있는 환경을 갖추고 내구력이 있는 건물이어야 한다.
나) 마시기에 적합한 물이 공급되며, 배수가 잘 되어야 한다.
다) 업소 안에는 방충시설·쥐 막이 시설 및 환기시설을 갖추고 있어야 한다.

2) 주방
가) 주방은 공개되어야 한다.
나) 입식조리대가 설치되어 있어야 한다.
다) 냉장시설·냉동시설이 정상적으로 가동되어야 한다.
라) 항상 청결을 유지하여야 하며, 식품의 원료 등을 보관할 수 있는 창고가 있어야 한다.
마) 식기 등을 소독할 수 있는 설비가 있어야 한다.

3) 객실 및 객석
가) 손님이 이용하기에 불편하지 아니한 구조 및 넓이여야 한다.
나) 항상 청결을 유지하여야 한다.

4) 화장실
가) 정화조를 갖춘 수세식이어야 한다.
나) 손 씻는 시설이 설치되어야 한다.
다) 벽 및 바닥은 타일 등으로 내수 처리되어 있어야 한다.
라) 1회용 위생종이 또는 에어타월이 비치되어 있어야 한다.

5) 종업원
가) 청결한 위생복을 입고 있어야 한다.
나) 개인위생을 지키고 있어야 한다.
다) 친절하고 예의바른 태도를 가져야 한다.

6) 그 밖의 사항
가) 1회용 물 컵, 1회용 숟가락, 1회용 젓가락 등을 사용하지 아니하여야 한다.
나) 그 밖에 모범업소의 지정기준 등과 관련한 세부사항은 식품의약품안전처장이 정하는 바에 따른다.

제47조의2(식품접객업소의 위생등급 지정 등) ① 식품의약품안전처장, 시·도지사 또는 시장·군수·구청장은 식품접객업소의 위생 수준을 높이기 위하여 식품접객영업자의 신청을 받아 식품접객업소의 위생상태를 평가하여 위생등급을 지정할 수 있다.

② 식품의약품안전처장은 제1항에 따른 식품접객업소의 위생상태 평가 및 위생등급 지정에 필요한 기준 및 방법 등을 정하여 고시하여야 한다.

③ 식품의약품안전처장, 시·도지사 또는 시장·군수·구청장은 제1항에 따른 위생등급 지정 결과를 공표할 수 있다.

④ 위생등급을 지정받은 식품접객영업자는 그 위생등급을 표시하여야 하며, 광고할 수 있다.

⑤ 위생등급의 유효기간은 위생등급을 지정한 날부터 2년으로 한다. 다만, 총리령으로 정하는 바에 따라 그 기간을 연장할 수 있다.

(계속)

⑥ 식품의약품안전처장, 시·도지사 또는 시장·군수·구청장은 제1항에 따라 위생등급을 지정받은 식품접객영업자가 다음 각 호의 어느 하나에 해당하는 경우 그 지정을 취소하거나 시정을 명할 수 있다.

1. 위생등급을 지정받은 후 그 기준에 미달하게 된 경우
2. 위생등급을 표시하지 아니하거나 허위로 표시·광고하는 경우
3. 제75조에 따라 영업정지 이상의 행정처분을 받은 경우
4. 그 밖에 제1호부터 제3호까지에 준하는 사항으로서 총리령으로 정하는 사항을 지키지 아니한 경우

⑦ 식품의약품안전처장, 시·도지사 또는 시장·군수·구청장은 위생등급 지정을 받았거나 받으려는 식품접객영업자에게 필요한 기술적 지원을 할 수 있다.

⑧ 식품의약품안전처장, 시·도지사 또는 시장·군수·구청장은 제1항에 따라 위생등급을 지정한 식품접객업소에 대하여 제22조에 따른 출입 · 검사 · 수거 등을 총리령으로 정하는 기간 동안 하지 아니하게 할 수 있다.

⑨ 시·도지사 또는 시장·군수·구청장은 제89조의 식품진흥기금을 같은 조 제3항제1호에 따른 영업자의 위생관리시설 및 위생설비시설 개선을 위한 융자 사업과 같은 항 제7호의2에 따른 식품접객업소의 위생등급 지정 사업에 우선 지원할 수 있다.

⑩ 식품의약품안전처장, 시·도지사 또는 시장·군수·구청장은 위생등급 지정에 관한 업무를 대통령령으로 정하는 관계 전문기관이나 단체에 위탁할 수 있다. 이 경우 필요한 예산을 지원할 수 있다.

⑪ 제1항에 따른 위생등급과 그 지정 절차, 제3항에 따른 위생등급 지정 결과 공표 및 제7항에 따른 기술적 지원 등에 필요한 사항은 총리령으로 정한다.

[본조신설 2015.5.18.]

영 **제32조의2(위생등급 지정에 관한 업무의 위탁)** 식품의약품안전처장, 시·도지사 또는 시장·군수·구청장은 법 제47조의2제10항에 따라 위생등급 지정에 관한 업무 중 다음 각 호의 업무를 법 제70조의2에 따른 한국식품안전관리인증원에 위탁한다.

1. 위생등급 지정을 받았거나 받으려는 식품접객영업자에 대한 기술지원
2. 위생등급 지정을 위한 식품접객업소의 위생상태 평가
3. 위생등급 지정과 관련된 전문인력의 양성 및 교육·훈련
4. 위생등급 지정에 관한 정보의 수집·제공 및 홍보
5. 위생등급 지정에 관한 조사·연구 사업
6. 그 밖에 위생등급 지정 활성화를 위하여 필요하다고 식품의약품안전처장, 시·도지사 또는 시장·군수·구청장이 인정하는 사업

[본조신설 2015.12.30.]

규칙 **제61조의2(위생등급의 지정절차 및 위생등급 공표 · 표시의 방법 등)** ① 법 제47조의2제1항에 따라 위생등급을 지정받으려는 식품접객영업자(영 제21조제8호가목에 따른 휴게음식점영업자, 같은 호 나목에 따른 일반음식점영업자 및 같은 호 바목에 따른 제과점영업자만 해당한다)는 별지 제51호의2서식의 위생등급 지정신청서에 영업신고증을 첨부하여 식품의약품안전처장, 시·도지사 또는 시장·군수·구청장에게 제출하여야 한다. 〈개정 2018.12.31.〉

② 제1항에 따른 신청을 받은 식품의약품안전처장, 시·도지사 또는 시장·군수·구청장은 신청을 받은 날부터 60일 이내에 식품의약품안전처장이 정하여 고시하는 절차와 방법에 따라 위생등급을 지정하고 별지 제51호의3서식의 위생등급 지정서를 발급하여야 한다.

③ 법 제47조의2제3항에 따른 공표는 식품의약품안전처, 시·도 또는 시·군·구의 인터넷 홈페이지에 게재하는 방법으로 한다.

④ 법 제47조의2제4항에 따라 위생등급을 표시할 때에는 위생등급 표지판을 그 영업장의 주된 출입구 또는 소비자가 잘 볼 수 있는 장소에 부착하는 방법으로 한다.

⑤ 제3항에 따른 공표 및 제4항에 따른 위생등급 표지판의 도안·규격 등에 필요한 세부사항은 식품의약품안전처장이 정하여 고시한다.

[본조신설 2015.12.31.]

규칙 **제61조의3(위생등급 유효기간의 연장 등)** ① 법 제47조의2제5항 단서에 따라 위생등급의 유효기간을 연장하려는 자는 별지 제51호의4서식의 위생등급 유효기간 연장신청서에 위생등급 지정서를 첨부하여 위생등급의 유효기간이 끝나기 60일 전까지 식품의약품안전처장, 시·도지사 또는 시장·군수·구청장에 신청하여야 한다.

② 제1항에 따라 유효기간의 연장신청을 받은 식품의약품안전처장, 시·도지사 또는 시장·군수·구청장은 식품의약품안전처장이 정하여 고시하는 절차와 방법에 따라 위생등급을 지정하고, 별지 제51호의3서식의 위생등급 지정서를 발급하여야 한다.

③ 법 제47조의2제6항제4호에서 "총리령으로 정하는 사항을 지키지 아니한 경우"란 거짓 또는 그 밖의 부정한 방법으로 위생등급을 지정받은 경우를 말한다.

④ 법 제47조의2제7항에 따른 기술적 지원의 구체적 내용은 다음 각 호와 같다.

1. 위생등급 지정에 관한 교육
2. 위생등급 지정 등에 필요한 검사

⑤ 법 제47조의2제8항에서 "총리령으로 정하는 기간"이란 2년을 말한다.

[본조신설 2015.12.31.]

제48조 (식품안전관리인증기준) ① 식품의약품안전처장은 식품의 원료관리 및 제조·가공·조리·소분·유통의 모든 과정에서 위해한 물질이 식품에 섞이거나 식품이 오염되는 것을 방지하기 위하여 각 과정의 위해요소를 확인·평가하여 중점적으로 관리하는 기준(이하 "식품안전관리인증기준"이라 한다)을 식품별로 정하여 고시할 수 있다. 〈개정 2014.5.28.〉

② 총리령으로 정하는 식품을 제조·가공·조리·소분·유통하는 영업자는 제1항에 따라 식품의약품안전처장이 식품별로 고시한 식품안전관리인증기준을 지켜야 한다. 〈개정 2014.5.28.〉

③ 식품의약품안전처장은 제2항에 따라 식품안전관리인증기준을 지켜야 하는 영업자와 그 밖에 식품안전관리인증기준을 지키기 원하는 영업자의 업소를 식품별 식품안전관리인증기준 적용업소(이하 "식품안전관리인증기준적용업소"라 한다)로 인증할 수 있다. 이 경우 식품안전관리인증기준적용업소로 인증을 받은 영업자가 그 인증을 받은 사항 중 총리령으로 정하는 사항을 변경하려는 경우에는 식품의약품안전처장의 변경 인증을 받아야 한다. 〈개정 2016.2.3.〉

(계속)

④ 식품의약품안전처장은 식품안전관리인증기준적용업소로 인증받은 영업자에게 총리령으로 정하는 바에 따라 그 인증 사실을 증명하는 서류를 발급하여야 한다. 제3항 후단에 따라 변경 인증을 받은 경우에도 또한 같다. 〈개정 2016.2.3.〉

⑤ 식품안전관리인증기준적용업소의 영업자와 종업원은 총리령으로 정하는 교육훈련을 받아야 한다. 〈개정 2014.5.28.〉

⑥ 식품의약품안전처장은 제3항에 따라 식품안전관리인증기준적용업소의 인증을 받거나 받으려는 영업자에게 위해요소중점관리에 필요한 기술적·경제적 지원을 할 수 있다. 〈개정 2014.5.28.〉

⑦ 식품안전관리인증기준적용업소의 인증요건·인증절차, 제5항에 따른 영업자 및 종업원에 대한 교육실시 기관, 교육훈련 방법·절차, 교육훈련비 및 제6항에 따른 기술적·경제적 지원에 필요한 사항은 총리령으로 정한다. 〈개정 2014.5.28.〉

⑧ 식품의약품안전처장은 식품안전관리인증기준적용업소의 효율적 운영을 위하여 총리령으로 정하는 식품안전관리인증기준의 준수 여부 등에 관한 조사·평가를 할 수 있으며, 그 결과 식품안전관리인증기준적용업소가 다음 각 호의 어느 하나에 해당하면 그 인증을 취소하거나 시정을 명할 수 있다. 다만, 식품안전관리인증기준적용업소가 제1호의2 및 제2호에 해당할 경우 인증을 취소하여야 한다. 〈개정 2018.3.13.〉

1. 식품안전관리인증기준을 지키지 아니한 경우

1의2. 거짓이나 그 밖의 부정한 방법으로 인증을 받은 경우

2. 제75조 또는 「식품 등의 표시 · 광고에 관한 법률」 제16조제1항 · 제3항에 따라 영업정지 2개월 이상의 행정처분을 받은 경우

3. 영업자와 그 종업원이 제5항에 따른 교육훈련을 받지 아니한 경우

4. 그 밖에 제1호부터 제3호까지에 준하는 사항으로서 총리령으로 정하는 사항을 지키지 아니한 경우

⑨ 식품안전관리인증기준적용업소가 아닌 업소의 영업자는 식품안전관리인증기준적용업소라는 명칭을 사용하지 못한다. 〈개정 2014.5.28.〉

⑩ 식품안전관리인증기준적용업소의 영업자는 인증받은 식품을 다른 업소에 위탁하여 제조·가공하여서는 아니 된다. 다만, 위탁하려는 식품과 동일한 식품에 대하여 식품안전관리인증기준적용업소로 인증된 업소에 위탁하여 제조·가공하려는 경우 등 대통령령으로 정하는 경우에는 그러하지 아니하다. 〈개정 2014.5.28.〉

⑪ 식품의약품안전처장(대통령령으로 정하는 그 소속 기관의 장을 포함한다), 시·도지사 또는 시장·군수·구청장은 식품안전관리인증기준적용업소에 대하여 관계 공무원으로 하여금 총리령으로 정하는 일정 기간 동안 제22조에 따른 출입·검사·수거 등을 하지 아니하게 할 수 있으며, 시·도지사 또는 시장·군수·구청장은 제89조 제3항 제1호에 따른 영업자의 위생관리시설 및 위생설비시설 개선을 위한 융자 사업에 대하여 우선 지원 등을 할 수 있다. 〈개정 2014.5.28.〉

⑫ 식품의약품안전처장은 식품안전관리인증기준적용업소의 공정별 · 품목별 위해요소의 분석, 기술지원 및 인증 등의 업무를 「한국식품안전관리인증원의 설립 및 운영에 관한 법률」에 따른 한국식품안전관리인증원 등 대통령령으로 정하는 기관에 위탁할 수 있다. 〈개정 2016.2.3.〉

⑬ 식품의약품안전처장은 제12항에 따른 위탁기관에 대하여 예산의 범위에서 사용경비의 전부 또는 일부를 보조할 수 있다. 〈개정 2013.3.23.〉

⑭ 제12항에 따른 위탁기관의 업무 등에 필요한 사항은 대통령령으로 정한다.

[제목개정 2014.5.28.]

영 **제33조 (식품안전관리인증기준)** ① 법 제48조 제10항 단서에서 "위탁하려는 식품과 동일한 식품에 대하여 식품안전관리인증기준적용업소로 지정된 업소에 위탁하여 제조·가공하려는 경우 등 대통령령으로 정한 경우"란 다음 각 호의 경우를 말한다.

1. 위탁하려는 식품과 같은 식품에 대하여 법 제48조 제3항에 따라 식품안전관리인증기준적용업소로 지정된 업소(이하 "식품안전관리인증기준적용업소"라 한다)에 위탁하여 제조·가공하려는 경우
2. 위탁하려는 식품과 같은 제조 공정·중요관리점(식품의 위해를 방지하거나 제거하여 안전성을 확보할 수 있는 단계 또는 공정을 말한다)에 대하여 식품안전관리인증기준적용업소로 지정된 업소에 위탁하여 제조·가공하려는 경우

② 법 제48조 제11항에서 "대통령령으로 정하는 그 소속 기관의 장"이란 지방식품의약품안전청장을 말한다.

영 **제34조 (식품안전관리인증기준적용업소에 관한 업무의 위탁 등)** ① 식품의약품안전처장은 법 제48조 제12항에 따라 식품안전관리인증기준적용업소에 관한 업무의 일부를 다음 각 호의 어느 하나에 해당하는 기관에 위탁한다. 〈개정 2013.3.23.〉

1. 「한국보건산업진흥원법」에 따른 한국보건산업진흥원
2. 「정부출연연구기관 등의 설립·운영 및 육성에 관한 법률」에 따른 정부출연연구기관
3. 정부가 설립하거나 운영비용의 전부 또는 일부를 지원하는 연구기관으로서 위해요소중점관리기준(법 제48조 제1항에 따른 식품안전관리인증기준을 말한다. 이하 같다)에 관한 전문인력을 보유한 기관
4. 그 밖에 식품안전관리인증기준 업무를 할 목적으로 설립된 비영리법인 또는 연구소

② 제1항에 따라 위탁받는 기관은 다음 각 호의 업무를 수행한다.

1. 식품안전관리인증기준적용업소에 대한 기술지원
2. 식품안전관리인증기준적용업소 지정 지원
3. 식품안전관리인증기준과 관련된 전문인력의 양성 및 교육·훈련
4. 식품안전관리인증기준적용업소의 공정별·품목별 위해요소의 분석
5. 식품안전관리인증기준에 관한 정보의 수집·제공 및 홍보
6. 식품안전관리인증기준에 관한 조사·연구사업
7. 그 밖에 식품안전관리인증기준 활성화를 위하여 필요한 사업

규칙 **제62조 (식품안전관리인증기준 대상 식품)** ① 법 제48조제2항에서 "총리령으로 정하는 식품"이란 다음 각 호의 어느 하나에 해당하는 식품을 말한다. 〈개정 2017.12.29.〉

1. 수산가공식품류의 어육가공품류 중 어묵·어육소시지
2. 기타수산물가공품 중 냉동 어류·연체류·조미가공품
3. 냉동식품 중 피자류·만두류·면류
4. 과자류 빵류 또는 떡류 중 과자·캔디류·빵류·떡류
5. 빙과류 중 빙과
6. 음료류[다류(茶類) 및 커피류는 제외한다]
7. 레토르트식품

8. 절임류 또는 조림류의 김치류 중 김치(배추를 주원료로 하여 절임, 양념혼합과정 등을 거쳐 이를 발효시킨 것이거나 발효시키지 아니한 것 또는 이를 가공한 것에 한한다)

9. 코코아가공품 또는 초콜릿류 중 초콜릿류

10. 면류 중 유탕면 또는 곡분, 전분, 전분질원료 등을 주원료로 반죽하여 손이나 기계 따위로 면을 뽑아내거나 자른 국수로서 생면·숙면·건면

11. 특수용도식품

12. 즉석섭취·편의식품류 중 즉석섭취식품

12의2. 즉석섭취·편의식품류의 즉석조리식품 중 순대

13. 식품제조·가공업의 영업소 중 전년도 총 매출액이 100억 원 이상인 영업소에서 제조·가공하는 식품

② 제1항에 따른 식품에 대한 식품안전관리인증기준의 적용·운영에 관한 세부적인 사항은 식품의약품안전처장이 정하여 고시한다. 〈개정 2015.8.18.〉

[제목개정 2015.8.18.]

[시행일] 제62조 제1항 제1호(어육소시지만 해당한다), 제4호(과자·캔디류만 해당한다), 제5호(비가열음료는 제외한다) 및 제8호부터 제12호까지의 개정규정은 다음 각 호에서 정한 날

1. 해당 식품유형별 2013년 매출액이 20억 원 이상이고, 종업원 수가 51명 이상인 영업소에서 제조·가공하는 식품 : 2014년 12월 1일

2. 해당 식품유형별 2013년 매출액이 5억 원 이상이고, 종업원 수가 21명 이상인 영업소(이 항 제1호에 해당하는 영업소는 제외한다)에서 제조·가공하는 식품 : 2016년 12월 1일

3. 해당 식품유형별 2013년 매출액이 1억 원 이상이고, 종업원 수가 6명 이상인 영업소(이 항 제1호 또는 제2호에 해당하는 영업소 및 제62조 제1항 제13호의 개정규정에 해당하는 영업소는 제외한다)에서 제조·가공하는 식품 : 2018년 12월 1일. 다만, 제62조제1항제8호의 개정규정 중 떡류의 경우로서 해당 떡류의 2013년 매출액이 1억원 이상이고, 종업원 수가 10명 이상인 영업소에서 제조·가공하는 떡류: 2017년 12월 1일

4. 제1호부터 제3호까지의 어느 하나에 해당하지 아니하는 영업소(제62조 제1항 제13호의 개정규정에 해당하는 영업소는 제외한다)에서 제조·가공하는 식품 : 2020년 12월 1일 [시행일] 제62조제1항제12호의2의 개정규정은 다음 각 호의 구분에 따른 날

1. 2014년의 종업원 수가 2명 이상인 영업소에서 제조·가공하는 순대 : 2016년 12월 1일

2. 제1호에 해당하지 아니하는 영업소에서 제조·가공하는 순대 : 2017년 12월 1일

[시행일 : 2017.12.1.] 제62조제1항제13호

규칙 제63조(식품안전관리인증기준적용업소의 인증신청 등) ① 법 제48조제3항에 따라 식품안전관리인증기준적용업소로 인증을 받으려는 자는 별지 제52호서식의 식품안전관리인증기준적용업소 인증신청서(전자문서로 된 신청서를 포함한다)에 법 제48조제1항에 따른 식품안전관리인증기준에 따라 작성한 적용대상 식품별 식품안전관리인증계획서(전자문서를 포함한다)를 첨부하여 법 제48조제12항에 따라 해당 업무를 위탁받은 기관(이하 "인증기관"이

라 한다)의 장에게 제출하여야 한다. 〈개정 2015.8.18.〉

② 제1항에 따라 식품안전관리인증기준적용업소로 인증을 받으려는 자는 다음 각 호의 요건을 갖추어야 한다. 〈개정 2015.8.18.〉

1. 선행요건관리기준(식품안전관리인증기준을 적용하기 위하여 미리 갖추어야 하는 시설기준 및 위생관리기준을 말한다)을 작성하여 운용할 것
2. 식품안전관리인증기준을 작성하여 운용할 것

③ 제1항에 따른 인증신청을 받은 인증기관의 장은 해당 업소를 식품안전관리인증기준적용업소로 인증한 경우에는 별지 제53호서식의 식품안전관리인증기준적용업소 인증서를 발급하여야 한다. 〈개정 2015.8.18.〉

④ 법 제48조제3항 후단에 따라 식품안전관리인증기준적용업소로 인증받은 사항 중 식품의 위해를 방지하거나 제거하여 안전성을 확보할 수 있는 단계 또는 공정(이하 "중요관리점"이라 한다)을 변경하거나 영업장 소재지를 변경하려는 자는 별지 제54호서식의 변경신청서(전자문서로 된 신청서를 포함한다)에 다음 각 호의 서류(전자문서를 포함한다)를 첨부하여 인증기관의 장에게 제출하여야 한다. 〈개정 2017.1.4.〉

1. 별지 제53호서식의 식품안전관리인증기준적용업소 인증서
2. 중요관리점의 변경 내용에 대한 설명서

⑤ 인증기관의 장은 제3항 또는 제5항 따라 인증서를 발급하거나 재발급하였을 때에는 지체 없이 그 사실을 식품의약품안전처장과 관할 지방식품의약품안전청장에게 통보하여야 한다. 〈개정 2017.1.4.〉

[제목개정 2015.8.18.]

규칙 **제64조(식품안전관리인증기준적용업소의 영업자 및 종업원에 대한 교육훈련)** ① 법 제48조제5항에 따라 식품안전관리인증기준적용업소의 영업자 및 종업원이 받아야 하는 교육훈련의 종류는 다음 각 호와 같다. 다만, 법 제48조제8항 및 이 규칙 제66조에 따른 조사·평가 결과 만점의 95퍼센트 이상을 받은 식품안전관리인증기준적용업소의 종업원에 대하여는 그 다음 연도의 제2호에 따른 정기교육훈련을 면제한다. 〈개정 2017.1.4.〉

1. 영업자 및 종업원에 대한 신규 교육훈련
2. 종업원에 대하여 매년 1회 이상 실시하는 정기교육훈련
3. 그 밖에 식품의약품안전처장이 식품위해사고의 발생 및 확산이 우려되어 영업자 및 종업원에게 명하는 교육훈련

② 제1항에 따른 교육훈련의 내용에는 다음 각 호의 사항이 포함되어야 한다. 〈개정 2015.8.18.〉

1. 식품안전관리인증기준의 원칙과 절차에 관한 사항
2. 식품위생제도 및 식품위생관련 법령에 관한 사항
3. 식품안전관리인증기준의 적용방법에 관한 사항
4. 식품안전관리인증기준의 조사·평가 및 자체평가에 관한 사항
5. 식품안전관리인증기준과 관련된 식품위생에 관한 사항

③ 제1항에 따른 교육훈련의 시간은 다음 각 호와 같다.

1. 신규 교육훈련 : 영업자의 경우 2시간 이내, 종업원의 경우 16시간 이내
2. 정기교육훈련 : 4시간 이내
3. 제1항 제3호에 따른 교육훈련 : 8시간 이내

④ 제1항에 따른 교육훈련은 다음 각 호의 기관이나 단체 중 식품의약품안전처장이 지정하여 고시하는 기관이나 단체에서 실시한다. 〈개정 2015.8.18.〉

1. 삭제 〈2017.1.4.〉
2. 「고등교육법」 제2조 제1호부터 제6호까지에 따른 대학
3. 그 밖에 위해요소중점관리기준에 관한 전문인력을 보유한 기관, 단체 및 업체

⑤ 제4항에 따른 교육훈련기관 등은 교육 대상자로부터 교육에 필요한 수강료를 받을 수 있다. 이 경우 수강료는 다음 각 호의 사항을 고려하여 실비(實費) 수준으로 교육훈련기관 등의 장이 결정한다.

1. 강사수당
2. 교육교재 편찬 비용
3. 교육에 필요한 실험재료비 및 현장 실습에 드는 비용
4. 그 밖에 교육 관련 사무용품 구입비 등 필요한 경비

⑥ 제1항부터 제5항까지의 규정에 따른 교육훈련 대상별 교육시간, 실시방법, 그 밖에 교육훈련에 관한 세부적인 사항은 식품의약품안전처장이 정하여 고시한다. 〈개정 2013.3.23.〉

[제목개정 2015.8.18.]

규칙 **제65조(식품안전관리인증기준적용업소에 대한 지원 등)** 식품의약품안전처장은 법 제48조제6항에 따라 식품안전관리인증기준적용업소의 인증을 받거나 받으려는 영업자에게 식품안전관리인증기준에 관한 다음 각 호의 사항을 지원할 수 있다. 〈개정 2015.8.18.〉

1. 식품안전관리인증기준 적용에 관한 전문적 기술과 교육
2. 위해요소 분석 등에 필요한 검사
3. 식품안전관리인증기준 적용을 위한 자문 비용
4. 식품안전관리인증기준 적용을 위한 시설·설비 등 개수·보수 비용
5. 교육훈련 비용

[제목개정 2015.8.18.]

규칙 **제66조(식품안전관리인증기준적용업소에 대한 조사·평가)** ① 지방식품의약품안전청장은 법 제48조제8항에 따라 식품안전관리인증기준적용업소로 인증받은 업소에 대하여 식품안전관리인증기준의 준수 여부 등에 관하여 매년 1회 이상 조사·평가할 수 있다. 〈개정 2015.8.18.〉

② 제1항에 따른 조사·평가사항은 다음 각 호와 같다. 〈개정 2015.8.18.〉

1. 법 제48조제1항에 따른 제조·가공·조리 및 유통에 따른 위해요소분석, 중요관리점 결정 등이 포함된 식품안전관리인증기준의 준수 여부
2. 제64조에 따른 교육훈련 수료 여부

③ 그 밖에 조사·평가에 관한 세부적인 사항은 식품의약품안전처장이 정한다. 〈개정 2013.3.23.〉

[제목개정 2015.8.18.]

규칙 제67조(식품안전관리인증기준적용업소 인증취소 등) ① 법 제48조제8항제4호에서 "총리령으로 정하는 사항을 지키지 아니한 경우"란 다음 각 호의 경우를 말한다. 〈개정 2015.8.18.〉

1. 법 제48조제10항을 위반하여 식품안전관리인증기준적용업소의 영업자가 인증받은 식품을 다른 업소에 위탁하여 제조·가공한 경우
2. 제63조제4항을 위반하여 변경신청을 하지 아니한 경우
3. 삭제 〈2017.1.4.〉

② 법 제48조제8항에 따른 식품안전관리인증기준적용업소 인증취소 등의 기준은 별표 20과 같다. 〈개정 2015.8.18.〉

[제목개정 2015.8.18.]

■ 별표 20 ■ 〈개정 2016. 8. 4.〉

식품안전관리인증기준적용업소의 인증취소 등의 기준 (제67조 제2항 관련)

위반사항	근거 법령	처분기준
1. 식품안전관리인증기준을 지키지 않은 경우로서 다음 각목의 어느 하나에 해당하는 경우	법 제48조제8항제1호	
가. 원재료·부재료 입고 시 공급업체로부터 식품안전관리인증기준에서 정한 검사성적서를 받지도 않고 식품안전관리인증기준에서 정한 자체검사도 하지 않은 경우		인증취소
나. 식품안전관리인증기준에서 정한 작업장 세척 또는 소독을 하지 않고 식품안전관리인증기준에서 정한 종사자 위생관리도 하지 않은 경우		인증취소
다. 살균 또는 멸균 등 가열이 필요한 공정에서 식품안전관리인증기준에서 정한 중요관리점에 대한 모니터링을 하지 않거나 중요관리점에 대한 한계기준의 위반 사실이 있음에도 불구하고 지체 없이 개선조치를 이행하지 않은 경우		인증취소
라. 지하수를 비가열 섭취식품의 원재료 · 부재료의 세척용수 또는 배합수로 사용하면서 살균 또는 소독을 하지 않은 경우		인증취소
마. 식품안전관리인증기준서에서 정한 제조 · 가공 방법대로 제조 · 가공하지 않은 경우		시정명령
바. 식품안전관리인증기준적용업소에 대한 법 제48조제8항에 따른 조사 · 평가 결과 부적합 판정을 받은 경우로서 다음의 어느 하나에 해당하는 경우 1) 선행요건 관리분야에서 만점의 60퍼센트 미만을 받은 경우 2) 식품안전관리인증기준 관리분야에서 만점의 60퍼센트 미만을 받은 경우		인증취소

(계속)

위반사항	근거 법령	처분기준
사. 식품안전관리인증기준적용업소에 대한 법 제48조제8항에 따른 조사 · 평가 결과 부적합 판정을 받은 경우로서 다음의 어느 하나에 해당하는 경우 1) 선행요건 관리분야에서 만점의 85퍼센트 미만 60퍼센트 이상을 받은 경우 2) 식품안전관리인증기준 관리분야에서 만점의 85퍼센트 미만 60퍼센트 이상을 받은 경우		시정명령
2. 법 제75조에 따라 2개월 이상의 영업정지를 받은 경우 또는 그에 갈음하여 과징금을 부과 받은 경우	법 제48조제8항제2호	인증취소
3. 영업자 및 종업원이 법 제48조제5항에 따른 교육훈련을 받지 아니한 경우	법 제48조제8항제3호	시정명령
4. 법 제48조제10항을 위반하여 식품안전관리인증기준적용업소의 영업자가 인증받은 식품을 다른 업소에 위탁하여 제조 · 가공한 경우	법 제48조제8항제4호	인증취소
5. 제63조제4항을 위반하여 변경신고를 하지 아니한 경우	법 제48조제8항제4호	시정명령
6. 위의 제1호마목, 제3호 또는 제5호를 위반하여 2회 이상의 시정명령을 받고도 이를 이행하지 아니한 경우	법 제48조제8항	인증취소
7. 제1호사목을 위반하여 시정명령을 받고도 이를 이행하지 않은 경우	법 제48조제8항제1호	인증취소
8. 거짓이나 그 밖의 부정한 방법으로 인증을 받은 경우	법 제48조제8항제1호의2	인증취소

규칙 **제68조(식품안전관리인증기준적용업소에 대한 출입 · 검사 면제)** 지방식품의약품안전청장, 시·도지사 또는 시장·군수·구청장은 법 제48조제11항에 따라 법 제48조의2제1항에 따른 인증 유효기간(이하 "인증유효기간"이라 한다) 동안 관계 공무원으로 하여금 출입·검사를 하지 아니하게 할 수 있다. 〈개정 2017.1.4.〉
[제목개정 2015.8.18.]

제48조의2(인증 유효기간) ① 제48조제3항에 따른 인증의 유효기간은 인증을 받은 날부터 3년으로 하며, 같은 항 후단에 따른 변경 인증의 유효기간은 당초 인증 유효기간의 남은 기간으로 한다.
② 제1항에 따른 인증 유효기간을 연장하려는 자는 총리령으로 정하는 바에 따라 식품의약품안전처장에게 연장신청을 하여야 한다.
③ 식품의약품안전처장은 제2항에 따른 연장신청을 받았을 때에는 안전관리인증기준에 적합하다고 인정하는 경우 3년의 범위에서 그 기간을 연장할 수 있다.
[본조신설 2016.2.3.]

규칙 제68조의2(인증유효기간의 연장신청 등) ① 인증기관의 장은 인증유효기간이 끝나기 90일 전까지 다음 각 호의 사항을 식품안전관리인증기준적용업소의 영업자에게 통지하여야 한다. 이 경우 통지는 휴대전화 문자메시지, 전자우편, 팩스, 전화 또는 문서 등으로 할 수 있다.

1. 인증유효기간을 연장하려면 인증유효기간이 끝나기 60일 전까지 연장 신청을 하여야 한다는 사실
2. 인증유효기간의 연장 신청 절차 및 방법

② 법 제48조의2제2항에 따라 인증유효기간의 연장을 신청하려는 영업자는 인증유효기간이 끝나기 60일 전까지 별지 제52호서식의 식품안전관리인증기준적용업소 인증연장신청서(전자문서로 된 신청서를 포함한다)에 다음 각 호의 서류(전자문서를 포함한다)를 첨부하여 인증기관의 장에게 제출하여야 한다.

1. 법 제48조제1항에 따른 식품안전관리인증기준에 따라 작성한 적용대상 식품별 식품안전관리인증계획서
2. 식품안전관리인증기준적용업소 인증서 원본

③ 인증기관의 장은 법 제48조의2제3항에 따라 인증유효기간을 연장하는 경우에는 별지 제53호서식의 식품안전관리인증기준적용업소 인증서를 발급하여야 한다.

[본조신설 2017.1.4.]

제48조의3(식품안전관리인증기준적용업소에 대한 조사 · 평가 등) ① 식품의약품안전처장은 식품안전관리인증기준적용업소로 인증받은 업소에 대하여 식품안전관리인증기준의 준수 여부와 제48조제5항에 따른 교육훈련 수료 여부를 연 1회 이상 조사·평가하여야 한다.

② 식품의약품안전처장은 제1항에 따른 조사·평가 결과 그 결과가 우수한 식품안전관리인증기준적용업소에 대해서는 제1항에 따른 조사·평가를 면제하는 등 행정적·재정적 지원을 할 수 있다. 다만, 식품안전관리인증기준적용업소가 제48조의2제1항에 따른 인증 유효기간 내에 이 법을 위반하여 영업의 정지, 허가 취소 등 행정처분을 받은 경우에는 제1항에 따른 조사·평가를 면제하여서는 아니 된다.

③ 그 밖에 조사 · 평가의 방법 및 절차 등에 필요한 사항은 총리령으로 정한다.

[본조신설 2016.2.3.]

제49조 (식품이력추적관리 등록기준 등) ① 식품을 제조·가공 또는 판매하는 자 중 식품이력추적관리를 하려는 자는 총리령으로 정하는 등록기준을 갖추어 해당 식품을 식품의약품안전처장에게 등록할 수 있다. 다만, 영유아식 제조·가공업자, 일정 매출액·매장면적 이상의 식품판매업자 등 총리령으로 정하는 자는 식품의약품안전처장에게 등록하여야 한다. 〈개정 2015.2.3.〉

② 제1항에 따라 등록한 식품을 제조·가공 또는 판매하는 자는 식품이력추적관리에 필요한 기록의 작성·보관 및 관리 등에 관하여 식품의약품안전처장이 정하여 고시하는 기준(이하 "식품이력추적관리기준"이라 한다)을 지켜야 한다. 〈개정 2015.2.3.〉

(계속)

③ 제1항에 따라 등록을 한 자는 등록사항이 변경된 경우 변경사유가 발생한 날부터 1개월 이내에 식품의약품안전처장에게 신고하여야 한다. 〈개정 2013.3.23.〉

④ 제1항에 따라 등록한 식품에는 식품의약품안전처장이 정하여 고시하는 바에 따라 식품이력추적관리의 표시를 할 수 있다. 〈개정 2013.3.23.〉

⑤ 식품의약품안전처장은 제1항에 따라 등록한 식품을 제조·가공 또는 판매하는 자에 대하여 식품이력추적관리기준의 준수 여부 등을 3년마다 조사·평가하여야 한다. 다만, 제1항 단서에 따라 등록한 식품을 제조·가공 또는 판매하는 자에 대하여는 2년마다 조사·평가하여야 한다. 〈개정 2015.2.3.〉

⑥ 식품의약품안전처장은 제1항에 따라 등록을 한 자에게 예산의 범위에서 식품이력추적관리에 필요한 자금을 지원할 수 있다. 〈개정 2013.3.23.〉

⑦ 식품의약품안전처장은 제1항에 따라 등록을 한 자가 식품이력추적관리기준을 지키지 아니하면 그 등록을 취소하거나 시정을 명할 수 있다. 〈개정 2013.3.23.〉

⑧ 식품의약품안전처장은 제1항에 따른 등록의 신청을 받은 날부터 40일 이내에, 제3항에 따른 변경신고를 받은 날부터 15일 이내에 등록 여부 또는 신고수리 여부를 신청인 또는 신고인에게 통지하여야 한다. 〈신설 2018.12.11.〉

⑨ 식품의약품안전처장이 제8항에서 정한 기간 내에 등록 여부, 신고수리 여부 또는 민원 처리 관련 법령에 따른 처리기간의 연장을 신청인 또는 신고인에게 통지하지 아니하면 그 기간(민원 처리 관련 법령에 따라 처리기간이 연장 또는 재연장된 경우에는 해당 처리기간을 말한다)이 끝난 날의 다음 날에 등록을 하거나 신고를 수리한 것으로 본다. 〈신설 2018.12.11.〉

⑩ 식품이력추적관리의 등록절차, 등록사항, 등록취소 등의 기준 및 조사·평가, 그 밖에 등록에 필요한 사항은 총리령으로 정한다. 〈개정 2018.12.11.〉

규칙 **제69조(식품이력추적관리의 등록신청 등)** ① 법 제49조제1항에 따라 식품이력추적관리에 관한 등록을 하려는 자는 별지 제55호서식의 식품이력추적관리 등록신청서(전자문서로 된 신청서를 포함한다)에 다음 각 호의 서류(전자문서를 포함한다)를 첨부하여 지방식품의약품안전청장에게 제출하여야 한다. 〈개정 2016.2.4.〉

1. 별지 제43호서식의 식품 품목제조보고서(유통전문판매업의 경우에는 수탁자의 식품 품목제조보고서) 사본
2. 제2항에 따른 식품이력관리전산시스템 등 식품의약품안전처장이 정하여 고시하는 사항을 포함한 식품이력추적관리 계획서

② 법 제49조제1항 본문에서 "총리령으로 정하는 등록기준"이란 식품이력추적관리에 필요한 기록의 작성·보관 및 관리 등에 필요한 시스템(이하 "식품이력관리전산시스템"이라 한다)을 말한다. 〈개정 2015.8.18.〉

③ 식품이력추적관리의 등록대상인 식품의 품목은 다음 각 호의 요건을 모두 갖추어야 한다.

1. 제조·가공단계부터 판매단계까지의 식품이력에 관한 정보를 추적하여 제공할 수 있도록 관리되고 있을 것
2. 제조·가공단계부터 판매단계까지 식품의 회수 등 사후관리체계를 갖추고 있을 것

④ 제1항에 따른 신청을 받은 지방식품의약품안전청장은 식품이력관리전산시스템을 갖추

고 있는지 여부와 제3항에 따른 등록대상에 적합한 품목인지 여부를 심사하고, 그 심사 결과 적합하다고 인정되는 경우에는 해당 식품을 품목별로 등록한 후 별지 제56호서식의 식품이력추적관리 품목 등록증을 발급하여야 한다. 〈개정 2015.8.18.〉

⑤ 삭제 〈2015.8.18.〉

규칙 제69조의 2 (식품이력추적관리 등록 대상) 〈개정 2018.6.28.〉

1. 영유아식(영아용 조제식품, 성장기용 조제식품, 영유아용 곡류 조제식품 및 그 밖의 영유아용 식품을 말한다) 제조·가공업자
2. 임산·수유부용 식품, 특수의료용도 등 식품 및 체중조절용 조제식품 제조·가공업자
3. 영 제21조제5호나목6) 및 이 규칙 제39조에 따른 기타 식품판매업자

[본조신설 2014.3.6.]

[시행일] 제69조의 2 제1호의 개정규정은 다음 각 호의 구분에 따른 날

1. 영유아식의 식품유형별 2013년 매출액이 50억 이상인 제조·수입·가공업자 : 2014년 12월 1일
2. 영유아식의 식품유형별 2013년 매출액이 10억 이상 50억 미만인 제조·수입·가공업자 : 2015년 12월 1일
3. 영유아식의 식품유형별 2013년 매출액이 1억 이상 10억 미만인 제조·수입·가공업자 : 2016년 12월 1일
4. 영유아식의 식품유형별 2013년 매출액이 1억 미만인 제조·수입·가공업자 및 2014년 이후 영 제25조 제1항 또는 제26조의 2 제1항에 따라 영업신고 또는 등록을 한 영유아식 제조·수입·가공업자 : 2017년 12월 1일

[시행일] 제69조의 2 제2호의 개정규정은 다음 각 호의 구분에 따른 날

1. 임산·수유부용 식품, 특수의료용도 등 식품 및 체중조절용 조제식품의 식품유형별 2016년 매출액이 50억원 이상인 제조·가공업자: 2019년 12월 1일
2. 임산·수유부용 식품, 특수의료용도 등 식품 및 체중조절용 조제식품의 식품유형별 2016년 매출액이 10억원 이상 50억원 미만인 제조·가공업자: 2020년 12월 1일
3. 임산·수유부용 식품, 특수의료용도 등 식품 및 체중조절용 조제식품의 식품유형별 2016년 매출액이 1억원 이상 10억원 미만인 제조·가공업자: 2021년 12월 1일
4. 임산·수유부용 식품, 특수의료용도 등 식품 및 체중조절용 조제식품의 식품유형별 2016년 매출액이 1억원 미만인 제조·가공업자 및 2017년 이후 영 제26조의2제1항에 따라 영업등록을 한 임산·수유부용 식품, 특수의료용도 등 식품, 체중조절용 조제식품 제조·가공업자: 2022년 12월 1일

규칙 제70조 (등록사항) 법 제49조 제1항에 따른 식품이력추적관리의 등록사항은 다음 각 호와 같다.

1. 국내식품의 경우
   가. 영업소의 명칭(상호)과 소재지
   나. 제품명과 식품의 유형
   다. 유통기한 및 품질유지기한

라. 보존 및 보관방법

2. 수입식품의 경우

가. 영업소의 명칭(상호)과 소재지

나. 제품명

다. 원산지(국가명)

라. 제조회사 또는 수출회사

규칙 제71조 (등록사항의 변경신고) ① 법 제49조 제3항에 따른 등록사항 변경 신고를 하려는 자는 그 변경사유가 발생한 날부터 1개월 이내에 별지 제57호 서식의 변경신고서(전자문서로 된 신고서를 포함한다)에 별지 제56호 서식의 식품이력추적관리 품목 등록증을 첨부하여 지방식품의약품안전청장에게 제출하여야 한다. 〈개정 2014.3.6.〉

② 제1항에 따라 변경신고를 받은 지방식품의약품안전청장은 별지 제56호 서식의 식품이력추적관리 품목 등록증에 변경사항을 기재하여 내주어야 한다. 〈개정 2014.3.6.〉

규칙 제72조 (조사·평가 등) ① 법 제49조제5항에 따라 식품이력추적관리를 등록한 식품을 제조·가공 또는 판매하는 자에 대하여 식품이력추적관리기준의 준수 여부 등에 대한 조사·평가를 하는 경우에는 서류검토 및 현장조사의 방법으로 한다. 〈개정 2016.2.4.〉

② 제1항에 따른 조사·평가에는 다음 각 호의 사항이 포함되어야 한다. 〈개정 2015.8.18.〉

1. 식품이력관리전산시스템의 구축·운영 여부

2. 식품이력추적관리기준의 준수 여부

③ 제1항 및 제2항에서 규정한 사항 외에 조사·평가의 점검사항과 방법 등에 필요한 세부사항은 식품의약품안전처장이 정하여 고시한다. [전문개정 2014.3.6.]

규칙 제73조 (자금지원 대상 등) 식품의약품안전처장은 법 제49조제6항에 따라 식품이력추적관리를 등록한 자에게 다음 각 호의 사항에 대하여 자금을 지원할 수 있다. 〈개정 2015.8.18.〉

1. 식품이력관리전산시스템의 구축·운영에 필요한 장비 구입

2. 식품이력관리전산시스템의 프로그램 개발 비용

3. 그 밖에 식품의약품안전처장이 식품이력추적관리에 필요하다고 인정하는 사업

규칙 제74조 (식품이력추적관리 등록증의 반납) 법 제49조 제7항에 따라 식품이력추적관리 등록이 취소된 자는 별지 제56호 서식의 식품이력추적관리 품목 등록증을 지체 없이 지방식품의약품안전청장에게 반납하여야 한다. 〈개정 2014.3.6.〉

규칙 제74조의 2 (식품이력추적관리 등록취소 등의 기준) 법 제49조 제7항에 따른 식품이력추적관리 등록취소 등의 기준은 별표 20의 2와 같다. [본조신설 2014.3.6.]

■ **별표 20의 2** ■ 〈신설 2014.3.6.〉

식품이력추적관리 등록취소 등의 기준 (제74조의 2 관련)

위반사항	근거법령	처분 기준
1. 식품이력추적관리 정보를 특별한 사유 없이 식품이력추적관리시스템에 제공하지 아니한 경우로서 가. 2일 이상 30일 미만(토요일 및 공휴일은 산입하지 아니한다. 이하 같다) 식품이력추적관리 정보 전부를 제공하지 아니한 경우	법 제49조 제7항	시정명령
나. 30일 이상 식품이력추적관리 정보 전부를 제공하지 아니한 경우		해당 품목 등록취소
다. 5일 이상 식품이력추적관리 정보 일부를 제공하지 아니한 경우		시정명령
2. 식품이력추적관리기준을 지키지 아니한 경우(제1호에 해당하는 경우는 제외한다)	법 제49조 제7항	시정명령
3. 3년 내에 2회의 시정명령을 받고 이를 모두 이행하지 아니한 경우	법 제49조 제7항	해당 품목 등록취소

제49조의 2 (식품이력추적관리정보의 기록·보관 등) ① 제49조 제1항에 따라 등록한 자(이하 이 조에서 "등록자"라 한다)는 식품이력추적관리기준에 따른 식품이력추적관리정보를 총리령으로 정하는 바에 따라 전산기록장치에 기록·보관하여야 한다.

② 등록자는 제1항에 따른 식품이력추적관리정보의 기록을 해당 제품의 유통기한 등이 경과한 날부터 2년 이상 보관하여야 한다.

③ 등록자는 제1항에 따라 기록·보관된 정보가 제49조의 3 제1항에 따른 식품이력추적관리시스템에 연계되도록 협조하여야 한다. [본조신설 2014.5.28.]

규칙 제74조의3(식품이력추적관리 정보의 기록 · 보관) 법 제49조의2제1항에 따라 식품이력추적관리정보를 기록·보관할 때에는 식품이력관리전산시스템을 활용하여야 한다.
[본조신설 2015.8.18.]

제49조의 3 (식품이력추적관리시스템의 구축 등) ① 식품의약품안전처장은 식품이력추적관리시스템을 구축·운영하고, 식품이력추적관리시스템과 제49조의 2 제1항에 따른 식품이력추적관리정보가 연계되도록 하여야 한다.

② 식품의약품안전처장은 제1항에 따라 식품이력추적관리시스템에 연계된 정보 중 총리령으로 정하는 정보는 소비자 등이 인터넷 홈페이지를 통하여 쉽게 확인할 수 있도록 하여야 한다.

③ 제2항에 따른 정보는 해당 제품의 유통기한 또는 품질유지기한이 경과한 날부터 1년 이상 확인할 수 있도록 하여야 한다.

④ 누구든지 제1항에 따라 연계된 정보를 식품이력추적관리 목적 외에 사용하여서는 아니 된다.
[본조신설 2014.5.28.]

규칙 제74조의4(식품이력추적관리시스템에 연계된 정보의 공개) 법 제49조의3제2항에서 "총리령으로 정하는 정보"란 다음 각 호의 구분에 따른 정보를 말한다. 〈개정 2016.2.4., 2016.8.4.〉

1. 국내식품의 경우: 다음 각 목의 정보
가. 식품이력추적관리번호
나. 제조업소의 명칭 및 소재지
다. 제조일
라. 유통기한 또는 품질유지기한
마. 원재료명 또는 성분명
바. 원재료의 원산지 국가명
사. 유전자변형식품(인위적으로 유전자를 재조합하거나 유전자를 구성하는 핵산을 세포나 세포 내 소기관으로 직접 주입하는 기술 또는 분류학에 따른 과(科)의 범위를 넘는 세포융합기술에 해당하는 생명공학기술을 활용하여 재배 · 육성된 농산물 · 축산물 · 수산물 등을 원재료로 하여 제조 · 가공한 식품 또는 식품첨가물을 말한다. 이하 같다) 여부
아. 출고일
자. 법 제45조제1항 또는 제72조제3항에 따른 회수대상 여부 및 회수사유
2. 수입식품의 경우: 다음 각 목의 정보
가. 식품이력추적관리번호
나. 수입업소 명칭 및 소재지
다. 제조국
라. 제조업소의 명칭 및 소재지
마. 제조일
바. 유전자변형식품 여부
사. 수입일
아. 유통기한 또는 품질유지기한
자. 원재료명 또는 성분명
차. 법 제45조제1항 또는 제72조제3항에 따른 회수대상 여부 및 회수사유

[본조신설 2015.8.18.]

제50조 삭제 〈2015.3.27.〉

영 제35조 삭제 〈2015.12.30.〉

규칙 제75조 삭제 〈2015.12.31.〉

규칙 제76조 삭제 〈2015.12.31.〉

규칙 제77조, [별표 21] 삭제 〈2015.12.31.〉

규칙 제78조 삭제 〈2015.12.31.〉

제8장 조리사 등 〈개정 2010.3.26.〉

제51조 (조리사) ① 집단급식소 운영자와 대통령령으로 정하는 식품접객업자는 조리사(調理士)를 두어야 한다. 다만, 다음 각 호의 어느 하나에 해당하는 경우에는 조리사를 두지 아니하여도 된다. 〈개정 2013.5.22.〉

1. 집단급식소 운영자 또는 식품접객영업자 자신이 조리사로서 직접 음식물을 조리하는 경우
2. 1회 급식인원 100명 미만의 산업체인 경우
3. 제52조 제1항에 따른 영양사가 조리사의 면허를 받은 경우

② 집단급식소에 근무하는 조리사는 다음 각 호의 직무를 수행한다. 〈신설 2011.6.7.〉

1. 집단급식소에서의 식단에 따른 조리업무[식재료의 전(前)처리에서부터 조리, 배식 등의 전 과정을 말한다]
2. 구매식품의 검수 지원
3. 급식설비 및 기구의 위생·안전 실무
4. 그 밖에 조리실무에 관한 사항

영 제36조 (조리사를 두어야 하는 식품접객업자) 법 제51조제1항 각 호 외의 부분 본문에서 "대통령령으로 정하는 식품접객업자"란 제21조제8호의 식품접객업 중 복어독 제거가 필요한 복어를 조리·판매하는 영업을 하는 자를 말한다. 이 경우 해당 식품접객업자는 「국가기술자격법」에 따른 복어 조리 자격을 취득한 조리사를 두어야 한다. 〈개정 2017.12.12.〉

영 제37조 삭제 〈2013.12.30.〉

제52조 (영양사) ① 집단급식소 운영자는 영양사(營養士)를 두어야 한다. 다만, 다음 각 호의 어느 하나에 해당하는 경우에는 영양사를 두지 아니하여도 된다. 〈개정 2013. 5. 22.〉

1. 집단급식소 운영자 자신이 영양사로서 직접 영양 지도를 하는 경우
2. 1회 급식인원 100명 미만의 산업체인 경우
3. 제51조 제1항에 따른 조리사가 영양사의 면허를 받은 경우

② 집단급식소에 근무하는 영양사는 다음 각 호의 직무를 수행한다. 〈신설 2011.6.7.〉

1. 집단급식소에서의 식단 작성, 검식(檢食) 및 배식관리
2. 구매식품의 검수(檢受) 및 관리
3. 급식시설의 위생적 관리
4. 집단급식소의 운영일지 작성
5. 종업원에 대한 영양 지도 및 식품위생교육

규칙 제79조 (영양사의 직무 등) 법 제52조에 따른 영양사는 다음 각 호의 직무를 수행한다.

1. 식단 작성, 검식(檢食) 및 배식관리
2. 구매식품의 검수(檢受) 및 관리
3. 급식시설의 위생적 관리
4. 집단급식소의 운영일지 작성
5. 종업원에 대한 영양 지도 및 식품위생교육

제53조 (조리사의 면허) ① 조리사가 되려는 자는 「국가기술자격법」에 따라 해당 기능분야의 자격을 얻은 후 특별자치시장·특별자치도지사·시장·군수·구청장의 면허를 받아야 한다. 〈개정 2016.2.3.〉
② 제1항에 따른 조리사의 면허 등에 관하여 필요한 사항은 총리령으로 정한다. 〈개정 2013.3.23.〉

규칙 제80조 (조리사의 면허신청 등) ① 법 제53조제1항에 따라 조리사의 면허를 받으려는 자는 별지 제60호서식의 조리사 면허증 발급·재발급 신청서에 다음 각 호의 서류를 첨부하여 특별자치시장·특별자치도지사·시장·군수·구청장에게 제출하여야 한다. 이 경우 특별자치시장·특별자치도지사·시장·군수·구청장은 「전자정부법」 제36조제1항에 따른 행정정보의 공동이용을 통하여 조리사 국가기술자격증을 확인하여야 하며, 신청인이 그 확인에 동의하지 아니하는 경우에는 국가기술자격증 사본을 첨부하도록 하여야 한다. 〈개정 2016.8.4.〉

1. 사진 2장(최근 6개월 이내에 찍은 탈모 상반신 가로 3cm, 세로 4cm의 사진)
2. 법 제54조 제1호 본문에 해당하는 사람이 아님을 증명하는 의사의 진단서 또는 법 제54조 제1호 단서에 해당하는 사람임을 증명하는 전문의의 진단서
3. 법 제54조 제2호 및 제3호에 해당하는 사람이 아님을 증명하는 의사의 진단서

② 특별자치시장·특별자치도지사·시장·군수·구청장은 조리사의 면허를 한 때에는 별지 제61호서식의 조리사명부에 기록하고 별지 제62호서식의 조리사 면허증을 발급하여야 한다. 〈개정 2016.8.4.〉

규칙 제81조 (면허증의 재발급 등) ① 조리사는 면허증을 잃어버렸거나 헐어 못 쓰게 된 경우에는 별지 제60호서식의 조리사 면허증 발급·재발급 신청서에 사진 2장(최근 6개월 이내에 찍은 탈모 상반신 가로 3센티미터, 세로 4센티미터 사진)과 면허증(헐어 못 쓰게 된 경우만 해당한다)을 첨부하여 특별자치시장·특별자치도지사·시장·군수·구청장에게 제출하여야 한다. 〈개정 2016.8.4.〉

② 조리사는 면허증의 기재사항에 변경이 있는 경우 별지 제63호서식의 조리사 면허증 기재사항 변경신청서에 면허증과 그 변경을 증명하는 서류를 첨부하여 특별자치시장·특별자치도지사·시장·군수·구청장에게 제출하여야 한다. 〈개정 2016.8.4.〉

규칙 제82조 (조리사 면허증의 반납) 조리사가 법 제80조에 따라 그 면허의 취소처분을 받은 경우에는 지체 없이 면허증을 특별자치시장·특별자치도지사·시장·군수·구청장에게 반납하여야 한다. 〈개정 2016.8.4.〉

제54조 (결격사유) 다음 각 호의 어느 하나에 해당하는 자는 조리사 면허를 받을 수 없다. 〈개정 2018.12.11.〉

1. 「정신건강증진 및 정신질환자 복지서비스 지원에 관한 법률」 제3조 제1호에 따른 정신질환자. 다만, 전문의가 조리사로서 적합하다고 인정하는 자는 그러하지 아니하다.
2. 「감염병의 예방 및 관리에 관한 법률」 제2조 제13호에 따른 감염병환자. 다만, 같은 조 제3호 아목에 따른 B형간염환자는 제외한다.
3. 「마약류관리에 관한 법률」 제2조 제2호에 따른 마약이나 그 밖의 약물 중독자
4. 조리사 면허의 취소처분을 받고 그 취소된 날부터 1년이 지나지 아니한 자

제55조 (명칭 사용 금지) 조리사가 아니면 조리사라는 명칭을 사용하지 못한다. 〈개정 2010.3.26.〉

제56조 (교육) ① 식품의약품안전처장은 식품위생 수준 및 자질의 향상을 위하여 필요한 경우 조리사와 영양사에게 교육(조리사의 경우 보수교육을 포함한다. 이하 이 조에서 같다)을 받을 것을 명할 수 있다. 다만, 집단급식소에 종사하는 조리사와 영양사는 2년마다 교육을 받아야 한다. 〈개정 2013.3.23.〉

② 제1항에 따른 교육의 대상자·실시기관·내용 및 방법 등에 관하여 필요한 사항은 총리령으로 정한다. 〈개정 2013.3.23.〉

③ 식품의약품안전처장은 제1항에 따른 교육 등 업무의 일부를 대통령령으로 정하는 바에 따라 관계 전문기관이나 단체에 위탁할 수 있다. 〈개정 2013.3.23.〉

규칙 제83조 (조리사 및 영양사의 교육) ① 식품의약품안전처장은 법 제56조 제2항에 따라 식품으로 인하여 「감염병의 예방 및 관리에 관한 법률」 제2조에 따른 감염병이 유행하거나 집단식중독의 발생 및 확산 등으로 국민건강을 해칠 우려가 있다고 인정되는 경우 또는 시·도지사가 국제적 행사나 대규모 특별행사 등으로 식품위생 수준의 향상이 필요하여 식품위생에 관한 교육의 실시를 요청하는 경우에는 다음 각 호의 어느 하나에 해당하는 조리사 및 영양사에게 식품의약품안전처장이 정하는 시간에 해당하는 교육을 받을 것을 명할 수 있다. 이 경우 교육실시기관은 제84조 제1항에 따라 식품의약품안전처장이 지정한 기관으로 한다. 〈개정 2014.5.9.〉

1. 법 제51조 제1항에 따라 조리사를 두어야 하는 식품접객업소 또는 집단급식소에 종사하는 조리사
2. 법 제52조 제1항에 따라 영양사를 두어야 하는 집단급식소에 종사하는 영양사

② 법 제51조 제1항 제3호에 따른 조리사 면허를 받은 영양사나 법 제52조 제1항 제3호에 따른 영양사 면허를 받은 조리사가 제1항에 따른 교육을 이수한 경우에는 해당 조리사 교육과 영양사 교육을 모두 받은 것으로 본다. 〈개정 2014.5.9.〉

③ 제1항에 따라 교육을 받아야 하는 조리사 및 영양사가 식품의약품안전처장이 정하는 질병 치료 등 부득이한 사유로 교육에 참석하기가 어려운 경우에는 교육교재를 배부하여 이를 익히고 활용하도록 함으로써 교육을 갈음할 수 있다. 〈개정 2013.3.23.〉

규칙 제84조 (조리사 및 영양사의 교육기관 등) ① 법 제56조 제1항 단서에 따른 집단급식소에 종사하는 조리사 및 영양사에 대한 교육은 식품의약품안전처장이 식품위생 관련 교육을 목적으로 하는 전문기관 또는 단체 중에서 지정한 기관이 실시한다. 〈개정 2013.3.23.〉

② 제1항에 따른 교육기관은 다음 각 호의 내용에 대한 교육을 실시한다.

1. 식품위생법령 및 시책
2. 집단급식 위생관리
3. 식중독 예방 및 관리를 위한 대책
4. 조리사 및 영양사의 자질향상에 관한 사항
5. 그 밖에 식품위생을 위하여 필요한 사항

③ 교육시간은 6시간으로 한다.

④ 제1항부터 제3항까지에서 규정한 사항 외에 교육방법 및 내용 등에 관하여 필요한 사항은 식품의약품안전처장이 정하여 고시한다. 〈개정 2013.3.23.〉

영 제38조 (교육의 위탁) ① 식품의약품안전처장은 법 제56조 제3항에 따라 조리사 및 영양사에 대한 교육업무를 위탁하려는 경우에는 조리사 및 영양사에 대한 교육을 목적으로 설립된 전문기관 또는 단체에 위탁하여야 한다. 〈개정 2013.3.23.〉

② 제1항에 따라 교육업무를 위탁받은 전문기관 또는 단체는 조리사 및 영양사에 대한 교육을 실시하고, 교육이수자 및 교육시간 등 교육실시 결과를 식품의약품안전처장에게 보고하여야 한다. 〈개정 2013.3.23.〉

제9장 식품위생심의위원회

제57조 (식품위생심의위원회의 설치 등) 식품의약품안전처장의 자문에 응하여 다음 각 호의 사항을 조사·심의하기 위하여 식품의약품안전처에 식품위생심의위원회를 둔다. 〈개정 2013.3.23.〉

1. 식중독 방지에 관한 사항
2. 농약·중금속 등 유독·유해물질 잔류 허용 기준에 관한 사항
3. 식품 등의 기준과 규격에 관한 사항
4. 그 밖에 식품위생에 관한 중요 사항

제58조 (심의위원회의 조직과 운영) ① 심의위원회는 위원장 1명과 부위원장 2명을 포함한 100명 이내의 위원으로 구성한다. 〈신설 2011.8.4.〉

② 심의위원회의 위원은 다음 각 호의 어느 하나에 해당하는 사람 중에서 식품의약품안전처장이 임명하거나 위촉한다. 다만, 제3호의 사람을 전체 위원의 3분의 1 이상 위촉하고, 제2호와 제4호의 사람을 합하여 전체 위원의 3분의 1 이상 위촉하여야 한다. 〈신설 2013.3.23.〉

1. 식품위생 관계 공무원
2. 식품 등에 관한 영업에 종사하는 사람
3. 시민단체의 추천을 받은 사람
4. 제59조에 따른 동업자조합 또는 제64조에 따른 한국식품산업협회(이하 "식품위생단체"라 한다)의 추천을 받은 사람
5. 식품위생에 관한 학식과 경험이 풍부한 사람

③ 심의위원회 위원의 임기는 2년으로 하되, 공무원인 위원은 그 직위에 재직하는 기간 동안 재임한다. 다만, 위원이 궐위된 경우 그 보궐위원의 임기는 전임위원 임기의 남은 기간으로 한다. 〈신설 2011.8.4.〉

④ 심의위원회에 식품 등의 국제 기준 및 규격을 조사·연구할 연구위원을 둘 수 있다. 〈개정 2011.8.4.〉

⑤ 제4항에 따른 연구위원의 업무는 다음 각 호와 같다. 다만, 다른 법령에 따라 수행하는 관련 업무는 제외한다. 〈신설 2011.8.4.〉

(계속)

1. 국제식품규격위원회에서 제시한 기준·규격 조사·연구
2. 국제식품규격의 조사·연구에 필요한 외국정부, 관련 소비자단체 및 국제기구와 상호협력
3. 외국의 식품의 기준·규격에 관한 정보 및 자료 등의 조사·연구
4. 그 밖에 제1호부터 제3호까지에 준하는 사항으로서 대통령령으로 정하는 사항

⑥ 이 법에서 정한 것 외에 심의위원회의 조직 및 운영에 필요한 사항은 대통령령으로 정한다. 〈개정 2011.8.4.〉

영 제39조(식품위생심의위원회의 위원장 등) 법 제58조 제6항에 따라 심의위원회의 위원장은 위원 중에서 호선하고, 심의위원회의 부위원장은 심의위원회의 위원장이 지명하는 위원이 된다. [전문개정 2011.12.19.]

영 제39조의2(위원의 제척 · 기피 · 회피) ① 심의위원회의 위원이 다음 각 호의 어느 하나에 해당하는 경우에는 심의위원회의 조사·심의에서 제척(除斥)된다.

1. 위원 또는 그 배우자나 배우자이었던 사람이 해당 안건의 당사자(당사자가 법인·단체 등인 경우에는 그 임원 또는 직원을 포함한다. 이하 이 호 및 제2호에서 같다)가 되거나 그 안건의 당사자와 공동권리자 또는 공동의무자인 경우
2. 위원이 해당 안건의 당사자와 친족이거나 친족이었던 경우
3. 위원 또는 위원이 속한 법인·단체 등이 해당 안건에 대하여 증언, 진술, 자문, 연구, 용역 또는 감정을 한 경우
4. 위원이나 위원이 속한 법인·단체 등이 해당 안건의 당사자의 대리인이거나 대리인이었던 경우
5. 위원이 해당 안건의 당사자인 법인·단체 등에 최근 3년 이내에 임원 또는 직원으로 재직하였던 경우

② 해당 안건의 당사자는 위원에게 공정한 조사·심의를 기대하기 어려운 사정이 있는 경우에는 심의위원회에 기피 신청을 할 수 있고, 심의위원회는 의결로 기피 여부를 결정한다. 이 경우 기피 신청의 대상인 위원은 그 의결에 참여하지 못한다.

③ 위원이 제1항 각 호에 따른 제척 사유에 해당하는 경우에는 스스로 해당 안건의 조사 · 심의에서 회피(回避)하여야 한다. 〈본조신설 2017.12.12.〉

[종전 제39조의2는 제39조의3으로 이동 〈2017.12.12.〉]

영 제39조의3(심의위원회 위원의 해촉) 식품의약품안전처장은 법 제58조제2항제2호부터 제5호까지의 규정에 따른 심의위원회의 위원이 다음 각 호의 어느 하나에 해당하는 경우에는 해당 위원을 해촉할 수 있다.

1. 심신장애로 인하여 직무를 수행할 수 없게 된 경우
2. 직무와 관련된 비위사실이 있는 경우
3. 직무태만, 품위손상이나 그 밖의 사유로 인하여 위원으로 적합하지 아니하다고 인정되는 경우
4. 위원 스스로 직무를 수행하는 것이 곤란하다고 의사를 밝히는 경우
5. 제39조의2제1항 각 호의 어느 하나에 해당하는 경우에도 불구하고 회피 신청을 하

지 아니한 경우

[제39조의2에서 이동 〈2017.12.12.〉]

영 **제40조(위원의 직무)** ① 삭제 〈2011.12.19.〉

② 위원장은 심의위원회를 대표하며, 심의위원회의 업무를 총괄한다.

③ 부위원장은 위원장을 보좌하며, 위원장이 부득이한 사유로 직무를 수행할 수 없을 때에는 그 직무를 대행한다. [제목개정 2011.12.19.]

영 **제41조(회의 및 의사)** ① 위원장은 심의위원회의 회의를 소집하고 그 의장이 된다.

② 위원장은 식품의약품안전처장 또는 위원 3분의 1 이상의 요구가 있을 때에는 지체 없이 회의를 소집하여야 한다. 〈개정 2013.3.23.〉

③ 회의는 재적위원 과반수의 출석으로 개의(開議)하고, 출석위원 과반수의 찬성으로 의결한다.

영 **제42조(의견의 청취)** 위원장은 심의위원회의 심의사항과 관련하여 필요한 경우에는 관계인을 출석시켜 의견을 들을 수 있다.

영 **제43조(분과위원회)** ① 심의위원회에 전문분야별로 분과위원회를 둘 수 있다.

② 분과위원회의 위원장은 분과위원회에서 심의·의결한 사항을 지체 없이 심의위원회의 위원장에게 보고하여야 한다.

③ 분과위원회의 회의 및 의사에 관하여는 제41조를 준용한다. 이 경우 "심의위원회"는 "분과위원회"로 본다.

영 **제44조(연구위원 등)** ① 법 제58조 제4항에 따라 심의위원회에 20명 이내의 연구위원을 둘 수 있다. 〈개정 2011.12.19.〉

② 법 제58조 제5항 제4호에 따른 연구위원의 업무는 다음 각 호와 같다. 〈개정 2013.3.23.〉

1. 국제식품규격위원회에서 논의할 기준·규격의 제·개정안 발굴 및 제안
2. 식품 등의 국제 기준·규격에 관한 국내외 전문가 네트워크 구축 및 운영
3. 국제식품규격위원회가 발행한 문서에 대한 번역본 발간 및 배포
4. 그 밖에 식품 등의 국제 기준·규격에 관한 사항으로서 식품의약품안전처장이 심의위원회에 조사·연구를 의뢰한 사항

③ 연구위원은 심의위원회의 회의에 출석하여 발언할 수 있다.

④ 연구위원은 식품 등에 관한 학식과 경험이 풍부한 자 중에서 식품의약품안전처장이 임명한다. 〈개정 2013.3.23.〉

영 **제45조(간사)** 심의위원회의 사무를 처리하기 위하여 심의위원회에 간사 1명을 두며, 식품의약품안전처장이 소속 공무원 중에서 임명한다. 〈개정 2013.3.23.〉

영 **제46조(수당과 여비)** ① 심의위원회에 출석한 위원에게는 예산의 범위에서 식품의약품안전처장이 정하는 바에 따라 수당과 여비를 지급할 수 있다. 다만, 공무원인 위원이 그 소관업무와 직접 관련하여 출석하는 경우에는 그러하지 아니하다. 〈개정 2013.3.23.〉

② 식품의약품안전처장은 연구위원에게 예산의 범위에서 연구비와 여비 등을 지급할 수 있다. 〈개정 2013.3.23.〉

영 **제47조(운영세칙)** 이 영에서 정하는 사항 외에 심의위원회의 운영에 관한 사항과 연구위원의 복무 등에 관하여 필요한 사항은 심의위원회의 의결을 거쳐 위원장이 정한다.

제10장 식품위생단체 등

제1절 동업자조합

제59조 (설립) ① 영업자는 영업의 발전과 국민보건 향상을 위하여 대통령령으로 정하는 영업 또는 식품의 종류별로 동업자조합(이하 "조합"이라 한다)을 설립할 수 있다.

② 조합은 법인으로 한다.

③ 조합을 설립하려는 경우에는 대통령령으로 정하는 바에 따라 조합원 자격이 있는 자 10분의 1(20명을 초과하면 20명으로 한다) 이상의 발기인이 정관을 작성하여 식품의약품안전처장의 설립인가를 받아야 한다. 〈개정 2013.3.23.〉

④ 식품의약품안전처장은 제3항에 따라 설립인가의 신청을 받은 날부터 30일 이내에 설립인가 여부를 신청인에게 통지하여야 한다. 〈신설 2018.12.11.〉

⑤ 식품의약품안전처장이 제4항에서 정한 기간 내에 인가 여부 또는 민원 처리 관련 법령에 따른 처리기간의 연장을 신청인에게 통지하지 아니하면 그 기간(민원 처리 관련 법령에 따라 처리기간이 연장 또는 재연장된 경우에는 해당 처리기간을 말한다)이 끝난 날의 다음 날에 인가를 한 것으로 본다. 〈신설 2018.12.11.〉

⑥ 조합은 제3항에 따른 설립인가를 받는 날 또는 제5항에 따라 설립인가를 한 것으로 보는 날에 성립된다. 〈개정 2018.12.11.〉

⑦ 조합은 정관으로 정하는 바에 따라 하부조직을 둘 수 있다. 〈개정 2018.12.11.〉

영 제48조 (동업자조합 설립단위 등) ① 법 제59조 제1항에서 "대통령령으로 정하는 영업"이란 제21조 각 호의 영업을 말한다.

② 법 제59조 제1항에 따라 설립하는 동업자조합(이하 "조합"이라 한다)의 설립단위는 전국으로 한다. 다만, 지역 또는 영업의 특수성 등으로 인하여 전국적 조합 설립이 불가능하다고 식품의약품안전처장이 인정하는 경우에는 그러하지 아니하다. 〈개정 2013.3.23.〉

영 제49조 (설립인가의 신청) 법 제59조 제3항에 따라 조합의 설립인가를 받으려는 자는 설립인가신청서에 다음 각 호의 서류를 첨부하여 식품의약품안전처장에게 제출하여야 한다. 〈개정 2013.3.23.〉

1. 창립총회의 회의록
2. 정관
3. 사업계획서 및 수지예산서
4. 재산목록
5. 임원명부
6. 임원의 취임승낙서
7. 임원의 이력서
8. 임원의 주민등록증 사본 등 신원을 확인할 수 있는 증명서 사본

제60조 (조합의 사업) 조합은 다음 각 호의 사업을 한다. 〈개정 2013.3.23.〉

1. 영업의 건전한 발전과 조합원 공동의 이익을 위한 사업
2. 조합원의 영업시설 개선에 관한 지도
3. 조합원을 위한 경영지도
4. 조합원과 그 종업원을 위한 교육훈련
5. 조합원과 그 종업원의 복지증진을 위한 사업
6. 식품의약품안전처장이 위탁하는 조사·연구 사업
7. 조합원의 생활안정과 복지증진을 위한 공제사업
8. 제1호부터 제5호까지에 규정된 사업의 부대사업

제60조의 2 (조합의 공제회 설치·운영) ① 조합은 조합원의 생활안정과 복지증진을 도모하기 위하여 식품의약품안전처장의 인가를 받아 공제회를 설립하여 공제사업을 영위할 수 있다. 〈개정 2017.12.19.〉

② 공제회의 구성원(이하 "공제회원"이라 한다)은 공제사업에 필요한 출자금을 납부하여야 한다.

③ 공제회의 설립인가 절차, 운영 등에 관하여 필요한 사항은 대통령령으로 정한다.

④ 조합이 제1항에 따른 공제사업을 하고자 하는 때에는 공제회원의 자격에 관한 사항, 출자금의 부담기준, 공제방법, 공제사업에 충당하기 위한 책임준비금 및 비상위험준비금 등 공제회의 운영에 관하여 필요한 사항을 포함하는 공제규정을 정하여 식품의약품안전처장의 인가를 받아야 한다. 공제규정을 변경하고자 하는 때에도 또한 같다. 〈개정 2013.3.23.〉 [본조신설 2011.8.4.]

영 제49조의 2 (공제회 설립인가 등) ① 조합은 법 제60조의 2에 따라 공제회의 설립인가를 받으려면 공제회 설립인가 신청서에 공제회의 구성원(이하 "공제회원"이라 한다)의 자격, 출자금의 부담기준, 공제방법, 공제사업에 충당하기 위한 책임준비금 및 비상위험준비금 등 공제회의 운영에 필요한 사항을 정한 공제정관을 첨부하여 식품의약품안전처장에게 신청하여야 한다. 〈개정 2018.5.15.〉

② 공제회는 매 사업연도 말에 책임준비금, 비상위험준비금 및 지급준비금을 계상(計上)하고 적립하여야 한다. 〈개정 2018. 5. 15.〉

③ 삭제 〈2018.5.15.〉

④ 법 제60조의 3 제6호에서 "대통령령으로 정하는 수익사업"이란 다음 각 호의 사업을 말한다.

1. 공제회원에 대한 융자 사업
2. 공제회원에 대한 경영컨설팅 사업
3. 그 밖에 공제회원의 생활안정과 복지증진을 위한 사업 [본조신설 2012.2.3.]

⑤ 법 제60조의4제2항에서 "조사기간, 조사범위, 조사담당자, 관계 법령 등 대통령령으로 정하는 사항"이란 다음 각 호의 사항을 말한다. 〈신설 2016.7.26.〉

1. 조사목적
2. 조사기간 및 대상

3. 조사의 범위 및 내용
4. 조사담당자의 성명 및 소속
5. 제출자료의 목록
6. 그 밖에 해당 조사와 관련하여 필요한 사항

제60조의 3 (공제사업의 내용) 공제회는 다음 각 호의 사업을 한다.
1. 공제회원에 대한 공제급여 지급
2. 공제회원의 복리·후생 향상을 위한 사업
3. 기금 조성을 위한 사업
4. 식품위생 영업자의 경영개선을 위한 조사·연구 및 교육 사업
5. 식품위생단체 등의 법인에의 출연
6. 공제회의 목적달성에 필요한 대통령령으로 정하는 수익사업 [본조신설 2011.8.4.]

제60조의 4 (공제회에 대한 감독) ① 식품의약품안전처장은 공제사업에 대하여 감독상 필요한 경우에는 그 업무에 관한 사항을 보고하게 하거나 자료의 제출을 명할 수 있으며, 소속 공무원으로 하여금 장부·서류, 그 밖의 물건을 검사하게 할 수 있다. 〈개정 2013.3.23.〉
② 제1항에 따라 조사 또는 검사를 하는 공무원 등은 그 권한을 표시하는 증표를 가지고 이를 관계인에게 보여주어야 한다.
③ 식품의약품안전처장은 조합의 공제사업 운영이 적정하지 아니하거나 자산상황이 불량하여 공제회원 등의 권익을 해칠 우려가 있다고 인정하면 업무집행방법 및 자산예탁기관의 변경, 가치가 없다고 인정되는 자산의 손실처리 등 필요한 조치를 명할 수 있다. 〈개정 2013.3.23.〉
④ 조합이 제3항의 개선명령을 이행하지 아니한 경우 식품의약품안전처장은 조합의 임직원의 징계·해임을 요구할 수 있다. 〈개정 2013.3.23.〉 [본조신설 2011.8.4.]

제61조 (대의원회) ① 조합원이 500명을 초과하는 조합은 정관으로 정하는 바에 따라 총회를 갈음할 수 있는 대의원회를 둘 수 있다.
② 대의원은 조합원이어야 한다.

제62조 (다른 법률의 준용) ① 조합에 관하여 이 법에서 규정하지 아니한 것에 대하여는 「민법」 중 사단법인에 관한 규정을 준용한다. 〈개정 2019.4.30.〉
② 공제회에 관하여 이 법에서 규정하지 아니한 것에 대해서는 「민법」 중 사단법인에 관한 규정과 「상법」 중 주식회사의 회계에 관한 규정을 준용한다. 〈신설 2019.4.30.〉
[제목개정 2019. 4. 30.]

제63조 (자율지도원 등) ① 조합은 조합원의 영업시설 개선과 경영에 관한 지도 사업 등을 효율적으로 수행하기 위하여 자율지도원을 둘 수 있다.
② 조합의 관리 및 운영 등에 필요한 기준은 대통령령으로 정한다.

영 제50조 (자율지도원의 임명 및 직무 등) ① 조합은 법 제63조 제1항에 따라 정관으로 정하는 자격기준에 해당하는 자를 자율지도원으로 둘 수 있다.
② 제1항에 따른 자율지도원은 정관으로 정하는 바에 따라 해당 조합의 장이 임명한다.
③ 제1항에 따른 자율지도원은 소속된 조합의 조합원에 대하여 다음 각 호의 사항에 관한 직무를 수행한다.
1. 법 제36조에 따른 시설기준에 관한 지도
2. 영업자 및 그 종업원의 위생교육, 건강진단, 그 밖에 위생관리의 지도
3. 법 제44조에 따른 영업자의 준수사항 이행 지도 및 법 제37조 제2항에 따른 조건부 허가에 따른 조건 이행 지도
4. 그 밖에 정관으로 정하는 식품위생 지도에 관한 사항

제2절 식품산업협회 〈개정 2011.8.4.〉

제64조 (설립) ① 식품산업의 발전과 식품위생의 향상을 위하여 한국식품산업협회(이하 "협회"라 한다)를 설립한다. 〈개정 2011.8.4.〉
② 제1항에 따라 설립되는 협회는 법인으로 한다.
③ 협회의 회원이 될 수 있는 자는 영업자 중 식품 또는 식품첨가물을 제조·가공·운반·판매·보존하는 자 및 그 밖에 식품 관련 산업을 운영하는 자로 한다. 〈개정 2011.8.4.〉
④ 협회에 관하여 이 법에서 규정하지 아니한 것에 대하여는 「민법」 중 사단법인에 관한 규정을 준용한다.

제65조 (협회의 사업) 협회는 다음 각 호의 사업을 한다. 〈개정 2011.8.4.〉
1. 식품산업에 관한 조사·연구
2. 식품 및 식품첨가물과 그 원재료(原材料)에 대한 시험·검사 업무
3. 식품위생과 관련한 교육
4. 영업자 중 식품이나 식품첨가물을 제조·가공·운반·판매 및 보존하는 자의 영업시설 개선에 관한 지도
5. 회원을 위한 경영지도
6. 식품안전과 식품산업 진흥 및 지원·육성에 관한 사업
7. 제1호부터 제5호까지에 규정된 사업의 부대사업

제66조 (준용) 협회에 관하여는 제63조 제1항을 준용한다. 이 경우 "조합"은 "협회"로, "조합원"은 "협회의 회원"으로 본다.

제3절 식품안전정보원 〈개정 2011.8.4.〉

제67조 (식품안전정보원의 설립) ① 식품의약품안전처장의 위탁을 받아 제49조에 따른 식품이력추적관리업무와 식품안전에 관한 업무 중 제68조 제1항 각 호에 관한 업무를 효율적으로 수행하기 위하여 식품안전정보원(이하 "정보원"이라 한다)을 둔다. 〈개정 2013.3.23.〉

② 정보원은 법인으로 한다. 〈개정 2011.8.4.〉

③ 정보원의 정관에는 다음 각 호의 사항을 기재하여야 한다. 〈신설 2018.12.11.〉

1. 목적
2. 명칭
3. 주된 사무소가 있는 곳
4. 자산에 관한 사항
5. 임원 및 직원에 관한 사항
6. 이사회의 운영
7. 사업범위 및 내용과 그 집행
8. 회계
9. 공고의 방법
10. 정관의 변경
11. 그 밖에 정보원의 운영에 관한 중요 사항

④ 정보원이 정관의 기재사항을 변경하려는 경우에는 식품의약품안전처장의 인가를 받아야 한다. 〈신설 2018.12.11.〉

⑤ 정보원에 관하여 이 법에서 규정된 것 외에는 「민법」 중 재단법인에 관한 규정을 준용한다. 〈개정 2018.12.11.〉

규칙 **제85조 (식품안전정보원 사업계획서 제출)** 법 제67조 제1항에 따른 식품안전정보원(이하 "정보원"으로 한다)은 법 제69조에 따라 매 사업연도 시작 전까지 다음 연도의 사업계획서와 다음 각 호의 서류를 첨부한 예산서에 대하여 이사회의 의결을 거친 후 식품의약품안전처장에게 승인을 받아야 한다. 이를 변경할 때에도 또한 같다. 〈개정 2013.3.23.〉

1. 추정대차대조표
2. 추정손익계산서
3. 자금의 수입·지출 계획서 [제목개정 2012.6.29.]

第68条 (정보원의 사업) ① 정보원은 다음 각 호의 사업을 한다. 〈개정 2016.2.3.〉

1. 국내외 식품안전정보의 수집·분석·정보제공 등

1의2. 식품안전정책 수립을 지원하기 위한 조사·연구 등

2. 식품안전정보의 수집·분석 및 식품이력추적관리 등을 위한 정보시스템의 구축·운영 등
3. 식품이력추적관리의 등록·관리 등
4. 식품이력추적관리에 관한 교육 및 홍보
5. 식품사고가 발생한 때 사고의 신속한 원인규명과 해당 식품의 회수·폐기 등을 위한 정보제공
6. 식품위해정보의 공동활용 및 대응을 위한 기관·단체·소비자단체 등과의 협력 네트워크 구축·운영
7. 소비자 식품안전 관련 신고의 안내·접수·상담 등을 위한 지원
8. 그 밖에 식품안전정보 및 식품이력추적관리에 관한 사항으로서 식품의약품안전처장이 정하는 사업

② 식품의약품안전처장은 정보원의 설립·운영 등에 필요한 비용을 지원할 수 있다. 〈개정 2013.3.23.〉 [제목개정 2011.8.4.]

第69条 (사업계획서 등의 제출) ① 정보원은 총리령으로 정하는 바에 따라 매 사업연도 개시 전에 사업계획서와 예산서를 식품의약품안전처장에게 제출하여 승인을 받아야 한다. 〈개정 2013.3.23.〉

② 정보원은 식품의약품안전처장이 지정하는 공인회계사의 검사를 받은 매 사업연도의 세입·세출결산서를 식품의약품안전처장에게 제출하여 승인을 받아 결산을 확정한 후 그 결과를 다음 사업연도 5월 말까지 국회에 보고하여야 한다. 〈개정 2013.3.23.〉

第70条 (지도·감독 등) ① 식품의약품안전처장은 정보원에 대하여 감독상 필요한 때에는 그 업무에 관한 사항을 보고하게 하거나 자료의 제출, 그 밖에 필요한 명령을 할 수 있고, 소속 공무원으로 하여금 그 사무소에 출입하여 장부·서류 등을 검사하게 할 수 있다. 〈개정 2013.3.23.〉

② 제1항에 따라 출입·검사를 하는 공무원은 그 권한을 표시하는 증표를 지니고 이를 관계인에게 내보여야 한다.

③ 정보원에 대한 지도·감독에 관하여 그 밖에 필요한 사항은 총리령으로 정한다. 〈개정 2013.3.23.〉

영 제50조의2(식품안전정보원에 대한 출입 · 검사 시 제시하는 서류의 기재사항) 법 제70조제2항에서 "조사기간, 조사범위, 조사담당자, 관계 법령 등 대통령령으로 정하는 사항"이란 다음 각 호의 사항을 말한다.

1. 조사목적
2. 조사기간 및 대상
3. 조사의 범위 및 내용

4. 조사담당자의 성명 및 소속

5. 제출자료의 목록

6. 그 밖에 해당 조사와 관련하여 필요한 사항

[본조신설 2016.7.26.]

[종전 제50조의2는 제50조의3으로 이동 〈2016.7.26.〉]

규칙 제86조(정보원에 대한 지도·감독) ① 식품의약품안전처장은 법 제70조 제3항에 따라 정보원에 대하여 매년 1회 이상 다음 각 호의 사항을 지도·감독하여야 한다. 〈개정 2013. 3. 23.〉

1. 법 제68조에 따른 정보원의 사업에 관한 사항

2. 운영예산 편성·집행의 적정 여부

3. 운영 장비 관리의 적정 여부

4. 그 밖에 식품의약품안전처장이 필요하다고 인정한 사항

② 식품의약품안전처장은 정보원의 사업과 관련하여 필요한 경우에는 정보원의 장에게 관련 업무의 처리상황을 보고하게 할 수 있다. 〈개정 2013.3.23.〉 [제목개정 2012.6.29.]

제4절 삭제 〈2016.2.3.〉

제70조의 2 삭제 〈2016.2.3.〉

영 제50조의3 삭제

제70조의 3 삭제 〈2016.2.3.〉

제70조의 4 삭제 〈2016.2.3.〉

규칙 제86조의2 삭제

제70조의 5 삭제 〈2016.2.3.〉

제70조의 6 삭제 〈2016.2.3.〉

제5절 건강 위해가능 영양성분 관리 〈신설 2016.5.29.〉

제70조의7(건강 위해가능 영양성분 관리) ① 국가 및 지방자치단체는 식품의 나트륨, 당류, 트랜스지방 등 영양성분(이하 "건강 위해가능 영양성분"이라 한다)의 과잉섭취로 인한 국민보건상 위해를 예방하기 위하여 노력하여야 한다.
② 식품의약품안전처장은 관계 중앙행정기관의 장과 협의하여 건강 위해가능 영양성분 관리 기술의 개발·보급, 적정섭취를 위한 실천방법의 교육·홍보 등을 실시하여야 한다.
③ 건강 위해가능 영양성분의 종류는 대통령령으로 정한다.
[본조신설 2016.5.29.]

영 제50조의4(건강 위해가능 영양성분의 종류) 법 제70조의7제1항에 따른 건강 위해가능 영양성분의 종류는 다음 각 호와 같다.
1. 나트륨
2. 당류
3. 트랜스지방
[본조신설 2016.11.22.]
[종전 제50조의4는 제50조의6으로 이동 〈2016.11.22.〉]

제70조의8(건강 위해가능 영양성분 관리 주관기관 설립 · 지정) ① 식품의약품안전처장은 건강 위해가능 영양성분 관리를 위하여 다음 각 호의 사업을 주관하여 수행할 기관(이하 "주관기관"이라 한다)을 설립하거나 건강 위해가능 영양성분 관리와 관련된 사업을 하는 기관·단체 또는 법인을 주관기관으로 지정할 수 있다.
1. 건강 위해가능 영양성분 적정섭취 실천방법 교육·홍보 및 국민 참여 유도
2. 건강 위해가능 영양성분 함량 모니터링 및 정보제공
3. 건강 위해가능 영양성분을 줄인 급식과 외식, 가공식품 생산 및 구매 활성화
4. 건강 위해가능 영양성분 관리 실천사업장 운영 지원
5. 그 밖에 식품의약품안전처장이 필요하다고 인정하는 건강 위해가능 영양성분 관리사업

② 식품의약품안전처장은 주관기관에 대하여 예산의 범위에서 설립·운영 및 제1항 각 호의 사업을 수행하는 데 필요한 경비의 전부 또는 일부를 지원할 수 있다.
③ 제1항에 따라 설립되는 주관기관은 법인으로 한다.
④ 제1항에 따라 설립되는 주관기관에 관하여 이 법에서 규정된 것을 제외하고는 「민법」 중 재단법인에 관한 규정을 준용한다.
⑤ 식품의약품안전처장은 제1항에 따라 지정된 주관기관이 다음 각 호의 어느 하나에 해당하는 경우 지정을 취소할 수 있다. 다만, 제1호에 해당하는 경우에는 지정을 취소하여야 한다.
1. 거짓이나 그 밖의 부정한 방법으로 지정을 받은 경우
2. 제6항에 따른 지정기준에 적합하지 아니하게 된 경우

⑥ 주관기관의 설립, 지정 및 지정 취소의 기준·절차 등에 필요한 사항은 대통령령으로 정한다.
[본조신설 2016.5.29.]

영 제50조의5(주관기관의 지정 및 지정 취소의 기준·절차 등) ① 법 제70조의8제1항에 따른 주관기관(이하 "주관기관"이라 한다)으로 지정을 받으려는 자는 총리령으로 정하는 지정신청서(전자문서로 된 신청서를 포함한다)에 다음 각 호의 서류(전자문서를 포함한다)를 첨부하여 식품의약품안전처장에게 제출하여야 한다.

1. 정관 또는 이에 준하는 사업운영규정
2. 제2항제2호에 따른 요건을 갖추었음을 증명하는 서류
3. 법 제70조의8제1항 각 호의 사업에 관한 사업계획서

② 주관기관의 지정기준은 다음 각 호와 같다.

1. 법 제70조의8제1항 각 호의 사업을 주된 업무로 하는 비영리 목적의 기관·단체 또는 법인일 것
2. 법 제70조의8제1항 각 호의 사업을 수행할 수 있는 전담인력과 조직 등 식품의약품안전처장이 정하여 고시하는 요건을 갖출 것

③ 식품의약품안전처장은 법 제70조의8제1항에 따라 주관기관을 지정한 경우에는 총리령으로 정하는 주관기관 지정서를 발급하여야 한다.

④ 법 제70조의8제1항에 따라 주관기관으로 지정을 받은 자는 그 명칭, 대표자 또는 소재지 중 어느 하나가 변경된 경우에는 총리령으로 정하는 변경지정신청서(전자문서로 된 신청서를 포함한다)에 다음 각 호의 서류(전자문서를 포함한다)를 첨부하여 식품의약품안전처장에게 제출하여야 한다.

1. 주관기관 지정서
2. 변경된 사항을 증명하는 서류

⑤ 식품의약품안전처장은 제1항에 따른 지정신청 또는 제4항에 따른 변경지정신청을 받은 경우에는 「전자정부법」 제36조제1항에 따른 행정정보의 공동이용을 통하여 법인 등기사항증명서(법인인 경우로 한정한다)를 확인하여야 한다.

⑥ 식품의약품안전처장은 제4항에 따른 변경지정신청이 적합하다고 인정되는 경우에는 주관기관 지정서에 변경된 사항을 적어 내주어야 한다.

⑦ 주관기관의 장은 법 제70조의8제5항에 따라 지정이 취소된 경우에는 주관기관 지정서를 식품의약품안전처장에게 반납하여야 한다.

⑧ 제1항부터 제3항까지의 규정에서 정한 사항 외에 주관기관의 지정 절차 등에 관하여 필요한 세부사항은 식품의약품안전처장이 정한다.

[본조신설 2016.11.22.]

규칙 제86조의3(주관기관 지정신청서 등) ① 영 제50조의5제1항에 따른 지정신청서는 별지 제63호의2서식과 같다.

② 영 제50조의5제3항에 따른 주관기관 지정서는 별지 제63호의3서식과 같다.

③ 영 제50조의5제4항에 따른 변경지정신청서는 별지 제63호의4서식과 같다.

[본조신설 2016.11.30.]

제70조의9(사업계획서 등의 제출) 주관기관은 총리령으로 정하는 바에 따라 전년도의 사업 실적보고서와 해당 연도의 사업계획서를 작성하여 식품의약품안전처장에게 제출하여야 한다. 다만, 제70조의8제1항에 따라 지정된 주관기관의 경우 같은 항 각 호의 사업 수행과 관련된 사항으로 한정한다.
[본조신설 2016.5.29.]

규칙 제86조의4(사업계획서 등의 제출) ① 주관기관은 법 제70조의9에 따라 다음 각 호의 서류를 첨부한 전년도 사업 실적보고서와 해당 연도의 사업계획서를 작성하여 매년 1월 말까지 식품의약품안전처장에게 제출하여야 한다.

1. 예산서
2. 추정대차대조표
3. 추정손익계산서
4. 자금의 수입·지출계획서

② 주관기관은 제1항에 따라 제출한 사업계획서를 변경하려는 경우에는 변경 내용 및 사유를 적은 서류를 식품의약품안전처장에게 제출하여야 한다.
[본조신설 2016.11.30.]

제70조의10(지도 · 감독 등) ① 식품의약품안전처장은 주관기관에 대하여 감독상 필요한 때에는 그 업무에 관한 사항을 보고하게 하거나 자료의 제출, 그 밖에 필요한 명령을 할 수 있다. 다만, 제70조의8제1항에 따라 지정된 주관기관에 대한 지도·감독은 같은 항 각 호의 사업 수행과 관련된 사항으로 한정한다.
② 주관기관에 대한 지도·감독에 관하여 그 밖에 필요한 사항은 총리령으로 정한다.
[본조신설 2016.5.29.]

규칙 제86조의5(주관기관에 대한 지도·감독) 식품의약품안전처장은 법 제70조의10에 따라 주관기관에 대하여 매년 1회 이상 다음 각 호의 사항을 지도·감독하여야 한다.

1. 법 제70조의8제1항 각 호에 따른 주관기관의 사업에 관한 사항
2. 예산편성·집행의 적정 여부에 관한 사항
3. 그 밖에 식품의약품안전처장이 주관기관의 지도·감독을 위하여 필요하다고 인정하는 사항

[본조신설 2016.11.30.]

제11장 시정명령과 허가취소 등 행정 제재

제71조 (시정명령) ① 식품의약품안전처장, 시·도지사 또는 시장·군수·구청장은 제3조에 따른 식품 등의 위생적 취급에 관한 기준에 맞지 아니하게 영업하는 자와 이 법을 지키지 아니하는 자에게는 필요한 시정을 명하여야 한다. 〈개정 2013.3.23.〉

② 식품의약품안전처장, 시·도지사 또는 시장·군수·구청장은 제1항의 시정명령을 한 경우에는 그 영업을 관할하는 관서의 장에게 그 내용을 통보하여 시정명령이 이행되도록 협조를 요청할 수 있다. 〈개정 2013.3.23.〉

③ 제2항에 따라 요청을 받은 관계 기관의 장은 정당한 사유가 없으면 이에 응하여야 하며, 그 조치결과를 지체 없이 요청한 기관의 장에게 통보하여야 한다. 〈신설 2011.6.7.〉

제72조 (폐기처분 등) ① 식품의약품안전처장, 시·도지사 또는 시장·군수·구청장은 영업자(「수입식품안전관리 특별법」 제15조에 따라 등록한 수입식품등 수입·판매업자를 포함한다. 이하 이 조에서 같다)가 제4조부터 제6조까지, 제7조제4항, 제8조, 제9조제4항 또는 제12조의2 제2항을 위반한 경우에는 관계 공무원에게 그 식품등을 압류 또는 폐기하게 하거나 용도·처리 방법 등을 정하여 영업자에게 위해를 없애는 조치를 하도록 명하여야 한다. 〈개정 2018.3.13.〉

② 식품의약품안전처장, 시·도지사 또는 시장·군수·구청장은 제37조 제1항, 제4항 또는 제5항을 위반하여 허가받지 아니하거나 신고 또는 등록하지 아니하고 제조·가공·조리한 식품 또는 식품첨가물이나 여기에 사용한 기구 또는 용기·포장 등을 관계 공무원에게 압류하거나 폐기하게 할 수 있다. 〈개정 2013.3.23.〉

③ 식품의약품안전처장, 시·도지사 또는 시장·군수·구청장은 식품위생상의 위해가 발생하였거나 발생할 우려가 있는 경우에는 영업자에게 유통 중인 해당 식품 등을 회수·폐기하게 하거나 해당 식품 등의 원료, 제조 방법, 성분 또는 그 배합 비율을 변경할 것을 명할 수 있다. 〈개정 2013.3.23.〉

④ 제1항 및 제2항에 따른 압류나 폐기를 하는 공무원은 그 권한을 표시하는 증표를 지니고 이를 관계인에게 내보여야 한다.

⑤ 제1항 및 제2항에 따른 압류 또는 폐기에 필요한 사항과 제3항에 따른 회수·폐기 대상 식품 등의 기준 등은 총리령으로 정한다. 〈개정 2013.3.23.〉

⑥ 식품의약품안전처장, 시·도지사 및 시장·군수·구청장은 제1항에 따라 폐기처분명령을 받은 자가 그 명령을 이행하지 아니하는 경우에는 「행정대집행법」에 따라 대집행을 하고 그 비용을 명령위반자로부터 징수할 수 있다. 〈개정 2013.3.23.〉

영 제50조의6(식품등의 압류 · 폐기 시 제시하는 서류의 기재사항) 법 제72조제4항에서 "조사기간, 조사범위, 조사담당자, 관계 법령 등 대통령령으로 정하는 사항"이란 다음 각 호의 사항을 말한다.

1. 조사목적
2. 조사기간 및 대상
3. 조사의 범위 및 내용
4. 조사담당자의 성명 및 소속

5. 압류·폐기 대상 제품

6. 조사 관계 법령

7. 그 밖에 해당 조사와 관련하여 필요한 사항

[본조신설 2016.7.26.]

[제50조의4에서 이동 〈2016.11.22.〉]

규칙 **제87조 (압류 등)** ① 관계 공무원이 법 제72조에 따라 식품 등을 압류한 경우에는 별지 제16호 서식의 압류증을 발급하여야 한다.

② 법 제72조제3항에 따른 회수에 관하여는 제59조를 준용한다. 〈신설 2017.1.4.〉

③ 법 제72조제4항에 따라 압류나 폐기를 하는 공무원의 권한을 표시하는 증표는 별지 제18호서식에 따른다. 〈개정 2017.1.4.〉

제73조 (위해식품 등의 공표) ① 식품의약품안전처장, 시·도지사 또는 시장·군수·구청장은 다음 각 호의 어느 하나에 해당되는 경우에는 해당 영업자에 대하여 그 사실의 공표를 명할 수 있다. 다만, 식품위생에 관한 위해가 발생한 경우에는 공표를 명하여야 한다. 〈개정 2018.3.13.〉

1. 제4조부터 제6조까지, 제7조 제4항, 제8조 또는 제9조 제4항 등을 위반하여 식품위생에 관한 위해가 발생하였다고 인정되는 때
2. 제45조제1항 또는 「식품 등의 표시 · 광고에 관한 법률」 제15조제2항에 따른 회수계획을 보고받은 때

② 제1항에 따른 공표방법 등 공표에 관하여 필요한 사항은 대통령령으로 정한다.

영 **제51조 (위해식품 등의 공표방법)** ① 법 제73조 제1항에 따라 위해식품 등의 공표명령을 받은 영업자는 지체 없이 위해 발생사실 또는 다음 각 호의 사항이 포함된 위해식품 등의 긴급회수문을 「신문 등의 진흥에 관한 법률」 제9조 제1항에 따라 등록한 전국을 보급지역으로 하는 1개 이상의 일반일간신문[당일 인쇄·보급되는 해당 신문의 전체 판(版)을 말한다. 이하 같다]에 게재하고, 식품의약품안전처의 인터넷 홈페이지에 게재를 요청하여야 한다. 〈개정 2013.3.23.〉

1. 식품 등을 회수한다는 내용의 표제
2. 제품명
3. 회수대상 식품 등의 제조일·수입일 또는 유통기한·품질유지기한
4. 회수 사유
5. 회수방법
6. 회수하는 영업자의 명칭
7. 회수하는 영업자의 전화번호, 주소, 그 밖에 회수에 필요한 사항

② 제1항에 따른 공표에 관한 세부사항은 총리령으로 정한다. 〈개정 2013.3.23.〉

규칙 **제88조 (위해식품 등의 긴급회수문)** ① 영 제51조 제1항에 따른 위해식품 등의 긴급회수문의 내용 및 작성요령 등은 별표 22와 같다.

② 영 제51조제1항에 따라 위해 발생사실 또는 위해식품등의 긴급회수문을 공표한 영업자는 다음 각 호의 사항이 포함된 공표 결과를 지체 없이 허가관청, 신고관청 또는 등록관청

에 통보하여야 한다. 〈개정 2015.8.18.〉

1. 공표일
2. 공표매체
3. 공표횟수
4. 공표문 사본 또는 내용

■ **별표 22** ■

위해식품 등의 긴급회수문 (제88조 제1항 관련)

1. 긴급회수문의 크기

가. 일반일간신문 게재용 : 5단 10cm 이상

나. 인터넷 홈페이지 게재용 : 긴급회수문의 내용이 잘 보이도록 크기 조정 가능

2. 긴급회수문의 내용

위해식품 등 긴급회수

「식품위생법」 제45조에 따라 아래의 식품 등을 긴급회수합니다.

가. 회수제품명 :

나. 제조일·유통기한 또는 품질유지기한 :

※ 제조번호 또는 롯트번호로 제품을 관리하는 업소는 그 관리번호를 함께 기재

다. 회수사유 :

라. 회수방법 :

마. 회수영업자 :

바. 영업자주소 :

사. 연락처 :

아. 그 밖의 사항 : 위해식품 등 긴급회수관련 협조 요청

- 해당 회수식품 등을 보관하고 있는 판매자는 판매를 중지하고 회수 영업자에게 반품하여 주시기 바랍니다.
- 해당 제품을 구입한 소비자께서는 그 구입한 업소에 되돌려 주시는 등 위해식품 회수에 적극 협조하여 주시기 바랍니다.

제74조 (시설 개수명령 등) ① 식품의약품안전처장, 시·도지사 또는 시장·군수·구청장은 영업시설이 제36조에 따른 시설기준에 맞지 아니한 경우에는 기간을 정하여 그 영업자에게 시설을 개수(改修)할 것을 명할 수 있다. 〈개정 2013.3.23.〉

② 건축물의 소유자와 영업자 등이 다른 경우 건축물의 소유자는 제1항에 따른 시설 개수명령을 받은 영업자 등이 시설을 개수하는 데에 최대한 협조하여야 한다.

제75조(허가취소 등) ① 식품의약품안전처장 또는 특별자치시장·특별자치도지사·시장·군수·구청장은 영업자가 다음 각 호의 어느 하나에 해당하는 경우에는 대통령령으로 정하는 바에 따라 영업허가 또는 등록을 취소하거나 6개월 이내의 기간을 정하여 그 영업의 전부 또는 일부를 정지하거나 영업소 폐쇄(제37조제4항에 따라 신고한 영업만 해당한다. 이하 이 조에서 같다)를 명할 수 있다. 다만, 식품접객영업자가 제13호(제44조제2항에 관한 부분만 해당한다)를 위반한 경우로서 청소년의 신분증 위조 · 변조 또는 도용으로 식품접객영업자가 청소년인 사실을 알지 못하였거나 폭행 또는 협박으로 청소년임을 확인하지 못한 사정이 인정되는 경우에는 대통령령으로 정하는 바에 따라 해당 행정처분을 면제할 수 있다. 〈개정 2019.4.30.〉

1. 제4조부터 제6조까지, 제7조제4항, 제8조, 제9조제4항, 제10조제2항, 제11조제2항, 제11조의2 또는 제12조의2제2항을 위반한 경우
2. 삭제 〈2018.3.13.〉
3. 제17조제4항을 위반한 경우
4. 제22조제1항에 따른 출입 · 검사 · 수거를 거부 · 방해 · 기피한 경우

4의2. 삭제 〈2015.2.3.〉

5. 제31조제1항 및 제3항을 위반한 경우
6. 제36조를 위반한 경우
7. 제37조제1항 후단, 제3항, 제4항 후단을 위반하거나 같은 조 제2항에 따른 조건을 위반한 경우

7의2. 제37조제5항에 따른 변경 등록을 하지 아니하거나 같은 항 단서를 위반한 경우

8. 제38조제1항제8호에 해당하는 경우
9. 제40조제3항을 위반한 경우
10. 제41조제5항을 위반한 경우
11. 삭제 〈2016.2.3.〉
12. 제43조에 따른 영업 제한을 위반한 경우
13. 제44조제1항·제2항 및 제4항을 위반한 경우
14. 제45조제1항 전단에 따른 회수 조치를 하지 아니한 경우

14의2. 제45조제1항 후단에 따른 회수계획을 보고하지 아니하거나 거짓으로 보고한 경우

15. 제48조제2항에 따른 식품안전관리인증기준을 지키지 아니한 경우

15의2. 제49조제1항 단서에 따른 식품이력추적관리를 등록하지 아니 한 경우

16. 제51조제1항을 위반한 경우
17. 제71조제1항, 제72조제1항·제3항, 제73조제1항 또는 제74조제1항(제88조에 따라 준용되는 제71조제1항, 제72조제1항·제3항 또는 제74조제1항을 포함한다)에 따른 명령을 위반한 경우
18. 제72조제1항·제2항에 따른 압류·폐기를 거부·방해·기피한 경우
19. 「성매매알선 등 행위의 처벌에 관한 법률」 제4조에 따른 금지행위를 한 경우

② 식품의약품안전처장 또는 특별자치시장·특별자치도지사·시장·군수·구청장은 영업자가 제1항에 따른 영업정지 명령을 위반하여 영업을 계속하면 영업허가 또는 등록을 취소하거나 영업소 폐쇄를 명할 수 있다. 〈개정 2016.2.3.〉

(계속)

③ 식품의약품안전처장 또는 특별자치시장·특별자치도지사·시장·군수·구청장은 다음 각 호의 어느 하나에 해당하는 경우에는 영업허가 또는 등록을 취소하거나 영업소 폐쇄를 명할 수 있다. 〈개정 2016.2.3.〉

1. 영업자가 정당한 사유 없이 6개월 이상 계속 휴업하는 경우
2. 영업자(제37조제1항에 따라 영업허가를 받은 자만 해당한다)가 사실상 폐업하여 「부가가치세법」 제8조에 따라 관할세무서장에게 폐업신고를 하거나 관할세무서장이 사업자등록을 말소한 경우

④ 식품의약품안전처장 또는 특별자치시장·특별자치도지사·시장·군수·구청장은 제3항제2호의 사유로 영업허가를 취소하기 위하여 필요한 경우 관할 세무서장에게 영업자의 폐업여부에 대한 정보 제공을 요청할 수 있다. 이 경우 요청을 받은 관할 세무서장은 「전자정부법」 제39조에 따라 영업자의 폐업여부에 대한 정보를 제공한다. 〈개정 2016.2.3.〉

⑤ 제1항 및 제2항에 따른 행정처분의 세부기준은 그 위반 행위의 유형과 위반 정도 등을 고려하여 총리령으로 정한다. 〈개정 2015.3.27.〉

영 제52조(허가취소 등) ① 다음 각 호의 처분은 처분 사유 및 처분 내용 등이 기재된 서면으로 하여야 한다. 〈개정 2011.12.19.〉

1. 법 제75조에 따른 영업허가 취소, 등록취소, 영업정지 또는 영업소 폐쇄 처분
2. 법 제76조에 따른 품목·품목류 제조정지 처분
3. 법 제80조에 따른 조리사 또는 영양사의 면허취소 또는 업무정지 처분

② 제1항에 따른 처분을 하기 위하여 법 제81조에 따른 청문을 하거나 「행정절차법」 제27조에 따른 의견제출을 받았을 때에는 특별한 사유가 없으면 그 절차를 마친 날부터 14일 이내에 처분을 하여야 한다.

③ 식품의약품안전처장 또는 특별자치시장·특별자치도지사·시장·군수·구청장은 법 제75조제1항 각 호 외의 부분 단서에 따라 식품접객영업자가 법 제44조제2항을 위반한 경우로서 청소년(「청소년 보호법」 제2조제1호에 따른 청소년을 말한다. 이하 같다)의 신분증 위조·변조 또는 도용으로 청소년인 사실을 알지 못했거나 폭행 또는 협박으로 청소년임을 확인하지 못한 사정이 인정되어 불기소 처분이나 선고유예 판결을 받은 경우에는 해당 행정처분을 면제한다. 〈신설 2019.5.21.〉

제76조(품목 제조정지 등) ① 식품의약품안전처장 또는 특별자치시장·특별자치도지사·시장·군수·구청장은 영업자가 다음 각 호의 어느 하나에 해당하면 대통령령으로 정하는 바에 따라 해당 품목 또는 품목류(제7조 또는 제9조에 따라 정하여진 식품등의 기준 및 규격 중 동일한 기준 및 규격을 적용받아 제조·가공되는 모든 품목을 말한다. 이하 같다)에 대하여 기간을 정하여 6개월 이내의 제조정지를 명할 수 있다. 〈개정 2016.2.3.〉

1. 제7조제4항을 위반한 경우
2. 제9조제4항을 위반한 경우

(계속)

3. 삭제 〈2018.3.13.〉
3의2. 제12조의2제2항을 위반한 경우
4. 삭제 〈2018.3.13.〉
5. 제31조제1항을 위반한 경우

② 제1항에 따른 행정처분의 세부기준은 그 위반 행위의 유형과 위반 정도 등을 고려하여 총리령으로 정한다. 〈개정 2013.3.23.〉

규칙 **제89조 (행정처분의 기준)** 법 제71조, 법 제72조, 법 제74조부터 법 제76조까지 및 법 제80조에 따른 행정처분의 기준은 별표 23과 같다.

■ **별표 23** ■ 〈개정 2019.6.12.〉

행정처분 기준 (제89조 관련)

Ⅰ. 일반기준

1. 둘 이상의 위반행위가 적발된 경우로서 위반행위가 다음 각 목의 어느 하나에 해당하는 경우에는 가장 중한 정지처분 기간에 나머지 각각의 정지처분 기간의 2분의 1을 더하여 처분한다.
   가. 영업정지에만 해당하는 경우
   나. 한 품목 또는 품목류(식품 등의 기준 및 규격 중 같은 기준 및 규격을 적용받아 제조·가공되는 모든 품목을 말한다. 이하 같다)에 대하여 품목 또는 품목류 제조정지에만 해당하는 경우
2. 둘 이상의 위반행위가 적발된 경우로서 그 위반행위가 영업정지와 품목 또는 품목류 제조정지에 해당하는 경우에는 각각의 영업정지와 품목 또는 품목류 제조정지 처분기간을 제1호에 따라 산정한 후 다음 각 목의 구분에 따라 처분한다.
   가. 영업정지 기간이 품목 또는 품목류 제조정지 기간보다 길거나 같으면 영업정지 처분만 할 것
   나. 영업정지 기간이 품목 또는 품목류 제조정지 기간보다 짧으면 그 영업정지 처분과 그 초과기간에 대한 품목 또는 품목류 제조정지 처분을 병과할 것
   다. 품목류 제조정지 기간이 품목 제조정지 기간보다 길거나 같으면 품목류 제조정지 처분만 할 것
   라. 품목류 제조정지 기간이 품목 제조정지 기간보다 짧으면 그 품목류 제조정지 처분과 그 초과기간에 대한 품목 제조정지 처분을 병과할 것
3. 같은 날 제조한 같은 품목에 대하여 같은 위반사항(법 제7조 제4항 위반행위의 경우에는 식품 등의 기준과 규격에 따른 같은 기준 및 규격의 항목을 위반한 것을 말한다)이 적발된 경우에는 같은 위반행위로 본다.
4. 위반행위에 대하여 행정처분을 하기 위한 절차가 진행되는 기간 중에 반복하여 같은 사항을 위반하는 경우에는 그 위반횟수마다 행정처분 기준의 2분의 1씩 더하여 처분한다.
5. 위반행위의 횟수에 따른 행정처분의 기준은 최근 1년간(법 제4조부터 제6조까지, 법 제8조, 법 제19조 및 「성매매알선 등 행위의 처벌에 관한 법률」 제4조 위반은 3년간으로 한다) 같은 위반행위(법 제7조 제4항 위반행위의 경우에는 식품 등의 기준과 규격에 따른 같은 기준 및 규격의 항목을 위반한 것을 말한다)를 한 경우에 적용한다. 다만, 식품 등에 이물이 혼입되어 위반한 경우에는 같은 품목에서 같은 종류의 재질의 이물이 발견된 경우에 적용한다.
6. 제5호에 따른 처분 기준의 적용은 같은 위반사항에 대한 행정처분일과 그 처분 후 재적발일(수거

검사의 경우에는 검사결과를 허가 또는 신고관청이 접수한 날)을 기준으로 한다.

7. 어떤 위반행위든 해당 위반 사항에 대하여 행정처분이 이루어진 경우에는 해당 처분 이전에 이루어진 같은 위반행위에 대하여도 행정처분이 이루어진 것으로 보아 다시 처분하여서는 아니 된다. 다만, 식품접객업자가 별표 17 제7호다목, 타목, 하목, 거목 및 버목을 위반하거나 법 제44조 제2항을 위반한 경우는 제외한다.
8. 제1호 및 제2호에 따른 행정처분이 있은 후 다시 행정처분을 하게 되는 경우 그 위반행위의 횟수에 따른 행정처분의 기준을 적용함에 있어서 종전의 행정처분의 사유가 된 각각의 위반행위에 대하여 각각 행정처분을 하였던 것으로 본다.
9. 4차 위반인 경우에는 다음 각 목의 기준에 따르고, 5차 위반의 경우로서 가목의 경우에는 영업정지 6개월로 하고, 나목의 경우에는 영업허가 취소 또는 영업소 폐쇄를 한다. 가목을 6차 위반한 경우에는 영업허가 취소 또는 영업소 폐쇄를 하여야 한다.
   가. 3차 위반의 처분 기준이 품목 또는 품목류 제조정지인 경우에는 품목 또는 품목류 제조정지 6개월의 처분을 한다.
   나. 3차 위반의 처분 기준이 영업정지인 경우에는 3차 위반 처분 기준의 2배로 하되, 영업정지 6개월 이상이 되는 경우에는 영업허가 취소 또는 영업소 폐쇄를 한다.
   다. 식품 등에 이물이 혼입된 경우로서 4차 이상의 위반에 해당하는 경우에는 3차 위반의 처분 기준을 적용한다.
10. 조리사 또는 영양사에 대하여 행정처분을 하는 경우에는 4차 위반인 경우에는 3차 위반의 처분 기준이 업무정지이면 3차 위반 처분 기준의 2배로 하되, 업무정지 6개월 이상이 되는 경우에는 면허취소 처분을 하여야 하고, 5차 위반인 경우에는 면허취소 처분을 하여야 한다.
11. 식품 등의 출입·검사·수거 등에 따른 위반행위에 대한 행정처분의 경우에는 그 위반행위가 해당 식품 등의 제조·가공·운반·진열·보관 또는 판매·조리과정 중의 어느 과정에서 기인하는지 여부를 판단하여 그 원인제공자에 대하여 처분하여야 한다. 다만, 유통전문판매영업자가 판매하는 식품 등이 법 제4조부터 제7조까지, 제8조부터 제9조까지 및 제12조의2를 위반한 경우로서 그 위반행위의 원인제공자가 해당 식품 등을 제조·가공한 영업자인 경우에는 해당 식품 등을 제조·가공한 영업자와 해당 유통전문판매영업자에 대하여 함께 처분하여야 한다.
12. 제11호 단서에 따라 유통전문판매업자에 대하여 품목 또는 품목류 제조정지 처분을 하는 경우에는 이를 각각 그 위반행위의 원인제공자인 제조·가공업소에서 제조·가공한 해당 품목 또는 품목류의 판매정지에 해당하는 것으로 본다.
13. 즉석판매제조·가공업, 식품소분업, 식품 등 수입판매업 및 용기·포장류제조업에 대한 행정처분의 경우 그 처분의 양형이 품목 제조정지에 해당하는 경우에는 품목 제조정지 기간의 3분의 1에 해당하는 기간으로 영업정지 처분을 하고, 그 처분의 양형이 품목류 제조정지에 해당하는 경우에는 품목류 제조정지 기간의 2분의 1에 해당하는 기간으로 영업정지 처분을 하여야 한다.
14. 법 제86조에 따른 식중독 조사 결과 식품제조·가공업소, 식품판매업소 또는 식품접객업소에서 제조·가공, 조리·판매 또는 제공된 식품이 해당 식중독의 발생원인으로 확정된 경우의 처분기준은 다음 각 목의 구분에 따른다.
   가. 식품제조·가공업소 : II. 개별기준 1. 식품제조·가공업 등 제1호다목
   나. 식품판매업소 : II. 개별기준 2. 식품판매업 등 제1호다목
   다. 식품접객업소 : II. 개별기준 3. 식품접객업 제1호다목2)
15. 다음 각 목의 어느 하나에 해당하는 경우에는 행정처분의 기준이, 영업정지 또는 품목·품목류 제조정지인 경우에는 정지처분 기간의 2분의 1 이하의 범위(차목에 해당하는 경우는 10분의 9 이하의 범위로 한다)에서, 영업허가 취소 또는 영업장 폐쇄인 경우에는 영업정지 3개월 이상의

범위에서 각각 그 처분을 경감할 수 있다.

가. 식품 등의 기준 및 규격 위반사항 중 산가, 과산화물가 또는 성분 배합비율을 위반한 사항으로서 국민보건상 인체의 건강을 해할 우려가 없다고 인정되는 경우

나. 〈삭제 2019.4.25.〉

다. 식품 등을 제조·가공만 하고 시중에 유통시키지 아니한 경우

라. 식품을 제조·가공 또는 판매하는 자가 식품이력추적관리 등록을 한 경우

마. 위반사항 중 그 위반의 정도가 경미하거나 고의성이 없는 사소한 부주의로 인한 것인 경우

바. 해당 위반사항에 관하여 검사로부터 기소유예의 처분을 받거나 법원으로부터 선고유예의 판결을 받은 경우로서 그 위반사항이 고의성이 없거나 국민보건상 인체의 건강을 해할 우려가 없다고 인정되는 경우 다만, 차목에 해당하는 경우는 제외한다.

사. 식중독을 발생하게 한 영업자가 식중독의 재발 및 확산을 방지하기 위한 대책으로 시설을 개수하거나 살균·소독 등을 실시하기 위하여 자발적으로 영업을 중단한 경우

아. 식품 등의 기준 및 규격이 정하여지지 않은 유독·유해물질 등이 해당 식품에 혼입여부를 전혀 예상할 수 없었고 고의성이 없는 최초의 사례로 인정되는 경우

자. 별표 17 제6호 머목에 따라 공통찬통, 소형찬기 또는 복합찬기를 사용하거나, 손님이 남은 음식물을 싸서 가지고 갈 수 있도록 포장용기를 비치하고 이를 손님에게 알리는 등 음식문화 개선을 위해 노력하는 식품접객업자인 경우. 다만, 1차 위반에 한정하여 경감할 수 있다.

차. 〈삭제 2019.6.12.〉

카. 그 밖에 식품 등의 수급정책상 필요하다고 인정되는 경우

16. 소비자로부터 접수한 이물혼입 불만사례 등을 식품의약품안전처장, 관할 시·도지사 및 관할 시장·군수·구청장에게 지체 없이 보고한 영업자가 다음 각 목에 모두 해당하는 경우에는 차수에 관계없이 시정명령으로 처분한다. 소비자가 식품의약품안전처장 등 행정기관의 장에게만 접수한 경우도 위와 같다.

가. 영업자가 검출된 이물의 발생방지를 위하여 시설 및 작업공정 개선, 직원교육 등 시정조치를 성실히 수행하였다고 관할 행정기관이 평가한 경우

나. 이물을 검출할 수 있는 장비의 기술적 한계 등의 사유로 이물혼입이 불가피하였다고 식품의약품안전처장 등 관할 행정기관의 장이 인정하는 경우로 이물혼입의 불가피성은 식품위생심의위원회가 정한 기준에 따라 판단할 수 있다.

17. 뷔페 영업을 하는 일반음식점영업자가 별표 17 제7호저목에 따라 빵류를 제공하고 그 사실을 증명하면 Ⅱ. 개별기준의 3. 식품접객업의 제7호가목1)에도 불구하고 표시사항 전부를 표시하지 아니한 경우라도 그 행정처분을 하지 아니할 수 있다.

18. 영업정지 1개월은 30일을 기준으로 한다.

19. 행정처분의 기간이 소수점 이하로 산출되는 경우에는 소수점 이하를 버린다.

Ⅱ. 개별기준

1. 식품제조·가공업 등

영 제21조 제1호의 식품제조·가공업, 같은 조 제2호의 즉석판매제조·가공업, 같은 조 제3호의 식품첨가물제조업, 같은 조 제5호 가목의 식품소분업, 같은 호 나목 3)의 유통전문판매업, 같은 목 5)의 식품 등 수입판매업, 같은 조 제6호 가목의 식품조사처리업 및 같은 조 제7호의 용기·포장류제조업을 말한다.

위반사항	근거 법령	행정처분기준		
		1차 위반	2차 위반	3차 위반
1. 법 제4조를 위반한 경우				
가. 썩거나 상하여 인체의 건강을 해칠 우려가 있는 것		영업정지 1개월과 해당 제품 폐기	영업정지 3개월과 해당 제품 폐기	영업허가·등록 취소 또는 영업소 폐쇄와 해당 제품 폐기
나. 설익어서 인체의 건강을 해칠 우려가 있는 것	법 제72조 및 법 제75조	영업정지 15일과 해당 제품 폐기	영업정지 1개월과 해당 제품 폐기	영업정지 3개월과 해당 제품 폐기
다. 유독·유해물질이 들어 있거나 묻어 있는 것이나 그러할 염려가 있는 것 또는 병을 일으키는 미생물에 오염되었거나 그러할 염려가 있어 인체의 건강을 해칠 우려가 있는 것		영업허가·등록 취소 또는 영업소 폐쇄와 해당 제품 폐기		
라. 불결하거나 다른 물질이 섞이거나 첨가된 것 또는 그 밖의 사유로 인체의 건강을 해칠 우려가 있는 것		영업정지 1개월과 해당 제품 폐기	영업정지 2개월과 해당 제품 폐기	영업허가·등록 취소 또는 영업소 폐쇄와 해당 제품 폐기
마. 법 제18조에 따른 안전성 평가 대상인 농·축·수산물 등 가운데 안전성 평가를 받지 아니하였거나 안전성 평가에서 식용으로 부적합하다고 인정된 것	법 제72조 및 법 제75조	영업정지 2개월과 해당 제품 폐기	영업정지 3개월과 해당 제품 폐기	영업허가·등록 취소 또는 영업소 폐쇄와 해당 제품 폐기
바. 수입이 금지된 것 또는 「수입식품안전관리 특별법」 제20조제1항에 따른 수입신고를 하지 아니하고 수입한 것(식용 외의 용도로 수입된 것을 식용으로 사용한 것을 포함한다)		영업정지 2개월과 해당 제품 폐기	영업정지 3개월과 해당 제품 폐기	영업허가·등록 취소 또는 영업소 폐쇄와 해당 제품 폐기
사. 영업자가 아닌 자가 제조·가공·소분(소분 대상이 아닌 식품 또는 식품첨가물을 소분·판매하는 것을 포함한다)한 것		영업정지 2개월과 해당 제품 폐기	영업정지 3개월과 해당 제품 폐기	영업허가·등록 취소 또는 영업소 폐쇄와 해당 제품 폐기
2. 법 제5조를 위반한 경우	법 제72조 및 법 제75조	영업허가·등록 취소 또는 영업소 폐쇄와 해당 제품 폐기		
3. 법 제6조를 위반한 경우	법 제72조 및 법 제75조	영업허가·등록 취소 또는 영업소 폐쇄와 해당 제품 폐기		
4. 법 제7조 제4항을 위반한 경우	법 제71조, 법 제72조, 법 제75조 및 법 제76조			
가. 한시적 기준 및 규격을 인정받지 않은 식품 등으로서 식품(원료만 해당한다)을 제조·가공 등 영업에 사용한 것 또는 식품첨가물을 제조·판매 등 영업에 사용한 것		영업정지 15일과 해당 제품 폐기	영업정지 1개월과 해당 제품 폐기	영업정지 3개월과 해당 제품 폐기

(계속)

위반사항	근거 법령	행정처분기준		
		1차 위반	2차 위반	3차 위반
나. 비소, 카드뮴, 납, 수은, 중금속, 메탄올, 다이옥신 또는 시안화물의 기준을 위반한 것	법 제71조, 법 제72조, 법 제75조 및 법 제76조	품목류 제조정지 1개월과 해당 제품 폐기	영업정지 1개월과 해당 제품 폐기	영업정지 2개월과 해당 제품 폐기
다. 바륨, 포름알데히드, 올소톨루엔, 설폰아미드, 방향족탄화수소, 폴리옥시에틸렌, 엠씨피디 또는 세레늄의 기준을 위반한 것		품목류 제조정지 15일과 해당 제품 폐기	품목류 제조정지 1개월과 해당 제품 폐기	영업정지 1개월과 해당 제품 폐기
라. 방사능잠정허용기준을 위반한 것		품목류 제조정지 1개월과 해당 제품 및 원료 폐기	영업정지 1개월과 해당 제품 및 원료 폐기	영업정지 3개월과 해당 제품 및 원료 폐기
마. 농산물 또는 식육의 농약잔류허용기준을 위반한 것		품목류 제조정지 1개월과 해당 제품 및 원료 폐기	영업정지 1개월과 해당 제품 및 원료 폐기	영업정지 3개월과 해당 제품 및 원료 폐기
바. 곰팡이독소 또는 패류독소 기준을 위반한 것		품목류 제조정지 1개월과 해당 제품 및 원료 폐기	영업정지 1개월과 해당 제품 및 원료 폐기	영업정지 3개월과 해당 제품 및 원료 폐기
사. 동물용의약품의 잔류허용기준을 위반한 것		품목류 제조정지 1개월과 해당 제품 및 원료 폐기	영업정지 1개월과 해당 제품 및 원료 폐기	영업정지 3개월과 해당 제품 및 원료 폐기
아. 식중독균 또는 엔테로박터 사카자키균 검출기준을 위반한 것		품목류 제조정지 1개월과 해당 제품 폐기	영업정지 1개월과 해당 제품 폐기	영업정지 3개월과 해당 제품 폐기
자. 대장균, 대장균군, 일반세균 또는 세균발육 기준을 위반한 것		품목 제조정지 15일과 해당 제품 폐기	품목 제조정지 1개월과 해당 제품 폐기	품목 제조정지 3개월과 해당 제품 폐기
차. 주석, 포스파타제, 암모니아성질소, 아질산이온 또는 형광증백제 시험에서 부적합하다고 판정된 경우		품목 제조정지 1개월과 해당 제품 폐기	품목 제조정지 2개월과 해당 제품 폐기	품목류 제조정지 2개월과 해당 제품 폐기
카. 식품첨가물의 사용 및 허용기준을 위반한 것으로서				
1) 허용한 식품첨가물 외의 식품첨가물		영업정지 1개월과 해당 제품 폐기	영업정지 2개월과 해당 제품 폐기	영업허가·등록 취소 또는 영업소 폐쇄
2) 사용 또는 허용량 기준을 초과한 것으로서				
가) 30% 이상을 초과한 것		품목류 제조정지 1개월과 해당 제품 폐기	영업정지 1개월과 해당 제품 폐기	영업정지 2개월과 해당 제품 폐기
나) 10% 이상 30% 미만을 초과한 것		품목 제조정지 1개월과 해당 제품 폐기	품목 제조정지 2개월과 해당 제품 폐기	품목류 제조정지 2개월과 해당 제품 폐기

(계속)

위반사항	근거 법령	행정처분기준		
		1차 위반	2차 위반	3차 위반
다) 10% 미만을 초과한 것		시정명령	품목 제조정지 1개월	품목 제조정지 2개월
타. 식품첨가물 중 질소의 사용기준을 위반한 경우		영업허가·등록취소 또는 영업소폐쇄와 해당제품폐기		
파. 나목부터 타목까지의 규정 외에 그 밖의 성분에 관한 규격 또는 성분배합비율을 위반한 것으로서				
1) 30% 이상 부족하거나 초과한 것		품목 제조정지 2개월과 해당 제품 폐기	품목류 제조정지 2개월과 해당 제품 폐기	품목류 제조정지 3개월과 해당 제품 폐기
2) 20% 이상 30% 미만 부족하거나 초과한 것		품목 제조정지 1개월과 해당 제품 폐기	품목 제조정지 2개월과 해당 제품 폐기	품목류 제조정지 2개월과 해당 제품 폐기
3) 10% 이상 20% 미만 부족하거나 초과한 것		품목 제조정지 15일	품목 제조정지 1개월	품목 제조정지 2개월
4) 10% 미만 부족하거나 초과한 것		시정명령	품목 제조정지 7일	품목 제조정지 15일
하. 이물이 혼입된 것				
1) 기생충 및 그 알, 금속(금속성 이물로서 쇳가루는 제외한다) 또는 유리의 혼입	법 제71조, 법 제72조, 법 제75조 및 법 제76조	품목 제조정지 7일과 해당 제품 폐기	품목 제조정지 15일과 해당 제품 폐기	품목 제조정지 1개월과 해당 제품 폐기
2) 칼날 또는 동물(설치류, 양서류, 파충류 및 바퀴벌레만 해당한다) 사체의 혼입		품목 제조정지 15일과 해당 제품 폐기	품목 제조정지 1개월과 해당 제품 폐기	품목 제조정지 2개월과 해당 제품 폐기
3) 1) 및 2) 외의 이물(식품의약품안전처장이 정하는 기준 이상의 쇳가루를 포함한다)의 혼입		시정명령	품목 제조정지 5일	품목 제조정지 10일
거. 식품조사처리기준을 위반한 경우로서				
1) 허용한 것 외의 선원 및 선종을 사용한 경우		영업정지 2개월과 해당 제품 폐기	영업허가 취소와 해당 제품 폐기	
2) 허용대상 식품별 흡수선량을 초과하여 조사처리한 경우와 조사한 식품을 다시 조사처리한 경우		영업정지 1개월과 해당 제품 폐기	영업정지 2개월과 해당 제품 폐기	영업허가 취소와 해당 제품 폐기
3) 허용대상 외의 식품을 조사처리한 경우		영업정지 15일과 해당 제품 폐기	영업정지 1개월과 해당 제품 폐기	영업정지 2개월과 해당 제품 폐기
너. 식품조사처리기준을 위반한 것		해당 식품을 원료로 하여 제조·가공한 품목류 제조정지 1개월과 해당 제품 폐기	해당 식품을 원료로 하여 제조·가공한 품목류 제조정지 3개월과 해당 제품 폐기	해당 식품을 원료로 하여 제조·가공한 영업소의 영업등록취소 및 해당 제품 폐기
더. 식품 등의 기준 및 규격 중 원료의 구비요건이나 제조·가공기준을 위반한 경우로서(제1호부터 제3호까지에 해당하는 경우는 제외한다)				

(계속)

위반사항	근거 법령	행정처분기준		
		1차 위반	2차 위반	3차 위반
1) 식품제조·가공 등의 원료로 사용하여서는 아니 되는 동식물을 원료로 사용한 것	법 제71조, 법 제72조, 법 제75조 및 법 제76조	품목 제조정지 1개월과 해당 제품 폐기	품목 제조정지 2개월과 해당 제품 폐기	품목 제조정지 3개월과 해당 제품 폐기
2) 식용으로 부적합한 비가식 부분을 원료로 사용한 것		품목 제조정지 1개월과 해당 제품 폐기	품목 제조정지 2개월과 해당 제품 폐기	품목 제조정지 3개월과 해당 제품 폐기
3) 법 제22조에 따른 출입·검사·수거 등의 결과 또는 법 제31조제1항·제2항에 따른 검사나 그 밖에 영업자가 하는 자체적인 검사의 결과 부적합한 식품으로 통보되거나 확인된 후에도 그 식품을 원료로 사용한 것		품목 제조정지 1개월과 해당 제품 폐기	품목 제조정지 2개월과 해당 제품 폐기	품목 제조정지3개월과 해당 제품 폐기
4) 사료용 또는 공업용 등으로 사용되는 등 식용을 목적으로 채취, 취급, 가공, 제조 또는 관리되지 않은 것을 식품 제조·가공 시 원료로 사용한 것		영업허가·등록 취소 또는 영업소 폐쇄와 해당 제품 폐기		
5) 그 밖의 사항을 위반한 것		시정명령	품목 제조정지 7일	품목 제조정지 15일
러. 보존 및 유통기준을 위반한 것				
1) 온도 기준을 위반한 경우		영업정지 7일	영업정지 15일	영업정지 1개월
2) 그 밖의 기준을 위반한 경우		시정명령	영업정지 7일	영업정지 15일
머. 산가, 과산화물가 기준을 위반한 것		품목 제조정지 5일과 해당 제품 폐기	품목 제조정지 10일과 해당 제품 폐기	품목 제조정지 15일과 해당 제품 폐기
버. 그 밖에 가목부터 버목까지 외의 사항을 위반한 것		시정명령	품목 제조정지 5일	품목 제조정지 10일
5. 법 제8조를 위반한 경우	법 제72조 및 법 제75조			
가. 유독기구 등을 제조·수입 또는 판매한 경우		영업허가·등록 취소 또는 영업소 폐쇄와 해당 제품 폐기		
나. 유독기구 등을 사용·저장·운반 또는 진열한 경우		영업정지 7일	영업정지 15일	영업정지 1개월
6. 법 제9조 제4항을 위반한 경우	법 제71조, 법 제72조, 법 제75조 및 법 제76조			
가. 식품 등의 기준 및 규격을 위반한 것을 제조·수입·운반·진열·저장 또는 판매한 경우		품목 제조정지 15일	품목 제조정지 1개월	품목 제조정지 2개월
나. 식품 등의 기준 및 규격에 위반된 것을 사용한 경우		시정명령	품목 제조정지 5일	품목 제조정지 10일
다. 한시적 기준 및 규격을 정하지 아니한 기구 또는 용기·포장을 사용한 경우		영업정지 15일과 해당 제품 폐기	영업정지 1개월과 해당 제품 폐기	영업정지 3개월과 해당 제품 폐기
7. 법 제12조의2를 위반한 경우	법 제71조, 법 제72조, 법 제75조 및 법 제76조			
가. 삭제 〈2019.4.25.〉				
나. 삭제 〈2019.4.25.〉				
다. 삭제 〈2019.4.25.〉				
라. 삭제 〈2019.4.25.〉				

(계속)

위반사항	근거 법령	행정처분기준		
		1차 위반	2차 위반	3차 위반
마. 삭제 〈2019.4.25.〉	법 제71조, 법 제72조, 법 제75조 및 법 제76조			
바. 삭제 〈2019.4.25.〉				
사. 삭제 〈2019.4.25.〉				
아. 삭제 〈2019.4.25.〉				
자. 삭제 〈2019.4.25.〉				
차. 삭제 〈2019.4.25.〉				
카. 삭제 〈2019.4.25.〉				
타. 삭제 〈2019.4.25.〉				
파. 삭제 〈2019.4.25.〉				
하. 삭제 〈2019.4.25.〉				
거. 유전자재조합식품의 표시위반				
1) 유전자재조합식품에 유전자재조합식품임을 표시하지 아니한 경우		품목 제조정지 15일	품목 제조정지 1개월	품목 제조정지 2개월
2) 삭제 〈2019.4.25.〉				
너. 삭제 〈2019.4.25.〉				
더. 삭제 〈2019.4.25.〉				
8. 삭제 〈2016.2.4.〉				
9. 법 제31조 제1항을 위반한 경우 가. 자가품질검사를 실시하지 아니한 경우로서	법 제71조, 법 제75조 및 법 제76조			
1) 검사항목의 전부에 대하여 실시하지 아니한 경우		품목 제조정지 1개월	품목 제조정지 3개월	품목류 제조정지 3개월
2) 검사항목의 50% 이상에 대하여 실시하지 아니한 경우		품목 제조정지 15일	품목 제조정지 1개월	품목 제조정지 3개월
3) 검사항목의 50% 미만에 대하여 실시하지 아니한 경우		시정명령	품목 제조정지 15일	품목 제조정지 3개월
나. 자가품질검사에 관한 기록서를 2년간 보관하지 아니한 경우		영업정지 5일	영업정지 15일	영업정지 1개월
다. 자가품질검사결과 부적합한 사실을 확인하였거나, 「식품·의약품분야 시험·검사 등에 관한 법률」 제6조 제3항 제2호에 따른 자가품질위탁 시험·검사기관으로부터 부적합한 사실을 통보받았음에도 불구하고 해당 식품을 유통·판매한 경우		영업허가·등록 취소 또는 영업소 폐쇄와 해당 제품 폐기	품목 제조정지 3개월	품목류 제조정지 3개월
라. 자가품질검사 결과 부적합한 사실을 확인하였음에도 그 사실을 보고하지 않은 경우		영업정지 1개월	영업정지 2개월	영업정지 3개월
10. 법 제36조 및 법 제37조를 위반한 경우	법 제71조, 법 제74조, 법 제75조 및 법 제76조			
가. 허가, 신고 또는 등록 없이 영업소를 이전한 경우		영업허가·등록 취소 또는 영업소 폐쇄		

(계속)

위반사항	근거 법령	행정처분기준		
		1차 위반	2차 위반	3차 위반
나. 변경허가를 받지 아니하거나 변경신고 또는 변경등록을 하지 아니한 경우로서	법 제71조, 법 제74조, 법 제75조 및 법 제76조			
1) 영업시설의 전부를 철거한 경우(시설 없이 영업신고를 한 경우를 포함한다)		영업허가·등록 취소 또는 영업소 폐쇄		
2) 영업시설의 일부를 철거한 경우		시설개수 명령	영업정지 1개월	영업정지 2개월
다. 영업장의 면적을 변경하고 변경신고를 하지 아니한 경우		시정명령	영업정지 7일	영업정지 15일
라. 변경신고 또는 변경등록을 하지 아니하고 추가로 시설을 설치하여 새로운 제품을 생산한 경우		시정명령	영업정지 1개월	영업정지 2개월
마. 법 제37조 제2항에 따른 조건을 위반한 경우		영업정지 1개월	영업정지 3개월	영업허가·등록취소
바. 급수시설기준을 위반한 경우(수질검사결과 부적합판정을 받은 경우를 포함한다)		시설개수명령	영업정지 1개월	영업정지 3개월
사. 허가를 받거나 신고 또는 등록을 한 업종의 영업행위가 아닌 다른 업종의 영업행위를 한 경우		영업정지 1개월	영업정지 2개월	영업정지 3개월
아. 의약품제조시설을 식품제조·가공시설로 지정받지 아니하고 의약품제조시설을 이용하여 식품 등을 제조·가공한 경우		영업정지 1개월	영업정지 2개월	영업정지 3개월
자. 그 밖에 가목부터 아목까지를 제외한 허가, 신고 또는 등록사항 중				
1) 시설기준에 위반된 경우		시설개수명령	영업정지 1개월	영업정지 2개월
2) 그 밖의 사항을 위반한 경우		시정명령	영업정지 5일	영업정지 15일
11. 법 제44조제1항을 위반한 경우 가. 식품 및 식품첨가물의 제조·가공영업자의 준수사항 중	법 제71조 및 법 제75조			
1) 별표 17 제1호를 위반한 경우				
가) 생산 및 작업기록에 관한 서류를 작성하지 아니하거나 거짓으로 작성한 경우 또는 이를 보관하지 아니한 경우		영업정지 15일	영업정지 1개월	영업정지 3개월
나) 원료수불 관계 서류를 작성하지 아니하거나 거짓으로 작성한 경우 또는 이를 보관하지 아니한 경우		영업정지 5일	영업정지 10일	영업정지 20일
2) 별표 17 제1호 다목 또는 카목을 위반한 경우		영업정지 15일	영업정지 1개월	영업정지 3개월
3) 별표 17 제1호 아목또는 타목을 위반한 경우		영업정지 7일	영업정지 15일	영업정지 1개월

(계속)

위반사항	근거 법령	행정처분기준		
		1차 위반	2차 위반	3차 위반
4) 별표 17 제1호 자목을 위반한 경우	법 제71조 및 법 제75조			
가) 수질검사를 검사기간 내에 하지 아니한 경우		영업정지 15일	영업정지 1개월	영업정지 3개월
나) 부적합판정한 물을 계속 사용한 경우		영업허가·등록 취소 또는 영업소 폐쇄		
5) 위 1)부터 4)까지를 제외한 준수사항을 위반한 경우		시정명령	영업정지 7일	영업정지 15일
나. 즉석판매제조·가공업자의 준수사항 중				
1) 별표 17 제1호 가목 또는 아목을 위반한 경우		영업정지 15일	영업정지 1개월	영업정지 3개월
2) 별표 17 제1호 마목을 위반한 경우		영업정지 1개월	영업정지 2개월	영업정지 3개월
3) 별표 17 제1호 사목을 위반한 경우				
가) 수질검사를 검사기간 내에 하지 아니한 경우		영업정지 15일	영업정지 1개월	영업정지 3개월
나) 부적합 판정한 물을 계속 사용한 경우		영업허가·등록 취소 또는 영업소 폐쇄		
4) 별표 17 제1호 나목·라목 또는 바목을 위반한 경우		시정명령	영업정지 7일	영업정지 15일
5) 위 1)부터 4)까지 외의 준수 사항을 위반한 경우		영업정지 7일	영업정지 15일	영업정지 1개월
6) 위 1)부터 5)까지 외의 준수 사항을 위반한 경우		시정명령	영업정지 5일	영업정지 10일
다. 식품소분업, 식품 등 수입판매업 및 유통전문판매업자의 준수사항 위반은 2. 식품판매업 등의 제9호 가목에 따른다.				
라. 식품조사처리업자의 준수사항 위반		영업정지 15일	영업정지 1개월	영업정지 3개월
12. 법 제45조 제1항을 위반한 경우	법 제75조			
가. 회수조치를 하지 않은 경우		영업정지 2개월	영업정지 3개월	영업허가 취소, 영업등록취소 또는 영업소 폐쇄
나. 회수계획을 보고하지 않거나 허위로 보고한 경우		영업정지 1개월	영업정지 2개월	영업정지 3개월
13. 법 제48조 제2항에 따른 위해요소중점관리기준을 지키지 아니한 경우	법 제75조	영업정지 7일	영업정지 15일	영업정지 1개월
13의 2. 법 제49조 제1항 단서에 따른 식품이력추적관리를 등록하지 아니한 경우	법 제71조 및 법 제75조	시정명령	영업정지 7일	영업정지 15일
14. 법 제72조 제3항에 따른 회수명령을 위반한 경우	법 제75조			
가. 회수명령을 받고 회수하지 아니한 경우		영업정지 1개월	영업정지 2개월	영업정지 3개월

(계속)

나. 회수하지 아니하였으나 회수한 것으로 속인 경우	법 제75조	영업허가·등록 취소 또는 영업소 폐쇄와 해당제품 폐기		
15. 법 제73조 제1항에 따른 위해발생사실의 공표명령을 위반한 경우	법 제75조	영업정지 1개월	영업정지 2개월	영업정지 3개월
16. 영업정지 처분 기간 중에 영업을 한 경우	법 제75조	영업허가·등록 취소 또는 영업소 폐쇄		
17. 품목 및 품목류 제조정지 기간 중에 품목제조를 한 경우	법 제75조	영업정지 2개월	영업허가·등록 취소 또는 영업소 폐쇄	
18. 그 밖에 제1호부터 제17호까지를 제외한 법을 위반한 경우(법 제101조에 따른 과태료 부과 대상에 해당하는 위반 사항은 제외한다)	법 제71조 및 법 제75조	시정명령	영업정지 7일	영업정지 15일

2. 식품판매업 등

영 제21조 제4호의 식품운반업, 같은 조 제5호 나목의 식품판매업(유통전문판매업 및 식품 등 수입판매업은 제외한다) 및 같은 조 제6호 나목의 식품냉동·냉장업을 말한다.

위반사항	근거 법령	행정처분기준		
		1차 위반	2차 위반	3차 위반
1. 법 제4조를 위반한 경우	법 제72조 및 법 제75조			
가. 썩거나 상하여 인체의 건강을 해칠 우려가 있는 것		영업정지 15일과 해당 제품 폐기	영업정지 1개월과 해당 제품 폐기	영업정지 3개월과 해당 제품 폐기
나. 설익어서 인체의 건강을 해칠 우려가 있는 것		영업정지 7일과 해당 제품 폐기	영업정지 15일과 해당 제품 폐기	영업정지 1개월과 해당 제품 폐기
다. 유독·유해물질이 들어 있거나 묻어 있는 것이나 그러할 염려가 있는 것 또는 병을 일으키는 미생물에 오염되었거나 그러할 염려가 있어 인체의 건강을 해칠 우려가 있는 것		영업허가 취소 또는 영업소 폐쇄와 해당 제품 폐기		
라. 불결하거나 다른 물질이 섞이거나 첨가된 것 또는 그 밖의 사유로 인체의 건강을 해칠 우려가 있는 것		영업정지 15일과 해당 제품 폐기	영업정지 1개월과 해당 제품 폐기	영업정지 3개월과 해당 제품 폐기
마. 법 제18조에 따른 안전성 평가 대상인 농·축·수산물 등 가운데 안전성 평가를 받지 아니하였거나 안전성 평가에서 식용으로 부적합하다고 인정된 것		영업정지 1개월과 해당 제품 폐기	영업정지 3개월과 해당 제품 폐기	영업허가 취소 또는 영업소 폐쇄와 해당 제품 폐기
바. 수입이 금지된 것 또는 법 제19조 제1항에 따른 수입신고를 하지 아니하고 수입한 것(식용 외의 용도로 수입된 것을 식용으로 사용한 것을 포함한다)		영업정지 1개월과 해당 제품 폐기	영업정지 3개월과 해당 제품 폐기	영업허가 취소 또는 영업소 폐쇄와 해당 제품 폐기

(계속)

위반사항	근거 법령	행정처분기준		
		1차 위반	2차 위반	3차 위반
사. 영업자가 아닌 자가 제조·가공·소분(소분대상이 아닌 식품 및 식품첨가물을 소분·판매하는 것을 포함한다)한 것	법 제72조 및 법 제75조	영업정지 1개월과 해당 제품 폐기	영업정지 3개월과 해당 제품 폐기	영업허가 취소 또는 영업소 폐쇄와 해당 제품 폐기
2. 법 제5조를 위반한 경우	법 제72조 및 법 제75조	영업허가 취소 또는 영업소 폐쇄와 해당 제품 폐기		
3. 법 제6조를 위반한 경우	법 제72조 및 법 제75조	영업허가 취소 또는 영업소 폐쇄와 해당 제품 폐기		
4. 법 제7조 제4항을 위반한 경우	법 제71조, 법 제72조 및 법 제75조			
가. 식중독균 검출기준을 위반한 것		영업정지 1개월과 해당 제품 폐기	영업정지 2개월과 해당 제품 폐기	영업정지 3개월과 해당 제품 폐기
나. 산가, 과산화물가, 대장균, 대장균군 또는 일반세균 기준을 위반한 것		영업정지 7일과 해당 제품 폐기	영업정지 15일과 해당 제품 폐기	영업정지 1개월과 해당 제품 폐기
다. 이물이 혼입된 것		시정명령	영업정지 7일	영업정지 15일
라. 보존 및 유통기준을 위반한 것				
1) 온도 기준을 위반한 경우		영업정지 7일	영업정지 15일	영업정지 1개월
2) 그 밖의 기준을 위반한 경우		시정명령	영업정지 7일	영업정지 15일
마. 그 밖에 가목부터 라목까지 외의 사항을 위반한 것		시정명령	영업정지 5일	영업정지 10일
5. 법 제8조를 위반한 경우	법 제72조 및 법 제75조	영업정지 15일과 해당 제품 폐기	영업정지 1개월과 해당 제품 폐기	영업정지 2개월과 해당 제품 폐기
6. 법 제9조 제4항을 위반한 경우	법 제72조 및 법 제75조	영업정지 7일과 해당 제품 폐기	영업정지 15일과 해당 제품 폐기	영업정지 1개월과 해당 제품 폐기
7. 삭제 〈2019.4.25.〉				
8. 법 제36조 및 법 제37조를 위반한 경우	법 제71조, 법 제72조 및 법 제75조			
가. 신고를 하지 아니하고 영업소를 이전한 경우		영업허가 취소 또는 영업소 폐쇄		
나. 변경신고를 하지 아니한 경우로서				
1) 영업시설의 전부를 철거한 경우(시설 없이 영업신고를 한 경우를 포함한다)		영업허가 취소 또는 영업소 폐쇄		

(계속)

위반사항	근거 법령	행정처분기준		
		1차 위반	2차 위반	3차 위반
2) 영업시설의 일부를 철거한 경우	법 제71조, 법 제72조 및 법 제75조	시설개수명령	영업정지 15일	영업정지 1개월
다. 시설기준에 따른 냉장·냉동시설이 없거나 냉장·냉동시설을 가동하지 아니한 경우				
1) 식품운반업		해당 차량 영업정지 1개월	해당 차량 영업정지 3개월	전체 차량 영업정지 2개월
2) 식품판매업 또는 식품냉동·냉장업		영업정지 1개월	영업정지 3개월	영업허가 취소 또는 영업소 폐쇄
라. 영업장의 면적을 변경하고 변경신고를 하지 아니한 경우		시정명령	영업정지 7일	영업정지 15일
마. 급수시설기준을 위반한 경우(수질검사결과 부적합 판정을 받은 경우를 포함한다)		시설개수명령	영업정지 1개월	영업정지 2개월
바. 신고한 업종의 영업행위가 아닌 다른 업종의 영업행위를 한 경우		영업정지 1개월	영업정지 2개월	영업정지 3개월
사. 그 밖에 가목부터 바목까지를 제외한 신고사항 중				
1) 시설기준을 위반한 경우		시설개수명령	영업정지 1개월	영업정지 2개월
2) 그 밖의 사항을 위반한 경우		시정명령	영업정지 5일	영업정지 15일
9. 법 제44조 제1항을 위반한 경우 가. 식품소분·판매·운반업자의 준수사항 중 1) 별표 17 제2호 다목을 위반한 경우	법 제71조 및 법 제75조			
가) 수질검사를 검사기간 내에 하지 아니한 경우		영업정지 15일	영업정지 1개월	영업정지 3개월
나) 부적합 판정한 물을 계속 사용한 경우		영업허가·등록 취소 또는 영업소 폐쇄		
2) 별표 17 제3호 아목 또는 차목을 위반한 경우		영업정지 15일	영업정지 1개월	영업정지 2개월
3) 별표 17 제2호 바목·사목·자목·타목 또는 파목을 위반한 경우		영업정지 7일	영업정지 15일	영업정지 1개월
4) 별표 17 제2호 하목을 위반한 경우		시정명령	영업정지 5일	영업정지 10일
5) 위 1)부터 4)까지 외의 준수사항을 위반한 경우		시정명령	영업정지 3일	영업정지 7일
나. 식품자동판매기영업자의 준수사항 중				
1) 별표 17 제3호 가목·다목 또는 바목을 위반한 경우		영업정지 7일	영업정지 15일	영업정지 1개월
2) 1) 외의 준수사항을 위반한 경우		시정명령	영업정지 7일	영업정지 15일
다. 집단급식소 식품판매영업자의 준수사항 중				
1) 별표 17 제4호 나목을 위반한 경우		영업정지 7일	영업정지 15일	영업정지 1개월
2) 별표 17 제4호 마목 또는 사목을 위반한 경우		영업정지 15일	영업정지 1개월	영업정지 2개월

(계속)

위반사항	근거 법령	행정처분기준		
		1차 위반	2차 위반	3차 위반
3) 별표 17 제4호 바목을 위반한 경우	법 제71조 및 법 제75조			
가) 수질검사를 정하여진 기간 내에 하지 아니한 경우		영업정지 15일	영업정지 1개월	영업정지 3개월
나) 부적합 판정받은 물을 계속 사용한 경우		영업허가·등록 취소 또는 영업소 폐쇄		
4) 1)부터 3)까지 외의 준수사항을 위반한 경우		시정명령	영업정지 7일	영업정지 15일
10. 법 제45조 제1항을 위반한 경우	법 제75조			
가. 회수조치를 하지 않은 경우		영업정지 2개월	영업정지 3개월	영업허가 취소 또는 영업소 폐쇄
나. 회수계획을 보고하지 않거나 허위로 보고한 경우		영업정지 1개월	영업정지 2개월	영업정지 3개월
10의 2. 법 제49조 제1항 단서에 따른 식품이력추적관리를 등록하지 아니한 경우	법 제71조 및 법 제75조	시정명령	영업정지 7일	영업정지 15일
11. 법 제72조 제3항에 따른 회수명령을 위반한 경우	법 제75조	영업정지 1개월	영업정지 2개월	영업정지 3개월
12. 법 제73조 제1항에 따른 위해발생사실의 공표명령을 위반한 경우	법 제75조	영업정지 1개월	영업정지 2개월	영업정지 3개월
13. 영업정지 처분 기간 중에 영업을 한 경우	법 제75조	영업허가 취소 또는 영업소 폐쇄		
14. 그 밖에 제1호부터 제13호까지를 제외한 법을 위반한 경우(법 제101조에 따른 과태료 부과 대상에 해당하는 위반 사항은 제외한다)	법 제71조 및 법 제75조	시정명령	영업정지 5일	영업정지 10일

3. 식품접객업

영 제21조 제8호의 식품접객업을 말한다.

위반사항	근거 법령	행정처분기준		
		1차 위반	2차 위반	3차 위반
1. 법 제4조를 위반한 경우	법 제72조 및 법 제75조			
가. 썩거나 상하여 인체의 건강을 해칠 우려가 있는 것		영업정지 15일과 해당 음식물 폐기	영업정지 1개월과 해당 음식물 폐기	영업정지 3개월과 해당 음식물 폐기
나. 설익어서 인체의 건강을 해칠 우려가 있는 것		영업정지 7일과 해당 음식물 폐기	영업정지 15일과 해당 음식물 폐기	영업정지 1개월과 해당 음식물 폐기
다. 유독·유해물질이 들어 있거나 묻어 있는 것이나 그러할 염려가 있는 것 또는 병을 일으키는 미생물에 오염되었거나 그러할 염려가 있어 인체의 건강을 해칠 우려가 있는 것				
1) 유독·유해물질이 들어 있거나 묻어 있는 것이나 그러할 염려가 있는 것		영업허가 취소 또는 영업소 폐쇄와 해당 음식물 폐기		

(계속)

위반사항	근거 법령	행정처분기준		
		1차 위반	2차 위반	3차 위반
2) 병을 일으키는 미생물에 오염되었거나 그러할 염려가 있어 인체의 건강을 해칠 우려가 있는 것	법 제72조 및 법 제75조	영업정지 1개월과 해당 음식물 폐기	영업정지 3개월과 해당 음식물 폐기	영업허가 취소 또는 영업소 폐쇄와 해당 음식물 폐기
라. 불결하거나 다른 물질이 섞이거나 첨가된 것 또는 그 밖의 사유로 인체의 건강을 해칠 우려가 있는 것		영업정지 15일과 해당 음식물 폐기	영업정지 1개월과 해당 음식물 폐기	영업정지 3개월과 해당 음식물 폐기
마. 법 제18조에 따른 안전성 평가 대상인 농·축·수산물 등 가운데 안전성 평가를 받지 아니하였거나 안전성 평가에서 식용으로 부적합하다고 인정된 것		영업정지 2개월과 해당 음식물 폐기	영업정지 3개월과 해당 음식물 폐기	영업허가 취소 또는 영업소 폐쇄와 해당 음식물 폐기
바. 수입이 금지된 것 또는 법 제19조 제1항에 따른 수입신고를 하지 아니하고 수입한 것		영업정지 2개월과 해당 음식물 폐기	영업정지 3개월과 해당 음식물 폐기	영업허가 취소 또는 영업소 폐쇄와 해당 음식물 폐기
사. 영업자가 아닌 자가 제조·가공·소분(소분 대상이 아닌 식품 및 식품첨가물을 소분·판매하는 것을 포함한다)한 것		영업정지 1개월과 해당 음식물 폐기	영업정지 2개월과 해당 음식물 폐기	영업정지 3개월과 해당 음식물 폐기
2. 법 제5조를 위반한 경우	법 제72조 및 법 제75조	영업허가 취소 또는 영업소 폐쇄와 해당 음식물 폐기		
3. 법 제6조를 위반한 경우	법 제72조 및 법 제75조	영업허가 취소 또는 영업소 폐쇄와 해당 음식물 폐기		
4. 법 제7조 제4항을 위반한 경우	법 제71조, 법 제72조 및 법 제75조			
가. 식품 등의 한시적 기준 및 규격을 정하지 아니한 천연첨가물, 기구 등의 살균·소독제를 사용한 경우		영업정지 15일과 해당 음식물 폐기	영업정지 1개월과 해당 음식물 폐기	영업정지 3개월과 해당 음식물 폐기
나. 비소, 카드뮴, 납, 수은, 중금속, 메탄올, 다이옥신 또는 시안화물의 기준을 위반한 것		영업정지 1개월과 해당 음식물 폐기	영업정지 2개월과 해당 음식물 폐기	영업정지 3개월과 해당 음식물 폐기
다. 바륨, 포름알데히드, 올소톨루엔, 설폰아미드, 방향족탄화수소, 폴리옥시에틸렌, 엠씨피디 또는 세레늄의 기준을 위반한 것		영업정지 15일과 해당 음식물 폐기	영업정지 1개월과 해당 음식물 폐기	영업정지 2개월과 해당 음식물 폐기
라. 방사능잠정허용기준을 위반한 것		영업정지 1개월과 해당 음식물 폐기	영업정지 2개월과 해당 음식물 폐기	영업정지 3개월과 해당 음식물 폐기
마. 농약잔류허용기준을 초과한 농산물 또는 식육을 원료로 사용한 것(「축산물가공처리법」 등 다른 법령에 따른 검사를 받아 합격한 것을 원료로 사용한 경우는 제외한다)		영업정지 1개월과 해당 음식물 폐기	영업정지 3개월과 해당 음식물 폐기	영업허가 취소 또는 영업소 폐쇄와 해당 음식물 폐기 및 원료 폐기

(계속)

위반사항	근거 법령	행정처분기준		
		1차 위반	2차 위반	3차 위반
바. 곰팡이독소 또는 패류독소 기준을 위반한 것	법 제71조, 법 제72조 및 법 제75조	영업정지 1개월과 해당 음식물 폐기 및 원료 폐기	영업정지 3개월과 해당 음식물 폐기 및 원료 폐기	영업허가 취소 또는 영업소 폐쇄와 해당 음식물 폐기 및 원료 폐기
사. 항생물질 등의 잔류허용기준(항생물질·합성항균제 또는 합성호르몬제)을 초과한 것을 원료로 사용한 것(「축산물가공처리법」 등 다른 법령에 따른 검사를 받아 합격한 것을 원료로 사용한 경우는 제외한다)		영업정지 1개월과 해당 음식물 폐기 및 원료 폐기	영업정지 3개월과 해당 음식물 폐기 및 원료 폐기	영업허가 취소 또는 영업소 폐쇄와 해당 음식물 폐기 및 원료 폐기
아. 식중독균 검출기준을 위반한 것으로서				
1) 조리식품 등 또는 접객용 음용수		영업정지 1개월과 해당 음식물 폐기 및 원료 폐기	영업정지 3개월과 해당 음식물 폐기 및 원료 폐기	영업허가 취소 또는 영업소 폐쇄와 해당 음식물 폐기 및 원료 폐기
2) 조리기구 등		시정명령	영업정지 7일	영업정지 15일
자. 산가, 과산화물가, 대장균, 대장균군 또는 일반세균의 기준을 위반한 것				
1) 조리식품 등 또는 접객용 음용수		영업정지 15일과 해당 음식물 폐기	영업정지 1개월과 해당 음식물 폐기	영업정지 2개월과 해당 음식물 폐기
2) 조리기구 등		시정명령	영업정지 7일	영업정지 15일
차. 식품첨가물의 사용 및 허용기준을 위반한 것을 사용한 것				
1) 허용 외 식품첨가물을 사용한 것 또는 기준 및 규격이 정하여지지 아니한 첨가물을 사용한 것		영업정지 1개월과 해당 제품 폐기	영업정지 2개월과 해당 제품 폐기	영업허가 취소 또는 영업소 폐쇄
2) 사용 또는 허용량 기준에 초과한 것으로서				
가) 30% 이상을 초과한 것		영업정지 15일과 해당 음식물 폐기	영업정지 1개월과 해당 음식물 폐기	영업정지 2개월과 해당 음식물 폐기
나) 10% 이상 30% 미만을 초과한 것		영업정지 7일과 해당 음식물 폐기	영업정지 15일과 해당 음식물 폐기	영업정지 1개월과 해당 음식물 폐기
다) 10% 미만을 초과한 것		시정명령	영업정지 7일	영업정지 15일
카. 식품첨가물 중 질소의 사용기준을 위반한 경우		영업허가 또는 영업소 폐쇄와 해당 음식물 폐기		
타. 이물이 혼입된 것		시정명령	영업정지 7일	영업정지 15일
파. 식품조사처리기준을 위반한 것을 사용한 것		시정명령	영업정지 7일	영업정지 15일

(계속)

위반사항	근거 법령	행정처분기준		
		1차 위반	2차 위반	3차 위반
하. 식품등의 기준 및 규격 중 식품원료 기준이나 조리 및 관리기준을 위반한 경우로서(제1호부터 제3호까지에 해당하는 경우는 제외한다)	법 제71조, 법 제72조 및 법 제75조			
1) 사료용 또는 공업용 등으로 사용되는 등 식용을 목적으로 채취, 취급, 가공, 제조 또는 관리되지 않은 원료를 식품의 조리에 사용한 경우		영업허가·등록 취소 또는 영업소 폐쇄와 해당 음식물 폐기		
2) 그 밖의 사항을 위반한 경우		시정명령	영업정지 7일	영업정지 15일
거. 그 밖에 가목부터 파목까지 외의 사항을 위반된 것		시정명령	영업정지 5일	영업정지 10일
5. 법 제8조를 위반한 경우	법 제75조	시정명령	영업정지 15일	영업정지 1개월
6. 법 제9조 제4항을 위반한 경우	법 제71조 및 법 제75조	시정명령	영업정지 5일	영업정지 10일
7. 삭제 〈2019.4.25.〉				
8. 법 제36조 또는 법 제37조를 위반한 경우	법 제71조, 법 제74조 및 법 제75조			
가. 변경허가를 받지 아니하거나 변경신고를 하지 아니하고 영업소를 이전한 경우		영업허가 취소 또는 영업소 폐쇄		
나. 변경신고를 하지 아니한 경우로서				
1) 영업시설의 전부를 철거한 경우(시설 없이 영업신고를 한 경우를 포함한다)		영업허가 취소 또는 영업소 폐쇄		
2) 영업시설의 일부를 철거한 경우		시설개수명령	영업정지 15일	영업정지 1개월
다. 영업장의 면적을 변경하고 변경신고를 하지 아니한 경우		시정명령	영업정지 7일	영업정지 15일
라. 시설기준 위반사항으로				
1) 유흥주점 외의 영업장에 무도장을 설치한 경우		시설개수명령	영업정지 1개월	영업정지 2개월
2) 일반음식점의 객실 안에 무대장치, 음향 및 반주시설, 특수조명시설을 설치한 경우		시설개수명령	영업정지 1개월	영업정지 2개월
3) 음향 및 반주시설을 설치하는 영업자가 방음장치를 하지 아니한 경우		시설개수명령	영업정지 15일	영업정지 1개월
마. 법 제37조 제2항에 따른 조건을 위반한 경우		영업정지 1개월	영업정지 2개월	영업정지 3개월
바. 시설기준에 따른 냉장·냉동시설이 없는 경우 또는 냉장·냉동시설을 가동하지 아니한 경우		영업정지 15일	영업정지 1개월	영업정지 2개월
사. 급수시설기준을 위반한 경우(수질검사결과 부적합 판정을 받은 경우를 포함한다)		시설개수명령	영업정지 1개월	영업정지 3개월
아. 그 밖의 가목부터 사목까지 외의 허가 또는 신고사항을 위반한 경우로서				
1) 시설기준을 위반한 경우		시설개수명령	영업정지 15일	영업정지 1개월
2) 그 밖의 사항을 위반한 경우		시정명령	영업정지 7일	영업정지 15일

(계속)

위반사항	근거 법령	행정처분기준		
		1차 위반	2차 위반	3차 위반
9. 법 제43조에 따른 영업 제한을 위반한 경우	법 제71조 및 법 제75조			
가. 영업시간 제한을 위반하여 영업한 경우		영업정지 15일	영업정지 1개월	영업정지 2개월
나. 영업행위 제한을 위반하여 영업한 경우		시정명령	영업정지 15일	영업정지 1개월
10. 법 제44조 제1항을 위반한 경우 가. 식품접객업자의 준수사항(별표 17 제7호자목·파목·머목 및 별도의 개별 처분기준이 있는 경우는 제외한다)의 위반으로서	법 제71조 및 법 제75조			
1) 별표 17 제7호타목1)을 위반한 경우		영업정지 1개월	영업정지 2개월	영업허가 취소 또는 영업소 폐쇄
2) 별표 17 제7호다목·타목5) 또는 버목을 위반한 경우		영업정지 2개월	영업정지 3개월	영업허가 취소 또는 영업소 폐쇄
3) 별표 17 제7호타목2)·거목 또는 서목을 위반한 경우		영업정지 1개월	영업정지 2개월	영업허가 취소 또는 영업소 폐쇄
4) 별표 17 제7호나목, 카목, 타목 3)·4), 하목 또는 어목을 위반한 경우		영업정지 15일	영업정지 1개월	영업정지 3개월
5) 별표 17 제7호너목을 위반한 경우				
가) 수질검사를 검사기간 내에 하지 아니한 경우		영업정지 15일	영업정지 1개월	영업정지 2개월
나) 부적합 판정된 물을 계속 사용한 경우		영업허가·등록 취소 또는 영업소 폐쇄		
6) 별표 17 제7호러목을 위반한 경우		영업정지 15일	영업정지 2개월	영업정지 3개월
7) 별표 17 제7호처목을 위반하여 모범업소로 오인·혼동할 우려가 있는 표시를 한 경우		시정명령	영업정지 5일	영업정지 10일
8) 별표 17 제7호커목을 위반한 경우로서				
가) 주재료가 다른 경우		영업정지 7일	영업정지 15일	영업정지 1개월
나) 중량이 30% 이상 부족한 것		영업정지 7일	영업정지 15일	영업정지 1개월
다) 중량이 20% 이상 30% 미만 부족한 것		시정명령	영업정지 7일	영업정지 15일
9) 별표 17 제7호퍼목을 위반한 경우		시정명령	영업정지 7일	영업정지 15일
10) 별표 17 제7호카목을 위반한 경우				
가) 유통기한이 경과된 원료 또는 완제품을 조리·판매의 목적으로 보관한 경우		영업정지 15일	영업정지 1개월	영업정지 2개월
나) 유통기한이 경과된 원료 또는 완제품을 조리에 사용하거나 판매한 경우		영업정지 1개월	영업정지 2개월	영업정지 3개월
나. 위탁급식영업자의 준수사항(별도의 개별 처분기준이 있는 경우는 제외한다)의 위반으로서				
1) 별표 17 제8호가목·다목·라목·차목 또는 카목을 위반한 경우		영업정지 15일	영업정지 1개월	영업정지 2개월

(계속)

위반사항	근거 법령	행정처분기준		
		1차 위반	2차 위반	3차 위반
2) 별표 17 제8호사목을 위반한 경우	법 제71조 및 법 제75조	영업정지 7일	영업정지 15일	영업정지 1개월
3) 별표 17 제8호마목을 위반한 경우				
가) 수질검사를 검사기간 내에 하지 아니한 경우		영업정지 15일	영업정지 1개월	영업정지 3개월
나) 부적합 판정된 물을 계속 사용한 경우		영업정지 1개월	영업정지 3개월	영업허가 취소 또는 영업소 폐쇄
4) 별표 17 제8호타목을 위반한 경우		시정명령	영업정지 5일	영업정지 10일
5) 별표 17 제8호라목을 위반한 경우				
가) 유통기한이 경과된 원료 또는 완제품을 조리할 목적으로 보관한 경우		영업정지 15일	영업정지 1개월	영업정지 2개월
나) 유통기한이 경과된 원료 또는 완제품을 조리에 사용한 경우		영업정지 1개월	영업정지 2개월	영업정지 3개월
6) 1)부터 5)까지를 제외한 준수사항을 위반한 경우		시정명령	영업정지 7일	영업정지 15일
11. 법 제44조 제2항을 위반한 경우	법 제75조			
가. 청소년을 유흥접객원으로 고용하여 유흥행위를 하게 하는 행위를 한 경우		영업허가 취소 또는 영업소 폐쇄		
나. 청소년유해업소에 청소년을 고용하는 행위를 한 경우		영업정지 3개월	영업허가 취소 또는 영업소 폐쇄	
다. 청소년유해업소에 청소년을 출입하게 하는 행위를 한 경우		영업정지 1개월	영업정지 2개월	영업정지 3개월
라. 청소년에게 주류를 제공하는 행위(출입하여 주류를 제공한 경우 포함)를 한 경우		영업정지 2개월	영업정지 3개월	영업허가 취소 또는 영업소 폐쇄
12. 법 제51조를 위반한 경우	법 제71조 및 법 제75조	시정명령	영업정지 7일	영업정지 15일
13. 영업정지 처분 기간 중에 영업을 한 경우	법 제75조	영업허가 취소 또는 영업소 폐쇄		
14. 「성매매알선 등 행위의 처벌에 관한 법률」 제4조에 따른 금지행위를 한 경우	법 제75조	영업정지 3개월	영업허가 취소 또는 영업소 폐쇄	
15. 그 밖에 제1호부터 제14호까지를 제외한 법을 위반한 경우(법 제101조에 따른 과태료 부과 대상에 해당하는 위반 사항과 별표 17 제7호 자목·머목은 제외한다)	법 제71조 및 법 제75조	시정명령	영업정지 7일	영업정지 15일

4. 조리사

위반사항	근거 법령	행정처분기준		
		1차 위반	2차 위반	3차 위반
1. 법 제54조 각 호의 어느 하나에 해당하게 된 경우	법 제80조	면허취소		
2. 법 제56조에 따른 교육을 받지 아니한 경우		시정명령	업무정지 15일	업무정지 1개월
3. 식중독이나 그 밖에 위생과 관련한 중대한 사고 발생에 직무상의 책임이 있는 경우		업무정지 1개월	업무정지 2개월	면허취소
4. 면허를 타인에게 대여하여 사용하게 한 경우		업무정지 2개월	업무정지 3개월	면허취소
5. 업무정지기간 중에 조리사의 업무를 한 경우		면허취소		

Ⅲ. **과징금 제외 대상**

1. 식품제조·가공업 등(유통전문판매업은 제외한다)
   가. 제1호 각 목의 어느 하나에 해당하는 경우
   나. 제4호 나목부터 바목까지, 아목, 차목, 카목 1)·2) 가) 또는 거목 1)·2)에 해당하는 경우
   다. 삭제 <2019.4.25.>
   라. 1차 위반행위가 영업정지 1개월 이상에 해당하는 경우로서 2차 위반사항에 해당하는 경우
   마. 3차 위반사항에 해당하는 경우
   바. 과징금을 체납 중인 경우

2. 식품판매업 등
   가. 제1호 가목·바목 또는 사목에 해당하는 경우
   나. 제4호 가목에 해당하는 경우
   다. 삭제 <2019.4.25.>
   라. 1차 위반행위가 영업정지 1개월 이상에 해당하는 경우로서 2차 위반사항에 해당하는 경우
   마. 3차 위반사항에 해당하는 경우
   바. 과징금을 체납 중인 경우

3. 식품접객업
   가. 제1호 가목·나목 또는 사목에 해당하는 경우
   나. 제8호 마목에 해당하는 경우
   다. 제10호 가목 1)에 해당하는 경우
   라. 제11호 나목·다목 또는 라목에 해당하는 경우
   마. 3차 위반사항에 해당하는 경우
   바. 과징금을 체납 중인 경우
   사. 제14호에 해당하는 경우

4. 제1호부터 제3호(사목은 제외한다)까지의 규정에도 불구하고 I. 일반기준의 제15호에 따른 경감대상에 해당하는 경우에는 과징금 처분을 할 수 있다.

제77조 (영업허가 등의 취소 요청) ① 식품의약품안전처장은 「축산물위생관리법」, 「수산업법」 또는 「주세법」에 따라 허가 또는 면허를 받은 자가 제4조부터 제6조까지 또는 제7조 제4항을 위반한 경우에는 해당 허가 또는 면허 업무를 관할하는 중앙행정기관의 장에게 다음 각 호의 조치를 하도록 요청할 수 있다. 다만, 주류(酒類)는 「보건범죄단속에 관한 특별조치법」 제8조에 따른 유해 등의 기준에 해당하는 경우로 한정한다. 〈개정 2013.3.23.〉

1. 허가 또는 면허의 전부 또는 일부 취소
2. 일정 기간의 영업정지
3. 그 밖에 위생상 필요한 조치

② 제1항에 따라 영업허가 등의 취소 요청을 받은 관계 중앙행정기관의 장은 정당한 사유가 없으면 이에 따라야 하며, 그 조치결과를 지체 없이 식품의약품안전처장에게 통보하여야 한다. 〈개정 2013.3.23.〉

제78조 (행정 제재처분 효과의 승계) 영업자가 영업을 양도하거나 법인이 합병되는 경우에는 제75조 제1항 각 호, 같은 조 제2항 또는 제76조 제1항 각 호를 위반한 사유로 종전의 영업자에게 행한 행정 제재처분의 효과는 그 처분기간이 끝난 날부터 1년간 양수인이나 합병 후 존속하는 법인에 승계되며, 행정 제재처분 절차가 진행 중인 경우에는 양수인이나 합병 후 존속하는 법인에 대하여 행정 제재처분 절차를 계속할 수 있다. 다만, 양수인이나 합병 후 존속하는 법인이 양수하거나 합병할 때에 그 처분 또는 위반사실을 알지 못하였음을 증명하는 때에는 그러하지 아니하다.

제79조 (폐쇄조치 등) ① 식품의약품안전처장, 시·도지사 또는 시장·군수·구청장은 제37조 제1항, 제4항 또는 제5항을 위반하여 허가받지 아니하거나 신고 또는 등록하지 아니하고 영업을 하는 경우 또는 제75조 제1항 또는 제2항에 따라 허가 또는 등록이 취소되거나 영업소 폐쇄명령을 받은 후에도 계속하여 영업을 하는 경우에는 해당 영업소를 폐쇄하기 위하여 관계 공무원에게 다음 각 호의 조치를 하게 할 수 있다. 〈개정 2013.3.23.〉

1. 해당 영업소의 간판 등 영업 표지물의 제거나 삭제
2. 해당 영업소가 적법한 영업소가 아님을 알리는 게시문 등의 부착
3. 해당 영업소의 시설물과 영업에 사용하는 기구 등을 사용할 수 없게 하는 봉인(封印)

② 식품의약품안전처장, 시·도지사 또는 시장·군수·구청장은 제1항 제3호에 따라 봉인한 후 봉인을 계속할 필요가 없거나 해당 영업을 하는 자 또는 그 대리인이 해당 영업소 폐쇄를 약속하거나 그 밖의 정당한 사유를 들어 봉인의 해제를 요청하는 경우에는 봉인을 해제할 수 있다. 제1항 제2호에 따른 게시문 등의 경우에도 또한 같다. 〈개정 2013.3.23.〉

③ 식품의약품안전처장, 시·도지사 또는 시장·군수·구청장은 제1항에 따른 조치를 하려면 해당 영업을 하는 자 또는 그 대리인에게 문서로 미리 알려야 한다. 다만, 급박한 사유가 있으면 그러하지 아니하다. 〈개정 2013.3.23.〉

④ 제1항에 따른 조치는 그 영업을 할 수 없게 하는 데에 필요한 최소한의 범위에 그쳐야 한다.

⑤ 제1항의 경우에 관계 공무원은 그 권한을 표시하는 증표를 지니고 이를 관계인에게 내보여야 한다.

규칙 제90조(영업소 폐쇄 등의 게시) 허가관청, 신고관청 또는 등록관청은 법 제75조에 따라 영업허가취소, 영업등록취소, 영업정지 또는 영업소의 폐쇄처분을 한 경우 영업소명, 처분내용, 처분기간 등을 적은 별지 제63호의5서식의 게시문을 해당 처분을 받은 영업소의 출입구나 그 밖의 잘 보이는 곳에 붙여두어야 한다. 〈개정 2016.11.30.〉

제80조 (면허취소 등) ① 식품의약품안전처장 또는 특별자치시장·특별자치도지사·시장·군수·구청장은 조리사가 다음 각 호의 어느 하나에 해당하면 그 면허를 취소하거나 6개월 이내의 기간을 정하여 업무정지를 명할 수 있다. 다만, 조리사가 제1호 또는 제5호에 해당할 경우 면허를 취소하여야 한다. 〈개정 2016.2.3.〉

1. 제54조 각 호의 어느 하나에 해당하게 된 경우
2. 제56조에 따른 교육을 받지 아니한 경우
3. 식중독이나 그 밖에 위생과 관련한 중대한 사고 발생에 직무상의 책임이 있는 경우
4. 면허를 타인에게 대여하여 사용하게 한 경우
5. 업무정지기간 중에 조리사의 업무를 하는 경우

② 제1항에 따른 행정처분의 세부기준은 그 위반 행위의 유형과 위반 정도 등을 고려하여 총리령으로 정한다. 〈개정 2013.3.23.〉

제81조 (청문) 식품의약품안전처장, 시·도지사 또는 시장·군수·구청장은 다음 각 호의 어느 하나에 해당하는 처분을 하려면 청문을 하여야 한다. 〈개정 2014.5.28.〉

1. 삭제 〈2015.2.3.〉

1의 2. 삭제 〈2013.7.30.〉

2. 제48조 제8항에 따른 식품안전관리인증기준적용업소의 인증취소
3. 제75조 제1항부터 제3항까지의 규정에 따른 영업허가 또는 등록의 취소나 영업소의 폐쇄명령
4. 제80조 제1항에 따른 면허의 취소

규칙 제91조 (행정처분대장 등) ① 식품의약품안전처장, 지방식품의약품안전청장 또는 허가관청·신고관청·등록관청은 법 제71조, 법 제72조, 법 제74조부터 법 제76조까지, 법 제79조 및 법 제80조에 따라 행정처분을 한 경우와 법 제81조에 따른 청문을 한 경우에는 별지 제64호서식의 행정처분 및 청문대장에 그 내용을 기록하고 이를 갖춰 두어야 한다. 〈개정 2016.8.4.〉

② 지방식품의약품안전청장 또는 특별자치시장·특별자치도지사·시장·군수·구청장이 법 제75조에 따라 영업허가·영업등록을 취소한 경우 또는 법 제79조에 따라 영업소의 폐쇄명령을 한 경우에는 그 영업자의 성명·생년월일, 취소 또는 폐쇄 사유, 취소 또는 폐쇄일 등을 지방식품의약품안전청장은 다른 지방식품의약품안전청장에게, 시장·군수·구청장은 관할 시·도지사를 거쳐 다른 시·도지사에게 각각 알려야 한다. 〈개정 2016.8.4.〉

③ 지방식품의약품안전청장 또는 특별자치시장·특별자치도지사·시장·군수·구청장이 다음 각 호의 어느 하나에 해당하는 영업에 대하여 법 제75조, 법 제76조 및 법 제79조

에 따른 행정처분을 한 경우에는 지체 없이 그 영업소의 명칭, 영업허가(신고·등록)번호, 위반내용, 행정처분 내용, 처분기간 및 처분대상 품목명 등을 별지 제65호서식에 따라 식품의약품안전처장에게 보고하여야 한다. 이 경우 시장·군수·구청장은 시·도지사를 거쳐 보고하여야 한다. 〈개정 2016.8.4.〉

1. 영 제21조제1호의 식품제조·가공업
2. 영 제21조제3호의 식품첨가물제조업
3. 영 제21조제5호나목3)의 유통전문판매업
4. 삭제 〈2016.2.4.〉
5. 영 제21조제7호의 용기·포장류제조업

제82조(영업정지 등의 처분에 갈음하여 부과하는 과징금 처분) ① 식품의약품안전처장, 시·도지사 또는 시장·군수·구청장은 영업자가 제75조제1항 각 호 또는 제76조제1항 각 호의 어느 하나에 해당하는 경우에는 대통령령으로 정하는 바에 따라 영업정지, 품목 제조정지 또는 품목류 제조정지 처분을 갈음하여 10억원 이하의 과징금을 부과할 수 있다. 다만, 제6조를 위반하여 제75조제1항에 해당하는 경우와 제4조, 제5조, 제7조, 제12조의2, 제37조, 제43조 및 제44조를 위반하여 제75조제1항 또는 제76조제1항에 해당하는 중대한 사항으로서 총리령으로 정하는 경우는 제외한다. 〈개정 2018.3.13.〉

② 제1항에 따른 과징금을 부과하는 위반 행위의 종류·정도 등에 따른 과징금의 금액과 그 밖에 필요한 사항은 대통령령으로 정한다.

③ 식품의약품안전처장, 시·도지사 또는 시장·군수·구청장은 과징금을 징수하기 위하여 필요한 경우에는 다음 각 호의 사항을 적은 문서로 관할 세무관서의 장에게 과세 정보 제공을 요청할 수 있다. 〈개정 2013.3.23.〉

1. 납세자의 인적 사항
2. 사용 목적
3. 과징금 부과기준이 되는 매출금액

④ 식품의약품안전처장, 시·도지사 또는 시장·군수·구청장은 제1항에 따른 과징금을 기한 내에 납부하지 아니하는 때에는 대통령령으로 정하는 바에 따라 제1항에 따른 과징금 부과처분을 취소하고 제75조 제1항 또는 제76조 제1항에 따른 영업정지 또는 제조정지 처분을 하거나 국세 체납처분의 예 또는 「지방세외수입금의 징수 등에 관한 법률」에 따라 징수한다. 다만, 다음 각 호의 어느 하나에 해당하는 경우에는 국세 체납처분의 예 또는 「지방세외수입금의 징수 등에 관한 법률」에 따라 징수한다. 〈개정 2013.8.6.〉

1. 삭제 〈2013.7.30.〉
2. 제37조 제3항, 제4항 및 제5항에 따른 폐업 등으로 제75조 제1항 또는 제76조 제1항에 따른 영업정지 또는 제조정지 처분을 할 수 없는 경우

⑤ 제1항 및 제4항 단서에 따라 징수한 과징금 중 식품의약품안전처장이 부과·징수한 과징금은 국가에 귀속되고, 시·도지사가 부과·징수한 과징금은 시·도의 식품진흥기금(제89조에 따른 식품진흥기금을 말한다. 이하 이 항에서 같다)에 귀속되며, 시장·군수·구청장이 부과·징수한 과징금은 시·도와 시·군·구의 식품진흥기금에 귀속된다. 이 경우 시·도 및 시·군·구에 귀속시키는 방법 등은 대통령령으로 정한다. 〈개정 2013.3.23.〉

(계속)

⑥ 시·도지사는 제91조에 따라 제1항에 따른 과징금을 부과·징수할 권한을 시장·군수·구청장에게 위임한 경우에는 그에 필요한 경비를 대통령령으로 정하는 바에 따라 시장·군수·구청장에게 교부할 수 있다.

영 제53조(영업정지 등의 처분에 갈음하여 부과하는 과징금의 산정기준) 법 제82조 제1항 본문에 따라 부과하는 과징금의 금액은 위반행위의 종류와 위반 정도 등을 고려하여 총리령으로 정하는 영업정지, 품목·품목류 제조정지 처분기준에 따라 별표 1의 기준을 적용하여 산정한다. 〈개정 2013.3.23.〉

■ **별표 1** ■ 〈개정 2016.7.26.〉

영업정지 등의 처분에 갈음하여 부과하는 과징금 산정기준(제53조 관련)

1. 일반기준
  가. 영업정지 1개월은 30일을 기준으로 한다.
  나. 영업정지에 갈음한 과징금부과의 기준이 되는 매출금액은 처분일이 속한 연도의 전년도의 1년간 총매출금액을 기준으로 한다. 다만, 신규사업·휴업 등으로 인하여 1년간의 총매출금액을 산출할 수 없는 경우에는 분기별·월별 또는 일별 매출금액을 기준으로 연간 총매출금액으로 환산하여 산출한다.
  다. 품목류 제조정지에 갈음한 과징금부과의 기준이 되는 매출금액은 품목류에 해당하는 품목들의 처분일이 속한 연도의 전년도의 1년간 총매출금액을 기준으로 한다. 다만, 신규제조·휴업 등으로 인하여 품목류에 해당하는 품목들의 1년간의 총매출금액을 산출할 수 없는 경우에는 분기별·월별 또는 일별 매출금액을 기준으로 연간 총매출금액으로 환산하여 산출한다.
  라. 품목 제조정지에 갈음한 과징금부과의 기준이 되는 매출금액은 처분일이 속하는 달로부터 소급하여 직전 3개월간 해당 품목의 총 매출금액에 4를 곱하여 산출한다. 다만, 신규제조 또는 휴업 등으로 3개월의 총 매출금액을 산출할 수 없는 경우에는 전월(전월의 실적을 알 수 없는 경우에는 당월을 말한다)의 1일 평균매출액에 365를 곱하여 산출한다.
  마. 나목부터 라목까지의 규정에도 불구하고 과징금 산정금액이 10억원을 초과하는 경우에는 10억원으로 한다.

2. 과징금 기준

가. 식품 및 식품첨가물 제조업·가공업 외의 영업

업종 / 등급	연간매출액(단위 : 100만 원)	영업정지 1일에 해당하는 과징금의 금액(단위: 만 원)
1	20 이하	5
2	20 초과 30 이하	8
3	30 초과 50 이하	10
4	50 초과 100 이하	13

(계속)

업종 / 등급	연간매출액(단위 : 100만 원)	영업정지 1일에 해당하는 과징금의 금액(단위: 만 원)
5	100 초과 150 이하	16
6	150 초과 210 이하	23
7	210 초과 270 이하	31
8	270 초과 330 이하	39
9	330 초과 400 이하	47
10	400 초과 470 이하	56
11	470 초과 550 이하	66
12	550 초과 650 이하	78
13	650 초과 750 이하	88
14	750 초과 850 이하	94
15	850 초과 1,000 이하	100
16	1,000 초과 1,200 이하	106
17	1,200 초과 1,500 이하	112
18	1,500 초과 2,000 이하	118
19	2,000 초과 2,500 이하	124
20	2,500 초과 3,000 이하	130
21	3,000 초과 4,000 이하	136
22	4,000 초과 5,000 이하	165
23	5,000 초과 6,500 이하	211
24	6,500 초과 8,000 이하	266
25	8,000 초과 10,000 이하	330
26	10,000 초과	367

나. 식품 및 식품첨가물 제조업 · 가공업의 영업

업종 / 등급	연간매출액(단위 : 100만 원)	영업정지 1일에 해당하는 과징금의 금액(단위: 만 원)
1	100 이하	12
2	100 초과 200 이하	14
3	200 초과 310 이하	17
4	310 초과 430 이하	20
5	430 초과 560 이하	27
6	560 초과 700 이하	34
7	700 초과 860 이하	42
8	860 초과 1,040 이하	51
9	1,040 초과 1,240 이하	62
10	1,240 초과 1,460 이하	73

(계속)

나. 식품 및 식품첨가물 제조업 · 가공업의 영업

등급 \ 업종	연간매출액(단위 : 100만 원)	영업정지 1일에 해당하는 과징금의 금액(단위: 만 원)
11	1,460 초과 1,710 이하	86
12	1,710 초과 2,000 이하	94
13	2,000 초과 2,300 이하	100
14	2,300 초과 2,600 이하	106
15	2,600 초과 3,000 이하	112
16	3,000 초과 3,400 이하	118
17	3,400 초과 3,800 이하	124
18	3,800 초과 4,300 이하	140
19	4,300 초과 4,800 이하	157
20	4,800 초과 5,400 이하	176
21	5,400 초과 6,000 이하	197
22	6,000 초과 6,700 이하	219
23	6,700 초과 7,500 이하	245
24	7,500 초과 8,600 이하	278
25	8,600 초과 10,000 이하	321
26	10,000 초과 12,000 이하	380
27	12,000 초과 15,000 이하	466
28	15,000 초과 20,000 이하	604
29	20,000 초과 25,000 이하	777
30	25,000 초과 30,000 이하	949
31	30,000 초과 35,000 이하	1,122
32	35,000 초과 40,000 이하	1,295
33	40,000 초과	1,381

다. 품목 또는 품목류 제조

등급 \ 업종	연간매출액(단위 : 100만 원)	영업정지 1일에 해당하는 과징금의 금액(단위: 만 원)
1	100 이하	12
2	100 초과 200 이하	14
3	200 초과 300 이하	16
4	300 초과 400 이하	19
5	400 초과 500 이하	24
6	500 초과 650 이하	31
7	650 초과 800 이하	39

(계속)

다. 품목 또는 품목류 제조

업종 등급	연간매출액(단위 : 100만 원)	영업정지 1일에 해당하는 과징금의 금액(단위: 만 원)
8	800 초과 950 이하	47
9	950 초과 1,100 이하	55
10	1,100 초과 1,300 이하	65
11	1,300 초과 1,500 이하	76
12	1,500 초과 1,700 이하	86
13	1,700 초과 2,000 이하	100
14	2,000 초과 2,300 이하	106
15	2,300 초과 2,700 이하	112
16	2,700 초과 3,100 이하	118
17	3,100 초과 3,600 이하	124
18	3,600 초과 4,100 이하	142
19	4,100 초과 4,700 이하	163
20	4,700 초과 5,300 이하	185
21	5,300 초과 6,000 이하	209
22	6,000 초과 6,700 이하	235
23	6,700 초과 7,400 이하	261
24	7,400 초과 8,200 이하	289
25	8,200 초과 9,000 이하	318
26	9,000 초과 10,000 이하	351
27	10,000 초과 11,000 이하	388
28	11,000 초과 12,000 이하	425
29	12,000 초과 13,000 이하	462
30	13,000 초과 15,000 이하	518
31	15,000 초과 17,000 이하	592
32	17,000 초과 20,000 이하	684
33	20,000 초과	740

영 **제54조 (과징금의 부과 및 징수절차)** ① 식품의약품안전처장, 시·도지사 또는 시장·군수·구청장은 법 제82조에 따라 과징금을 부과하려면 그 위반행위의 종류와 해당 과징금의 금액 등을 명시하여 납부할 것을 서면으로 알려야 한다. 〈개정 2013.3.23.〉

② 법 제82조에 따른 과징금의 징수절차는 총리령으로 정한다. 〈개정 2013.3.23.〉

영 **제54조의2(과징금 납부기한의 연장 및 분할 납부)** ① 식품의약품안전처장, 시·도지사 또는 시장·군수·구청장은 법 제82조제1항에 따라 과징금을 부과받은 자(이하 "과징금납부의무자"라 한다)가 납부하여야 할 과징금의 금액이 100만원 이상인 경우로서 다음 각 호의 어느 하나에 해당하는 사유로 인하여 과징금의 전액을 한꺼번에 납부하기 어렵다고 인정될 때에는 그 납부기한을 연장하거나 분할 납부하게 할 수 있다. 이 경우 필요하다고 인정하면 담보를 제공하게 할 수 있다.

1. 재해 등으로 재산에 현저한 손실을 입은 경우
2. 사업 여건의 악화로 사업이 중대한 위기에 있는 경우
3. 과징금을 한꺼번에 납부하면 자금사정에 현저한 어려움이 예상되는 경우
4. 그 밖에 제1호부터 제3호까지의 규정에 준하는 사유가 있는 경우

② 제1항에 따라 과징금의 납부기한을 연장하거나 분할 납부하려는 과징금납부의무자는 그 납부기한의 10일 전까지 납부기한의 연장 또는 분할 납부의 사유를 증명하는 서류를 첨부하여 식품의약품안전처장, 시·도지사 또는 시장·군수·구청장에게 신청하여야 한다.

③ 제1항에 따라 과징금의 납부기한을 연장하거나 분할 납부하게 할 경우 납부기한의 연장은 그 납부기한의 다음 날부터 1년을 초과할 수 없고, 분할된 납부기한 간의 간격은 4개월을 초과할 수 없으며, 분할 납부의 횟수는 3회를 초과할 수 없다.

④ 식품의약품안전처장, 시·도지사 또는 시장·군수·구청장은 제1항에 따라 납부기한이 연장되거나 분할 납부하기로 결정된 과징금납부의무자가 다음 각 호의 어느 하나에 해당하는 경우에는 납부기한의 연장 또는 분할 납부 결정을 취소하고 과징금을 한꺼번에 징수할 수 있다.

1. 분할 납부하기로 결정된 과징금을 납부기한까지 내지 아니한 경우
2. 담보의 제공에 관한 식품의약품안전처장, 시·도지사 또는 시장·군수·구청장의 제1항 각 호 외의 부분 후단에 따른 명령을 이행하지 아니한 경우
3. 강제집행, 경매의 개시, 파산선고, 법인의 해산, 국세 또는 지방세의 체납처분을 받은 경우 등 과징금의 전부 또는 잔여분을 징수할 수 없다고 인정되는 경우

〈본조신설 2017.12.12.〉

규칙 **제92조 (과징금부과 제외대상 및 징수절차 등)** ① 법 제82조 제1항 단서에 따른 과징금 부과 제외대상은 별표 23과 같다.

② 영 제54조에 따른 과징금의 징수절차에 관하여는 「국고금관리법 시행규칙」을 준용한다. 이 경우 납입고지서에는 이의방법 및 이의기간 등을 함께 기재하여야 한다.

영 **제55조 (과징금 부과처분 취소 대상자)** 법 제82조 제4항 각 호 외의 부분 본문에 따라 과징금 부과처분을 취소하고 업무정지, 영업정지 또는 제조정지 처분을 하거나 국세 체납처분의 예 또는 「지방세외수입금의 징수 등에 관한 법률」에 따라 과징금을 징수하여야 하는 대상자는 과징금을 기한 내에 납부하지 아니한 자로서 1회의 독촉을 받고 그 독촉을 받은 날부터 15일 이내에 과징금을 납부하지 아니한 자를 말한다. 〈개정 2014.5.21.〉

영 **제56조 (기금의 귀속비율)** 법 제82조 제5항 후단에 따른 기금의 특별시·광역시·특별자치시·도·특별자치도(이하 "시·도"라 한다) 및 시·군·구 귀속비율은 다음 각 호와 같다. 〈개정 2019.7.9.〉

1. 시·도 : 100분의 40
2. 시·군·구 : 100분의 60

제83조 (위해식품 등의 판매 등에 따른 과징금 부과 등) ① 식품의약품안전처장, 시·도지사 또는 시장·군수·구청장은 위해식품등의 판매 등 금지에 관한 제4조부터 제6조까지의 규정 또는 제8조를 위반한 경우 다음 각 호의 어느 하나에 해당하는 자에 대하여 그가 판매한 해당 식품등의 판매금액을 과징금으로 부과한다. 〈개정 2018.12.11.〉

1. 제4조 제2호·제3호 및 제5호부터 제7호까지의 규정을 위반하여 제75조에 따라 영업정지 2개월 이상의 처분, 영업허가 및 등록의 취소 또는 영업소의 폐쇄명령을 받은 자
2. 제5조, 제6조 또는 제8조를 위반하여 제75조에 따라 영업허가 및 등록의 취소 또는 영업소의 폐쇄명령을 받은 자
3. 삭제 〈2018.3.13.〉

② 제1항에 따른 과징금의 산출금액은 대통령령으로 정하는 바에 따라 결정하여 부과한다.

③ 제2항에 따라 부과된 과징금을 기한 내에 납부하지 아니하는 경우 또는 제37조 제3항, 제4항 및 제5항에 따라 폐업한 경우에는 국세 체납처분의 예 또는 「지방세외수입금의 징수 등에 관한 법률」에 따라 징수한다. 〈개정 2013.8.6.〉

④ 제2항에 따라 부과한 과징금의 귀속, 귀속 비율 및 징수 절차 등에 대하여는 제82조 제3항·제5항 및 제6항을 준용한다.

영 **제57조 (위해식품 등의 판매 등에 따른 과징금 부과 기준 및 절차)** ① 법 제83조 제1항에 따라 부과하는 과징금의 금액은 위해식품 등의 판매량에 판매가격을 곱한 금액으로 한다.

② 제1항에 따른 판매량은 위해식품 등을 최초로 판매한 시점부터 적발시점까지의 출하량에서 회수량 및 자연적 소모량을 제외한 수량으로 하고, 판매가격은 판매기간 중 가격이 변동된 경우에는 판매시기별로 가격을 산정한다.

③ 법 제83조 제1항에 따른 과징금의 부과·징수절차 및 귀속 비율에 관하여는 제54조 및 제56조를 준용한다.

제84조 (위반사실 공표) 식품의약품안전처장, 시·도지사 또는 시장·군수·구청장은 제72조, 제75조, 제76조, 제79조, 제82조 또는 제83조에 따라 행정처분이 확정된 영업자에 대한 처분 내용, 해당 영업소와 식품 등의 명칭 등 처분과 관련한 영업 정보를 대통령령으로 정하는 바에 따라 공표하여야 한다. 〈개정 2013.3.23.〉

영 **제58조 (위반사실의 공표)** 법 제84조에 따라 식품의약품안전처장, 시·도지사 또는 시장·군수·구청장은 행정처분이 확정된 영업자에 대한 다음 각 호의 사항을 지체 없이 해당 기관의 인터넷 홈페이지 또는 「신문 등의 진흥에 관한 법률」 제9조제1항에 따라 등록한 전국을 보급지역으로 하는 일반일간신문 등에 게재하여야 한다. 〈개정 2016.1.22.〉

1. 「식품위생법」 위반사실의 공표라는 내용의 표제
2. 영업의 종류
3. 영업소 명칭, 소재지 및 대표자 성명
4. 식품 등의 명칭(식품 등의 제조·가공, 수입, 소분·판매업만 해당한다)

5. 위반 내용(위반행위의 구체적인 내용과 근거 법령을 포함한다)
6. 행정처분의 내용, 처분일 및 기간
7. 단속기관 및 단속일 또는 적발일

제12장 보칙

제85조 (국고 보조) 식품의약품안전처장은 예산의 범위에서 다음 경비의 전부 또는 일부를 보조할 수 있다. 〈개정 2013.3.23.〉

1. 제22조 제1항(제88조에서 준용하는 경우를 포함한다)에 따른 수거에 드는 경비
2. 삭제 〈2013.7.30.〉
3. 조합에서 실시하는 교육훈련에 드는 경비
4. 제32조 제1항에 따른 식품위생감시원과 제33조에 따른 소비자식품위생감시원 운영에 드는 경비
5. 정보원의 설립·운영에 드는 경비
6. 제60조 제6호에 따른 조사·연구 사업에 드는 경비
7. 제63조 제1항(제66조에서 준용하는 경우를 포함한다)에 따른 조합 또는 협회의 자율지도원 운영에 드는 경비
8. 제72조(제88조에서 준용하는 경우를 포함한다)에 따른 폐기에 드는 경비

제86조 (식중독에 관한 조사 보고) ① 다음 각 호의 어느 하나에 해당하는 자는 지체 없이 관할 특별자치시장·시장(「제주특별자치도 설치 및 국제자유도시 조성을 위한 특별법」에 따른 행정시장을 포함한다. 이하 이 조에서 같다)·군수·구청장에게 보고하여야 한다. 이 경우 의사나 한의사는 대통령령으로 정하는 바에 따라 식중독 환자나 식중독이 의심되는 자의 혈액 또는 배설물을 보관하는 데에 필요한 조치를 하여야 한다. 〈개정 2018.12.11.〉

1. 식중독 환자나 식중독이 의심되는 자를 진단하였거나 그 사체를 검안(檢案)한 의사 또는 한의사
2. 집단급식소에서 제공한 식품 등으로 인하여 식중독 환자나 식중독으로 의심되는 증세를 보이는 자를 발견한 집단급식소의 설치·운영자

② 특별자치시장·시장·군수·구청장은 제1항에 따른 보고를 받은 때에는 지체 없이 그 사실을 식품의약품안전처장 및 시·도지사(특별자치시장은 제외한다)에게 보고하고, 대통령령으로 정하는 바에 따라 원인을 조사하여 그 결과를 보고하여야 한다. 〈개정 2018.12.11.〉

③ 식품의약품안전처장은 제2항에 따른 보고의 내용이 국민보건상 중대하다고 인정하는 경우에는 해당 시·도지사 또는 시장·군수·구청장과 합동으로 원인을 조사할 수 있다. 〈신설 2013.5.22.〉

④ 식품의약품안전처장은 식중독 발생의 원인을 규명하기 위하여 식중독 의심환자가 발생한 원인시설 등에 대한 조사절차와 시험·검사 등에 필요한 사항을 정할 수 있다. 〈개정 2013.5.22.〉

영 제59조(식중독 원인의 조사) ① 식중독 환자나 식중독이 의심되는 자를 진단한 의사나 한의사는 다음 각 호의 어느 하나에 해당하는 경우 법 제86조제1항 각 호 외의 부분 후단에 따라 해당 식중독 환자나 식중독이 의심되는 자의 혈액 또는 배설물을 채취하여 법 제86조제2항에 따라 특별자치시장·시장(「제주특별자치도 설치 및 국제자유도시 조성을 위한 특별법」에 따른 행정시장을 포함한다. 이하 이 조에서 같다)·군수·구청장이 조사하기 위하여 인수할 때까지 변질되거나 오염되지 아니하도록 보관하여야 한다. 이 경우 보관용기에는 채취일, 식중독 환자나 식중독이 의심되는 자의 성명 및 채취자의 성명을 표시하여야 한다. 〈개정 2019.5.21.〉

1. 구토·설사 등의 식중독 증세를 보여 의사 또는 한의사가 혈액 또는 배설물의 보관이 필요하다고 인정한 경우
2. 식중독 환자나 식중독이 의심되는 자 또는 그 보호자가 혈액 또는 배설물의 보관을 요청한 경우

② 법 제86조제2항에 따라 특별자치시장·시장·군수·구청장이 하여야 할 조사는 다음 각 호와 같다. 〈개정 2019.5.21.〉

1. 식중독의 원인이 된 식품 등과 환자 간의 연관성을 확인하기 위해 실시하는 설문조사, 섭취음식 위험도 조사 및 역학적(疫學的) 조사
2. 식중독 환자나 식중독이 의심되는 자의 혈액·배설물 또는 식중독의 원인이라고 생각되는 식품 등에 대한 미생물학적 또는 이화학적(理化學的) 시험에 의한 조사
3. 식중독의 원인이 된 식품 등의 오염경로를 찾기 위하여 실시하는 환경조사

③ 특별자치시장·시장·군수·구청장은 제2항 제2호에 따른 조사를 할 때에는 「식품·의약품분야 시험·검사 등에 관한 법률」 제6조 제4항 단서에 따라 총리령으로 정하는 시험·검사기관에 협조를 요청할 수 있다. 〈개정 2019.5.21.〉

규칙 제93조(식중독환자 또는 그 사체에 관한 보고) ① 의사 또는 한의사가 법 제86조 제1항에 따라 하는 보고에는 다음 각 호의 사항이 포함되어야 한다.

1. 보고자의 주소 및 성명
2. 식중독을 일으킨 환자, 식중독이 의심되는 사람 또는 식중독으로 사망한 사람의 주소·성명·생년월일 및 사체의 소재지
3. 식중독의 원인
4. 발병 연월일
5. 진단 또는 검사 연월일

② 법 제86조 제2항에 따라 특별자치시장·시장(「제주특별자치도 설치 및 국제자유도시 조성을 위한 특별법」에 따른 행정시장을 포함한다)·군수·구청장이 하는 식중독 발생 보고 및 식중독 조사결과 보고는 각각 별지 제66호서식 및 별지 제67호서식에 따른다. 〈개정 2019.6.12.〉

제87조 (식중독대책협의기구 설치) ① 식품의약품안전처장은 식중독 발생의 효율적인 예방 및 확산방지를 위하여 교육부, 농림축산식품부, 보건복지부, 환경부, 해양수산부, 식품의약품안전처, 시·도 등 유관기관으로 구성된 식중독대책협의기구를 설치·운영하여야 한다. 〈개정 2013.3.23.〉
② 제1항에 따른 식중독대책협의기구의 구성과 세부적인 운영사항 등은 대통령령으로 정한다.

영 제60조 (식중독대책협의기구의 구성·운영 등) ① 법 제87조 제1항에 따른 식중독대책협의기구(이하 "협의기구"라 한다)의 위원은 다음 각 호에 해당하는 자로 한다. 〈개정 2017.12.12.〉

1. 교육부, 법무부, 국방부, 농림축산식품부, 보건복지부 및 환경부 등 중앙행정기관의 장이 해당 중앙행정기관의 고위공무원단에 속하는 일반직공무원 또는 이에 상당하는 공무원[법무부 및 국방부의 경우에는 각각 이에 해당하는 검사(檢事) 및 장성급(將星級) 장교를 포함한다] 중에서 지명하는 자
2. 지방자치단체의 장이 해당 지방행정기관의 고위공무원단에 속하는 일반직공무원 또는 이에 상당하는 지방공무원 중에서 지명하는 자
3. 그 밖에 식품의약품안전처장이 지정하는 기관 및 단체의 장

② 식품의약품안전처장은 협의기구의 회의를 소집하고 그 의장이 된다. 〈개정 2013.3.23.〉
③ 협의기구의 회의는 재적위원 과반수의 출석으로 개의하고, 출석위원 과반수의 찬성으로 의결한다.
④ 협의기구는 그 직무를 수행하기 위하여 필요한 경우에는 관계 공무원이나 관계 전문가를 협의기구의 회의에 출석시켜 의견을 듣거나 관계 기관·단체 등으로 하여금 자료나 의견을 제출하도록 하는 등 필요한 협조를 요청할 수 있다.
⑤ 협의기구는 업무 수행을 위하여 필요한 경우에는 관계 전문가 또는 관계 기관·단체 등에 전문적인 조사나 연구를 의뢰할 수 있다.
⑥ 이 영에서 규정한 사항 외에 협의기구의 운영에 필요한 사항은 협의기구의 의결을 거쳐 식품의약품안전처장이 정한다. 〈개정 2013.3.23.〉

제88조 (집단급식소) ① 집단급식소를 설치·운영하려는 자는 총리령으로 정하는 바에 따라 특별자치시장·특별자치도지사·시장·군수·구청장에게 신고하여야 한다. 신고한 사항 중 총리령으로 정하는 사항을 변경하려는 경우에도 또한 같다. 〈개정 2018.12.11.〉
② 집단급식소를 설치·운영하는 자는 집단급식소 시설의 유지·관리 등 급식을 위생적으로 관리하기 위하여 다음 각 호의 사항을 지켜야 한다. 〈개정 2013.3.23.〉

1. 식중독 환자가 발생하지 아니하도록 위생관리를 철저히 할 것
2. 조리·제공한 식품의 매회 1인분 분량을 총리령으로 정하는 바에 따라 144시간 이상 보관할 것
3. 영양사를 두고 있는 경우 그 업무를 방해하지 아니할 것
4. 영양사를 두고 있는 경우 영양사가 집단급식소의 위생관리를 위하여 요청하는 사항에 대하여는 정당한 사유가 없으면 따를 것

(계속)

③ 집단급식소에 관하여는 제3조부터 제6조까지, 제7조제4항, 제8조, 제9조제4항, 제22조, 제40조, 제41조, 제48조, 제71조, 제72조 및 제74조를 준용한다. 〈개정 2018.3.13.〉
④ 특별자치시장·특별자치도지사·시장·군수·구청장은 제1항에 따른 신고 또는 변경신고를 받은 날부터 3일 이내에 신고수리 여부를 신고인에게 통지하여야 한다. 〈신설 2018.12.11.〉
⑤ 특별자치시장·특별자치도지사·시장·군수·구청장이 제4항에서 정한 기간 내에 신고수리 여부 또는 민원 처리 관련 법령에 따른 처리기간의 연장을 신고인에게 통지하지 아니하면 그 기간(민원 처리 관련 법령에 따라 처리기간이 연장 또는 재연장된 경우에는 해당 처리기간을 말한다)이 끝난 날의 다음 날에 신고를 수리한 것으로 본다. 〈신설 2018.12.11.〉
⑥ 제1항에 따라 신고한 자가 집단급식소 운영을 종료하려는 경우에는 특별자치시장·특별자치도지사·시장·군수·구청장에게 신고하여야 한다. 〈신설 2018.12.11.〉
⑦ 집단급식소의 시설기준과 그 밖의 운영에 관한 사항은 총리령으로 정한다. 〈개정 2018.12.11.〉

규칙 **제94조(집단급식소의 신고 등)** ① 법 제88조제1항에 따라 집단급식소를 설치·운영하려는 자는 제96조에 따른 시설을 갖춘 후 별지 제68호서식의 집단급식소 설치·운영신고서(전자문서로 된 신고서를 포함한다)에 제42조제1항제1호 및 제4호의 서류(전자문서를 포함한다)를 첨부하여 신고관청에 제출하여야 한다. 〈개정 2017.1.4.〉
② 제9항에 따라 집단급식소 설치·운영 종료 신고가 된 집단급식소를 운영하려는 자(종료신고를 한 설치·운영자가 아닌 자를 포함한다)는 별지 제68호서식의 집단급식소 설치·운영신고서(전자문서로 된 신고서를 포함한다)에 다음 각 호의 서류(전자문서를 포함한다)를 첨부하여 신고관청에 제출하여야 한다. 〈개정 2017.1.4.〉
1. 제42조제1항제1호의 서류
2. 제42조제4호의 서류. 다만, 종전 집단급식소의 수도시설을 그대로 사용하는 경우는 제외한다.
3. 양도·양수 계약서 사본이나 그 밖에 신고인이 해당 집단급식소의 설치·운영자임을 증명하는 서류

③ 제1항 또는 제2항(종전 집단급식소의 시설·설비 및 운영 체계를 유지하는 경우는 제외한다)에 따른 신고를 받은 신고관청은 「전자정부법」 제36조제1항에 따른 행정정보의 공동이용을 통하여 액화석유가스 사용시설완성검사증명서(「액화석유가스의 안전관리 및 사업법」 제27조제2항에 따라 액화석유가스 사용시설의 완성검사를 받아야 하는 경우만 해당한다) 및 건강진단결과서(제49조에 따른 건강진단 대상자의 경우만 해당한다)를 확인하여야 하며, 신청인이 확인에 동의하지 아니하는 경우에는 그 사본을 첨부하도록 하여야 한다. 〈개정 2017.1.4.〉
④ 제1항 또는 제2항에 따라 신고를 받은 신고관청은 지체 없이 별지 제69호 서식의 집단급식소 설치·운영신고증을 내어주고, 15일 이내에 신고받은 사항을 확인하여야 한다. 〈개정 2014.5.9.〉
⑤ 제4항에 따라 신고증을 내어준 신고관청은 별지 제70호 서식의 집단급식소의 설치·운영신고대장에 기록·보관하거나 같은 서식에 따른 전산망에 입력하여 관리하여야 한다. 〈개정 2014.5.9.〉

⑥ 제4항에 따라 신고증을 받은 집단급식소의 설치·운영자가 해당 신고증을 잃어버렸거나 헐어 못 쓰게 되어 신고증을 다시 받으려는 경우에는 별지 제35호 서식의 재발급신청서(전자문서로 된 신청서를 포함한다)에 헐어 못 쓰게 된 신고증(헐어 못 쓰게 된 경우만 해당한다)을 첨부하여 신고관청에 제출하여야 한다. 〈개정 2014.5.9.〉

⑦ 집단급식소의 설치·운영자가 신고사항 중 다음 각 호의 구분에 따른 사항을 변경하는 경우에는 별지 제71호 서식의 신고사항 변경신고서(전자문서로 된 신청서를 포함한다)에 집단급식소 설치·운영신고증을 첨부하여 신고관청에 제출하여야 한다. 이 경우 집단급식소의 소재지를 변경하는 경우에는 제42조 제1항 제1호 및 제4호의 서류(전자문서를 포함한다)를 추가로 첨부하여야 한다. 〈개정 2014.5.9.〉

1. 집단급식소의 설치·운영자가 법인인 경우 : 그 대표자, 그 대표자의 성명, 소재지 또는 위탁급식영업자
2. 집단급식소의 설치·운영자가 법인이 아닌 경우 : 설치·운영자의 성명, 소재지 또는 위탁급식영업자

⑧ 제7항 각 호 외의 부분 후단에 따라 집단급식소의 소재지를 변경하는 변경신고서를 제출받은 신고관청은 「전자정부법」 제36조 제1항에 따른 행정정보의 공동이용을 통하여 액화석유가스 사용시설완성검사증명서(「액화석유가스의 안전관리 및 사업법」 제27조 제2항에 따라 액화석유가스 사용시설의 완성검사를 받아야 하는 경우만 해당한다)를 확인하여야 한다. 다만, 신청인이 확인에 동의하지 아니하는 경우에는 그 사본을 첨부하도록 하여야 한다. 〈신설 2014.5.9.〉

⑨ 집단급식소의 설치·운영자가 그 운영을 그만하려는 경우에는 별지 제72호 서식의 집단급식소 설치·운영 종료신고서(전자문서로 된 신고서를 포함한다)에 집단급식소 설치·운영신고증을 첨부하여 신고관청에 제출하여야 한다. 〈개정 2014.5.9.〉

규칙 **제95조(집단급식소의 설치·운영자 준수사항)** ① 법 제88조 제2항 제2호에 따라 조리·제공한 식품(법 제2조 제12호에 따른 병원의 경우에는 일반식만 해당한다)을 보관할 때에는 매회 1인분 분량을 섭씨 -18℃ 이하로 보관하여야 한다. 이 경우 완제품 형태로 제공한 가공식품은 유통기한 내에서 해당 식품의 제조업자가 정한 보관방법에 따라 보관할 수 있다. 〈개정 2017.12.29.〉

② 법 제88조 제2항 제5호에서 "총리령으로 정하는 사항"이란 별표 24와 같다. 〈개정 2013.3.23.〉

■ **별표 24** ■ 〈개정 2011.8.19.〉

집단급식소의 설치·운영자의 준수사항 (제95조 제2항 관련)

1. 물수건, 숟가락, 젓가락, 식기, 찬기, 도마, 칼 및 행주, 그 밖에 주방용구는 기구 등의 살균·소독제 또는 열탕의 방법으로 소독한 것을 사용하여야 한다.
2. 「축산물가공처리법」 제12조에 따라 검사를 받지 아니한 축산물 또는 실험 등의 용도로 사용한 동물

을 음식물의 조리에 사용하여서는 아니 되며, 「야생동·식물보호법」에 위반하여 포획한 야생동물을 조리하여서는 아니 된다.

3. 유통기한이 경과된 원료 또는 완제품을 조리할 목적으로 보관하거나 이를 음식물의 조리에 사용하여서는 아니 된다.
4. 수돗물이 아닌 지하수 등을 먹는 물 또는 식품의 조리·세척 등에 사용하는 경우에는 「먹는 물 관리법」 제43조에 따른 먹는 물 수질검사기관에서 다음의 구분에 따라 검사를 받아 마시기에 적합하다고 인정된 물을 사용하여야 한다. 다만, 같은 건물에서 같은 수원을 사용하는 경우에는 같은 건물 안에 하나의 업소에 대한 시험결과를 같은 건물 안의 타 업소에 대한 시험결과로 갈음할 수 있다.
   가. 일부항목 검사 : 1년마다(모든 항목 검사를 하는 연도의 경우를 제외한다) 「먹는 물 수질기준 및 검사 등에 관한 규칙」 제4조 제1항 제2호에 따른 마을상수도의 검사기준에 따른 검사(잔류염소에 관한 검사를 제외한다). 다만, 시·도지사가 오염의 우려가 있다고 판단하여 지정한 지역에서는 같은 규칙 제2조에 따른 먹는 물의 수질기준에 따른 검사를 하여야 한다.
   나. 모든 항목 검사 : 2년마다 「먹는 물 수질기준 및 검사 등에 관한 규칙」 제2조에 따른 먹는 물의 수질기준에 따른 검사
5. 먹는 물 수질검사기관에서 수질검사를 실시한 결과 부적합 판정된 지하수는 먹는 물 또는 식품의 조리·세척 등에 사용하여서는 아니 된다.
6. 동물의 내장을 조리한 경우에는 이에 사용한 기계·기구류 등을 세척하고 살균하여야 한다.
7. 삭제 〈2011.8.19.〉
8. 법 제15조 제2항에 따라 위해평가가 완료되기 전까지 일시적으로 채취·제조·수입·가공·사용·조리·저장·운반 또는 진열이 금지된 식품 등에 대하여는 사용·조리를 하여서는 아니 된다.
9. 식중독이 발생한 경우 보관 또는 사용 중인 보존식이나 식재료를 역학조사가 완료될 때까지 폐기하거나 소독 등으로 현장을 훼손하여서는 아니 되고 원상태로 보존하여야 하며, 원인규명을 위한 행위를 방해하여서는 아니 된다.
10. 법 제47조 제1항에 따라 모범업소로 지정받은 자 외의 자는 모범업소임을 알리는 지정증, 표지판, 현판 등 어떠한 표시도 하여서는 아니 된다.

규칙 **제96조 (집단급식소의 시설기준)** 법 제88조 제4항에 따른 집단급식소의 시설기준은 별표 25와 같다.

■ **별표 25** ■ 〈개정 2012.12.17.〉

집단급식소의 시설기준 (제96조 관련)

1. 조리장
   가. 조리장은 음식물을 먹는 객석에서 그 내부를 볼 수 있는 구조로 되어 있어야 한다. 다만, 병원·학교의 경우에는 그러하지 아니하다.
   나. 조리장 바닥은 배수구가 있는 경우에는 덮개를 설치하여야 한다.
   다. 조리장 안에는 취급하는 음식을 위생적으로 조리하기 위하여 필요한 조리시설·세척시설·폐기물용기 및 손 씻는 시설을 각각 설치하여야 하고, 폐기물용기는 오물·악취 등이 누출되지 아니하도록 뚜껑이 있고 내수성 재질[스테인리스·알루미늄·에프알피(FRP)·테프론 등 물을 흡수하지 아니하는 것을 말한다. 이하 같다]로 된 것이어야 한다.

라. 조리장에는 주방용 식기류를 소독하기 위한 자외선 또는 전기살균소독기를 설치하거나 열탕세척소독시설(식중독을 일으키는 병원성 미생물 등이 살균될 수 있는 시설이어야 한다)을 갖추어야 한다.
마. 충분한 환기를 시킬 수 있는 시설을 갖추어야 한다. 다만, 자연적으로 통풍이 가능한 구조의 경우에는 그러하지 아니하다.
바. 식품 등의 기준 및 규격 중 식품별 보존 및 유통기준에 적합한 온도가 유지될 수 있는 냉장시설 또는 냉동시설을 갖추어야 한다.
사. 식품과 직접 접촉하는 부분은 위생적인 내수성 재질로서 씻기 쉬우며, 열탕·증기·살균제 등으로 소독·살균이 가능한 것이어야 한다.
아. 냉동·냉장시설 및 가열처리시설에는 온도계 또는 온도를 측정할 수 있는 계기를 설치하여야 하며, 적정온도가 유지되도록 관리하여야 한다.
자. 조리장에는 쥐·해충 등을 막을 수 있는 시설을 갖추어야 한다.

2. 급수시설
가. 수돗물이나 「먹는 물 관리법」 제5조에 따른 먹는 물의 수질기준에 적합한 지하수 등을 공급할 수 있는 시설을 갖추어야 한다. 다만, 지하수를 사용하는 경우에는 용수저장탱크에 염소자동주입기 등 소독장치를 설치하여야 한다.
나. 지하수를 사용하는 경우 취수원은 화장실·폐기물처리시설·동물사육장 그 밖에 지하수가 오염될 우려가 있는 장소로부터 영향을 받지 아니 하는 곳에 위치하여야 한다.

3. 창고 등 보관시설
가. 식품 등을 위생적으로 보관할 수 있는 창고를 갖추어야 한다.
나. 창고에는 식품 등을 법 제7조 제1항에 따른 식품 등의 기준 및 규격에서 정하고 있는 보존 및 유통기준에 적합한 온도에서 보관할 수 있도록 냉장·냉동시설을 갖추어야 한다. 다만, 조리장에 갖춘 냉장시설 또는 냉동시설에 해당 급식소에서 조리·제공되는 식품을 충분히 보관할 수 있는 경우에는 창고에 냉장시설 및 냉동시설을 갖추지 아니하여도 된다.

4. 화장실
가. 화장실은 조리장에 영향을 미치지 아니하는 장소에 설치하여야 한다. 다만, 집단급식소가 위치한 건축물 안에 나목부터 라목까지의 기준을 갖춘 공동화장실이 설치되어 있거나 인근에 사용하기 편리한 화장실이 있는 경우에는 따로 화장실을 설치하지 아니할 수 있다.
나. 화장실은 정화조를 갖춘 수세식 화장실을 설치하여야 한다. 다만, 상·하수도가 설치되지 아니한 지역에서는 수세식이 아닌 화장실을 설치할 수 있다. 이 경우 변기의 뚜껑과 환기시설을 갖추어야 한다.
다. 화장실은 콘크리트 등으로 내수처리를 하여야 하고, 바닥과 내벽(바닥으로부터 1.5m까지)에는 타일을 붙이거나 방수페인트로 색칠하여야 한다.
라. 화장실에는 손을 씻는 시설을 갖추어야 한다.

5. 삭제 〈2011.8.19.〉

제89조 (식품진흥기금) ① 식품위생과 국민의 영양수준 향상을 위한 사업을 하는 데에 필요한 재원에 충당하기 위하여 시·도 및 시·군·구에 식품진흥기금(이하 "기금"이라 한다)을 설치한다.

② 기금은 다음 각 호의 재원으로 조성한다. 〈개정 2018.3.13.〉

1. 식품위생단체의 출연금
2. 제82조, 제83조 및 「건강기능식품에 관한 법률」 제37조, 「식품 등의 표시 · 광고에 관한 법률」 제19조 및 제20조에 따라 징수한 과징금
3. 기금 운용으로 생기는 수익금
4. 그 밖에 대통령령으로 정하는 수입금

③ 기금은 다음 각 호의 사업에 사용한다. 〈개정 2016.12.2.〉

1. 영업자(「건강기능식품에 관한 법률」에 따른 영업자를 포함한다)의 위생관리시설 및 위생설비시설 개선을 위한 융자 사업
2. 식품위생에 관한 교육·홍보 사업(소비자단체의 교육·홍보 지원을 포함한다)과 소비자식품위생감시원의 교육·활동 지원
3. 식품위생과 「국민영양관리법」에 따른 영양관리(이하 "영양관리"라 한다)에 관한 조사·연구 사업
4. 제90조에 따른 포상금 지급 지원

4의2. 「공익신고자 보호법」 제29조제2항에 따라 지방자치단체가 부담하는 보상금(이 법 및 「건강기능식품에 관한 법률」 위반행위에 관한 신고를 원인으로 한 보상금에 한정한다) 상환액의 지원

5. 식품위생에 관한 교육·연구 기관의 육성 및 지원
6. 음식문화의 개선과 좋은 식단 실천을 위한 사업 지원
7. 집단급식소(위탁에 의하여 운영되는 집단급식소만 해당한다)의 급식시설 개수·보수를 위한 융자 사업

7의2. 제47조의2에 따른 식품접객업소의 위생등급 지정 사업 지원

8. 그 밖에 대통령령으로 정하는 식품위생, 영양관리, 식품산업 진흥 및 건강기능식품에 관한 사업

④ 기금은 시·도지사 및 시장·군수·구청장이 관리·운용하되, 그에 필요한 사항은 대통령령으로 정한다.

영 **제61조 (기금사업)** ① 법 제89조제3항제8호에 따라 기금을 사용할 수 있는 사업은 다음 각 호의 사업으로 한다. 〈개정 2014.11.28.〉

1. 식품의 안전성과 식품산업진흥에 대한 조사·연구사업
2. 식품사고 예방과 사후관리를 위한 사업
3. 식중독 예방과 원인 조사, 위생관리 및 식중독 관련 홍보사업
4. 식품의 재활용을 위한 사업
5. 식품위생과 식품산업 진흥을 위한 전산화사업
6. 식품산업진흥사업
7. 시·도지사가 식품위생과 주민 영양을 개선하기 위하여 민간단체에 연구를 위탁한 사업
8. 남은 음식 재사용 안 하기 활동에 대한 지원
9. 제18조 제5항에 따른 수당 등의 지급

10. 「식품·의약품분야 시험·검사 등에 관한 법률」 제6조 제3항 제2호에 따른 자가품질위탁 시험·검사기관의 시험·검사실 설치 지원
11. 법 제47조 제2항에 따른 우수업소와 모범업소에 대한 지원
12. 법 제48조 제11항에 따른 식품안전관리인증기준을 지키는 영업자와 이를 지키기 위하여 관련 시설 등을 설치하려는 영업자에 대한 지원
13. 법 제63조 제1항에 따른 자율지도원의 활동 지원
14. 「건강기능식품에 관한 법률」 제22조 제6항에 따른 우수건강기능식품제조기준을 지키는 영업자와 이를 지키기 위하여 관련 시설 등을 설치하려는 영업자에 대한 지원
15. 「어린이 식생활안전관리 특별법」 제6조 제2항에 따른 어린이 기호식품 전담 관리원의 지정 및 운영
16. 「어린이 식생활안전관리 특별법」 제7조 제3항에 따른 어린이 기호식품 우수판매업소에 대한 보조 또는 융자
17. 「어린이 식생활안전관리 특별법」 제21조 제4항에 따른 어린이급식관리지원센터 설치 및 운영 비용 보조

② 식품의약품안전처장은 제62조 제2항에 따른 기금운용계획에 따라 시·도지사 또는 시장·군수·구청장이 행하는 사업의 이행 여부를 확인하거나 해당 사업의 추진현황을 시·도지사 또는 시장·군수·구청장으로 하여금 보고하도록 할 수 있다. 이 경우 시장·군수·구청장은 시·도지사를 거쳐 보고하여야 한다. 〈개정 2013.3.23.〉

영 제62조 (기금의 운용) ① 기금의 회계연도는 정부회계연도에 따른다.

② 시·도지사 또는 시장·군수·구청장은 매년 기금운용계획을 수립하여야 한다. 이 경우 기금운용계획에는 기금의 운용 및 관리에 드는 비용을 포함시킬 수 있다.

③ 시·도지사 또는 시장·군수·구청장은 기금의 융자업무를 취급하기 위하여 기금을 금융기관에 위탁하여 관리하게 할 수 있다.

④ 시·도지사 또는 시장·군수·구청장은 기금의 수입과 지출에 관한 사무를 하게 하기 위하여 소속 공무원 중에서 기금수입징수관, 기금재무관, 기금지출관 및 기금출납공무원을 임명한다.

⑤ 시·도지사 또는 시장·군수·구청장은 기금계정을 설치할 은행을 지정하고, 지정한 은행에 수입계정과 지출계정을 구분하여 기금계정을 설치하여야 한다.

⑥ 시·도지사 또는 시장·군수·구청장은 기금재무관에게 지출원인행위를 하도록 하는 경우 기금운용계획에 따라 지출한도액을 배정하여야 한다.

⑦ 제1항부터 제6항까지에서 규정한 사항 외에 기금의 운용에 필요한 사항은 시·도 및 시·군·구의 조례로 정한다.

제90조 (포상금 지급) ① 식품의약품안전처장, 시·도지사 또는 시장·군수·구청장은 이 법에 위반되는 행위를 신고한 자에게 신고 내용별로 1천만 원까지 포상금을 줄 수 있다. 〈개정 2013.3.23.〉

② 제1항에 따른 포상금 지급의 기준·방법 및 절차 등에 관하여 필요한 사항은 대통령령으로 정한다.

영 제63조 (포상금의 지급기준) ① 법 제90조제1항에 따라 포상금을 지급하는 경우 그 기준은 다음 각 호와 같다. 〈개정 2019.3.14.〉

1. 법 제93조를 위반한 자를 신고한 경우: 1천만원 이하
2. 법 제4조부터 제6조(법 제88조에서 준용하는 경우를 포함한다)까지, 제8조(법 제88조에서 준용하는 경우를 포함한다) 또는 제37조제1항을 위반한 자를 신고한 경우: 30만원 이하
3. 법 제7조제4항(법 제88조에서 준용하는 경우를 포함한다), 제9조제4항(법 제88조에서 준용하는 경우를 포함한다), 제37조제5항, 제44조제1항·제2항을 위반한 자 또는 법 제75조제1항에 따른 영업정지명령을 위반하여 영업을 계속한 자를 신고한 경우: 20만원 이하
4. 「식품 등의 표시·광고에 관한 법률」 제8조, 법 제37조제4항을 위반한 자 또는 법 제76조제1항에 따른 품목제조정지명령을 위반한 자를 신고한 경우: 10만원 이하
5. 법 제40조제3항 또는 제88조제1항을 위반한 자를 신고한 경우: 5만원 이하
6. 제1호부터 제5호까지의 규정 외에 법을 위반한 자 중 위생상 위해발생 우려가 있는 위반사항을 신고한 경우: 3만원 이하

② 제1항에 따른 포상금의 세부적인 지급대상, 지급금액, 지급방법 및 지급절차 등은 식품의약품안전처장이 정하여 고시한다. 〈개정 2013.3.23.〉

영 제64조 (신고자 비밀보장) ① 식품의약품안전처장, 시·도지사 또는 시장·군수·구청장은 법 제90조 제1항에 따라 법을 위반한 행위를 신고한 자의 인적사항 등 그 신분이 누설되지 아니하도록 하여야 한다. 〈개정 2013.3.23.〉

② 식품의약품안전처장, 시·도지사 또는 시장·군수·구청장은 신고자의 신분이 공개된 경우 그 경위를 확인하여 신고자의 신분을 누설한 자에 대하여 징계를 요청하는 등 필요한 조치를 할 수 있다. 〈개정 2013.3.23.〉

제90조의 2 (정보공개) ① 식품의약품안전처장은 보유·관리하고 있는 식품 등의 안전에 관한 정보 중 국민이 알아야 할 필요가 있다고 인정하는 정보에 대하여는 「공공기관의 정보공개에 관한 법률」에서 허용하는 범위에서 이를 국민에게 제공하도록 노력하여야 한다. 〈개정 2013.3.23.〉

② 제1항에 따라 제공되는 정보의 범위, 제공 방법 및 절차 등에 필요한 사항은 대통령령으로 정한다. [본조신설 2011.8.4.]

영 제64조의 2 (정보공개) ① 법 제90조의2제1항에 따라 제공되는 식품등의 안전에 관한 정보의 범위는 다음 각 호와 같다. 〈개정 2016.7.26.〉

1. 심의위원회의 조사·심의 내용
2. 안정성심사위원회의 심사 내용
3. 국내외에서 유해물질이 함유된 것으로 알려지는 등 위해의 우려가 제기되는 식품등에 관한 정보
4. 그 밖에 식품등의 안전에 관한 정보로서 식품의약품안전처장이 공개할 필요가 있다고 인정하는 정보

② 식품의약품안전처장은 법 제90조의2제1항에 따라 식품등의 안전에 관한 정보를 인터넷 홈페이지, 신문, 방송 등을 통하여 공개할 수 있다. 〈개정 2013.3.23.〉

제90조의3(식품안전관리 업무 평가) ① 식품의약품안전처장은 식품안전관리 업무 수행 실적이 우수한 시·도 또는 시·군·구에 표창 수여, 포상금 지급 등의 조치를 하기 위하여 시·도 및 시·군·구에서 수행하는 식품안전관리업무를 평가할 수 있다.
② 제1항에 따른 평가 기준·방법 등에 관하여 필요한 사항은 총리령으로 정한다.
[본조신설 2016.2.3.]

규칙 제96조의2(식품안전관리 업무 평가 기준 및 방법 등) ① 법 제90조3제1항에 따른 식품안전관리 업무 평가의 기준은 다음 각 호와 같다.
1. 식품안전관리 사업 목표 달성도 또는 사업의 성과
2. 그 밖에 식품안전관리를 위하여 식품의약품안전처장이 정하는 사항

② 식품의약품안전처장은 제1항에 따른 평가를 할 때에는 시 · 도와 시 · 군 · 구를 구분하여 실시할 수 있다.
[본조신설 2016.8.4.]

제90조의 4 (벌칙 적용에서의 공무원 의제) 안전성심사위원회 및 심의위원회의 위원 중 공무원이 아닌 사람은 「형법」 제129조부터 제132조까지의 규정을 적용할 때에는 공무원으로 본다.
[본조신설 2018. 12. 11.]

제91조 (권한의 위임) 이 법에 따른 식품의약품안전처장의 권한은 대통령령으로 정하는 바에 따라 그 일부를 시·도지사, 식품의약품안전평가원장 또는 지방식품의약품안전청장에게, 시·도지사의 권한은 그 일부를 시장·군수·구청장 또는 보건소장에게 각각 위임할 수 있다. 〈개정 2018.12.11.〉

영 제65조 (권한의 위임) 식품의약품안전처장은 법 제91조에 따라 다음 각 호의 권한을 지방식품의약품안전청장에게 위임한다. 〈개정 2018.5.15.〉
1. 삭제 〈2016.1.22.〉
1의2. 삭제 〈2016.1.22.〉

1의3. 삭제 〈2016.1.22.〉
2. 삭제 〈2014.7.28.〉
3. 삭제 〈2014.7.28.〉
4. 법 제37조제1항 및 제2항에 따른 영업의 허가 및 변경허가
4의2. 법 제37조제3항에 따른 폐업신고 및 변경신고
4의3. 법 제37조제5항 본문에 따른 영업의 등록 및 변경등록
4의4. 법 제37조제6항에 따른 보고 및 변경보고
4의5. 법 제37조제7항에 따른 등록 사항의 직권말소
5. 법 제39조에 따른 영업 승계 신고의 수리
6. 법 제45조에 따른 위해식품등의 회수계획 보고에 관한 업무 및 행정처분 감면
6의2. 법 제46조제1항에 따른 이물(異物) 발견보고
7. 삭제 〈2014.11.28.〉
8. 법 제48조제8항에 따른 식품안전관리인증기준적용업소에 대한 조사·평가 및 인증 취소 또는 시정명령
8의2. 법 제49조제1항 및 제3항에 따른 식품이력추적관리 등록 및 변경신고
8의3. 법 제49조제5항에 따른 식품이력추적관리기준 준수 여부 등에 대한 조사·평가
8의4. 법 제49조제7항에 따른 식품이력추적관리 등록을 한 자에 대한 등록취소 또는 시정명령
9. 법 제71조에 따른 시정명령
10. 법 제72조에 따른 식품등의 압류·폐기처분 또는 위해 방지 조치 명령
11. 법 제73조에 따른 위해식품등의 공표
12. 법 제74조에 따른 시설 개수명령
13. 법 제75조에 따른 허가·등록 취소 또는 영업정지명령
14. 법 제76조에 따른 품목 또는 품목류 제조정지명령
15. 법 제79조에 따른 영업소를 폐쇄하기 위한 조치 및 그 해제를 위한 조치
16. 법 제81조제2호 및 제3호에 따른 청문
17. 법 제82조 및 제83조에 따른 과징금 부과·징수
18. 법 제90조제1항에 따른 포상금 지급
19. 법 제92조제5호(이 조 제4호, 제4호의2 및 제4호의3에 따라 위임된 권한에 따른 수수료만 해당한다)에 따른 수수료의 징수
20. 법 제101조에 따른 과태료 부과·징수

영 **제65조의 2 (민감정보 및 고유식별정보의 처리)** 식품의약품안전처장(제34조 또는 제65조에 따라 식품의약품안전처장의 권한 또는 업무를 위임·위탁받은 자를 포함한다), 시·도지사 또는 시장·군수·구청장(해당 권한이 위임·위탁된 경우에는 그 권한을 위임·위탁받은 자를 포함한다)은 다음 각 호의 사무를 수행하기 위하여 불가피한 경우 「개인정보 보호법」 제23조에 따른 건강에 관한 정보, 같은 법 시행령 제18조제2호에 따른 범죄경력자료에 해당하는 정보, 같은 영 제19조제1호 또는 제4호에 따른 주민등록번호 또는 외국인등록번

호가 포함된 자료를 처리할 수 있다. 〈개정 2014.11.28.〉

1. 법 제16조에 따른 위생검사등의 요청에 관한 사무
2. 법 제22조에 따른 자료제출 및 출입·검사·수거 등의 조치에 관한 사무
3. 삭제 〈2014.7.28.〉
4. 법 제37조에 따른 영업허가, 영업신고, 영업등록 등에 관한 사무
5. 법 제38조에 따른 영업허가 및 영업등록 등에 관한 사무
6. 법 제39조에 따른 영업 승계에 관한 사무
7. 법 제43조에 따른 영업시간 및 영업행위의 제한에 관한 사무
8. 법 제45조에 따른 식품등의 회수에 관한 사무
9. 법 제48조에 따른 식품안전관리인증기준적용업소의 인증, 기술적·경제적 지원, 조사·평가 및 인증취소·시정명령 등에 관한 사무
10. 법 제53조에 따른 조리사의 면허에 관한 사무
11. 법 제71조부터 제80조까지의 규정에 따른 행정처분에 관한 사무
12. 법 제81조에 따른 청문에 관한 사무
13. 법 제82조 및 제83조에 따른 과징금의 부과·징수에 관한 사무
14. 법 제90조에 따른 포상금 지급에 관한 사무

영 **제66조 (규제의 재검토)** 삭제 〈2018.12.24.〉

제92조 (수수료) 다음 각 호의 어느 하나에 해당하는 자는 총리령으로 정하는 수수료를 내야 한다. 〈개정 2016.12.2.〉

1. 제7조제2항 또는 제9조제2항에 따른 기준과 규격의 인정을 신청하는 자

1의2. 제7조의3제2항에 따른 농약 및 동물용 의약품의 잔류허용기준 설정을 요청하는 자

1의3. 삭제 〈2018.3.13.〉

2. 제18조에 따른 안전성 심사를 받는 자

3. 삭제 〈2015.2.3.〉

3의2. 삭제 〈2015.2.3.〉

3의3. 제23조제2항에 따른 재검사를 요청하는 자

4. 삭제 〈2013.7.30.〉

5. 제37조에 따른 허가를 받거나 신고 또는 등록을 하는 자

6. 제48조제3항(제88조에서 준용하는 경우를 포함한다)에 따른 식품안전관리인증기준적용업소 인증 또는 변경 인증을 신청하는 자

6의2. 제48조의2제2항에 따른 식품안전관리인증기준적용업소 인증 유효기간의 연장신청을 하는 자

7. 제49조제1항에 따른 식품이력추적관리를 위한 등록을 신청하는 자

8. 제53조에 따른 조리사 면허를 받는 자

9. 제88조에 따른 집단급식소의 설치·운영을 신고하는 자

[시행일 : 2015.5.29.] 제92조 제3호의 3

규칙 **제97조 (수수료)** ① 법 제92조에 따른 수수료는 별표 26과 같다. 이 경우 수수료는 허가관

청, 면허관청 또는 신고·등록·신청 등을 받는 관청이나 기관이 국가인 경우에는 수입인지, 지방자치단체인 경우에는 해당 지방자치단체의 수입증지, 국가나 지방자치단체가 아닌 경우에는 현금, 신용카드 또는 직불카드로 납부하여야 한다. 〈개정 2015.8.18.〉

② 제1항에 따른 납부는 정보통신망을 이용하여 전자화폐·전자결재 등의 방법으로 할 수 있다.

■ **별표 26** ■ 〈개정 2018.6.28.〉

수수료 (제97조 관련)

1. 영업허가, 신고 및 등록 등
 가. 신규 : 28,000원
 나. 변경 : 9,300원(소재지 변경은 26,500원으로 하되, 영 제26조 제1호 및 제94조 제5항의 변경사항인 경우는 수수료를 면제한다)
 다. 조건부영업허가 : 28,000원
 라. 집단급식소 설치·운영신고 : 28,000원(제94조 제2항에 따른 신고의 경우는 수수료를 면제한다)
 마. 허가증(신고증 또는 등록증) 재발급 : 5,300원
 바. 영업자지위승계신고 : 9,300원
2. 지정 등 신청
 가. 유전자변형식품등 안전성 심사 신청
  1) 유전자변형식품등 안전성 심사 : 5,000,000원
  2) 후대교배종의 안전성 심사 대상 여부 검토 : 2,900,000원
 나. 식품안전관리인증기준적용업소 인증
  1) 신청 : 200,000원(인증유효기간 연장신청을 포함한다)
  2) 변경(소재지, 중요관리점) : 100,000원
 다. 식품등의 한시적 기준 및 규격 인정 신청
  1) 식품원료 : 100,000원
  2) 식품첨가물(기구 등의 살균·소독제를 포함한다), 기구 및 용기·포장 : 30,000원
3. 조리사면허
 가. 신규 : 5,500원
 나. 면허증 재발급 : 3,000원
 다. 조리사면허증기재사항변경신청 : 890원(개명으로 조리사의 성명을 변경하는 경우에는 수수료를 면제한다)
4. 삭제 〈2016.2.4.〉
5. 삭제 〈2016.2.4.〉
6. 표시·광고 심의 신청 : 100,000원
7. 농약 또는 동물용 의약품 잔류허용기준의 설정 등
 가. 농약 및 동물용 의약품의 독성에 관한 자료 검토 수수료(각 품목별로 수수료를 부과한다)
  1) 신규 설정 : 30,000,000원
  2) 변경 및 설정면제 : 10,000,000원

나. 농약 및 동물용 의약품의 식품 잔류에 관한 자료 검토 수수료
1) 농약(식품별로 부과한다) : 5,000,000원
2) 동물용 의약품(동물별로 부과한다) : 10,000,000원
8. 재검사 요청 : 「식품의약품안전처 및 그 소속기관 시험 · 검사의뢰 규칙」에서 정하는 바에 따른다.

제13장 벌칙

제93조 (벌칙) ① 다음 각 호의 어느 하나에 해당하는 질병에 걸린 동물을 사용하여 판매할 목적으로 식품 또는 식품첨가물을 제조·가공·수입 또는 조리한 자는 3년 이상의 징역에 처한다. 〈개정 2011.6.7.〉

1. 소해면상뇌증(狂牛病)
2. 탄저병
3. 가금 인플루엔자

② 다음 각 호의 어느 하나에 해당하는 원료 또는 성분 등을 사용하여 판매할 목적으로 식품 또는 식품첨가물을 제조·가공·수입 또는 조리한 자는 1년 이상의 징역에 처한다. 〈개정 2011.6.7.〉

1. 마황(麻黃)
2. 부자(附子)
3. 천오(川烏)
4. 초오(草烏)
5. 백부자(白附子)
6. 섬수(섬수)
7. 백선피(白鮮皮)
8. 사리풀

③ 제1항 및 제2항의 경우 제조 · 가공 · 수입 · 조리한 식품 또는 식품첨가물을 판매하였을 때에는 그 판매금액의 2배 이상 5배 이하에 해당하는 벌금을 병과(倂科)한다. 〈개정 2018.12.11.〉

④ 제1항 또는 제2항의 죄로 형을 선고받고 그 형이 확정된 후 5년 이내에 다시 제1항 또는 제2항의 죄를 범한 자가 제3항에 해당하는 경우 제3항에서 정한 형의 2배까지 가중한다. 〈신설 2013.7.30.〉

제94조 (벌칙) ① 다음 각 호의 어느 하나에 해당하는 자는 10년 이하의 징역 또는 1억원 이하의 벌금에 처하거나 이를 병과할 수 있다. 〈개정 2014.3.18.〉

1. 제4조부터 제6조까지(제88조에서 준용하는 경우를 포함하고, 제93조 제1항 및 제3항에 해당하는 경우는 제외한다)를 위반한 자
2. 제8조(제88조에서 준용하는 경우를 포함한다)를 위반한 자

2의 2. 삭제 〈2018.3.13.〉

3. 제37조 제1항을 위반한 자

② 제1항의 죄로 금고 이상의 형을 선고받고 그 형이 확정된 후 5년 이내에 다시 제1항의 죄를 범한 자는 1년 이상 10년 이하의 징역에 처한다. 〈개정 2018.12.11.〉

③ 제2항의 경우 그 해당 식품 또는 식품첨가물을 판매한 때에는 그 판매금액의 4배 이상 10배 이하에 해당하는 벌금을 병과한다. 〈개정 2018.12.11.〉

제95조 (벌칙) 다음 각 호의 어느 하나에 해당하는 자는 5년 이하의 징역 또는 5천만 원 이하의 벌금에 처하거나 이를 병과할 수 있다. 〈개정 2018.3.13.〉

1. 제7조제4항(제88조에서 준용하는 경우를 포함한다) 또는 제9조제4항(제88조에서 준용하는 경우를 포함한다)을 위반한 자
2. 삭제 〈2013.7.30.〉

2의2. 제37조제5항을 위반한 자

3. 제43조에 따른 영업 제한을 위반한 자

3의2. 제45조제1항 전단을 위반한 자

4. 제72조제1항·제3항(제88조에서 준용하는 경우를 포함한다) 또는 제73조제1항에 따른 명령을 위반한 자
5. 제75조제1항에 따른 영업정지 명령을 위반하여 영업을 계속한 자(제37조제1항에 따른 영업허가를 받은 자만 해당한다)

제96조 (벌칙) 제51조 또는 제52조를 위반한 자는 3년 이하의 징역 또는 3천만 원 이하의 벌금에 처하거나 이를 병과할 수 있다.

제97조 (벌칙) 다음 각 호의 어느 하나에 해당하는 자는 3년 이하의 징역 또는 3천만 원 이하의 벌금에 처한다. 〈개정 2018.3.13.〉

1. 제12조의2제2항, 제17조제4항, 제31조제1항·제3항, 제37조제3항·제4항, 제39조제3항, 제48조제2항·제10항, 제49조제1항 단서 또는 제55조를 위반한 자
2. 제22조제1항(제88조에서 준용하는 경우를 포함한다) 또는 제72조제1항 · 제2항(제88조에서 준용하는 경우를 포함한다)에 따른 검사·출입·수거·압류·폐기를 거부·방해 또는 기피한 자
3. 삭제 〈2015.2.3.〉
4. 제36조에 따른 시설기준을 갖추지 못한 영업자
5. 제37조제2항에 따른 조건을 갖추지 못한 영업자
6. 제44조제1항에 따라 영업자가 지켜야 할 사항을 지키지 아니한 자. 다만, 총리령으로 정하는 경미한 사항을 위반한 자는 제외한다.
7. 제75조제1항에 따른 영업정지 명령을 위반하여 계속 영업한 자(제37조제4항 또는 제5항에 따라 영업신고 또는 등록을 한 자만 해당한다) 또는 같은 조 제1항 및 제2항에 따른 영업소 폐쇄명령을 위반하여 영업을 계속한 자
8. 제76조제1항에 따른 제조정지 명령을 위반한 자
9. 제79조제1항에 따라 관계 공무원이 부착한 봉인 또는 게시문 등을 함부로 제거하거나 손상시킨 자

규칙 **제98조 (벌칙에서 제외되는 사항)** 법 제97조 제6호에서 "총리령으로 정하는 경미한 사항"이란 다음 각 호의 어느 하나에 해당하는 경우를 말한다. 〈개정 2013.3.23.〉

1. 영 제21조 제1호의 식품제조·가공업자가 식품광고 시 유통기한을 확인하여 제품을 구입하도록 권장하는 내용을 포함하지 아니한 경우
2. 영 제21조 제1호의 식품제조·가공업자 및 제21조 제5호의 식품소분·판매업자가 해당 식품 거래기록을 보관하지 아니한 경우
3. 영 제21조 제8호의 식품접객업자가 영업신고증 또는 영업허가증을 보관하지 아니한 경우
4. 영 제21조 제8호 라목의 유흥주점영업자가 종업원 명부를 비치·관리하지 아니한 경우

규칙 **제99조 (규제의 재검토)** 식품의약품안전처장은 다음 각 호의 사항에 대하여 다음 각 호의 기준일을 기준으로 3년마다(매 3년이 되는 해의 기준일과 같은 날 전까지를 말한다) 그 타당성을 검토하여 개선 등의 조치를 하여야 한다. 〈개정 2017.12.29.〉

1. 삭제 〈2019.4.25.〉
2. 삭제 〈2016.2.4.〉
3. 삭제 〈2014.8.20.〉
4. 제36조 및 별표 14에 따른 업종별 시설기준 : 2014년 1월 1일
5. 제40조에 따른 영업허가의 신청 : 2014년 1월 1일
6. 제57조 및 별표 17 제7호아목에 따른 식품접객업자(위탁급식영업자는 제외한다)의 준수사항: 2014년 1월 1일
7. 제57조 및 별표 17 제8호마목에 따른 위탁급식영업자의 준수사항 : 2014년 1월 1일
8. 제62조제1항제7호에 따른 식품안전관리인증기준의 대상 식품 : 2014년 1월 1일
9. 제89조 및 별표 23 II. 개별기준의 시정명령 대상 : 2014년 1월 1일

[전문개정 2014.4.1.]

제98조 (벌칙) 다음 각 호의 어느 하나에 해당하는 자는 1년 이하의 징역 또는 1천만 원 이하의 벌금에 처한다. 〈개정 2014.3.18.〉

1. 제44조 제3항을 위반하여 접객행위를 하거나 다른 사람에게 그 행위를 알선한 자
2. 제46조 제1항을 위반하여 소비자로부터 이물 발견의 신고를 접수하고 이를 거짓으로 보고한 자
3. 이물의 발견을 거짓으로 신고한 자
4. 제45조 제1항 후단을 위반하여 보고를 하지 아니하거나 거짓으로 보고한 자

제99조 삭제 〈2013.7.30.〉

제100조 (양벌규정) 법인의 대표자나 법인 또는 개인의 대리인, 사용인, 그 밖의 종업원이 그 법인 또는 개인의 업무에 관하여 제93조 제3항 또는 제94조부터 제97조까지의 어느 하나에 해당하는 위반행위를 하면 그 행위자를 벌하는 외에 그 법인 또는 개인에게도 해당 조문의 벌금형을 과(科)하고, 제93조 제1항의 위반행위를 하면 그 법인 또는 개인에 대하여도 1억 5천만 원 이하의 벌금에 처하며, 제93조 제2항의 위반행위를 하면 그 법인 또는 개인에 대하여도 5천만 원 이하의 벌금에 처한다. 다만, 법인 또는 개인이 그 위반행위를 방지하기 위하여 해당 업무에 관하여 상당한 주의와 감독을 게을리하지 아니한 경우에는 그러하지 아니하다.

제101조(과태료) ① 삭제 〈개정 2015.5.18.〉
② 다음 각 호의 어느 하나에 해당하는 자에게는 500만원 이하의 과태료를 부과한다. 〈개정 2018.12.11.〉
1. 제3조·제40조제1항 및 제3항(제88조에서 준용하는 경우를 포함한다), 제41조제1항 및 제5항(제88조에서 준용하는 경우를 포함한다) 또는 제86조제1항을 위반한 자
1의2. 삭제 〈2015.2.3.〉
1의3. 제19조의4제2항을 위반하여 검사기한 내에 검사를 받지 아니하거나 자료 등을 제출하지 아니한 영업자
1의4. 삭제 〈2016.2.3.〉
2. 삭제 〈2015.3.27.〉
3. 제37조제6항을 위반하여 보고를 하지 아니하거나 허위의 보고를 한 자
4. 제42조제2항을 위반하여 보고를 하지 아니하거나 허위의 보고를 한 자
5. 삭제 〈2011.6.7.〉
6. 제48조제9항(제88조에서 준용하는 경우를 포함한다)을 위반한 자
7. 제56조제1항을 위반하여 교육을 받지 아니한 자
8. 제74조제1항(제88조에서 준용하는 경우를 포함한다)에 따른 명령에 위반한 자
9. 제88조제1항 전단을 위반하여 신고를 하지 아니하거나 허위의 신고를 한 자
10. 제88조제2항을 위반한 자

③ 다음 각 호의 어느 하나에 해당하는 자에게는 300만원 이하의 과태료를 부과한다. 〈개정 2016.2.3.〉
1. 삭제 〈2013.7.30.〉
2. 제44조제1항에 따라 영업자가 지켜야 할 사항 중 총리령으로 정하는 경미한 사항을 지키지 아니한 자
3. 제46조제1항을 위반하여 소비자로부터 이물 발견신고를 받고 보고하지 아니한 자
4. 제49조제3항을 위반하여 식품이력추적관리 등록사항이 변경된 경우 변경사유가 발생한 날부터 1개월 이내에 신고하지 아니한 자
5. 제49조의3제4항을 위반하여 식품이력추적관리정보를 목적 외에 사용한 자

④ 제1항부터 제3항까지의 규정에 따른 과태료는 대통령령으로 정하는 바에 따라 식품의약품안전처장, 시·도지사 또는 시장·군수·구청장이 부과·징수한다. 〈개정 2013.3.23.〉

영 제67조 (과태료의 부과기준) ① 법 제101조제1항부터 제3항까지의 규정에 따른 과태료의 부과기준은 별표 2와 같다.
[전문개정 2015.12.30.]

■ **별표 2** ■ 〈개정 2019.3.14.〉

과태료의 부과기준(제67조 관련)

1. 일반기준

가. 위반행위의 횟수에 따른 과태료의 가중된 부과기준은 최근 2년간 같은 위반행위로 과태료 부과처분을 받은 경우에 적용한다. 이 경우 기간의 계산은 위반행위에 대하여 과태료 부과처분을 받은 날과 그 처분 후에 다시 같은 위반행위를 하여 적발한 날을 기준으로 한다.

나. 가목에 따라 가중된 부과처분을 하는 경우 가중처분의 적용 차수는 그 위반행위 전 부과처분 차수(가목에 따른 기간 내에 과태료 부과처분이 둘 이상 있었던 경우에는 높은 차수를 말한다)의 다음 차수로 한다.

다. 식품의약품안전처장, 시·도지사 또는 시장·군수·구청장은 다음의 어느 하나에 해당하는 경우에는 제2호의 개별기준에 따른 과태료 금액의 2분의 1 범위에서 그 금액을 줄일 수 있다. 다만, 과태료를 체납하고 있는 위반행위자의 경우에는 그 금액을 줄일 수 없다.

1) 위반행위자가 「질서위반행위규제법 시행령」 제2조의2제1항 각 호의 어느 하나에 해당하는 경우

2) 위반행위자가 위반행위를 바로 정정하거나 시정하여 위반상태를 해소한 경우

라. 식품의약품안전처장, 시·도지사 또는 시장·군수·구청장은 다음의 어느 하나에 해당하는 경우에는 제2호의 개별기준에 따른 과태료 금액의 2분의 1 범위에서 그 금액을 늘릴 수 있다. 다만, 금액을 늘리는 경우에도 법 제101조제1항부터 제3항까지의 규정에 따른 과태료 금액의 상한을 넘을 수 없다.

1) 위반의 내용 및 정도가 중대하여 이로 인한 피해가 크다고 인정되는 경우

2) 법 위반상태의 기간이 6개월 이상인 경우

3) 그 밖에 위반행위의 정도, 동기 및 그 결과 등을 고려하여 과태료를 늘릴 필요가 있다고 인정되는 경우

2. 개별기준

위반행위	근거 법조문	과태료 금액(단위: 만원)		
		1차 위반	2차 위반	3차 이상 위반
가. 법 제3조(법 제88조에서 준용하는 경우를 포함한다)를 위반한 경우	법 제101조 제2항제1호	20만원 이상 200만원 이하의 범위에서 총리령으로 정하는 금액		
나. 삭제 〈2019.3.14〉				
다. 삭제 〈2019.3.14〉				
라. 영업자가 법 제19조의4제2항을 위반하여 검사기한 내에 검사를 받지 않거나 자료 등을 제출하지 않은 경우	법 제101조 제2항제1호의3	300	400	500
마. 삭제 〈2016.7.26.〉				
바. 법 제37조제6항을 위반하여 보고를 하지 않거나 허위의 보고를 한 경우	법 제101조 제2항제3호	200	300	400

(계속)

위반행위	근거 법조문	과태료 금액		
		1차 위반	2차 위반	3차 이상 위반
사. 법 제40조제1항(법 제88조에서 준용하는 경우를 포함한다)을 위반한 경우	법제101조 제2항제1호			
1) 건강진단을 받지 않은 영업자 또는 집단급식소의 설치·운영자(위탁급식영업자에게 위탁한 집단급식소의 경우는 제외한다)		20	40	60
2) 건강진단을 받지 않은 종업원		10	20	30
아. 법 제40조제3항(법 제88조에서 준용하는 경우를 포함한다)을 위반한 경우	법 제101조 제2항제1호			
1) 건강진단을 받지 않은 자를 영업에 종사시킨 영업자				
가) 종업원 수가 5명 이상인 경우				
(1) 건강진단 대상자의 100분의 50 이상 위반		50	100	150
(2) 건강진단 대상자의 100분의 50 미만 위반		30	60	90
나) 종업원 수가 4명 이하인 경우				
(1) 건강진단 대상자의 100분의 50 이상 위반		30	60	90
(2) 건강진단 대상자의 100분의 50 미만 위반		20	40	60
2) 건강진단 결과 다른 사람에게 위해를 끼칠 우려가 있는 질병이 있다고 인정된 자를 영업에 종사시킨 영업자		100	200	300
자. 법 제41조제1항(법 제88조에서 준용하는 경우를 포함한다)을 위반한 경우	법 제101조 제2항제1호			
1) 위생교육을 받지 않은 영업자 또는 집단급식소의 설치·운영자(위탁급식영업자에게 위탁한 집단급식소의 경우는 제외한다)		20	40	60
2) 위생교육을 받지 않은 종업원		10	20	30
차. 법 제41조제5항(법 제88조에서 준용하는 경우를 포함한다)을 위반하여 위생교육을 받지 않은 종업원을 영업에 종사시킨 영업자 또는 집단급식소의 설치·운영자(위탁급식영업자에게 위탁한 집단급식소의 경우는 제외한다)	법 제101조 제2항제1호	20	40	60
카. 법 제44조제1항에 따라 영업자가 지켜야 할 사항 중 총리령으로 정하는 경미한 사항을 지키지 않은 경우	법 제101조 제3항제2호	10	20	30
타. 법 제42조제2항을 위반하여 보고를 하지 않거나 허위의 보고를 한 경우	법 제101조 제2항제4호	30	60	90
파. 법 제46조제1항을 위반하여 소비자로부터 이물 발견신고를 받고 보고하지 않은 경우	법 제101조 제3항제3호			
1) 이물 발견신고를 보고하지 않은 경우		300	300	300
2) 이물 발견신고의 보고를 지체한 경우		100	200	300

(계속)

위반행위	근거 법조문	과태료 금액		
		1차 위반	2차 위반	3차 이상 위반
하. 법 제48조제9항(법 제88조에서 준용하는 경우를 포함한다)을 위반한 경우	법 제101조 제2항제6호	300	400	500
거. 법 제49조제3항을 위반하여 식품이력추적관리 등록사항이 변경된 경우 변경사유가 발생한 날부터 1개월 이내에 신고하지 않은 경우	법 제101조 제3항제4호	30	60	90
너. 법 제49조의3제4항을 위반하여 식품이력추적관리정보를 목적 외에 사용한 경우	법 제101조 제3항제5호	100	200	300
더. 법 제56조제1항을 위반하여 교육을 받지 않은 경우	법 제101조 제2항제7호	20	40	60
러. 법 제74조제1항(법 제88조에서 준용하는 경우를 포함한다)에 따른 명령을 위반한 경우	법 제101조 제2항제8호	200	300	400
머. 법 제86조제1항을 위반한 경우	법 제101조 제2항제1호			
1) 식중독 환자나 식중독이 의심되는 자를 진단하였거나 그 사체를 검안한 의사 또는 한의사		100	200	300
2) 집단급식소에서 제공한 식품등으로 인하여 식중독 환자나 식중독으로 의심되는 증세를 보이는 자를 발견한 집단급식소의 설치 · 운영자		200	300	400
버. 법 제88조제1항을 위반하여 신고를 하지 않거나 허위의 신고를 한 경우	법 제101조 제2항제9호	100	200	300
서. 법 제88조제2항을 위반한 경우(위탁급식영업자에게 위탁한 집단급식소의 경우는 제외한다)	법 제101조 제2항제10호			
1) 식중독을 발생하게 한 집단급식소(법 제86조제2항 및 이 영 제59조제2항에 따른 식중독 원인의 조사 결과 해당 집단급식소에서 조리 · 제공한 식품이 식중독의 발생 원인으로 확정된 집단급식소를 말한다)의 설치 · 운영자		300	400	500
2) 조리 · 제공한 식품의 매회 1인분 분량을 총리령으로 정하는 바에 따라 144시간 이상 보관하지 않은 경우		50	100	150
3) 영양사의 업무를 방해하는 집단급식소의 설치 · 운영자		50	100	150
4) 정당한 사유 없이 영양사가 위생관리를 위하여 요청하는 사항을 따르지 않은 집단급식소의 설치 · 운영자		50	100	150
5) 그 밖에 총리령으로 정한 준수사항을 위반한 집단급식소의 설치 · 운영자		30만원 이상 300만원 이하의 범위에서 총리령으로 정하는 금액		

규칙 **제100조 (과태료의 부과기준)** 영 제67조 및 영 별표 2에 따라 법 제3조 및 법 제88조 제2항 제5호를 위반한 자에 대한 과태료의 부과기준은 별표 27과 같다.

■ **별표 27** ■ 〈개정 2017.1.4.〉

법 제3조 및 제88조제2항제5호를 위반한 자에 대한 과태료 금액 (제100조 관련)

위반행위	근거 법조문	과태료 금액(단위: 만원)		
		1차 위반	2차 위반	3차 이상 위반
1. 법 제3조(법 제88조에서 준용하는 경우를 포함한다)를 위반한 경우	법 제101조 제2항제1호 및 영 제67조			
가. 식품등을 취급하는 원료보관실 · 제조가공실 · 조리실 · 포장실 등의 내부에 위생해충을 방제(防除) 및 구제(驅除)하지 아니하여 그 배설물 등이 발견되거나 청결하게 관리하지 아니한 경우		50	100	150
나. 식품등의 원료 및 제품 중 부패 · 변질이 되기 쉬운 것을 냉동 · 냉장시설에 보관 · 관리하지 아니한 경우		30	60	90
다. 식품등의 보관 · 운반 · 진열 시에 식품등의 기준 및 규격이 정하고 있는 보존 및 유통기준에 적합하도록 관리하지 아니하거나 냉동 · 냉장시설 및 운반시설을 정상적으로 작동시키지 아니한 경우(이 법에 따라 허가를 받거나 신고한 영업자는 제외한다)		100	200	300
라. 식품등의 제조 · 가공 · 조리 또는 포장에 직접 종사하는 사람에게 위생모를 착용시키지 아니한 경우		20	40	60
마. 제조 · 가공(수입품을 포함한다)하여 최소판매 단위로 포장된 식품 또는 식품첨가물을 영업허가 또는 신고하지 아니하고 판매의 목적으로 포장을 뜯어 분할하여 판매한 경우		20	40	60
바. 식품등의 제조 · 가공 · 조리에 직접 사용되는 기계 · 기구 및 음식기를 사용한 후에 세척 또는 살균을 하지 아니하는 등 청결하게 유지 · 관리하지 아니한 경우 또는 어류 · 육류 · 채소류를 취급하는 칼 · 도마를 각각 구분하여 사용하지 아니한 경우		50	100	150
사. 유통기한이 경과된 식품등을 판매하거나 판매의 목적으로 진열 · 보관한 경우(이 법에 따라 허가를 받거나 신고한 영업자는 제외한다)		30	60	90
2. 법 제88조제2항제5호를 위반한 경우(위탁급식영업자에게 위탁한 집단급식소의 경우는 제외한다)	법 제101조 제2항제10호 및 영 제67조			
가. 별표 24 제3호를 위반하여 유통기한이 지난 원료 또는 완제품을 조리할 목적으로 보관하거나 음식물의 조리에 사용한 경우		100	200	300
나. 별표 24 제4호에 따른 수질검사를 실시하지 아니한 경우		50	100	150
다. 수질검사를 실시한 결과 부적합 판정된 지하수를 사용한 경우		100	200	300
라. 가목부터 다목까지 규정한 사항 외에 별표 24에 따른 준수사항을 위반한 경우		30	60	90

규칙 제101조 (과태료의 부과대상) 법 제101조 제3항 제2호에서 "총리령으로 정하는 경미한 사항"이란 다음 각 호의 어느 하나에 해당하는 경우를 말한다. 〈개정 2017.12.29.〉

1. 영 제21조 제8호의 식품접객업자가 별표 17 제7호 자목에 따른 영업신고증, 영업허가증 또는 조리사면허증 보관의무를 준수하지 아니한 경우
2. 영 제21조 제8호 라목의 유흥주점영업자가 별표 17 제7호 파목에 따른 종업원명부 비치·기록 및 관리 의무를 준수하지 아니한 경우 [본조신설 2011.8.19.]

제102조 (과태료에 관한 규정 적용의 특례) 제101조의 과태료에 관한 규정을 적용하는 경우 제82조에 따라 과징금을 부과한 행위에 대하여는 과태료를 부과할 수 없다. 다만, 제82조 제4항 본문에 따라 과징금 부과처분을 취소하고 영업정지 또는 제조정지 처분을 한 경우에는 그러하지 아니하다.

부칙 (식품위생법)

〈법률 제16431호, 2019.4.30..〉

제1조(시행일) 이 법은 공포 후 6개월이 경과한 날부터 시행한다. 다만, 제62조의 개정규정은 공포 후 3개월이 경과한 날부터 시행한다.

〈이하 조문 생략〉

부칙 (식품위생법 시행령)

〈대통령령 제29973호, 2019.7.9.〉

제1조(시행일) 이 영은 2019년 7월 16일부터 시행한다.

부칙(식품위생법 시행규칙)

〈총리령 제1543호, 2019.6.12.〉

제1조(시행일) 이 규칙은 2019년 6월 12일부터 시행한다.

〈이하 조문 생략〉

2 식품등의 표시 · 광고에 관한 법률 (약칭: 식품표시광고법)

[시행 2019.3.14] [법률 제15483호, 2018.3.13, 제정]

식품등의 표시 · 광고에 관한 법률 시행령

[시행 2019.3.14] [대통령령 제29622호, 2019.3.14, 제정]

식품등의 표시 · 광고에 관한 법률 시행규칙

[시행 2019.4.25] [총리령 제1535호, 2019.4.25, 제정]

제1조(목적) 이 법은 식품 등에 대하여 올바른 표시·광고를 하도록 하여 소비자의 알 권리를 보장하고 건전한 거래질서를 확립함으로써 소비자 보호에 이바지함을 목적으로 한다.

영 제1조(목적) 이 영은 「식품 등의 표시·광고에 관한 법률」에서 위임된 사항과 그 시행에 필요한 사항을 규정함을 목적으로 한다.

규칙 제1조(목적) 이 규칙은 「식품 등의 표시·광고에 관한 법률」 및 같은 법 시행령에서 위임된 사항과 그 시행에 필요한 사항을 규정함을 목적으로 한다.

제2조(정의) 이 법에서 사용하는 용어의 뜻은 다음과 같다.

1. "식품"이란 「식품위생법」 제2조제1호에 따른 식품(해외에서 국내로 수입되는 식품을 포함한다)을 말한다.
2. "식품첨가물"이란 「식품위생법」 제2조제2호에 따른 식품첨가물(해외에서 국내로 수입되는 식품첨가물을 포함한다)을 말한다.
3. "기구"란 「식품위생법」 제2조제4호에 따른 기구(해외에서 국내로 수입되는 기구를 포함한다)를 말한다.
4. "용기·포장"이란 「식품위생법」 제2조제5호에 따른 용기·포장(해외에서 국내로 수입되는 용기·포장을 포함한다)을 말한다.
5. "건강기능식품"이란 「건강기능식품에 관한 법률」 제3조제1호에 따른 건강기능식품(해외에서 국내로 수입되는 건강기능식품을 포함한다)을 말한다.
6. "축산물"이란 「축산물 위생관리법」 제2조제2호에 따른 축산물(해외에서 국내로 수입되는 축산물을 포함한다)을 말한다.
7. "표시"란 식품, 식품첨가물, 기구, 용기·포장, 건강기능식품, 축산물(이하 "식품등"이라 한다) 및 이를 넣거나 싸는 것(그 안에 첨부되는 종이 등을 포함한다)에 적는 문자·숫자 또는 도형을 말한다.

(계속)

8. “영양표시”란 식품, 식품첨가물, 건강기능식품, 축산물에 들어있는 영양성분의 양(量) 등 영양에 관한 정보를 표시하는 것을 말한다.
9. “나트륨 함량 비교 표시”란 식품의 나트륨 함량을 동일하거나 유사한 유형의 식품의 나트륨 함량과 비교하여 소비자가 알아보기 쉽게 색상과 모양을 이용하여 표시하는 것을 말한다.
10. “광고”란 라디오·텔레비전·신문·잡지·인터넷·인쇄물·간판 또는 그 밖의 매체를 통하여 음성·음향·영상 등의 방법으로 식품등에 관한 정보를 나타내거나 알리는 행위를 말한다.
11. “영업자”란 다음 각 목의 어느 하나에 해당하는 자를 말한다.
   가. 「건강기능식품에 관한 법률」 제5조에 따라 허가를 받은 자 또는 같은 법 제6조에 따라 신고를 한 자
   나. 「식품위생법」 제37조제1항에 따라 허가를 받은 자 또는 같은 조 제4항에 따라 신고하거나 같은 조 제5항에 따라 등록을 한 자
   다. 「축산물 위생관리법」 제22조에 따라 허가를 받은 자 또는 같은 법 제24조에 따라 신고를 한 자
   라. 「수입식품안전관리 특별법」 제15조제1항에 따라 영업등록을 한 자

제3조(다른 법률과의 관계) 식품등의 표시 또는 광고에 관하여 다른 법률에 우선하여 이 법을 적용한다.

제4조(표시의 기준) ① 식품등에는 다음 각 호의 구분에 따른 사항을 표시하여야 한다. 다만, 총리령으로 정하는 경우에는 그 일부만을 표시할 수 있다.
1. 식품, 식품첨가물 또는 축산물
   가. 제품명, 내용량 및 원재료명
   나. 영업소 명칭 및 소재지
   다. 소비자 안전을 위한 주의사항
   라. 제조연월일, 유통기한 또는 품질유지기한
   마. 그 밖에 소비자에게 해당 식품, 식품첨가물 또는 축산물에 관한 정보를 제공하기 위하여 필요한 사항으로서 총리령으로 정하는 사항
2. 기구 또는 용기·포장
   가. 재질
   나. 영업소 명칭 및 소재지
   다. 소비자 안전을 위한 주의사항
   라. 그 밖에 소비자에게 해당 기구 또는 용기·포장에 관한 정보를 제공하기 위하여 필요한 사항으로서 총리령으로 정하는 사항
3. 건강기능식품
   가. 제품명, 내용량 및 원료명

(계속)

나. 영업소 명칭 및 소재지
다. 유통기한 및 보관방법
라. 섭취량, 섭취방법 및 섭취 시 주의사항
마. 건강기능식품이라는 문자 또는 건강기능식품임을 나타내는 도안
바. 질병의 예방 및 치료를 위한 의약품이 아니라는 내용의 표현
사. 「건강기능식품에 관한 법률」 제3조제2호에 따른 기능성에 관한 정보 및 원료 중에 해당 기능성을 나타내는 성분 등의 함유량
아. 그 밖에 소비자에게 해당 건강기능식품에 관한 정보를 제공하기 위하여 필요한 사항으로서 총리령으로 정하는 사항

② 제1항에 따른 표시의무자, 표시사항 및 글씨크기·표시장소 등 표시방법에 관하여는 총리령으로 정한다.

③ 제1항에 따른 표시가 없거나 제2항에 따른 표시방법을 위반한 식품등은 판매하거나 판매할 목적으로 제조·가공·소분[(小分) : 완제품을 나누어 유통을 목적으로 재포장하는 것을 말한다. 이하 같다]·수입·포장·보관·진열 또는 운반하거나 영업에 사용해서는 아니 된다.

규칙 제2조(일부 표시사항) 「식품 등의 표시·광고에 관한 법률」(이하 "법"이라 한다) 제4조제1항 각 호 외의 부분 단서에 따라 식품, 식품첨가물, 기구, 용기·포장, 건강기능식품, 축산물(이하 "식품등"이라 한다. 이하 같다)에 표시사항 중 일부만을 표시할 수 있는 경우는 별표 1과 같다.

■ **별표 1** ■ 식품 등의 표시·광고에 관한 법률 시행규칙

식품등의 일부 표시사항(제2조 관련)

법 제4조제1항 각 호 외의 부분 단서에 따라 표시사항의 일부만을 표시할 수 있는 식품등과 해당 식품등에 표시할 사항은 다음 각 호의 구분에 따른다.

1. 자사(自社)에서 제조·가공할 목적으로 수입하는 식품등
   가. 제품명
   나. 영업소(제조·가공 영업소를 말한다) 명칭
   다. 제조연월일, 유통기한 또는 품질유지기한
   라. "건강기능식품"이라는 문자(건강기능식품만 해당한다)
   마. 「건강기능식품에 관한 법률」 제3조제2호에 따른 기능성에 관한 정보(건강기능식품만 해당한다)
2. 「식품위생법 시행령」 제21조제1호 및 제3호의 식품제조·가공업 및 식품첨가물제조업, 「축산물 위생관리법 시행령」 제21조제3호의 축산물가공업, 「건강기능식품에 관한 법률 시행령」 제2조제1호의 건강기능식품제조업에 사용될 목적으로 공급되는 원료용 식품등
   가. 제품명
   나. 영업소의 명칭 및 소재지
   다. 제조연월일, 유통기한 또는 품질유지기한

라. 보관방법
마. 소비자 안전을 위한 주의사항 중 알레르기 유발물질
바. 내용량, 원료명 및 함량(건강기능식품만 해당한다)
사. "건강기능식품"이라는 문자(건강기능식품만 해당한다)
아. 「건강기능식품에 관한 법률」 제3조제2호에 따른 기능성에 관한 정보(건강기능식품만 해당한다)

3. 「식품위생법 시행령」 제21조제1호의 식품제조·가공업 또는 「축산물 위생관리법 시행령」 제21조제3호의 축산물가공업 영업자가 「가맹사업거래의 공정화에 관한 법률」에 따른 가맹본부 또는 가맹점사업자에게 제조·가공 또는 조리를 목적으로 공급하는 식품 및 축산물(가맹본부 또는 가맹점사업자가 「유통산업발전법」 제2조제12호에 따른 판매시점 정보관리시스템 등을 통해 낱개 상품 여러 개를 한 포장에 담은 제품에 대하여 가목 및 나목의 사항을 알 수 있는 경우에는 그 표시를 생략할 수 있다)
   가. 제품명
   나. 영업소의 명칭 및 소재지
   다. 제조연월일, 유통기한 또는 품질유지기한
   라. 보관방법 또는 취급방법
   마. 소비자 안전을 위한 주의사항 중 알레르기 유발물질

4. 법 제4조제1항에 따른 표시사항의 정보를 바코드 등을 이용하여 소비자에게 제공하는 식품 및 축산물
   가. 제품명, 내용량 및 원재료명
   나. 영업소 명칭 및 소재지
   다. 소비자 안전을 위한 주의사항
   라. 제조연월일, 유통기한 또는 품질유지기한
   마. 품목보고번호

5. 「축산물 위생관리법 시행령」 제21조제7호가목 및 제8호의 식육판매업 및 식육즉석판매가공업 영업자가 보관·판매하는 식육
   가. 식육의 종류, 부위명칭, 등급, 도축장명. 이 경우 식육의 부위명칭 및 구별방법, 식육의 종류 표시 등에 관한 세부 사항은 식품의약품안전처장이 정하여 고시하는 바에 따른다.
   나. 유통기한 및 보관방법. 이 경우 식육을 보관하거나 비닐 등으로 포장하여 판매하는 경우만 해당한다.
   다. 포장일자(식육을 비닐 등으로 포장하여 보관·판매하는 경우만 해당한다)

6. 「축산물 위생관리법 시행령」 제21조제7호나목의 식육부산물전문판매업 영업자가 보관·판매하는 식육부산물(도축 당일 도축장에서 위생용기에 넣어 운반·판매하는 경우에는 도축검사증명서로 그 표시를 대신할 수 있다)
   가. 식육부산물의 종류(식육부산물을 비닐 등으로 포장하지 않고 진열상자에 놓고 판매하는 경우에는 식육판매표지판에 표시하여 전면에 설치해야 한다)
   나. 유통기한 및 보관방법. 이 경우 식육부산물을 비닐 등으로 포장하여 보관·판매하는 경우만 해당한다.

규칙 **제3조(표시사항)** ① 법 제4조제1항제1호마목에서 "총리령으로 정하는 사항"이란 다음 각 호의 사항을 말한다.

1. 식품유형, 품목보고번호
2. 성분명 및 함량
3. 용기·포장의 재질
4. 조사처리(照射處理) 표시
5. 보관방법 또는 취급방법
6. 식육(食肉)의 종류, 부위 명칭, 등급 및 도축장명
7. 포장일자

② 법 제4조제1항제2호라목에서 "총리령으로 정하는 사항"이란 식품용이라는 단어 또는 식품용 기구를 나타내는 도안을 말한다.

③ 법 제4조제1항제3호아목에서 "총리령으로 정하는 사항"이란 다음 각 호의 사항을 말한다.

1. 원료의 함량
2. 소비자 안전을 위한 주의사항

규칙 **제4조(표시의무자)** 법 제4조제2항에 따른 표시의무자는 다음 각 호에 해당하는 자로 한다.

1. 「식품위생법 시행령」 제21조에 따른 영업을 하는 자 중 다음 각 목의 어느 하나에 해당하는 자
   가. 「식품위생법 시행령」 제21조제1호에 따른 식품제조·가공업을 하는 자(식용얼음의 경우에는 용기·포장에 5킬로그램 이하로 넣거나 싸서 생산하는 자만 해당한다)
   나. 「식품위생법 시행령」 제21조제2호에 따른 즉석판매제조·가공업을 하는 자
   다. 「식품위생법 시행령」 제21조제3호에 따른 식품첨가물제조업을 하는 자
   라. 「식품위생법 시행령」 제21조제5호가목에 따른 식품소분업을 하는 자, 같은 호 나목1)에 따른 식용얼음판매업자(얼음을 용기·포장에 5킬로그램 이하로 넣거나 싸서 유통 또는 판매하는 자만 해당한다) 및 같은 호 나목4)에 따른 집단급식소 식품판매업을 하는 자
   마. 「식품위생법 시행령」 제21조제7호에 따른 용기·포장류제조업을 하는 자
2. 「축산물 위생관리법 시행령」 제21조에 따른 영업을 하는 자 중 다음 각 목의 어느 하나에 해당하는 자
   가. 「축산물 위생관리법 시행령」 제21조제1호에 따른 도축업을 하는 자(닭·오리 식육을 포장하는 자만 해당한다)
   나. 「축산물 위생관리법 시행령」 제21조제3호에 따른 축산물가공업을 하는 자
   다. 「축산물 위생관리법 시행령」 제21조제3호의2에 따른 식용란선별포장업을 하는 자
   라. 「축산물 위생관리법 시행령」 제21조제4호에 따른 식육포장처리업을 하는 자
   마. 「축산물 위생관리법 시행령」 제21조제7호가목에 따른 식육판매업을 하는 자, 같은 호 나목에 따른 식육부산물전문판매업을 하는 자 및 같은 호 바목에 따른 식용란수집판매업을 하는 자

바. 「축산물 위생관리법 시행령」 제21조제8호에 따른 식육즉석판매가공업을 하는 자
3. 「건강기능식품에 관한 법률」 제4조제1호에 따른 건강기능식품제조업을 하는 자
4. 「수입식품안전관리 특별법 시행령」 제2조제1호에 따른 수입식품등 수입·판매업을 하는 자
5. 「축산법」 제22조제1항제4호에 따른 가축사육업을 하는 자 중 식용란을 출하하는 자
6. 농산물·임산물·수산물 또는 축산물을 용기·포장에 넣거나 싸서 출하·판매하는 자
7. 법 제2조제3호에 따른 기구를 생산, 유통 또는 판매하는 자

규칙 **제5조(표시방법 등)** ① 법 제4조제1항 및 제2항에 따른 소비자 안전을 위한 주의사항의 구체적인 표시사항은 별표 2와 같다.
② 법 제4조제2항에 따른 글씨크기·표시장소 등의 표시방법은 별표 3과 같다.
③ 제1항 및 제2항에서 규정한 사항 외에 표시사항 및 표시방법에 관한 세부 사항은 식품의약품안전처장이 정하여 고시한다.

■ 별표 2 ■ 식품 등의 표시·광고에 관한 법률 시행규칙

소비자 안전을 위한 표시사항(제5조제1항 관련)

Ⅰ. 공통사항
1. 알레르기 유발물질 표시
식품등에 알레르기를 유발할 수 있는 원재료가 포함된 경우 그 원재료명을 표시해야 하며, 알레르기 유발물질, 표시 대상 및 표시방법은 다음 각 목과 같다.
가. 알레르기 유발물질
알류(가금류만 해당한다), 우유, 메밀, 땅콩, 대두, 밀, 고등어, 게, 새우, 돼지고기, 복숭아, 토마토, 아황산류(이를 첨가하여 최종 제품에 이산화황이 1킬로그램당 10밀리그램 이상 함유된 경우만 해당한다), 호두, 닭고기, 쇠고기, 오징어, 조개류(굴, 전복, 홍합을 포함한다), 잣
나. 표시 대상
1) 가목의 알레르기 유발물질을 원재료로 사용한 식품등
2) 1)의 식품등으로부터 추출 등의 방법으로 얻은 성분을 원재료로 사용한 식품등
3) 1) 및 2)를 함유한 식품등을 원재료로 사용한 식품등
다. 표시방법
원재료명 표시란 근처에 바탕색과 구분되도록 알레르기 표시란을 마련하고, 제품에 함유된 알레르기 유발물질의 양과 관계없이 원재료로 사용된 모든 알레르기 유발물질을 표시해야 한다. 다만, 단일 원재료로 제조·가공한 식품이나 포장육 및 수입 식육의 제품명이 알레르기 표시 대상 원재료명과 동일한 경우에는 알레르기 유발물질 표시를 생략할 수 있다.
(예시) 달걀, 우유, 새우, 이산화황, 조개류(굴) 함유

2. 혼입(混入)될 우려가 있는 알레르기 유발물질 표시
알레르기 유발물질을 사용한 제품과 사용하지 않은 제품을 같은 제조 과정(작업자, 기구, 제조라인, 원재료보관 등 모든 제조과정을 포함한다)을 통해 생산하여 불가피하게 혼입될 우려가 있는 경우

"이 제품은 알레르기 발생 가능성이 있는 메밀을 사용한 제품과 같은 제조 시설에서 제조하고 있습니다", "메밀 혼입 가능성 있음", "메밀 혼입 가능" 등의 주의사항 문구를 표시해야 한다. 다만, 제품의 원재료가 제1호가목에 따른 알레르기 유발물질인 경우에는 표시하지 않는다.

3. 무(無) 글루텐의 표시

다음 각 목의 어느 하나에 해당하는 경우 "무 글루텐"의 표시를 할 수 있다.

가. 밀, 호밀, 보리, 귀리 또는 이들의 교배종을 원재료로 사용하지 않고 총 글루텐 함량이 1킬로그램당 20밀리그램 이하인 식품등

나. 밀, 호밀, 보리, 귀리 또는 이들의 교배종에서 글루텐을 제거한 원재료를 사용하여 총 글루텐 함량이 1킬로그램당 20밀리그램 이하인 식품등

II. 식품등의 주의사항 표시

1. 식품, 축산물

가. 냉동제품에는 "이미 냉동되었으니 해동 후 다시 냉동하지 마십시오" 등의 표시를 해야 한다.

나. 과일·채소류 음료, 우유류 등 개봉 후 부패·변질될 우려가 높은 제품에는 "개봉 후 냉장보관하거나 빨리 드시기 바랍니다" 등의 표시를 해야 한다.

다. "음주전후, 숙취해소" 등의 표시를 하는 제품에는 "과다한 음주는 건강을 해칩니다" 등의 표시를 해야 한다.

라. 아스파탐(aspatame, 감미료)을 첨가 사용한 제품에는 "페닐알라닌 함유"라는 내용을 표시해야 한다.

마. 당알코올류를 주요 원재료로 사용한 제품에는 해당 당알코올의 종류 및 함량이나 "과량 섭취 시 설사를 일으킬 수 있습니다" 등의 표시를 해야 한다.

바. 별도 포장하여 넣은 신선도 유지제에는 "습기방지제", "습기제거제" 등 소비자가 그 용도를 쉽게 알 수 있게 표시하고, "먹어서는 안 됩니다" 등의 주의문구도 함께 표시해야 한다. 다만, 정보표시면(용기·포장의 표시면 중 소비자가 쉽게 알아볼 수 있게 표시사항을 모아서 표시하는 면을 말한다. 이하 같다) 등에 표시하기 어려운 경우에는 신선도 유지제에 직접 표시할 수 있다.

사. 식품 및 축산물에 대한 불만이나 소비자의 피해가 있는 경우에는 신속하게 신고할 수 있도록 "부정·불량식품 신고는 국번 없이 1399" 등의 표시를 해야 한다.

아. 카페인을 1밀리리터당 0.15밀리그램 이상 함유한 액체 제품에는 "어린이, 임산부, 카페인 민감자는 섭취에 주의해 주시기 바랍니다" 등의 문구를 표시하고, 주표시면(용기·포장의 표시면 중 상표, 로고 등이 인쇄되어 있어 소비자가 식품등을 구매할 때 통상적으로 보이는 면을 말한다. 이하 같다)에 "고카페인 함유"와 "총카페인 함량 OOO밀리그램"을 표시해야 한다. 이 경우 카페인 허용오차는 표시량의 90퍼센트 이상 110퍼센트 이하[커피, 다류(茶類), 커피 및 다류를 원료로 한 액체 축산물은 120퍼센트 미만]로 한다.

자. 보존성을 증진시키기 위해 용기 또는 포장 등에 질소가스 등을 충전한 경우에는 "질소가스 충전" 등으로 그 사실을 표시해야 한다.

차. 원터치캔(한 번 조작으로 열리는 캔) 통조림 제품에는 "캔 절단 부분이 날카로우므로 개봉, 보관 및 폐기 시 주의하십시오" 등의 표시를 해야 한다.

카. 아마씨(아마씨유는 제외한다)를 원재료로 사용한 제품에는 "아마씨를 섭취할 때에는 일일섭취량이 16그램을 초과하지 않아야 하며, 1회 섭취량은 4그램을 초과하지 않도록 주의하십시오" 등의 표시를 해야 한다.

2. 식품첨가물

수산화암모늄, 초산, 빙초산, 염산, 황산, 수산화나트륨, 수산화칼륨, 차아염소산나트륨, 차아염소산칼슘, 액체 질소, 액체 이산화탄소, 드라이아이스, 아산화질소에는 "어린이 등의 손에 닿지 않는 곳에 보관하십시오", "직접 먹거나 마시지 마십시오", "눈·피부에 닿거나 마실 경우 인체에 치명적인 손상을 입힐 수 있습니다" 등의 취급상 주의문구를 표시해야 한다.

3. 기구 또는 용기·포장
   가. 식품포장용 랩을 사용할 때에는 섭씨 100도를 초과하지 않은 상태에서만 사용하도록 표시해야 한다.
   나. 식품포장용 랩은 지방성분이 많은 식품 및 주류에는 직접 접촉되지 않게 사용하도록 표시해야 한다.
   다. 유리제 가열조리용 기구에는 "표시된 사용 용도 외에는 사용하지 마십시오" 등을 표시하고, 가열조리용이 아닌 유리제 기구에는 "가열조리용으로 사용하지 마십시오" 등의 표시를 해야 한다.

4. 건강기능식품
   가. "음주전후, 숙취해소" 등의 표시를 하려는 경우에는 "과다한 음주는 건강을 해칩니다" 등의 표시를 해야 한다.
   나. 아스파탐을 첨가 사용한 제품에는 "페닐알라닌 함유"라는 표시를 해야 한다.
   다. 별도 포장하여 넣은 신선도 유지제에는 "습기방지제", "습기제거제" 등 소비자가 그 용도를 쉽게 알 수 있도록 표시하고, "먹어서는 안 됩니다" 등의 주의문구도 함께 표시해야 한다. 다만, 정보표시면 등에 표시하기 어려운 경우에는 신선도 유지제에 직접 표시할 수 있다.
   라. 카페인을 1밀리리터당 0.15밀리그램 이상 함유한 액체 건강기능식품에는 주표시면에 "고카페인 함유"로 표시해야 한다. 다만, 다류와 제품명 또는 제품명의 일부를 "커피" 또는 "차"로 표시하는 제품에는 해당 문구를 표시하지 않을 수 있다.
   마. 건강기능식품의 섭취로 인하여 구토, 두드러기, 설사 등의 이상 증상이 의심되는 경우에는 신속하게 신고할 수 있도록 제품의 용기·포장에 "이상 사례 신고는 1577-2488"의 표시를 해야 한다.

■ **별표 3** ■ 식품 등의 표시·광고에 관한 법률 시행규칙

식품등의 표시방법(제5조제2항 관련)

1. 소비자에게 판매하는 제품의 최소 판매단위별 용기·포장에 법 제4조부터 제6조까지의 규정에 따른 사항을 표시해야 한다. 다만, 다음 각 목의 어느 하나에 해당하는 경우에는 제외한다.
   가. 캔디류, 추잉껌, 초콜릿류 및 잼류가 최소 판매단위 제품의 가장 넓은 면 면적이 30제곱센티미터 이하이고, 여러 개의 최소 판매단위 제품이 하나의 용기·포장으로 진열·판매될 수 있도록 포장된 경우에는 그 용기·포장에 대신 표시할 수 있다.
   나. 낱알모음을 하여 한 알씩 사용하는 건강기능식품은 그 낱알모음 포장에 제품명과 제조업소명을 표시해야 한다. 이 경우 「건강기능식품에 관한 법률 시행령」 제2조제3호나목에 따른 건강기능식품유통전문판매업소가 위탁한 제품은 건강기능식품유통전문판매업소명을 표시할 수 있다.
2. 한글로 표시하는 것을 원칙으로 하되, 한자나 외국어를 병기하거나 혼용(건강기능식품은 제외한다)하여 표시할 수 있으며, 한자나 외국어의 글씨크기는 한글의 글씨크기와 같거나 한글의 글씨크기보다

작게 표시해야 한다. 다만, 다음 각 목의 어느 하나에 해당하는 경우에는 제외한다.

가. 한자나 외국어를 한글 글씨보다 크게 표시할 수 있는 경우

「수입식품안전관리 특별법」 제2조제1호에 따른 수입식품등, 「상표법」에 따라 등록된 상표 및 주류의 제품명의 경우

나. 한글표시를 생략할 수 있는 경우

1) 별표 1 제1호에 따라 자사에서 제조·가공할 목적으로 수입하는 식품등에 같은 호 각 목에 따른 사항을 영어 또는 수출국의 언어로 표시한 경우

2) 「대외무역법 시행령」 제2조제6호 및 제8호에 따른 외화획득용 원료 및 제품으로 수입하는 식품등(「대외무역법 시행령」 제26조제1항제3호에 따른 관광 사업용으로 수입하는 식품등은 제외한다)의 경우

3) 수입축산물 중 지육[머리·내장·발을 제거한 도체(屠體)], 우지(쇠기름), 돈지(돼지기름) 등 표시가 불가능한 벌크(판매단위로 포장되지 않고, 선박의 탱크, 초대형 상자 등에 대용량으로 담긴 상태를 말한다) 상태의 축산물의 경우

3. 소비자가 쉽게 알아볼 수 있도록 바탕색의 색상과 대비되는 색상을 사용하여 주표시면 및 정보표시면을 구분해서 표시해야 한다. 다만, 회수해서 다시 사용하는 병마개의 제품과 유통기한 등 일부 표시사항의 변조 등을 방지하기 위해 각인 또는 압인 등을 사용하여 그 내용을 알아볼 수 있도록 한 건강기능식품에는 바탕색의 색상과 대비되는 색상으로 표시하지 않을 수 있다.

4. 표시를 할 때에는 지워지지 않는 잉크·각인 또는 소인(燒印) 등을 사용해야 한다. 다만, 원료용 제품 또는 용기·포장의 특성상 잉크·각인 또는 소인 등이 어려운 경우 등에는 식품의약품안전처장이 정하여 고시하는 바에 따라 표시할 수 있다.

5. 글씨크기는 10포인트 이상으로 해야 한다. 다만, 영양표시를 하는 경우, 식육의 합격 표시를 하는 경우 또는 달걀껍데기에 표시하는 경우와 정보표시면이 부족한 경우에는 식품의약품안전처장이 정하여 고시하는 바에 따른다.

6. 제5호에 따른 글씨는 정보표시면에 글자 비율(장평) 90퍼센트 이상, 글자 간격(자간) -5퍼센트 이상으로 표시해야 한다. 다만, 정보표시면 면적이 100제곱센티미터 미만인 경우에는 글자 비율 50퍼센트 이상, 글자 간격 -5퍼센트 이상으로 표시할 수 있다.

제5조(영양표시) ① 식품등(기구 및 용기·포장은 제외한다. 이하 이 조에서 같다)을 제조·가공·소분하거나 수입하는 자는 총리령으로 정하는 식품등에 영양표시를 하여야 한다.
② 제1항에 따른 영양성분 및 표시방법 등에 관하여 필요한 사항은 총리령으로 정한다.
③ 제1항에 따른 영양표시가 없거나 제2항에 따른 표시방법을 위반한 식품등은 판매하거나 판매할 목적으로 제조·가공·소분·수입·포장·보관·진열 또는 운반하거나 영업에 사용해서는 아니 된다.

규칙 제6조(영양표시) ① 법 제5조제1항에서 "총리령으로 정하는 식품등"이란 별표 4의 식품등을 말한다.
② 법 제5조제2항에 따른 표시 대상 영양성분은 다음 각 호와 같다. 다만, 건강기능식품의

경우에는 제6호부터 제8호까지의 영양성분은 표시하지 않을 수 있다.

1. 열량
2. 나트륨
3. 탄수화물
4. 당류[식품, 축산물, 건강기능식품에 존재하는 모든 단당류(單糖類)와 이당류(二糖類)를 말한다. 다만, 캡슐·정제·환·분말 형태의 건강기능식품은 제외한다]
5. 지방
6. 트랜스지방(Trans Fat)
7. 포화지방(Saturated Fat)
8. 콜레스테롤(Cholesterol)
9. 단백질
10. 영양표시나 영양강조표시를 하려는 경우에는 별표 5의 1일 영양성분 기준치에 명시된 영양성분

③ 제2항에 따른 영양성분을 표시할 때에는 다음 각 호의 사항을 표시해야 한다.

1. 영양성분의 명칭
2. 영양성분의 함량
3. 별표 5의 1일 영양성분 기준치에 대한 비율

④ 제1항부터 제3항까지에서 규정한 사항 외에 영양성분의 표시방법 등에 관한 세부 사항은 식품의약품안전처장이 정하여 고시한다.

■ **별표 4** ■ 식품 등의 표시·광고에 관한 법률 시행규칙

영양표시 대상 식품등(제6조제1항 관련)

1. 영양표시 대상 식품등은 다음 각 목과 같다.
   - 가. 레토르트식품(조리가공한 식품을 특수한 주머니에 넣어 밀봉한 후 고열로 가열 살균한 가공식품을 말하며, 축산물은 제외한다)
   - 나. 과자류 중 과자, 캔디류 및 빙과류 중 빙과·아이스크림류
   - 다. 빵류 및 만두류
   - 라. 코코아 가공품류 및 초콜릿류
   - 마. 잼류
   - 바. 식용 유지류(油脂類)(동물성유지류, 식용유지가공품 중 모조치즈, 식물성크림, 기타식용유지가공품은 제외한다)
   - 사. 면류
   - 아. 음료류(다류와 커피 중 볶은 커피 및 인스턴트 커피는 제외한다)
   - 자. 특수용도식품
   - 차. 어육가공품류 중 어육소시지
   - 카. 즉석섭취·편의식품류 중 즉석섭취식품 및 즉석조리식품
   - 타. 장류(한식메주, 한식된장, 청국장 및 한식메주를 이용한 한식간장은 제외한다)

파. 시리얼류
하. 유가공품 중 우유류·가공유류·발효유류·분유류·치즈류
거. 식육가공품 중 햄류, 소시지류
너. 건강기능식품
더. 가목부터 너목까지의 규정에 해당하지 않는 식품 및 축산물로서 영업자가 스스로 영양표시를 하는 식품 및 축산물

2. 영양표시 대상에서 제외되는 식품등은 다음 각 목과 같다.
가. 「식품위생법 시행령」 제21조제2호에 따른 즉석판매제조·가공업 영업자가 제조·가공하는 식품
나. 「축산물 위생관리법 시행령」 제21조제8호에 따른 식육즉석판매가공업 영업자가 만들거나 다시 나누어 판매하는 식육가공품
다. 식품, 축산물 및 건강기능식품의 원료로 사용되어 그 자체로는 최종 소비자에게 제공되지 않는 식품, 축산물 및 건강기능식품
라. 포장 또는 용기의 주표시면 면적이 30제곱센티미터 이하인 식품 및 축산물

■ **별표 5** ■ 식품 등의 표시·광고에 관한 법률 시행규칙

1일 영양성분 기준치(제6조제2항 및 제3항 관련)

영양성분(단위)	기준치	영양성분(단위)	기준치	영양성분(단위)	기준치
탄수화물(g)	324	크롬(㎍)	30	몰리브덴(㎍)	25
당류(g)	100	칼슘(mg)	700	비타민 B_{12}(㎍)	2.4
식이섬유(g)	25	철분(mg)	12	바이오틴(㎍)	30
단백질(g)	55	비타민 D(㎍)	10	판토텐산(mg)	5
지방(g)	54	비타민 E(mg α-TE)	11	인(mg)	700
포화지방(g)	15	비타민 K(㎍)	70	요오드(㎍)	150
콜레스테롤(mg)	300	비타민 B_1(mg)	1.2	마그네슘(mg)	315
나트륨(mg)	2,000	비타민 B_2(mg)	1.4	아연(mg)	8.5
칼륨(mg)	3,500	나이아신(mg NE)	15	셀레늄(㎍)	55
비타민 A (㎍ RE)	700	비타민 B_6(mg)	1.5	구리(mg)	0.8
비타민C(mg)	100	엽산(㎍)	400	망간(mg)	3.0

비고
비타민 A, 비타민 D 및 비타민 E는 기준치 표에 따른 단위로 표시하되, 괄호를 하여 IU(국제단위) 단위로 병기하여 표시할 수 있다.

제6조(나트륨 함량 비교 표시) ① 식품을 제조·가공·소분하거나 수입하는 자는 총리령으로 정하는 식품에 나트륨 함량 비교 표시를 하여야 한다.

② 제1항에 따른 나트륨 함량 비교 표시의 기준 및 표시방법 등에 관하여 필요한 사항은 총리령으로 정한다.

③ 제1항에 따른 나트륨 함량 비교 표시가 없거나 제2항에 따른 표시방법을 위반한 식품은 판매하거나 판매할 목적으로 제조·가공·소분·수입·포장·보관·진열 또는 운반하거나 영업에 사용해서는 아니 된다.

규칙 제7조(나트륨 함량 비교 표시) ① 법 제6조제1항에서 "총리령으로 정하는 식품"이란 다음 각 호의 식품을 말한다.

1. 조미식품이 포함되어 있는 면류 중 유탕면(기름에 튀긴 면), 국수 또는 냉면
2. 즉석섭취식품(동·식물성 원료에 식품이나 식품첨가물을 가하여 제조·가공한 것으로서 더 이상의 가열 또는 조리과정 없이 그대로 섭취할 수 있는 식품을 말한다) 중 햄버거 및 샌드위치

② 법 제6조제2항에 따른 나트륨 함량 비교 표시의 단위 및 도안 등의 표시기준, 표시사항 및 표시방법 등에 관한 세부 사항은 식품의약품안전처장이 정하여 고시한다.

제7조(광고의 기준) ① 식품등을 광고할 때에는 제품명 및 업소명을 포함시켜야 한다.

② 제1항에서 정한 사항 외에 식품등을 광고할 때 준수하여야 할 사항은 총리령으로 정한다.

규칙 제8조(광고의 기준) 법 제7조제2항에 따른 식품등을 광고할 때 준수해야 할 사항은 별표 6과 같다.

■ 별표 6 ■ 식품 등의 표시·광고에 관한 법률 시행규칙

식품등 광고 시 준수사항(제8조 관련)

1. 식품등을 텔레비전·인쇄물 등을 통해 광고하는 경우에는 제품명, 제조·가공·처리·판매하는 업소명(관할 관청에 허가·등록·신고한 업소명을 말한다)을 그 광고에 포함시켜야 한다. 다만, 수입식품등의 경우에는 제품명, 제조국(또는 생산국) 및 수입식품등 수입·판매업의 업소명을 그 광고에 포함시켜야 한다.
2. 모유대용으로 사용하는 식품등(조제유류는 제외한다), 영·유아의 이유식 또는 영양보충의 목적으로 제조·가공한 식품등을 광고하는 경우에는 조제유류와 같은 명칭 또는 유사한 명칭을 사용하여 소비자를 혼동하게 할 우려가 있는 광고를 해서는 안 된다.
3. 조제유류에 관하여는 다음 각 목에 해당하는 광고 또는 판매촉진 행위를 해서는 안 된다.
   가. 신문·잡지·라디오·텔레비전·음악·영상·인쇄물·간판·인터넷, 그 밖의 방법으로 광고하는 행

위. 다만, 인터넷에 법 제4조부터 제6조까지의 규정에 따른 표시사항을 게시하는 경우는 제외한다.
나. 조제유류를 의료기관·모자보건시설·소비자 등에게 무료 또는 저가로 공급하는 판매촉진행위
다. 홍보단, 시음단, 평가단 등을 모집하는 행위
라. 제조사가 소비자에게 사용후기 등을 작성하게 하여 홈페이지 등에 게시하도록 유도하는 행위
마. 소비자가 사용 후기 등을 작성하여 제조사 홈페이지 등에 연결하거나 직접 게시하는 행위
바. 그 밖에 조제유류의 판매 증대를 목적으로 하는 광고나 판매촉진행위에 해당된다고 식품의약품안전처장이 인정하는 행위

4. 식품·축산물·건강기능식품의 제조·가공업자는 부당한 표시·광고를 하여 행정처분을 받은 경우에는 해당 광고를 즉시 중지해야 한다.

제8조(부당한 표시 또는 광고행위의 금지) ① 누구든지 식품등의 명칭·제조방법·성분 등 대통령령으로 정하는 사항에 관하여 다음 각 호의 어느 하나에 해당하는 표시 또는 광고를 하여서는 아니 된다.

1. 질병의 예방·치료에 효능이 있는 것으로 인식할 우려가 있는 표시 또는 광고
2. 식품등을 의약품으로 인식할 우려가 있는 표시 또는 광고
3. 건강기능식품이 아닌 것을 건강기능식품으로 인식할 우려가 있는 표시 또는 광고
4. 거짓·과장된 표시 또는 광고
5. 소비자를 기만하는 표시 또는 광고
6. 다른 업체나 다른 업체의 제품을 비방하는 표시 또는 광고
7. 객관적인 근거 없이 자기 또는 자기의 식품등을 다른 영업자나 다른 영업자의 식품등과 부당하게 비교하는 표시 또는 광고
8. 사행심을 조장하거나 음란한 표현을 사용하여 공중도덕이나 사회윤리를 현저하게 침해하는 표시 또는 광고
9. 제10조제1항에 따라 심의를 받지 아니하거나 같은 조 제4항을 위반하여 심의 결과에 따르지 아니한 표시 또는 광고

② 제1항 각 호의 표시 또는 광고의 구체적인 내용과 그 밖에 필요한 사항은 대통령령으로 정한다.

영 **제2조(부당한 표시 또는 광고행위의 금지 대상)** 「식품 등의 표시·광고에 관한 법률」(이하 "법"이라 한다) 제8조제1항 각 호 외의 부분에서 "식품등의 명칭·제조방법·성분 등 대통령령으로 정하는 사항"이란 다음 각 호의 사항을 말한다.

1. 식품, 식품첨가물, 기구, 용기·포장, 건강기능식품, 축산물(이하 "식품등"이라 한다)의 명칭, 영업소 명칭, 종류, 원재료, 성분(영양성분을 포함한다), 내용량, 제조방법(축산물을 생산하기 위한 해당 가축의 사육방식을 포함한다), 등급, 품질 및 사용정보에 관한 사항
2. 식품등의 제조연월일, 유통기한, 품질유지기한 및 산란일에 관한 사항
3. 「식품위생법」 제12조의2에 따른 유전자변형식품등의 표시 또는 「건강기능식품에 관한 법률」 제17조의2에 따른 유전자변형건강기능식품의 표시에 관한 사항

4. 다음 각 목의 이력추적관리에 관한 사항

가. 「식품위생법」 제2조제13호에 따른 식품이력추적관리

나. 「건강기능식품에 관한 법률」 제3조제6호에 따른 건강기능식품이력추적관리

다. 「축산물 위생관리법」 제2조제13호에 따른 축산물가공품이력추적관리

5. 축산물의 인증과 관련된 다음 각 목의 사항

가. 「축산물 위생관리법」 제9조제2항 본문에 따른 자체안전관리인증기준에 관한 사항

나. 「축산물 위생관리법」 제9조제3항에 따른 안전관리인증작업장·안전관리인증업소 또는 안전관리인증농장의 인증에 관한 사항

다. 「축산물 위생관리법」 제9조제4항 전단에 따른 안전관리통합인증업체의 인증에 관한 사항

영 **제3조(부당한 표시 또는 광고의 내용)** ① 법 제8조제1항에 따른 부당한 표시 또는 광고의 구체적인 내용은 별표 1과 같다.

② 제1항에서 규정한 사항 외에 부당한 표시 또는 광고의 내용에 관한 세부적인 사항은 식품의약품안전처장이 정하여 고시한다.

■ **별표 1** ■ 식품 등의 표시·광고에 관한 법률 시행령

부당한 표시 또는 광고의 내용(제3조제1항 관련)

1. 질병의 예방·치료에 효능이 있는 것으로 인식할 우려가 있는 다음 각 목의 표시 또는 광고

가. 질병 또는 질병군(疾病群)의 발생을 예방한다는 내용의 표시·광고. 다만, 다음의 어느 하나에 해당하는 경우는 제외한다.

1) 특수의료용도 등 식품[정상적으로 섭취, 소화, 흡수 또는 대사할 수 있는 능력이 제한되거나 손상된 환자 또는 질병이나 임상적 상태로 인하여 일반인과 생리적으로 특별히 다른 영양요구량을 필요로 하는 환자의 식사의 일부 또는 전부를 대신할 목적으로 이들에게 입이나 관(管)을 통하여 식사를 공급할 수 있도록 제조·가공된 식품을 말한다]에 섭취대상자의 질병명 및 "영양조절"을 위한 식품임을 표시·광고하는 경우

2) 건강기능식품에 기능성을 인정받은 사항을 표시·광고하는 경우

나. 질병 또는 질병군에 치료 효과가 있다는 내용의 표시·광고

다. 질병의 특징적인 징후 또는 증상에 예방·치료 효과가 있다는 내용의 표시·광고

라. 질병 및 그 징후 또는 증상과 관련된 제품명, 학술자료, 사진 등(이하 이 목에서 "질병정보"라 한다)을 활용하여 질병과의 연관성을 암시하는 표시·광고. 다만, 건강기능식품의 경우 다음의 어느 하나에 해당하는 표시·광고는 제외한다.

1) 「건강기능식품에 관한 법률」 제15조에 따라 식품의약품안전처장이 고시하거나 안전성 및 기능성을 인정한 건강기능식품의 원료 또는 성분으로서 질병의 발생 위험을 감소시키는 데 도움이 된다는 내용의 표시·광고

2) 질병정보를 제품의 기능성 표시·광고와 명확하게 구분하고, "해당 질병정보는 제품과 직접적인 관련이 없습니다"라는 표현을 병기한 표시·광고

2. 식품등을 의약품으로 인식할 우려가 있는 다음 각 목의 표시 또는 광고
   가. 의약품에만 사용되는 명칭(한약의 처방명을 포함한다)을 사용하는 표시·광고
   나. 의약품에 포함된다는 내용의 표시·광고
   다. 의약품을 대체할 수 있다는 내용의 표시·광고
   라. 의약품의 효능 또는 질병 치료의 효과를 증대시킨다는 내용의 표시·광고

3. 건강기능식품이 아닌 것을 건강기능식품으로 인식할 우려가 있는 표시 또는 광고: 「건강기능식품에 관한 법률」 제3조제2호에 따른 기능성이 있는 것으로 표현하는 표시·광고. 다만, 다음 각 목의 어느 하나에 해당하는 표시·광고는 제외한다.
   가. 「건강기능식품에 관한 법률」 제14조에 따른 건강기능식품의 기준 및 규격에서 정한 영양성분의 기능 및 함량을 나타내는 표시·광고
   나. 제품에 함유된 영양성분이나 원재료가 신체조직과 기능의 증진에 도움을 줄 수 있다는 내용으로서 식품의약품안전처장이 정하여 고시하는 내용의 표시·광고
   다. 특수용도식품(영아·유아, 병약자, 비만자 또는 임산부·수유부 등 특별한 영양관리가 필요한 대상을 위하여 식품과 영양성분을 배합하는 등의 방법으로 제조·가공한 것을 말한다)으로 임산부·수유부·노약자, 질병 후 회복 중인 사람 또는 환자의 영양보급 등에 도움을 준다는 내용의 표시·광고
   라. 해당 제품이 발육기, 성장기, 임신수유기, 갱년기 등에 있는 사람의 영양보급을 목적으로 개발된 제품이라는 내용의 표시·광고

4. 거짓·과장된 다음 각 목의 표시 또는 광고
   가. 다음의 어느 하나에 따라 허가받거나 등록·신고한 사항과 다르게 표현하는 표시·광고
      1) 「식품위생법」 제37조
      2) 「건강기능식품에 관한 법률」 제5조부터 제7조까지
      3) 「축산물 위생관리법」 제22조 및 제24조
      4) 「수입식품안전관리 특별법」 제5조, 제15조 및 제20조
   나. 건강기능식품의 경우 식품의약품안전처장이 인정하지 않은 기능성을 나타내는 내용의 표시·광고
   다. 제2조 각 호의 사항을 표시·광고할 때 사실과 다른 내용으로 표현하는 표시·광고
   라. 제2조 각 호의 사항을 표시·광고할 때 신체의 일부 또는 신체조직의 기능·작용·효과·효능에 관하여 표현하는 표시·광고
   마. 정부 또는 관련 공인기관의 수상(受賞)·인증·보증·선정·특허와 관련하여 사실과 다른 내용으로 표현하는 표시·광고

5. 소비자를 기만하는 다음 각 목의 표시 또는 광고
   가. 식품학·영양학·축산가공학·수의공중보건학 등의 분야에서 공인되지 않은 제조방법에 관한 연구나 발견한 사실을 인용하거나 명시하는 표시·광고. 다만, 식품학 등 해당 분야의 문헌을 인용하여 내용을 정확히 표시하고, 연구자의 성명, 문헌명, 발표 연월일을 명시하는 표시·광고는 제외한다.
   나. 가축이 먹는 사료나 물에 첨가한 성분의 효능·효과 또는 식품등을 가공할 때 사용한 원재료나 성분의 효능·효과를 해당 식품등의 효능·효과로 오인 또는 혼동하게 할 우려가 있는 표시·광고
   다. 각종 감사장 또는 체험기 등을 이용하거나 "한방(韓方)", "특수제법", "주문쇄도", "단체추천" 또는 이와 유사한 표현으로 소비자를 현혹하는 표시·광고

라. 의사, 치과의사, 한의사, 수의사, 약사, 한약사, 대학교수 또는 그 밖의 사람이 제품의 기능성을 보증하거나, 제품을 지정·공인·추천·지도 또는 사용하고 있다는 내용의 표시·광고. 다만, 의사 등이 해당 제품의 연구·개발에 직접 참여한 사실만을 나타내는 표시·광고는 제외한다.

마. 외국어의 남용 등으로 인하여 외국 제품 또는 외국과 기술 제휴한 것으로 혼동하게 할 우려가 있는 내용의 표시·광고

바. 조제유류(調製乳類)의 용기 또는 포장에 유아·여성의 사진 또는 그림 등을 사용한 표시·광고

사. 조제유류가 모유와 같거나 모유보다 좋은 것으로 소비자를 오도(誤導)하거나 오인하게 할 수 있는 표시·광고

아. 「건강기능식품에 관한 법률」 제15조제2항 본문에 따라 식품의약품안전처장이 인정한 사항의 일부 내용을 삭제하거나 변경하여 표현함으로써 해당 건강기능식품의 기능 또는 효과에 대하여 소비자를 오인하게 하거나 기만하는 표시·광고

자. 「건강기능식품에 관한 법률」 제15조제2항 단서에 따라 기능성이 인정되지 않는 사항에 대하여 기능성이 인정되는 것처럼 표현하는 표시·광고

차. 이온수, 생명수, 약수 등 과학적 근거가 없는 추상적인 용어로 표현하는 표시·광고

카. 해당 제품에 사용이 금지된 식품첨가물이 함유되지 않았다는 내용을 강조함으로써 소비자로 하여금 해당 제품만 금지된 식품첨가물이 함유되지 않은 것으로 오인하게 할 수 있는 표시·광고

6. 다른 업체나 다른 업체의 제품을 비방하는 표시 또는 광고: 비교하는 표현을 사용하여 다른 업체의 제품을 간접적으로 비방하거나 다른 업체의 제품보다 우수한 것으로 인식될 수 있는 표시 · 광고

7. 객관적인 근거 없이 자기 또는 자기의 식품등을 다른 영업자나 다른 영업자의 식품등과 부당하게 비교하는 다음 각 목의 표시 또는 광고

가. 비교표시·광고의 경우 그 비교대상 및 비교기준이 명확하지 않거나 비교내용 및 비교방법이 적정하지 않은 내용의 표시·광고

나. 제품의 제조방법·품질·영양가·원재료·성분 또는 효과와 직접적인 관련이 적은 내용이나 사용하지 않은 성분을 강조함으로써 다른 업소의 제품을 간접적으로 다르게 인식하게 하는 내용의 표시·광고

8. 사행심을 조장하거나 음란한 표현을 사용하여 공중도덕이나 사회윤리를 현저하게 침해하는 다음 각 목의 표시 또는 광고

가. 판매 사례품이나 경품의 제공 등 사행심을 조장하는 내용의 표시·광고(「독점규제 및 공정거래에 관한 법률」에 따라 허용되는 경우는 제외한다)

나. 미풍양속을 해치거나 해칠 우려가 있는 저속한 도안, 사진 또는 음향 등을 사용하는 표시·광고

비고

제1호 및 제3호에도 불구하고 다음 각 호에 해당하는 표시 · 광고는 부당한 표시 또는 광고행위로 보지 않는다.

1. 「식품위생법 시행령」 제21조제8호의 식품접객업 영업소에서 조리·판매·제조·제공하는 식품에 대한 표시·광고
2. 「식품위생법 시행령」 제25조제2항제6호 각 목 외의 부분 본문에 따라 영업신고 대상에서 제외되거나 같은 영 제26조의2제2항제6호 각 목 외의 부분 본문에 따라 영업등록 대상에서 제외되는 경우로서 가공과정 중 위생상 위해가 발생할 우려가 없고 식품의 상태를 관능검사(官能檢査)로 확인할 수 있도록 가공하는 식품에 대한 표시 · 광고

제9조(표시 또는 광고 내용의 실증) ① 식품등에 표시를 하거나 식품등을 광고한 자는 자기가 한 표시 또는 광고에 대하여 실증(實證)할 수 있어야 한다.

② 식품의약품안전처장은 식품등의 표시 또는 광고가 제8조제1항을 위반할 우려가 있어 해당 식품등에 대한 실증이 필요하다고 인정하는 경우에는 그 내용을 구체적으로 밝혀 해당 식품등에 표시하거나 해당 식품등을 광고한 자에게 실증자료를 제출할 것을 요청할 수 있다.

③ 제2항에 따라 실증자료의 제출을 요청받은 자는 요청받은 날부터 15일 이내에 그 실증자료를 식품의약품안전처장에게 제출하여야 한다. 다만, 식품의약품안전처장은 정당한 사유가 있다고 인정하는 경우에는 제출기간을 연장할 수 있다.

④ 식품의약품안전처장은 제2항에 따라 실증자료의 제출을 요청받은 자가 제3항에 따른 제출기간 내에 이를 제출하지 아니하고 계속하여 해당 표시 또는 광고를 하는 경우에는 실증자료를 제출할 때까지 그 표시 또는 광고 행위의 중지를 명할 수 있다.

⑤ 제2항에 따라 실증자료의 제출을 요청받은 자가 실증자료를 제출한 경우에는 「표시·광고의 공정화에 관한 법률」 등 다른 법률에 따라 다른 기관이 요구하는 자료제출을 거부할 수 있다. 다만, 식품의약품안전처장이 제출받은 실증자료를 제6항에 따라 다른 기관에 제공할 수 없는 경우에는 자료제출을 거부해서는 아니 된다.

⑥ 식품의약품안전처장은 제출받은 실증자료에 대하여 다른 기관이 「표시·광고의 공정화에 관한 법률」 등 다른 법률에 따라 해당 실증자료를 요청한 경우에는 특별한 사유가 없으면 이에 따라야 한다.

⑦ 제1항부터 제4항까지의 규정에 따른 실증의 대상, 실증자료의 범위 및 요건, 제출방법 등에 관하여 필요한 사항은 총리령으로 정한다.

규칙 제9조(실증방법 등) ① 법 제9조제2항에 따라 식품등을 표시 또는 광고한 자가 표시 또는 광고에 대하여 실증(實證)하기 위하여 제출해야 하는 자료는 다음 각 호와 같다.

1. 시험 또는 조사 결과
2. 전문가 견해
3. 학술문헌
4. 그 밖에 식품의약품안전처장이 실증을 위하여 필요하다고 인정하는 자료

② 법 제9조제3항에 따라 실증자료의 제출을 요청받은 자는 실증자료를 제출할 때 다음 각 호의 사항을 적은 서면에 그 내용을 증명하는 서류를 첨부해야 한다.

1. 실증자료의 종류
2. 시험·조사기관의 명칭, 대표자의 성명·주소·전화번호(시험·조사를 하는 경우만 해당한다)
3. 실증 내용

③ 식품의약품안전처장은 제2항에 따라 제출된 실증자료에 보완이 필요한 경우에는 지체 없이 실증자료를 제출한 자에게 보완을 요청할 수 있다.

④ 제1항부터 제3항까지에서 규정한 사항 외에 실증자료의 요건, 실증방법 등에 관한 세부사항은 식품의약품안전처장이 정하여 고시한다.

제10조(표시 또는 광고의 자율심의) ① 식품등에 관하여 표시 또는 광고하려는 자는 해당 표시·광고에 대하여 제2항에 따라 등록한 기관 또는 단체(이하 "자율심의기구"라 한다)로부터 미리 심의를 받아야 한다. 다만, 자율심의기구가 구성되지 아니한 경우에는 대통령령으로 정하는 바에 따라 식품의약품안전처장으로부터 심의를 받아야 한다.

② 제1항에 따른 식품등의 표시·광고에 관한 심의를 하고자 하는 다음 각 호의 어느 하나에 해당하는 기관 또는 단체는 제11조에 따른 심의위원회 등 대통령령으로 정하는 요건을 갖추어 식품의약품안전처장에게 등록하여야 한다.

1. 「식품위생법」 제59조제1항에 따른 동업자조합
2. 「식품위생법」 제64조제1항에 따른 한국식품산업협회
3. 「건강기능식품에 관한 법률」 제28조에 따라 설립된 단체
4. 「소비자기본법」 제29조에 따라 등록한 소비자단체로서 대통령령으로 정하는 기준을 충족하는 단체

③ 자율심의기구는 제4조부터 제8조까지의 규정에 따라 공정하게 심의하여야 하며, 정당한 사유 없이 영업자의 표시·광고 또는 소비자에 대한 정보 제공을 제한해서는 아니 된다.

④ 제1항에 따라 표시·광고의 심의를 받은 자는 심의 결과에 따라 식품등의 표시·광고를 하여야 한다. 다만, 심의 결과에 이의가 있는 자는 그 결과를 통지받은 날부터 30일 이내에 대통령령으로 정하는 바에 따라 식품의약품안전처장에게 이의신청할 수 있다.

⑤ 제1항에 따라 표시·광고의 심의를 받으려는 자는 자율심의기구 등에 수수료를 납부하여야 한다.

⑥ 식품의약품안전처장은 자율심의기구가 제3항을 위반한 경우에는 그 시정을 명할 수 있다.

⑦ 식품의약품안전처장은 자율심의기구가 다음 각 호의 어느 하나에 해당하는 경우에는 그 등록을 취소할 수 있다.

1. 제2항에 따른 등록 요건을 갖추지 못하게 된 경우
2. 제3항을 위반하여 공정하게 심의하지 아니하거나 정당한 사유 없이 영업자의 표시·광고 또는 소비자에 대한 정보 제공을 제한한 경우
3. 제6항에 따른 시정명령을 정당한 사유 없이 따르지 아니한 경우

⑧ 제1항에 따른 심의 대상, 제2항에 따른 등록 방법·절차, 그 밖에 필요한 사항은 총리령으로 정한다.

영 제4조(표시 또는 광고의 심의 기준 등) ① 법 제10조제1항 본문에 따른 자율심의기구(이하 "자율심의기구"라 한다)가 구성되지 않아 같은 항 단서에 따라 식품등의 표시·광고에 대하여 식품의약품안전처장의 심의를 받는 경우 그 심의 기준은 다음 각 호와 같다.

1. 법 제4조부터 제8조까지의 규정에 적합할 것
2. 다음 각 목에 따른 기준에 적합할 것
   가. 「식품위생법」 제7조 및 제9조에 따른 기준
   나. 「건강기능식품에 관한 법률」 제14조 및 제15조에 따른 기준
   다. 「축산물 위생관리법」 제4조 및 제5조에 따른 기준
3. 객관적이고 과학적인 자료를 근거로 하여 표현할 것

② 식품의약품안전처장은 법 제10조제1항 단서에 따라 심의 신청을 받은 경우에는 심의 신청을 받은 날부터 20일 이내에 심의 결과를 신청인에게 통지해야 한다. 다만, 부득이

한 사유로 그 기간 내에 처리할 수 없는 경우에는 신청인에게 심의 지연 사유와 처리 예정기한을 통지해야 한다.

③ 제1항 및 제2항에서 규정한 사항 외에 심의 기준 및 심의 절차 등에 관한 세부적인 사항은 식품의약품안전처장이 정하여 고시한다.

규칙 **제10조(표시 또는 광고 심의 대상 식품등)** 식품등에 관하여 표시 또는 광고하려는 자가 법 제10조제1항 본문에 따른 자율심의기구(이하 "자율심의기구"라 한다)에 미리 심의를 받아야 하는 대상은 다음 각 호와 같다.

1. 특수용도식품(영아·유아, 병약자, 비만자 또는 임산부·수유부 등 특별한 영양관리가 필요한 대상을 위하여 식품과 영양성분을 배합하는 등의 방법으로 제조·가공한 식품을 말한다)
2. 건강기능식품

규칙 **제11조(수수료)** ① 법 제10조제1항 본문에 따라 자율심의기구로부터 심의를 받는 경우 법 제10조제5항에 따른 심의 수수료는 해당 자율심의기구에서 정한다.

② 자율심의기구가 구성되지 않아 법 제10조제1항 단서에 따라 식품의약품안전처장의 심의를 받는 경우 법 제10조제5항에 따른 심의 수수료는 10만원으로 한다.

영 **제5조(자율심의기구의 등록 요건)** ① 법 제10조제2항 각 호 외의 부분에서 "심의위원회 등 대통령령으로 정하는 요건"이란 다음 각 호의 요건을 말한다.

1. 법 제11조에 따른 심의위원회를 구성할 것
2. 표시·광고 심의 업무를 수행할 수 있는 전담 부서와 2명 이상의 상근 인력(식품등에 관한 전문지식과 경험이 풍부한 사람이 포함되어야 한다)을 갖출 것
3. 표시·광고 심의 업무를 처리할 수 있는 전산장비와 사무실을 갖출 것

② 법 제10조제2항제4호에서 "대통령령으로 정하는 기준"이란 「소비자기본법 시행령」 제23조제1항 각 호에 따른 기준을 말한다.

규칙 **제12조(자율심의기구의 등록)** ① 법 제10조제2항에 따라 자율심의기구로 등록을 하려는 기관 또는 단체는 「식품 등의 표시·광고에 관한 법률 시행령」(이하 "영"이라 한다) 제5조에 따른 요건을 갖춘 후 별지 제1호서식의 자율심의기구 등록 신청서에 다음 각 호의 내용을 적은 서류를 첨부하여 식품의약품안전처장에게 제출해야 한다.

1. 자율심의기구의 설립 근거
2. 자율심의기구의 운영 기준
3. 심의 대상
4. 심의 기준
5. 심의위원회의 설치·운영 기준
6. 심의 수수료

② 제1항에 따라 등록신청을 받은 식품의약품안전처장은 해당 기관 또는 단체가 등록 요건을 충족하는 경우 별지 제2호서식의 자율심의기구 등록증을 발급해야 한다.

③ 제2항에 따라 등록증을 발급한 식품의약품안전처장은 자율심의기구 등록 관리대장을 작성·보관해야 한다.

④ 자율심의기구의 등록증을 잃어버렸거나 등록증이 헐어 못 쓰게 되어 등록증을 재발급 받으려는 경우에는 별지 제3호서식의 자율심의기구 등록증 재발급 신청서를 식품의약품안전처장에게 제출해야 한다. 이 경우 헐어서 못 쓰게 된 등록증을 첨부해야 한다.

규칙 **제13조(등록사항의 변경)** 제12조에 따라 자율심의기구로 등록을 한 기관 또는 단체는 다음 각 호의 사항이 변경된 경우에는 별지 제4호서식의 자율심의기구 등록사항 변경 신청서에 등록증과 변경내용을 확인할 수 있는 서류를 첨부하여 변경 사유가 발생한 날부터 7일 이내에 식품의약품안전처장에 제출해야 한다.

1. 대표자 성명
2. 기관 명칭
3. 기관 소재지
4. 심의 대상

영 **제6조(표시 또는 광고 심의 결과에 대한 이의신청)** ① 식품등의 표시·광고에 관한 심의 결과에 이의가 있는 자는 법 제10조제4항 단서에 따라 심의 결과를 통지받은 날부터 30일 이내에 필요한 자료를 첨부하여 식품의약품안전처장에게 이의신청을 할 수 있다.

② 식품의약품안전처장은 이의신청을 받은 날부터 30일 이내에 이의를 신청한 자에게 그 결과를 통지해야 한다. 다만, 부득이한 사유로 그 기간 내에 처리할 수 없는 경우에는 이의를 신청한 자에게 결정 지연 사유와 처리 예정기한을 통지해야 한다.

③ 제1항 및 제2항에서 규정한 사항 외에 이의신청의 절차 등에 관한 세부적인 사항은 식품의약품안전처장이 정하여 고시한다.

제11조(심의위원회의 설치·운영) 자율심의기구는 식품등의 표시·광고를 심의하기 위하여 10명 이상 25명 이하의 위원으로 구성된 심의위원회를 설치·운영하여야 하며, 심의위원회의 위원은 다음 각 호의 어느 하나에 해당하는 사람 중에서 자율심의기구의 장이 위촉한다. 이 경우 제1호부터 제5호까지의 사람을 각각 1명 이상 포함하되, 제1호에 해당하는 위원 수는 전체 위원 수의 3분의 1 미만이어야 한다.

1. 식품등 관련 산업계에 종사하는 사람
2. 「소비자기본법」 제2조제3호에 따른 소비자단체의 장이 추천하는 사람
3. 「변호사법」 제7조제1항에 따라 같은 법 제78조에 따른 대한변호사협회에 등록한 변호사로서 대한변호사협회의 장이 추천하는 사람
4. 「비영리민간단체 지원법」 제4조에 따라 등록된 단체로서 식품등의 안전을 주된 목적으로 하는 단체의 장이 추천하는 사람
5. 그 밖에 식품등의 표시·광고에 관한 학식과 경험이 풍부한 사람

제12조(표시 또는 광고 정책 등에 관한 자문) ① 식품의약품안전처장의 자문에 응하여 식품등의 표시 또는 광고 정책 등을 조사·심의하기 위하여 식품의약품안전처 소속으로 식품등표시광고자문위원회를 둘 수 있다.

② 제1항에도 불구하고 식품의약품안전처장은 다음 각 호의 구분에 따른 식품등에 대하여는 각각 같은 호에 따른 위원회로 하여금 자문하게 할 수 있다.

1. 건강기능식품의 표시·광고: 「건강기능식품에 관한 법률」 제27조에 따른 건강기능식품심의위원회
2. 식품, 식품첨가물, 기구 또는 용기·포장의 표시·광고: 「식품위생법」 제57조에 따른 식품위생심의위원회
3. 축산물의 표시·광고: 「축산물 위생관리법」 제3조의2에 따른 축산물위생심의위원회

제13조(소비자 교육 및 홍보) ① 식품의약품안전처장은 소비자가 건강한 식생활을 할 수 있도록 식품등의 표시·광고에 관한 교육 및 홍보를 하여야 한다.

② 식품의약품안전처장은 제1항에 따른 교육 및 홍보를 대통령령으로 정하는 기관 또는 단체에 위탁할 수 있다.

③ 제1항에 따른 교육 및 홍보의 내용 등에 관하여 필요한 사항은 총리령으로 정한다.

규칙 제14조(교육 및 홍보의 내용) 법 제13조제1항에 따라 식품등의 표시·광고에 관하여 교육 및 홍보를 해야 하는 사항은 다음 각 호와 같다.

1. 법 제4조에 따른 표시의 기준에 관한 사항
2. 법 제5조에 따른 영양표시에 관한 사항
3. 법 제6조에 따른 나트륨 함량의 비교 표시에 관한 사항
4. 법 제7조에 따른 광고의 기준에 관한 사항
5. 법 제8조에 따른 부당한 표시 또는 광고행위의 금지에 관한 사항
6. 그 밖에 소비자의 식생활에 도움이 되는 식품등의 표시·광고에 관한 사항

영 제7조(교육 및 홍보 위탁) 식품의약품안전처장은 법 제13조제2항에 따라 식품등의 표시·광고에 관한 교육 및 홍보 업무를 다음 각 호의 기관 또는 단체에 위탁한다.

1. 법 제10조제2항 각 호의 어느 하나에 해당하는 기관 또는 단체
2. 그 밖에 식품등에 관한 전문성을 갖춘 기관 또는 단체로서 식품의약품안전처장이 인정하는 기관 또는 단체

제14조(시정명령) 식품의약품안전처장, 특별시장·광역시장·특별자치시장·도지사·특별자치도지사(이하 "시·도지사"라 한다) 또는 시장·군수·구청장(자치구의 구청장을 말한다. 이하 같다)은 다음 각 호의 어느 하나에 해당하는 자에게 필요한 시정을 명할 수 있다.

1. 제4조제3항, 제5조제3항 또는 제6조제3항을 위반하여 식품등을 판매하거나 판매할 목적으로 제조·가공·소분·수입·포장·보관·진열 또는 운반하거나 영업에 사용한 자
2. 제7조를 위반하여 광고의 기준을 준수하지 아니한 자
3. 제8조제1항을 위반하여 표시 또는 광고를 한 자
4. 제9조제3항을 위반하여 실증자료를 제출하지 아니한 자

제15조(위해 식품등의 회수 및 폐기처분 등) ① 판매의 목적으로 식품등을 제조·가공·소분 또는 수입하거나 식품등을 판매한 영업자는 해당 식품등이 제4조제3항 또는 제8조제1항을 위반한 사실(식품등의 위해와 관련이 없는 위반사항은 제외한다)을 알게 된 경우에는 지체 없이 유통 중인 해당 식품등을 회수하거나 회수하는 데에 필요한 조치를 하여야 한다.

② 제1항에 따른 회수 또는 회수하는 데에 필요한 조치를 하려는 영업자는 회수계획을 식품의약품안전처장, 시·도지사 또는 시장·군수·구청장에게 미리 보고하여야 한다. 이 경우 회수결과를 보고받은 시·도지사 또는 시장·군수·구청장은 이를 지체 없이 식품의약품안전처장에게 보고하여야 한다.

③ 식품의약품안전처장, 시·도지사 또는 시장·군수·구청장은 영업자가 제4조제3항 또는 제8조제1항을 위반한 경우에는 관계 공무원에게 그 식품등을 압류 또는 폐기하게 하거나 용도·처리방법 등을 정하여 영업자에게 위해를 없애는 조치를 할 것을 명하여야 한다.

④ 제1항부터 제3항까지의 규정에 따른 위해 식품등의 회수, 압류·폐기처분의 기준 및 절차 등에 관하여는 「식품위생법」 제45조 및 제72조를 준용한다.

규칙 제15조(회수·폐기처분 등의 기준) 법 제15조에 따른 회수, 압류·폐기처분 대상 식품등은 다음 각 호와 같다.

1. 표시 대상 알레르기 유발물질을 표시하지 않은 식품등
2. 제조연월일 또는 유통기한을 사실과 다르게 표시하거나 표시하지 않은 식품등
3. 그 밖에 안전과 관련된 표시를 위반한 식품등

제16조(영업정지 등) ① 식품의약품안전처장, 시·도지사 또는 시장·군수·구청장은 영업자 중 허가를 받거나 등록을 한 영업자가 다음 각 호의 어느 하나에 해당하는 경우에는 6개월 이내의 기간을 정하여 그 영업의 전부 또는 일부를 정지하거나 영업허가 또는 등록을 취소할 수 있다.

1. 제4조제3항, 제5조제3항 또는 제6조제3항을 위반하여 식품등을 판매하거나 판매할 목적으로 제조·가공·소분·수입·포장·보관·진열 또는 운반하거나 영업에 사용한 경우
2. 제8조제1항을 위반하여 표시 또는 광고를 한 경우

(계속)

3. 제14조에 따른 명령을 위반한 경우
4. 제15조제1항을 위반하여 회수 또는 회수하는 데에 필요한 조치를 하지 아니한 경우
5. 제15조제2항을 위반하여 회수계획 보고를 하지 아니하거나 거짓으로 보고한 경우
6. 제15조제3항에 따른 명령을 위반한 경우

② 식품의약품안전처장, 시·도지사 또는 시장·군수·구청장은 영업자 중 허가를 받거나 등록을 한 영업자가 제1항에 따른 영업정지 명령을 위반하여 영업을 계속하면 영업허가 또는 등록을 취소할 수 있다.

③ 특별자치시장·특별자치도지사·시장·군수·구청장은 영업자 중 영업신고를 한 영업자가 다음 각 호의 어느 하나에 해당하는 경우에는 6개월 이내의 기간을 정하여 그 영업의 전부 또는 일부를 정지하거나 영업소 폐쇄를 명할 수 있다.

1. 제4조제3항, 제5조제3항 또는 제6조제3항을 위반하여 식품등을 판매하거나 판매할 목적으로 제조·가공·소분·수입·포장·보관·진열 또는 운반하거나 영업에 사용한 경우
2. 제8조제1항을 위반하여 표시 또는 광고를 한 경우
3. 제14조에 따른 명령을 위반한 경우
4. 제15조제1항을 위반하여 회수 또는 회수하는 데에 필요한 조치를 하지 아니한 경우
5. 제15조제2항을 위반하여 회수계획 보고를 하지 아니하거나 거짓으로 보고한 경우
6. 제15조제3항에 따른 명령을 위반한 경우

④ 특별자치시장·특별자치도지사·시장·군수·구청장은 영업자 중 영업신고를 한 영업자가 제3항에 따른 영업정지 명령을 위반하여 영업을 계속하면 영업소 폐쇄를 명할 수 있다.

⑤ 제1항 및 제3항에 따른 행정처분의 기준은 그 위반행위의 유형과 위반의 정도 등을 고려하여 총리령으로 정한다.

제17조(품목 등의 제조정지) ① 식품의약품안전처장, 시·도지사 또는 시장·군수·구청장은 영업자가 다음 각 호의 어느 하나에 해당하면 식품등의 품목 또는 품목류(「식품위생법」 제7조·제9조 또는 「건강기능식품에 관한 법률」 제14조에 따라 정해진 기준 및 규격 중 동일한 기준 및 규격을 적용받아 제조·가공되는 모든 품목을 말한다. 이하 같다)에 대하여 기간을 정하여 6개월 이내의 제조정지를 명할 수 있다.

1. 제4조제3항을 위반하여 식품등을 판매하거나 판매할 목적으로 제조·가공·소분·수입·포장·보관·진열 또는 운반하거나 영업에 사용한 경우
2. 제8조제1항을 위반하여 표시 또는 광고를 한 경우

② 제1항에 따른 행정처분의 세부 기준은 그 위반행위의 유형과 위반 정도 등을 고려하여 총리령으로 정한다.

규칙 제16조(행정처분의 기준) 법 제14조부터 제17조까지의 규정에 따른 행정처분의 기준은 별표 7과 같다.

■ **별표 7** ■ 식품 등의 표시·광고에 관한 법률 시행규칙

행정처분 기준(제16조 관련)

Ⅰ. 일반기준

1. 둘 이상의 위반행위가 적발된 경우로서 위반행위가 다음 각 목의 어느 하나에 해당하는 경우에는 가장 무거운 정지처분 기간에 나머지 각각의 정지처분 기간의 2분의 1을 더하여 처분한다.
   가. 영업정지에만 해당하는 경우
   나. 한 품목 또는 품목류(식품등의 기준 및 규격 중 같은 기준 및 규격을 적용받아 제조·가공되는 모든 품목을 말한다. 이하 같다)에 대하여 품목 또는 품목류 제조정지에만 해당하는 경우
2. 둘 이상의 위반행위가 적발된 경우로서 그 위반행위가 영업정지와 품목 또는 품목류 제조정지에 해당하는 경우에는 각각의 영업정지와 품목 또는 품목류 제조정지 처분기간을 제1호 일반기준에 따라 산정한 후 다음 각 목의 구분에 따라 처분한다.
   가. 영업정지 기간이 품목 또는 품목류 제조정지 기간보다 길거나 같으면 영업정지 처분만 할 것
   나. 영업정지 기간이 품목 또는 품목류 제조정지 기간보다 짧으면 그 영업정지 처분과 그 초과기간에 대한 품목 또는 품목류 제조정지 처분을 함께 부과할 것
   다. 품목류 제조정지 기간이 품목 제조정지 기간보다 길거나 같으면 품목류 제조정지 처분만 할 것
   라. 품목류 제조정지 기간이 품목 제조정지 기간보다 짧으면 그 품목류 제조정지 처분과 그 초과기간에 대한 품목 제조정지 처분을 함께 부과할 것
3. 같은 날 제조·가공한 같은 품목에 대하여 같은 위반사항이 적발된 경우에는 같은 위반행위로 본다. 다만, 부당한 광고는 같은 품목에 대하여 같은 날에 같은 매체로 광고한 경우 같은 위반행위로 본다.
4. 위반행위에 대하여 행정처분을 하기 위한 절차가 진행되는 기간(적발일부터 행정처분의 효력 발생일까지를 말한다) 중에 반복하여 같은 사항을 위반하는 경우에는 그 위반횟수마다 행정처분 기준의 2분의 1씩 더하여 처분한다.
5. 위반행위의 횟수에 따른 행정처분의 기준은 최근 1년간 같은 위반행위(품목류의 경우에는 같은 품목에 대한 같은 위반행위를 말한다. 이하 같다)를 한 경우에 적용한다. 이 경우 처분 기준의 적용은 같은 위반사항에 대한 행정처분일(행정처분의 효력발생일)과 그 처분 후 재적발일을 기준으로 한다.
6. 제5호에 따라 가중된 행정처분을 하는 경우 가중처분의 적용 차수는 그 위반행위 전 행정처분 차수(제5호에 따른 기간 내에 행정처분이 둘 이상 있었던 경우에는 높은 차수를 말한다)의 다음 차수로 한다.
7. 어떤 위반행위든 해당 위반 사항에 대하여 행정처분이 이루어진 경우에는 해당 처분 이전에 이루어진 같은 위반행위에 대해서도 행정처분이 이루어진 것으로 보아 다시 처분해서는 안 된다.
8. 제1호 및 제2호에 따른 행정처분이 있은 후 다시 행정처분을 하게 되는 경우 그 위반행위의 횟수에 따른 행정처분의 기준을 적용하는 경우에는 종전의 행정처분의 사유가 된 각각의 위반행위에 대하여 각각 행정처분을 했던 것으로 본다.
9. 4차 위반인 경우에는 다음 각 목의 기준에 따르고, 5차 위반의 경우로서 가목에 해당하는 경우에는 영업정지 6개월로 하며, 나목에 해당하는 경우에는 영업허가·등록 취소 또는 영업소 폐쇄를 한다. 가목을 6차 위반한 경우에는 영업허가·등록 취소 또는 영업소 폐쇄를 해야 한다.
   가. 3차 위반의 처분 기준이 품목 또는 품목류 제조정지인 경우에는 품목 또는 품목류 제조정지 6개월의 처분을 한다.

나. 3차 위반의 처분 기준이 영업정지인 경우에는 3차 위반 처분 기준의 2배로 하되, 영업정지 6개월 이상인 경우에는 영업허가·등록 취소 또는 영업소 폐쇄를 한다.

10. 식품등의 출입·검사·수거 등에 따른 위반행위에 대한 행정처분의 경우에는 그 위반행위가 해당 식품등의 제조·가공·운반·진열·보관 또는 판매·조리과정 중의 어느 과정에서 기인하는지를 판단하여 그 원인제공자에 대하여 처분해야 한다. 다만, 위반행위의 원인제공자가 식품등을 제조·가공한 영업자(식용란 수집·처리를 의뢰받은 식용란수집판매업 영업자를 포함한다)인 경우에는 다음 각 목의 해당 영업자와 함께 처분해야 한다.
    가. 「식품위생법 시행령」 제21조제5호나목3)의 유통전문판매업자
    나. 「축산물 위생관리법 시행령」 제21조제7호마목의 축산물유통전문판매업자
    다. 「축산물 위생관리법 시행령」 제21조제7호바목의 식용란수집판매업자가 식용란 수집·처리를 다른 식용란수집판매업자에게 의뢰하여 그 수집·처리된 식용란을 자신의 상표로 유통·판매하는 식용란수집판매업자
    라. 「건강기능식품에 관한 법률 시행령」 제2조제3호나목의 건강기능식품유통전문판매업자

11. 제10호 각 목 외의 부분 단서에 따라 「식품위생법 시행령」 제21조제5호나목3)의 유통전문판매업, 「축산물 위생관리법 시행령」 제21조제7호마목의 축산물유통전문판매업, 「건강기능식품에 관한 법률 시행령」 제2조제3호나목의 건강기능식품유통전문판매업 영업자에 대하여 품목 또는 품목류 제조정지 처분을 하는 경우에는 이를 각각 그 위반행위의 원인제공자인 제조·가공업소에서 제조·가공한 해당 품목 또는 품목류의 판매정지에 해당하는 것으로 본다.

12. 즉석판매제조·가공업, 식육즉석판매제조·가공업, 식품소분업, 용기·포장류제조업, 식육포장처리업, 식품조사처리업, 수입식품등 수입·판매업에 대한 행정처분의 경우 그 처분의 양형이 품목 제조정지에 해당하는 경우에는 품목 제조정지 기간의 3분의 1에 해당하는 기간으로 영업정지 처분을 하고, 그 처분의 양형이 품목류 제조정지에 해당하는 경우에는 품목류 제조정지 기간의 2분의 1에 해당하는 기간으로 영업정지 처분을 해야 한다.

13. 다음 각 목의 어느 하나에 해당하는 경우에는 행정처분의 기준이 영업정지 또는 품목·품목류 제조정지인 경우에는 정지처분 기간의 2분의 1 이하의 범위에서 그 처분을 경감할 수 있고, 영업허가·등록 취소 또는 영업장 폐쇄인 경우에는 영업정지 3개월 이상의 범위에서 그 처분을 경감할 수 있다.
    가. 표시기준의 위반사항 중 일부 제품에 대한 제조일자 등의 표시누락 등 그 위반사유가 영업자의 고의나 과실이 아닌 단순한 기계작동상의 오류에 기인한다고 인정되는 경우
    나. 식품등을 제조·포장·가공만 하고 시중에 유통시키지 않은 경우
    다. 식품등을 제조·포장·가공 또는 판매하는 자가 식품이력추적관리, 축산물가공품이력추적관리 또는 건강기능식품이력추적관리 등록을 한 경우
    라. 위반사항 중 그 위반의 정도가 경미하거나 고의성이 없는 사소한 부주의로 인한 것인 경우
    마. 해당 위반사항에 관하여 검사로부터 기소유예의 처분을 받거나 법원으로부터 선고유예의 판결을 받은 경우로서 그 위반사항이 고의성이 없거나 국민보건상 인체의 건강을 해칠 우려가 없다고 인정되는 경우
    바. 「식품위생법 시행규칙」 별표 17 제7호머목에 따라 공통찬통, 소형찬기 또는 복합찬기를 사용하거나, 손님이 남긴 음식물을 싸서 가지고 갈 수 있도록 포장용기를 갖춰 두고 이를 손님에게 알리는 등 음식문화개선을 위해 노력하는 식품접객업자인 경우. 다만, 1차 위반에 해당하는 경우에만 경감할 수 있다.
    사. 그 밖에 식품등의 수급정책상 필요하다고 인정되는 경우

14. 영업정지 1개월은 30일을 기준으로 한다.

15. 행정처분의 기간이 소수점 이하로 산출되는 경우에는 소수점 이하를 버린다.

II. 개별기준

1. 「식품위생법 시행령」 제21조제1호부터 제3호까지, 제5호가목·나목3), 제6호가목, 제7호의 식품제조·가공업, 즉석판매제조·가공업, 식품첨가물제조업, 식품소분업·유통전문판매업, 식품조사처리업, 용기·포장류제조업, 「축산물 위생관리법 시행령」 제21조제3호·제4호·제7호마목·제8호의 축산물가공업·식육포장처리업·축산물유통전문판매업·식육즉석판매가공업, 「건강기능식품에 관한 법률 시행령」 제2조제1호·제3호나목의 건강기능식품제조업·건강기능식품유통전문판매업 및 「수입식품안전관리 특별법 시행령」 제2조제1호의 수입식품등 수입·판매업

위반행위	근거 법조문	행정처분 기준		
		1차 위반	2차 위반	3차 위반
가. 법 제4조제3항을 위반한 경우	법 제14조부터 제17조까지			
1) 식품등에 대한 표시사항을 위반한 경우로서				
가) 표시 대상 식품등에 표시사항 전부를 표시하지 않거나 표시하지 않은 식품을 영업에 사용한 경우		영업정지 1개월과 해당 제품 폐기	영업정지 2개월과 해당 제품 폐기	영업정지 3개월과 해당 제품 폐기
나) 법 제4조제1항 및 이 규칙 별표 1 제5호(「축산물 위생관리법 시행령」 제21조제8호에 따른 식육즉석판매가공업만 해당한다)를 위반하여 표시해야 할 사항 전부 또는 일부를 표시하지 않는 경우		시정명령	영업정지 7일	영업정지 15일
다) 법 제4조제1항제3호다목의 보관방법과 같은 호 라목·바목·사목의 표시기준을 위반한 건강기능식품을 제조·수입·판매한 경우		영업정지 15일	영업정지 1개월	영업정지 2개월
라) 법 제4조제1항제3호마목의 표시기준을 위반한 건강기능식품을 제조·수입·판매한 경우		품목 제조정지 15일과 해당 제품 폐기	품목 제조정지 1개월과 해당 제품 폐기	품목 제조정지 2개월과 해당 제품 폐기
2) 주표시면에 표시해야 할 사항을 표시하지 않거나 표시기준에 부적합한 경우로서				
가) 주표시면에 제품명 및 내용량을 전부 표시하지 않은 경우		품목 제조정지 1개월	품목 제조정지 2개월	품목 제조정지 3개월
나) 주표시면에 제품명을 표시하지 않은 경우		품목 제조정지 15일	품목 제조정지 1개월	품목 제조정지 2개월
다) 주표시면에 내용량을 표시하지 않은 경우		시정명령	품목 제조정지 15일	품목 제조정지 1개월

(계속)

위반행위	근거 법조문	행정처분 기준		
		1차 위반	2차 위반	3차 위반
3) 제품명 표시기준을 위반한 경우로서				
가) 특정 원재료 및 성분을 제품명에 사용 시 주표시면에 그 함량을 표시하지 않은 경우		품목 제조정지 15일	품목 제조정지 1개월	품목 제조정지 2개월
나) 표시기준을 위반한 제품명을 영업에 사용한 경우		품목 제조정지 15일	품목 제조정지 1개월	품목 제조정지 2개월
4) 제조연월일, 산란일 또는 유통기한 표시기준을 위반한 경우로서				
가) 제조연월일, 산란일 또는 유통기한을 표시하지 않거나 표시하지 않은 식품등을 영업에 사용한 경우(제조연월일, 산란일, 유통기한 표시 대상 식품등만 해당한다)		품목 제조정지 15일과 해당 제품 폐기	품목 제조정지 1개월과 해당 제품 폐기	품목 제조정지 2개월과 해당 제품 폐기
나) 유통기한을 품목제조보고한 기한보다 초과하여 표시한 경우		영업정지 7일과 해당 제품 폐기	영업정지 15일과 해당 제품 폐기	영업정지 1개월과 해당 제품 폐기
다) 제조연월일, 산란일 표시기준을 위반하여 유통기한을 연장한 경우		영업정지 1개월과 해당 제품 폐기	영업정지 2개월과 해당 제품 폐기	영업정지 3개월과 해당 제품 폐기
라) 제품에 표시된 제조연월일, 산란일 또는 유통기한을 변조한 경우(가공 없이 포장만을 다시 하여 변조 표시한 경우를 포함한다)		영업허가·등록 취소 또는 영업소 폐쇄와 해당 제품 폐기		
5) 원재료명·성분 표시기준을 위반한 경우로서				
가) 사용한 원재료의 전부를 표시하지 않은 경우		품목 제조정지 15일	품목 제조정지 1개월	품목 제조정지 2개월
나) 사용한 원재료의 일부를 표시하지 않은 경우		시정명령	품목 제조정지 15일	품목 제조정지 1개월
다) 소비자 안전을 위한 주의사항 중 알레르기 유발물질 표시대상을 별도 알레르기 표시란에 표시하지 않은 경우		품목 제조정지 15일과 해당 제품 폐기	품목 제조정지 1개월과 해당 제품 폐기	품목 제조정지 2개월과 해당 제품 폐기
라) 식품등의 기준 및 규격에 따라 명칭과 용도를 함께 표시해야 하는 감미료, 착색료, 보존료, 산화방지제를 표시하지 않은 경우		시정명령	품목 제조정지 7일	품목 제조정지 15일

(계속)

위반행위	근거 법조문	행정처분 기준		
		1차 위반	2차 위반	3차 위반
6) 식품 또는 식품첨가물을 소분할 때 원제품에 표시된 제조연월일 또는 유통기한을 초과하여 표시하는 등 원표시사항을 변경한 경우		영업정지 1개월과 해당 제품 폐기	영업정지 2개월과 해당 제품 폐기	영업정지 3개월과 해당 제품 폐기
7) 내용량을 표시할 때 부족량이 허용오차를 위반한 경우[8)에 해당하는 경우는 제외한다]로서				
가) 표시 내용량이 20퍼센트 이상 부족한 것		품목 제조정지 2개월	품목 제조정지 3개월	품목류 제조정지 3개월
나) 표시 내용량이 10퍼센트 이상 20퍼센트 미만 부족한 것		품목 제조정지 1개월	품목 제조정지 2개월	품목 제조정지 3개월
다) 표시 내용량이 10퍼센트 미만 부족한 것		시정명령	품목 제조정지 15일	품목 제조정지 1개월
8) 다음의 어느 하나에 해당하는 경우로서 식품을 변조된 중량으로 판매하거나 판매할 목적으로 제조 · 가공 · 저장 · 운반 또는 진열 등 영업에 사용한 경우		영업허가 · 등록 취소 또는 영업소 폐쇄와 해당 제품 폐기		
가) 식품에 납 · 얼음 · 한천 · 물 등 이물을 혼입시킨 경우				
나) 냉동수산물의 내용량이 부족량 허용오차를 위반하면서 냉동수산물에 얼음막을 내용량의 20퍼센트를 초과하도록 생성시킨 경우				
9) 조사처리식품 · 축산물의 표시기준을 위반한 경우로서				
가) 조사처리된 식품 · 축산물을 표시하지 않은 경우		품목 제조정지 15일	품목 제조정지 1개월	품목 제조정지 2개월
나) 조사처리식품 · 축산물을 표시할 때 기준을 위반하여 표시한 경우		시정명령	품목 제조정지 15일	품목 제조정지 1개월
나. 법 제5조제3항 및 제6조제3항을 위반한 경우(법 제31조에 따른 과태료 부과 대상에 해당하는 위반사항은 제외한다)	법 제14조 및 제16조			
1) 영양성분 표시기준을 위반한 경우		시정명령	영업정지 5일	영업정지 10일
2) 나트륨 함량 비교 표시(전자적 표시를 포함한다)를 하지 않거나 비교 표시 기준 및 방법을 지키지 않은 경우		시정명령	영업정지 5일	영업정지 10일
다. 법 제7조제2항을 위반한 경우로서 별표 6 제2호 또는 제3호를 위반한 경우	법 제14조	시정명령		
라. 법 제8조제1항을 위반한 경우	법 제14조부터 제17조까지			

(계속)

위반행위	근거 법조문	행정처분 기준		
		1차 위반	2차 위반	3차 위반
1) 질병의 예방 · 치료에 효능이 있는 것으로 인식할 우려가 있는 표시 또는 광고		영업정지 2개월과 해당 제품(표시된 제품만 해당한다) 폐기	영업허가 · 등록 취소 또는 영업소 폐쇄와 해당 제품(표시된 제품만 해당한다) 폐기	
2) 식품등을 의약품으로 인식할 우려가 있는 표시 또는 광고		영업정지 15일(건강기능식품의 경우 영업정지 1개월로 한다)	영업정지 1개월(건강기능식품의 경우 영업정지 2개월로 한다)	영업정지 2개월(건강기능식품의 경우 영업허가를 취소한다)
3) 건강기능식품이 아닌 것을 건강기능식품으로 인식할 우려가 있는 표시 또는 광고		영업정지 7일	영업정지 15일	영업정지 1개월
4) 거짓·과장된 표시 또는 광고, 소비자를 기만하는 표시 또는 광고, 다른 업체나 다른 업체의 제품을 비방하는 표시 또는 광고, 객관적인 근거 없이 자기 또는 자기의 식품등을 다른 영업자나 다른 영업자의 식품등과 부당하게 비교하는 표시 또는 광고, 사행심을 조장하거나 음란한 표현을 사용하여 공중도덕이나 사회윤리를 현저하게 침해하는 표시 또는 광고로서				
가) 체험기 및 체험사례 등 이와 유사한 내용을 표현하는 표시·광고		품목 제조정지 1개월	품목 제조정지 2개월	품목 제조정지 3개월
나) 제품과 관련이 없거나 사실과 다른 수상(受賞) 또는 상장의 표시·광고를 한 경우		영업정지 7일	영업정지 15일	영업정지 1개월
다) 「식품위생법」 제12조의2제1항 및 「건강기능식품에 관한 법률」 제17조의2에 따른 유전자변형식품등을 유전자변형식품등이 아닌 것으로 표시·광고한 경우		품목 제조정지 1개월	품목 제조정지 2개월	품목 제조정지 3개월
라) 다른 식품·축산물의 유형과 오인·혼동하게 하는 표시·광고를 한 경우		품목 제조정지 15일	품목 제조정지 1개월	품목 제조정지 2개월
마) 사용하지 않은 원재료명 또는 성분명을 표시 · 광고한 경우		품목 제조정지 1개월	품목 제조정지 2개월	품목 제조정지 3개월
바) 이온수·생명수 또는 약수 등 사용하지 못하도록 한 용어를 사용하여 표시·광고한 경우		영업정지 15일	영업정지 1개월	영업정지 2개월
사) 사용금지된 식품첨가물이 함유되지 않았다는 내용을 강조하기 위해 "첨가물 무" 등으로 표시·광고한 경우		영업정지 15일	영업정지 1개월	영업정지 2개월

(계속)

위반행위	근거 법조문	행정처분 기준		
		1차 위반	2차 위반	3차 위반
아) 사료·물에 첨가한 성분이나 축산물의 제조 시 혼합한 원재료 또는 성분이 가지는 효능·효과를 표시하여 해당 축산물 자체에는 그러한 효능·효과가 없음에도 불구하고 효능·효과가 있는 것처럼 혼동할 우려가 있는 것으로 표시·광고한 경우		영업정지 7일	영업정지 15일	영업정지 1개월
자) 「축산물 위생관리법」 제9조제3항에 따른 안전관리인증작업장·안전관리인증업소 또는 안전관리인증농장으로 인증 받지 않고 해당 명칭을 사용한 경우		영업정지 1개월	영업정지 2개월	영업정지 3개월
차) 법 제4조제1항 및 이 규칙 별표 1 제5호(「축산물 위생관리법 시행령」 제21조제8호에 따른 식육즉석판매가공업만 해당한다) 표시사항 전부 또는 일부를 거짓으로 표시한 경우		영업정지 7일	영업정지 15일	영업정지 1개월
카) 그 밖에 가)부터 차)까지를 제외한 부당한 표시·광고를 한 경우		시정명령	품목 제조정지 15일	품목 제조정지 1개월
5) 표시·광고 심의 대상 중 심의를 받지 않거나 심의 결과에 따르지 않은 표시 또는 광고		품목 제조정지 15일	품목 제조정지 1개월	품목 제조정지 2개월
마. 법 제9조제3항을 위반한 경우로서 실증자료 제출을 요청받은 자가 실증자료를 제출하지 않은 경우	법 제14조	시정명령		
바. 법 제14조에 따른 시정명령을 이행하지 않은 경우	법 제16조	영업정지 15일	영업정지 1개월	영업정지 2개월
사. 법 제15조제1항 및 제2항을 위반한 경우	법 제16조			
1) 회수조치를 하지 않은 경우		영업정지 2개월	영업정지 3개월	영업허가·등록 취소 또는 영업소 폐쇄
2) 회수계획을 보고하지 않거나 거짓으로 보고한 경우		영업정지 1개월	영업정지 2개월	영업정지 3개월
아. 법 제15조제3항을 위반한 경우	법 제15조 및 제16조			
1) 회수하지 않고도 회수한 것으로 속인 경우		영업허가·등록 취소 또는 영업소 폐쇄와 해당제품 폐기		
2) 그 밖에 회수명령을 받고 회수하지 않은 경우		영업정지 1개월	영업정지 2개월	영업정지 3개월
자. 영업정지 처분 기간 중에 영업을 한 경우	법 제16조	영업허가·등록 취소 또는 영업소 폐쇄		
차. 그 밖에 가목부터 자목까지를 제외한 법을 위반한 경우(법 제31조에 따른 과태료 부과 대상에 해당하는 위반사항은 제외한다)	법 제14조 및 제17조	시정명령	품목 제조정지 15일	품목 제조정지 1개월

2. 「축산물 위생관리법 시행령」 제21조제1호·제2호 및 제3호의2의 도축업·집유업 및 식용란선별포장업

위반행위	근거 법조문	행정처분 기준		
		1차 위반	2차 위반	3차 위반
가. 법 제4조제3항을 위반한 경우(닭, 오리 등 가금류의 식육 중 포장을 하는 경우만 해당한다)	법 제14조부터 제16조까지			
1) 표시 대상 축산물에 표시사항 전부(합격표시, 작업장의 명칭, 작업장의 소재지, 생산연월일, 유통기한, 보존방법 및 내용량)를 표시하지 않은 경우		영업정지 1개월과 해당 제품 폐기	영업정지 2개월과 해당 제품 폐기	영업정지 3개월과 해당 제품 폐기
2) 작업장의 명칭, 작업장의 소재지, 보존방법 및 내용량을 전부 표시하지 않은 경우		영업정지 15일과 해당 제품 폐기	영업정지 1개월과 해당 제품 폐기	영업정지 2개월과 해당 제품 폐기
3) 작업장의 명칭, 작업장의 소재지 또는 보존방법 중 1개 이상을 표시하지 않은 경우		영업정지 7일과 해당 제품 폐기	영업정지 15일과 해당 제품 폐기	영업정지 1개월과 해당 제품 폐기
4) 내용량만을 표시하지 않은 경우		시정명령	영업정지 7일과 해당 제품 폐기	영업정지 15일과 해당 제품 폐기
5) 생산연월일 또는 유통기한 중 1개 이상을 표시하지 않은 경우		영업정지 7일과 해당 제품 폐기	영업정지 15일과 해당 제품 폐기	영업정지 1개월과 해당 제품 폐기
6) 제품에 표시된 생산연월일 또는 유통기한을 변조한 경우(가공 없이 포장만을 다시 하여 변조 표시한 경우를 포함한다)		영업허가·등록 취소와 해당 제품 폐기		
7) 생산연월일 표시기준을 위반하여 유통기한을 연장한 경우		영업정지 1개월과 해당 제품 폐기	영업정지 2개월과 해당 제품 폐기	영업정지 3개월과 해당 제품 폐기
8) 식육 포장지에 합격표시를 표시하지 않은 경우		시정명령	영업정지 10일	영업정지 20일
나. 법 제8조제1항을 위반한 경우(닭, 오리 등 가금류의 식육 중 포장을 하는 경우만 해당한다)	법 제14조 및 제16조			
1) 거짓·과장된 표시 또는 광고, 소비자를 기만하는 표시 또는 광고, 다른 업체나 다른 업체의 제품을 비방하는 표시 또는 광고, 객관적인 근거 없이 자기 또는 자기의 식품등을 다른 영업자나 다른 영업자의 식품등과 부당하게 비교하는 표시 또는 광고, 사행심을 조장하거나 음란한 표현을 사용하여 공중도덕이나 사회윤리를 현저하게 침해하는 표시 또는 광고		시정명령	영업정지 10일	영업정지 20일

(계속)

위반행위	근거 법조문	행정처분 기준		
		1차 위반	2차 위반	3차 위반
2) 「축산물 위생관리법」 제9조제2항에 따라 작성 · 운용하고 있는 자체안전관리인증기준과 다른 내용의 표시 · 광고 또는 자체안전관리인증기준을 작성 · 운용하고 있지 않으면서 이를 작성 · 운용하고 있다는 내용의 표시 또는 광고		영업정지 1개월	영업정지 2개월	영업정지 3개월
다. 법 제9조제3항을 위반한 경우로서 실증자료 제출을 요청받은 자가 실증자료를 제출하지 않은 경우	법 제14조	시정명령		
라. 법 제14조에 따른 시정명령을 이행하지 않은 경우	법 제16조	영업정지 15일	영업정지 1개월	영업정지 2개월
마. 영업정지 처분 기간 중에 영업을 한 경우	법 제16조	영업허가 · 등록 취소 또는 영업소 폐쇄		
바. 그 밖에 가목부터 마목까지를 제외한 법을 위반한 경우	법 제14조 및 제16조	시정명령	영업정지 15일	영업정지 1개월

3. 「식품위생법 시행령」 제21조제4호·제5호나목의 식품운반업·식품판매업[제5호나목3)의 유통전문판매업은 제외한다], 「축산물 위생관리법 시행령」 제21조제5호부터 제7호까지의 축산물보관업·축산물운반업·축산물판매업(제7호마목의 축산물유통전문판매업은 제외한다), 「건강기능식품에 관한 법률 시행령」 제2조제3호의 건강기능식품판매업(제3호나목의 건강기능식품유통전문판매업은 제외한다) 및 「수입식품안전관리 특별법 시행령」 제2조제3호의 수입식품등 인터넷 구매 대행업

위반사항	근거 법조문	행정처분 기준		
		1차 위반	2차 위반	3차 위반
가. 법 제4조제3항을 위반한 경우	법 제14조부터 제16조까지			
1) 식품등에 대한 표시사항을 위반한 경우				
가) 표시 대상 식품등에 표시사항 전부를 표시하지 않은 것을 진열·운반·판매한 경우		영업정지 1개월과 해당 제품 폐기	영업정지 2개월과 해당 제품 폐기	영업정지 3개월과 해당 제품 폐기
나) 수입식품등에 한글표시를 하지 않은 것을 진열·운반·판매한 경우		영업정지 1개월과 해당 제품 폐기	영업정지 2개월과 해당 제품 폐기	영업정지 3개월과 해당 제품 폐기
다) 법 제4조제1항 및 이 규칙 별표 1 제5호(「축산물 위생관리법 시행령」 제21조제7호가목에 따른 식육판매업만 해당한다) 및 제6호를 위반하여 표시해야 할 사항 전부 또는 일부를 표시하지 않는 경우		시정명령	영업정지 7일	영업정지 15일

(계속)

위반사항	근거 법조문	행정처분 기준		
		1차 위반	2차 위반	3차 위반
라) 법 제4조제1항제3호다목의 보관방법과 제3호라목 · 바목 · 사목의 표시기준을 위반한 건강기능식품을 판매한 경우		영업정지 7일	영업정지 15일	영업정지 1월
마) 법 제4조제1항제3호마목의 표시기준을 위반한 건강기능식품을 제조 · 수입 · 판매한 경우		영업정지 5일	영업정지 10일	영업정지 15일
2) 주표시면에 제품명 및 내용량을 표시하지 않은 것을 진열 · 운반 · 판매한 경우		시정명령	영업정지 7일	영업정지 15일
3) 제조연월일, 산란일 또는 유통기한 표시기준을 위반한 경우로서				
가) 제조연월일, 산란일 또는 유통기한을 표시하지 않은 것을 진열·판매한 경우(제조연월일, 산란일 또는 유통기한 표시 대상 식품등만 해당한다)		영업정지 7일과 해당 제품 폐기	영업정지 15일과 해당 제품 폐기	영업정지 1개월과 해당 제품 폐기
나) 제조연월일 또는 산란일 표시기준을 위반하여 유통기한을 연장한 경우		영업정지 1개월과 해당 제품 폐기	영업정지 2개월과 해당 제품 폐기	영업정지 3개월과 해당 제품 폐기
다) 제품에 표시된 제조연월일, 산란일 또는 유통기한을 변조한 경우(가공 없이 포장만을 다시 하여 변조 표시한 경우를 포함한다)		영업허가 · 등록 취소 또는 영업소 폐쇄와 해당 제품 폐기		
4) 달걀의 껍데기 표시기준을 위반한 경우로서 다음의 어느 하나에 해당하는 경우				
가) 달걀의 껍데기 표시사항을 위조하거나 변조한 경우		영업허가 · 등록 취소 또는 영업소 폐쇄와 해당 제품 폐기		
나) 달걀의 껍데기 표시사항 중 산란일 또는 「축산법 시행규칙」 제27조제5항에 따라 축산업 허가를 받은 자에게 부여한 고유번호를 표시하지 않은 경우		영업정지 15일과 해당 제품 폐기	영업정지 1개월과 해당 제품 폐기	영업정지 2개월과 해당 제품 폐기
나. 법 제7조제2항을 위반한 경우로서 별표 6 제2호 또는 제3호를 위반한 경우	법 제14조	시정명령		
다. 법 제8조제1항을 위반한 경우	법 제14조부터 제16조까지			

(계속)

위반사항	근거 법조문	행정처분 기준		
		1차 위반	2차 위반	3차 위반
1) 질병의 예방 · 치료에 효능이 있는 것으로 인식할 우려가 있는 표시 또는 광고		영업정지 2개월과 해당 제품(표시된 제품만 해당한다) 폐기	영업허가 · 등록 취소 또는 영업소 폐쇄와 해당 제품(표시된 제품만 해당한다) 폐기	
2) 식품등을 의약품으로 인식할 우려가 있는 표시 또는 광고		영업정지 15일(건강기능식품의 경우 영업정지 1개월로 한다)	영업정지 1개월(건강기능식품의 경우 영업정지 2개월로 한다)	영업정지 2개월(건강기능식품의 경우 영업소를 폐쇄 한다)
3) 건강기능식품이 아닌 것을 건강기능식품으로 인식할 우려가 있는 표시 또는 광고		영업정지 7일	영업정지 15일	영업정지 1개월
4) 거짓 · 과장된 표시 또는 광고, 소비자를 기만하는 표시 또는 광고, 다른 업체나 다른 업체의 제품을 비방하는 표시 또는 광고, 객관적인 근거 없이 자기 또는 자기의 식품등을 다른 영업자나 다른 영업자의 식품등과 부당하게 비교하는 표시 또는 광고, 사행심을 조장하거나 음란한 표현을 사용하여 공중도덕이나 사회윤리를 현저하게 침해하는 표시 또는 광고로서				
가) 체험기 및 체험사례 등 이와 유사한 내용을 표현하는 광고를 한 경우		영업정지 7일	영업정지 15일	영업정지 1개월
나) 사실과 다르거나 제품과 관련 없는 수상 또는 상장의 표시 · 광고를 한 경우		영업정지 7일	영업정지 15일	영업정지 1개월
다) 다른 식품 · 축산물의 유형과 오인 · 혼동하게 하는 표시 · 광고를 한 경우		영업정지 7일	영업정지 15일	영업정지 1개월
라) 사용하지 않은 원재료명 또는 성분명을 표시 · 광고한 경우		영업정지 7일	영업정지 15일	영업정지 1개월
마) 사료 · 물에 첨가한 성분이나 축산물의 제조 시 혼합한 원재료 또는 성분이 가지는 효능 · 효과를 표시하여 해당 축산물 자체에는 그러한 효능 · 효과가 없음에도 불구하고 효능 · 효과가 있는 것처럼 혼동할 우려가 있는 것으로 표시 · 광고한 경우		영업정지 7일	영업정지 15일	영업정지 1개월
바) 「축산물 위생관리법」 제9조제3항에 따른 안전관리인증작업장 · 안전관리인증업소 또는 안전관리인증농장으로 인증받지 않고 해당 명칭을 사용한 경우		영업정지 1개월	영업정지 2개월	영업정지 3개월
사) 법 제4조제1항 및 이 규칙 별표 1 제5호(「축산물 위생관리법 시행령」 제21조제7호가목에 따른 식육판매업만 해당한다) 및 제6호의 표시사항 전부 또는 일부를 거짓으로 표시한 경우		영업정지 7일	영업정지 15일	영업정지 1개월

(계속)

위반사항	근거 법조문	행정처분 기준		
		1차 위반	2차 위반	3차 위반
아) 그 밖에 가)부터 사)까지를 제외한 부당한 표시 · 광고를 한 경우		시정명령	영업정지 5일	영업정지 10일
5) 표시 · 광고 심의 대상 중 심의를 받지 않거나 심의 결과에 따르지 않은 표시 또는 광고		영업정지 5일	영업정지 10일	영업정지 20일
라. 법 제9조제3항을 위반한 경우로서 실증자료 제출을 요청받은 자가 실증자료를 제출하지 않은 경우	법 제14조	시정명령		
마. 법 제14조에 따른 시정명령을 이행하지 않은 경우	법 제16조	영업정지 7일	영업정지 15일	영업정지 1개월
바. 법 제15조제1항 및 제2항을 위반한 경우	법 제16조			
1) 회수조치를 하지 않은 경우		영업정지 2개월	영업정지 3개월	영업허가·등록 취소 또는 영업소 폐쇄
2) 회수 계획을 보고하지 않거나 거짓으로 보고한 경우		영업정지 1개월	영업정지 2개월	영업정지 3개월
사. 영업정지 처분 기간 중에 영업을 한 경우	법 제16조	영업허가 취소 또는 영업소 폐쇄		
아. 그 밖에 가목부터 사목까지를 제외한 법을 위반한 경우(법 제31조에 따른 과태료 부과 대상에 해당하는 위반사항은 제외한다)	법 제14조 및 제16조	시정명령	영업정지 5일	영업정지 10일

4.「식품위생법 시행령」제21조제8호의 식품접객업

위반사항	근거 법조문	행정처분 기준		
		1차 위반	2차 위반	3차 위반
가 법 제4조제3항을 위반한 경우	법 제14조부터 제16조까지			
1) 식품 · 축산물 · 식품첨가물(수입품을 포함한다)에 대한 표시사항을 위반한 경우로서				
가) 표시사항 전부를 표시하지 않은 것을 사용한 경우		영업정지 1개월과 해당 제품 폐기	영업정지 2개월과 해당 제품 폐기	영업정지 3개월과 해당 제품 폐기
나) 수입식품등에 한글표시를 하지 않은 것을 사용한 경우		영업정지 1개월과 해당 제품 폐기	영업정지 2개월과 해당 제품 폐기	영업정지 3개월과 해당 제품 폐기
2) 제조연월일, 산란일 또는 유통기한 표시기준을 위반한 경우로서				

(계속)

위반사항	근거 법조문	행정처분 기준		
		1차 위반	2차 위반	3차 위반
가) 제조연월일, 산란일 또는 유통기한을 표시하지 않은 것을 사용한 경우(제조연월일, 산란일 또는 유통기한 표시 대상 식품등만 해당한다)		영업정지 7일과 해당 음식물 폐기	영업정지 15일과 해당 음식물 폐기	영업정지 1개월과 해당 음식물 폐기
나) 제조연월일, 산란일 표시기준을 위반하여 유통기한을 연장한 경우		영업정지 1개월과 해당 제품 폐기	영업정지 2개월과 해당 제품 폐기	영업정지 3개월과 해당 제품 폐기
다) 제품에 표시된 제조연월일 또는 유통기한을 변조한 경우(가공 없이 포장만을 다시 하여 변조 표시한 경우를 포함한다)		영업허가·등록 취소 또는 영업소 폐쇄와 해당 제품 폐기		
나. 법 제8조제1항을 위반한 경우	법 제14조 및 제16조			
1) 질병의 예방·치료에 효능이 있는 것으로 인식할 우려가 있는 표시 또는 광고, 식품등을 의약품으로 인식할 우려가 있는 표시 또는 광고		시정명령	영업정지 7일	영업정지 15일
2) 거짓·과장된 표시 또는 광고, 소비자를 기만하는 표시 또는 광고, 다른 업체나 다른 업체의 제품을 비방하는 표시 또는 광고, 객관적인 근거 없이 자기 또는 자기의 식품등을 다른 영업자나 다른 영업자의 식품등과 부당하게 비교하는 표시 또는 광고, 사행심을 조장하거나 음란한 표현을 사용하여 공중도덕이나 사회윤리를 현저하게 침해하는 표시 또는 광고		시정명령	영업정지 5일	영업정지 10일
다. 법 제9조제3항을 위반한 경우로서 실증자료 제출을 요청받은 자가 실증자료를 제출하지 않은 경우	법 제14조	시정명령		
라. 법 제14조에 따른 시정명령을 이행하지 않은 경우	법 제16조	영업정지 15일	영업정지 1개월	영업정지 2개월
마. 영업정지 처분 기간 중에 영업을 한 경우	법 제16조	영업허가·등록 취소 또는 영업소 폐쇄		
바. 그 밖에 가목부터 마목까지를 제외한 법을 위반한 경우(법 제31조에 따른 과태료 부과 대상에 해당하는 위반사항은 제외한다)	법 제14조 및 제16조	시정명령	영업정지 7일	영업정지 15일

제18조(행정 제재처분 효과의 승계) 「건강기능식품에 관한 법률」 제11조, 「수입식품안전관리 특별법」 제16조, 「식품위생법」 제39조 또는 「축산물 위생관리법」 제26조에 따라 영업이 양수인 · 상속인 또는 합병 후 존속하는 법인이나 합병에 따라 설립되는 법인(이하 이 조에서 "양수인등"이라 한다)에 승계된 경우에는 제16조제1항 각 호, 같은 조 제3항 각 호 또는 제17조제1항 각 호를 위반한 사유로 종전의 영업자에게 한 행정 제재처분이나 제16조제2항 또는 제4항에 따라 종전의 영업자에게 한 행정 제재처분의 효과는 그 처분기간이 끝난 날부터 1년간 양수인등에게 승계되며, 행정 제재처분 절차가 진행 중일 때에는 양수인등에 대하여 그 절차를 계속할 수 있다. 다만, 양수인등(상속으로 승계받은 자는 제외한다)이 영업을 승계할 때 그 처분 또는 위반사실을 알지 못하였음을 증명하면 그러하지 아니하다.

제19조(영업정지 등의 처분에 갈음하여 부과하는 과징금 처분) ① 식품의약품안전처장, 시·도지사 또는 시장·군수·구청장은 영업자가 제16조제1항 각 호, 같은 조 제3항 각 호 또는 제17조제1항 각 호의 어느 하나에 해당하여 영업정지 또는 품목 제조정지 등을 명하여야 하는 경우로서 그 영업정지 또는 품목 제조정지 등이 이용자에게 심한 불편을 주거나 그 밖에 공익을 해칠 우려가 있을 때에는 영업정지 또는 품목 제조정지 등을 갈음하여 10억원 이하의 과징금을 부과할 수 있다. 다만, 제4조제3항 또는 제8조제1항을 위반하여 제16조제1항, 같은 조 제3항 또는 제17조제1항에 해당하는 경우로서 총리령으로 정하는 경우는 제외한다.

② 식품의약품안전처장, 시·도지사 또는 시장·군수·구청장은 제1항에 따른 과징금을 부과하기 위하여 필요한 경우에는 다음 각 호의 사항을 적은 문서로 관할 세무관서의 장에게 과세 정보 제공을 요청할 수 있다.

1. 납세자의 인적 사항
2. 과세 정보의 사용 목적
3. 과징금 부과기준이 되는 매출금액

③ 식품의약품안전처장, 시·도지사 또는 시장·군수·구청장은 영업자가 제1항에 따른 과징금을 기한 내에 납부하지 아니하는 때에는 대통령령으로 정하는 바에 따라 제1항에 따른 과징금 부과처분을 취소하고 제16조제1항 또는 제3항에 따른 영업정지, 제17조제1항에 따른 품목 제조정지 또는 품목류 제조정지 처분을 하거나 국세 체납처분의 예 또는 「지방세외수입금의 징수 등에 관한 법률」에 따라 징수한다. 다만, 다음 각 호의 어느 하나에 해당하여 영업정지, 품목 제조정지 또는 품목류 제조정지의 처분을 할 수 없는 경우에는 국세 체납처분의 예 또는 「지방세외수입금의 징수 등에 관한 법률」에 따라 징수한다.

1. 「건강기능식품에 관한 법률」 제5조제2항 및 제6조제3항에 따라 폐업을 한 경우
2. 「수입식품안전관리 특별법」 제15조제3항에 따라 폐업을 한 경우
3. 「식품위생법」 제37조제3항부터 제5항까지의 규정에 따라 폐업을 한 경우
4. 「축산물 위생관리법」 제22조제5항 및 제24조제2항에 따라 폐업을 한 경우

④ 식품의약품안전처장, 시·도지사 또는 시장·군수·구청장은 제3항에 따라 체납된 과징금을 징수하기 위하여 필요한 경우에는 「전자정부법」 제36조제1항에 따른 행정정보의 공동이용을 통하여 다음 각 호의 사항을 확인할 수 있다.

(계속)

1. 「건축법」 제38조에 따른 건축물대장 등본
2. 「공간정보의 구축 및 관리 등에 관한 법률」 제71조에 따른 토지대장 등본
3. 「자동차관리법」 제7조에 따른 자동차등록원부 등본

⑤ 제1항과 제3항 각 호 외의 부분 단서에 따라 징수한 과징금 중 식품의약품안전처장이 부과·징수한 과징금은 국가에 귀속되고, 시·도지사가 부과·징수한 과징금은 특별시·광역시·특별자치시·도·특별자치도(이하 "시·도"라 한다)의 식품진흥기금(「식품위생법」 제89조에 따른 식품진흥기금을 말한다. 이하 이 항에서 같다)에 귀속되며, 시장·군수·구청장이 부과·징수한 과징금은 대통령령으로 정하는 바에 따라 시·도와 시·군·구(자치구를 말한다)의 식품진흥기금에 귀속된다.

⑥ 제1항에 따른 과징금을 부과하는 위반행위의 종류와 위반 정도 등에 따른 과징금의 금액과 그 밖에 필요한 사항은 대통령령으로 정한다.

영 제8조(영업정지 등의 처분을 갈음하여 부과하는 과징금의 산정기준) 법 제19조제1항 본문에 따라 부과하는 과징금의 산정기준은 별표 2와 같다.

■ **별표 2** ■ 식품 등의 표시·광고에 관한 법률 시행령

영업정지 등의 처분을 갈음하여 부과하는 과징금의 산정기준(제8조 관련)

1. 일반기준
   가. 영업정지, 품목 제조정지 또는 품목류 제조정지 1개월은 30일을 기준으로 한다.
   나. 영업정지를 갈음한 과징금부과의 기준이 되는 매출금액은 처분일이 속한 연도의 전년도의 1년간 총매출금액을 기준으로 한다. 다만, 신규사업·휴업 등으로 인하여 1년간의 총매출금액을 산출할 수 없는 경우에는 분기별·월별 또는 일별 매출금액을 기준으로 연간 총매출금액으로 환산하여 산출한다.
   다. 품목 제조정지를 갈음한 과징금부과의 기준이 되는 매출금액은 처분일이 속하는 달부터 소급하여 직전 3개월간 해당 품목의 총매출금액에 4를 곱하여 산출한다. 다만, 신규제조 또는 휴업 등으로 3개월의 총매출금액을 산출할 수 없는 경우에는 전월(전월의 실적을 알 수 없는 경우에는 당월을 말한다)의 1일 평균매출액에 365를 곱하여 산출한다.
   라. 품목류 제조정지를 갈음한 과징금부과의 기준이 되는 매출금액은 품목류에 해당하는 품목들의 처분일이 속한 연도의 전년도의 1년간 총매출금액을 기준으로 한다. 다만, 신규제조·휴업 등으로 인하여 품목류에 해당하는 품목들의 1년간의 총매출금액을 산출할 수 없는 경우에는 분기별·월별 또는 일별 매출금액을 기준으로 연간 총매출금액으로 환산하여 산출한다.

2. 과징금 기준
   가. 「식품위생법 시행령」 제21조제1호 및 제3호의 식품제조·가공업 및 식품첨가물제조업, 「축산물 위생관리법 시행령」 제21조제1호부터 제3호까지·제3호의2·제4호의 도축업·집유업·축산물가공업·식용란선별포장업·식육포장처리업 및 「건강기능식품에 관한 법률 시행령」 제2조제1호의 건강기능식품제조업에 대한 영업정지를 갈음하여 과징금을 부과하는 경우

등급	연간매출액(단위 : 백만 원)	영업정지 1일에 해당하는 과징금의 금액(단위: 만 원)
1	100 이하	12
2	100 초과 ~ 200 이하	14
3	200 초과 ~ 310 이하	17
4	310 초과 ~ 430 이하	20
5	430 초과 ~ 560 이하	27
6	560 초과 ~ 700 이하	34
7	700 초과 ~ 860 이하	42
8	860 초과 ~ 1,040 이하	51
9	1,040 초과 ~ 1,240 이하	62
10	1,240 초과 ~ 1,460 이하	73
11	1,460 초과 ~ 1,710 이하	86
12	1,710 초과 ~ 2,000 이하	94
13	2,000 초과 ~ 2,300 이하	100
14	2,300 초과 ~ 2,600 이하	106
15	2,600 초과 ~ 3,000 이하	112
16	3,000 초과 ~ 3,400 이하	118
17	3,400 초과 ~ 3,800 이하	124
18	3,800 초과 ~ 4,300 이하	140
19	4,300 초과 ~ 4,800 이하	157
20	4,800 초과 ~ 5,400 이하	176
21	5,400 초과 ~ 6,000 이하	197
22	6,000 초과 ~ 6,700 이하	219
23	6,700 초과 ~ 7,500 이하	245
24	7,500 초과 ~ 8,600 이하	278
25	8,600 초과 ~ 10,000 이하	321
26	10,000 초과 ~ 12,000 이하	380
27	12,000 초과 ~ 15,000 이하	466
28	15,000 초과 ~ 20,000 이하	604
29	20,000 초과 ~ 25,000 이하	777
30	25,000 초과 ~ 30,000 이하	949
31	30,000 초과 ~ 35,000 이하	1,122
32	35,000 초과 ~ 40,000 이하	1,295
33	40,000 초과	1,381

나. 「식품위생법 시행령」 제21조제2호·제4호부터 제8호까지의 즉석판매제조·가공업, 식품운반업, 식품소분·판매업, 식품보존업, 용기·포장류제조업, 식품접객업, 「축산물 위생관리법 시행령」 제21조제5호부터 제8호까지의 축산물보관업·축산물운반업·축산물판매업·식육즉석판매가공업, 「건강기능식품에 관한 법률 시행령」 제2조제3호의 건강기능식품판매업, 「수입식품안전관리 특별법 시행령」 제2조제1호 및 제3호의 수입식품등 수입·판매업 및 수입식품등 인터넷 구매 대행업에 대한 영업정지를 갈음하여 과징금을 부과하는 경우

등급	연간매출액(단위 : 백만 원)	영업정지 1일에 해당하는 과징금의 금액(단위: 만 원)
1	20 이하	5
2	20 초과 ~ 30 이하	8
3	30 초과 ~ 50 이하	10
4	50 초과 ~ 100 이하	13
5	100 초과 ~ 150 이하	16
6	150 초과 ~ 210 이하	23
7	210 초과 ~ 270 이하	31
8	270 초과 ~ 330 이하	39
9	330 초과 ~ 400 이하	47
10	400 초과 ~ 470 이하	56
11	470 초과 ~ 550 이하	66
12	550 초과 ~ 650 이하	78
13	650 초과 ~ 750 이하	88
14	750 초과 ~ 850 이하	94
15	850 초과 ~ 1,000 이하	100
16	1,000 초과 ~ 1,200 이하	106
17	1,200 초과 ~ 1,500 이하	112
18	1,500 초과 ~ 2,000 이하	118
19	2,000 초과 ~ 2,500 이하	124
20	2,500 초과 ~ 3,000 이하	130
21	3,000 초과 ~ 4,000 이하	136
22	4,000 초과 ~ 5,000 이하	165
23	5,000 초과 ~ 6,500 이하	211
24	6,500 초과 ~ 8,000 이하	266
25	8,000 초과 ~ 10,000 이하	330
26	10,000 초과	367

다. 품목 또는 품목류 제조정지를 갈음하여 과징금을 부과하는 경우

등급	연간매출액(단위 : 백만 원)	품목 또는 품목류 제조정지 1일에 해당하는 과징금의 금액(단위 : 만 원)
1	100 이하	12
2	100 초과 ~ 200 이하	14
3	200 초과 ~ 300 이하	16
4	300 초과 ~ 400 이하	19
5	400 초과 ~ 500 이하	24
6	500 초과 ~ 650 이하	31
7	650 초과 ~ 800 이하	39
8	800 초과 ~ 950 이하	47
9	950 초과 ~ 1,100 이하	55
10	1,100 초과 ~ 1,300 이하	65
11	1,300 초과 ~ 1,500 이하	76
12	1,500 초과 ~ 1,700 이하	86
13	1,700 초과 ~ 2,000 이하	100
14	2,000 초과 ~ 2,300 이하	106
15	2,300 초과 ~ 2,700 이하	112
16	2,700 초과 ~ 3,100 이하	118
17	3,100 초과 ~ 3,600 이하	124
18	3,600 초과 ~ 4,100 이하	142
19	4,100 초과 ~ 4,700 이하	163
20	4,700 초과 ~ 5,300 이하	185
21	5,300 초과 ~ 6,000 이하	209
22	6,000 초과 ~ 6,700 이하	235
23	6,700 초과 ~ 7,400 이하	261
24	7,400 초과 ~ 8,200 이하	289
25	8,200 초과 ~ 9,000 이하	318
26	9,000 초과 ~ 10,000 이하	351
27	10,000 초과 ~ 11,000 이하	388
28	11,000 초과 ~ 12,000 이하	425
29	12,000 초과 ~ 13,000 이하	462
30	13,000 초과 ~ 15,000 이하	518
31	15,000 초과 ~ 17,000 이하	592
32	17,000 초과 ~ 20,000 이하	684
33	20,000 초과	740

영 **제9조(과징금의 부과 및 납부)** ① 식품의약품안전처장, 특별시장·광역시장·특별자치시장·도지사·특별자치도지사(이하 "시·도지사"라 한다) 또는 시장·군수·구청장(자치구의 구청장을 말한다. 이하 같다)은 법 제19조제1항 본문에 따라 과징금을 부과하려면 그 위반행위의 종류와 해당 과징금의 금액 등을 명시하여 이를 납부할 것을 서면으로 알려야 한다.

② 제1항에 따라 통지를 받은 자는 통지를 받은 날부터 20일 이내에 식품의약품안전처장, 시·도지사 또는 시장·군수·구청장이 정하는 수납기관에 과징금을 납부해야 한다. 다만, 천재지변이나 그 밖의 부득이한 사유로 그 기간에 과징금을 납부할 수 없을 때에는 그 사유가 해소된 날부터 7일 이내에 납부해야 한다.

③ 제2항에 따라 과징금을 받은 수납기관은 그 납부자에게 영수증을 발급해야 하며, 납부받은 사실을 지체 없이 식품의약품안전처장, 시·도지사 또는 시장·군수·구청장에게 통보해야 한다.

영 **제10조(과징금 납부기한의 연기 및 분할납부)** ① 식품의약품안전처장, 시·도지사 또는 시장·군수·구청장은 법 제19조제1항 본문에 따라 과징금을 부과받은 자(이하 "과징금납부의무자"라 한다)가 납부해야 할 과징금의 금액이 100만원 이상인 경우로서 다음 각 호의 어느 하나에 해당하는 사유로 과징금 전액을 한꺼번에 납부하기 어렵다고 인정될 때에는 그 납부기한을 연기하거나 분할하여 납부하게 할 수 있다. 이 경우 필요하다고 인정하면 담보를 제공하게 할 수 있다.

1. 재해 등으로 재산에 현저한 손실을 입은 경우
2. 사업 여건의 악화로 사업이 중대한 위기에 있는 경우
3. 과징금을 한꺼번에 납부하면 자금사정에 현저한 어려움이 예상되는 경우
4. 제1호부터 제3호까지의 규정에 준하는 사유가 있는 경우

② 과징금납부의무자가 제1항에 따라 과징금의 납부기한을 연기하거나 분할납부 하려는 경우에는 그 납부기한의 10일 전까지 납부기한의 연기 또는 분할 납부의 사유를 증명하는 서류를 첨부하여 식품의약품안전처장, 시·도지사 또는 시장·군수·구청장에게 신청해야 한다.

③ 제1항에 따라 과징금의 납부기한을 연기하거나 분할 납부하게 하는 경우 납부기한의 연기는 그 납부기한의 다음 날부터 1년 이내로 하고, 분할된 납부기한 간의 간격은 4개월 이내로 하며, 분할납부의 횟수는 3회 이내로 한다.

④ 식품의약품안전처장, 시·도지사 또는 시장·군수·구청장은 제1항에 따라 납부기한이 연기되거나 분할납부하기로 결정된 과징금납부의무자가 다음 각 호의 어느 하나에 해당하는 경우에는 납부기한의 연기를 취소하거나 분할납부 결정을 취소하고 과징금을 한꺼번에 징수할 수 있다.

1. 분할납부하기로 결정된 과징금을 납부기한까지 내지 않은 경우
2. 담보의 제공에 관한 식품의약품안전처장, 시·도지사 또는 시장·군수·구청장의 명령을 이행하지 않은 경우
3. 강제집행, 경매의 개시, 파산선고, 법인의 해산, 국세 또는 지방세의 체납처분을 받은 경우 등 과징금의 전부 또는 잔여분을 징수할 수 없다고 인정되는 경우

규칙 제17조(과징금 부과 제외 대상) 법 제19조제1항 단서에 따라 과징금 부과 대상에서 제외되는 대상은 별표 8과 같다.

■ **별표 8** ■ 식품 등의 표시·광고에 관한 법률 시행규칙

과징금 부과 제외 대상(제17조 관련)

다음 각 호의 어느 하나에 해당하는 경우에는 영업정지, 품목류 또는 품목 제조정지에 갈음하는 과징금을 부과해서는 안 된다. 다만, 제1호부터 제4호까지의 규정에도 불구하고 별표 7 I. 일반기준 제13호에 따른 경감 대상에 해당하는 경우에는 과징금 처분을 할 수 있다.

1. 「식품위생법 시행령」 제21조제1호부터 제3호까지, 제5호가목·나목3), 제6호가목, 제7호의 식품제조·가공업, 즉석판매제조·가공업, 식품첨가물제조업, 식품소분업·유통전문판매업, 식품조사처리업, 용기·포장류제조업, 「축산물 위생관리법 시행령」 제21조제3호·제4호·제7호마목·제8호의 축산물가공업·식육포장처리업·축산물유통전문판매업·식육즉석판매가공업, 「건강기능식품에 관한 법률 시행령」 제2조제1호·제3호나목의 건강기능식품제조업·건강기능식품유통전문판매업 및 「수입식품안전관리 특별법 시행령」 제2조제1호의 수입식품등 수입판매업
   가. 별표 7 Ⅱ. 개별기준 제1호가목1)가)·4)라)에 해당하는 경우
   나. 별표 7 Ⅱ. 개별기준 제1호라목1)·5)에 해당하는 경우
   다. 1차 위반 시 영업정지 1개월 이상에 해당하는 위반행위를 다시 한 경우
   라. 3차 위반에 해당하는 경우
   마. 과징금을 체납 중인 경우
2. 「축산물 위생관리법 시행령」 제21조제1호·제2호 및 제3호의2의 도축업·집유업 및 식용란선별포장업
   가. 별표 7 Ⅱ. 개별기준 제2호가목1)·6)에 해당하는 경우
   나. 별표 7 Ⅱ. 개별기준 제2호나목1)에 해당하는 경우
   다. 1차 위반 시 영업정지 1개월 이상에 해당하는 위반행위를 다시 한 경우
   라. 3차 위반에 해당하는 경우
   마. 과징금을 체납 중인 경우
3. 「식품위생법 시행령」 제21조제4호·제5호나목의 식품운반업·식품판매업[제5호나목3)의 유통전문판매업은 제외한다], 「축산물 위생관리법 시행령」 제21조제5호부터 제7호까지의 축산물보관업·축산물운반업·축산물판매업(제7호마목의 축산물유통전문판매업은 제외한다), 「건강기능식품에 관한 법률 시행령」 제2조제3호의 건강기능식품판매업(제3호나목의 건강기능식품유통전문판매업은 제외한다) 및 「수입식품안전관리 특별법 시행령」 제2조제3호의 수입식품등 인터넷 구매 대행업
   가. 별표 7 Ⅱ. 개별기준 제3호가목1)가) 및 3)나)·다)에 해당하는 경우
   나. 별표 7 Ⅱ. 개별기준 제3호다목1)에 해당하는 경우
   다. 1차 위반 시 영업정지 1개월 이상에 해당하는 위반행위를 다시 한 경우
   라. 3차 위반사항에 해당하는 경우
   마. 과징금을 체납 중인 경우
4. 「식품위생법 시행령」 제21조제8호의 식품접객업
   가. 3차 위반사항에 해당하는 경우
   나. 과징금을 체납 중인 경우

영 **제11조(과징금 미납자에 대한 처분)** ① 식품의약품안전처장, 시·도지사 또는 시장·군수·구청장은 법 제19조제3항에 따라 과징금 부과처분을 취소하려는 경우 과징금납부의무자에게 과징금 부과의 납부기한(제10조제1항에 따라 과징금을 분할납부하게 한 경우로서 같은 조 제4항에 따라 분할납부 결정을 취소한 경우에는 한꺼번에 납부하도록 한 기한을 말한다)이 지난 후 15일 이내에 독촉장을 발부해야 한다. 이 경우 납부기한은 독촉장을 발부하는 날부터 10일 이내로 해야 한다.

② 식품의약품안전처장, 시·도지사 또는 시장·군수·구청장은 법 제19조제3항에 따라 과징금 부과처분을 취소하고 영업정지, 품목 제조정지 또는 품목류 제조정지 처분을 하는 경우에는 처분이 변경된 사유와 처분의 기간 등 영업정지, 품목 제조정지 또는 품목류 제조정지 처분에 필요한 사항을 명시하여 서면으로 처분대상자에게 통지해야 한다.

영 **제12조(기금의 귀속비율)** 법 제19조제5항에 따라 시장·군수·구청장이 부과·징수한 과징금의 특별시·광역시·특별자치시·도·특별자치도(이하 "시·도"라 한다) 및 시·군·구(자치구를 말한다. 이하 같다)의 식품진흥기금에 귀속되는 비율은 다음 각 호와 같다.

1. 시·도: 40퍼센트
2. 시·군·구: 60퍼센트

제20조(부당한 표시·광고에 따른 과징금 부과 등) ① 식품의약품안전처장, 시·도지사 또는 시장·군수·구청장은 제8조제1항제1호부터 제3호까지의 규정을 위반하여 제16조제1항 또는 제3항에 따라 2개월 이상의 영업정지 처분, 같은 조 제1항 또는 제2항에 따라 영업허가 및 등록의 취소 또는 같은 조 제3항 또는 제4항에 따라 영업소의 폐쇄명령을 받은 자에 대하여 그가 판매한 해당 식품등의 판매가격에 상당하는 금액을 과징금으로 부과한다.

② 식품의약품안전처장, 시·도지사 또는 시장·군수·구청장은 제1항에 따른 과징금을 기한 내에 납부하지 아니하는 경우 또는 제19조제3항 각 호의 어느 하나에 해당하는 경우에는 국세 체납처분의 예 또는 「지방세외수입금의 징수 등에 관한 법률」에 따라 징수한다.

③ 제1항에 따라 부과한 과징금의 징수절차 및 귀속 등에 관하여는 제19조제4항 및 제5항을 준용한다.

④ 제1항에 따른 과징금의 산출금액은 대통령령으로 정하는 바에 따라 결정한다.

영 **제13조(부당한 표시·광고에 따른 과징금 부과 기준 및 절차)** ① 법 제20조제1항에 따라 부과하는 과징금의 금액은 부당한 표시·광고를 한 식품등의 판매량에 판매가격을 곱한 금액으로 한다.

② 제1항에 따른 판매량은 부당한 표시·광고를 한 식품등을 최초로 판매한 시점부터 적발 시점까지의 판매량(출하량에서 회수량 및 반품·검사 등의 사유로 실제로 판매되지 않은 양을 제외한 수량을 말한다)으로 하고, 판매가격은 판매기간 중 판매가격이 변동된 경우에는 판매시기별로 가격을 산정한다.

③ 제1항 및 제2항에서 규정한 사항 외에 과징금의 부과·징수 절차 등에 관하여는 제9조 및 제10조를 준용한다.

제21조(위반사실의 공표) ① 식품의약품안전처장, 시·도지사 또는 시장·군수·구청장은 제15조부터 제20조까지의 규정에 따라 행정처분이 확정된 영업자에 대한 처분 내용, 해당 영업소와 식품등의 명칭 등 처분과 관련한 영업 정보를 공표하여야 한다.
② 제1항에 따른 공표의 대상, 방법 및 절차 등에 관하여 필요한 사항은 대통령령으로 정한다.

영 제14조(위반사실의 공표) 식품의약품안전처장, 시·도지사 또는 시장·군수·구청장은 법 제21조에 따라 행정처분이 확정된 영업자에 대한 다음 각 호의 사항을 지체 없이 해당 기관의 인터넷 홈페이지 또는 「신문 등의 진흥에 관한 법률」 제9조제1항 각 호 외의 부분 본문에 따라 등록한 전국을 보급지역으로 하는 일반일간신문에 게재해야 한다.

1. 「식품 등의 표시·광고에 관한 법률」 위반사실의 공표라는 내용의 표제
2. 영업의 종류
3. 영업소의 명칭·소재지 및 대표자의 성명
4. 식품등의 명칭(식육의 경우 그 종류 및 부위의 명칭을 말한다)
5. 위반 내용(위반행위의 구체적인 내용과 근거 법령을 포함한다)
6. 행정처분의 내용, 처분일 및 기간
7. 단속기관 및 적발일

제22조(국고 보조) 식품의약품안전처장은 예산의 범위에서 제15조제3항에 따른 폐기에 드는 비용의 전부 또는 일부를 보조할 수 있다.

제23조(청문) 식품의약품안전처장, 시·도지사 또는 시장·군수·구청장은 제10조제7항에 따른 자율심의기구에 대한 등록의 취소, 제16조제1항 또는 제2항에 따른 영업허가 또는 등록의 취소나 같은 조 제3항 또는 제4항에 따른 영업소 폐쇄를 명하려면 청문을 하여야 한다.

제24조(권한 등의 위임 및 위탁) ① 이 법에 따른 식품의약품안전처장의 권한은 대통령령으로 정하는 바에 따라 그 일부를 소속 기관의 장 또는 시·도지사에게 위임
② 이 법에 따른 식품의약품안전처장의 업무는 대통령령으로 정하는 바에 따라 그 일부를 관계 전문기관 또는 단체에 위탁할 수 있다.

영 제15조(권한의 위임) ① 식품의약품안전처장은 법 제24조제1항에 따라 법 제9조제2항에 따른 식품등의 표시 또는 광고의 실증자료에 대한 검토에 관한 권한을 식품의약품안전평가원장에게 위임한다.
② 식품의약품안전처장은 법 제24조제1항에 따라 법 제8조제1항에 따른 식품등의 부당한 표시 또는 광고행위의 금지 위반사항의 점검에 관한 권한(건강기능식품에 대한 점검 권한만 해당한다)을 시·도지사에게 위임한다.

제25조(벌칙 적용에서 공무원 의제) 제11조에 따른 심의위원회의 위원은 「형법」 제129조부터 제132조까지의 규정을 적용할 때에는 공무원으로 본다.

제26조(벌칙) ① 제8조제1항제1호부터 제3호까지의 규정을 위반하여 표시 또는 광고를 한 자는 10년 이하의 징역 또는 1억원 이하의 벌금에 처하거나 이를 병과(竝科)할 수 있다.
② 제1항의 죄로 형을 선고받고 그 형이 확정된 후 5년 이내에 다시 제1항의 죄를 범한 자는 1년 이상 10년 이하의 징역에 처한다.
③ 제2항의 경우 해당 식품등을 판매하였을 때에는 그 판매가격의 4배 이상 10배 이하에 해당하는 벌금을 병과한다.

제27조(벌칙) 다음 각 호의 어느 하나에 해당하는 자는 5년 이하의 징역 또는 5천만원 이하의 벌금에 처하거나 이를 병과할 수 있다.

1. 제4조제3항을 위반하여 건강기능식품을 판매하거나 판매할 목적으로 제조·가공·소분·수입·포장·보관·진열 또는 운반하거나 영업에 사용한 자
2. 제8조제1항제4호부터 제9호까지의 규정을 위반하여 표시 또는 광고를 한 자
3. 제15조제1항에 따른 회수 또는 회수하는 데에 필요한 조치를 하지 아니한 자
4. 제15조제3항에 따른 명령을 위반한 자
5. 「건강기능식품에 관한 법률」 제5조제1항에 따라 영업허가를 받은 자로서 제16조제1항에 따른 영업정지 명령을 위반하여 계속 영업한 자
6. 「건강기능식품에 관한 법률」 제6조제2항에 따라 영업신고를 한 자로서 제16조제3항에 따른 영업정지 명령을 위반하여 계속 영업한 자
7. 「식품위생법」 제37조제1항에 따라 영업허가를 받은 자로서 제16조제1항에 따른 영업정지 명령을 위반하여 계속 영업한 자

제28조(벌칙) 다음 각 호의 어느 하나에 해당하는 자는 3년 이하의 징역 또는 3천만원 이하의 벌금에 처한다.

1. 제4조제3항을 위반하여 식품등(건강기능식품은 제외한다)을 판매하거나 판매할 목적으로 제조·가공·소분·수입·포장·보관·진열 또는 운반하거나 영업에 사용한 자
2. 제17조제1항에 따른 품목 또는 품목류 제조정지 명령을 위반한 자
3. 「수입식품안전관리 특별법」 제15조제1항에 따라 영업등록을 한 자로서 제16조제1항에 따른 영업정지 명령을 위반하여 계속 영업한 자
4. 「식품위생법」 제37조제4항에 따라 영업신고를 한 자로서 제16조제3항 또는 제4항에 따른 영업정지 명령 또는 영업소 폐쇄명령을 위반하여 계속 영업한 자

(계속)

5. 「식품위생법」 제37조제5항에 따라 영업등록을 한 자로서 제16조제1항에 따른 영업정지 명령을 위반하여 계속 영업한 자
6. 「축산물 위생관리법」 제22조제1항에 따라 영업허가를 받은 자로서 제16조제1항에 따른 영업정지 명령을 위반하여 계속 영업한 자
7. 「축산물 위생관리법」 제24조제1항에 따라 영업신고를 한 자로서 제16조제3항 또는 제4항에 따른 영업정지 명령 또는 영업소 폐쇄명령을 위반하여 계속 영업한 자

제29조(벌칙) 다음 각 호의 어느 하나에 해당하는 자는 1년 이하의 징역 또는 1천만원 이하의 벌금에 처한다. 다만, 제1호의 경우 징역과 벌금을 병과할 수 있다.
1. 제9조제4항에 따른 중지명령을 위반하여 계속하여 표시 또는 광고를 한 자
2. 제15조제2항에 따른 회수계획 보고를 하지 아니하거나 거짓으로 보고한 자

제30조(양벌규정) 법인의 대표자나 법인 또는 개인의 대리인, 사용인, 그 밖의 종업원이 그 법인 또는 개인의 업무에 관하여 제26조부터 제29조까지의 어느 하나에 해당하는 위반행위를 하면 그 행위자를 벌하는 외에 그 법인 또는 개인에게도 해당 조문의 벌금형을 과(科)한다. 다만, 법인 또는 개인이 그 위반행위를 방지하기 위하여 해당 업무에 관하여 상당한 주의와 감독을 게을리하지 아니한 경우에는 그러하지 아니하다.

제31조(과태료) ① 다음 각 호의 어느 하나에 해당하는 자에게는 1천만원 이하의 과태료를 부과한다.
1. 제5조제3항을 위반하여 식품등을 판매하거나 판매할 목적으로 제조·가공·소분·수입·포장·보관·진열 또는 운반하거나 영업에 사용한 자
2. 제6조제3항을 위반하여 식품을 판매하거나 판매할 목적으로 제조·가공·소분·수입·포장·보관·진열 또는 운반하거나 영업에 사용한 자

② 제7조를 위반하여 광고를 한 자에게는 300만원 이하의 과태료를 부과한다.
③ 제1항 및 제2항에 따른 과태료는 대통령령으로 정하는 바에 따라 식품의약품안전처장, 시·도지사 또는 시장·군수·구청장이 부과·징수한다.

영 제16조(**과태료의 부과기준**) 법 제31조제1항 및 제2항에 따른 과태료의 부과기준은 별표 3과 같다.

■ **별표 3** ■ 식품 등의 표시·광고에 관한 법률 시행령

과태료의 부과기준(제16조 관련)

1. 일반기준
   가. 위반행위의 횟수에 따른 과태료의 가중된 부과기준은 최근 2년간 같은 위반행위로 과태료 부과처분을 받은 경우에 적용한다. 이 경우 기간의 계산은 위반행위에 대하여 과태료 부과처분을 받은 날과 그 처분 후 다시 같은 위반행위를 하여 적발된 날을 기준으로 한다.
   나. 가목에 따라 가중된 부과처분을 하는 경우 가중처분의 적용 차수는 그 위반행위 전 부과처분 차수(가목에 따른 기간 내에 과태료 부과처분이 둘 이상 있었던 경우에는 높은 차수를 말한다)의 다음 차수로 한다.
   다. 식품의약품안전처장, 시·도지사 또는 시장·군수·구청장은 다음의 어느 하나에 해당하는 경우에는 제2호의 개별기준에 따른 과태료 금액의 2분의 1 범위에서 그 금액을 줄일 수 있다. 다만, 과태료를 체납하고 있는 위반행위자의 경우에는 그 금액을 줄일 수 없다.
      1) 위반행위자가 「질서위반행위규제법 시행령」 제2조의2제1항 각 호의 어느 하나에 해당하는 경우
      2) 위반행위가 사소한 부주의나 오류로 인한 것으로 인정되는 경우
      3) 그 밖에 위반행위의 정도, 동기 및 그 결과 등을 고려하여 과태료를 줄일 필요가 있다고 인정되는 경우
   라. 식품의약품안전처장, 시·도지사 또는 시장·군수·구청장은 다음의 어느 하나에 해당하는 경우에는 제2호의 개별기준에 따른 과태료 금액의 2분의 1범위에서 그 금액을 늘릴 수 있다. 다만, 금액을 늘리는 경우에도 법 제31조제1항 및 제2항에 따른 과태료 금액의 상한을 넘을 수 없다.
      1) 위반의 내용 및 정도가 중대하여 이로 인한 피해가 크다고 인정되는 경우
      2) 법 위반상태의 기간이 6개월 이상인 경우
      3) 그 밖에 위반행위의 정도, 동기 및 그 결과 등을 고려하여 과태료를 늘릴 필요가 있다고 인정되는 경우

2. 개별기준

위반행위	근거 법조문	과태료 금액(단위: 만원)		
		1차 위반	2차 위반	3차 이상 위반
가. 법 제5조제3항을 위반하여 식품등을 판매하거나 판매할 목적으로 제조·가공·소분·수입·포장·보관·진열 또는 운반하거나 영업에 사용한 경우	법 제31조제1항 제1호			
1) 영양성분 표시 시 지방(포화지방 및 트랜스지방), 콜레스테롤, 나트륨 중 1개 이상을 표시하지 않은 경우		100	200	300
2) 영양성분 표시 시 열량, 탄수화물, 당류, 단백질 중 1개 이상을 표시하지 않은 경우		30	40	60
3) 실제 측정값이 영양표시량 대비 허용오차범위를 넘은 경우				
가) 실제 측정값이 영양표시량 대비 50퍼센트 이상을 초과하거나 미달한 경우		50	100	150

(계속)

위반행위	근거 법조문	과태료 금액(단위: 만원)		
		1차 위반	2차 위반	3차 이상 위반
나) 실제 측정값이 영양표시량 대비 20퍼센트 이상 50퍼센트 미만의 범위에서 초과하거나 미달한 경우		20	40	60
나. 법 제6조제3항을 위반하여 식품을 판매하거나 판매할 목적으로 제조·가공·소분·수입·포장·보관·진열 또는 운반하거나 영업에 사용한 경우	법 제31조제1항 제2호	100	200	300
다. 법 제7조를 위반하여 광고를 한 경우				
1) 식품등을 광고하는 경우 그 광고에 제품명, 제조업소명(수입식품등의 경우 제조국 또는 생산국) 및 판매업소명 중 전부 또는 일부를 포함하지 않은 경우	법 제31조제2항	30	60	90
2) 부당한 표시·광고를 하여 행정처분을 받고도 해당 광고를 즉시 중지하지 않은 경우		100	100	100

부칙 〈법률 제15483호, 2018.3.13.〉

제1조(시행일) 이 법은 공포 후 1년이 경과한 날부터 시행한다.
제2조(일반적 경과조치) 〈이하 생략〉

부칙 〈대통령령 제29622호, 2019.3.14.〉

제1조(시행일) 이 영은 2019년 3월 14일부터 시행한다.
제2조(다른 법령의 개정) 〈이하 생략〉

부칙 〈총리령 제1535호, 2019.4.25.〉

제1조(시행일) 이 규칙은 공포한 날부터 시행한다.
제2조(표시 또는 광고 심의대상 식품등에 관한 경과조치) 〈이하 생략〉

3 식품등의 표시기준(발췌)

[시행 2022.1.1.] [식품의약품안전처고시 제2018-108호, 2018.12.19., 전부개정]

Ⅰ. 총칙

1. 목적

이 고시는 식품, 축산물, 식품첨가물, 기구 또는 용기·포장의 표시기준에 관한 사항 및 영양성분 표시대상 식품의 영양표시에 관하여 필요한 사항을 규정함으로써 위생적인 취급을 도모하고 소비자에게 정확한 정보를 제공하며 공정한 거래의 확보를 목적으로 한다.

2. 구성

가. 이 고시는 총칙, 공통표시기준, 개별표시사항 및 표시기준, 「별지1」 표시사항별 세부표시기준으로 나눈다.

나. 개별표시사항 및 표시기준은 식품, 축산물, 식품첨가물, 기구 또는 용기·포장(이하 “식품등”이라 한다)으로 나눈다.

1) 식품, 축산물(이하 “식품”이라 한다)은 과자류·빵류 또는 떡류, 빙과류, 코코아가공품류 또는 초콜릿류, 당류, 잼류, 두부류 또는 묵류, 식용유지류, 면류, 음료류, 특수용도식품, 장류, 조미식품, 절임류 또는 조림류, 주류, 농산가공식품류, 식육가공품 및 포장육, 알가공품류, 유가공품, 수산가공식품류, 동물성가공식품류, 벌꿀 및 화분가공품류, 즉석식품류, 기타식품류, 식용란, 닭·오리의 식육, 자연상태 식품으로 구성한다.

3. 용어의 정의

가. “제품명”이라 함은 개개의 제품을 나타내는 고유의 명칭을 말한다.

나. “식품유형”이라 함은 「식품위생법」 제7조제1항 및 「축산물 위생관리법」 제4조제2항에 따른 식품의 기준 및 규격의 최소분류단위를 말한다.

다. “제조연월일”이라 함은 포장을 제외한 더 이상의 제조나 가공이 필요하지 아니한 시점(포장 후 멸균 및 살균 등과 같이 별도의 제조공정을 거치는 제품은 최종공정을 마친 시점)을 말한다. 다만, 캅셀제품은 충전·성형완료시점으로, 소분판매하는 제품은 소분용 원료제품의 제조연월일로, 원료제품의 저장성이 변하지 않는 단순 가공처리만을 하는 제품은 원료제품의 포장시점으로 한다. (제조연월일의 영문명 및 약자 예시 : Date of Manufacture, Manufacturing Date, MFG, M, PRO(P), PROD, PRO)

라. “유통기한”이라 함은 제품의 제조일로부터 소비자에게 판매가 허용되는 기한을 말한다.(유통기한 영문명 및 약자 예시 : Expiration date, Sell by date, EXP, E)

마. “품질유지기한”이라 함은 식품의 특성에 맞는 적절한 보존방법이나 기준에 따라 보관할 경우 해당식품 고유의 품질이 유지될 수 있는 기한을 말한다. (품질유지기한 영문명 및 약자 예시 : Best before date, Date of Minimum Durability, Best before, BBE, BE)

바. “원재료”는 식품 또는 식품첨가물의 제조·가공 또는 조리에 사용되는 물질로서 최종 제품내에 들어있는 것을 말한다.

사. “성분”이라 함은 제품에 따로 첨가한 영양성분 또는 비영양성분이거나 원재료를 구성하는 단일물질로서 최종제품에 함유되어 있는 것을 말한다.

아. “영양성분”라 함은 식품에 함유된 성분으로서 에너지를 공급하거나 신체의 성장, 발달, 유지에

필요한 것 또는 결핍시 특별한 생화학적, 생리적 변화가 일어나게 하는 것을 말한다.

자. "당류"라 함은 식품 내에 존재하는 모든 단당류와 이당류의 합을 말한다.

차. "트랜스지방"이라 함은 트랜스구조를 1개 이상 가지고 있는 비공액형의 모든 불포화지방을 말한다.

카. "1회 섭취참고량"은 만 3세 이상 소비계층이 통상적으로 소비하는 식품별 1회 섭취량과 시장조사 결과 등을 바탕으로 설정한 값을 말한다. 이 경우 1회 섭취참고량은 [표 4]와 같다.

타. "영양성분표시"라 함은 제품의 일정량에 함유된 영양성분의 함량을 표시하는 것을 말한다.

파. "영양강조표시"라 함은 제품에 함유된 영양성분의 함유사실 또는 함유정도를 "무", "저", "고", "강화", "첨가", "감소"등의 특정한 용어를 사용하여 표시하는 것으로서 다음의 것을 말한다.

1) "영양성분 함량강조표시" : 영양성분의 함유사실 또는 함유정도를 "무○○", "저○○", "고○○", "○○함유"등과 같은 표현으로 그 영양성분의 함량을 강조하여 표시하는 것을 말한다.

2) "영양성분 비교강조표시" : 영양성분의 함유사실 또는 함유정도를 "덜", "더", "강화", "첨가"등과 같은 표현으로 같은 유형의 제품과 비교하여 표시하는 것을 말한다.

하. "1일 영양성분 기준치"라 함은 소비자가 하루의 식사 중 해당식품이 차지하는 영양적 가치를 보다 잘 이해하고, 식품간의 영양성분을 쉽게 비교할 수 있도록 식품표시에서 사용하는 영양성분의 평균적인 1일 섭취 기준량을 말한다.

거. "주표시면"이라 함은 용기·포장의 표시면 중 상표, 로고 등이 인쇄되어 있어 소비자가 식품 또는 식품첨가물을 구매할 때 통상적으로 소비자에게 보여지는 면으로서 [도 1]에 따른 면을 말한다.

너. "정보표시면"이라 함은 용기·포장의 표시면 중 소비자가 쉽게 알아 볼 수 있도록 표시사항을 모아서 표시하는 면으로서 [도 1] 에 따른 면을 말한다.

더. "복합원재료"라 함은 2종류 이상의 원재료 또는 성분으로 제조·가공하여 다른 식품의 원료로 사용되는 것으로서 행정관청에 품목제조보고되거나 수입신고된 식품을 말한다.

러. "통 · 병조림식품"은 통 또는 병에 넣어 탈기와 밀봉 및 살균 또는 멸균한 것을 말한다.

머. "레토르트(retort)식품"은 단층플라스틱필름이나 금속박 또는 이를 여러 층으로 접착하여 파우치와 기타 모양으로 성형한 용기에 제조·가공 또는 조리한 식품을 충전하고 밀봉하여 가열살균 또는 멸균한 것을 말한다.

버. "냉동식품"은 제조·가공 또는 조리한 식품을 장기 보존할 목적으로 냉동처리, 냉동보관 하는 것으로서 용기·포장에 넣은 식품을 말한다.

서. "품목보고번호"라 함은 「식품위생법」 제37조에 따라 제조 · 가공업 영업자 또는 「축산물 위생관리법」 제25조에 따라 축산물가공업, 식육포장처리업 영업자가 관할기관에 품목제조를 보고할 때 부여되는 번호를 말한다.

어. "표시사항"이란 제품명, 식품의 유형, 업소명 및 소재지, 제조연월일, 유통기한 또는 품질유지기한, 내용량 및 내용량에 해당하는 열량, 원재료명, 성분명 및 함량, 영양성분 등 Ⅲ. 개별표시사항 및 표시기준에서 식품등에 표시하도록 규정한 사항을 말한다.

4. **표시대상**

가. 식품 또는 식품첨가물

1) 「식품위생법 시행령」(이하 "영"이라 한다) 제21조제1호의 규정에 따른 식품제조·가공업의 등록 및 같은 조 제2호의 규정에 따른 즉석판매제조·가공업의 신고를 하여 제조·가공하는 식품. 다만, 식용얼음의 경우에는 5킬로그램 이하의 포장 제품에 한한다.

2) 영 제21조제3호의 규정에 따른 식품첨가물제조업으로 등록하여 제조·가공하는 식품첨가물

3) 영 제21조제5호가목의 규정에 따른 식품소분업으로 신고하여 소분하는 식품 또는 식품첨가물

4) 방사선으로 조사처리한 식품

5) 「수입식품안전관리 특별법」 제20조제1항에 따라 수입신고를 하여야 하는 수입식품, 수입축

산물 또는 수입식품첨가물

6) 자연상태의 농·임·축·수산물로서 용기·포장에 넣어진 식품(수입식품을 포함한다)

7) 「식품위생법 시행령」 제21조제8호바목의 규정에 따른 제과점영업으로 신고하고 「가맹사업거래의 공정화에 관한 법률」 제2조제1호에 따른 가맹사업으로서 그 직영점과 가맹점에서 제조·가공, 조리하여 용기·포장에 제품명을 표시하는 식품. 이 경우 제품명은 별지1.1.가.2), 3), 5)의 규정을 따라야 한다.

8) 「축산물 위생관리법」 제22조제1항에 따른 축산물가공업의 허가를 받은 영업자가 처리·제조·가공하는 축산물가공품

9) 「축산물 위생관리법 시행령」 제21조제8호에 따른 식육즉석판매가공업 영업자가 만들거나 다시 나누어 판매하는 식육가공품

10) 「축산물 위생관리법」 제22조제1항에 따른 식육포장처리업의 허가를 받은 영업자가 생산하는 포장육

11) 「축산물 위생관리법」 제10조의2제2항에 따라 정해진 닭·오리의 식육과 식용란 중 닭의 알

12) 11)에 따른 "식용란 중 닭의 알"의 개별기준에 따라 표시하고자 하는 오리, 메추리의 알

나. 기구 또는 용기·포장(수입제품을 포함한다)

1) 법 제9조제1항 및 제2항의 규정에 따라 기준 및 규격이 정하여진 기구 또는 용기·포장

2) 옹기류

5. 기준의 적용

이 고시와 관련된 내용으로 「식품의 기준 및 규격」, 「식품첨가물의 기준 및 규격」 및 「기구 및 용기·포장의 기준 및 규격」의 변경이 있는 경우에는 변경된 사항을 우선 적용할 수 있다.

6. 규제의 재검토

「행정규제기본법」 제8조 및 「훈령·예규 등의 발령 및 관리에 관한 규정」에 따라 2014년 1월 1일을 기준으로 매 3년이 되는 시점(매 3년째의 12월 31일까지를 말한다)마다 그 타당성을 검토하여 개선 등의 조치를 하여야 한다.

II. 공통표시기준

1. 표시방법

가. 소비자에게 판매하는 제품의 최소 판매단위별 용기·포장에 III. 개별표시사항 및 표시기준에 따른 표시사항을 표시하여야 한다. 다만, 포장된 과자류 중 캔디류·추잉껌, 초콜릿류 및 잼류가 최소판매 단위 제품의 가장 넓은 면 면적이 30cm^2 이하이고 여러 개의 최소판매 단위 제품이 하나의 용기·포장으로 진열·판매할 수 있도록 포장된 경우에는 그 용기·포장에 대신 표시할 수 있다.

나. 표시는 한글로 하여야 하나 소비자의 이해를 돕기 위하여 한자나 외국어는 혼용하거나 병기하여 표시할 수 있으며, 이 경우 한자나 외국어는 한글표시 활자와 같거나 작은 크기의 활자로 표시하여야 한다. 다만, 수입되는 식품등과 「상표법」에 따라 등록된 상표 및 주류의 제품명은 한자나 외국어를 한글표시활자보다 크게 표시 할 수 있다.

다. 표시사항을 표시할 때는 소비자가 쉽게 알아볼 수 있도록 눈에 띄게 주표시면 및 정보표시면으로 구분하여 바탕색의 색상과 대비되는 색상으로 다음에 따라 표시하여야 하며, 이 경우 [도 2] '표시사항 표시서식도안'을 활용할 수 있다. 다만, 회수하여 재사용하는 병마개 제품의 경우에는 그러하지 아니하다.

1) 주표시면에는 제품명, 내용량 및 내용량에 해당하는 열량(단, 열량은 내용량 뒤에 괄호로 표시한다)을 표시하여야 한다. 다만, 주표시면에 제품명과 내용량 및 내용량에 해당하는 열량 이외의 사항을 표시한 경우 정보표시면에는 그 표시사항을 생략할 수 있다.

2) 정보표시면에는 식품유형, 업소명 및 소재지, 유통기한(제조연월일 또는 품질유지기한), 원재료명, 주의사항 등을 표시사항 별로 표 또는 단락 등으로 나누어 표시하되, 정보표시면 면적이 100cm^2 미만인 경우에는 표 또는 단락으로 표시하지 아니할 수 있다.

라. 표시사항을 표시함에 있어 활자크기는 10포인트 이상으로 하여야 한다. 단, 영양성분 등의 활자크기는 [도 3]에 따른다.

마. 달걀 껍데기의 표시사항은 6포인트 이상으로 할 수 있다.

바. 정보표시면의 면적([도 1]에 따른 정보표시면 중 주표시면에 준하는 최소 여백을 제외한 면적)이 부족하여 10포인트 이상의 활자크기로 표시사항을 표시할 수 없는 경우에는 라목을 따르지 아니할 수 있다. 이 경우 정보표시면에는 이 고시에서 정한 표시(타법포함)사항만을 표시하여야 한다.

사. 라목과 마목에도 불구하고 다른 법령에서 표시사항 및 활자크기를 규정하고 있는 경우에는 그 법령에서 정하는 바를 따른다.

아. 최소 판매단위 포장 안에 내용물을 2개 이상으로 나누어 개별포장(이하 "내포장"이라 한다)한 제품의 경우에는 소비자에게 올바른 정보를 제공할 수 있도록 내포장별로 제품명, 내용량 및 내용량에 해당하는 열량, 유통기한 또는 품질유지기한, 영양성분을 표시할 수 있다. 다만, 내포장한 제품의 표시사항 및 활자크기는 라목의 규정을 따르지 아니할 수 있다.

자. 용기나 포장은 다른 제조업소의 표시가 있는 것을 사용하여서는 아니 된다. 다만, 식품에 유해한 영향을 미치지 아니하는 용기로서 일반시중에 유통 판매할 목적이 아닌 다른 회사의 제품원재료로 제공할 목적으로 사용하는 경우와 「자원의 절약과 재활용촉진에 관한 법률」에 따라 재사용되는 유리병(같은 식품유형 또는 유사한 품목으로 사용한 것에 한한다)의 경우에는 그러하지 아니할 수 있다.

차. 시각장애인을 위하여 제품명, 유통기한 등의 표시사항을 알기 쉬운 장소에 점자로 표시할 수 있다. 이 경우 점자표시는 스티커 등을 이용할 수 있다.

카. 국내 식품 영업자가 수출국 제조·가공업소에 계약의 방식으로 식품 생산을 위탁하여 주문자의 상표(로고, 기호, 문자, 도형 등)를 한글로 인쇄된 포장지에 표시하여 수입하는 주문자상표부착방식 위탁생산(OEM, Original Equipment Manufacturing) 식품 및 식품첨가물(유통전문판매업소가 표시된 제품은 제외한다)은 14포인트 이상의 활자로 주표시면에 「대외무역법」에 따른 원산지 표시의 국가명 옆에 괄호로 위탁생산제품임을 표시하여야 한다(다만, 농·임·수산물, 주류는 제외한다).

"원산지: ○○ (위탁생산제품)", "○○ 산 (위탁생산제품)", "원산지:○○(위탁생산)", "○○ 산(위탁생산)", "원산지:○○(OEM)" 또는 "○○ 산(OEM)"

타. 세트포장(각각 품목제조보고 또는 수입신고 된 완제품 형태로 두 종류 이상의 제품을 함께 판매할 목적으로 포장한 제품을 말함) 형태로 구성한 경우 세트포장 제품을 구성하는 각 개별 제품에는 표시사항을 표시하지 아니할 수 있지만 세트포장 제품의 외포장지에는 이를 구성하고 있는 각 제품에 대한 표시사항을 각각 표시하여야 한다. 이 경우 유통기한은 구성제품 가운데 가장 짧은 유통기한 또는 그 이내로 표시하여야 한다(다만, 소비자가 완제품을 구성하는 각 제품의 표시사항을 명확히 확인할 수 있는 경우를 제외한다).

파. 다음의 경우에는 해당 식품의 원래 표시사항을 변경하여서는 아니 된다. 다만, 내용량, 업소명 및 소재지, 영양성분 표시는 소분에 맞게 표시하여야 한다.

1) 식품소분업소에서 식품을 소분하여 재포장한 경우

2) 즉석판매제조가공업소에서 식품제조가공업 영업자가 제조가공한 식품을 최종 소비자에게 덜어서 판매하는 경우
3) 식육즉석판매가공업소에서 식육가공업 영업자가 제조·가공한 축산물을 최종 소비자에게 덜어서 판매하는 경우
4) 「축산물 위생관리법 시행규칙」 제7조의11 관련 [별표 2의3] 제7호에 따라 식용란수집판매업의 영업자가 달걀을 재포장하여 판매하는 경우. 다만, 제품명의 경우(수입계란 제외)에는 재포장에 따라 변경하여 표시할 수 있다.

하. 「식품위생법」 제37조 및 「축산물 위생관리법」 제25조에 따른 품목제조보고를 하고 제조하는 제품은 품목보고번호를 표시하여야 한다.

거. 원재료명 등 표시사항은 QR 코드 또는 음성변환용 코드를 함께 표시할 수 있다.

너. 제품에 사용되는 합성수지제 또는 고무제의 용기 또는 포장지에는 포장재질을 다음과 같이 표시하여야 한다.
1) 합성수지제 또는 고무제의 재질에 따라 「기구 및 용기·포장의 기준 및 규격」에 등재된 재질 명칭인 염화비닐수지, 폴리에틸렌, 폴리프로필렌, 폴리스티렌, 폴리염화비닐리덴, 폴리에틸렌테레프탈레이트, 페놀수지, 실리콘고무 등으로 각각 구분하여 표시하여야 하며, 이 경우 약자로 표시할 수 있다.
2) 「자원의 절약과 재활용 촉진에 관한 법률」에 따라 폴리에틸렌(PE), 폴리프로필렌(PP), 폴리에틸렌테레프탈레이트(PET), 폴리스티렌(PS), 염화비닐수지(PVC)가 표시되어 있으면 별도 재질표시를 생략할 수 있다.

더. 주표시면에 조리식품 사진이나 그림을 사용하는 경우 사용한 사진이나 그림 근처에 "조리예", "이미지 사진", "연출된 예" 등의 표현을 10포인트 이상의 활자로 표시하여야 한다.

러. 축산물이 냉동 또는 냉장제품인 경우에는 주표시면에 "냉동제품" 또는 "냉장제품"으로 표시하여야 한다.

머. 다음의 식품에 대하여는 그 식품의 특성을 고려하여 다음과 같이 표시할 수 있다.
1) 다음에 해당하는 경우로서 표시사항을 진열상자에 표시하거나 별도의 표지판에 기재하여 게시하는 때에는 개개의 제품별 표시를 생략할 수 있다.
가) 즉석판매제조·가공업의 영업자가 「식품위생법 시행규칙」 [별표 15]에 따른 즉석판매제조·가공대상식품을 판매하는 경우. 다만, 즉석판매제조·가공 대상식품 중 선식 및 우편 또는 택배 등의 방법으로 최종소비자에게 배달하는 식품의 경우 제품별 표시를 생략하여서는 아니된다.
나) 「주세법 시행령」 제4조에서 정한 소규모주류제조자가 직접 제조한 탁주, 약주, 청주, 맥주를 해당 제조자가 같은 장소에서 운영하는 식품접객업소의 고객들에 한해 직접 판매하는 경우
다) 「축산물 위생관리법 시행령」 제21조제8호에 따른 식육즉석판매가공업 영업자가 식육가공품을 만들거나 다시 나누어 판매하는 경우. 다만, 식육즉석판매가공업 대상 축산물 중 우편 또는 택배 등의 방법으로 최종 소비자에게 배달하는 식육가공품의 경우 개개의 제품별 표시를 생략하여서는 아니된다.
2) 수출식품에 대하여는 수입국 표시기준에 따라 표시할 수 있다.
3) 수입식품등
가) 수출국에서 유통되고 있는 식품등의 경우에는 수출국에서 표시한 표시사항이 있어야 하고, 한글이 인쇄된 스티커를 사용할 수 있으나 떨어지지 아니하게 부착하여야 하며, 원래의 용기·포장에 표시된 제품명, 유통기한 등 일자표시에 관한 사항 등 주요 표시사항을

가려서는 아니 된다.

나) 한글로 표시된 용기·포장으로 포장하여 수입되는 식품등의 경우에는 표시사항을 스티커로 부착하여서는 아니 된다.

다) 수출국 및 제조회사의 표시는 한글표시 스티커에 해당 제품수출국의 언어로 표시할 수 있다.

라) 자사의 제품을 제조·가공에 사용하기 위한 식품등의 경우에는 제품명, 제조업소명과 제조연월일 · 유통기한 또는 품질유지기한만을 표시할 수 있고, 그 식품등에 영어 또는 수출국의 언어 등으로 표시된 경우 한글표시를 생략할 수 있다.

마) 「대외무역법 시행령」 제26조의 규정에 따라 외화획득용으로 수입하는 식품등은 한글표시를 생략할 수 있다. 다만, 같은 법 시행령 제26조제1항제3호의 규정에 따라 관광사업용으로 수입되는 식품 등은 제외한다.

바) 수입축산물 중 다음에 해당하는 것은 한글표시를 생략할 수 있다.

(1) 지육

(2) 표시가 불가능한 벌크 상태의 축산물(예: 우지, 돈지)

4) 식품제조·가공업자 또는 축산물가공업자가 최종소비자에게 판매되지 아니하는 식품을 「가맹사업거래의 공정화에 관한 법률」에 따른 가맹사업의 직영점과 가맹점에 제조·가공, 조리를 목적으로 공급하는 경우에는 제품명, 유통기한(제조일자 또는 품질유지기한), 보관방법 또는 취급방법, 영업소(장)의 명칭(상호) 및 소재지만을 표시할 수 있다. 다만, 여러 종류의 식품이 함께 포장된 덕용제품의 경우 제품명과 영업소(장)의 명칭(상호) 및 소재지를 가맹사업자가 POS(point of sales)시스템 등을 통해 이미 알고 있으면 그 표시를 생략할 수 있다.

버. 표시는 지워지지 아니하는 잉크 · 각인 또는 소인 등을 사용하여야 한다. 다만, 다음에 해당하는 경우에는 스티커, 라벨(Label) 또는 꼬리표(Tag)를 사용할 수 있으나 떨어지지 아니하게 부착하여야 한다.

1) 제품포장의 특성상 잉크·각인 또는 소인 등으로 표시하기가 불가능한 경우

2) 통 · 병조림 및 병제품 등의 경우

3) 소비자에게 직접 판매되지 아니하고 식품제조 · 가공업소 및 식품첨가물제조업소에 제품의 원재료로 사용될 목적으로 공급되는 원재료용 제품의 경우

4) 허가(등록 또는 신고)권자가 변경허가(등록 또는 신고)된 업소명 및 소재지를 표시하는 경우

5) 제조연월일, 유통기한 또는 품질유지기한을 제외한 식품의 안전과 관련이 없는 경미한 표시사항으로 관할 허가 또는 신고관청에서 승인한 경우

6) 자연상태의 농 · 임 · 축(「축산물 위생관리법」에서 정한 축산물 제외) · 수산물의 경우

7) 식품제조 · 가공업소에서 제조 · 가공하여 식품접객업소 또는 집단급식소에만 납품 판매되는 제품으로서 "식품접객업소용" 또는 "집단급식소용"으로 표시한 경우 표시사항

8) Ⅱ. 6에 따른 방사선조사 관련 문구를 표시하고자 하는 경우

9) 즉석판매제조·가공 대상식품 중 선식 및 우편 또는 택배 등의 방법으로 최종소비자에게 배달하는 식품의 경우

서. 탱크로리 제품의 표시사항은 차 내부에 비치할 수 있다.

어. 소비자에게 직접 판매되지 아니하고 식품제조·가공업소, 축산품가공업소 및 식품첨가물제조업소에 제품의 원료로 사용될 목적으로 공급되는 원료용 제품의 경우에는 제품명, 제조일자 또는 유통기한, 보관방법 또는 취급방법, 영업소(장)의 명칭(상호) 및 소재지, 알레르기 유발물질만 표시할 수 있다.

저. 식품등의 개별표시사항은 Ⅲ. 개별표시사항 및 표시기준 및 「별지 1」 표시사항별 세부표시기준에 따라 표시한다.

2. 소비자 안전을 위한 주의사항 표시

가. 알레르기 유발물질 표시

알레르기 유발물질은 함유된 양과 관계없이 원재료명을 표시하여야 하며, 표시대상과 표시방법은 다음과 같다.

1) 표시대상

가) 알류(가금류에 한한다), 우유, 메밀, 땅콩, 대두, 밀, 고등어, 게, 새우, 돼지고기, 복숭아, 토마토, 아황산류(이를 첨가하여 최종제품에 SO_2로 10mg/kg 이상 함유한 경우에 한한다), 호두, 닭고기, 쇠고기, 오징어, 조개류(굴, 전복, 홍합 포함), 잣을 원재료로 사용한 경우

나) 가)의 식품으로부터 추출 등의 방법으로 얻은 성분

다) 가) 및 나)를 함유한 식품 또는 식품첨가물을 원재료로 사용한 경우

2) 표시방법

원재료명 표시란 근처에 바탕색과 구분되도록 별도의 알레르기 표시란을 마련하여 알레르기 표시대상 원재료명을 표시하여야 한다. 다만, 단일 원재료로 제조·가공한 식품의 제품명이 알레르기 표시대상 원재료명과 동일한 경우에는 알레르기 표시를 생략할 수 있다.

(예시)

계란, 우유, 새우, 이산화황, 조개류(굴) 함유

나. 혼입가능성이 있는 알레르기 유발물질 표시

알레르기 유발물질을 사용하는 제품과 사용하지 않은 제품을 같은 제조 과정(작업자, 기구, 제조라인, 원재료보관 등 모든 제조과정)을 통하여 생산하여 불가피하게 혼입 가능성 있는 경우 주의사항 문구를 표시하여야 한다. 다만, 제품의 원재료로서 가목에 따라 표시한 알레르기 유발물질은 표시하지 아니한다.

(예시) "이 제품은 메밀을 사용한 제품과 같은 제조 시설에서 제조하고 있습니다" 등의 표시

다. 밀, 호밀, 보리, 귀리 및 이들의 교배종을 원재료로 사용하지 않으면서 총 글루텐 함량이 20mg/kg 이하인 식품 또는 밀, 호밀, 보리, 귀리 및 이들의 교배종에서 글루텐을 제거한 원재료를 사용하여 총 글루텐 함량이 20mg/kg 이하인 식품은 무글루텐(Gluten Free)의 표시를 할 수 있다.

라. 그 밖에 식품의 주의사항 표시

1) 장기보존식품 중 냉동식품에 대하여는 "이미 냉동된 바 있으니 해동 후 재 냉동하지 마시길 바랍니다" 등의 표시

2) 과일 · 채소류음료 등 개봉 후 부패 · 변질될 우려가 높은 식품에 대하여는 "개봉 후 냉장보관하거나 빨리 드시기 바랍니다" 등의 표시

3) 음주전후, 숙취해소 등의 표시를 하는 제품에 대하여는 "과다한 음주는 건강을 해칩니다" 등의 표시

4) 아스파탐을 첨가 사용한 제품에 대하여는 "페닐알라닌 함유"라는 내용의 표시

5) 당알코올류를 다른 식품과 구별, 특징짓게 하기 위하여 원재료로 사용한 제품의 경우 해당 당알코올의 종류 및 함량, "과량섭취시 설사를 일으킬 수 있습니다" 등의 표시

6) 식품의 품질관리를 위하여 별도 포장하여 넣은 선도유지제에는 "습기방지제(방습제)", "습기제거제(제습제)" 등 소비자가 그 용도를 쉽게 알 수 있도록 표시하고 "먹어서는 아니 된다"는 등의 주의문구도 함께 표시. 다만 선도유지제에 직접 표시가 어려운 경우 정보표시면에 표시한다.

7) 해당 식품에 대한 불만이나 소비자의 피해가 있는 경우 신속하게 신고하도록 하기 위해 식품

의 용기 · 포장에 부정 · 불량식품 신고는 국번 없이 1399의 표시

8) 카페인 함량을 mL 당 0.15 mg 이상 함유한 액체식품은 “어린이, 임산부, 카페인 민감자는 섭취에 주의하여 주시기 바랍니다.” 등의 문구 및 주표시면에 “고카페인 함유”와 “총카페인 함량 OOO mg”을 표시. 이 때 카페인 허용오차는 표시량의 90~110%(단, 커피 및 다류는 120% 미만)으로 한다.

9) 식품의 보존성을 증진시키기 위하여 용기 또는 포장 등에 질소가스 등을 충전하였을 때에는 그 사실을 표시

10) “원터치캔” 통조림 제품에 대하여는 “캔 절단 부분이 날카로우므로 개봉, 보관 및 폐기 시 주의하십시오” 등의 표시

11) 아마씨(아마씨유 제외)를 원재료로 사용한 제품의 경우 "아마씨를 섭취할 때에는 일일섭취량이 16g을 초과하지 않아야 하며, 1회 섭취량은 4g을 초과하지 않도록 주의하십시오" 등의 표시

12) 「축산물 위생관리법 시행규칙」 제51조제1항 관련 〔별표12〕 제4호바목 및 「수입식품안전관리 특별법 시행규칙」 제25조 관련 〔별표 8〕 제2호버목에 따라 냉장제품을 냉동제품으로 전환하는 경우에는 “본 제품은 냉장제품을 냉동시킨 제품입니다.”라는 표시를 하고 당해 제품의 냉동전환일, 냉동제품에 해당하는 유통기한과 보관온도를 표시하여야 하며, 이 때 기존의 표시사항을 가리거나 제거하여서는 아니된다.

마. 그 밖에 식품첨가물의 주의사항 표시

수산화암모늄, 초산, 빙초산, 염산, 황산, 수산화나트륨, 수산화칼륨, 차아염소산나트륨, 차아염소산칼슘, 액체 질소, 액체 이산화탄소, 드라이아이스, 아산화질소 등 식품첨가물에는 “어린이 등의 손에 닿지 않는 곳에 보관하십시오”, “직접 섭취하거나 음용하지 마십시오”, “눈·피부에 닿거나 마실 경우 인체에 치명적인 손상을 입힐 수 있습니다” 등의 취급상 주의문구 표시

바. 그 밖에 기구 또는 용기·포장의 주의사항 표시

1) 식품포장용 랩을 식품포장용으로 사용할 때에는 100℃를 초과하지 않은 상태에서만 사용하도록 표시

2) 식품포장용 랩은 지방성분이 많은 식품 및 주류에는 직접 접촉되지 않게 사용하도록 표시

3) 유리제 가열조리용 기구에는 “표시된 사용 용도 외에는 사용하지 마십시오” 등을 표시하고 가열조리용이 아닌 유리제 기구에는 “가열조리용으로 사용하지 마십시오” 등의 표시

3. 소비자가 오인·혼동하는 표시 금지

가. 「식품첨가물의 기준 및 규격」(식약처 고시)에서 해당 식품에 사용하지 못하도록 한 합성보존료, 색소 등의 식품첨가물에 대하여 사용을 하지 않았다는 표시를 하여서는 아니 된다.

(예시) 면류, 김치 및 두부제품에 “보존료 무첨가” 등의 표시

나. 영양성분의 함량을 낮추거나 제거하는 제조·가공의 과정을 하지 아니한 원래의 식품에 해당 영양성분 함량이 전혀 들어 있지 않은 경우 그 영양성분에 대한 강조표시를 하여서는 아니 된다.

다. 합성향료만을 사용하여 원재료의 향 또는 맛을 내는 경우 그 향 또는 맛을 뜻하는 그림, 사진 등의 표시를 하여서는 아니 된다.

라. 이온수, 생명수, 약수 등의 용어를 사용하여서는 아니 된다.

마. 합성향료·착색료·보존료 또는 어떠한 인공이나 수확 후 첨가되는 합성성분이 제품 내에 포함되어 있거나, 비식용부분의 제거 또는 최소한의 물리적 공정 이외의 공정을 거친 식품인 경우에는 “천연”이라는 용어를 사용하여서는 아니 된다.

바. 표시대상 원재료를 제외하고는 어떠한 물질도 첨가하지 아니한 경우가 아니면 “100%”의 표시를 할 수 없다. 다만, 농축액을 희석하여 원상태로 환원하여 사용하는 제품의 경우 환원된 표시대

상 원재료의 농도가 100%이상이면 제품내에 식품첨가물(표시대상 원재료가 아닌 원재료가 포함된 혼합제제류 식품첨가물은 제외)이 포함되어 있다 하더라도 100%의 표시를 할 수 있으며, 이 경우 100% 표시 바로 옆 또는 아래에 괄호로 100% 표시와 동일한 활자크기로 식품첨가물의 명칭 또는 용도를 표시하여야 한다.

(예시) 100% 오렌지주스(구연산 포함), 100% 오렌지주스(산도조절제 포함)

사. 「식품첨가물의 기준 및 규격」(식약처 고시)에서 고시한 명칭 이외의 명칭을 표시하여서는 아니된다.

(예시) "MSG" 표시

아. 주류 이외의 식품에 알코올 식품이 아니라는 표현(예시: Non-alcoholic), 알코올이 없다는 표현(예시: Alcohol free), 알코올이 사용되지 않았다는 표현(예시: No alcohol added)을 사용하는 경우에는 이 표현 바로 옆 또는 아래에 괄호로 성인이 먹는 식품임을 같은 크기의 활자로 표시하여야 한다. 다만, 알코올 식품이 아니라는 표현을 사용하는 경우에는 "에탄올(또는 알코올) 1% 미만 함유"를 같은 크기의 활자로 함께 표시하여야 한다.

(예시) "비알코올(에탄올 1% 미만 함유, 성인용)", "Non-alcoholic(에탄올 1% 미만 함유, 성인용)", "무알코올(성인용)", "Alcohol free(성인용)", "알코올 무첨가(성인용)"

4. **장기보존식품의 표시**

가. 통 · 병조림

1) 내용물은 고형량 및 내용량으로 구분하여 표시하여야 한다. 다만, 섭취전에 액체를 버릴 수 없는 식품으로 고형분과 액체를 함께 섭취할 수밖에 없는 식품은 내용량만을 표시할 수 있다.
2) 산성통조림식품은 "산성통조림"으로 표시하여야 한다.
3) 통조림식품은 유통기한 또는 품질유지기한을 표시할 수 있다.

나. 레토르트식품

1) "레토르트식품"으로 표시하여야 한다.
2) 레토르트식품은 영양성분 및 내용량에 해당하는 열량을 표시하여야 하며, 유통기한 또는 품질유지기한을 표시할 수 있다.

다. 냉동식품

1) 냉동식품은 유형에 따라 가열하지 않고 섭취하는 냉동식품은 "가열하지 않고 섭취하는 냉동식품"으로, 가열하여 섭취하는 냉동식품은 "가열하여 섭취하는 냉동식품"으로 구분 표시하여야 한다.
2) "가열하여 섭취하는 냉동식품"의 경우 살균한 제품은 "살균제품"으로 표시하여야 하며, 유산균첨가제품은 유산균수를 함께 표시하여야 한다.
3) 냉동식품은 해당 식품의 냉동보관방법 및 조리시의 해동방법을 표시하여야 한다.
4) 조리 또는 가열처리가 필요한 냉동식품은 그 조리 또는 가열처리방법을 표시하여야 한다.
5) 원재료의 전부가 식육 또는 농산물인 것으로 오인되게 하는 표시를 하여서는 아니 된다. 다만, 식육 또는 농산물의 함량을 제품명과 같은 위치에 표시하는 경우에는 그러하지 아니하다.
6) 원료육을 2가지 이상 혼합하여 사용한 냉동식품은 단일 원료육의 명칭을 제품명으로 사용하여서는 아니 된다. 다만, 원료육의 함량을 제품명과 같은 위치에 표시하는 경우에는 그러하지 아니하다.
7) 3) 및 4)의 규정에도 불구하고, 최종소비자에게 제공되지 아니하고 다른 식품의 제조 · 가공시 원료로 사용되는 식품에는 조리시의 해동방법 및 조리 또는 가열처리방법의 표시를 생략할 수 있다.

5. **인삼 또는 홍삼성분 함유 식품의 표시**

가. 표시대상: 인삼 또는 홍삼 등을 원재료로 사용하여 인삼 및 홍삼성분을 함유한 제품

나. 제품설명문 또는 포장에 인삼의 유래를 표기하고자 하는 때에는 [표 1]의 인삼의 유래 기본문안을 준용하여야 한다.

다. 인삼제품 포장의 색상 및 색도는 전체적으로 조화를 이루어 제품의 품위를 높이고 타인이 제조하여 생산하고 있는 제품과 혼동되지 않도록 하여야 한다.

라. 인삼 또는 홍삼을 제품명 또는 제품명의 일부로 사용할 수 있으며, 이 경우 제품명은 한자로 표시할 수 있다.

마. 국내 시판제품에는 "대한민국특산품"이라는 자구를 한글 또는 한자로 표시할 수 있고, 수출품에는 "대한민국특산품"이라는 자구를 영어 또는 수입국의 언어로 표시할 수 있다.

바. 인삼 성분이 함유된 제품에는 인삼 또는 인삼을 나타내는 명칭(제품명을 포함한다), 도안 및 그림 등을 표시하거나 사용할 수 있다.

사. 바.에 해당되는 경우, 가용성인삼성분 또는 가용성홍삼성분을 원재료로 사용한 때에는 해당 식품에 각각 인삼성분함량(mg/g) 또는 홍삼성분함량(mg/g)을 표시하여야 한다.

아. 인삼은 뿌리 이외의 부위를 원재료로 사용한 경우에는 그 부위의 명칭을 표시하고, 2가지 이상의 부위를 함께 사용한 경우에는 각각의 명칭과 함량을 표시하여야한다.

(예시) 인삼의 열매를 사용한 경우에는 '인삼열매'로 표시, 인삼의 열매를 사용하여 농축액을 제조한 경우 '인삼열매농축액'으로 표시, 인삼의 뿌리와 열매로 농축액을 제조한 경우 '인삼농축액(뿌리80%, 열매20%)' 등

6. **방사선조사식품의 표시**

가. 표시대상

1) 「식품위생법」 제7조 및 「축산물 위생관리법」 제4조에 따라 방사선 조사가 허용된 식품에 방사선을 조사한 경우(완제품)

2) 1)의 식품 중 검지법이 고시된 식품을 원재료로 사용하여 식품을 제조·가공한 경우(방사선 조사한 원재료 사용 식품)

나. 표시방법

1) 표시장소

가) 가목1)에 해당하는 완제품의 경우 소비자가 알아보기 쉬운 장소에 표시사항을 표시

나) 가목2)에 해당하는 방사선 조사한 원재료를 사용한 식품의 경우 원재료명란에 그 조사한 내용을 표시

2) 표시사항

가) 가목1)에 해당하는 완제품의 경우 : 조사처리된 식품임을 나타내는 문구 및 조사도안

(예시) "방사선 조사", "감마선 조사", "방사선 살균", "방사선 살충", "감마선 발아억제", "전자선 발아억제", "감마선 살균", "전자선 살균", "감마선 살충", "전자선 살충" 등

나) 가목2)에 해당하는 방사선 조사한 원재료를 사용한 식품의 경우

(1) 개별 원재료명과 함께 표시 : 원재료명란의 해당 원재료명에 괄호로 "방사선조사"로 표시

(예시) "양파(방사선조사)", "양파(감마선 발아억제)", "방사선조사마늘", "감마선 발아억제 마

늘" 등

(2) 방사선조사처리 원재료를 일괄표시

(가) 방사선 조사처리한 복합원재료 표시 : 방사선조사한 복합원재료명과 그 원재료명 5개 이상 표시

(예시) 방사선조사한 ○○복합원재료명(원재료명 5개 이상 표시), 감마선조사한 ○○복합원재료명(원재료명 5개 이상 표시)

(나) 방사선 조사처리한 식품을 일괄표시 : 방사선 조사한 원재료를 괄호로 하여 일괄표시

(예시) 방사선 조사한 원재료(감자, 마늘, 양파 등), 감마선 발아억제 원재료(감자, 마늘, 양파 등)

(3) 어떤 원재료가 방사선 조사처리 되었는지 확인하기 어려운 경우에는 "방사선조사 처리된 원재료 일부 함유" 또는 "일부 원재료 방사선 조사처리" 등의 내용으로 표시할 수 있다.

Ⅲ. 개별표시사항 및 표시기준

1. 식품

가. 과자류, 빵류 또는 떡류

1) 유형

과자, 캔디류, 추잉껌, 빵류, 떡류

2) 표시사항

가) 제품명

나) 식품유형

다) 영업소(장)의 명칭(상호) 및 소재지

라) 유통기한

마) 내용량 및 내용량에 해당하는 열량(단, 열량은 과자, 캔디류, 빵류에 한하며 내용량 뒤에 괄호로 표시)

바) 원재료명

사) 영양성분(과자, 캔디류, 빵류에 한함)

아) 용기·포장 재질

자) 품목보고번호

차) 성분명 및 함량(해당 경우에 한함)

카) 보관방법(해당 경우에 한함)

타) 주의사항

(1) 부정·불량식품신고표시

(2) 알레르기 유발물질(해당 경우에 한함)

(3) 기타(해당 경우에 한함)

파) 방사선조사(해당 경우에 한함)

하) 유전자변형식품(해당 경우에 한함)

거) 기타표시사항

(1) 유탕 또는 유처리한 제품은 "유탕처리제품" 또는 "유처리제품"으로 표시하여야 한다.(과자, 캔디류, 추잉껌에 한함)

(2) 유산균 함유 과자, 캔디류는 그 함유된 유산균수를 표시하여야 하며, 특정균의 함유사실을 표시하고자 할 때에는 그 균의 함유균수를 표시하여야 한다.

(3) 한입크기로서 작은 용기에 담겨져 있는 젤리제품(소위 미니컵젤리 제품)에 대하여는 잘못 섭취에 따른 질식을 방지하기 위한 경고문구를 표시하여야 한다.

(예시) "얼려서 드시지 마십시오. 한번에 드실 경우 질식의 위험이 있으니 잘 씹어 드십시오. 5세 이하 어린이 및 노약자는 섭취를 금하여 주십시오" 등의 표시

(4) 식품제조·가공업 영업자가 냉동식품인 빵류 및 떡류를 해동하여 유통하려는 경우에는 제조연월일, 해동연월일, 냉동식품으로서의 유통기한 이내로 설정한 해동 후 유통기한, 해동한 제조업체의 명칭과 소재지(냉동제품의 제조업체와 동일한 경우는 생략할 수 있다), 해동 후 보관방법 및 주의사항을 표시하여야 한다. 다만, 이 경우에는 스티커, 라벨(Label) 또는 꼬리표(Tag)를 사용할 수 있으나 떨어지지 아니하게 부착하여야 한다.

(5) 식품제조·가공업 영업자가 냉동식품인 빵류 및 떡류를 해동하여 유통할 때에는 "이 제품은 냉동식품을 해동한 제품이니 재 냉동시키지 마시길 바랍니다" 등의 표시를 하여야 한다.

(6) 껌 베이스 제조에 사용되는 식품첨가물 중 에스테르검, 폴리부텐, 폴리이소부틸렌, 초산비닐수지, 글리세린지방산에스테르, 자당지방산에스테르, 소르비탄지방산에스테르, 탄산칼슘, 석유왁스, 검레진, 탤크, 트리아세틴은 "껌기초제" 또는 "껌베이스"로 표시할 수 있다.

3) 표시방법, 소비자안전을 위한 주의사항 표시, 소비자가 오인·혼동하는 표시금지, 장기보존식품의 표시, 인삼 또는 홍삼성분 함유식품의 표시, 방사선조사식품의 표시는 II.공통표시기준에 따른다.

이하 식품별 표시사항 및 표시기준 : 생략

부칙 〈제2018-108호, 2018.12.19..〉

제1조(시행일) 이 고시는 2022년 1월1일부터 시행한다.

[별표 1] 인삼의 유래 기본문안 : 생략

[별표 2] 한국인 영양섭취기준 : 생략

[별표 3] 1일 영양성분 기준치 : 생략

[별표 4] 1회 섭취참고량

[별표 5] 명칭과 용도를 함께 표시하여야 하는 식품첨가물 : 생략

[별표 6] 명칭 또는 간략명을 표시하여야 하는 식품첨가물 : 생략

[별표 7] 명칭, 간략명 또는 주용도를 표시하여야 하는 식품첨가물 : 생략

■ **별지 1** ■

표시사항별 세부표시기준

1. 식품(수입식품을 포함한다)

가. 제품명

1) 제품명은 그 제품의 고유명칭으로서 허가관청(수입식품의 경우 신고관청)에 신고 또는 보고하는 명칭으로 표시하여야 한다.

2) 제품명에 상호·로고 또는 상표 등의 표현을 함께 사용할 수 있다.

3) 원재료명 또는 성분명을 제품명 또는 제품명의 일부로 사용할 수 있는 경우는 다음과 같다.

가) 식품의 제조·가공시에 사용한 원재료명, 성분명 또는 과실·채소·생선·해물·식육 등 여러 원재료를 통칭하는 명칭을 제품명 또는 제품명의 일부로 사용하고자 하는 경우에는 해당 원재료명(식품의 원재료가 추출물 또는 농축액인 경우 그 원재료의 함량과 그 원재료에 함유된 고형분의 함량 또는 배합 함량을 백분율로 함께 표시한다) 또는 성분명과 그 함량(백분율, 중량, 용량)을 주표시면에 14포인트 이상의 활자로 표시하여야 한다. 다만, 제품명의 활자크기가 22포인트 미만인 경우에는 7포인트 이상의 활자로 표시하여야 한다.

(예시) 흑마늘○○(흑마늘 ○○%)

(예시) 딸기○○(딸기추출물 ○○%(고형분 함량 ○○%))

(예시) 과일○○(사과 ○○%, 배 ○○%)

나) 가)의 규정에도 불구하고, 해당 식품유형명, 즉석섭취·편의식품류명 또는 요리명을 제품명 또는 제품명의 일부로 사용하는 경우는 그 식품유형명, 즉석섭취·편의식품류명 또는 요리명의 함량표시를 하지 않을 수 있다.

(식품유형명 사용 예시) "○○토마토케첩"(식품유형: 토마토케첩),
"○○조미김"(식품유형: 조미김)

(즉석섭취·편의 식품류명 사용 예시) "○○햄버거", "○○김밥", "○○순대"

(요리명 사용 예시) "수정과○○", "식혜○○", "불고기○○", "피자○○", "짬뽕○○",
"바비큐○○", "갈비○○", "통닭○○"

다) "맛" 또는 "향"을 내기 위하여 사용한 원재료로 합성향료만을 사용하여 제품명 또는 제품명의 일부로 사용하고자 하는 때에는 원재료명 또는 성분명 다음에 "향" 자를 사용하되, 그 활자크기는 제품명과 같거나 크게 표시하고, 제품명 주위에 "합성○○향 첨가(함유)" 또는 "합성향료 첨가(함유)" 등의 표시를 하여야 한다.

(예시) 딸기향캔디
(합성딸기향 첨가)

4) 수출국에서 표시한 수입식품의 제품명을 한글로 표시할 때 외래어의 한글표기법에 따라 표시하거나 번역하여 표시하여야 하며, 한글로 표시한 제품명은 표시기준에 적합하여야 한다.

5) 제품명에는 다음의 표현 등을 사용하여서는 아니 된다.

가) 소비자를 오도·혼동시키는 표현

나) 다른 유형의 식품과 오인·혼동할 수 있는 표현. 이 경우 「건강기능식품에 관한 법률」, 「축산물위생관리법」 등 다른 법률에서 정한 유형도 포함한다. 다만, 즉석섭취식품, 즉석조리식품, 소스류 및 드레싱류는 식품유형과 용도를 명확하게 표시하는 경우 제외한다.

다) 「식품위생법 시행규칙」 제8조 또는 「축산물 위생관리법 시행규칙」 제52조의 규정에 따른 허위·과대의 표시·광고에 해당하는 표현

나. 업소명 및 소재지

1) 업종별 업소명 및 소재지의 표시사항은 다음과 같다.

가) 식품등 제조·가공업 : 영업등록 또는 영업신고 시 등록 또는 신고관청에 제출한 업소명 및 소재지를 표시하되, 업소의 소재지 대신 반품교환업무를 대표하는 소재지를 표시할 수 있다. 다만, 식품 제조·가공업자가 제조·가공시설 등이 부족하여 식품 제조·가공업의 영업신고를 한 자에게 위탁하여 식품을 제조·가공한 경우에는 위탁을 의뢰한 업소명 및 소재지로 표시하여야 한다.

나) 유통전문판매업 : 영업신고 시 신고관청에 제출한 업소명 및 소재지(또는 반품교환업무를 대표하는 소재지)를 표시하고 해당 식품의 제조·가공업의 업소명 및 소재지를 함께 표시하여야 한다.

(예시) 유통전문판매업소 : 업소명, 소재지
제조업소 : 업소명, 소재지

다) 식품소분업 : 영업신고 시 신고관청에 제출한 업소명 및 소재지(또는 반품교환업무를 대표하는 소재지)를 표시하고 해당 식품의 제조·가공업의 업소명 및 소재지를 함께 표시하여야 한다. 소분하고자 하는 식품이 수입식품의 경우 식품등의 수입판매업소명 및 소재지도 함께 표시하여야 한다.

(예시) 식품소분업소 : 업소명, 소재지
제조업소 : 업소명, 소재지

(예시) 식품소분업소 : 업소명, 소재지
수입판매업소 : 업소명, 소재지
제조업소 : 업소명

라) 식품등의 수입판매업 : 영업등록시 등록관청에 제출한 업소명 및 소재지(또는 반품교환업무를 대표하는 소재지, 이 경우 '반품교환업무 소재지'임을 표시하여야 한다)를 표시하되, 해당 수입식품의 제조업소명을 표시하여야 한다. 이 경우 제조업소명이 외국어로 표시되어 있는 경우에는 그 제조업소명을 한글로 따로 표시하지 아니할 수 있다.

(예시) 수입판매업소 : 업소명, 소재지(또는 반품교환업무 소재지)
제조업소 : 업소명

마) 식육포장처리업, 축산물가공업 : 영업 허가 시 허가관청에 제출한 영업소(장)의 명칭(상호)과 소재지를 표시하되, 영업장의 소재지 대신 반품교환업무를 대표하는 소재지를 표시할 수 있다.

바) 축산물유통전문판매업 : 영업 신고 시 신고관청에 제출한 영업소(장)의 명칭(상호) 및 소재지(또는 반품교환업무를 대표하는 소재지)를 표시하고, 축산물가공업 또는 식육포장처리업(수입축산물의 경우 축산물수입판매업)의 영업소(장)의 명칭(상호)과 소재지를 함께 표시하여야 한다.

사) 식용란수집판매업 : 영업 신고시 신고관청에 제출한 식용란수집판매업의 영업소(장)의 명칭(상호)과 소재지를 표시하여야 한다.

아) 도축업(닭·오리의 식육에 한함) : 영업의 허가 시 허가관청에 제출한 도축장의 명칭과 소재지를 표시하여야 한다.

2) 그 밖에 판매업소의 업소명 및 소재지를 표시하고자 하는 경우에는 가)의 규정에 따른 식품제조·가공업소의 활자크기와 같거나 작게 표시하여야 한다.

(예시) 판매업소 : ○○백화점, 소재지
제조업소 : 업소명, 소재지

다. 제조연월일(이하 "제조일"로 표시할 수 있다)

1) 제조일은 "○○년○○월○○일", "○○.○○.○○", "○○○○년○○월○○일" 또는 "○○○○.○○.○○"의 방법으로 표시하여야 한다. 다만, 축산물의 경우 "○○년○○월○○일", "○○.○○.○○", "○○○○년○○월○○일","○○○○.○○.○○." 또는 "○○년○○월", "○○.○○.", "○○○○년○○월", "○○○○.○○"등 방법으로 표시할 수 있다.

2) 제조일을 주표시면 또는 정보표시면에 표시하기가 곤란한 경우에는 해당위치에 제조일의 표시위치를 명시하여야 한다.

3) 수입되는 식품등에 표시된 수출국의 제조일의 "연월일"의 표시순서 1)의 기준과 다를 경우에는 소비자가 알아보기 쉽도록 "연월일"의 표시순서를 예시하여야 한다.

4) 제조연월일이 서로 다른 각각의 제품을 함께 포장하였을 경우에는 그 중 가장 빠른 제조연월일을 표시하여야 한다. 다만, 소비자가 함께 포장한 각 제품의 제조연월일을 명확히 확인할 수 있는 경우는 제외한다.

5) 제조일자 표시대상이 아닌 식품 등에 제조일자를 표시한 경우에는 1)부터 5)까지의 표시방법을 따라 표시하여야 하며, 표시된 제조일자를 지우거나 변경하여서는 아니 된다. 다만, 축산물의 경우 제품의 유통기한이 3개월 이내인 경우에는 제조일자의 "년"표시를 생략할 수 있다.

라. 유통기한 또는 품질유지기한

1) 유통기한은 "○○년○○월○○일까지", "○○.○○.○○까지", "○○○○년○○월○○일까지", "○○○○.○○.○○까지" 또는 "유통기한 : ○○○○년○○월○○일"로 표시하여야 한다. 다만, 축산물의 경우 제품의 유통기한이 3월 이내인 경우에는 유통기한의 "년" 표시를 생략할 수 있다.

2) 제조일을 사용하여 유통기한을 표시하는 경우에는 "제조일로부터 ○○일까지", "제조일로부터 ○○월까지" 또는 "제조일로부터 ○○년까지", "유통기한 : 제조일로부터 ○○일"로 표시할 수 있다.

3) 제품의 제조·가공과 포장과정이 자동화 설비로 일괄 처리되어 제조시간까지 자동 표시할 수 있는 경우에는 "○○월○○일○○시까지" 또는 "○○.○○.○○ ○○:○○까지"로 표시할 수 있다.

4) 품질유지기한은 "○○년○○월○○일", "○○.○○.○○", "○○○○년○○월○○일" 또는 "○○○○.○○.○○"로 표시하여야 한다.

5) 제조일을 사용하여 품질유지기한을 표시하는 경우에는 "제조일로부터 ○○일", "제조일로부터 ○○월" 또는 "제조일로부터 ○○년"으로 표시할 수 있다.

6) 유통기한 또는 품질유지기한을 주표시면 또는 정보표시면에 표시하기가 곤란한 경우에는 해당위치에 유통기한 또는 품질유지기한의 표시위치를 명시하여야 한다.

7) 수입되는 식품등에 표시된 수출국의 유통기간 또는 품질유지기한의 "연월일"의 표시순서가 1) 또는 4)의 기준과 다를 경우에는 소비자가 알아보기 쉽도록 "연월일"의 표시순서를 예시하여야 하며, "연월"만 표시되었을 경우에는 "연월일" 중 "일"의 표시는 제품의 표시된 해당 "월"의 1일로 표시하여야 한다.

8) 유통기한 또는 품질유지기한 표시가 의무가 아닌 국가로부터 유통기한 또는 품질유지기한이 표시되지 않은 제품을 수입하는 경우 그 수입자는 제조국, 제조회사로부터 받은 유통기한 또는 품질유지기한에 대한 증명자료를 토대로 하여 한글표시사항에 유통기한 또는 품질유지기한을 표시하여야 한다.

9) 유통기한 또는 품질유지기한의 표시는 사용 또는 보존에 특별한 조건이 필요한 경우 이를 함께 표시하여야 한다. 이 경우 냉동 또는 냉장보관·유통하여야 하는 제품은 「냉동보관」 및 냉동온도 또는 「냉장보관」 및 냉장온도를 표시하여야 한다.(냉동 및 냉장온도는 축산물에 한함)

10) 유통기한이나 품질유지기한이 서로 다른 각각의 여러 가지 제품을 함께 포장하였을 경우에는 그 중 가장 짧은 유통기한 또는 품질유지기한을 표시하여야 한다. 다만 유통기한 또는 품질유지기한이 표시된 개별제품을 함께 포장한 경우에는 가장 짧은 유통기한만을 표시할 수 있다.

11) 자연상태의 농 · 임 · 수산물 등 유통기한 표시대상 식품이 아닌 식품에 유통기한을 표시한 경우에는 표시된 유통기한이 경과된 제품을 수입·진열 또는 판매하여서는 아니 되며, 이를 변경하여서도 아니 된다.

마. 산란일, 고유번호 및 사육환경번호(달걀 껍데기에 한함)

1) 산란일은 "△△○○(월일)"의 방법으로 표시하여야 한다.

(예시) 1004

2) 산란일, 고유번호 및 사육환경번호는 함께 표시하여야 한다.

(예시) 1004M3FDS2

바. 내용량

1) 내용물의 성상에 따라 중량·용량 또는 개수로 표시하되, 개수로 표시할 때에는 중량 또는 용량을 괄호 속에 표시하여야 한다. 이 경우 용기·포장에 표시된 양과 실제량과의 부족량의 허용오차(범위)는 다음과 같다.

적용분류	표시량	허용오차
중량	50g 이하	9%
	50g 초과 100g 이하	4.5g
	100g 초과 200g 이하	4.5%
	200g 초과 300g 이하	9g
	300g 초과 500g 이하	3%
	500g 초과 1kg 이하	15g
	1kg 초과 10kg 이하	1.5%
	10kg 초과 15kg 이하	150g
	15kg 초과	1%
용량	50mL 이하	9%
	50mL 초과 100mL 이하	4.5mL
	100mL 초과 200mL 이하	4.5%
	200mL 초과 300mL 이하	9mL
	300mL 초과 500mL 이하	3%
	500mL 초과 1L 이하	15mL
	1L 초과 10L 이하	1.5%
	10L 초과 15L 이하	150mL
	15L 초과	1%

* %로 표시된 허용오차는 표시량에 대한 백분율임. 단, 두부류는 500g 미만은 10%, 500g 이상은 5%로 한다.

2) 먹기전에 버리게 되는 액체(제품의 특성에 따라 자연적으로 발생하는 액체를 제외한다) 또는 얼음과 함께 포장되는 식품은 그 액체 또는 얼음을 뺀 식품의 중량을 표시하여야 한다.

3) 정제형태로 제조된 제품의 경우에는 판매되는 한 용기·포장내의 물과 총중량을, 캡슐형태로 제조된 제품의 경우에는 캡슐수와 피포제 중량을 제외한 내용량을 표시하여야 한다. 이 경우 피포제의 중량은 내용물을 포함한 캡슐 전체 중량의 50% 미만이어야 한다.

4) 영양성분 표시대상식품에 대하여 내용량을 표시하는 경우에는 그 내용량에 괄호로 하여 해당하는 열량을 함께 표시하여야 한다.

(예시) 100g(240 kcal)

5) 포장육 및 수입하는 식육 등 주표시면에 표시하기가 어려운 경우에는 해당 위치에 표시위치를 명시할 수 있다.(축산물에 한함)

6) 식용란은 개수로 표시하고 중량을 괄호 안에 표시하여야 한다.

7) 닭·오리의 식육은 마리수로 표시하고 중량을 괄호 안에 표시하여야 한다. 다만, 내용량이 1마리인 경우에는 중량만을 표시할 수 있다.

사. 원재료명

1) 식품에 대한 표시는 다음과 같이 하여야 한다.

가) 식품의 제조·가공시 사용한 모든 원재료명(최종제품에 남지 않는 물은 제외한다. 이하 같다)을 많이 사용한 순서에 따라 표시하여야 한다. 다만, 중량비율로서 2% 미만인 나머지 원재료는 상기 순서 다음에 함량 순서에 따르지 아니하고 표시할 수 있다.

나) 원재료명은 「식품위생법」 제7조 및 「축산물 위생관리법」 제4조에 따른 「식품의 기준 및 규격」(식품의약품안전처 고시), 표준국어대사전 등을 기준으로 대표명을 선정한다.

다) 품종명을 원재료명으로 사용할 수 있다(예시 : 청사과, ㅇㅇ소고기, ㅇㅇ돼지고기)

라) 제조·가공 과정을 거쳐 원래 원재료의 성상이 변한 것을 원재료로 사용한 경우에는 그 제조·가공 공정의 명칭 및 성상을 함께 표시하여야 한다(예시 : ㅇㅇ농축액, ㅇㅇ추출액, ㅇㅇ발효액, 당화ㅇㅇ).

마) 복합원재료를 사용한 경우에는 그 복합원재료를 나타내는 명칭(제품명을 포함한다) 또는 식품의 유형을 표시하고 괄호로 물을 제외하고 많이 사용한 순서에 따라 5가지 이상의 원재료명 또는 성분명을 표시하여야 한다. 다만, 복합원재료가 당해 제품의 원재료에서 차지하는 중량 비율이 5% 미만에 해당하는 경우 또는 복합원재료를 구성하고 있는 복합원재료의 경우에는 그 복합원재료를 나타내는 명칭(제품명을 포함한다) 또는 식품의 유형만을 표시할 수 있다.

바) 원재료명을 주표시면에 표시하는 경우 해당 원재료명과 그 함량을 주표시면에 12포인트 이상의 활자로 표시하여야 한다. 다만, 「별지 1」 1. 가. 3) 가)에 해당하는 경우는 그에 따른다.

사) 기계적 회수 식육만을 원재료로 사용할 경우에는 원재료명 다음에 괄호를 하고 '기계발골육' 사용 표시를 하여야 한다. 다만, 원재료가 일반정육과 기계발골육이 혼합되어 있을 경우에는 혼합비율을 표시하여야 한다.

(예시) 원재료로 기계발골육 100% 사용시 : 닭고기(기계발골육)
원재료로 일반정육과 기계발골육이 혼합되어 사용시 : 닭고기00%(정육 00%, 기계발골육 00%) 또는 닭고기정육 00%, 닭고기(기계발골육) 00%

아) 아마씨(아마씨유 제외)를 원재료로 사용한 때에는 해당 식품에 그 함량(중량)을 주표시면에 표시하여야 한다.

2) 식품첨가물에 대한 표시는 다음과 같이 하여야 한다.

가) [표 5]에 해당하는 용도로 식품을 제조·가공시에 직접 사용·첨가하는 식품첨가물은 그 명칭과 용도를 함께 표시하여야 한다. [예시 : 삭카린나트륨(감미료) 등]

나) [표 6]에 해당하는 식품첨가물의 경우에는 「식품첨가물 기준 및 규격」에서 고시한 명칭이나 같은 표에서 규정한 간략명으로 표시하여야 한다.

다) [표 7]에 해당하는 식품첨가물의 경우에는 「식품첨가물 기준 및 규격」에서 고시한 명칭이나 같은 표에서 규정한 간략명 또는 주용도(중복된 사용 목적을 가질 경우에는 주요 목적을 주용도로 한다.)로 표시하여야 한다. 다만, [표 7]에서 규정한 주용도가 아닌 다른 용도로 사용한 경우에는 고시한 식품첨가물의 명칭 또는 간략명으로 표시하여야 한다.

라) 혼합제제류 식품첨가물은 혼합제제류의 구체적인 명칭을 표시하고 괄호로 혼합제제류를 구성하는 식품첨가물 등을 모두 표시하여야 한다. 이 경우 식품첨가물의 명칭표시 등은 나)의 규정을 따를 수 있다. [예시 : 면류첨가알칼리제(탄산나트륨, 탄산칼륨)]

3) 다음에 해당하는 경우에는 1)와 2)의 규정에 불구하고 다음과 같이 표시할 수 있다.

가) 복합원재료를 사용하는 경우에는 복합원재료의 식품의 유형 표시를 생략하고 이에 포함된 모든 원재료를 많이 사용한 순서대로 표시할 수 있다. 다만, 중복된 명칭은 한번만 표시할 수 있다.

나) 혼합제제류 식품첨가물의 경우에는 고시된 혼합제제류의 명칭 표시를 생략하고 이에 포함된 식품첨가물 또는 원재료를 많이 사용한 순서대로 모두 표시할 수 있다. 다만, 중복된 명칭은 한번만 표시할 수 있다.

(예시) 물, 설탕, 식물성크림(야자수, 설탕, 유화제), 혼합제제(설탕, 안식향산나트륨) → 물, 설탕, 야자수, 유화제, 안식향산나트륨

다) 식용유지는 "식용유지명" 또는 "동물성 유지", "식물성 유지(올리브유 제외)"로 표시할 수 있다. 다만 수소첨가로 경화한 식용유지에 대하여는 경화유 또는 부분경화유임을 표시하여야 한다. (예시) 식물성유지(부분경화유) 또는 대두부분경화유 등

라) 전분은 "전분명(○○○전분)" 또는 "전분"으로 표시할 수 있다.

마) 총 중량비율이 10%미만인 당절임과일은 "당절임과일"로 표시할 수 있다.

바) 식품공전 제1. 3. 식품원재료 분류 1), 2)에 해당하는 원재료 중 개별 원재료의 중량비율이 2%미만인 경우에는 분류명칭으로 표시할 수 있다.

사) 제품에 직접 사용하지 않았으나 식품의 원재료에서 이행(carry-over)된 식품첨가물이 당해 제품에 효과를 발휘할 수 있는 양보다 적게 함유된 경우에는 그 식품첨가물의 명칭을 표시하지 아니할 수 있다

아) 식품의 가공과정 중 첨가되어 최종제품에서 불활성화되는 효소나 제거되는 식품첨가물의 경우에는 그 명칭을 표시하지 아니할 수 있다.

자) 주표시면의 면적이 30cm^2 이하인 것은 물을 제외한 5가지 이상의 원재료명만을 표시할 수 있다.

차) 식품첨가물 중 천연향료나 합성향료를 사용한 경우 각각 "천연향료", "합성향료"로 표시하여야 한다. 다만, 향료의 명칭을 추가로 표시할 수 있다.

(예시) 천연향료, 천연향료(바닐라향), 천연향료(바닐라추출물), 합성향료, 합성향료(딸기향)

4) 식품의 원재료로서 사용한 추출물(또는 농축액)의 함량을 표시하는 때에는 추출물(또는 농축액)의 함량과 그 추출물(또는 농축액)중에 함유된 고형분 함량(백분율)을 함께 표시하여야 한다. 다만, 고형분 함량의 측정이 어려운 경우 배합함량으로 표시할 수 있다.

(예시) 딸기 추출물(또는 농축액) ○○%(고형분 함량 ○○% 또는 배합 함량 ○○%)

(예시) 딸기 바나나 추출물(또는 농축액) ○○%(고형분 함량 딸기 ○○%, 바나나 ○○% 또는 배합 함량 딸기 ○○%, 바나나 ○○%)

아. 성분명 및 함량

제품에 직접 첨가하지 아니한 제품에 사용된 원재료 중에 함유된 성분명을 표시하고자 할 때에는 그 명칭과 실제 그 제품에 함유된 함량을 중량 또는 용량으로 표시하여야 한다. 다만, 이러한 성분명을 영양성분 강조표시에 준하여 표시하고자 하는 때에는 영양성분 강조표시 관련 규정을 준용할 수 있다.

자. 영양성분등

1) 표시대상 식품

가) 「식품위생법 시행규칙」 제6조제1항에서 정한 식품

나) 빙과류 중 아이스크림류, 특수용도식품 중 조제유류, 유가공품 중 우유류·가공유류(우유·환

원유·강화우유·유산균첨가우유 중 유지방 2.6%이하 제품과 유당분해우유는 제외)·발효유류·분유류·치즈류

다) 식육가공품중 햄류, 소시지류

라) 영양성분표시를 하고자 하는 축산물

마) 영양강조표시를 하고자 하는 축산물(식품의 기준 및 규격에 별도로 정하여져 있는 것은 제외한다)

바) 가)부터 마)까지의 규정에도 불구하고 「식품위생법 시행규칙」 제6조제2항에 해당하는 식품과 최종소비자에게 제공되지 아니하고 다른 제품의 처리·제조·가공 또는 조리할 때 원재료로 사용되는 축산물, 식육즉석판매가공업 영업자가 만들거나 다시 나누어 판매하는 식육가공품의 경우와 주표시면이 30cm^2 이하인 축산물은 영양성분 표시를 생략할 수 있다.

2) 표시대상 영양성분

가) 열량

나) 나트륨

다) 탄수화물 : 당류

라) 지방 : 트랜스지방·포화지방

마) 콜레스테롤

바) 단백질

사) 그 밖에 영양표시나 영양강조표시를 하고자 하는 [표 3] 1일 영양성분 기준치의 영양성분

3) 영양성분 표시단위 기준

가) 영양성분 함량은 총 내용량(1 포장)당 함유된 값으로 표시하여야 한다. 다만, 총 내용량이 100g(ml)을 초과하고 1회 섭취참고량의 3배를 초과하는 식품은 총 내용량당 대신 100g(ml)당 함량으로 표시할 수 있다. 영양성분 함량 단위는 [표 3] 1일 영양성분 기준치의 영양성분 단위와 동일하게 표시하여야 하고, 1회 섭취참고량과 총 제공량(1 포장)을 함께 표시하는 때에는 그 단위를 동일하게 표시하여야 한다.

나) 영양성분 함량은 식품 중 가식부위를 기준으로 산출한다. 이 경우 가식부위는 동물의 뼈, 식물의 씨앗 및 제품의 특성상 품질유지를 위하여 첨가되는 액체(섭취 전 버리게 되는 액체) 등 통상적으로 섭취하지 않는 비가식 부위는 제외하고 실제 섭취하는 양을 기준으로 한다.

다) 가)에도 불구하고 개 또는 조각 등으로 나눌 수 있는 단위(이하 "단위"라 한다) 제품에서 그 단위 내용량이 100g(ml)이상이거나 1회 섭취참고량 이상인 경우에는 단위 내용량당 영양성분 함량으로 표시하여야 한다(다만, 희석·용해·침출 등을 통해 음용하는 제품의 경우에는 제품의 섭취방법에 따라 소비자가 최종 섭취하는 용량(ml)을 만드는데 필요한 용량(ml) 또는 중량(g)을 단위 내용량으로 할 수 있다). 이 경우 총 내용량(1 포장) 및 단위 제품의 중량(g) 또는 용량(ml)을 표시하고 단위 제품의 개수를 표시하여야 한다. [예시 : 핫도그의 경우, 총 내용량 1,000g(100g×10개)]

라) 가)부터 다)까지의 규정에도 불구하고 단위 내용량이 100g(ml)미만이고 1회 섭취참고량 미만인 경우 단위 내용량당 영양성분 함량을 표시할 수 있다. 이 경우에는 총 내용량(1 포장)당 영양성분 함량을 병행표기 하여야 한다. 가)의 규정에 따라 총 내용량이 100g(ml)을 초과하고 1회 섭취참고량의 3배를 초과하는 식품은 100g(ml)당으로 병행표기 할 수 있다.

마) 가)부터 라)까지의 규정에도 불구하고 영양성분 함량을 1회 섭취참고량당 영양성분 함량으로 표시할 수 있다(다만, 희석·용해·침출 등을 통하여 음용하는 제품의 경우, 식품유형별의 1회 섭취참고량을 만드는데 필요한 용량(ml) 또는 중량(g)을 1회 섭취참고량으로 할 수 있다). 이 경우에도 총 내용량(1 포장)당 영양성분 함량을 병행표기 하여야 하며, 가)의 규정에 따라 총 내용량이 100g(ml)를 초과하고 1회 섭취참고량의 3배를 초과하는 식품은 100g(ml)당

영양성분 함량 표시와 병행표기 할 수 있다.

바) 서로 유형 등이 다른 2개 이상의 제품이라도 1개의 제품으로 품목제조보고한 제품이라면 그 전체의 양으로 표시한다.

(예시) 라면은 면과 스프를 합하여 표시함

4) 표시방법

가) 공통사항

(1) 영양성분 표시대상 식품은 열량, 나트륨, 탄수화물, 당류, 지방, 트랜스지방, 포화지방, 콜레스테롤 및 단백질에 대하여 그 명칭, 함량 및 [표 3]의 1일 영양성분 기준치에 대한 비율(%)을 표시하여야 한다. 다만, 열량, 트랜스지방에 대하여는 1일 영양성분 기준치에 대한 비율(%) 표시를 제외한다.

(2) 영양성분 함량이 없는 경우(영양성분별 세부표시방법에 따라 "0"으로 표시하는 경우는 제외한다)에는 그 영양성분의 명칭과 함량을 표시하지 않거나, 영양성분 함량을 "없음" 또는 "-"로 표시하여야 한다.

(3) 영양성분 함량을 두 가지 이상의 표시단위로 병행 표기하는 경우, 총 내용량당 영양성분 함량이 "0"으로 표시되지 않으면, 다른 표시단위의 영양성분 함량도 "0"으로 표시할 수 없다. 이 경우 실제함량을 그대로 표시하거나 "OOg 미만"으로 표시한다. 다만, "OOg 미만"은 영양성분별 세부표시방법에 따라 "0"으로 표시할 수 있는 규정에 한하여 표시할 수 있다.(예시 : 총 내용량당 당류 함량이 "1g"이고 1회 섭취참고량당 함량이 "0.3g"인 경우 1회 섭취참고량당 당류 함량은 "0.3g" 또는 "0.5g 미만"으로 표시)

(4) [표 3]의 1일 영양성분 기준치에 대한 비율(%)은 각 영양성분의 표시함량을 사용하여 1일 영양성분 기준치에 대한 비율(%)을 산출한 후 이를 반올림하여 정수로 표시하여야 한다. 다만 함량이 "00g 미만"으로 표시되어 있는 경우에는 그 실제함량을 그대로 사용하여 1일 영양성분 기준치에 대한 비율(%)을 산출하여야 한다.

(5) 영양성분 표시는 소비자가 알아보기 쉽도록 바탕색과 구분되는 색상으로 다음의 기준에 따라 [도 3] 표시서식도안을 사용하여 표시하여야 한다.

(가) 중량(g) 또는 용량(ml)을 표시함에 있어 10g(ml) 미만은 그 값에 가까운 0.1g(ml) 단위로, 10g(ml) 이상은 그 값에 가까운 1g(ml) 단위로 표시하여야 한다.

(6) 영양성분을 주표시면에 표시하려는 경우에는 다음의 기준에 따라 [도 4] 표시서식도안을 사용하여 표시하여야 한다.

(가) 영양성분 표시는 [도 4] 표시서식 도안의 형태를 유지하는 범위에서 변형할 수 있다. 이 경우 특정 영양성분을 강조하여서는 아니된다.

(나) [도 4]에 따라 표시된 열량이 내용량에 해당하는 열량이 되는 경우에는 Ⅰ. 3. 어에 따른 내용량에 해당하는 열량의 표시는 생략할 수 있다.

(다) 주면표시에 [도 4]를 표시한 경우에는 기타 표시면의 영양성분 표시를 생략할 수 있다.

(라) 그 밖에 표시방법은 (1)부터 (5)를 준용한다.

나) 영양성분별 세부표시방법

(1) 열량

(가) 열량의 단위는 킬로칼로리(kcal)로 표시하되, 그 값을 그대로 표시하거나 그 값에 가장 가까운 5kcal 단위로 표시하여야 한다. 이 경우 5kcal 미만은 "0"으로 표시할 수 있다.

(나) 열량의 산출기준은 다음과 같다.

① 영양성분의 표시함량을 사용("OOg 미만"으로 표시되어 있는 경우에는 그 실제 값을 그대로 사용한다)하여 열량을 계산함에 있어 탄수화물은 1g당 4kcal를, 단백질

은 1g당 4kcal를, 지방은 1g당 9kcal를 각각 곱한 값의 합으로 산출하고, 알콜 및 유기산의 경우에는 알콜은 1g당 7kcal를, 유기산은 1g당 3kcal를 각각 곱한 값의 합으로 한다.

② 탄수화물 중 당알콜 및 식이섬유 등의 함량을 별도로 표시하는 경우의 탄수화물에 대한 열량 산출은 당알콜은 1g당 2.4kcal(에리스리톨은 0kcal), 식이섬유는 1g당 2kcal, 타가토스는 1g당 1.5kcal, 알룰로오스는 1g당 0kcal, 그 밖의 탄수화물은 1g당 4kcal를 각각 곱한 값의 합으로 한다.

(2) 나트륨

(가) 나트륨의 단위는 밀리그램(mg)으로 표시하되, 그 값을 그대로 표시하거나, 120mg 이하인 경우에는 그 값에 가장 가까운 5mg 단위로, 120mg을 초과하는 경우에는 그 값에 가장 가까운 10mg 단위로 표시하여야 한다. 이 경우 5mg 미만은 "0"으로 표시할 수 있다.

(3) 탄수화물 및 당류

(가) 탄수화물에는 당류를 구분하여 표시하여야 한다.

(나) 탄수화물의 단위는 그램(g)으로 표시하되, 그 값을 그대로 표시하거나 그 값에 가장 가까운 1g 단위로 표시하여야 한다. 이 경우 1g 미만은 "1g 미만"으로, 0.5g 미만은 "0"으로 표시할 수 있다.

(다) 탄수화물의 함량은 식품 중량에서 단백질, 지방, 수분 및 회분의 함량을 뺀 값을 말한다.

(4) 지방, 트랜스지방, 포화지방

(가) 지방에는 트랜스지방 및 포화지방을 구분하여 표시하여야 한다.

(나) 지방의 단위는 그램(g)으로 표시하되, 그 값을 그대로 표시하거나 5g 이하는 그 값에 가장 가까운 0.1g 단위로, 5g을 초과한 경우에는 그 값에 가장 가까운 1g 단위로 표시하여야 한다. 이 경우(트랜스지방은 제외) 0.5g 미만은 "0"으로 표시할 수 있다.

(다) 트랜스지방은 0.5g 미만은 "0.5g 미만"으로 표시 할 수 있으며, 0.2g 미만은 "0"으로 표시할 수 있다. 다만, 식용유지류 제품은 100g당 2g 미만일 경우 "0"으로 표시할 수 있다.

(5) 콜레스테롤

(가) 콜레스테롤의 단위는 미리그램(mg)으로 표시하되, 그 값을 그대로 표시하거나, 그 값에 가장 가까운 5mg 단위로 표시하여야 한다. 이 경우 5mg 미만은 "5mg 미만"으로, 2mg 미만은 "0"으로 표시할 수 있다.

(6) 단백질

(가) 단백질의 단위는 그램(g)으로 표시하되, 그 값을 그대로 표시하거나, 그 값에 가장 가까운 1g 단위로 표시하여야 한다. 이 경우 1g 미만은 "1g 미만"으로, 0.5g 미만은 "0"으로 표시할 수 있다.

(7) 그 밖에 영양성분에 대한 표시

(가) [표 3] 1일 영양성분 기준치의 비타민과 무기질(나트륨은 제외한다)을 표시하거나 강조 표시 하는 경우에는 해당 영양성분의 명칭, 함량 및 [표 3]의 1일 영양성분 기준치에 대한 비율(%)을 표시하여야 한다.

(나) 비타민과 무기질의 명칭 및 단위는 [표 3]의 1일 영양성분 기준치에 따라 표시하며, 1일 영양성분 기준치의 2% 미만은 "0"으로 표시할 수 있다.

(다) 1일 영양성분 기준치가 설정되지 아니한 지방산류 및 아미노산류 등을 표시하거나 영양 강조표시를 하는 때에는 그 영양성분의 명칭 및 함량을 표시하여야 한다.

(라) 영·유아, 임신·수유부, 환자 등 특정집단을 대상으로 하는 특수용도식품에 대하여 (1)

내지 (6) 또는 ㈎ 내지 ㈐의 규정에 의한 영양성분 표시를 하는 때에는 [표 3]의 1일 영양성분 기준치에 대한 비율(%)로 표시하거나 [표 2]의 한국인 영양섭취기준 중 해당 집단의 권장섭취량 또는 충분섭취량을 기준치로 하여 기준치에 대한 비율(%)로 표시할 수 있다. 다만, 해당 집단의 권장섭취량 또는 충분 섭취량을 기준치로 사용할 경우에는 영양성분표 하단에 별표로 "1일 영양성분 기준치에 대한 비율(%)"이 특정 해당 집단의 섭취기준에 대한 비율(%)임을 명시하여야 한다.

(예) [도 3] 표시서식도안 가목의 도안일 경우

* 1일 영양성분 기준치에 대한 비율(%) : 한국인 성인 남자(19~64세) 영양섭취기준에 대한 비율

5) 영양강조 표시기준

가) "저", "무", "고(또는 풍부)" 또는 "함유(또는 급원)"용어사용

(1) 일반기준

(가) "무" 또는 "저"의 강조표시는 (2)의 규정에 따른 영양성분 함량 강조표시 세부기준에 적합하게 제조·가공과정을 통하여 해당 영양성분의 함량을 낮추거나 제거한 경우에만 사용할 수 있다. 다만, 영양성분 함량강조표시 중 "저지방"에 대한 표시조건은 「축산물 위생관리법」 제4조제2항에 따른 「식품의 기준 및 규격」에서 정한 기준을 적용할 수 있다.

(2) 영양성분 함량강조표시 세부기준

영양성분	강조표시	표시조건
열량	저	식품 100g당 40kcal 미만 또는 식품 100mL당 20kcal 미만일 때
	무	식품 100mL당 4kcal 미만일 때
나트륨/ 소금(염)	저	식품 100g당 120mg 미만일 때 *소금(염)은 식품 100g당 305mg 미만일 때
	무	식품 100g당 5mg 미만일 때 *소금(염)은 식품 100g당 13mg 미만일 때
당류	저	식품 100g당 5g 미만 또는 식품 100mL당 2.5g 미만일 때
	무	식품 100g당 또는 식품 100mL당 0.5g 미만일 때
지방	저	식품 100g당 3g 미만 또는 식품 100mL당 1.5g 미만일 때
	무	식품 100g당 또는 식품 100mL당 0.5g 미만일 때
트랜스지방	저	식품 100g당 0.5g 미만일 때
포화지방	저	식품 100g당 1.5g 미만 또는 식품 100mL당 0.75g 미만이고, 열량의 10% 미만일 때
	무	식품 100g당 0.1g 미만 또는 식품 100mL당 0.1g 미만일 때
콜레스테롤	저	식품 100g당 20mg 미만 또는 식품 100mL당 10mg 미만이고, 포화지방이 식품 100g당 1.5g 미만 또는 식품 100mL당 0.75g 미만이며, 포화지방이 열량의 10% 미만일 때
	무	식품 100g당 5mg 미만 또는 식품 100mL당 5mg 미만이고, 포화지방이 식품 100g당 1.5g 또는 식품 100mL당 0.75g 미만이며 포화지방이 열량의 10% 미만일 때

(계속)

영양성분	강조표시	표시조건
식이 섬유	함유 또는 급원	식품 100g당 3g 이상, 식품 100kcal당 1.5g 이상일 때 또는 1회 섭취참고량당 1일 영양성분기준치의 10% 이상일 때
	고 또는 풍부	함유 또는 급원 기준의 2배
단백질	함유 또는 급원	식품 100g당 1일 영양성분 기준치의 10% 이상, 식품 100mL당 1일 영양성분 기준치의 5% 이상, 식품 100kcal당 1일 영양성분 기준치의 5% 이상일 때 또는 1회 섭취참고량당 1일 영양성분기준치의 10% 이상일 때
	고 또는 풍부	함유 또는 급원 기준의 2배
비타민 또는 무기질	함유 또는 급원	식품 100g당 1일 영양성분 기준치의 15% 이상, 식품 100mL당 1일 영양성분 기준치의 7.5% 이상, 식품 100kcal당 1일 영양성분기준치의 5% 이상일 때 또는 1회 섭취참고량당 1일 영양성분기준치의 15% 이상일 때
	고 또는 풍부	함유 또는 급원 기준의 2배

나) "덜", "더", "감소 또는 라이트", "낮춘", "줄인", "강화", "첨가" 용어 사용

(1) 영양성분 함량의 차이를 다른 제품의 표준값과 비교하여 백분율 또는 절대값으로 표시할 수 있다. 이 경우 다른 제품의 표준 값은 동일한 식품유형 중 시장점유율이 높은 3개 이상의 유사식품을 대상으로 산출하여야 한다.

(2) 영양성분 함량의 차이가 다른 제품의 표준값과 비교하여 열량, 나트륨, 탄수화물, 당류, 식이섬유, 지방, 트랜스지방, 포화지방, 콜레스테롤, 단백질의 경우는 최소 25% 이상의 차이가 있어야 하고, 나트륨을 제외한 [표 3] 1일 영양성분 기준치에서 정한 비타민 및 무기질의 경우는 1일 영양성분 기준치의 10% 이상의 차이가 있어야 한다.

(3) (2)에 해당하는 제품 중 "덜, 라이트, 감소"를 사용하고자 하는 경우에는 해당 영양성분의 함량차이의 절대값이 가)의 규정에 따른 "저"의 기준값보다 커야 하고, "더, 강화, 첨가"를 사용하고자 하는 경우에는 해당 영양성분의 함량차이의 절대값이 가)의 규정에 따른 "함유"의 기준값보다 커야 한다.

6) 영양성분 표시량과 실제 측정값의 허용오차 범위

가) 열량, 나트륨, 당류, 지방, 트랜스지방, 포화지방 및 콜레스테롤의 실제 측정값은 표시량의 120% 미만이어야 한다.

나) 탄수화물, 식이섬유, 단백질, 비타민, 무기질의 실제 측정값은 표시량의 80% 이상이어야 한다.

다) 가) 및 나)의 규정에도 불구하고 법 제7조의 규정에 따른 식품의 기준 및 규격의 성분규격이 "표시량 이상"으로 되어 있는 경우에는 실제 측정값은 표시량 이상이어야 하고, 성분규격이 "표시량 이하"로 되어 있는 경우에는 표시량 이하이어야 한다.

라) 실제 측정값이 가) 내지 다)에서 규정하고 있는 범위를 벗어난다 하더라도 그 양이 4)나)의 영양성분별 세부표시방법의 단위 값 처리 규정에서 인정하는 범위이내인 경우에는 허용오차를 벗어난 것으로 보지 아니한다.

2. 식품첨가물(수입식품첨가물을 포함한다)

가. 제품명
식품의 세부표시기준 가. 를 준용한다.

나. 업소명 및 소재지
식품의 세부표시기준 나. 를 준용한다.

다. 제조연월일
식품의 세부표시기준 다. 를 준용한다. 다만, 제조연월일 이외에 유통기한을 표시하려는 경우 유통기한의 표시는 식품의 세부표시기준 라. 를 준용한다.

라. 내용량
식품의 세부표시기준 바. 를 준용한다.

마. 원재료명 및 성분명
식품의 세부표시기준 사. 및 아. 를 준용한다.

3. 기구등의 살균·소독제(수입기구등의 살균·소독제를 포함한다)

가. 제품명
식품의 세부표시기준 가. 를 준용한다.

나. 영업소(장)의 명칭(상호) 및 소재지
식품의 세부표시기준 나. 를 준용한다.

다. 제조연월일
식품의 세부표시기준 다. 를 준용한다. 다만, 제조연월일 이외에 유통기한을 표시하려는 경우 유통기한의 표시는 식품의 세부표시기준 라. 를 준용한다.

라. 내용량
식품의 세부표시기준 바. 를 준용한다.

마. 원재료명 및 성분명
식품의 세부표시기준 사. 및 아.를 준용한다.

4. 기구 또는 용기·포장(수입기구 또는 용기·포장을 포함한다)

가. 옹기류
업소명(수입옹기류의 경우에는 식품등 수입판매업소명) 및 소재지를 식품의 세부표시기준 나. 를 준용하여 표시하여야 한다.

나. 옹기류 외의 기구 또는 용기·포장
1) 영업소(장)의 명칭(상호) 및 소재지를 식품의 세부표시기준 나. 를 준용하여 표시하여야 한다. 다만, 기구의 경우에는 제조업소명 대신 제조위탁업소명을 표시할 수 있으며, 수입기구에 제조위탁업소명을 표시하고자 하는 경우 원산지를 함께 표시하여야 한다.
(예시) “제조업소명 : ○○” 또는 “제조위탁업소명 : ○○”, 수입기구의 경우 “제조업소명 : ○○” 또는 “제조위탁업소명 : ○○(원산지)”

4 유전자변형식품등의 표시기준

[시행 2018.8.27.] [식품의약품안전처고시 제2018-65호, 2018.8.27., 일부개정]

제1조(목적) 이 고시는 「식품위생법」 제12조의2, 「건강기능식품에 관한 법률」 제17조의2 및 「축산물 위생관리법」 제6조 관련 「축산물의 표시기준」, 「농수산물 품질관리법 시행령」 제20조에 따른 유전자변형식품등의 표시대상, 표시의무자 및 표시방법 등에 필요한 사항을 규정함으로써 소비자에게 올바른 정보를 제공함을 목적으로 한다.

제2조(용어의 정의) 이 고시에서 사용하는 용어의 뜻은 다음과 같다.

1. "유전자변형식품등"이란 다음 각 목의 것을 말한다.
   가. 「식품위생법」 제12조의2제1항의 유전자변형식품 및 유전자변형식품첨가물
   나. 「건강기능식품에 관한 법률」 제17조의2의 유전자변형건강기능식품
   다. 「축산물 위생관리법」 제6조에 따른 축산물
   라. 「농수산물 품질관리법」 제2조제11호의 유전자변형농수산물(콩나물, 콩잎처럼 해당품목의 종자를 싹틔워 기른 채소 등을 포함한다. 이하 같다)
2. "원재료"란 인위적으로 가하는 물을 제외한 식품(건강기능식품, 농축수산물을 포함한다. 이하 같다) 또는 식품첨가물의 제조·가공에 사용되는 물질로서 최종 제품 내에 들어 있는 것을 말한다. 다만, 가공보조제(식품의 제조·가공 중 특정 기술적 목적을 달성하기 위하여 의도적으로 사용된 물질), 부형제(식품성분의 균일성을 위하여 첨가하는 물질), 희석제(식품의 물리·화학적 성질을 변화시키지 않고, 그 농도를 낮추기 위하여 첨가하는 물질), 안정제(식품의 물리·화학적 변화를 방지할 목적으로 첨가하는 물질)의 용도로 사용한 것은 제외한다.
3. "구분유통증명서"란 종자구입·생산·제조·보관·선별·운반·선적 등 취급과정에서 유전자변형식품등과 구분하여 관리하였음을 증명하는 서류를 말한다.
4. "정부증명서"란 제3호와 동등한 효력이 있음을 생산국 또는 수출국의 정부가 인정하는 증명서를 말한다.
5. "검사불능"이란 PCR 검사에서 내재유전자의 증폭산물이 검출되지 않은 경우를 말한다.
6. "비의도적 혼입치"란 농산물을 생산·수입·유통 등 취급과정에서 구분하여 관리한 경우에도 그 속에 유전자변형농산물이 비의도적으로 혼입될 수 있는 비율을 말한다.
7. "주표시면"이란 용기·포장 등의 표시면 중 상표, 로고 등이 인쇄되어 있어 소비자가 식품 또는 식품첨가물을 구매할 때 통상적으로 소비자에게 보여지는 면을 말한다.

제3조(표시대상) ① 「식품위생법」 제18조에 따른 안전성 심사 결과, 식품용으로 승인된 유전자변형농축수산물과 이를 원재료로 하여 제조·가공 후에도 유전자변형 DNA 또는 유전자변형 단백질이 남아 있는 유전자변형식품등은 유전자변형식품임을 표시하여야 한다.

② 제1항의 표시대상 중 다음 각 호의 어느 하나에 해당하는 경우에는 유전자변형식품임을 표시하지 아니할 수 있다.

1. 유전자변형농산물이 비의도적으로 3%이하인 농산물과 이를 원재료로 사용하여 제조·가공한 식품 또는 식품첨가물. 다만, 이 경우에는 다음 각 목의 어느 하나에 해당하는 서류를 갖추어야 한다.
   가. 구분유통증명서
   나. 정부증명서
   다. 「식품·의약품분야 시험·검사 등에 관한 법률」 제6조 및 제8조에 따라 지정되었거나 지정된 것으로 보는 시험·검사기관에서 발행한 유전자변형식품등 표시대상이 아님을 입증하는 시험·검사성적서
2. 고도의 정제과정 등으로 유전자변형 DNA 또는 유전자변형 단백질이 전혀 남아 있지 않아 검사불능인 당류, 유지류 등

제4조(표시의무자) 유전자변형식품등의 표시의무자는 다음 각 호와 같다.
1. 유전자변형농축수산물 : 유전자변형농축수산물을 생산하여 출하·판매하는 자, 또는 판매할 목적으로 보관·진열하는 자
2. 유전자변형식품 : 「식품위생법 시행령」 제21조에 따른 식품제조·가공업, 즉석판매제조·가공업, 식품첨가물제조업, 식품소분업, 유통전문판매업 영업을 하는 자, 「수입식품안전관리 특별법 시행령」 제2조에 따른 수입식품등 수입·판매업 영업을 하는 자, 「건강기능식품에 관한 법률 시행령」 제2조에 따른 건강기능식품제조업, 건강기능식품유통전문판매업 영업을 하는 자 또는 「축산물 위생관리법 시행령」 제21조에 따른 축산물가공업, 축산물유통전문판매업 영업을 하는 자

제5조(표시방법) 유전자변형식품의 표시방법은 다음 각 호와 같다.
1. 표시는 한글로 표시하여야 한다. 다만, 소비자의 이해를 돕기 위하여 한자나 외국어를 한글과 병행하여 표시하고자 할 경우, 외국어는 한글표시 활자크기와 같거나 작은 크기의 활자로 표시하여야 한다.
2. 표시는 지워지지 아니하는 잉크·각인 또는 소인 등을 사용하거나, 떨어지지 아니하는 스티커 또는 라벨지 등을 사용하여 소비자가 쉽게 알아볼 수 있도록 해당 용기·포장 등의 바탕색과 뚜렷하게 구별되는 색상으로 12포인트 이상의 활자크기로 선명하게 표시하여야 한다.
3. 유전자변형농축수산물의 표시는 "유전자변형 ○○(농축수산물 품목명)"로 표시하고, 유전자변형농산물로 생산한 채소의 경우에는 "유전자변형 ○○(농산물 품목명)로 생산한 ○○○(채소명)"로 표시하여야 한다.
4. 유전자변형농축수산물이 포함된 경우에는 "유전자변형 ○○(농축수산물 품목명) 포함"으로 표시하고, 유전자변형농산물로 생산한 채소가 포함된 경우에는 "유전자변형 ○○(농산물 품목명)로 생산한 ○○○(채소명) 포함"으로 표시하여야 한다.
5. 유전자변형농축수산물이 포함되어 있을 가능성이 있는 경우에는 "유전자변형 ○○(농축수산물 품목명) 포함가능성 있음"으로 표시하고, 유전자변형농산물로 생산한 채소가 포함되어 있을 가능성이 있는 경우에는 "유전자변형 ○○(농산물 품목명)로 생산한 ○○○(채소명) 포함가능성 있음"으로 표시할 수 있다.
6. 유전자변형식품의 표시는 소비자가 잘 알아볼 수 있도록 당해 제품의 주표시면에 "유전자변형

식품", "유전자변형식품첨가물", "유전자변형건강기능식품" 또는 "유전자변형 ○○포함 식품", "유전자변형 ○○포함 식품첨가물", "유전자변형 ○○포함 건강기능식품"으로 표시하거나, 당해 제품에 사용된 원재료명 바로 옆에 괄호로 "유전자변형" 또는 "유전자변형된 ○○"로 표시하여야 한다.

7. 유전자변형여부를 확인할 수 없는 경우에는 당해 제품의 주표시면에 "유전자변형 ○○포함가능성 있음"으로 표시하거나, 제품에 사용된 당해 제품의 원재료명 바로 옆에 괄호로 "유전자변형 ○○포함가능성 있음"으로 표시할 수 있다.
8. 제3조제1항에 해당하는 표시대상 중 유전자변형식품등을 사용하지 않은 경우로서, 표시대상 원재료 함량이 50%이상이거나, 또는 해당 원재료 함량이 1순위로 사용한 경우에는 "비유전자변형식품, 무유전자변형식품, Non-GMO, GMO-free" 표시를 할 수 있다. 이 경우에는 비의도적 혼입치가 인정되지 아니한다.
9. 제3조제1항에 해당하는 표시대상 유전자변형농축수산물이 아닌 농축수산물 또는 이를 사용하여 제조·가공한 제품에는 "비유전자변형식품, 무유전자변형식품, Non-GMO, GMO-free" 또는 이와 유사한 용어를 사용하여 소비자에게 오인·혼동을 주어서는 아니된다.
10. 유전자변형농축수산물이 모선 또는 컨테이너 등에 선적 또는 적재되어 화물(Bulk) 상태로 수입 또는 판매되는 경우에는 표시사항을 신용장(L/C) 또는 상업송장(Invoice)에 표시하여야 하고, 화물차량 등에 적재된 상태로 국내 유통되는 경우에는 차량과 운송장 등에 표시하여야 한다.

제6조(표시사항의 적용특례) 다음 각 호의 어느 하나에 해당하는 경우에는 제5조의 규정에도 불구하고 다음과 같이 표시할 수 있다.

1. 즉석판매제조·가공업의 영업자가 자신이 제조·가공한 유전자변형식품을 진열 판매하는 경우로서 유전자변형식품 표시사항을 진열상자에 표시하거나, 별도의 표지판에 기재하여 게시하는 때에는 개개의 제품별 표시를 생략할 수 있다.
2. 두부류를 운반용 위생 상자를 사용하여 판매하는 경우로서 그 위생 상자에 유전자변형식품 표시사항을 표시하거나, 별도의 표지판에 기재하여 게시하는 때에는 개개의 제품별 표시를 생략할 수 있다.

제7조(재검토기한) 「행정규제기본법」 제8조 「훈령·예규 등의 발령 및 관리에 관한 규정」에 따라 2014년 1월 1일을 기준으로 매 3년이 되는 시점(매 3년째의 12월 31일까지를 말한다)마다 그 타당성을 검토하여 개선 등의 조치를 하여야 한다.

부칙 〈제2018-65호, 2018.8.27.〉

제1조(시행일) 이 고시는 고시한 날부터 시행한다.

제2조(적용례) 이 고시는 이 고시 시행 이후 제조·가공 또는 수입되는 유전자변형식품등(선적일 기준)에 적용한다.

5 식품의 기준 및 규격(발췌)

[시행 2019.4.26.] [식품의약품안전처고시 제2019-31호, 2019.4.26., 일부개정]

제1. 총칙

1. 일반 원칙

이 공전에서 따로 규정한 것 이외에는 아래의 총칙에 따른다.

1) 이 공전의 수록범위는 다음 각 호와 같다.
   가) 식품위생법 제7조제1항의 규정에 따른 식품의 원료에 관한 기준, 식품의 제조·가공·사용·조리 및 보존방법에 관한 기준, 식품의 성분에 관한 규격과 기준·규격에 대한 시험법
   나) 식품위생법 제10조제1항의 규정에 따른 식품·식품첨가물과 기구·용기·포장 및 제12조2의 제1항에 따른 유전자변형식품등의 표시기준
   다) 축산물 위생관리법 제4조제2항의 규정에 따른 축산물의 가공·포장·보존 및 유통의 방법에 관한 기준, 축산물의 성분에 관한 규격, 축산물의 위생등급에 관한 기준
2) 이 고시에서는 가공식품에 대하여 다음과 같이 식품군(대분류), 식품종(중분류), 식품유형(소분류)으로 분류한다.
   식품군 : '제5. 식품별 기준 및 규격'에서 대분류하고 있는 음료류, 조미식품 등을 말한다.
   식품종 : 식품군에서 분류하고 있는 다류, 과일·채소류음료, 식초, 햄류 등을 말한다.
   식품유형 : 식품종에서 분류하고 있는 농축과·채즙, 과·채주스, 발효식초, 희석초산 등을 말한다.
3) 이 고시에 정하여진 기준 및 규격에 대한 적·부판정은 이 고시에서 규정한 시험방법으로 실시하여 판정하는 것을 원칙으로 한다. 다만, 이 고시에서 규정한 시험방법보다 더 정밀·정확하다고 인정된 방법을 사용할 수 있고 미생물 및 독소 등에 대한 시험에는 상품화된 키트(kit) 또는 장비를 사용할 수 있으나, 그 결과에 대하여 의문이 있다고 인정될 때에는 규정한 방법에 의하여 시험하고 판정하여야 한다.
4) 이 고시에서 기준 및 규격이 정하여지지 아니한 것은 잠정적으로 식품의약품안전처장이 해당 물질에 대한 국제식품규격위원회(Codex Alimentarius Commission, CAC)규정 또는 주요외국의 기준·규격과 일일섭취허용량(Acceptable Daily Intake, ADI), 해당 식품의 섭취량 등 해당물질별 관련 자료를 종합적으로 검토하여 적·부를 판정할 수 있다.
5) 이 고시의 '제5. 식품별 기준 및 규격'에서 따로 정하여진 시험방법이 없는 경우에는 '제8. 일반시험법'의 해당 시험방법에 따르고, 이 고시에서 기준·규격이 정하여지지 아니하였거나 기준·규격이 정하여져 있어도 시험방법이 수재되어 있지 아니한 경우에는 식품의약품안전처장이 인정한 시험방법, 국제식품규격위원회(Codex Alimentarius Commission, CAC) 규정, 국제분석화학회(Association of Official Analytical Chemists, AOAC), 국제표준화기구(International Standard Organization, ISO), 농약분석메뉴얼(Pesticide Analytical Manual, PAM) 등의 시험방법에 따라 시험할 수 있다. 만약, 상기 시험방법에

도 없는 경우에는 다른 법령에 정해져 있는 시험방법, 국제적으로 통용되는 공인시험방법에 따라 시험할 수 있으며 그 시험방법을 제시하여야 한다.

6) 계량 등의 단위는 국제 단위계를 사용한 아래의 약호를 쓴다.

① 길이 : m, cm, mm, μm, nm

② 용량 : L, mL, μL

③ 중량 : kg, g, mg, μg, ng, pg

④ 넓이 : cm^2

⑤ 열량 : kcal, kj

⑥ 압착강도 : N(Newton)

⑦ 온도 : ℃

7) 표준온도는 20℃, 상온은 15~25℃, 실온은 1~35℃, 미온은 30~40℃로 한다.

8) 중량백분율을 표시할 때에는 %의 기호를 쓴다. 다만, 용액 100 mL 중의 물질함량(g)을 표시할 때에는 w/v%로, 용액 100 mL중의 물질함량(mL)을 표시할 때에는 v/v%의 기호를 쓴다. 중량백만분율을 표시할 때에는 mg/kg의 약호를 사용하고 ppm의 약호를 쓸 수 있으며, mg/L도 사용할 수 있다. 중량 10억분율을 표시할 때에는 μg/kg의 약호를 사용하고 ppb의 약호를 쓸 수 있으며, μg/L도 사용할 수 있다.

9) 방사성물질 누출사고 발생시 관리해야 할 방사성 핵종(核種)은 다음의 원칙에 따라 선정한다.

(1) 대표적 오염 지표 물질인 방사성 요오드와 세슘에 대하여 우선 선정하고, 방사능 방출사고의 유형에 따라 방출된 핵종을 선정한다.

(2) 방사성 요오드나 세슘이 검출될 경우 플루토늄, 스트론튬 등 그 밖의(이하 '기타'라고 한다) 핵종에 의한 오염여부를 추가적으로 확인할 수 있으며, 기타 핵종은 환경 등에 방출 여부, 반감기, 인체 유해성 등을 종합 검토하여 전부 또는 일부 핵종을 선별하여 적용할 수 있다.

(3) 기타 핵종에 대한 기준은 해당 사고로 인한 방사성 물질 누출이 더 이상 되지 않는 사고 종료 시점으로부터 1년이 경과할 때까지를 적용한다.

(4) 기타 핵종에 대한 정밀검사가 어려운 경우에는 방사성 물질 누출 사고 발생국가의 비오염 증명서로 갈음할 수 있다.

10) 식품 중 농약 또는 동물용의약품의 잔류허용기준을 신설, 변경 또는 면제 하려는 자는 [별표 6]의 "식품 중 농약 및 동물용의약품의 잔류허용기준설정 지침"에 따라 신청하여야 한다.

11) 유해오염물질의 기준설정은 식품 중 유해오염물질의 오염도와 섭취량에 따른 인체 총 노출량, 위해수준, 노출 점유율을 고려하여 최소량의 원칙(As Low As Reasonably Achievable, ALARA)에 따라 설정함을 원칙으로 한다.

12) 이 고시에서 정하여진 시험은 별도의 규정이 없는 경우 다음의 원칙을 따른다.

(1) 원자량 및 분자량은 최신 국제원자량표에 따라 계산한다.

(2) 따로 규정이 없는 한 찬물은 15℃ 이하, 온탕 60~70℃, 열탕은 약 100℃의 물을 말한다.

(3) "물 또는 물속에서 가열 한다."라 함은 따로 규정이 없는 한 그 가열온도를 약 100℃로 하되, 물 대신 약 100℃ 증기를 사용할 수 있다.

(4) 시험에 쓰는 물은 따로 규정이 없는 한 증류수 또는 정제수로 한다.

(6) 감압은 따로 규정이 없는 한 15 mmHg 이하로 한다.

(7) pH를 산성, 알카리성 또는 중성으로 표시한 것은 따로 규정이 없는 한 리트머스지 또는 pH 미터기(유리전극)를 써서 시험한다. 또한, 강산성은 pH 3.0 미만, 약산성은 pH 3.0 이상 5.0 미만, 미산성은 pH 5.0 이상 6.5 미만, 중성은 pH 6.5 이상 7.5 미만, 미알카리성은 pH 7.5 이상 9.0 미만, 약알카리성은 pH 9.0 이상 11.0 미만, 강알카리성은 pH 11.0 이상을 말한다.

(8) 용액의 농도를 (1→5), (1→10), (1→100) 등으로 나타낸 것은 고체시약 1 g 또는 액체시약 1 mL를 용매에 녹여 전량을 각각 5 mL, 10 mL, 100 mL 등으로 하는 것을 말한다. 또한 (1+1), (1+5) 등으로 기재한 것은 고체시약 1 g 또는 액체시약 1 mL에 용매 1 mL 또는 5 mL 혼합하는 비율을 나타낸다. 용매는 따로 표시되어 있지 않으면 물을 써서 희석한다.

(9) 혼합액을 (1 : 1), (4 : 2 : 1) 등으로 나타낸 것은 액체시약의 혼합용량비 또는 고체시약의 혼합중량비를 말한다.

(10) 방울수(滴水)를 측정할 때에는 20℃에서 증류수 20방울을 떨어뜨릴 때 그 무게가 0.90~1.10 g이 되는 기구를 쓴다.

(11) 네슬러관은 안지름 20 mm, 바깥지름 24 mm, 밑에서부터 마개의 밑까지의 길이가 20 cm의 무색유리로 만든 바닥이 평평한 시험관으로서 50 mL의 것을 쓴다. 또한 각 관의 눈금의 높이의 차는 2 mm이하로 한다.(5) 용액이라 기재하고 그 용매를 표시하지 아니하는 것은 물에 녹인 것을 말한다.

(12) 데시케이터의 건조제는 따로 규정이 없는 한 실리카겔(이산화규소)로 한다.

(13) 시험은 따로 규정이 없는 한 상온에서 실시하고 조작 후 30초 이내에 관찰한다. 다만, 온도의 영향이 있는 것에 대하여는 표준온도에서 행한다.

(14) 무게를 "정밀히 단다"라 함은 달아야 할 최소단위를 고려하여 0.1 mg, 0.01 mg 또는 0.001 mg까지 다는 것을 말한다. 또 무게를 "정확히 단다"라 함은 규정된 수치의 무게를 그 자리수까지 다는 것을 말한다.

(15) 검체를 취하는 양에 "약"이라고 한 것은 따로 규정이 없는 한 기재량의 90~110%의 범위 내에서 취하는 것을 말한다.

(16) 건조 또는 강열할 때 "항량"이라고 기재한 것은 다시 계속하여 1시간 더 건조 혹은 강열할 때에 전후의 칭량차가 이전에 측정한 무게의 0.1% 이하임을 말한다.

2. 기준 및 규격의 적용

이 고시에 수재된 식품, 식품첨가물(이하 "식품 등"이라 한다)에 대하여 다음과 같이 기준 및 규격을 적용한다.

1) '제5. 식품별 기준 및 규격'에서 개별로 정하고 있는 식품은 그 기준 및 규격을 우선 적용하여야 한다.

2) 식품 등은 '제2. 식품일반에 대한 공통기준 및 규격'에 적합하여야 한다. 다만, 식품 등의 특성을 고려할 때 그 필요성이 희박하거나 실효성이 적은 경우 그 중요도에 따라 선별 적용할 수 있다.

3) 영·유아를 섭취대상으로 표시하여 판매하는 식품과 장기보존식품은 1)에서 정하는 기준 및

규격과 함께 각각 '제3. 영·유아를 섭취대상으로 표시하여 판매하는 식품'과 '제4. 장기보존식품의 기준 및 규격'을 동시에 적용하여야 하며, 기준 및 규격 항목이 중복될 경우에는 강화된 기준 및 규격 항목을 적용하여야 한다. 〈고시 제2018-98호, 2018.11.29.〉 [시행일 2020.1.1.]

4) 규격치가 a~b라고 기재된 것은 a이상 b이하임을 말한다.

5) 규정된 값(규격치라 한다)과 시험에서 얻은 값(실험치라 한다)을 비교하여 적부판정을 할 때에, 실험치는 규격치보다 한자리 수까지 더 구하여 더 구한 한자리수를 반올림해서 규격치와 비교 판정한다.

6) 고시에 정하고 있는 식품 중 잔류농약 및 동물용의약품 등 정량한계가 정해져 있는 시험법에서 정량한계 미만은 불검출로 처리한다.

7) 이 고시의 '제7. 검체의 채취 및 취급방법'에 따라 같은 조건에서 여러 개의 시험검체가 의뢰된 경우, 그 중 하나 이상 부적합이면 검사대상 전체를 부적합으로 처리한다.

8) 이 고시에서 정하고 있는 "타르색소"란 식용색소녹색제3호 및 그 알루미늄레이크, 식용색소적색제2호 및 그 알루미늄레이크, 식용색소적색제3호, 식용색소적색제40호 및 그 알루미늄레이크, 식용색소적색제102호, 식용색소청색제1호 및 그 알루미늄레이크, 식용색소청색제2호 및 그 알루미늄레이크, 식용색소황색제4호 및 그 알루미늄레이크, 식용색소황색제5호 및 그 알루미늄레이크를 말한다.

9) 이 고시에서 정하고 있는 "허용외 타르색소"란 상기 제1. 2. 8)에서 정한 타르색소 중 「식품첨가물의 기준 및 규격」에서 해당 식품유형에 허용되지 않은 타르색소를 말한다.

10) 이 고시에서 정하고 있는 "보존료"란 "데히드로초산나트륨, 소브산 및 그 염류(칼륨, 칼슘), 안식향산 및 그 염류(나트륨, 칼륨, 칼슘), 파라옥시안식향산류(메틸, 에틸), 프로피온산 및 그 염류(나트륨, 칼슘)"를 말한다.

11) 이 고시에서 정하고 있는 "산화방지제"라 함은 "디부틸히드록시톨루엔, 부틸히드록시아니솔, 터셔리부틸히드로퀴논, 몰식자산프로필, 이·디·티·에이·이나트륨, 이·디·티·에이·칼슘이나트륨"을 말한다.

12) 과일·채소류음료의 100% 착즙액 기준당도(Brix°)는 다음과 같다.

(1) 망고 : 13° 이상

(2) 파인애플 : 12° 이상

(3) 포도, 오렌지, 서양배 : 11° 이상

(4) 사과, 라임 : 10° 이상

(5) 귤, 자몽, 파파야 : 9° 이상

(6) 배, 수박, 구아바 : 8° 이상

(7) 복숭아, 살구, 딸기, 레몬 : 7° 이상

(8) 자두, 멜론, 매실 : 6° 이상

(9) 토마토 : 5° 이상

(10) 기타 : 근거문헌에 의함

3. 용어의 풀이

1) "정의"는 해당 개별식품을 규정하는 것으로 "식품유형"에 분류되지 않은 식품도 "정의"에 적합

한 경우는 해당 개별식품의 기준 및 규격을 적용할 수 있다. 다만, 별도의 개별기준 및 규격이 정하여 있는 경우는 그 기준 및 규격을 우선적으로 적용하여야 한다.

2) "A, B, C, …… 등"은 예시 개념으로 일반적으로 많이 사용하는 것을 기재하고 그 외에 관련된 것을 포괄하는 개념이다.

3) "A 또는 B"는 "A와 B", "A나 B", "A 단독" 또는 "B 단독"으로 해석할 수 있으며, "A, B, C 또는 D" 역시 그러하다.

4) "A 및 B"는 A와 B를 동시에 만족하여야 한다.

5) "적절한 OO과정(공정)"은 식품의 제조·가공에 필요한 과정(공정)을 말하며 식품의 안전성, 건전성을 얻으며 일반적으로 널리 통용되는 방법이나 과학적으로 충분히 입증된 방법을 말한다.

6) "식품 및 식품첨가물은 그 기준 및 규격에 적합하여야 한다"는 해당되는 기준 및 규격에 적합하여야 함을 말한다.

7) "보관하여야 한다"는 원료 및 제품의 특성을 고려하여 그 품질이 최대로 유지될 수 있는 방법으로 보관하여야 함을 말한다.

8) "가능한 한", "권장한다"와 "할 수 있다"는 위생수준과 품질향상을 유도하기 위하여 설정하는 것으로 권고사항을 뜻한다.

9) "이와 동등이상의 효력을 가지는 방법"은 기술된 방법 이외에 일반적으로 널리 통용되는 방법이나 과학적으로 충분히 입증된 것으로 위생학적, 영양학적, 관능적 품질의 유지가 가능한 방법을 말한다.

10) 정의 또는 식품유형에서 "○○%, ○○% 이상, 이하, 미만" 등으로 명시되어 있는 것은 원재료 또는 성분배합시의 기준을 말한다.

11) "특정성분"은 가공식품에 사용되는 원재료로서 제 1. 4. 식품원료 분류 등에 의한 단일식품의 가식부분을 말한다.

12) "건조물(고형물)"은 원재료를 건조하여 남은 고형물로서 별도의 규격이 정하여 지지 않은 한, 수분함량이 15% 이하인 것을 말한다.

13) "고체식품"이라 함은 외형이 일정한 모양과 부피를 가진 식품을 말한다.

14) "액체 또는 액상식품"이라 함은 유동성이 있는 액체 상태의 것 또는 액체 상태의 것을 그대로 농축한 것을 말한다.

15) "환(pill)식품"이라 함은 식품을 구상으로 만든 것을 말한다.

16) "과립(granule)식품"이라 함은 식품을 잔 알갱이 형태로 만든 것을 말한다.

17) "분말(powder)식품"이라 함은 입자의 크기가 과립형태보다 작은 것을 말한다.

18) "유탕 또는 유처리"라 함은 식품의 제조 공정상 식용유지로 튀기거나 제품을 성형한 후 식용유지를 분사하는 등의 방법으로 제조·가공하는 것을 말한다.

19) '주정처리'라 함은 살균을 목적으로 식품의 제조공정상 주정을 사용하여 제품을 침지하거나 분사하는 등의 방법을 말한다.

20) "유통기간"이라 함은 소비자에게 판매가 가능한 기간을 말한다.

21) '최종제품'이란 가공 및 포장이 완료되어 유통 판매가 가능한 제품을 말한다.

22) "규격"은 최종제품에 대한 규격을 말한다.

23) "검출되어서는 아니된다"라 함은 이 공전에 규정하고 있는 방법으로 시험하여 검출되지 않는

것을 말한다.

24) '원료'는 식품제조에 투입되는 물질로서 식용이 가능한 동물, 식물 등이나 이를 가공 처리한 것, 「식품첨가물의 기준 및 규격」에 허용된 식품첨가물, 그리고 또 다른 식품의 제조에 사용되는 가공식품 등을 말한다.

25) '주원료'는 해당 개별식품의 주용도, 제품의 특성 등을 고려하여 다른 식품과 구별, 특정짓게 하기 위하여 사용되는 원료를 말한다.

26) '단순추출물'이라 함은 원료를 물리적으로 또는 용매(물, 주정, 이산화탄소)를 사용하여 추출한 것으로 특정한 성분이 제거되거나 분리되지 않은 추출물(착즙포함)을 말한다.

27) '식품에 제한적으로 사용할 수 있는 원료'란 식품 사용에 조건이 있는 식품의 원료를 말한다.

28) '식품에 사용할 수 없는 원료'란 식품의 제조·가공·조리에 사용할 수 없는 것으로, 제2. 1. 2)의 (6)과 (7)에서 정한 것 이외의 원료를 말한다.

29) '원료에서 유래되는'은 해당 기준 및 규격에 적합하거나 품질이 양호한 원료에서 불가피하게 유래된 것을 말하는 것으로, 공인된 자료나 문헌으로 입증할 경우 인정할 수 있다.

30) 원료의 '품질과 선도가 양호'라 함은 농·임산물의 경우, 멍들거나 손상된 부위를 제거하여 식용에 적합하도록 한 것을 말하며, 수산물의 경우는 식품공전 상 '수산물에 대한 규격'에 적합한 것, 해조류의 경우는 외형상 그 종류를 알아 볼 수 있을 정도로 모양과 색깔이 손상되지 않은 것, 농·임·축·수산물 및 가공식품의 경우 이 고시에서 규정하고 있는 기준과 규격에 적합한 것을 말한다.

31) '비가식부분'이라 함은 통상적으로 식용으로 섭취하지 않는 원료의 특정부위를 말하며, 가식부분 중에 손상되거나 병충해를 입은 부분 등 고유의 품질이 변질되었거나 제조 공정 중 부적절한 가공처리로 손상된 부분을 포함한다.

32) '이물'이라 함은 정상식품의 성분이 아닌 물질을 말하며 동물성으로 절지동물 및 그 알, 유충과 배설물, 설치류 및 곤충의 흔적물, 동물의 털, 배설물, 기생충 및 그 알 등이 있고, 식물성으로 종류가 다른 식물 및 그 종자, 곰팡이, 짚, 겨 등이 있으며, 광물성으로 흙, 모래, 유리, 금속, 도자기파편 등이 있다.

33) '이매패류'라 함은 두 장의 껍데기를 가진 조개류로 대합, 굴, 진주담치, 가리비, 홍합, 피조개, 키조개, 새조개, 개량조개, 동죽, 맛조개, 재첩류, 바지락, 개조개 등을 말한다.

34) '냉장' 또는 '냉동' 이라 함은 이 고시에서 따로 정하여진 것을 제외하고는 냉장은 0~10℃, 냉동은 -18℃ 이하를 말한다.

35) '차고 어두운 곳' 또는 '냉암소'라 함은 따로 규정이 없는 한 0~15℃의 빛이 차단된 장소를 말한다.

36) '냉장·냉동 온도측정값'이라 함은 냉장·냉동고 또는 냉장·냉동설비 등의 내부온도를 측정한 값 중 가장 높은 값을 말한다.

37) '살균'이라 함은 따로 규정이 없는 한 세균, 효모, 곰팡이 등 미생물의 영양 세포를 불활성화시켜 감소시키는 것을 말한다.

38) '멸균'이라 함은 따로 규정이 없는 한 미생물의 영양세포 및 포자를 사멸시키는 것을 말한다.

39) '밀봉'이라 함은 용기 또는 포장 내외부의 공기유통을 막는 것을 말한다.

40) '초임계추출'이라 함은 임계온도와 임계압력 이상의 상태에 있는 이산화탄소를 이용하여 식

품원료 또는 식품으로부터 식용성분을 추출하는 것을 말한다.

41) '심해'란 태양광선이 도달하지 않는 수심이 200m 이상 되는 바다를 말한다.

42) '가공식품'이라 함은 식품원료(농, 임, 축, 수산물 등)에 식품 또는 식품첨가물을 가하거나, 그 원형을 알아볼 수 없을 정도로 변형(분쇄, 절단 등) 시키거나 이와 같이 변형시킨 것을 서로 혼합 또는 이 혼합물에 식품 또는 식품첨가물을 사용하여 제조·가공·포장한 식품을 말한다. 다만, 식품첨가물이나 다른 원료를 사용하지 아니하고 원형을 알아볼 수 있는 정도로 농·임·축·수산물을 단순히 자르거나 껍질을 벗기거나 소금에 절이거나 숙성하거나 가열(살균의 목적 또는 성분의 현격한 변화를 유발하는 경우를 제외한다) 등의 처리과정 중 위생상 위해 발생의 우려가 없고 식품의 상태를 관능으로 확인할 수 있도록 단순처리한 것은 제외한다.

43) '식품조사(Food Irradiation)처리'란 식품 등의 발아억제, 살균, 살충 또는 숙도조절을 목적으로 감마선 또는 전자선가속기에서 방출되는 에너지를 복사(radiation)의 방식으로 식품에 조사하는 것으로, 선종과 사용목적 또는 처리방식(조사)에 따라 감마선 살균, 전자선 살균, 감마선 살충, 전자선 살충, 감마선 조사, 전자선 조사 등으로 구분하거나, 통칭하여 방사선 살균, 방사선 살충, 방사선 조사 등으로 구분할 수 있다.

44) '식육'이라 함은 식용을 목적으로 하는 동물성원료의 지육, 정육, 내장, 그 밖의 부분을 말하며, '지육'은 머리, 꼬리, 발 및 내장 등을 제거한 도체 (carcass)를, '정육'은 지육으로부터 뼈를 분리한 고기를, '내장'은 식용을 목적으로 처리된 간, 폐, 심장, 위, 췌장, 비장, 신장, 소장 및 대장 등을, '그 밖의 부분'은 식용을 목적으로 도축된 동물성원료로부터 채취, 생산된 동물의 머리, 꼬리, 발, 껍질, 혈액 등 식용이 가능한 부위를 말한다.

45) '장기보존식품'이라 함은 장기간 유통 또는 보존이 가능하도록 제조·가공된 통·병조림식품, 레토르트식품, 냉동식품을 말한다.

46) "식품용수"라 함은 식품의 제조, 가공 및 조리 시에 사용하는 물을 말한다.

47) '인삼', '홍삼' 또는 '흑삼'은 「인삼산업법」에, '산양삼'은 「임업 및 산촌진흥 촉진에 관한 법률」에서 정하고 있는 것을 말한다.

48) '한과'라 함은 주로 곡물류나 과일, 견과류 등에 꿀, 엿, 설탕 등을 입혀 만든 것으로 유과, 약과, 정과 등을 말한다.

49) '슬러쉬'라 함은 청량음료 등 완전 포장된 음료나, 물, 분말주스 등의 원료를 직접 혼합하여 얼음을 분쇄한 것과 같은 상태로 만들거나 아이스크림을 만드는 기계 등을 이용하여 반 얼음상태로 얼려 만든 음료를 말한다.

50) '코코아고형분'이라 함은 코코아매스, 코코아버터 또는 코코아분말을 말하며, '무지방코코아고형분'이라 함은 코코아고형분에서 지방을 제외한 분말을 말한다.

51) '유고형분'이라 함은 유지방분과 무지유고형분을 합한 것이다.

52) '유지방'은 우유로부터 얻은 지방을 말한다.

53) '혈액이 함유된 알'이라 함은 알 내용물에 혈액이 퍼져 있는 알을 말한다.

54) '혈반'이란 난황이 방출될 때 파열된 난소의 작은 혈관에 의해 발생된 혈액 반점을 말한다.

55) '육반'이란 혈반이 특징적인 붉은 색을 잃어버렸거나 산란기관의 작은 체조직 조각을 말한다.

56) '실금란'이란 난각이 깨어지거나 금이 갔지만 난각막은 손상되지 않아 내용물이 누출되지 않은 알을 말한다.

57) '오염란'이란 난각의 손상은 없으나 표면에 분변·혈액·알내용물·깃털 등 이물질이나 현저한 얼룩이 묻어 있는 알을 말한다.

58) '연각란'이란 난각막은 파손되지 않았지만 난각이 얇게 축적되어 형태를 견고하게 유지될 수 없는 알을 말한다.

59) '냉동식용어류머리'란 대구(Gadus morhua, Gadus ogac, Gadus macrocephalus), 은민대구(Merluccius australis), 다랑어류 및 이빨고기(Dissostichus eleginoides, Dissostichus mawsoni)의 머리를 가슴지느러미와 배지느러미 부위가 붙어 있는 상태로 절단한 것과 식용 가능한 모든 어종(복어류 제외)의 머리 중 가식부를 분리해 낸 것을 중심부 온도가 -18℃ 이하가 되도록 급속냉동한 것으로서 식용에 적합하게 처리된 것을 말한다.

60) '냉동식용어류내장'이란 식용 가능한 어류의 알(복어알은 제외), 창난, 이리(곤이), 오징어 난포선 등을 분리하여 중심부 온도가 -18℃ 이하가 되도록 급속냉동한 것으로서 식용에 적합하게 처리된 것을 말한다.

61) '생식용 굴'이란 소비자가 날로 섭취할 수 있는 전각굴, 반각굴, 탈각굴로서 포장한 것을 말한다(냉동굴을 포함한다).

62) 미생물 규격에서 사용하는 용어(n, c, m, M)는 다음과 같다.

(1) n : 검사하기 위한 시료의 수

(2) c : 최대허용시료수, 허용기준치(m)를 초과하고 최대허용한계치(M) 이하인 시료의 수로서 결과가 m을 초과하고 M 이하인 시료의 수가 c 이하일 경우에는 적합으로 판정

(3) m : 미생물 허용기준치로서 결과가 모두 m 이하인 경우 적합으로 판정

(4) M : 미생물 최대허용한계치로서 결과가 하나라도 M을 초과하는 경우는 부적합으로 판정

※ m, M에 특별한 언급이 없는 한 1 g 또는 1 mL 당의 집락수(Colony Forming Unit, CFU)이다.

63) '영아'라 함은 생후 12개월 미만인 사람을 말한다.

64) '유아'라 함은 생후 12개월부터 36개월까지인 사람을 말한다.

65) "고령친화식품"이란 고령자의 식품 섭취나 소화 등을 돕기 위해 식품의 물성을 조절하거나, 소화에 용이한 성분이나 형태가 되도록 처리하거나, 영양성분을 조정하여 제조·가공한 식품을 말한다.

4. 식품원재료 분류

다음의 식품원료 분류는 일반적인 분류로서 당해 식품과 원료의 특성 및 목적에 따라 이 분류에 의하지 아니할 수 있다.

1) 식물성 원료

대분류	소분류	품목
곡류	-	귀리, 기장, 메밀, 밀, 보리, 수수, 쌀, 옥수수, 율무, 조, 퀴노아, 트리티케일, 피, 호밀 등

(계속)

대분류	소분류	품목
서류	-	감자, 고구마, 곤약(구약), 마, 카사바(타피오카), 토란 등
두류	-	강낭콩, 녹두, 대두, 동부, 렌즈콩, 리마콩, 완두, 이집트콩, 작두콩, 잠두, 팥, 피전피 등
견과 종실류	땅콩 또는 견과류	땅콩, 개암, 도토리, 마카다미아, 밤, 아몬드, 은행, 잣, 케슈너트, 피스타치오, 피칸, 호두 등
	유지 종실류	달맞이꽃(씨), 대마(씨), 드럼스틱/모링가(씨), 들깨, 면실/목화(씨), 올리브(열매), 유채/카놀라(씨), 참깨, 팜, 해바라기(씨), 호박(씨), 홍화(씨) 등
	음료 및 감미 종실류	결명자, 과라나, 카카오원두, 커피원두, 콜라 너트 등
과일류	인과류	감, 모과, 배, 비파, 사과, 석류 등
	감귤류	감귤(금귤 포함), 레몬(라임 포함), 시트론, 오렌지, 유자, 자몽, 탱자 등
	핵과류	대추, 매실, 복숭아, 산수유, 살구, 앵두, 오미자, 자두, 체리 등
	장과류	구기자, 다래, 딸기, 무화과, 베리류[블루베리, 빌베리, 복분자(라즈베리, 블랙베리, 산딸기 포함), 아로니아, 엘더베리, 오디/멀베리, 커런트, 크랜베리/월귤 등], 으름, 포도(머루 포함) 등
	열대 과일류	가시여지/그라비올라(열매), 구아바, 대추야자, 두리안, 리치, 망고, 망고스틴, 바나나, 바라밀/잭프루트, 아보카도, 아사이팜, 아세로라, 용과, 용안, 코코넛, 키위/참다래, 파인애플, 파파야, 패션 프루트 등
채소류	결구 엽채류	배추, 브로콜리(콜리플라워 포함), 양배추(방울다다기양배추 포함) 등
	엽채류	갓, 갯기름나물/방풍나물, 겨자채, 경수채/교나, 고들빼기, 고려엉겅퀴/곤드레나물, 고추냉이(잎), 고춧잎, 곤달비, 근대, 냉이, 뉴그린, 다채/비타민, 다청채, 당귀(잎), 돌나물, 둥글레(잎), 들깻잎, 머위, 무(잎, 열무 포함), 민들레, 비름나물, 비트(잎), 뽕(잎), 산마늘/명이나물(잎), 상추, 섬쑥부쟁이/부지깽이나물, 시금치, 신선초, 쑥, 쑥갓, 씀바귀, 아욱, 양상추, 잇갈이배추(봄동, 쌈배추 등 포함), 엉겅퀴, 왕고들빼기, 우엉(잎), 원추리, 유채/동초, 질경이(잎), 차즈기/차조기/자소엽(잎), 참나물, 청경채, 춘채, 취나물(곰취, 미역취, 참취), 치커리/앤디브(잎), 케일, 파드득나물/삼엽채, 파슬리, 호박(잎) 등
	엽경채류	갯개미자리/세발나물, 고구마(줄기), 고비, 고사리, 달래, 두릅, 락교/염교, 리크, 미나리, 부추, 삼채, 셀러리, 아스파라거스, 죽순, 콜라비, 토란(줄기), 파(쪽파 포함), 풋마늘(마늘종 포함) 등
	근채류	고추냉이(뿌리), 당근, 더덕, 도라지, 둥글레(뿌리), 마늘, 무(뿌리), 물방기(뿌리), 비트, 사탕무, 생강, 수삼(산양삼 포함), 순무, 양파, 연근, 우엉, 참나리(비늘줄기, 뿌리), 치커리(뿌리), 파스닙 등
	박과 과채류	멜론, 수박, 오이, 참외, 호박 등
	박과 이외 과채류	가지, 고추, 오크라, 토마토(방울토마토 포함), 풋콩(꼬투리 포함된 그린빈, 대두, 스냅빈, 완두 등), 피망(파프리카 포함) 등
버섯류	-	갓버섯, 나도팽나무버섯/맛버섯, 느타리버섯, 목이버섯, 목질진흙버섯/상황버섯, 새송이버섯, 석이버섯, 송이버섯, 신령버섯, 싸리버섯, 양송이버섯, 영지버섯, 팽이버섯, 표고버섯, 황금뿔나팔버섯 등

(계속)

대분류	소분류	품목
향신식물	허브류	가시여지/그라비올라(가지, 잎), 고수(잎), 돌외(잎), 드럼스틱/모링가(잎, 줄기), 라벤더, 레몬그라스, 레몬머틀, 레몬밤, 로즈마리, 루이보스, 마타리(순), 마테(잎), 민트(박하, 서양박하/페퍼민트, 스피어민트, 애플민트 등), 밀크시슬, 바질(잎), 배초향/방아잎, 사향초/백리향, 서양자초/딜(잎), 스테비아, 식용꽃(국화, 금잔화/마리골드, 장미, 캐모마일, 히비스커스 등), 아이언워트, 오레가노, 올리브(잎), 월계수, 쟈스민, 초피나무, 쿨란트로, 타임, 허니부쉬, 호로파(잎), 회향(잎) 등
	향신열매	노간주나무(열매), 바닐라(열매), 백미후추(열매), 산초(열매), 소두구(열매), 스타아니스/팔각회향(열매), 케이퍼(열매), 후추(열매) 등
	향신씨	겨자(씨), 고수(씨), 바질(씨), 서양자초/딜(씨), 셀러리(씨), 아니스(씨), 육두구(씨), 차즈기/차조기/자소자(씨), 캐러웨이(씨), 쿠민(씨), 호로파(씨), 회향(씨) 등
	향신뿌리	강황/심황/울금(뿌리) 등
	기타 향신식물	계피(가지, 줄기껍질), 몰약(고무수지), 사프란(암술머리), 정향(꽃봉오리) 등
차	-	차
호프	-	호프
조류	-	갈래곰보, 갈파래, 곰피, 김, 꼬시래기, 다시마, 돌가사리, 둥근돌김, 뜸부기, 매생이, 모자반, 미역, 불등가사리, 석묵, 스피루리나, 우뭇가사리, 진두발, 청각, 클로렐라, 톳, 파래 등
기타 식물류		단수수, 사탕수수 등

2) 동물성 원료

대분류	중분류	소분류	품목
축산물	-	식육류	쇠고기, 돼지고기, 양고기, 염소고기, 토끼고기, 말고기, 사슴고기, 닭고기, 꿩고기, 오리고기, 거위고기, 칠면조고기, 메추리고기 등
	-	우유류	우유, 산양유 등
	-	알류	달걀, 오리알, 메추리알 등
수산물	어류	민물어류	가물치, 메기, 미꾸라지, 붕어, 빙어, 쏘가리, 잉어, 참붕어, 칠성장어, 향어 등
		회유어류	송어, 연어, 은어, 뱀장어 등
		해양어류	1) 가오리, 가자미, 갈치, 강달이, 고등어, 꽁치, 날치, 넙치(광어), 노래미, 농어, 다랑어, 대구, 도루묵, 도미, 망둑어, 멸치, 명태, 민어, 박대, 방어, 밴댕이, 뱅어, 병어, 복어, 볼기우럭, 조피볼락(우럭), 볼락, 붕장어, 삼치, 서대, 숭어, 쌍동가리, 양미리, 은대구, 임연수어, 전갱이, 전어, 정어리, 조기, 준치, 쥐치, 청어, 홍어 등 2) 심해성어류 : 쏨뱅이류(적어포함, 연안성제외), 금눈돔, 칠성상어, 얼룩상어, 악상어, 청상아리, 곱상어, 귀상어, 은상어, 청새리상어, 흑기흉상어, 다금바리, 체장메기(홍메기), 블랙오레오도리(*Allocyttus niger*), 남방달고기(*Pseudocyttus maculatus*), 오렌지라피(*Hoplostethus atlanticus*), 붉평치, 먹장어(연안성 제외), 흑점샛돔(은샛돔), 이빨고기, 은민대구(뉴질랜드계군에 한함) 은대구 등

(계속)

대분류	중분류	소분류	품목
수산물	어류	해양 어류	3) 다랑어류 및 새치류 : 참다랑어, 남방참다랑어, 날개다랑어, 눈다랑어, 황다랑어, 돛새치, 청새치, 녹새치, 백새치, 황새치, 백다랑어, 가다랑어, 점다랑어, 몽치다래, 물치다래 등
	-	어란류	명태알, 연어알, 철갑상어알 등
	무척추 동물	갑각류	새우, 게, 바닷가재, 가재, 방게, 크릴 등
		연체류	1) 패류 : 굴, 홍합, 꼬막, 재첩, 소라, 고둥, 대합, 전복, 바지락 등 2) 두족류 : 문어, 오징어, 낙지, 갑오징어, 꼴뚜기, 주꾸미 등 3) 기타 연체류 : 개불, 군소, 해파리 등
		극피류	성게, 해삼 등
		피낭류	멍게, 미더덕, 주름미더덕(오만둥이) 등
기타 동물	-	파충류 및 양서류	식용자라, 식용개구리 등
	-	-	식용달팽이 등

제 2. 식품일반에 대한 공통기준 및 규격 : (생략)

제 3. 장기보존식품의 기준 및 규격 : (생략)

제 4. 식품별 기준 및 규격 : (생략)

제 5. 식품접객업소(집단급식소 포함)의 조리식품 등에 대한 기준 및 규격 : (생략)

제 6. 검체의 채취 및 취급방법 : (생략)

제 7. 일반시험법 : (생략)

제 8. 시약 · 시액 · 표준용액 및 용량분석용 규정용액 : (생략)

제 9. 부표 및 별표: (생략)

6 수입 식품등 검사에 관한 규정(발췌)

[시행 2018.11.15.] [식품의약품안전처고시 제2018-90호, 2018.11.15., 일부개정]

제1조 (목적) 이 지침은 「수입식품안전관리 특별법」 제20조, 제21조 같은 법 시행규칙 제27조, 제28조, 제30조부터 제32조 및 제34조에 따라 판매를 목적으로 하거나 영업 상 사용하기 위하여 수입하는 식품(수산물을 제외한다), 식품첨가물, 기구 또는 용기·포장의 검사에 관한 세부처리지침을 정함으로써 검사업무의 형평성·공정성·신속성·투명성 및 효율성을 도모함을 그 목적으로 한다.

제2조 (정의) 이 지침에서 사용하는 용어의 정의는 「수입식품안전관리 특별법」 (이하 "법"이라 한다), 같은 법 시행령(이하 "시행령"이라 한다), 같은 법 시행규칙(이하 "시행규칙"이라 한다) 및 「식품위생법」 제7조제1항 또는 제9조 제1항에 따라 고시된 「식품의 기준 및 규격」, 「식품첨가물의 기준 및 규격」 및 「기구 및 용기·포장의 기준 및 규격」에서 정하는 바에 따른다.

제3조 (사전수입신고의 처리) ① 지방식품의약품안전청장(이하 "지방청장"이라 한다)은 시행규칙 제27조제1항에 따라 도착예정일 5일전부터 미리 수입신고한 식품, 식품첨가물, 기구 또는 용기·포장(이하 "식품 등"이라 한다)에 대하여는 실제 도착일 전날 신고한 것으로 보아 서류검사를 완료하고, 보세구역 등에의 입고 즉시 서류검사 대상에 해당되는 식품 등에 대하여는 수입식품 등의 수입신고확인증을 교부하여야 하며, 현장검사, 정밀검사 또는 무작위표본검사 대상인 경우 해당되는 검사를 실시하고 그 검사에 필요한 검체를 채취하여야 한다.

② 입고사실의 확인은 전화, 모사전송(fax), 서류 등으로 확인할 수 있으며, 미리 신고한 도착예정일 보다 늦게 도착하는 경우 그 지연기간은 수입신고 처리기간에 산입하지 아니한다.

제4조 (유통관리 대상 식품 등) ① 시행규칙 제34조제2항에 따른 유통관리대상 식품 등은 다음과 같다.

1. 자사제품 제조용원료
2. 연구·조사에 사용하는 식품 등
3. 〈삭제〉 (2018. 11. 15.)
4. 「대외무역법 시행령」 제26조에 따라 외화획득용으로 수입하는 식품 등 다만, 같은 조 제1항 제3호에 따라 관광용으로 수입하는 식품 등은 제외한다.
5. 그 밖에 지방청장이 유통관리가 필요하다고 인정한 식품 등

② 지방청장은 제1항에 따른 유통관리 대상 식품 등에 대한 수입신고를 받은 경우에는 신고수리를 할 때마다 그 내역을 수입신고인의 영업소 소재지를 관할하는 영업허가(등록·신고)기관의 장에게 통보하여야 한다. 다만, 제1항 제1호 및 제4호의 경우에는 주 1회 간격으로 통보할 수 있다.

③ 제2항에 따라 통보받은 영업허가(등록·신고)기관의 장은 해당 식품 등이 수입신고한 용도 등에 적합하게 사용되었는지 확인·점검을 실시하고, 분기별로 별지 제3호 서식에 따라 유통관리를 요청한 지방청장에게 통보한다. 다만, 위반사항이 적발된 경우에는 행정처분 등의 조치를 취한 후 위반내용, 처분결과를 즉시 유통관리를 요청한 지방청장에게 통보한다.

④ 제1항 제4호에 따라 외화획득용 식품 등을 수입한 자는 수출 후 14일 이내에 외화획득용 식품 등을 이용하여 제조·가공한 식품 등을 수출하였다는 증빙서류를 영업허가(등록·신고)를 받은

기관의 장에게 제출하여야 한다.

제5조 (현장검사 대상 식품의 인정범위) ① 농·임산물 중 제품명을 세분(예, 대두 : SOY BEAN, BLACK BEAN, WHITE BEAN, 밀 : SOFT WHITE WHEAT, HARD RED WINTER WHEAT, DARK NORTHERN SUN SPRING WHEAT 등)하여 수입신고 하더라도 시행규칙 별표 10 제4호나목 4) 중 품명을 제외한 나머지 조건에 해당하고 수출국의 포장장소 번지까지 일치하는 경우 현장검사 대상으로 인정한다.

② 〈삭제〉 (2010.11.8.)

제5조의 2 (수입 식품 등 관능검사 기준) 시행규칙 별표 9 제2호 나목에 따라 식품의약품안전처장(이하 "식약처장"이라 한다)이 정하는 관능검사 기준은 별표 5와 같다.

제6조 (검사용 검체의 채취기준) 정밀검사 또는 무작위표본검사를 위한 검체의 채취는 「식품의 기준 및 규격」 또는 「기구 및 용기·포장의 기준 및 규격」의 검체의 채취 및 취급방법에 따라야 한다.

제7조 (신고가 필요하지 아니하는 식품 등) 시행규칙 별표 9. 제1호 카목에 따라 식약처장이 위해발생의 우려가 없다고 인정하는 식품등은 다음 각 호와 같다.

1. 단순히 운반 또는 다른 용기의 받침대로 사용하는 끈·쟁반·잔받침대
2. 장식용으로 사용하는 기구 또는 용기(단, 식품의 기구 또는 용기로 사용할 수 없으며, 식품의 기구 또는 용기로 사용할 때에는 인체에 해로울 수 있다는 내용을 제품의 수명이 다할 때까지 지워지지 않고 보이기 쉬운 곳에 명확히 표기된 경우에 한함)
3. 「선박안전법」 제18조에 따라 형식승인 및 검정을 받은 구난식량
4. 「관세법」 제154조에 따른 보세전시장의 운영자가 박람회 등의 행사에서 홍보 및 시식용으로 사용하기 위하여 전시용품 또는 증여물품으로 반입신고하는 수입식품 등. 다만, 증여물품의 경우 무상 제공의 표시가 명확한 것에 한한다.
5. 국내에서 제조하여 해외 박람회 등에 전시를 하고, 재수입되는 기구 또는 용기·포장

제8조 (정밀검사 등의 검사항목 적용 등) ① 시행규칙 별표 9에 따라 정밀검사 또는 무작위표본검사를 실시하는 경우 식약처장이 별도로 정하는 중점검사항목을 적용한다. 다만, 정밀검사 대상 농·임산물의 잔류농약 검사는 별표 3에서 정한 검사항목을 검사하여야 하며, 별표 3 제2호에서 정한 단성분 검사대상 농약은 식약처장이 분기별로 정하는 검사항목을 적용할 수 있다. 다만, 정밀검사 대상 수입 식품등의 잔류농약 검사는 다음 각호에 따라 검사한다.

1. 정밀검사 대상 수입식품등의 농약 검사는 별표3에서 정한 검사항목을 검사하여야 하며, 별표3 제2호에서 정한 단성분 검사대상 농약은 식약처장이 분기별로 정하는 검사항목을 적용할 수 있다.
2. 무작위표본검사 대상 수입식품등의 농약 검사는 식약처장이 고시한 「식품의 기준 및 규격」 제9. 4.1.2.2. 다종농약다성분 분석법의 주)7 및 주8)에서 정한 검사항목을 적용할 수 있다.

② 시행규칙 별표 9 제3호 다목 2)에 따라 기준 및 규격이 신설되거나 강화 시 정밀검사 방법은 다음 각호에 따른다.

1. 식품은 「식품의 기준 및 규격」 제3부터 제5에 따른 식품의 규격이 신설 또는 강화된 경우 검사 적용
2. 식품첨가물은 「식품첨가물의 기준 및 규격」 제4 품목별 규격 및 기준에 따른 각 품목별 순도시험 개별 기준이 신설 또는 강화 시 검사 적용
3. 기구 및 용기·포장은 「기구 및 용기·포장의 기준 및 규격」 제3. 재질별 규격이 신설 또는 강화된 경우 검사 적용
4. 농약 또는 동물용의약품 등 「식품의 기준 및 규격」 제2. 식품일반에 대한 공통 기준 및 규격은 정밀검사 중점검사항목이면서 그 기준이 신설 또는 강화된 경우에 한하여 검사 적용
5. 그 밖의 식품등의 기준 및 규격이 신설되거나 강화된 경우로써 검사의 실효성을 고려하여 식품의약품안전처장이 별도로 정하는 검사

③ 시행규칙 별표 9 제2호 가목 13)에 따라 식약처장이 인정하는 식품 등은 최근 5년간 연속적으로 수입된 국가의 식품 등 중 연간 5회 이상 정밀검사(무작위표본검사를 포함한다)를 실시하여 부적합 이력이 없고 수거검사 결과 부적합 이력이 없으며 위해정보가 없는 식품 등에서 정하고 그 대상은 별표 4와 같다. 다만, 위해정보에 의한 검사, 기준 및 규격의 신설 또는 강화 등에 따른 검사, 유통 중 수거검사 등 검사결과 부적합 판정되는 경우에는 별표 4의 대상 식품 등에서 제외할 수 있다.

④ 별표 1의 식품이외의 다른 용도로 사용이 가능한 농·임산물(생지황을 제외한 품목의 경우 건조한 것에 한함)은 「대한민국약전」 또는 「대한민국약전외한약(생약)규격집」에서 정한 검사항목을 검사하며, 이 경우 식약처장이 별도로 정하는 중점검사항목이 있는 경우에는 이를 적용한다.

제8조의 2 (조건부 수입신고) ① 시행규칙 제31조제1항에 따라 검사 결과를 확인하기 전에 필요한 조건을 붙여 수입식품 등의 수입신고확인증을 발급(이하 "조건부 신고수리"라 한다)한 경우 다음의 절차에 따라 처리한다.

1. 조건부 신고수리를 한 지방청장은 시행규칙 제13조 제2항에 따라 제출된 작업장소 또는 보관창고 소재지 관할 지방청장·특별자치도지사·시장·군수·구청장(자치구의 구청장을 말한다. 이하 같다)에게 신고수리 후 지체 없이 그 사실을 통보하여야 하며, 이를 통보받은 지방청장·특별자치도지사·시장·군수·구청장은 2일 이내에 조건부 신고수리된 해당 식품 등의 입고사실을 확인하여야 한다.
2. 조건부 신고수리를 한 지방청장은 해당 식품 등에 대한 검사결과가 확인된 경우 수입자에게 문서 또는 전화·문자전송 등으로 그 사실을 통보하여야 하며, 검사결과 부적합한 경우에는 작업장소 또는 보관창고 소재지 관할 지방청장·특별자치도지사·시장·군수·구청장에게 지체 없이 검사결과를 통보하여야 한다.
3. 제2호에 따라 해당 식품의 부적합 사실을 통보받은 작업장소 또는 보관창고 소재지 관할 지방청장·특별자치도지사·시장·군수·구청장은 현지출장하여 압류 등 필요한 조치를 하여야 하며, 유통·판매된 제품이 있는 경우 신속하게 회수·폐기 등의 조치를 취하여야 한다.

② 지방청장은 시행규칙 제31조제1항 제1호 및 제2호의 식품 등은 조건부 신고수리 여부와 관계없이 수입식품 등의 수입신고서 접수일로부터 5일 이내에 처리함을 원칙으로 한다. 다만, 진균수시험

대상, 식품조사처리식품, 통·병조림식품, 레토르트식품 등 가온보존시험대상 식품은 제외한다.

제8조의3(기구 또는 용기·포장의 수입신고 서류 확인 등) ① 지방청장은 수입자가 기구 또는 용기·포장을 수입신고하면서 다음 각호의 서류를 제출하는 경우 해당 부품을 다시 수입할 때에는 시행규칙 [별표 10] 제4호 다목에서 정한 동일사 동일수입식품등으로 인정한다.

1. 수입신고하는 기구 또는 용기·포장을 구성하는 각 부품에 대한 사진, 재질, 바탕 색상 및 해당 부품의 해외제조업소 정보가 포함된 서류. 다만, 각 부품을 제조한 해외제조업소는 법 제5조에 따라 해외제조업소로 사전에 등록되어 있어야 한다.

② 제1항제1호에 따른 서류는 별지 제4호서식을 따른다.

③ 제1항에도 불구하고, 해당 부품의 재질에 대한 기준이 신설 또는 강화된 경우에는 동일사 동일수입식품등으로 인정하지 아니한다.

제9조 (식품전문시험·검사기관 검사의뢰) 지방청장은 수입신고인이 식품전문시험·검사기관에 검사의뢰(이하 "타 기관 검사의뢰"라 한다)를 하는 경우에는 검사에 필요한 식품의 유형 및 시험하여야 할 검사항목 등을 의뢰서에 명시하여야 한다.

제10조 (표시기준등의 확인) ① 시행규칙 제31조제1항 제3호에 따른 표시기준을 위반한 정도가 경미하여 통관 후 시중에 유통·판매하기 전에 그 위반사항을 보완할 수 있는 경우란 다음 각 호의 어느 하나와 같다.

1. 포장지 재질을 표시하지 않은 경우
2. 보존 및 보관상 주의사항을 표시하지 않은 경우
3. 식품첨가물 용도를 표시하지 않은 경우
4. 권장섭취량 및 섭취방법을 표시하지 않은 경우
5. 냉장, 건조, 분말, 살균, 멸균제품으로 표시하지 않은 경우
6. 사용농도 및 희석배수를 표시하지 않은 경우
7. 정해진 기준의 활자 크기보다 작게 표시한 경우
8. 표시기준 관련 규정 개정사항이 반영되지 않은 경우
9. 수출국에서 표시한 주요 표시사항 일부를 가리는 경우
10. 영양·기능정보의 단위(예 : kg, mg, ㎍ 등)를 누락한 경우
11. 그 밖에 명백한 오탈자 등 「식품위생법」 제10조에 따른 「식품등의 표시기준」의 위반한 정도가 경미하여 통관 후 시중에 유통·판매하기 전에 그 위반사항을 보완할 수 있는 경우

② 「식품 등의 표시기준」에 따른 표시사항이나 수출국에서 표시한 표시사항이 해당 식품 등 최소 판매단위 포장에 전혀 표시되어 있지 아니하거나 수출국의 표시사항이 전혀 표시되어 있지 아니한 식품등(농·임·수산물 및 최종소비자에게 제공되지 아니하고 다른 식품의 제조·가공 시 원료로 사용되는 식품 등은 제외)의 수입신고서류는 반려한다. 다만, 한글로 표시된 용기·포장으로 포장한 경우에는 그러하지 아니한다.

③ 제2항에 따라 반려된 식품등 중 「식품 등의 표시기준」에 따른 표시사항이 전혀 없는 경우는 표시사항을 보완하여 재수입신고 할 수 있다. 다만, 수출국의 표시사항이 전혀 표시되어 있지 아니한 수입식품 등은 재수입신고할 수 없다.

제11조 (부적합한 식품등의 조치사항) ① 지방청장은 수입신고인에게 시행규칙 제34조 제1항 각 호에 따른 조치를 1년 이내에 이행하도록 통보하여야 하며, 수입신고인은 별지 제2호 서식에 따른 부적합 처리계획서를 부적합 통보일로부터 1개월 이내에 해당 지방청장에게 제출하여야 한다.
② 지방청장은 시행규칙 제34조제1항 각 호에 따른 조치의 이행 여부를 수입신고인 또는 관세청 전산망(수입화물 통관진행정보)을 통하여 확인하고 최종처리 결과를 수입식품 전산망에 입력하여야 한다.

제12조 (자사제품 제조용원료의 용도변경 승인) 시행규칙 제28조제2항에 따라 제출하여야 하는 시험·검사항목의 경우 제8조제1항에 따른 정밀검사 중점검사항목을 따른다.

제13조 (수출반송품 및 외화획득용 식품 등의 수입신고 시 제출서류) ① 수출 후 외국으로부터 반송된 식품 등을 수입하고자 하는 자는 수입신고 시 다음 각 호의 서류를 지방청장에게 제출하여야 한다.

1. 반송사유서
2. 수출상대국의 부적합 사유서(수출상대국에서 부적합된 경우에 한한다)
3. 품목제조보고서(수출상대국에서 부적합된 경우로 식의약품종합정보서비스에서 품목제조보고서가 확인되지 않는 식품 등에 한한다)
4. 국내 반입 후 계획이 구체적으로 기재된 수출 또는 처리계획서(제조가공업소명, 제조예정일자, 수출예정국, 수출예정일자 등)

② 제4조 제1항 제4호에 따른 외화획득용 식품 등을 수입하고자 하는 자는 수입신고 시 제1항 제4호에 해당하는 서류를 지방청장에게 제출하여야 한다.

제13조의 2 (연구·조사용 식품 등의 수입신고 시 제출서류) 시행규칙 별표 9 제2호가목 3)에 따른 식품 등을 연구·조사 목적으로 직접 또는 위탁하여 수입하고자 하는 경우 수입신고 시 제품에 대한 제조방법설명서, 연구·조사기간, 성분배합비율 등을 포함한 연구·조사계획서를 지방청장에게 제출하여야 한다.

제13조의 3 (유해물질 등) ① 시행규칙 별표10, 제3호나목에 따라 식약처장이 정하는 유해물질은 다음 각 호와 같다.

1. 「식품의 기준 및 규격」 제2. 식품일반에 대한 공통기준 및 규격, 5. 식품일반의 기준 및 규격의 11) (1) ① 식품 중 검출되어서는 아니 되는 물질과 12)의 (1), (2), (3)에 해당하는 발기부전치료제·당뇨병치료제·비만치료제 등과 화학구조가 근원적으로 유사한 합성물질
2. 「식품첨가물의 기준 및 규격」에 고시되지 아니한 화학적 합성품
3. 그 밖에 「식품위생법」 제57조에 따른 식품위생심의위원회에서 인체에 심각한 위해가 있다고 인정하는 물질

제14조 (수입최소량의 범위) 시행규칙 별표 9 제3호가목 4)에 따라 식약처장이 고시한 수입 최소량이란 신고중량으로 100kg을 말한다.

제15조 (행정사항) ① 지방청장은 식품 등의 수입신고를 받은 때에는 접수된 순서에 따라 이를 처리하여야 한다. 다만, 이를 이유로 하여 검사가 완료된 식품등에 대하여 수입식품등의 수입신고

확인증의 발급을 지연하여서는 아니 된다.

② 시행규칙 제27조제1항 별지 제25호서식 수입식품등의 수입신고서의 내용 중 "해외제조업소" 및 "수출업소"의 주소란에는 실제 소재지(우편번호 또는 사서함 등은 실제 소재지로 인정하지 하지 않는다)를 기재하여야 한다. 이 경우 실제 소재지를 사실과 다르거나 허위로 신고한 경우에는 수입신고서류를 반려한다.

제16조 (규제의 재검토) 「행정규제기본법」 제8조 및 「훈령·예규 등의 발령 및 관리에 관한 규정」(대통령훈령 제248호)에 따라 2014년 1월 1일을 기준으로 매 3년이 되는 시점(매 3년째의 12월 31일까지를 말한다)마다 그 타당성을 검토하여 개선 등의 조치를 하여야 한다.

부칙 〈제2018-90호, 2018.11.15.〉

제1조(시행일) 이 고시는 고시한 날부터 시행한다.

〈이하 조문 생략〉

7 소비자 위생점검에 관한 기준(발췌)

[시행 2016.12.21.] [식품의약품안전처고시 제2016-142호, 2016.12.21, 일부개정]

제1조 (목적) 이 기준은 「식품위생법」 제35조 및 같은 법 시행규칙 제35조 제2항에 따른 소비자 위생점검 참여를 효율적으로 수행하기 위하여 필요한 사항을 규정함을 목적으로 한다.

제2조 (소비자 위생점검자 자격) 「식품위생법」(이하 "법"이라 한다) 제35조 제1항의 식품위생에 관한 전문지식이 있는 자 또는 「소비자기본법」 제29조에 따라 등록된 소비자단체의 장이 추천한 자로서 식품의약품안전처장이 정하는 자란 다음 각 호의 어느 하나에 해당하는 자격을 갖춘 자를 말한다.

1. 식품기술사·수산제조기술사 자격을 취득하고 식품위생에 관한 업무에 5년 이상 근무한 경험이 있는 자
2. 식품산업기사·수산제조산업기사·식품제조기사·수산제조기사·위생사·영양사 자격을 취득하고 식품위생에 관한 업무에 10년 이상 근무한 경험이 있는 자
3. 「고등교육법」 제2조 제1호 및 제4호에 따른 대학에서 식품가공학·식품화학·식품제조학·식품공학·식품과학·식품영양학·위생학·발효공학·미생물학·축산학·축산가공학·수산제조학·농산제조학·농화학·화학·화학공학·조리학·생물학 분야의 학과 또는 학부를 졸업한 자로서 식품위생에 관한 업무에 15년 이상 근무한 경험이 있는 자
4. 정부기관 및 지방자치단체의 식품위생행정에 관한 사무에 10년 이상 종사한 경험이 있는 자
5. 「고등교육법」 제2조에 따른 학교의 식품관련학과에서 조교수 이상으로 5년 이상 재직하는 자
6. 「소비자기본법」 제29조에 따라 등록된 소비자단체에서 식품분야의 소비자 활동에 10년 이상 경험이 있는 자
7. 법 제33조에 따라 소비자식품위생감시원으로 위촉되어 10년 이상 활동 경험이 있는 자

제3조 (소비자 위생점검단 구성 등) ① 식품의약품안전처장은 제2조 각 호의 어느 하나에 해당하는 자로서 100명 이내의 소비자 위생점검단 후보자군(이하 "후보자군"이라 한다)을 구성하여야 하며, 후보자군은 2년마다 재구성한다.

② 식품의약품안전처장은 영업자가 「식품위생법 시행규칙」 제35조 제1항에 따라 소비자 위생점검 참여 신청서를 제출한 경우 제1항에 따른 후보자군 중 해당 영업소의 업종, 생산규모 등을 고려하여 2명 이상 5명 이내로 소비자 위생 점검단(이하 "점검단"이라 한다)을 구성한다.

제4조 (위생점검자의 제척·회피) ① 위생점검자가 위생점검 해당 영업자의 자문·고문·이사·감사·친족 등 영업자와 직접적인 이해관계가 있는 경우 점검단에서 제척된다.

② 위생점검자가 제1항의 사유에 해당하는 경우에는 스스로 위생점검을 회피할 수 있다.

제5조 (소비자 위생점검 기준) ① 「식품위생법 시행령」 제20조 제1항 각 호에 따른 영업자별 위생점검 평가표는 다음 각 호와 같다.

1. 식품제조·가공업자 및 식품첨가물제조업자 : 별표 1
2. 기타 식품판매업자 : 별표 2
3. 식품접객업 중 모범업소로 지정받은 영업자 : 별표 3

② 점검단은 점검대상 영업자에 대해 영업소의 서류, 영업장과 시설·설비확인 및 종사자 면담 등을 통하여 위생관리 상태를 점검·평가하여야 한다.

③ 점검단은 제2항에 따라 위생점검을 실시한 후 별표에 따른 해당 영업자에 대한 위생점검·평가결과를 지체 없이 식품의약품안전처장에게 제출하여야 한다.

④ 식품의약품안전처장은 점검단이 제출한 위생점검·평가결과를 종합 검토하여 합격 여부를 판정하며, 평가점수를 100점 만점으로 환산하여 평가점수가 85점 이상인 경우 합격으로 하고, 합격한 영업소를 우수등급 영업소로 한다.

제6조 (비밀유지) 점검단은 위생점검을 실시함에 있어 알게 된 영업자의 개인정보 및 제조공정 등의 정보를 타인에게 제공 또는 누설하거나 목적 외의 용도로 사용하여서는 아니 된다.

제7조 (재검토기한) 식품의약품안전처장은 「훈령·예규 등의 발령 및 관리에 관한 규정」에 따라 이 고시에 대하여 2017년 1월 1일을 기준으로 매 3년이 되는 시점(매 3년째의 12월 31일까지를 말한다)마다 그 타당성을 검토하여 개선 등의 조치를 하여야 한다.

부칙 〈제2016-142호, 2016.12.21〉

이 고시는 고시한 날부터 시행한다.

8 식품 및 축산물 안전관리인증기준(발췌)

[시행 2019. 3. 10.] [식품의약품안전처고시 제2019-12호, 2019. 3. 4., 일부개정]

제1조(목적) 이 기준은 「식품위생법」 제48조부터 제48조의3까지, 같은 법 시행규칙 제62조부터 제68조까지 및 「건강기능식품에 관한 법률」 제38조에 따른 「식품안전관리인증기준」의 적용·운영 및 교육·훈련 등에 관한 사항과 「축산물 위생관리법」 제9조부터 제9조의4까지, 같은 법 시행규칙 제7조부터 제7 제7조의8까지에 따른 「축산물안전관리인증기준」의 적용·운영 및 교육·훈련 등에 관한 사항을 정함을 목적으로 한다.

제2조(정의) 이 기준에서 사용하는 용어의 정의는 다음과 같다.

1. "식품 및 축산물 안전관리인증기준(Hazard Analysis and Critical Control Point, HACCP)"이란 「식품위생법」 및 「건강기능식품에 관한 법률」에 따른 「식품안전관리인증기준」과 「축산물 위생관리법」에 따른 「축산물안전관리인증기준」으로서, 식품(건강기능식품을 포함한다. 이하 같다)·축산물의 원료 관리, 제조·가공·조리·소분·유통·판매의 모든 과정에서 위해한 물질이 식품 또는 축산물에 섞이거나 식품 또는 축산물이 오염되는 것을 방지하기 위하여 각 과정의 위해요소를 확인·평가하여 중점적으로 관리하는 기준을 말한다(이하 "안전관리인증기준(HACCP)"이라 한다).
2. "위해요소(Hazard)"란 「식품위생법」 제4조(위해식품등의 판매 등 금지), 「건강기능식품에 관한 법률」 제23조(위해 건강기능식품 등의 판매 등의 금지) 및 「축산물 위생관리법」 제33조(판매 등의 금지)의 규정에서 정하고 있는 인체의 건강을 해할 우려가 있는 생물학적, 화학적 또는 물리적 인자나 조건을 말한다.
3. "위해요소분석(Hazard Analysis)"이란 식품·축산물 안전에 영향을 줄 수 있는 위해요소와 이를 유발할 수 있는 조건이 존재하는지 여부를 판별하기 위하여 필요한 정보를 수집하고 평가하는 일련의 과정을 말한다.
4. "중요관리점(Critical Control Point : CCP)"이란 안전관리인증기준(HACCP)을 적용하여 식품·축산물의 위해요소를 예방·제어하거나 허용 수준 이하로 감소시켜 당해 식품·축산물의 안전성을 확보할 수 있는 중요한 단계·과정 또는 공정을 말한다.
5. "한계기준(Critical Limit)"이란 중요관리점에서의 위해요소 관리가 허용범위 이내로 충분히 이루어지고 있는지 여부를 판단할 수 있는 기준이나 기준치를 말한다.
6. "모니터링(Monitoring)"이란 중요관리점에 설정된 한계기준을 적절히 관리하고 있는지 여부를 확인하기 위하여 수행하는 일련의 계획된 관찰이나 측정하는 행위 등을 말한다.
7. "개선조치(Corrective Action)"란 모니터링 결과 중요관리점의 한계기준을 이탈할 경우에 취하는 일련의 조치를 말한다.
8. "선행요건(Pre-requisite Program)"이란 「식품위생법」, 「건강기능식품에 관한 법률」, 「축산물 위생관리법」에 따라 안전관리인증기준(HACCP)을 적용하기 위한 위생관리프로그램을 말한다.

9. "안전관리인증기준 관리계획(HACCP Plan)"이란 식품·축산물의 원료 구입에서부터 최종 판매에 이르는 전 과정에서 위해가 발생할 우려가 있는 요소를 사전에 확인하여 허용수준 이하로 감소시키거나 제어 또는 예방할 목적으로 안전관리인증기준(HACCP)에 따라 작성한 제조·가공·조리·소분·유통·판매 공정 관리문서나 도표 또는 계획을 말한다.
10. "검증(Verification)"이란 안전관리인증기준(HACCP) 관리계획의 유효성(Validation)과 실행(Implementation) 여부를 정기적으로 평가하는 일련의 활동(적용 방법과 절차, 확인 및 기타 평가 등을 수행하는 행위를 포함한다)을 말한다.
11. "안전관리인증기준(HACCP) 적용업소"란 「식품위생법」, 「건강기능식품에 관한 법률」에 따라 안전관리인증기준(HACCP)을 적용·준수하여 식품을 제조·가공·조리·소분·유통·판매하는 업소와 「축산물 위생관리법」에 따라 안전관리인증기준(HACCP)을 적용·준수하고 있는 안전관리인증작업장·안전관리인증업소·안전관리인증농장 또는 축산물안전관리통합인증업체 등을 말한다.
12. "관리책임자"란 「축산물 위생관리법」에 따른 자체안전관리인증기준 적용 작업장 및 안전관리인증기준(HACCP) 적용 작업장 등의 영업자·농업인이 안전관리인증기준(HACCP) 운영 및 관리를 직접 할 수 없는 경우 해당 안전관리인증기준 운영 및 관리를 총괄적으로 책임지고 운영하도록 지정한 자(영업자·농업인을 포함한다)를 말한다.
13. "통합관리프로그램"이란 「축산물 위생관리법」 시행규칙 제7조의3제4항제3호에 따라 축산물안전관리통합인증업체에 참여하는 각각의 작업장·업소·농장에 안전관리인증기준(HACCP)을 적용·운용하고 있는 통합적인 위생관리프로그램을 말한다.

제2장 HACCP 적용 체계 및 운영 관리

제3조(적용대상 영업자) 이 기준은 「식품위생법」, 「건강기능식품에 관한 법률」 및 「축산물 위생관리법」에 따라 영업허가를 받거나 신고 또는 등록을 한 자와 「축산법」에 따라 축산업의 허가 또는 등록을 한 자 중 안전관리인증기준(HACCP)을 준수하여야 하는 영업자·농업인과 그 밖에 안전관리인증기준의 준수를 원하는 영업자를 대상으로 적용한다. 다만, 국외에 소재하여 식품·축산물을 제조·가공하는 자나 수출을 목적으로 하는 자가 이 기준의 준수를 원하는 경우 이 기준을 적용하게 할 수 있다.

제4조(적용품목 및 시기 등) ① 이 기준은 「식품위생법」 및 같은 법 시행규칙, 「건강기능식품에 관한 법률」, 「축산물 위생관리법」 및 같은 법 시행규칙에 따라 의무적으로 안전관리인증기준(HACCP)을 적용해야 하는 식품·축산물에 적용하며, 필요한 경우 그 이외의 제품에 대해서도 적용할 수 있다. 다만, 생산식품이 해당 지역 내에서만 유통되는 도서지역의 영업자이거나 생산식품을 모두 국외로 수출하는 영업자는 제외한다.

② 안전관리인증기준(HACCP) 의무적용 시기는 각 법에서 정한 바에 따르되, 연매출액 및 종업원수를 기준으로 하여 연매출액과 종업원 수의 요건을 동시에 충족하는 시기를 말하며, 연매출액 산정은 해당 사업장에서 제조·가공하는 의무적용 대상 식품·축산물의 총 매출액을 기준

으로 하고, 종업원 수는 「근로기준법」에 의한 영업장 전체의 상시근로자를 기준으로 한다.

③ 제2항의 규정에도 불구하고 신규영업 또는 휴업 등으로 1년간 매출액을 산정할 수 없는 경우에는 매출액 산정이 가능한 최근 3개월의 매출액을 기준으로 1년간 매출액을 산정하여 의무적용 시기를 정할 수 있다. 다만, 식품안전관리인증기준 의무적용 대상업소(소규모 업소 중 「식품위생법」 제48조의2 규정에 따른 연장심사를 일반 업소로 받아야 하는 경우 포함) 중 기준 준수에 필요한 시설·설비 등의 개·보수를 위하여 일정 기간이 필요하다고 요청하여 식품의약품안전처장이 인정하는 경우에는 1년의 범위 내에서 의무적용 및 연장심사를 유예할 수 있다.

④ 식품의약품안전처장은 다음 각 호 중 어느 하나에 해당하는 「식품위생법 시행규칙」 제62조제13호에 따른 안전관리인증기준(HACCP) 의무적용 대상 업소가 필요하다고 요청한 경우에는 6개월 범위 내에서 의무적용 시기를 유예할 수 있다. 제2호의 경우 전년도 생산실적보고 완료일 이전에 요청하여야 한다.

1. 안전관리인증기준(HACCP) 적용업소가 신규로 식품유형을 추가하려는 경우. 다만, 「식품위생법 시행규칙」 제62조 제1항제1호부터 제12의2호에 해당하는 식품은 제외한다.
2. 전년도 매출액이 100억원 이상이 되어 해당연도에 신규 의무적용 대상이 된 경우

제5조(선행요건 관리) ① 「식품위생법」 및 「건강기능식품에 관한 법률」, 「축산물 위생관리법」에 따른 안전관리인증기준(HACCP) 적용업소(도축장, 농장은 제외한다)는 다음 각 호와 관련된 별표 1의 선행요건을 준수하여야 한다.

1. 식품(식품첨가물 포함)제조·가공업소, 건강기능식품제조업소, 집단급식소식품판매업소, 축산물작업장·업소
   가. 영업장 관리
   나. 위생 관리
   다. 제조·가공·조리 시설·설비 관리
   라. 냉장·냉동 시설·설비 관리
   마. 용수 관리
   바. 보관·운송 관리
   사. 검사 관리
   아. 회수 프로그램 관리
2. 집단급식소, 식품접객업소(위탁급식영업), 도시락제조·가공업소(운반급식 포함)
   가. 영업장 관리
   나. 위생 관리
   다. 제조·가공·조리 시설·설비 관리
   라. 냉장·냉동 시설·설비 관리
   마. 용수 관리
   바. 보관·운송 관리
   사. 검사 관리
   아. 회수 프로그램 관리
3. 기타 식품판매업소

가. 입고 관리
나. 보관 관리
다. 작업 관리
라. 포장 관리
마. 진열·판매 관리
바. 반품·회수 관리

4. 소규모업소, 즉석판매제조가공업소, 식품소분업소, 식품접객업소(일반음식점·휴게음식점·제과점)

가. 작업장(조리장), 개인위생 관리
나. 방충·방서관리
다. 종업원 교육
라. 세척·소독관리
마. 입고·보관관리
바. 용수관리
사. 검사관리
아. 냉장·냉동창고 온도관리
자. 이물관리

② 「축산물 위생관리법」에 따른 안전관리인증기준(HACCP) 적용업소 중 도축장, 농장은 다음 각 호와 관련된 선행요건을 준수하여야 한다.

1. 도축장

가. 위생관리기준
나. 영업자·농업인 및 종업원의 교육·훈련
다. 검사관리(법 제17조 및 제18조의 규정에 따른 미검사품 및 검사 불합격품 사후관리 포함)
라. 회수프로그램관리
마. 제조·가공 시설·설비 등 환경 관리(영업장, 방충·방서, 채광 및 조명, 환기, 배관, 배수, 용수, 탈의실, 화장실 등)

2. 농장

가. 차단방역관리
나. 농장시설·설비관리, 부화장시설·설비관리
다. 농장위생관리, 부화장위생관리
라. 사료·동물용의약품·음수·용수관리
마. 질병관리
바. 반입 및 출하관리
사. 착유관리, 알관리(해당 축종에 한함), 종란관리(부화장에 한함)

③ 안전관리인증기준(HACCP) 적용업소는 제1항 또는 제2항의 선행요건 준수를 위해 필요한 관리계획 등을 포함하는 선행요건관리기준서를 작성하여 비치하여야 한다. 다만, 제1항 또는 제2항의 선행요건을 포함하는 자체 위생관리기준서를 작성·비치한 경우 이를 선행요건관리기

준서로 갈음 또는 대체할 수 있다.

④ 제1항 및 제2항에도 불구하고 해당 가공품 유형의 연매출액이 5억원 미만이거나 종업원 수가 21명 미만인 식품(식품첨가물 포함)제조·가공업소, 건강기능식품제조업소 및 축산물가공업소와 해당 영업장의 연 매출액이 5억원 미만이거나 종업원 수가 10명 미만인 집단급식소식품판매업소, 식육포장처리업소, 축산물운반업소, 축산물보관업소, 축산물판매업소 및 식육즉석판매가공업소(이하 "소규모 업소"라 한다)는 별표 1의 소규모 업소용 선행요건을 준수할 수 있다.

⑤ 제3조의 단서규정에 따라 국외에 소재하여 식품·축산물을 제조·가공하는영업자의 경우에는 국제식품규격위원회(Codex Alimentarius Commission)의 우수위생기준(Good Hygienic Practice)을 선행요건으로 적용할 수 있다.

⑥ 제3항에 따른 선행요건관리기준서를 제정하거나 이를 개정한 때에는 일자, 담당자 및 관리책임자 또는 영업자의 이름을 적고 서명하여야 한다.

제6조(안전관리인증기준 관리) ① 안전관리인증기준(HACCP) 적용업소는 다음 각 호의 안전관리인증기준(HACCP) 적용원칙과 별표 2의 안전관리인증기준(HACCP) 적용 순서도에 따라 제조·가공·조리·소분·유통·판매하는 식품, 가축의 사육과 축산물의 원료관리·처리·가공·포장·유통 및 판매에 사용하는 원·부재료와 해당 공정에 대하여 적절한 안전관리인증기준(HACCP) 관리계획을 수립·운영하여야 한다.

1. 위해요소 분석
2. 중요관리점 결정
3. 한계기준 설정
4. 모니터링 체계 확립
5. 개선조치 방법 수립
6. 검증 절차 및 방법 수립
7. 문서화 및 기록 유지

② 제1항에 따른 안전관리인증기준(HACCP) 관리계획은 과학적 근거나 사실에 기초하여 수립·운영하여야 하며, 중요관리점, 한계기준 등 변경사항이 있는 경우에는 이를 재검토하여야 한다.

③ 「식품위생법」에 따른 안전관리인증기준(HACCP) 적용업소는 제1항에 따른 안전관리인증기준(HACCP) 관리계획의 적절한 운영을 위하여 다음 각 호의 사항을 포함하는 안전관리인증기준(HACCP) 관리기준서를 작성·비치하여야 한다.

1. 식품(식품첨가물 포함)제조·가공업소, 건강기능식품제조업소
   가. 안전관리인증기준(HACCP)팀 구성
      (1) 조직 및 인력현황
      (2) 안전관리인증기준(HACCP)팀 구성원별 역할
      (3) 교대 근무 시 인수·인계 방법
   나. 제품설명서 작성
      (1) 제품명·제품유형 및 성상
      (2) 품목제조보고 연·월·일(해당제품에 한한다)

(3) 작성자 및 작성 연·월·일
(4) 성분(또는 식자재) 배합비율
(5) 제조(포장)단위(해당제품에 한한다)
(6) 완제품 규격
(7) 보관·유통상(또는 배식상)의 주의사항
(8) 유통기한(또는 배식시간)
(9) 포장방법 및 재질(해당제품에 한한다)
(10) 표시사항(해당제품에 한한다)
(11) 기타 필요한 사항

다. 용도 확인
(1) 가열 또는 섭취 방법
(2) 소비 대상

라. 공정 흐름도 작성
(1) 제조·가공·조리 공정도(공정별 가공방법)
(2) 작업장 평면도(작업특성별 분리, 시설·설비 등의 배치, 제품의 흐름과정, 세척·소독조의 위치, 작업자의 이동경로, 출입문 및 창문 등을 표시한 평면도면)
(3) 급기 및 배기 등 환기 또는 공조시설 계통도
(4) 급수 및 배수처리 계통도

마. 공정 흐름도 현장 확인

바. 원·부자재, 제조·가공·조리·유통에 따른 위해요소분석
(1) 원·부자재별·공정별 생물학적·화학적·물리적 위해요소 목록 및 발생원인
(2) 위해평가(원·부자재별, 공정별 각 위해요소에 대한 심각성과 위해발생가능성 평가)
(3) 위해평가 결과 및 예방조치·관리 방법

사. 중요관리점 결정
(1) 확인된 주요 위해요소를 예방·제어(또는 허용수준 이하로 감소)할 수 있는 공정상의 단계·과정 또는 공정 결정
(2) 중요관리점 결정도 적용 결과

아. 중요관리점의 한계기준 설정

자. 중요관리점 모니터링 체계 확립

차. 개선 조치방법 수립

카. 검증 절차 및 방법 수립
(1) 유효성 검증 방법(서류조사, 현장조사, 시험검사) 및 절차
(2) 실행성 평가 방법(서류조사, 현장조사, 시험검사) 및 절차

타. 문서화 및 기록유지방법 설정

2. 기타 식품판매업소

가. 안전관리인증기준(HACCP)팀 구성
(1) 조직 및 인력현황
(2) 안전관리인증기준(HACCP)팀 구성원별 역할

(3) 교대 근무 시 인수·인계 방법

나. 입고·보관·작업·포장·진열·판매 등 판매 흐름도 작성

다. 입고·보관·작업·포장·진열·판매 등 단계별 위해요소분석

라. 중요관리점 결정

마. 중요관리점의 한계기준 설정

바. 중요관리점 모니터링 체계 확립

사. 개선 조치방법 수립

아. 검증 절차 및 방법 수립

자. 문서화 및 기록유지방법 설정

3. 집단급식소, 식품접객업소, 집단급식소식품판매업소, 즉석판매제조가공업소, 식품소분업소

가. 안전관리인증기준(HACCP)팀 구성

(1) 조직 및 인력현황

(2) 안전관리인증기준(HACCP)팀 구성원별 역할

(3) 교대 근무 시 인수·인계 방법

나. 조리·제조·소분 공정도(과정별 조리·제조·소분방법) 작성

다. 원·부자재, 조리·제조·소분·판매에 따른 위해요소분석

(1) 원·부자재별·공정별 생물학적·화학적·물리적 위해요소 목록 및 발생원인

(2) 위해평가(원·부자재별, 조리·제조·소분 공정별 각 위해요소에 대한 심각성과 위해발생가능성 평가)

(3) 위해요소분석결과 및 예방조치·관리 방법

라. 중요관리점 결정

(1) 확인된 주요 위해요소를 예방·제어(또는 허용수준 이하로 감소)할 수 있는 공정상의 단계·과정 또는 공정 결정

마. 중요관리점의 한계기준 설정

바. 중요관리점 모니터링 체계 확립

사. 개선 조치방법 수립

아. 검증 방법 및 절차 수립

자. 문서화 및 기록유지방법 설정

④ 「축산물 위생관리법」에 따른 안전관리인증기준(HACCP) 적용업소는 제1항에 따른 안전관리인증기준(HACCP) 관리계획의 적절한 운영을 위하여 다음 각 호의 사항이 포함된 안전관리인증기준(HACCP) 관리기준서를 작성·비치하여야 한다. 다만, 축산물가공업소의 경우 식품제조·가공업소의 안전관리인증기준(HACCP) 관리기준서를 같이 활용할 수 있다.

1. 안전관리인증기준(HACCP)팀 구성

가. 조직 및 인력현황

나. 안전관리인증기준(HACCP)팀 구성원별 역할

다. 교대근무 시 인수·인계방법

2. 도체설명서(도축장에 한한다)

가. 도체식육명

나. 도체절단방법
다. 보관·운반·판매시 주의사항
라. 식육용도
마. 작성자 이름 및 작성 연월일
바. 기타 필요한 사항
3. 제품설명서(축산물가공장, 식육포장처리장에 한한다)
가. 제품명, 제품 유형 및 성상
나. 품목제조보고연월일
다. 작성자 및 작성연월일
라. 성분배합비율
마. 처리·가공(포장)단위
바. 완제품의 규격
사. 보관·유통상의 주의사항
아. 제품의 용도 및 유통기간
자. 포장방법 및 재질
차. 기타 필요한 사항
4. 축산물설명서(식육판매업, 식용란수집판매업, 식육즉석판매가공업에 한한다)
가. 식육·포장육·식용란명
나. 식육·포장육·식용란의 제조일자 또는 유통기한
다. 작성자 및 작성연월일
라. 보관·유통상의 주의사항
마. 용도
바. 기타 필요한 사항
5. 축산물설명서(축산물보관업, 축산물운반업에 한한다)
가. 축산물의 종류
나. 축산물의 포장상태 및 보관(운반)온도
다. 작성자 및 작성연월일
라. 보관(운반) 중 주의사항
마. 기타 필요한 사항
6. 원유설명서(집유업, 젖소농장에 한한다)
가. 원유의 종류
나. 보관 및 운반 온도
다. 작성자 및 작성연월일
라. 구매자
마. 집유·운반상 주의사항
바. 용도
사. 기타 필요한 사항
7. 가축설명서(농장, 부화장에 한한다)

가. 용도
나. 품종
다. 작성자 및 작성연월일
라. 구매자, 출하처 및 출하시 운반자
마. 항생제 처치 및 휴약기간 경과 여부(부화장 제외)
바. 주사침 잔류여부(부화장 제외)
사. 항생제무첨가 사료 급여기간
아. 기타 필요한 사항

8. 도살·처리·가공·포장·유통 및 판매 공정(과정) 등의 시설·설비(농장은 제외한다)
가. 공정도(공정별 처리·가공·포장 및 유통 등의 방법)
나. 평면도(작업특성별 분리, 시설·설비 등의 배치, 제품의 흐름 또는 축산물의 생산·유통과정, 세척·소독조의 위치, 종업원의 이동경로, 출입문 및 창문 등을 표시한 것을 말한다)
다. 급기 및 배기 등 환기 또는 공조시설(공기여과시설 및 배출시설을 말한다) 계통도
라. 급수 및 배수처리 계통도

9. 가축 사육의 시설·설비(농장에 한한다)
가. 사양관리 절차도
나. 사육시설·설비(축사, 소독 및 차단시설)
다. 농장 평면도(축종특성별 분리(축사 배치), 시설·설비 등의 배치, 가축의 이동, 차량의 이동경로, 소독조의 위치, 출입자의 이동경로 등을 표시한 것을 말한다)
라. 가축분뇨처리장

10. 위해요소의 분석
11. 중요관리점 결정
12. 중요관리점의 한계기준 설정
13. 중요관리점 모니터링 체계 확립
14. 개선 조치방법 수립
15. 검증 절차 및 방법 수립
16. 문서화 및 기록유지방법 설정

⑤ 제1항부터 제4항까지의 규정에도 불구하고 소규모 업소는 별도로 정하여진 「소규모 업소용 안전관리인증기준(HACCP) 표준관리기준서」를 활용하여 안전관리인증기준(HACCP) 관리계획 및 기준서를 작성·비치할 수 있다.

⑥ 제3항에 따른 안전관리인증기준(HACCP) 관리기준서는 업소별 또는 적용대상 식품별로 작성하여야 하고, 제4항에 따른 안전관리인증기준(HACCP) 관리기준서는 작업장·업소·농장(축종)별로 작성하여야 하며, 이를 제정하거나 개정할 때에는 일자, 담당자 및 관리책임자 또는 영업자의 이름을 적고 서명하여야 한다.

제7조(축산물통합인증관리) ① 「축산물 위생관리법」에 따른 안전관리통합인증업체의 인증을 받으려는 자는 다음 각 호의 사항이 포함된 통합관리프로그램을 작성·비치하여야 한다.

1. 안전관리인증기준을 관리하기 위한 전담조직의 구성
2. 안전관리인증기준을 관리하기 위한 운영규정
가. 안전관리통합인증기준 내부 규정·지침
나. 교육 및 훈련계획
3. 위생관리프로그램
가. 예비심사 실시 및 기록
나. 가축의 사육, 축산물의 처리·가공·유통 및 판매 등 모든 단계에서 안전관리인증기준을 준수할 수 있도록 생산하는 축산물의 특성에 따른 단계별 구분관리 기준 마련
다. 통합인증에 참여하는 작업장·업소·농장 안전관리인증기준(HACCP) 모니터링 및 검증
라. 통합인증에 참여하는 작업장·업소·농장의 부적합 발생시 관리기준

② 제1항에 따른 통합관리프로그램을 제정하거나 개정할 때에는 일자 및 관리책임자의 이름을 적고 서명하여야 한다.

제8조(기록관리) ① 「식품위생법」 및 「건강기능식품에 관한 법률」, 「축산물 위생관리법」에 따른 안전관리인증기준(HACCP) 적용업소는 관계 법령에 특별히 규정된 것을 제외하고는 이 기준에 따라 관리되는 사항에 대한 기록을 2년간 보관하여야 한다.

② 제1항에 따른 기록을 할 때에 작성자는 작성일자, 시간 및 이름을 적고 서명하여야 한다.

③ 제1항에 따른 기록이 작성일자, 시간, 이름 및 서명 등의 동일함을 보증할 수 있을 때에는 전산으로 유지할 수 있다.

④ 안전관리인증기준(HACCP) 적용업소의 출입·검사업무 등을 수행하는 안전관리인증기준(HACCP) 지도관 또는 시·도 검사관(이하 "검사관"이라 한다), 식품(축산물)위생감시원은 제1항에 따른 기록을 열람할 수 있다.

제9조(안전관리인증기준팀 구성 및 팀장의 책무 등) ① 안전관리인증기준(HACCP) 적용업소의 영업자·농업인은 안전관리인증기준(HACCP) 관리를 효과적으로 수행할 수 있도록 안전관리인증기준(HACCP) 팀장과 팀원으로 구성된 안전관리인증기준(HACCP) 팀을 구성·운영하여야 한다.

② 안전관리인증기준(HACCP) 팀장은 종업원이 맡은 업무를 효과적으로 수행할 수 있도록 선행요건관리 및 안전관리인증기준(HACCP) 관리 등에 관한 교육·훈련 계획을 수립·실시하여야 한다.

③ 안전관리인증기준(HACCP) 팀장은 원·부재료 공급업소 등 협력업소의 위생관리 상태 등을 점검하고 그 결과를 기록·유지하여야 한다. 다만, 공급업소가 「식품위생법」 제48조 또는 「축산물 위생관리법」 제9조에 따른 안전관리인증기준(HACCP) 적용업소일 경우에는 이를 생략할 수 있다.

④ 안전관리인증기준(HACCP) 팀장은 원·부자재 공급원이나 제조·가공·조리·소분·유통 공정 변경 등 안전관리인증기준(HACCP) 관리계획의 재평가 필요성을 수시로 검토하여야 하며, 개정이력 및 개선조치 등 중요 사항에 대한 기록을 보관·유지하여야 한다.

⑤ 도축장의 관리책임자는 별표 3의 안전관리인증기준(HACCP) 적용 도축장의 미생물학적 검사요령에 따라 해당 도축장에 대하여 대장균(Escherichia coli Biotype I) 검사를 실시하고

그 결과에 따라 적절한 조치를 하여야 한다.

제10조(안전관리인증기준 적용업소 인증신청 등) ① 「식품위생법」 제48조제3항에 따라 안전관리인증기준(HACCP) 적용업소로 인증받고자 하는 자와 같은 법 제48조의2제2항에 따라 인증유효기간의 연장을 신청하려는 자는 「식품위생법 시행규칙」 제63조제1항에 따라 동 규칙 별지 제52서식의 안전관리인증기준(HACCP) 적용업소 인증(연장)신청서(전자문서로 된 신청서를 포함한다)에 업소별 또는 적용대상 식품별 식품안전관리인증계획서를 첨부하여 한국식품안전관리인증원장에게 제출하여야 한다.

② 「축산물 위생관리법」 제9조제3항에 따라 안전관리인증작업장·안전관리인증업소·안전관리인증농장의 인증을 받으려는 자는 「축산물 위생관리법 시행규칙」 제7조의3제1항에 따라 동 규칙 별지 제1호의3서식의 안전관리인증작업장·업소·농장(HACCP) 인증신청서(전자문서로 된 신청서를 포함한다)에 작업장·업소·농장(축종)별로 자체안전관리인증기준을 첨부하여 한국식품안전관리인증원장에게 제출하여야 한다. 다만, 축산물가공업의 경우에는 축산물가공품의 유형별 기준이 포함되어야 한다.

③ 「축산물 위생관리법」 제9조제4항에 따라 안전관리통합인증업체로 인증을 받으려는 자는 「축산물 위생관리법 시행규칙」 별지 제1호의4서식의 안전관리통합인증업체(HACCP) 인증신청서(전자문서로 된 신청서를 포함한다)에 동 규칙 제7조의3제4항제1호부터 제5호까지의 서류를 첨부하여 한국식품안전관리인증원장에게 제출하여야 한다.

④ 한국식품안전관리인증원장은 「축산물 위생관리법 시행규칙」 제7조의3제6항 또는 제7항에 따라 인증을 신청한 자에 대한 안전관리인증기준(HACCP)의 준수여부를 심사할 경우 안전관리인증기준(HACCP) 운영능력이 있는지를 확인하기 위하여 작업장·업소·농장(축종)별로 자체안전관리인증기준에 따른 1개월 이상의 운영실적을 확인할 수 있다.

⑤ 「축산물 위생관리법」 제9조의2제2항에 따라 안전관리인증작업장·안전관리인증업소·안전관리인증농장 또는 안전관리통합인증업체의 인증 유효기간을 연장받으려는 자는 「축산물 위생관리법 시행규칙」 별지 제1호의3서식의 안전관리인증작업장·업소·농장(HACCP) 인증연장신청서(전자문서로 된 신청서를 포함한다) 또는 별지 제1호의4서식의 안전관리통합인증업체(HACCP) 인증연장신청서를 한국식품안전관리인증원장에게 제출하여야 한다.

⑥ 제1항 및 제2항의 식품·축산물 안전관리인증계획서란 다음 각 호의 자료를 말한다.

1. 중요관리점 및 한계기준
2. 모니터링 체계
3. 개선조치 및 검증 절차 및 방법

⑦ 제1항 또는 제2항, 제3항에 따라 안전관리인증기준(HACCP) 인증신청서를 제출하는 영업자·농업인은 작업장·업소·농장(축종)별로 신청하여야 한다.

⑧ 한국식품안전관리인증원장은 제1항 또는 제2항, 제3항에 따라 제출한 서류가 기준에 미흡한 경우 일정기간을 정하여(특별한 경우를 제외하고는 15일 이내에) 보완할 것을 요구할 수 있다.

제11조(안전관리인증기준 적용업소의 인증 등) ① 한국식품안전관리인증원장은 안전관리인증기준(HACCP) 적용업소의 인증 또는 연장 신청을 받은 때에는 신청인이 제출한 서류를 심사한 후

별표 4의 안전관리인증기준(HACCP) 실시상황평가표에 따라 현장조사를 실시하여 평가하며, 평가당시 신청인이 제출한 자료 등의 신뢰성이 의심되는 경우 수거 및 검사 등을 통해 확인하여 그 결과를 반영할 수 있다. 이 경우 「식품위생법」 제49조제1항에 따라 식품이력추적관리를 등록한 자에 대하여는 선행요건 중 회수 프로그램 관리를 운영한 것으로 평가할 수 있다.

② 한국식품안전관리인증원장은 현장조사 결과 보완이 필요한 경우에는 3개월 이내에 보완하도록 요구할 수 있으며, 보완을 요구한 기한 내에 해당사항이 보완되지 아니한 경우에는 안전관리인증기준(HACCP) 적용업소의 인증 또는 연장 절차를 종결 처리할 수 있다.

③ 한국식품안전관리인증원장은 제1항에 따른 평가 결과 이 기준에 적합한 경우에는 해당 식품의 제조·가공·조리·소분·유통·판매업소 또는 해당 축산물의 가축사육 농장, 축산물의 처리·가공·포장·유통 및 판매시설이나 영업장·업소를 안전관리인증기준(HACCP) 적용업소로 인증하고, 「식품위생법 시행규칙」 별지 제53호서식 또는 「축산물 위생관리법 시행규칙」 별지 제1호의5 또는 별지 제1호의6 서식의 인증서를 발급한다.

④ 한국식품안전관리인증원장은 별표 4의 안전관리인증기준(HACCP) 실시상황평가표에 따라 현장조사를 실시하고 평가하기 위하여 제19조 안전관리인증기준(HACCP) 지도관에 준하거나 관련교육을 이수한 관계공무원, 관련협회 등으로 안전관리인증기준(HACCP) 평가단을 구성·운영할 수 있다.

⑤ 영업자·농업인이 평가기준이 마련되지 않은 품목에 대해 안전관리인증기준(HACCP) 적용작업장 등으로 인증을 받고자 하는 경우에는 「축산물 위생관리법 시행규칙」 제7조의3제1항에 따른 인증 신청 전 한국식품안전관리인증원장과 협의하여야 하며, 이 경우 한국식품안전관리인증원장은 식품의약품안전처장과 사전협의를 거쳐 이 고시에 따른 유사기준을 적용하여 인증할 수 있다.

제12조(안전관리인증기준 적용업소 인증사항 변경) ① 제11조에 따라 안전관리인증기준(HACCP) 적용업소로 인증된 자가 중요관리점을 추가·삭제·변경하는 등 인증받은 사항을 변경하거나 소재지를 이전(이 경우에도 안전관리인증기준(HACCP)을 계속 적용하여야 한다)하는 때에는 변경 또는 이전한 날로부터 30일 이내에 「식품위생법 시행규칙」 별지 제54호서식 또는 「축산물 위생관리법 시행규칙」 별지 제1호의7 서식에 따른 변경신청서(전자문서로 된 신청서를 포함한다)에 변경사항을 증명할 수 있는 서류를 첨부하여 한국식품안전관리인증원장에게 제출하여야 한다. 이 경우 제5조제1항제1호의 축산물작업장·업소가 같은 조 제3항에 따른 선행요건관리기준서 변경 등으로 인해 이미 인증받은 사항을 변경하는 경우에도 이를 준용한다.

② 한국식품안전관리인증원장은 제1항에 따른 안전관리인증기준(HACCP) 적용업소 인증사항 변경신청을 받은 때에는 서류검토나 현장조사 등의 방법으로 변경사항을 확인하여야 한다.

③ 한국식품안전관리인증원장은 제2항에 따른 확인 결과 안전관리인증기준(HACCP)을 인증받는데 지장이 없다고 인정될 때에는 「식품위생법 시행규칙」 별지 제53호서식 또는 「축산물 위생관리법 시행규칙」 별지 제1호의5서식 또는 별지 제1호의6서식에 따른 안전관리인증기준(HACCP) 적용업소 인증서에 해당사항을 기재하여 재교부하여야 한다.

④ 한국식품안전관리인증원장은 제1항에 따라 신청인이 제출한 서류가 기준에 미흡한 경우 제10조제8항의 절차를 준용하여 보완을 요구할 수 있으며, 현장조사 평가결과 보완이 필요한 경우

에는 제11조제2항을 준용하여 보완을 요구하거나 변경절차를 종결처리할 수 있다.

제13조(안전관리인증기준 인증대상의 추가) ① 한국식품안전관리인증원장은 이미 인증받은 식품 또는 축산물과 동일한 공정을 거쳐 제조된 유사한 유형의 식품 또는 축산물을 안전관리인증기준(HACCP) 인증 식품 또는 축산물로 추가하고자 하는 신청을 받은 경우 별도의 현장평가 없이 서류 검토만으로 그 식품 또는 축산물을 안전관리인증기준(HACCP) 인증 식품 또는 축산물로 추가할 수 있다. 이미 인증받은 작업장·업소에서 새로운 식품 또는 축산물을 인증받고자 하는 경우에도 또한 같다.

② 한국식품안전관리인증원장은 제1항에 따른 서류 검토 결과 안전관리인증기준(HACCP)을 인증받는데 지장이 없다고 인정될 때에는 「식품위생법 시행규칙」 별지 제53호서식 또는 「축산물 위생관리법 시행규칙」 별지 제1호의5서식 또는 별지 제1호의6서식에 따른 안전관리인증기준(HACCP) 적용업소 인증서에 해당사항을 기재하여야 한다.

제14조(인증서의 반납) ① 「식품위생법」 제48조제8항 또는 「축산물 위생관리법」 제9조의4에 따라 안전관리인증기준(HACCP) 인증취소를 통보 받은 영업자 또는 영업소 폐쇄처분을 받거나 영업을 폐업한 영업자는 제11조제3항 또는 제12조제3항에 따라 발급된 안전관리인증기준(HACCP) 적용업소 인증서를 한국식품안전관리인증원장에게 지체 없이 반납하여야 하며, 영업자가 반납처리를 하지 않은 경우 한국식품안전관리인증원장은 인허가기관에 폐업 등의 여부를 확인하여 자체적으로 처리할 수 있다.

② 안전관리인증기준(HACCP) 적용업소로 인증된 집단급식소 중 위탁 계약 만료 등으로 운영자가 변경되어 안전관리인증기준(HACCP)을 적용하지 않을 경우 해당 집단급식소는 안전관리인증기준(HACCP) 적용업소 인증이 취소되며, 당해 집단급식소 신고자는 안전관리인증기준(HACCP) 적용업소 인증서를 한국식품안전관리인증원장에게 즉시 반납하여야 한다.

제15조(조사 · 평가의 범위와 주기 등) ① 지방식품의약품안전청장, 농림축산식품부장관 또는 한국식품안전관리인증원장은 「식품위생법 시행규칙」 제66조 또는 「축산물 위생관리법 시행규칙」 제7조의6에 따라 안전관리인증기준(HACCP) 적용업소로 인증받은 업소에 대하여 안전관리인증기준(HACCP) 준수 여부를 별표4에 따라 연 1회 이상(인증 유효기간을 연장받은 날이 속한 해당연도는 정기 조사·평가를 생략할 수 있다) 서류검토 및 현장조사의 방법으로 정기 조사·평가할 수 있으며, 조사·평가당시 신청인이 제출한 자료 등의 신뢰성이 의심되거나 주요안전조항 검증 등에 필요한 경우 수거 및 검사 등을 통해 확인하여 그 결과를 반영할 수 있다. 이 경우 「식품위생법」 제49조제1항 또는 「축산물 위생관리법」 제31조의3제1항에 따라 이력추적관리를 등록한 자에 대하여는 선행요건 중 회수프로그램 관리를 운영한 것으로 평가할 수 있다.

② 지방식품의약품안전청장, 농림축산식품부장관 또는 한국식품안전관리인증원장은 제1항에도 불구하고 「식품위생법」 또는 「축산물 위생관리법」 위반사항이 발견된 업소 등에 대해서는 불시에 조사·평가를 실시하고, 안전관리인증기준(HACCP)을 준수할 수 있도록 필요한 교육 또는 행정지도를 할 수 있다.

③ 지방식품의약품안전청장은 제1항 또는 제2항에 따른 안전관리인증기준(HACCP) 준수 여부를 별표 4에 따라 조사·평가하기 위하여 제19조 안전관리인증기준(HACCP) 지도관에 준하

거나 관련교육을 이수한 관계공무원, 관련협회 등으로 안전관리인증기준(HACCP) 평가단을 구성·운영할 수 있다.

④ 제1항에도 불구하고 이미 인증받은 유사한 유형의 식품 또는 축산물이거나 제13조제1항에 따라 안전관리인증기준(HACCP) 인증 식품 또는 축산물을 추가한 경우에는 최초로 인증한 기관에서 추가로 인증받은 식품 또는 축산물을 포함하여 조사·평가를 실시하며, 이 경우 추가된 식품 또는 축산물에 대한 조사·평가를 한 것으로 본다.

⑤ 제1항 및 제4항에도 불구하고 안전관리인증기준(HACCP) 적용업소의 전년도 정기 조사·평가 점수에 따라 다음 각 호와 같이 차등하여 관리할 수 있다. 다만, 「축산물 위생관리법」 제9조제2항에 따른 축산물작업자과 「축산물 위생관리법」 제9조의2에 따른 연장심사 대상에 해당하고 그 연장심사 결과가 제1호 또는 제2호의 기준 미만이거나 부적합한 경우 자체적인 조사·평가는 적용하지 아니한다.

1. 전년도 정기 조사·평가 점수의 백분율이 95% 이상인 경우 2년간 정기 조사·평가를 하지 아니할 수 있으며, 해당업소가 자체적으로 조사·평가 실시. 다만, 김치, 즉석섭취식품, 신선편의식품중 비가열식품은 제외한다.
2. 전년도 정기 조사·평가 점수의 백분율이 95% 미만에서 90% 이상인 경우 1년간 정기 조사·평가를 하지 아니할 수 있으며, 해당업소가 자체적으로 조사·평가 실시. 다만, 김치, 즉석섭취식품, 신선편의식품 중 비가열식품은 제외한다.
3. 전년도 정기 조사·평가 점수의 백분율이 90% 미만에서 85% 이상인 경우 연 1회 이상 정기 조사·평가 실시
4. 전년도 정기 조사·평가 점수의 백분율이 85% 미만에서 70% 이상인 경우 연 1회 이상 정기 조사·평가 및 연 1회 이상 기술지원(이하 "한국식품안전관리인증원에서 실시하는 지원"을 말한다) 실시. 다만, 학교 집단급식소에 납품하는 경우 연 2회 이상 정기 조사·평가 및 연 1회 이상 기술지원 실시
5. 전년도 정기 조사·평가 점수의 백분율이 70% 미만인 경우 연 1회 이상 정기 조사·평가 및 연 2회 이상 기술지원 실시. 다만, 학교 집단급식소에 납품하는 경우 연 2회 이상 정기 조사·평가 및 연 2회 이상 기술지원 실시

⑥ 제5항제1호 및 제2호에 따라 자체적인 조사·평가 계획을 수립하여 업종(축종)별 실시상황평가표에 따라 조사·평가를 실시한 업소는 그 결과를 1개월 이내에 관할 지방식품의약품안전청장에게 제출하거나 농림축산식품부장관 또는 한국식품안전관리인증원장에게 제출하여야 한다.

제16조(조사 · 평가 방법) ① 지방식품의약품안전청장, 농림축산식품부장관 또는 한국식품안전관리인증원장은 제15조제1항 또는 제4항에 따른 조사·평가를 실시하는 경우 인증, 연장 또는 최근 조사·평가 이후 운영해 온 선행요건프로그램 및 안전관리인증기준(HACCP) 관리 운용사항을 평가하여야 하며, 축산물의 경우 「축산물 위생관리법 시행규칙」 제7조의6제3항 각 호의 내용을 중점적으로 확인하여야 한다.

② 시·도 검사관은 도축장에 대하여 「축산물 위생관리법 시행령」 제14조제2항제9호에 따른 자체위생관리기준 및 자체안전관리인증기준의 작성·운영 여부를 확인함에 있어 도축장 전체 또

는 일부구역을 정하여 매일 작업전·중 위생상태와 안전관리인증기준 운영여부를 별지 제1호 서식에 따라 점검하여야 한다.

③ 지방식품의약품안전청장 또는 농림축산식품부장관은 「축산물 위생관리법 시행규칙」 제7조의6제5항에 따른 자체안전관리인증기준 적용 영업자의 자체안전관리인증기준 준수여부를 연 1회 이상 확인할 때에는 별표 4에 따라 서류검토 및 현장조사(작업전·중 위생상태 확인 포함)의 방법으로 평가하여야 하고, 점검결과 부적합 사항이 발견될 때에는 관할 시·도지사에게 그 내용을 통보하여야 한다.

제17조(조사·평가 결과에 따른 조치) ① 지방식품의약품안전청장, 농림축산식품부장관 또는 한국식품안전관리인증원장은 제15조 및 제16조에 따른 조사·평가 결과 이 기준에 적합한 업소로 판정되었으나 일부 사항이 미흡하거나 개선되어야 할 필요성이 있다고 인정되는 때에는 1개월 이내에 수정·보완 또는 개선하도록 명할 수 있으며, 기준에 적합하지 아니한 것으로 판정된 업소에 대하여는 시정명령 또는 인증취소를 명할 수 있다.

② 한국식품안전관리인증원장은 제15조제4항에 따른 조사·평가결과 부적합하거나 수정·보완사항이 기한내 보완되지 않는 경우에는 즉시 지방식품의약품안전청장 및 농림축산식품부장관(농장에 한함)에게 통보하여야 한다.

③ 제16조제2항에 따른 점검결과 부적합사항이 발생할 경우 검사관은 별지 제2호서식의 부적합 통보서를 영업자에게 발급하고, 영업자는 이에 대한 적절한 개선조치를 취한 후 별지 제3호서식의 개선조치 결과를 검사관에게 제출하여야 하며 검사관은 도축장의 개선조치 사항을 확인하여야 한다.

제18조(감독기관의 검증기준 등) ① 식품의약품안전처장은 「축산물 위생관리법」 제9조의3제5항 및 같은 법 시행규칙 제7조의7에 따라 안전관리인증기준(HACCP) 및 그 운용의 적정성을 검증하기 위하여 자체안전관리인증기준 적용작업장 및 안전관리인증기준(HACCP) 적용작업장 등에 출입하여 다음 각 호의 사항을 조사할 수 있다. 단, 일부항목을 전문적으로 조사하려는 경우에는 조사항목 등을 조정할 수 있다

1. 선행요건관리기준에 관한 사항
2. 안전관리인증기준 관리계획(HACCP Plan)에 관한 사항
3. 모니터링, 개선조치 및 검증활동에 대한 기록, 현장확인 및 시험·검사에 관한 사항
4. 작업전·중 위생상태 확인(농장 제외)에 관한 사항
5. 축산물 안전성을 검증하기 위한 시료의 검사에 관한 사항
6. 기타 검증에 필요한 사항

② 식품의약품안전처장은 제1항에 따른 검증을 축산물 위생관련 연구기관·단체 및 안전관리인증기준(HACCP) 전문가·관계공무원 등으로 하여금 실시하게 할 수 있다.

③ 식품의약품안전처장은 제1항에 따른 검증 결과 다음 각 호의 어느 하나에 해당되는 때에는 당해 영업자·농업인에게 1개월 이내에 보완하게 할 수 있다.

1. 영업자·농업인이 위생관리프로그램 및 선행요건관리기준, 안전관리인증기준(HACCP) 관리에서 정한 업무를 이행하지 아니한 때

2. 제1항에 따른 검증결과 개선조치를 하지 아니한 때
3. 제8조에 따른 기록관리가 시행되지 아니한 때
4. 공중위생상 위해를 일으킬 수 있는 축산물을 생산·출하한 때
5. 기타 이 고시의 규정을 위반한 때

④ 식품의약품안전처장은 제15조의 조사·평가 및 제1항의 검증 결과를 종합하여 안전관리인증기준(HACCP) 고시 개정 등 안전관리인증기준(HACCP) 제도를 개선하거나 관계기관에 기술·정보 제공, 교육훈련 등의 조치를 할 수 있다.

⑤ 시·도지사는 안전관리인증기준(HACCP) 및 그 운용의 적정성을 검증하기 위하여 별표 3의 도축장의 미생물학적 검사요령에 따라 관할 도축장에 대하여 살모넬라균(Salmonella spp.) 검사를 실시하고 그 결과에 따라 적절한 조치를 하여야 한다.

제19조(안전관리인증기준 지도관) ① 식품의약품안전처장, 농림축산식품부장관 또는 시·도지사는 제11조에 따른 안전관리인증기준(HACCP) 적용업소 인증업무와 제15조에 따른 조사·평가 업무를 수행하게 하기 위하여 안전관리인증기준(HACCP) 지도관(이하 "지도관"이라 한다)을 둔다.

② 제1항에 따른 지도관은 식품·축산물위생 관계공무원 중 다음 각 호의 어느 하나에 해당하는 자로서, 소정의 지도관 교육·훈련을 받은 자를 식품의약품안전처장(농장·도축장·집유장인 경우 농림축산식품부장관)이 지명하고, 별지 제4호서식의 지도관 지명서를 해당자에게 교부한다.

1. 식품기술사, 축산기술사, 수의사
2. 식품·축산관련학과에서 석사학위 이상의 학위를 취득한 자 중 식품위생행정(축산물 포함)에 3년 이상 근무한 자
3. 식품·축산관련학과에서 학사학위 이상의 학위 또는 식품산업기사 또는 축산산업기사 이상의 자격을 취득한 자 중 식품위생행정(축산물 포함)에 5년 이상 근무한 자
4. 식품위생행정(축산물 포함)에 8년 이상 근무한 자
5. 「축산물 위생관리법」 제13조에 따라 검사관으로 임명된 자

③ 지도관의 직무는 다음 각 호와 같다.

1. 안전관리인증기준(HACCP) 인증 신청업소 실시상황평가
2. 안전관리인증기준(HACCP) 인증업소 사후관리
3. 안전관리인증기준(HACCP) 관련 교육훈련 및 홍보
4. 안전관리인증기준(HACCP) 제도 활성화 사업 지원

④ 식품의약품안전처장 또는 농림축산식품부장관은 제1항에 따른 지도관의 전문성 제고를 위해 다음 각 호의 과정을 운영하여 교육·훈련을 실시한다.

1. 안전관리인증기준(HACCP) 기초과정 : 식품·축산물 위생관련 공무원을 대상으로 안전관리인증기준(HACCP)에 대한 기본적인 사항을 교육·훈련하는 과정
2. 신규 안전관리인증기준(HACCP) 지도관 양성과정 : 안전관리인증기준(HACCP) 적용업소 인증 또는 사후관리평가 업무를 수행하는데 필요한 전문지식을 교육·훈련하는 과정
3. 안전관리인증기준(HACCP) 지도관 실무교육과정 : 안전관리인증기준(HACCP) 지도관들의 전문성 제고 및 자질향상을 위해 최근 안전관리인증기준(HACCP) 관련 정보 및 사후

관리기법 등을 교육·훈련하는 과정

⑤ 식품의약품안전처장 또는 농림축산식품부장관은 지도관이 다음 각 호 중 어느 하나의 경우에 해당하면 그 지도관의 지명을 철회할 수 있다.

1. 교육·훈련을 2년 이상 받지 아니한 경우
2. 안전관리인증기준(HACCP) 인증 신청업소에 대한 실시상황평가나 정기 조사·평가 업무를 연 2회 이상 수행하지 아니한 경우

⑥ 식품의약품안전처장, 농림축산식품부장관 또는 시·도지사는 제1항에 따른 지도관 중 안전관리인증기준(HACCP) 적용과 운영에 관한 전문성과 경험이 풍부한 자로 하여금 지도관 교육·훈련을 전담하도록 하거나 이와 동등한 수준 이상의 연구기관·대학·외국기관 등의 전문가를 선별하여 교육·훈련을 실시하게 할 수 있다.

⑦ 지도관이 소속된 기관의 장은 지도관이 제3항에 따른 지도관의 직무를 이행하고 제4항에 따른 교육·훈련을 받을 수 있도록 최대한 지원하여야 한다.

제3장 식품 및 축산물 안전관리인증기준 적용업소 영업자 등에 대한 교육훈련

제20조(교육훈련 등) ① 식품의약품안전처장은 「식품위생법 시행규칙」 제64조제1항 또는 「축산물 위생관리법 시행규칙」 제7조의4제1항에 따라 안전관리인증기준(HACCP) 관리를 효과적으로 수행하기 위하여 안전관리인증기준(HACCP) 적용업소 영업자 및 종업원에 대하여 안전관리인증기준(HACCP) 교육훈련을 실시하여야 하며, 기타 안전관리인증기준(HACCP) 적용업소로 인증을 받고자 하는 자, 안전관리인증기준(HACCP) 평가를 수행할 자와 식품 또는 축산물위생관련 공무원에 대하여 안전관리인증기준(HACCP) 교육훈련을 실시할 수 있다.

② 식품의약품안전처장은 제1항에 따른 교육훈련을 위탁 실시하기 위하여 이에 필요한 시설·강사·교육과정 등을 갖춘 기관, 단체 또는 법인 중에서 별표 5의 교육훈련기관 지정 기준에 부합하는 곳을 안전관리인증기준(HACCP) 교육훈련기관(이하 "교육훈련기관"이라 한다)으로 지정할 수 있다.

③ 안전관리인증기준(HACCP) 적용업소 영업자 및 종업원은 「식품위생법 시행규칙」 제64조제1항제1호에 따른 신규교육훈련을 안전관리인증기준(HACCP) 적용업소 인증일로부터 6개월 이내에 이수하여야 하고, 축산물 안전관리인증기준(HACCP)을 작성·운영하여야 하는 축산물영업자(농업인) 및 종업원은 「축산물 위생관리법 시행규칙」 제7조의3제2항제3호에 따라 인증신청 이전에 교육을 이수하여야 한다. 다만, 안전관리인증기준(HACCP) 적용업소로 인증을 받기 위하여 인증일 이전에 신규교육훈련을 이수한 영업자 및 종업원은 신규교육훈련을 받은 것으로 본다.

④ 안전관리인증기준(HACCP) 적용업소 영업자 및 종업원이 받아야 하는 신규교육훈련시간은 다음 각 호와 같다. 다만, 영업자가 제1호나목의 안전관리인증기준(HACCP) 팀장 교육을 받은 경우에는 영업자 교육을 받은 것으로 본다.

1. 식품

가. 영업자 교육 훈련: 2시간

나. 안전관리인증기준(HACCP) 팀장 교육 훈련: 16시간

다. 안전관리인증기준(HACCP) 팀원, 기타 종업원 교육 훈련: 4시간

2. 축산물

가. 영업자 및 농업인 : 4시간 이상,

나. 종업원 : 24시간 이상.

다. 가목에도 불구하고 종업원을 고용하지 않고 영업을 하는 축산물운반업·식육판매업 영업자는 종업원이 받아야 하는 교육훈련을 수료하여야 하며, 이 경우 영업자가 받아야 하는 교육훈련은 받지 아니할 수 있다.

⑤ 제4항제1호가목 및 나목 또는 같은 항 제2호에 해당하는 자는 식품의약품안전처장이 지정한 교육 훈련 기관에서 교육 훈련을 받아야 하고, 제4항제1호다목에 해당하는 자는「식품위생법 시행규칙」제64조제2항에 따른 교육 훈련내용이 포함된 교육계획을 수립하여 안전관리인증기준(HACCP) 팀장이 자체적으로 실시할 수 있다.

⑥「식품위생법 시행규칙」제64조제1항제2호에 따라 안전관리인증기준(HACCP) 적용업소의 안전관리인증기준(HACCP) 팀장, 안전관리인증기준(HACCP) 팀원 및 기타 종업원과「축산물 위생관리법 시행규칙」제7조의4제1항에 따라 영업자 및 농업인은 식품의약품안전처장이 지정한 교육훈련기관에서 다음 각 호에 따라 정기교육훈련을 받아야 한다.

1. 식품 : 연 1회 4시간 이내. 다만, 안전관리인증기준(HACCP) 팀원 및 기타 종업원 교육훈련은「식품위생법 시행규칙」제64조제2항에 따른 내용이 포함된 교육훈련 계획을 수립하여 안전관리인증기준(HACCP) 팀장이 자체적으로 실시할 수 있다.

2. 축산물 : 매년 1회(영업 개시일 또는 인증받은 날부터 기산한다) 이상 4시간 이상. 다만, 2년 이상의 기간 동안 정기 교육훈련을 이수하고 축산물 위생관리법을 위반한 사실이 없는 영업자 및 농업인의 경우에는 다음 1년간의 정기 교육훈련을 받지 아니할 수 있다. 이 경우 자체안전관리인증기준에 종업원에 대한 교육기준을 정한 경우에는「축산물 위생관리법 시행규칙」제7조의4제3항에 따른 교육내용을 자체적으로 실시할 수 있다.

⑦ 제4항 또는 제6항에서 규정한 교육훈련을 받아야 하는 안전관리인증기준(HACCP) 적용업소 중 위탁급식업소와 계약을 맺고 급식을 운영하는 집단급식소의 경우 안전관리인증기준(HACCP) 적용업소 운영주체인 위탁급식업소 영업자나 설치신고자가 영업자 신규 교육훈련을 이수할 수 있다.

⑧ 제6항제1호에 따른 정기교육훈련 개시일은 인증일로부터 1년이 경과된 시점을 기준으로 하거나 인증연도의 차기 연도를 기준으로 하여 실시할 수 있다.

제21조(교육훈련기관의 지정신청) ①「식품위생법 시행규칙」제64조제4항 또는「축산물 위생관리법 시행규칙」제7조의4제5항에 따라 교육훈련기관으로 지정 받고자 하는 기관, 단체는 식품의약품안전처장이 공고한 기간 내에 별지 제5호서식의 교육훈련기관 지정 신청서에 다음 각 호의 서류를 첨부하여 식품의약품안전처장에게 제출하여야 한다.

1. 법인등기부 등본(축산물에 한함) 1부.

2. 법인 정관(축산물에 한함) 1부
3. 교육훈련시설 임대차계약서(임대시설에 한함) 1부.
4. 교육훈련관련 조직 및 직무(급)별 명단 1부
5. 교육훈련강사 현황 및 자격·경력을 증빙하는 서류 각 1부
6. 교육훈련과정 운영에 관한 규정 1부
7. 교육훈련과정별 교육훈련교재 1부

② 제1항제6호의 교육훈련과정 운영에 관한 규정은 다음 각 호의 사항을 포함하여야 한다.
1. 과정별 교육훈련내용 및 실시계획에 관한 사항
2. 과정별 교육훈련의 절차에 관한 사항
3. 과정별 교육훈련비에 관한 사항
4. 과정별 교육훈련증명의 발행에 관한 사항
5. 교육훈련강사 및 교육훈련생이 준수하여야 할 사항
6. 기타 교육훈련에 필요한 사항

제22조(교육훈련기관의 지정) ① 식품의약품안전처장은 제21조제1항에 따른 교육훈련기관 지정 신청서를 접수한 때에는 접수일로부터 30일 이내에 서류심사 및 현장평가 등을 통하여 제20조 및 제21조의 규정에 적합한지 여부와 교육훈련기관으로서 교육수행능력 적정성 등을 종합 심사하여 적합하다고 판단되는 경우 안전관리인증기준(HACCP) 교육훈련기관으로 지정할 수 있다.

② 식품의약품안전처장은 제1항에 따라 안전관리인증기준(HACCP) 교육훈련기관으로 지정하는 경우 별지 제6호서식에 따른 교육훈련기관 지정서를 발급하고, 지정내용을 홈페이지 등에 공고하여야 한다. 이 경우 지정내용을 별지 제7호서식에 따른 교육훈련기관 지정관리대장에 기록·유지하여야 한다.

③ 식품의약품안전처장은 교육대상과 교육훈련과정별로 세분하거나 전문성을 감안하여 과정별·분야별로 제1항에 따른 안전관리인증기준(HACCP) 교육훈련기관을 지정할 수 있다.

④ (삭제)

⑤ 제1항에 따라 지정받은 교육훈련기관은 별표 7에 따른 준수사항을 지켜야 한다.

제23조(교육훈련기관의 지정내용 변경) ① 안전관리인증기준(HACCP) 교육훈련기관의 장은 제22조제1항에 따라 지정된 내용을 변경하고자 하는 경우 별지 제8호서식의 지정변경신청서에 교육훈련기관 지정서 원본을 첨부하여 식품의약품안전처장에게 제출하여야 한다.

② 식품의약품안전처장은 제1항에 따라 안전관리인증기준(HACCP) 교육훈련기관의 지정내용 변경 신청을 받은 때에는 서류심사 또는 현장조사 등의 방법으로 변경사항을 확인하고 교육훈련기관 운영에 지장이 없다고 인정되는 경우 별지 제6호 서식에 따른 교육훈련기관 지정서에 변경사항을 기재하여 재교부하여야 한다.

제24조(교육훈련기관 평가) 식품의약품안전처장은 제22조제1항에 따라 지정한 안전관리인증기준(HACCP) 교육훈련기관의 교육훈련 방법과 내용 및 강사와 시설·설비, 교육 만족도 등을 평가하여 이를 공표할 수 있다.

제25조(교육훈련기관의 운영 등) ① 식품의약품안전처장은 제22조제1항에 따라 지정한 안전관리인증기준(HACCP) 교육훈련기관의 지정·운영 및 관리를 위하여 필요한 경우 관련 자료 제출을 요구할 수 있다.

② 식품의약품안전처장은 제22조제1항에 따라 지정한 안전관리인증기준(HACCP) 교육훈련기관에 대하여 다음 각 호의 사항을 지도·확인할 수 있다.

1. 교육훈련시설 및 교재·강사의 적정성에 관한 사항
2. 교육훈련기관 준수사항 이행 여부에 관한 사항
3. 교육훈련결과의 정기보고 여부에 관한 사항
4. 교육훈련수료증의 발급 및 관리실태에 관한 사항
5. 기타 효율적인 교육훈련 실시에 필요하다고 인정되는 사항

③ 식품의약품안전처장은 제2항의 규정에 따른 지도·확인 결과 미흡하거나 개선이 필요한 경우 이에 대한 시정 등의 적절한 조치를 취할 수 있다.

제26조(교육훈련기관의 지정취소 등) ① 식품의약품안전처장은 제22조제1항에 따라 지정한 안전관리인증기준(HACCP) 교육훈련기관이 다음 각 호의 어느 하나에 해당하는 경우 지정을 취소하거나 1년 이내의 기간을 정하여 해당 교육훈련과정의 정지를 명할 수 있다.

1. 허위 또는 기타 부정한 방법으로 교육훈련기관으로 지정을 받은 경우
2. 정당한 사유 없이 교육훈련기관 지정일로부터 1년 이상 교육훈련과정을 개설(실시)하지 아니하는 경우
3. 제2항의 규정에 따라 시정명령을 받고도 이를 시정하지 아니하는 경우
4. 교육훈련기관의 지도·감독결과 교육훈련실적 및 교육훈련내용이 극히 부실하거나 부정한 방법으로 교육훈련을 실시한 경우
5. 교육훈련수료증을 허위로 발급한 경우
6. 기타 제1호 내지 제5호의 규정에 준하는 사유에 해당한다고 식품의약품안전처장이 인정하는 경우

② 식품의약품안전처장은 제22조제1항에 따라 지정한 안전관리인증기준(HACCP) 교육훈련기관이 다음 각 호의 어느 하나에 해당하는 경우에는 시정명령을 할 수 있다.

1. 지정변경 신고사항을 신고하지 아니한 경우
2. 교육훈련대장을 보관하지 아니하거나 허위로 기재한 경우
3. 교육훈련업무에 관한 규정에 위반하여 교육훈련을 한 경우
4. 기타 식품의약품안전처장이 부과한 의무사항을 이행하지 아니한 경우
5. 별표 7에 따른 교육훈련기관의 준수사항을 위반한 경우

③ 제1항의 규정에 따라 지정 취소된 교육훈련기관과 그 대표자는 지정 취소일로부터 3년간 교육훈련기관 및 그 대표자로 지정받을 수 없다.

④ 교육훈련기관은 제1항의 규정에 따라 교육훈련기관의 지정이 취소된 경우 교육훈련기관의 대표자는 교육훈련기관지정서 등 관련 서류를 식품의약품안전처장에게 즉시 반납하여야 한다.

제4장 우대조치 및 재검토기한

제27조(우대조치) 식품의약품안전처장은 안전관리인증기준(HACCP) 적용업소로 인증된 업소에 대하여 다음 각 호의 우대조치를 취할 수 있다.

1. 「식품위생법」 제48조제11항, 「축산물 위생관리법」 제19조제1항에 따른 출입·검사 및 수거 등 완화
2. 별표 8의 안전관리(통합)인증 표시 또는 안전관리(통합)인증기준(HACCP) 적용업소 인증 사실에 대한 광고 허용(다만, 안전관리(통합)인증기준(HACCP) 적용 품목 또는 업소에 한한다.)
3. 「국가를 당사자로 하는 계약에 관한 법률」에 따른 우대조치
4. 기타 안전관리인증기준(HACCP) 활성화 및 식품·축산물 안전성 제고에 필요하다고 인정되는 우대조치

제28조(재검토기한) 「행정규제기본법」 제8조 및 「훈령·예규 등의 발령 및 관리에 관한 규정」(대통령훈령 제248호)에 따라 2016년 1월 1일을 기준으로 매 3년이 되는 시점(매 3년째의 12월 31일까지를 말한다)마다 그 타당성을 검토하여 개선 등의 조치를 하여야 한다.

부칙 〈제2018-69호, 2018.9.18.〉

제1조(시행일) 이 고시는 2018. 9. 18부터 시행한다.

■ 별표 1 ■

선행요건 (제5조 관련)

Ⅰ. 식품(식품첨가물 포함)제조·가공업소, 건강기능식품제조업소 및 집단급식소식품판매업소, 축산물작업장·업소

가. 영업장 관리

<u>작업장</u>

1. 작업장은 독립된 건물이거나 식품취급 외의 용도로 사용되는 시설과 분리(벽·층 등에 의하여 별도의 방 또는 공간으로 구별되는 경우를 말한다. 이하 같다.)되어야 한다.
2. 작업장(출입문, 창문, 벽, 천장 등)은 누수, 외부의 오염물질이나 해충·설치류 등의 유입을 차단할 수 있도록 밀폐 가능한 구조이어야 한다.
3. 작업장은 청결구역(식품의 특성에 따라 청결구역은 청결구역과 준청결구역으로 구별할 수 있다)과 일반구역으로 분리하고, 제품의 특성과 공정에 따라 분리, 구획 또는 구분할 수 있다.

<u>건물 바닥, 벽, 천장</u>

4. 원료처리실, 제조·가공실 및 내포장실의 바닥, 벽, 천장, 출입문, 창문 등은 제조·가공하는 식품의 특성에 따라 내수성 또는 내열성 등의 재질을 사용하거나 이러한 처리를 하여야 하고, 바닥은 파여 있거나 갈라진 틈이 없어야 하며, 작업 특성상 필요한 경우를 제외하고는 마른 상태를 유지하여야 한다. 이 경우 바닥, 벽, 천장 등에 타일 등과 같이 홈이 있는 재질을 사용한

때에는 홈에 먼지, 곰팡이, 이물 등이 끼지 아니 하도록 청결하게 관리하여야 한다.

배수 및 배관

5. 작업장은 배수가 잘 되어야 하고 배수로에 퇴적물이 쌓이지 아니 하여야 하며, 배수구, 배수관 등은 역류가 되지 아니 하도록 관리하여야 한다.

출입구

6. 작업장의 출입구에는 구역별 복장 착용 방법을 게시하여야 하고, 개인위생관리를 위한 세척, 건조, 소독 설비 등을 구비하여야 하며, 작업자는 세척 또는 소독 등을 통해 오염가능성 물질 등을 제거한 후 작업에 임하여야 한다.

통로

7. 작업장 내부에는 종업원의 이동경로를 표시하여야 하고 이동경로에는 물건을 적재하거나 다른 용도로 사용하지 아니 하여야 한다.

창

8. 창의 유리는 파손 시 유리조각이 작업장 내로 흩어지거나 원·부자재 등으로 혼입되지 아니하도록 하여야 한다.

채광 및 조명

9. 작업실 안은 작업이 용이하도록 자연채광 또는 인공조명장치를 이용하여 밝기는 220룩스 이상을 유지하여야 하고, 특히 선별 및 검사구역 작업장 등은 육안확인이 필요한 조도(540룩스 이상)를 유지하여야 한다.
10. 채광 및 조명시설은 내부식성 재질을 사용하여야 하며, 식품이 노출되거나 내포장 작업을 하는 작업장에는 파손이나 이물 낙하 등에 의한 오염을 방지하기 위한 보호장치를 하여야 한다.

부대시설

– 화장실, 탈의실 등

11. 화장실, 탈의실 등은 내부 공기를 외부로 배출할 수 있는 별도의 환기시설을 갖추어야 하며, 화장실 등의 벽과 바닥, 천장, 문은 내수성, 내부식성의 재질을 사용하여야 한다. 또한, 화장실의 출입구에는 세척, 건조, 소독 설비 등을 구비하여야 한다.
12. 탈의실은 외출복장(신발 포함)과 위생복장(신발 포함) 간의 교차 오염이 발생하지 아니 하도록 구분·보관하여야 한다.

나. 위생관리

작업 환경 관리

– 동선 계획 및 공정간 오염방지

13. 원·부자재의 입고에서부터 출고까지 물류 및 종업원의 이동 동선을 설정하고 이를 준수하여야 한다.
14. 원료의 입고에서부터 제조·가공, 보관, 운송에 이르기까지 모든 단계에서 혼입될 수 있는 이물에 대한 관리계획을 수립하고 이를 준수하여야 하며, 필요한 경우 이를 관리할 수 있는 시설·장비를 설치하여야 한다.
15. 청결구역과 일반구역별로 각각 출입, 복장, 세척·소독 기준 등을 포함하는 위생 수칙을 설정하여 관리하여야 한다.

– 온도·습도 관리

16. 제조·가공·포장·보관 등 공정별로 온도 관리계획을 수립하고 이를 측정할 수 있는 온도계를 설치하여 관리하여야 한다. 필요한 경우 제품의 안전성 및 적합성을 확보하기 위한 습도관리

계획을 수립·운영하여야 한다.

– 환기시설 관리

17. 작업장 내에서 발생하는 악취나 이취, 유해가스, 매연, 증기 등을 배출할 수 있는 환기시설을 설치하여야 한다.

– 방충·방서 관리

18. 외부로 개방된 흡·배기구 등에는 여과망이나 방충망 등을 부착하여야 한다.
19. 작업장은 방충·방서관리를 위하여 해충이나 설치류 등의 유입이나 번식을 방지할 수 있도록 관리하여야 하고, 유입 여부를 정기적으로 확인하여야 한다.
20. 작업장 내에서 해충이나 설치류 등의 구제를 실시할 경우에는 정해진 위생 수칙에 따라 공정이나 식품의 안전성에 영향을 주지 아니 하는 범위 내에서 적절한 보호 조치를 취한 후 실시하며, 작업 종료 후 식품취급시설 또는 식품에 직·간접적으로 접촉한 부분은 세척 등을 통해 오염물질을 제거하여야 한다.

개인위생 관리

21. 작업장 내에서 작업 중인 종업원 등은 위생복·위생모·위생화 등을 항시 착용하여야 하며, 개인용 장신구 등을 착용하여서는 아니 된다.

폐기물 관리

22. 폐기물·폐수처리시설은 작업장과 격리된 일정장소에 설치·운영하며, 폐기물 등의 처리용기는 밀폐 가능한 구조로 침출수 및 냄새가 누출되지 아니 하여야 하고, 관리계획에 따라 폐기물 등을 처리·반출하고, 그 관리기록을 유지하여야 한다.

세척 또는 소독

23. 영업장에는 기계·설비, 기구·용기 등을 충분히 세척하거나 소독할 수 있는 시설이나 장비를 갖추어야 한다.
24. 세척·소독 시설에는 종업원에게 잘 보이는 곳에 올바른 손세척 방법 등에 대한 지침이나 기준을 게시하여야 한다.
25. 영업자는 다음 각 호의 사항에 대한 세척 또는 소독 기준을 정하여야 한다.
    - 종업원
    - 위생복, 위생모, 위생화 등
    - 작업장 주변
    - 작업실별 내부
    - 식품제조시설(이송배관 포함)
    - 냉장·냉동설비
    - 용수저장시설
    - 보관·운반시설
    - 운송차량, 운반도구 및 용기
    - 모니터링 및 검사 장비
    - 환기시설(필터, 방충망 등 포함)
    - 폐기물 처리용기
    - 세척, 소독도구
    - 기타 필요사항
26. 세척 또는 소독 기준은 다음의 사항을 포함하여야 한다.
    - 세척·소독 대상별 세척·소독 부위

- 세척·소독 방법 및 주기
- 세척·소독 책임자
- 세척·소독 기구의 올바른 사용 방법
- 세제 및 소독제(일반명칭 및 통용명칭)의 구체적인 사용 방법

27. 세척 및 소독용 기구나 용기는 정해진 장소에 보관·관리되어야 한다.
28. 세척 및 소독의 효과를 확인하고, 정해진 관리계획에 따라 세척 또는 소독을 실시하여야 한다.

다. 제조·가공 시설·설비 관리

제조시설 및 기계·기구류 등 설비관리

29. 식품취급시설·설비는 공정간 또는 취급시설·설비 간 오염이 발생되지 아니 하도록 공정의 흐름에 따라 적절히 배치되어야 하며, 위해요인에 의한 오염이 발생하지 아니 하여야 한다.
30. 식품과 접촉하는 취급시설·설비는 인체에 무해한 내수성·내부식성 재질로 열탕·증기·살균제 등으로 소독·살균이 가능하여야 하며, 기구 및 용기류는 용도별로 구분하여 사용·보관하여야 한다.
31. 온도를 높이거나 낮추는 처리시설에는 온도변화를 측정·기록하는 장치를 설치·구비하거나 일정한 주기를 정하여 온도를 측정하고, 그 기록을 유지하여야 하며 관리계획에 따른 온도가 유지되어야 한다.
32. 식품취급시설·설비는 정기적으로 점검·정비를 하여야 하고 그 결과를 보관하여야 한다.

라. 냉장·냉동시설·설비 관리

33. 냉장시설은 내부의 온도를 10℃ 이하(다만, 신선편의식품, 훈제연어는 5℃ 이하 보관 등 보관온도 기준이 별도로 정해져 있는 식품의 경우에는 그 기준을 따른다), 냉동시설은 -18℃ 이하로 유지하고, 외부에서 온도변화를 관찰할 수 있어야 하며, 온도 감응 장치의 센서는 온도가 가장 높게 측정되는 곳에 위치하도록 한다.

마. 용수관리

34. 식품 제조·가공에 사용되거나, 식품에 접촉할 수 있는 시설·설비, 기구·용기, 종업원 등의 세척에 사용되는 용수는 수돗물이나 「먹는 물 관리법」 제5조의 규정에 의한 먹는 물 수질기준에 적합한 지하수이어야 하며, 지하수를 사용하는 경우, 취수원은 화장실, 폐기물·폐수처리시설, 동물사육장 등 기타 지하수가 오염될 우려가 없도록 관리하여야 하며, 필요한 경우 살균 또는 소독장치를 갖추어야 한다.
35. 식품 제조·가공에 사용되거나, 식품에 접촉할 수 있는 시설·설비, 기구·용기, 종업원 등의 세척에 사용되는 용수는 다음 각 호에 따른 검사를 실시하여야 한다.
    가. 지하수를 사용하는 경우에는 먹는 물 수질기준 전 항목에 대하여 연 1회 이상(음료류 등 직접 마시는 용도의 경우는 반기 1회 이상) 검사를 실시하여야 한다.
    나. 먹는 물 수질기준에 정해진 미생물학적 항목에 대한 검사를 월 1회 이상 실시하여야 하며, 미생물학적 항목에 대한 검사는 간이검사키트를 이용하여 자체적으로 실시할 수 있다.
36. 저수조, 배관 등은 인체에 유해하지 아니한 재질을 사용하여야 하며, 외부로부터의 오염물질 유입을 방지하는 잠금장치를 설치하여야 하고, 누수 및 오염여부를 정기적으로 점검하여야 한다.
37. 저수조는 반기별 1회 이상 「수도시설의 청소 및 위생관리 등에 관한 규칙」에 따라 청소와 소독을 자체적으로 실시하거나, 「수도법」에 따른 저수조청소업자에게 대행하여 실시하여야 하며, 그 결과를 기록·유지하여야 한다.

38. 비음용수 배관은 음용수 배관과 구별되도록 표시하고 교차되거나 합류되지 아니 하여야 한다.

바. 보관·운송관리

<u>구입 및 입고</u>

39. 검사성적서로 확인하거나 자체적으로 정한 입고기준 및 규격에 적합한 원·부자재만을 구입하여야 한다.

<u>협력업소 관리</u>

40. 영업자는 원·부자재 공급업소 등 협력업소의 위생관리 상태 등을 점검하고 그 결과를 기록하여야 한다. 다만, 공급업소가 「식품위생법」이나 「축산물가공처리법」에 따른 HACCP 적용업소일 경우에는 이를 생략할 수 있다.

<u>운송</u>

41. 운반 중인 식품·축산물은 비식품 등과 구분하여 교차오염을 방지하여야 하며, 운송차량(지게차 등 포함)으로 인하여 운송제품이 오염되어서는 아니 된다.
42. 운송차량은 냉장의 경우 10℃이하(단, 가금육 -2~5℃ 운반과 같이 별도로 정해진 경우에는 그 기준을 따른다), 냉동의 경우 -18℃이하를 유지할 수 있어야 하며, 외부에서 온도변화를 확인할 수 있도록 온도 기록 장치를 부착하여야 한다.

<u>보관</u>

43. 원료 및 완제품은 선입선출 원칙에 따라 입고·출고상황을 관리·기록하여야 한다.
44. 원·부자재, 반제품 및 완제품은 구분관리하고, 바닥이나 벽에 밀착되지 아니 하도록 적재·관리하여야 한다.
45. 부적합한 원·부자재, 반제품 및 완제품은 별도의 지정된 장소에 보관하고 명확하게 식별되는 표식을 하여 반송, 폐기 등의 조치를 취한 후 그 결과를 기록·유지하여야 한다.
46. 유독성 물질, 인화성 물질 및 비식용 화학물질은 식품취급 구역으로부터 격리되고, 환기가 잘되는 지정 장소에서 구분하여 보관·취급하여야 한다.

사. 검사 관리

<u>제품검사</u>

47. 제품검사는 자체 실험실에서 검사계획에 따라 실시하거나 검사기관과의 협약에 의하여 실시하여야 한다.
48. 검사결과에는 다음 내용이 구체적으로 기록되어야 한다.
    - 검체명
    - 제조연월일 또는 유통기한(품질유지기한)
    - 검사 연월일
    - 검사항목, 검사기준 및 검사결과
    - 판정결과 및 판정연월일
    - 검사자 및 판정자의 서명날인
    - 기타 필요한 사항

<u>시설 설비 기구 등 검사</u>

49. 냉장·냉동 및 가열처리 시설 등의 온도측정 장치는 연 1회 이상, 검사용 장비 및 기구는 정기적으로 교정하여야 한다. 이 경우 자체적으로 교정검사를 하는 때에는 그 결과를 기록·유지하여야 하고, 외부 공인 국가교정기관에 의뢰하여 교정하는 경우에는 그 결과를 보관하여야 한다.
50. 작업장의 청정도 유지를 위하여 공중낙하세균 등을 관리계획에 따라 측정·관리하여야 한다. 다만, 제조공정의 자동화, 시설·제품의 특수성, 식품이 노출되지 아니 하거나, 식품을 포장된

상태로 취급하는 등 작업장의 청정도가 식품에 영향을 줄 가능성이 없는 작업장은 그러하지 아니할 수 있다.

아. 회수 프로그램 관리

51. 부적합품이나 반품된 제품의 회수를 위한 구체적인 회수절차나 방법을 기술한 회수프로그램을 수립·운영하여야 한다.
52. 부적합품의 원인규명이나 확인을 위한 제품별 생산장소, 일시, 제조라인 등 해당 시설 내의 필요한 정보를 기록·보관하고 제품추적을 위한 코드표시 또는 로트관리 등의 적절한 확인 방법을 강구하여야 한다.

Ⅱ. 집단급식소, 식품접객업소(위탁급식영업) 및 운반급식(개별 또는 벌크 포장)

가. 영업장 관리

작업장

1. 영업장은 독립된 건물이거나 해당 영업신고를 한 업종 외의 용도로 사용되는 시설과 분리(벽·층 등에 의하여 별도의 방 또는 공간으로 구별되는 경우를 말한다. 이하 같다)되어야 한다.
2. 작업장(출입문, 창문, 벽, 천장 등)은 누수, 외부의 오염물질이나 해충·설치류 등의 유입을 차단할 수 있도록 밀폐 가능한 구조이어야 한다.
3. 작업장은 청결구역(식품의 특성에 따라 청결구역은 청결구역과 준청결구역으로 구별할 수 있다)과 일반구역으로 분리하고, 제품의 특성과 공정에 따라 분리, 구획 또는 구분할 수 있다.

건물 바닥, 벽, 천장

4. 원료처리실, 제조·가공·조리실 및 내포장실의 바닥, 벽, 천장, 출입문, 창문 등은 제조·가공·조리하는 식품의 특성에 따라 내수성 또는 내열성 등의 재질을 사용하거나 이러한 처리를 하여야 하고, 바닥은 파여 있거나 갈라진 틈이 없어야 하며, 작업 특성상 필요한 경우를 제외하고는 마른 상태를 유지하여야 한다. 이 경우 바닥, 벽, 천장 등에 타일 등과 같이 홈이 있는 재질을 사용한 때에는 홈에 먼지, 곰팡이, 이물 등이 끼지 아니 하도록 청결하게 관리하여야 한다.

배수 및 배관

5. 작업장은 배수가 잘 되어야 하고 배수로에 퇴적물이 쌓이지 아니 하여야 하며, 배수구, 배수관 등은 역류가 되지 아니 하도록 관리하여야 한다.
6. 배관과 배관의 연결부위는 인체에 무해한 재질이어야 하며, 응결수가 발생하지 아니 하도록 단열재 등으로 보온 처리하거나 이에 상응하는 적절한 조치를 취하여야 한다.

출입구

7. 작업장 외부로 연결되는 출입문에는 먼지나 해충 등의 유입을 방지하기 위한 완충구역이나 방충이중문 등을 설치하여야 한다.
8. 작업장의 출입구에는 구역별 복장 착용 방법을 게시하여야 하고, 개인위생관리를 위한 세척, 건조, 소독 설비 등을 구비하고, 작업자는 세척 또는 소독 등을 통해 오염가능성 물질 등을 제거한 후 작업에 임하여야 한다.

통로

9. 작업장 내부에는 종업원의 이동경로를 표시하여야 하고 이동경로에는 물건을 적재하거나 다른 용도로 사용하지 아니 하여야 한다.

창

10. 창의 유리는 파손 시 유리 조각이 작업장 내로 흩어지거나 원·부자재 등으로 혼입되지 아니

하도록 하여야 한다.

채광 및 조명

11. 선별 및 검사구역 작업장 등은 육안확인에 필요한 조도(540Lx 이상)를 유지하여야 한다.
12. 채광 및 조명시설은 내부식성 재질을 사용하여야 하며, 식품이 노출되거나 내포장 작업을 하는 작업장에는 파손이나 이물 낙하 등에 의한 오염을 방지하기 위한 보호장치를 하여야 한다.

부대시설

– 화장실

13. 화장실, 탈의실 등은 내부 공기를 외부로 배출할 수 있는 별도의 환기시설을 갖추어야 하며, 화장실 등의 벽과 바닥, 천장, 문은 내수성, 내부식성의 재질을 사용하여야 한다. 또한, 화장실의 출입구에는 세척, 건조, 소독 설비 등을 구비하여야 한다.

– 탈의실, 휴게실 등

14. 탈의실은 외출복장(신발 포함)과 위생복장(신발 포함) 간의 교차 오염이 발생하지 아니 하도록 구분·보관하여야 한다.

나. 위생관리

작업 환경 관리

– 동선 계획 및 공정간 오염방지

15. 식자재의 반입부터 배식 또는 출하에 이르는 전 과정에서 교차오염 방지를 위하여 물류 및 출입자의 이동 동선을 설정하고 이를 준수하여야 한다.
16. 청결구역과 일반구역별로 각각 출입, 복장, 세척·소독 기준 등을 포함하는 위생 수칙을 설정하여 관리하여야 한다.

– 온도·습도 관리

17. 작업장은 제조·가공·조리·보관 등 공정별로 온도관리를 하여야 하고, 이를 측정할 수 있는 온도계를 설치하여야 한다. 필요한 경우, 제품의 안전성 및 적합성 확보를 위하여 습도관리를 하여야 한다.

– 환기시설 관리

18. 작업장 내에서 발생하는 악취나 이취, 유해가스, 매연, 증기 등을 배출할 수 있는 환기시설, 후드 등을 설치하여야 한다.
19. 외부로 개방된 흡·배기구, 후드 등에는 여과망이나 방충망, 개폐시설 등을 부착하고 관리계획에 따라 청소 또는 세척하거나 교체하여야 한다.

– 방충·방서 관리

20. 작업장의 방충·방서관리를 위하여 해충이나 설치류 등의 유입이나 번식을 방지할 수 있도록 관리하여야 하고, 유입 여부를 정기적으로 확인하여야 한다.
21. 작업장 내에서 해충이나 설치류 등의 구제를 실시할 경우에는 정해진 위생 수칙에 따라 공정이나 식품의 안전성에 영향을 주지 아니 하는 범위 내에서 적절한 보호 조치를 취한 후 실시하며, 작업 종료 후 식품취급시설 또는 식품에 직·간접적으로 접촉한 부분은 세척 등을 통해 오염물질을 제거하여야 한다.

개인 위생 관리

22. 작업장 내에서 작업 중인 종업원 등은 위생복·위생모·위생화 등을 항시 착용하여야 하며, 개인용 장신구 등을 착용하여서는 아니 된다.

작업위생관리

– 교차오염의 방지

23. 칼과 도마 등의 조리 기구나 용기, 앞치마, 고무장갑 등은 원료나 조리과정에서의 교차오염을 방지하기 위하여 식재료 특성 또는 구역별로 구분하여 사용하여야 한다.
24. 식품 취급 등의 작업은 바닥으로부터 60cm 이상의 높이에서 실시하여 바닥으로부터의 오염을 방지하여야 한다.

– 전처리

25. 해동은 냉장해동(10℃ 이하), 전자레인지 해동, 또는 흐르는 물에서 실시한다.
26. 해동된 식품은 즉시 사용하고 즉시 사용하지 못할 경우 조리 시까지 냉장 보관하여야 하며, 사용 후 남은 부분을 재동결하여서는 아니 된다.

– 조리

27. 가열 조리 후 냉각이 필요한 식품은 냉각 중 오염이 일어나지 아니 하도록 신속히 냉각하여야 하며, 냉각온도 및 시간기준을 설정·관리하여야 한다.
28. 냉장 식품을 절단 소분 등의 처리를 할 때에는 식품의 온도가 가능한 한 15℃를 넘지 아니하도록 한번에 소량씩 취급하고 처리 후 냉장고에 보관하는 등의 온도 관리를 하여야 한다.

– 완제품 관리

29. 조리된 음식은 배식 전까지의 보관온도 및 조리 후 섭취 완료시까지의 소요시간기준을 설정·관리하여야 하며, 유통제품의 경우에는 적정한 유통기한 및 보존 조건을 설정·관리하여야 한다.
    - 28℃ 이하의 경우 : 조리 후 2~3시간 이내 섭취 완료
    - 보온(60℃ 이상) 유지 시 : 조리 후 5시간 이내 섭취 완료
    - 제품의 품온을 5℃ 이하 유지 시 : 조리 후 24시간 이내 섭취 완료

– 배식

30. 냉장식품과 온장식품에 대한 배식 온도관리기준을 설정·관리하여야 한다.
    - 냉장보관 : 냉장식품 10℃ 이하(다만, 신선편의식품, 훈제연어는 5℃ 이하 보관 등 보관온도 기준이 별도로 정해져 있는 식품의 경우에는 그 기준을 따른다)
    - 온장보관 : 온장식품 60℃ 이상
31. 위생장갑 및 청결한 도구(집게, 국자 등)를 사용하여야 하며, 배식 중인 음식과 조리 완료된 음식을 혼합하여 배식하여서는 아니 된다.

– 검식

32. 영양사는 조리된 식품에 대하여 배식하기 직전에 음식의 맛, 온도, 이물, 이취, 조리 상태 등을 확인하기 위한 검식을 실시하여야 한다. 다만, 영양사가 없는 경우 조리사가 검식을 대신할 수 있다.

– 보존식

33. 조리한 식품은 소독된 보존식 전용용기 또는 멸균 비닐봉지에 매회 1인분 분량을 -18℃ 이하에서 144시간 이상 보관하여야 한다.

<u>폐기물 관리</u>

34. 폐기물·폐수처리시설은 작업장과 격리된 일정장소에 설치·운영하여야 하며, 폐기물 등의 처리용기는 밀폐 가능한 구조로 침출수 및 냄새가 누출되지 아니 하여야 하고, 관리계획에 따라 폐기물 등을 처리·반출하고, 그 관리기록을 유지하여야 한다.

<u>세척 또는 소독</u>

35. 영업장에는 기계·설비, 기구·용기 등을 충분히 세척하거나 소독할 수 있는 시설이나 장비를 갖추어야 한다.
36. 세척·소독 시설에는 종업원에게 잘 보이는 곳에 올바른 손세척 방법 등에 대한 지침이나 기준을 게시하여야 한다.

37. 영업자는 다음 각 호의 사항에 대한 세척 또는 소독 기준을 정하여야 한다.
- 종업원
- 위생복, 위생모, 위생화 등
- 작업장 주변
- 작업실별 내부
- 칼, 도마 등 조리도구
- 냉장·냉동설비
- 용수저장시설
- 보관·운반시설
- 운송차량, 운반도구 및 용기
- 모니터링 및 검사 장비
- 환기시설(필터, 방충망 등 포함)
- 폐기물 처리용기
- 세척, 소독도구
- 기타 필요사항

38. 세척 또는 소독 기준은 다음의 사항을 포함하여야 한다.
- 세척·소독 대상별 세척·소독 부위
- 세척·소독 방법 및 주기
- 세척·소독 책임자
- 세척·소독 기구의 올바른 사용 방법
- 세제 및 소독제(일반 명칭 및 통용 명칭)의 구체적인 사용 방법

39. 세제·소독제, 세척 및 소독용 기구나 용기는 정해진 장소에 보관·관리되어야 한다.
40. 세척 및 소독의 효과를 관리계획에 따라 확인하여야 한다.

다. 제조·가공·조리 시설·설비 관리

41. 조리장에는 주방용 식기류를 소독하기 위한 자외선 또는 전기 살균소독기를 설치하거나 열탕세척 소독시설(식중독을 일으키는 병원성미생물 등이 살균될 수 있는 시설이어야 한다)을 갖추어야 한다.
42. 식품과 직접 접촉하는 부분은 내수성 및 내부식성 재질로 세척이 쉽고 열탕·증기·살균제 등으로 소독·살균이 가능한 것이어야 한다.
43. 모니터링 기구 등은 사용 전후에 지속적인 세척·소독을 실시하여 교차 오염이 발생하지 아니하여야 한다.
44. 식품취급시설·설비는 정기적으로 점검·정비를 하여야 하고 그 결과를 보관하여야 한다.

라. 냉장·냉동 시설·설비관리

45. 냉장·냉동·냉각실은 냉장 식재료 보관, 냉동 식재료의 해동, 가열 조리된 식품의 냉각과 냉장보관에 충분한 용량이 되어야 한다.
46. 냉장시설은 내부의 온도를 10℃ 이하(다만, 신선편의식품, 훈제연어는 5℃ 이하 보관 등 보관온도 기준이 별도로 정해져 있는 식품의 경우에는 그 기준을 따른다), 냉동시설은 -18℃로 유지하여야 하고, 외부에서 온도변화를 관찰할 수 있어야 하며, 온도 감응 장치의 센서는 온도가 가장 높게 측정되는 곳에 위치하도록 한다.

마. 용수관리

47. 식품 제조·가공·조리에 사용되거나, 식품에 접촉할 수 있는 시설·설비, 기구·용기, 종업원

등의 세척에 사용되는 용수는 수돗물이나 「먹는 물 관리법」 제5조의 규정에 의한 먹는 물 수질기준에 적합한 지하수이어야 하며, 지하수를 사용하는 경우 취수원은 화장실, 폐기물·폐수처리시설, 동물사육장 등 기타 지하수가 오염될 우려가 없도록 관리하여야 하며, 필요한 경우 용수 살균 또는 소독장치를 갖추어야 한다.

48. 가공·조리에 사용되거나, 식품에 접촉할 수 있는 시설·설비, 기구·용기, 종업원 등의 세척에 사용되는 용수는 다음 각 호에 따른 검사를 실시하여야 한다.
   가. 지하수를 사용하는 경우에는 먹는 물 수질기준 전 항목에 대하여 연 1회 이상(음료류 등 직접 마시는 용도의 경우는 반기 1회 이상) 검사를 실시하여야 한다.
   나. 먹는 물 수질기준에 정해진 미생물학적 항목에 대한 검사를 월 1회 이상 실시하여야 하며, 미생물학적 항목에 대한 검사는 간이검사키트를 이용하여 자체적으로 실시할 수 있다.
49. 저수조, 배관 등은 인체에 유해하지 아니한 재질을 사용하여야 하며, 외부로부터의 오염물질 유입을 방지하는 잠금장치를 설치하여야 하고, 누수 및 오염여부를 정기적으로 점검하여야 한다.
50. 저수조는 반기별 1회 이상 「수도시설의 청소 및 위생관리 등에 관한 규칙」에 따라 청소와 소독을 자체적으로 실시하거나, 「수도법」에 따른 저수조청소업자에게 대행하여 실시하여야 하며, 그 결과를 기록·유지하여야 한다.
51. 비음용수 배관은 음용수 배관과 구별되도록 표시하고 교차되거나 합류되지 아니 하여야 한다.

바. 보관·운송관리

<u>구입 및 입고</u>

52. 검사성적서로 확인하거나 자체적으로 정한 입고기준 및 규격에 적합한 원·부자재만을 구입하여야 한다.
53. 부적합한 원·부자재는 적절한 절차를 정하여 반품 또는 폐기처분하여야 한다.
54. 입고검사를 위한 검수공간을 확보하고 검수대에는 온도계 등 필요한 장비를 갖추고 청결을 유지하여야 한다.
55. 원·부자재 검수는 납품 시 즉시 실시하여야 하며, 부득이 검수가 늦어질 경우에는 원·부자재별로 정해진 냉장·냉동 온도에서 보관하여야 한다.

<u>운송</u>

56. 운송차량 (지게차 등 포함)으로 인하여 제품이 오염되어서는 아니 된다.
57. 운송차량은 냉장의 경우 10℃ 이하, 냉동의 경우 -18℃ 이하를 유지할 수 있어야 하며, 외부에서 온도변화를 확인할 수 있도록 임의조작이 방지된 온도 기록 장치를 부착하여야 한다.
58. 운반중인 식품은 비식품 등과 구분하여 취급하여 교차오염을 방지하여야 한다.
59. 운송차량, 운반도구 및 용기는 관리계획에 따라 세척·소독을 실시하여야 한다.

<u>보관</u>

60. 원료 및 완제품은 선입선출 원칙에 따라 입고·출고상황을 관리·기록하여야 한다.
61. 원·부자재 및 완제품은 구분 관리하고 바닥이나 벽에 밀착되지 아니 하도록 적재·관리하여야 한다.
62. 원·부자재에는 덮개나 포장을 사용하고, 날 음식과 가열조리 음식을 구분 보관하는 등 교차오염이 발생하지 아니 하도록 하여야 한다.
63. 검수기준에 부적합한 원·부자재나 보관 중 유통기한이 경과한 제품, 포장이 손상된 제품 등은 별도의 지정된 장소에 명확하게 식별되는 표식을 하여 보관하고 반송, 폐기 등의 조치를 취한 후 그 결과를 기록·유지하여야 한다.
64. 유독성 물질, 인화성 물질 비식용 화학물질은 식품취급 구역으로부터 격리된 환기가 잘되는

지정된 장소에서 구분하여 보관·취급되어야 한다.

사. 검사 관리

제품검사

65. 제품검사는 자체 실험실에서 검사계획에 따라 실시하거나 검사기관과의 협약에 의하여 실시하여야 한다.
66. 검사결과에는 다음 내용이 구체적으로 기록되어야 한다.
   - 검체명
   - 제조연월일 또는 유통기한(품질유지기한)
   - 검사연월일
   - 검사항목, 검사기준 및 검사결과
   - 판정결과 및 판정연월일
   - 검사자 및 판정자의 서명날인
   - 기타 필요한 사항

시설·설비·기구 등 검사

67. 냉장·냉동 및 가열처리 시설 등의 온도측정 장치는 연 1회 이상, 검사용 장비 및 기구는 정기적으로 교정하여야 한다. 이 경우 자체적으로 교정검사를 하는 때에는 그 결과를 기록·유지하여야 하고, 외부 공인 국가교정기관에 의뢰하여 교정하는 경우에는 그 결과를 보관하여야 한다.
68. 작업장의 청정도 유지를 위하여 공중낙하 세균 등을 관리계획에 따라 측정·관리하여야 한다. 다만, 식품이 노출되지 아니 하거나, 식품을 포장된 상태로 취급하는 작업장은 그러하지 아니할 수 있다.

아. 회수 프로그램 관리(시중에 유통·판매되는 포장제품에 한함)

69. 영업자는 당해제품의 유통 경로, 소비 대상과 판매처의 범위를 파악하여 제품 회수에 필요한 업소명과 연락처 등을 기록·보관하여야 한다.
70. 부적합품이나 반품된 제품의 회수를 위한 구체적인 회수절차나 방법을 기술한 회수프로그램을 수립·운영하여야 한다.
71. 부적합품의 원인규명이나 확인을 위한 제품별 생산장소, 일시, 제조라인 등 해당 시설 내의 필요한 정보를 기록·보관하고 제품추적을 위한 코드표시 또는 로트관리 등의 적절한 확인 방법을 강구하여야 한다.

Ⅲ. 기타 식품판매업소

가. 입고관리(하차, 검품)

1. 자체적으로 정한 입고 기준 및 규격에 적합한 식품만을 입고하여야 하며, 식품별로 다음 사항을 확인하여야 한다.
   - 자연 농·임·수산물 및 이를 단순 처리한 식품 : 변질, 신선도, 표시사항 등
   - 가공식품 : 표시사항, 포장 파손 등 외관상태
   - 냉장·냉동식품 : 운반온도 확인(신선편의식품 및 훈제연어는 5℃ 이하, 냉장 10℃ 이하, 냉동 -18℃ 이하, 운송차량의 온도기록지 확인 등)

나. 보관관리

2. 냉장·냉동식품은 입고되는 대로 신속히 적정온도로 보관하여야 하며, 외부에 방치하여서는 아니 된다.
3. 포장되지 아니한 농·임·수산물 등은 교차오염이 되지 아니 하도록 구분·보관하여야 한다.

4. 보관 중인 식품은 직접 바닥에 닿지 아니 하도록 받침대 등 위에 적재하고 벽에 닿지 아니하게 보관하여야 한다.
5. 냉장창고의 온도는 10℃ 이하(다만, 신선편의식품, 훈제연어는 5℃ 이하 보관 등 보관온도 기준이 별도로 정해져 있는 식품의 경우에는 그 기준을 따른다), 냉동창고의 온도는 -18℃ 이하로 유지하여야 한다.
6. 냉장·냉동 창고에 설치되어 있는 온도장치의 감온봉은 냉각원으로부터 가장 온도가 높은 곳에 설치되어야 한다.
7. 냉장·냉동 시설·설비는 관리계획에 따라 점검·정비·청소를 실시하며 그 결과를 기록·유지하여야 한다.
8. 부적합한 식품(불량·파손·표시사항이 훼손된 식품 등)은 명확하게 표시하여 보관하여야 한다.

다. 작업관리(농·임·수산물 작업장)

<u>개인위생관리</u>

9. 작업장 내에는 종업원의 개인위생관리를 위한 세척·소독 설비를 설치하여야 한다.
10. 작업장 내 종업원은 출입, 복장, 세척·소독기준 등을 포함하는 위생수칙을 설정하여 관리하여야 한다.
11. 세척·소독 시설에는 종업원에게 잘 보이는 곳에 올바른 손 씻는 방법 등에 대한 지침이나 기준을 게시하여야 한다.
12. 작업장의 종업원은 위생복·위생모·위생화 등을 착용하여야 하며, 개인용 장신구 등을 착용하여서는 아니 된다.
13. 「식품위생법 시행규칙」에서 정한 영업에 종사할 수 없는 질병에 걸렸거나, 그 우려가 있는 종업원은 근무시켜서는 아니 되며, 「식품위생법」및 「위생분야종사자 등의 건강진단규칙」에 따른 건강진단을 연 1회 이상 실시하여야 한다. 다만, 완전포장된 식품을 운반 또는 판매하는데 종사하는 자는 제외한다.

<u>작업자 출입관리</u>

14. 작업장의 출입구에는 개인위생관리를 위한 세척, 소독설비 등을 구비하고, 출입자는 세척 또는 소독 등을 통해 오염가능물질 등을 제거한 후 출입하여야 한다.

<u>시설·설비, 작업도구, 작업장 위생관리</u>

15. 작업장(창문, 벽, 천장 등)은 누수, 외부의 오염물질이나 해충·설치류 등의 유입을 차단할 수 있도록 밀폐 가능한 구조이어야 한다.
16. 작업장에는 기구·용기 등을 세척하거나 소독할 수 있는 시설이나 장비를 갖추어야 한다.
17. 작업장, 작업도구 등은 자체 관리계획에 따라 정기적으로 세척·소독하여야 한다.
18. 작업장 내에서 발생하는 악취나 이취 등을 배출할 수 있는 환기시설을 설치하여야 한다.
19. 작업장은 적정온도를 유지하여야 하고 이를 측정할 수 있는 온도계를 비치하여야 한다.
20. 작업장은 방충·방서를 위한 관리계획을 수립하고 유입여부를 정기적으로 확인하여야 한다.
21. 식품의 세척에 사용되거나 종업원, 작업도구 등의 세척수로 사용하는 물이 수돗물이 아닌 지하수인 경우에는 먹는 물 관리법 제5조에 따른 먹는 물 수질기준에 적합한 지하수이어야 하며, 연 1회 이상 검사를 실시하여야 한다.
22. 폐기물 시설은 작업장과 격리된 일정장소에 설치·운영하며, 폐기물 등의 처리용기는 밀폐 가능한 구조로 침출수 및 냄새가 나지 아니 하여야 하고, 관리계획에 따라 폐기물 등을 처리·반출하고, 그 내용을 유지하여야 한다.
23. 작업장 내 조명시설은 파손 시 제품에 혼입되지 않도록 보호 장치 등을 설치하여야 한다.

작업위생관리

24. 농·임·수산물 등의 절단, 보관 등 식품에 직접 접촉되는 칼, 도마, 보관용기 등 작업도구는 색상별로 각각 구분하여 사용하여야 하고, 작업 종료 후에는 세척·소독 후 위생적으로 보관하여야 한다.
25. 작업장 내 종업원은 작업 전·후 및 작업 중에 작업자의 손, 앞치마 등을 수시로 세척하여야 한다.

라. 포장관리

26. 직접 섭취할 수 있도록 가공되는 농·임·수산물은 포장 시 이물이 혼입되거나, 병원성미생물 등이 오염되지 아니 하도록 위생적으로 관리하여야 한다.
27. 농·임·수산물을 포장할 경우 포장일자 또는 진열기한 등을 표기하여야 하며, 포장일자 또는 진열기한 등을 임의로 바꿔서는 아니 된다.

마. 진열·판매관리

28. 보관온도가 정하여진 가공식품 등은 정하여진 보관기준에 따라 진열 판매하여야 하고, 별도로 정하여지지 않은 식품 등(농·임·수산물 등)은 자체적으로 정한 보관기준을 준수하여야 한다.
29. 냉장·냉동 진열대에는 온도계를 설치하여야 하고, 냉장식품은 10℃ 이하(다만, 신선편의식품, 훈제연어는 5℃ 이하 보관 등 보관온도 기준이 별도로 정해져 있는 식품의 경우에는 그 기준을 따른다), 냉동식품은 -18℃ 이하로 보관하여야 한다.
30. 냉장·냉동진열대는 용량에 맞게 적재하여야 하며 주기적으로 세척·소독하여야 한다.
31. 부적합한 식품(불량·파손 표시사항이 훼손된 식품 등)을 판매하거나 판매목적으로 진열하여서는 아니 되며 유통기한 또는 자체적으로 정한 판매기한(진열기한) 등을 경과한 식품을 진열·판매하여서는 아니 된다.
32. 수족관의 용수 및 진열용 얼음은 식품 등의 기준 및 규격 제5조 식품접객업소의 조리판매 식품 등에 대한 미생물 권장규격에 적합하여야 한다.
33. 시식을 위한 조리도구 등은 사용 전·후에 세척·소독하여야 하며, 별도 장소에 위생적으로 보관하여야 한다.

바. 반품처리 및 회수관리

34. 부적합한 식품(불량·파손·표시사항이 훼손된 식품 등)에 대한 소비자의 반품 또는 교환 요구가 있을 경우 관련 규정에 따라 신속히 조치하여야 한다.
35. 부적합한 식품(불량·파손·표시사항이 훼손된 식품 등)에 대한 반품절차나 처리방법 등을 정하여 관리하여야 한다.
36. 회수와 관련된 위해정보를 주기적으로 수집하여야 하며 관련 식품이 판매가 되지 않도록 하고 관련 규정에 따라 신속히 조치하여야 한다.

Ⅳ. 소규모 업소, 즉석판매제조가공업소

1. 작업장은 외부의 오염물질이나, 해충·설치류 등의 유입을 차단할 수 있도록 밀폐 또는 위생적으로 관리하여야 한다.
2. 포충등, 쥐덫, 바퀴벌레 포획도구 등에 포획된 개체수를 정해진 주기에 따라 확인하여야 한다.
3. 종업원은 작업장 출입 시 이물제거 도구 등을 이용하여 이물을 제거하여야 하고, 개인장신구 등 휴대품을 소지하여서는 아니 된다.
4. 종업원은 작업장 출입 시 손·위생화 등을 세척·소독하여야 하며, 청결한 위생복장을 착용하고 입실하여야 한다.

5. 종업원을 대상으로 정해진 주기에 따라 위생교육을 실시하여야 한다.
6. 작업장 내부는 정해진 주기에 따라 청소하여야 한다.
7. 배수로, 제조설비의 식품과 직접 닿는 부분, 식품과 직접 접촉되는 작업도구 등은 정해진 주기에 따라 청소·소독을 실시하여야 한다.
8. 파손되거나 정상적으로 작동하지 아니하는 제조설비를 사용하여서는 아니 되며 식품위생법에서 정한 시설기준에 적합하게 관리하여야 한다.
9. 냉장·냉동 창고의 온도를 적절히 관리하여야 한다.
10. 가열기 및 냉장·냉동 창고의 온도계는 정해진 주기에 따라 검·교정을 실시하여야 한다.
11. 저수조는 정해진 주기에 따라 청소·소독을 철저히 하고 화장실은 제조시설에 영향을 주지 아니하도록 위생적으로 관리하여야 한다.
12. 식품과 직접 접촉되는 모니터링 도구(온도계 등)는 사용 전·후 세척·소독을 실시하여야 한다.
13. 원·부재료 입고 시 시험성적서를 확인하거나, 육안검사를 실시하여야 한다.
14. 완제품에 대한 검사를 정해진 주기에 따라 실시하여야 하며, 기준 및 규격에 적합한 제품을 제조·판매하고 부적합 제품에 대한 회수관리를 하여야 한다.
15. 식품안전과 관련된 소비자 불만, 이물 혼입 등 발생 시 개선조치를 실시하고, 그 결과를 기록·유지하는 등 식품위생법에서 정하는 준수사항을 지켜야 한다.

Ⅴ. 식품소분업소

1. 작업장은 외부의 오염물질이나, 해충·설치류 등의 유입을 차단할 수 있도록 밀폐 또는 위생적으로 관리하는 등 식품위생법에서 정한 시설기준에 적합하게 관리하여야 한다.
2. 포충등, 쥐덫, 바퀴벌레 포획도구 등에 포획된 개체수를 정해진 주기에 따라 확인하고 관리하여야 한다.
3. 종업원은 작업장 출입 시 이물제거 도구 등을 이용하여 이물을 제거하여야 하고, 개인장신구 등 휴대품을 소지하여서는 아니 된다.
4. 종업원은 작업장 출입 시 손·위생화 등을 세척·소독하여야 하며, 청결한 위생복장을 착용하고 입실하여야 한다.
5. 종업원을 대상으로 정해진 주기에 따라 위생교육을 실시하여야 한다.
6. 작업장 내부는 정해진 주기에 따라 청소하여야 한다.
7. 원·부자재, 완제품은 구분 관리하고, 바닥이나 벽에 밀착되지 않도록 적재·관리하여야 한다.
8. 파손되거나 정상적으로 작동하지 아니하는 소분설비를 사용하여서는 아니 되며, 식품과 직접 접촉되는 작업도구 등은 정해진 주기에 따라 청소·소독을 실시하여야 한다.
9. 냉장·냉동 창고의 온도를 적절히 관리하여야 한다.
10. 냉장·냉동 창고의 온도계는 정해진 주기에 따라 검·교정을 실시하여야 한다.
11. 화장실은 소분시설에 영향을 주지 아니하도록 위생적으로 관리하여야 한다.
12. 식품과 직접 접촉되는 모니터링 도구(온도계 등)는 사용 전·후 세척·소독을 실시하여야 한다.
13. 소분하는 원료제품 입고 시 시험성적서를 확인하거나 검사를 실시하여야 한다.
14. 기준 및 규격에 적합한 제품을 소분·판매하고 부적합 제품에 대한 회수관리를 하여야 한다.
15. 식품안전과 관련된 소비자 불만, 이물 혼입 등 발생 시 개선조치를 실시하고, 그 결과를 기록·유지하는 등 식품위생법에서 정하는 준수사항을 지켜야 한다.

Ⅵ. 식품접객업소(일반음식점·휴게음식점·제과점)

1. 조리장은 외부의 오염물질이나, 해충·설치류 등의 유입을 차단할 수 있도록 밀폐 또는 위생적

으로 관리하는 등 식품위생법에서 정한 시설기준에 적합하게 관리하여야 한다.

2. 포충등, 쥐덫, 바퀴벌레 포획도구 등에 포획된 개체수를 정해진 주기에 따라 확인하고 관리하여야 한다.
3. 종업원은 조리장 출입 시 이물제거 도구 등을 이용하여 이물을 제거하여야 하고, 개인장신구 등 휴대품을 소지하여서는 아니 된다.
4. 종업원은 조리장 출입 시 손·위생화 등을 세척·소독하여야 하며, 청결한 위생복장을 착용하여야 한다.
5. 종업원을 대상으로 정해진 주기에 따라 위생교육을 실시하여야 한다.
6. 작업장 내부는 정해진 주기에 따라 청소하여야 한다.
7. 조리시설의 식품과 직접 닿는 부분, 식품과 직접 접촉되는 조리도구 등은 정해진 주기에 따라 청소·소독을 실시하여야 한다.
8. 파손되거나 정상적으로 작동하지 아니하는 조리시설을 사용하여서는 아니 된다.
9. 냉장·냉동 창고의 온도를 적절히 관리하여야 한다.
10. 냉장·냉동 창고의 온도계는 정해진 주기에 따라 검·교정을 실시하여야 한다.
11. 저수조는 정해진 주기에 따라 청소·소독을 철저히 하고 화장실은 영업장에 영향을 주지 아니하도록 위생적으로 관리하여야 한다.
12. 식품과 직접 접촉되는 모니터링 도구(온도계 등)는 사용 전·후 세척·소독을 실시하여야 한다.
13. 조리하는 원·부재료 입고 시 시험성적서를 확인하거나 검사를 실시하여야 한다.
14. 음식물을 조리 및 보관과정 중에 교차오염 및 미생물 증식을 방지하기 위하여 적절한 관리를 하여야 한다.
15. 식품안전과 관련된 소비자 불만, 이물 혼입 등 발생 시 개선조치를 실시하고, 그 결과를 기록·유지하는 등 식품위생법에서 정하는 준수사항을 지켜야 한다.

Ⅶ. 가축사육농장(돼지, 소, 닭·오리)

가. 차단방역관리

1. 출입자 및 농장물품 등에 대한 자체 차단방역 관리기준과 절차를 작성·운용하여야 한다.
2. 농장 입구에는 출입문 또는 차단시설이 있고 농장안내문과 방역경고문 등이 있어야한다.
3. 농장 방문자에 대한 출입관리 대장을 작성 및 비치하여야 한다.
4. 농장 출입자 및 출입차량 소속을 위한 소독설비를 갖추고 있으며, 소독을 실시하고 기록을 유지하여야 한다.
5. 농장 방문자를 위한 방역복, 장화 등이 준비되어야 한다.
6. 외부에서 들어오는 물품(기자재, 약품 등)을 소독할 수 있는 시설이 설치되어야 한다.
7. 축사 내부에 외부인(차량기사, 외부 농장관계자)의 출입을 차단하여야 한다.
8. 농장외곽은 울타리 등으로 구분(경계)되어야 한다.

나. 농장시설 및 관리기준

9. 농장시설관리에 대한 자체 관리기준과 절차를 작성·운용하여야 한다.
10. 농장에는 출입문 또는 차량소독장치, 주차장, 물품반입창고, 출하대, 축사 등의 시설이 갖추어져야 한다.
11. 농장은 배수가 잘 되어야 한다.
12. 축사는 사육단계에 맞게 구분하여 관리되어야 하고 적절한 사육밀도로 사육되어야 한다.
13. 축사 바닥 등을 세척·제거할 수 있는 시설이나 설비를 갖춰야 한다.

14. 축사는 가축의 상태 등을 확인할 수 있도록 조명시설이 설치되어야 한다(돼지에 한함).
15. 축사 내부에는 충분한 음수와 사료의 공급이 가능한 시설과 구조로 되어 있으며, 작동이상이 없어야 한다.
16. 축사 내부는 적당한 온도와 습도가 유지되고 온도를 알 수 있는 설비를 갖춰야 한다(돼지, 닭·오리에 한함).
17. 축사에는 환기시설이 갖추어져 있고 정상 작동되어야 한다.
18. 축사에 사용되는 톱밥, 깔짚 등은 적절하게 보관·관리하여야 한다.
19. 축사 입구에는 발판소독조를 갖추고 정기적으로 관리하여야 한다.
20. 각 축사에는 사육두수, 입식일 등 돼지의 관리상태를 알 수 있는 현황판 등을 설치·기록하여야 한다(돼지에 한함).
21. 분뇨는 분뇨처리장에서 처리되고 분뇨처리장 바닥은 방수콘크리트 등 불침투성 재료로 되어 있으며, 분뇨는 유출되지 않도록 관리하여야 한다.
22. 분뇨처리장 주변에 해충방제를 주기적으로 실시하고 있으며, 액비탱크가 있는 경우, 위험 경고 등 안전표지판이 설치되어야 한다.

다. 농장위생관리

23. 농장위생관리에 대한 자체 관리기준과 절차를 작성·운용하여야 한다.
24. 농장 관리 일지가 작성되어야 한다.
25. 돈사별 관리인을 지정하고(돼지에 한함), 도구 및 신발 등을 청결하게 관리하며 사용하여야 한다.
26. 사육단계별 관리 기준서를 작성하여야 한다.
27. 주사침은 폐기절차를 정하고 분리수거함, 주사침관리기록, 부실서 등을 이용하여 관리하여야 한다.
28. 주사침이 체내 잔류 할 경우 개체 확인을 위한 관리방안이 마련되어야 한며, 주사침 잔류 개체는 도축장 및 가공장에 주사침이 제거될 수 있도록 통보하여야 한다.
29. 폐사축 처리시 폐사축 처리현황이 기록되어야 한다.
30. 농장 및 축사내 구서/해충 관리가 되어야 한다.
31. 정기적으로 살모넬라 검사를 실시하여야 한다.
32. 모돈(웅돈)의 경우, 개체 기록카드가 작성되어야 한다(돼지에 한함).
33. 거세 및 견치제거에 사용하는 장비는 위생적으로 관리되어야 한다(돼지에 한함).
34. 종업원에 대한 주기적인 위생 및 방역교육을 실시하고 기록유지를 하여야 한다.

라. 사료 · 음용수 및 동물용의약품(항생제 등), 동물용의약외품, 살충제, 농약 등(이하 "동물용의약품 · 살충제 등으로 한다) 관리

35. 사료, 음수관리 및 농장주가 사용하는 동물용의약품 · 살충제등에 대한 자체 관리기준과 절차를 작성· 운영하여야 한다.
36. 배합사료는 HACCP인증 배합사료공장의 사료를 급이하여야 한다.
37. 사료에 대한 입고관리가 되어야 한다(다만, 돼지의 경우 사용중인 사료의 사료검사성적서를 정기적으로 확보하여 그 사본을 보관하여야 한다).
38. 사료보관장소는 정기적인 청소·소독을 하고 사료저장용빈, 자동급이기 및 운반용 도구는 청결하게 관리하여야 한다.
39. 출하 예정 가축은 동물용의약품을 첨가하지 않은 사료를 출하 전에 급여하여야 한다(소, 돼지는 30일 이상, 닭은 7일 이상).

40. 자가제조 사료를 급이하는 경우 사료제조 및 설비에 대한 관리기준을 작성하여 관리하여야 한다.
41. 동물용의약품 · 살충제등의 휴약기간 준수를 위한 기준과 절차가 마련되어야 하며, 동물용의약품 · 살충제등 처치시 휴약기간을 알아볼 수 있는 관리기록이 작성·유지되어야 한다.
42. 동물용의약품 · 살충제등에 대한 입출고 관리가 되고 있으며, 유통기한 내 사용하고 사용 후 남은 동물용의약품 · 살충제등의 및 빈 용기는 적절히 관리되어야 한다.
43. 동물용음용수는 먹는물관리법에 적합하고, 1회/년 이상 정기적인 검사 및 기록을 유지하여야 한다.
44. 음수조 및 급수라인은 항상 청결하게 유지되고 있으며, 정기적으로 소독 관리되어야 한다.

마. 질병관리

45. 질병관리에 대한 자체 관리기준과 절차를 작성·운용하여야 한다.
46. 정액 구입시 정액증명서, 종돈장방역관리요령에 의한 검사증명서를 확인·보관하여야 한다.(돼지에 한함)
47. 환축 발생시 환축을 격리하고 치료할 수 있는 시설을 갖추어야 한다.(돼지, 소에 한함)
48. 가축질병 예방관리는 자체 프로그램에 따라 시행·기록되어야 한다.
49. 효율적인 질병관리를 위해 정기적으로 수의사의 관리를 받고 있어야 한다.
50. 주요 가축전염병예방을 위해 주기적으로 임상관찰을 실시하고 기록관리되어야 한다.
51. 내·외부 기생충관리 프로그램을 작성하고 주기적인 기생충 관리하고 있어야 한다.
52. 결핵병 및 브루셀라병 방역실시 요령 의하여 정기적인 검사를 받아야 한다(소에 한함).
53. 종계장·부화장방역관리요령에 의하여 정기적인 검사를 받아야한다(닭에 한함).
54. 종계장에는 추백리, 가금티푸스, 마이코플라즈마(M. gallisepticum, M. synoviae)에 대한 관리방안이 마련되어야 한다.(닭에 한함)
55. 오리바이러스성 간염(DVH)에 대한 예방백신을 실시하여야 한다(오리에 한함).
56. 조류인플루엔자(AI)에 대한 정기적인 검사를 받아야 한다(오리에 한함).

바. 반입 및 출하관리

57. 반입 및 출하관리에 대한 자체 관리기준과 절차를 작성·운용하여야 한다.
58. 도입가축의 구입처, 질병검진 내역, 예방접종기록 등 가축 기록 사항을 확인하고 보관하여야 하며, 도입가축은 일정기간 이상 격리하고 임상증상 관찰 및 관련 기록을 보관하여야 한다.
59. 사육가축의 조기출하(긴급도축 등)에 대한 자체관리기준과 절차를 작성·운용하여야 한다(돼지에 한함).
60. 출하시 돈사 또는 돈방 별로 올인·올아웃을 실시하여야 한다(돼지에 한함).
61. 출하 후 돈사는 분변을 제거하는 등 깨끗하게 세척·소독되고 일정기간 동안 재입식되지 않도록 관리 및 기록유지되어야 한다(돼지에 한함).
62. 출하가축에 대한 출하일지(출하처, 운반자, 휴약기간경과 및 주사침잔류여부, 항생제무첨가사료 급여일 등) 및 등급판정 결과 등을 확인하여야 한다.
63. 농장에서 사육되는 가축에 대한 개체이력관리가 되어야 한다(소에 한함).
64. 출하하는 소의 체표면은 청결한 상태로 출하되어야 한다(소에 한함).
65. 종계장·종오리장은 가축거래기록대장을 작성 및 보관하여야 한다(닭·오리 종축업에 한함).

사. 착유관리(젖소농장에 한함)

66. 착유 및 착유시설에 대한 자체 관리기준과 절차를 작성·운용하여야 한다.
67. 착유실은 착유시설, 방충, 방서, 환기시설, 급수시설 및 수세시설이 있어야 한다.

68. 착유실은 개폐식 출입문 및 조명시설이 설치되어 있고, 바닥, 벽, 천정 등은 청결하게 관리되어야 한다.
69. 원유 냉각기는 우사 및 착유실과 분리·구획되어 있으며 충분한 용량 및 적정 냉각 기능을 갖추고 자동세척 프로그램 등에 의해 주기적으로 세척·소독하여야 한다.
70. 착유실 출입전·후 착유자에 대한 위생관리가 되어야 한다.
71. 원유냉각기 및 착유시설 세척·소독액은 식품제조시설용도로 허가받은 소독제를 사용하여야 한다.
72. 착유한 원유는 적절한 온도로 관리되어야 한다.
73. 납유금지 원유는 적절하게 처리되어야 한다.
74. 집유시 원유검사 결과는 집유업체로부터 받아 관리하여야 한다.

아. 알관리(닭농장에 한함)
75. 알·집란 및 집란시설에 대한 자체 관리기준과 절차를 작성·운용하여야 한다.
76. 알에 대한 동물용의약품 · 살충제등 사용 및 잔류방지 방안을 수립하고, 이행하여야 한다.
77. 집란실은 방충, 방서, 환기시설이 되어 있고, 청결하게 관리되어야 한다.
78. 집란기 및 집란 라인에 대해 주기적으로 청소 및 소독을 실시하여야 한다.
79. 출하하는 알은 선입선출이 되고 농장 표시가 되어야 한다.
80. 알에 대해 동물용의약품 잔류검사를 주기적으로 실시하여야 한다.
81. 집란 및 선별한 알은 온도변화가 최소화되도록 관리하여야 한다.
82. 집란실 및 알보관은 온도관리가 가능한 시설을 갖춰야 한다.
83. 출하 알에 대한 출하일지(출하처, 운반자, 운반차량의 상태, 항생제잔류여부 등)를 확인하여야 한다.
84. 오염란, 파란 등은 적절하게 처리되어야 한다.
85. 알에 대한 살모넬라(Salmonella Enteritidis) 검사를 정기적으로 실시하여야 한다.
86. 집란에 사용하는 난좌는 위생적으로 관리되고 있어야 한다.

■별표 2 - 별표 8■ 생략

■서식 1 - 서식 8■ 생략

9 식품등 영업자 등에 대한 위생교육기관지정

[시행 2016.8.18] [식품의약품안전처고시 제2016-82호, 2016.8.18, 일부개정]

1. 식품위생교육대상자

가. 「식품위생법」에 의한 위생교육대상자

(1) 「식품위생법」 제41조 제1항의 규정에 의한 영업자 및 유흥주점영업의 유흥종사자

(2) 「식품위생법」 제36조의 규정에 의한 영업을 하고자 하는 자

(3) 「식품위생법」 제41조 제1항 및 제2항에 따라 위생교육을 받아야 하는 자 중 영업에 직접 종사하지 아니하거나 둘 이상의 장소에서 영업을 하고자 하는 자가 그 종업원 중 식품위생에 관한 책임자로 지정한 자

(4) 「식품위생법」 제88조의 규정에 의한 집단급식소의 설치·운영자 또는 그 집단급식소의 식품위생관리책임자

나. 「건강기능식품에 관한 법률」에 의한 위생교육대상자

(1) 「건강기능식품에 관한 법률」 제13조 제1항의 규정에 의한 식품의약품안전처장이 국민건강상 위해를 방지하기 위하여 필요하다고 인정하여 교육을 받을 것을 명한 영업자 및 그 종업원

(2) 「건강기능식품에 관한 법률」 제4조의 규정에 의한 영업을 하고자 하는 자

(3) 「건강기능식품에 관한 법률」 제12조의 규정에 의한 품질관리인으로 선임된 자

(4) 「건강기능식품에 관한 법률」 제13조 제1항 및 제2항에 따라 교육을 받아야 하는 자 중 둘 이상의 장소에서 영업을 하고자 하는 자 또는 총리령이 정하는 사유로 교육을 받을 수 없는 자가 그 종업원 중 책임자로 지정한 자

2. 교육대상자별 위생교육기관

가. 「식품위생법」에 의한 위생교육기관

교육대상	교육기관
(1) 법 제41조제1항에 따른 영업자중 다음의 영업자 및 영업을하고자 하는 자 또는 동조 제3항에 의한 식품위생에 관한 책임자로 지정 받은 자	
(가) 식품제조가공업, 식품첨가물제조업, 식품운반업 식품소분·판매업(식품자동판매기영업 제외) 식품보존업 및 용기포장류제조업, 위탁급식영업의 영업자	한국식품산업협회 한국외식산업협회(위탁급식영업자중 회원에 한함)
(나) 법제88조에 따른 집단급식소의 설치·운영자 또는 식품위생관리책임자	한국식품산업협회 한국외식산업협회(소속회원에 한함)

(계속)

교육대상	교육기관
(2) 법 제41조제1항에 따른 영업자중 다음의 영업자 및 영업을하고자 하는 자 또는 동조 제3항에 의한 식품위생에 관한 책임자로 지정 받은 자 (가) 일반음식영업자	한국외식업중앙회 한국외식산업협회(소속회원에 한함)
(3) 법 제41조제1항에 따른 영업자중 다음의 영업자 및 영업을하고자 하는 자 또는 동조 제3항에 의한 식품위생에 관한 책임자로 지정 받은 자 (가) 즉석판매제조·가공업 영업자 - 즉석판매제조·가공업 영업자중 추출가공업자 - 즉석판매제조·가공업 영업자중 압착식용유가공업자 - 즉석판매제조·가공업 영업자중 떡류식품가공업자	한국식품산업협회 한국추출가공식품중앙회 한국식용유지고추가공업중앙회, 한국떡류식품가공협회
(4) 법 제41조제1항에 따른 영업자중 다음의 영업자 및 영업을하고자 하는 자 또는 동조 제3항에 의한 식품위생에 관한 책임자로 지정 받은 자 (가) 휴게음식점영업자 (나) 식품자동판매기영업자	한국휴게음식업중앙회
(5) 법 제41조제1항에 따른 영업자중 다음의 영업자 및 영업을하고자 하는 자 또는 동조 제3항에 의한 식품위생에 관한 책임자로 지정 받은 자 (가) 제과점영업자	대한제과협회
(6) 법 제41조제1항에 따른 영업자중 다음의 영업자 및 영업을하고자 하는 자 또는 동조 제3항에 의한 식품위생에 관한 책임자로 지정 받은 자 (가) 단란주점영업자	한국단란주점중앙회
(6) 법 제41조제1항에 따른 영업자중 다음의 영업자 및 영업을하고자 하는 자 또는 동조 제3항에 의한 식품위생에 관한 책임자로 지정 받은 자 (가) 유흥주점영업자 (나) 법 제41조제1항에 따른 유흥주점영업자외 유흥종사자	한국유흥음식업중앙회

나. 「건강기능식품에 관한 법률」에 의한 위생교육기관

교육대상	교육기관
(1) 법 제4조에 따라 영업을 하고자 하는 자 또는 법13조제4항에 의한 종업원 중 책임자로 지정 받은 자 (가) 건강기능식품전문제조업, 건강기능식품벤처제조업 (나) 건강기능식품수입업 (다) 건강기능식품일반판매업, 건강기능식품유통전문판매업 (2) 법 제12조에 따른 품질관리인으로 선임된 자	한국건강기능식품협회

3. 위생교육평가기관

한국식품안전관리인증원, 한국보건복지인력개발원, 한국소비자단체협의회

4. 위생교육기관의 신청

위생교육기관의 신청은 별지 제1호 서식에 의한다.

5. 재검토기한

식품의약품안전처장은 「훈령·예규 등의 발령 및 관리에 관한 규정」에 따라 이 고시에 대하여 2017년 1월 1일 기준으로 매 3년이 되는 시점(매 3년째의 12월 31일까지를 말한다)마다 그 타당성을 검토하여 개선 등의 조치를 하여야 한다"로 변경한다.

부칙 〈제2016-82호, 2016.8.18〉

제1조 (시행일) 이 고시는 고시한 날부터 시행한다.

Food Sanitation Law

3장

식품위생법 관련 기타 법령

1. 국민건강증진법(발췌)
2. 학교급식법
3. 국민영양관리법
4. 보건범죄 단속에 관한 특별조치법(발췌)
5. 조리사 및 영양사 교육에 관한 규정
6. 식품위생 분야 종사자의 건강진단 규칙

3장 식품위생법 관련 기타 법령

1 국민건강증진법(발췌)

국민건강증진법

[시행 2017.12.30.] [법률 제15339호, 2017.12.30., 일부개정]

국민건강증진법 시행령

[시행 2019.7.2.] [대통령령 제29950호, 2019.7.2., 타법개정]

국민건강증진법 시행규칙

[시행 2018.7.1.] [보건복지부령 제581호, 2018.6.29., 일부개정]

제1장 총칙

제1조 (목적) 이 법은 국민에게 건강에 대한 가치와 책임의식을 함양하도록 건강에 관한 바른 지식을 보급하고 스스로 건강생활을 실천할 수 있는 여건을 조성함으로써 국민의 건강을 증진함을 목적으로 한다.

제2조 (정의) 이 법에서 사용하는 용어의 정의는 다음과 같다. 〈개정 2016.3.2.〉

1. "국민건강증진사업"이라 함은 보건교육, 질병예방, 영양개선, 건강관리 및 건강생활의 실천 등을 통하여 국민의 건강을 증진시키는 사업을 말한다.
2. "보건교육"이라 함은 개인 또는 집단으로 하여금 건강에 유익한 행위를 자발적으로 수행하도록 하는 교육을 말한다.
3. "영양개선"이라 함은 개인 또는 집단이 균형된 식생활을 통하여 건강을 개선시키는 것을 말한다.
4. "건강관리"란 개인 또는 집단이 건강에 유익한 행위를 지속적으로 수행함으로써 건강한 상태를 유지하는 것을 말한다.

제3조 ~ 제5조의3 (생략)

제2장 국민건강의 관리

제6조(건강생활의 지원등) ① 국가 및 지방자치단체는 국민이 건강생활을 실천할 수 있도록 지원하여야 한다.

② 국가는 혼인과 가정생활을 보호하기 위하여 혼인전에 혼인 당사자의 건강을 확인하도록 권장하여야 한다.

③ 제2항의 규정에 의한 건강확인의 내용 및 절차에 관하여 필요한 사항은 보건복지부령으로 정한다. 〈개정 2010.1.18.〉

규칙 제3조(건강확인의 내용 및 절차) ① 「국민건강증진법」(이하 "법"이라 한다) 제6조제3항의 규정에 의한 건강확인의 내용은 다음 각호의 질환으로서 보건복지부장관이 정하는 질환으로 한다. 〈개정 2010.3.19.〉

1. 자녀에게 건강상 현저한 장애를 줄 수 있는 유전성질환
2. 혼인당사자 또는 그 가족에게 건강상 현저한 장애를 줄 수 있는 전염성질환

② 특별자치시장·특별자치도지사·시장·군수·구청장은 혼인하고자 하는 자가 제1항의 규정에 의한 내용을 확인하고자 할 때에는 보건소 또는 특별자치시장·특별자치도지사·시장·군수·구청장이 지정한 의료기관에서 그 내용을 확인받을 수 있도록 하여야 한다. 〈개정 2018.6.29.〉

③ 제2항의 규정에 의하여 보건소장 또는 의료기관의 장이 혼인하고자 하는 자의 건강을 확인한 경우에는 「의료법」에 의한 진단서에 그 확인내용을 기재하여 교부하여야 한다. 〈개정 2006.4.25.〉

제7조(광고의 금지 등) ① 보건복지부장관은 국민건강의식을 잘못 이끄는 광고를 한 자에 대하여 그 내용의 변경 등 시정을 요구하거나 금지를 명할 수 있다. 〈개정 2016.12.2.〉

② 제1항의 규정에 따라 보건복지부장관이 광고내용의 변경 또는 광고의 금지를 명할 수 있는 광고는 다음 각 호와 같다. 〈개정 2010.1.18.〉

1. 「주세법」에 따른 주류의 광고
2. 의학 또는 과학적으로 검증되지 아니한 건강비법 또는 심령술의 광고
3. 그 밖에 건강에 관한 잘못된 정보를 전하는 광고로서 대통령령이 정하는 광고

③ 삭제 〈2016.12.2.〉

④ 제1항의 규정에 의한 광고내용의 기준, 변경 또는 금지절차 기타 필요한 사항은 대통령령으로 정한다. 〈개정 2006.9.27.〉

[제목개정 2016.12.2.]

영 **제10조(광고내용의 범위)** ① 삭제 〈2011.12.6.〉

② 법 제7조제2항제1호에 따른 광고는 별표 1의 광고기준에 따라야 한다. 〈개정 2014.12.9.〉

■ **별표 1** ■ 〈개정 2011.12.6〉

광고의 기준(제10조제2항관련)

주세법에 의한 주류의 광고를 하는 경우에는 다음 각호의 1에 해당하는 광고를 하여서는 아니 된다.

1. 음주행위를 지나치게 미화하는 표현
2. 음주가 체력 또는 운동능력을 향상시킨다거나 질병의 치료에 도움이 된다는 표현
3. 음주가 정신건강에 도움이 된다는 표현
4. 운전이나 작업 중에 음주하는 행위를 묘사하는 표현
5. 임산부나 미성년자의 인물 또는 목소리를 묘사하는 표현
6. 다음 각목의 1에 해당하는 광고방송을 하는 행위
   가. 텔레비전(종합유선방송을 포함한다) : 7시부터 22시까지의 광고방송
   나. 라디오 : 17시부터 다음날 8시까지의 광고방송과 8시부터 17시까지 미성년자를 대상으로 하는 프로그램 전후의 광고방송
7. 주류의 판매촉진을 위하여 광고노래를 방송하거나 경품 및 금품을 제공한다는 내용의 표현
8. 알콜분 17도 이상의 주류를 광고방송하는 행위
9. 법 제8조제4항의 규정에 의한 경고문구를 주류의 용기에 표기하지 아니하고 광고를 하는 행위. 다만, 경고 문구가 표기되어 있지 아니한 부분을 이용하여 광고를 하고자 할 때에는 경고문구를 주류의 용기하단에 별도로 표기하여야 한다.
10. 「영화 및 비디오물의 진흥에 관한 법률」에 따른 영화상영관에서 같은 법 제29조제2항제1호부터 제3호까지에 따른 상영등급으로 분류된 영화의 상영 전후에 상영되는 광고
11. 「도시철도법」에 따른 도시철도의 역사(驛舍)나 차량에서 이루어지는 동영상 광고 또는 스크린도어에 설치된 광고

영 **제11조(광고내용의 변경 및 광고의 금지절차등)** 보건복지부장관은 제10조제2항에 따른 광고기준을 위반한 광고를 한 자에 대하여 광고내용의 변경 또는 광고의 금지를 명하려면 미리 관계전문가의 의견을 들어야 한다. 다만, 긴급한 필요가 있거나 경미한 사항의 경우에는 그렇지 않다. 〈개정 2018.12.18.〉

영 **제12조** 삭제 〈2012.12.7.〉

제8조(금연 및 절주운동등) ① 국가 및 지방자치단체는 국민에게 담배의 직접흡연 또는 간접흡연과 과다한 음주가 국민건강에 해롭다는 것을 교육·홍보하여야 한다. 〈개정 2006.9.27.〉

② 국가 및 지방자치단체는 금연 및 절주에 관한 조사·연구를 하는 법인 또는 단체를 지원할 수 있다.

③ 삭제 〈2011.6.7.〉

④ 「주세법」에 의하여 주류제조의 면허를 받은 자 또는 주류를 수입하여 판매하는 자는 대통령령이 정하는 주류의 판매용 용기에 과다한 음주는 건강에 해롭다는 내용과 임신 중 음주는 태아의 건강을 해칠 수 있다는 내용의 경고문구를 표기하여야 한다. 〈개정 2016.3.2.〉

⑤ 삭제 〈2002.1.19.〉

⑥ 제4항에 따른 경고문구의 표시내용, 방법 등에 관하여 필요한 사항은 보건복지부령으로 정한다. 〈개정 2011.6.7.〉

영 **제13조(경고문구의 표기대상 주류)** 법 제8조제4항에 따라 그 판매용 용기에 과다한 음주는 건강에 해롭다는 내용의 경고문구를 표기해야 하는 주류는 국내에 판매되는 「주세법」에 따른 주류 중 알코올분 1도 이상의 음료를 말한다. 〈개정 2018.12.18.〉

영 제14조 삭제 〈2011.12.6.〉

규칙 **제4조(과음에 관한 경고문구의 표시내용 등)** ① 법 제8조제4항에 따른 경고문구 표기는 과다한 음주가 건강에 해롭다는 사실을 명확하게 알릴 수 있도록 하되, 그 구체적인 표시내용은 보건복지부장관이 정하여 고시한다. 〈개정 2012.12.7.〉

② 제1항에 따른 과음에 대한 경고문구의 표시방법은 별표 1과 같다. 〈개정 2012.12.7.〉

③ 보건복지부장관은 제1항에 따른 경고문구와 제2항에 따른 경고문구의 표시방법을 정하거나 이를 변경하려면 6개월 전에 그 내용을 일간지에 공고하거나 관보에 고시하여야 한다. 〈개정 2012.12.7.〉

④ 다음 각 호의 어느 하나에 해당하는 주류는 제3항에 따른 공고 또는 고시를 한 날부터 1년까지는 종전의 경고문구를 표기하여 판매할 수 있다. 〈개정 2012.12.7.〉

1. 공고 또는 고시 이전에 발주·제조 또는 수입된 주류
2. 공고 또는 고시 이후 6월 이내에 제조되거나 수입된 주류

[전문개정 2003.4.1.] [제목개정 2012.12.7.]

■ **별표 1** ■ 〈개정 2012.12.7〉

과음에 대한 경고문구의 표시방법(제4조제2항관련)

1. 표기방법

경고문구는 사각형의 선안에 한글로 "경고 : "라고 표시하고, 보건복지부장관이 정하는 경고문구중 하나를 선택하여 기재하여야 한다.

2. 글자의 크기 등

가. 경고문구는 판매용 용기에 부착되거나 새겨진 상표 또는 경고문구가 표시된 스티커에 상표면적의 10분의 1 이상에 해당하는 면적의 크기로 표기하여야 한다.

나. 글자의 크기는 상표에 사용된 활자의 크기로 하되, 그 최소크기는 다음과 같다.

(1) 용기의 용량이 300밀리리터 미만인 경우 : 7포인트 이상

(2) 용기의 용량이 300밀리리터 이상인 경우 : 9포인트 이상

3. 색상

경고문구의 색상은 상표도안의 색상과 보색관계에 있는 색상으로서 선명하여야 한다.

4. 글자체

고딕체

5. 표시위치

상표에 표기하는 경우에는 상표의 하단에 표기하여야 하며, 스티커를 사용하는 경우에는 상표밑의 잘 보이는 곳에 표기하여야 한다.

규칙 제5조 삭제 〈2011.12.8.〉

제9조(금연을 위한 조치) ① 삭제 〈2011.6.7.〉

② 담배사업법에 의한 지정소매인 기타 담배를 판매하는 자는 대통령령이 정하는 장소외에서 담배자동판매기를 설치하여 담배를 판매하여서는 아니된다.

③ 제2항의 규정에 따라 대통령령이 정하는 장소에 담배자동판매기를 설치하여 담배를 판매하는 자는 보건복지부령이 정하는 바에 따라 성인인증장치를 부착하여야 한다. 〈개정 2010.1.18.〉

④ 다음 각 호의 공중이 이용하는 시설의 소유자·점유자 또는 관리자는 해당 시설의 전체를 금연구역으로 지정하고 금연구역을 알리는 표지를 설치하여야 한다. 이 경우 흡연자를 위한 흡연실을 설치할 수 있으며, 금연구역을 알리는 표지와 흡연실을 설치하는 기준·방법 등은 보건복지부령으로 정한다. 〈개정 2016.12.2.〉

1. 국회의 청사
2. 정부 및 지방자치단체의 청사
3. 「법원조직법」에 따른 법원과 그 소속 기관의 청사
4. 「공공기관의 운영에 관한 법률」에 따른 공공기관의 청사
5. 「지방공기업법」에 따른 지방공기업의 청사
6. 「유아교육법」·「초 · 중등교육법」에 따른 학교[교사(校舍)와 운동장 등 모든 구역을 포함한다]
7. 「고등교육법」에 따른 학교의 교사
8. 「의료법」에 따른 의료기관, 「지역보건법」에 따른 보건소·보건의료원·보건지소
9. 「영유아보육법」에 따른 어린이집
10. 「청소년활동 진흥법」에 따른 청소년수련관, 청소년수련원, 청소년문화의집, 청소년특화시설, 청소년야영장, 유스호스텔, 청소년이용시설 등 청소년활동시설

(계속)

11. 「도서관법」에 따른 도서관
12. 「어린이놀이시설 안전관리법」에 따른 어린이놀이시설
13. 「학원의 설립·운영 및 과외교습에 관한 법률」에 따른 학원 중 학교교과교습학원과 연면적 1천제곱미터 이상의 학원
14. 공항·여객부두·철도역·여객자동차터미널 등 교통 관련 시설의 대합실·승강장, 지하보도 및 16인승 이상의 교통수단으로서 여객 또는 화물을 유상으로 운송하는 것
15. 「자동차관리법」에 따른 어린이운송용 승합자동차
16. 연면적 1천제곱미터 이상의 사무용건축물, 공장 및 복합용도의 건축물
17. 「공연법」에 따른 공연장으로서 객석 수 300석 이상의 공연장
18. 「유통산업발전법」에 따라 개설등록된 대규모점포와 같은 법에 따른 상점가 중 지하도에 있는 상점가
19. 「관광진흥법」에 따른 관광숙박업소
20. 「체육시설의 설치 · 이용에 관한 법률」에 따른 체육시설로서 1천명 이상의 관객을 수용할 수 있는 체육시설과 같은 법 제10조에 따른 체육시설업에 해당하는 체육시설로서 실내에 설치된 체육시설
21. 「사회복지사업법」에 따른 사회복지시설
22. 「공중위생관리법」에 따른 목욕장
23. 「게임산업진흥에 관한 법률」에 따른 청소년게임제공업소, 일반게임제공업소, 인터넷컴퓨터게임시설제공업소 및 복합유통게임제공업소
24. 「식품위생법」에 따른 식품접객업 중 영업장의 넓이가 보건복지부령으로 정하는 넓이 이상인 휴게음식점영업소, 일반음식점영업소 및 제과점영업소와 같은 법에 따른 식품소분·판매업 중 보건복지부령으로 정하는 넓이 이상인 실내 휴게공간을 마련하여 운영하는 식품자동판매기 영업소
25. 「청소년보호법」에 따른 만화대여업소
26. 그 밖에 보건복지부령으로 정하는 시설 또는 기관

⑤ 특별자치시장 · 특별자치도지사 · 시장 · 군수 · 구청장은 「주택법」 제2조제3호에 따른 공동주택의 거주 세대 중 2분의 1 이상이 그 공동주택의 복도, 계단, 엘리베이터 및 지하주차장의 전부 또는 일부를 금연구역으로 지정하여 줄 것을 신청하면 그 구역을 금연구역으로 지정하고, 금연구역임을 알리는 안내표지를 설치하여야 한다. 이 경우 금연구역 지정 절차 및 금연구역 안내표지 설치 방법 등은 보건복지부령으로 정한다. 〈신설 2016.3.2.〉

⑥ 특별자치시장·특별자치도지사·시장·군수·구청장은 흡연으로 인한 피해 방지와 주민의 건강 증진을 위하여 다음 각 호에 해당하는 장소를 금연구역으로 지정하고, 금연구역을 알리는 알리는 안내표지를 설치하여야 한다. 이 경우 금연구역 안내표지 설치 방법 등에 필요한 사항은 보건복지부령으로 정한다.

1. 「유아교육법」에 따른 유치원 시설의 경계선으로부터 10미터 이내의 구역(일반 공중의 통행·이용 등에 제공된 구역을 말한다)
2. 「영유아보육법」에 따른 어린이집 시설의 경계선으로부터 10미터 이내의 구역(일반 공중의 통행·이용 등에 제공된 구역을 말한다)

(계속)

⑦ 지방자치단체는 흡연으로 인한 피해 방지와 주민의 건강 증진을 위하여 필요하다고 인정하는 경우 조례로 다수인이 모이거나 오고가는 관할 구역 안의 일정한 장소를 금연구역으로 지정할 수 있다. 〈개정 2016.3.2.〉

⑧ 누구든지 제4항부터 제7항까지의 규정에 따라 지정된 금연구역에서 흡연하여서는 아니 된다. 〈개정 2016.3.2.〉

⑨ 특별자치시장 · 특별자치도지사 · 시장 · 군수 · 구청장은 제4항 각 호에 따른 시설의 소유자 · 점유자 또는 관리자가 다음 각 호의 어느 하나에 해당하면 일정한 기간을 정하여 그 시정을 명할 수 있다. 〈신설 2016.12.2.〉

1. 제4항 전단을 위반하여 금연구역을 지정하지 아니하거나 금연구역을 알리는 표지를 설치하지 아니한 경우
2. 제4항 후단에 따른 금연구역을 알리는 표지 또는 흡연실의 설치 기준·방법 등을 위반한 경우

[제목개정 2016.12.2.] [시행일 : 2017.12.3.] 제9조제4항제20호

영 **제15조(담배자동판매기의 설치장소)** ① 법 제9조제2항에 따라 담배자동판매기의 설치가 허용되는 장소는 다음 각 호와 같다. 〈개정 2012.12.7.〉

1. 미성년자등을 보호하는 법령에서 19세 미만의 자의 출입이 금지되어 있는 장소
2. 지정소매인 기타 담배를 판매하는 자가 운영하는 점포 및 영업장의 내부
3. 법 제9조제4항 각 호 외의 부분 후단에 따라 공중이 이용하는 시설 중 흡연자를 위해 설치한 흡연실. 다만, 담배자동판매기를 설치하는 자가 19세 미만의 자에게 담배자동판매기를 이용하지 못하게 할 수 있는 흡연실로 한정한다.

② 제1항의 규정에 불구하고 미성년자등을 보호하는 법령에서 담배자동판매기의 설치를 금지하고 있는 장소에 대하여는 담배자동판매기의 설치를 허용하지 아니한다.

규칙 **제5조의2(성인인증장치)** 법 제9조제3항의 규정에 따라 담배자동판매기에 부착하여야 하는 성인인증장치는 다음 각호의 1에 해당하는 장치로 한다. 〈개정 2010.3.19.〉

1. 담배자동판매기 이용자의 신분증(주민등록증 또는 운전면허증에 한한다)을 인식하는 방법에 의하여 이용자가 성인임을 인증할 수 있는 장치
2. 담배자동판매기 이용자의 신용카드·직불카드 등 금융신용거래를 위한 장치를 이용하여 이용자가 성인임을 인증할 수 있는 장치
3. 그 밖에 이용자가 성인임을 인증할 수 있는 장치로서 보건복지부장관이 정하여 고시하는 장치

[본조신설 2004.7.29.]

규칙 **제6조(금연구역 등)** ① 법 제9조제4항제24호에 따라 해당 시설의 전체를 금연구역으로 지정하여야 하는 휴게음식점영업소, 일반음식점영업소 및 제과점영업소는 다음 각 호의 구분에 따른 영업소로 한다. 〈개정 2018.6.29.〉

1. 2013년 12월 31일까지: 150제곱미터 이상인 영업소
2. 2014년 1월 1일부터 2014년 12월 31일까지: 100제곱미터 이상인 영업소
3. 2015년 1월 1일부터: 모든 영업소

② 법 제9조제4항제24호에 따라 해당 시설의 전체를 금연구역으로 지정하여야 하는 식품 자동판매기 영업소는 다음 각 호의 구분에 따른 영업소로 한다. 〈신설 2018.6.29.〉

1. 2018년 12월 31일까지: 실내 휴게공간의 넓이가 75제곱미터 이상인 영업소
2. 2019년 1월 1일부터: 실내 휴게공간이 있는 모든 영업소

③ 법 제9조제4항제26호에서 "보건복지부령으로 정하는 시설 또는 기관"이란 「도로법」 제2조제2호가목에 따른 휴게시설 중 고속국도에 설치한 휴게시설(주유소, 충전소 및 교통·관광안내소를 포함한다) 및 그 부속시설(지붕이 없는 건물 복도나 통로, 계단을 포함한다)을 말한다. 〈개정 2018.6.29.〉

④ 법 제9조제4항 후단 및 제6항 후단에 따른 금연구역을 알리는 표지와 흡연실을 설치하는 기준·방법은 별표 2와 같다. 〈개정 2018.6.29.〉

■ **별표 2** ■ 〈개정 2018.6.29.〉

금연구역을 알리는 표지와 흡연실을 설치하는 기준 · 방법(제6조제4항 관련)

1. 금연구역을 알리는 표지 설치 방법

가. 표지 부착

1) 법 제9조제4항 각 호의 어느 하나에 해당하는 시설의 소유자·점유자 또는 관리자는 해당 시설 전체가 금연구역임을 나타내는 표지판 또는 스티커를 달거나 부착하여야 한다.
2) 법 제9조제6항에 따라 금연구역을 지정한 특별자치시장·특별자치도지사·시장·군수·구청장은 지정된 장소가 금연구역임을 나타내는 표지판 또는 스티커를 설치하거나 부착하여야 한다.
3) 법 제9조제4항에 따른 해당 시설의 표지판 또는 스티커는 해당 시설을 이용하는 자가 잘 볼 수 있도록 건물 출입구에 부착하여야 하며, 그 외 계단, 화장실 등 주요 위치에 부착한다.
4) 법 제9조제6항에 따른 금연구역의 표지판 또는 스티커는 해당 구역을 이용하는 일반 공중이 잘 볼 수 있도록 건물 담장, 벽면, 보도(步道) 등에 설치하거나 부착하여야 한다.
5) 표지판 또는 스티커는 법 제9조제4항에 따른 해당 시설의 소유자·점유자·관리자 또는 법 제9조제6항에 따른 특별자치시장·특별자치도지사·시장·군수·구청장이 제작하여 부착하여야 한다. 다만, 보건복지부장관, 시·도지사 또는 시장·군수·구청장이 표지판 또는 스티커를 제공하는 경우에는 이를 부착할 수 있다.

나. 표지 내용

1) 각 목에 따른 표지판 또는 스티커에는 다음 사항이 포함되어야 한다.

가) 금연을 상징하는 그림 또는 문자

(예시)

	금 연 건 물	〈건물〉
	금 연 시 설	〈시설〉
	금　　연	〈그 밖의 경우〉

나) 위반시 조치사항

(예시) 이 건물 또는 시설은 전체가 금연구역으로, 지정된 장소 외에서는 담배를 피울 수 없습니다. 이를 위반할 경우, 「국민건강증진법」에 따라 10만원 이하의 과태료가 부과됩니다.

2) 건물 또는 시설의 규모나 구조에 따라 표지판 또는 스티커의 크기를 다르게 할 수 있으며, 바탕색 및 글씨 색상 등은 그 내용이 눈에 잘 띄도록 배색하여야 한다.

3) 표지판 또는 스티커의 글자는 한글로 표기하되, 필요한 경우에는 영어, 일본어, 중국어 등 외국어를 함께 표기할 수 있다.

4) 필요한 경우 표지판 또는 스티커 하단에 아래 사항을 추가로 표시할 수 있다.

: 위반사항을 발견하신 분은 전화번호 ○○○ - ○○○○로 신고해주시기 바랍니다.

2. 흡연실을 설치하는 기준 및 방법

가. 흡연실의 설치 위치

1) 법 제9조제4항제6호, 제8호, 제9호, 제10호, 제11호, 제12호 및 제15호에 해당하는 시설의 소유자·점유자 또는 관리자가 흡연실을 설치하는 경우에는 의료기관 등의 이용자 및 어린이·청소년의 간접흡연 피해를 예방하기 위해 실외에 흡연실을 설치하여야 한다. 이 경우 흡연실은 옥상에 설치하거나 각 시설의 출입구로부터 10미터 이상의 거리에 설치하여야 한다.

2) 법 제9조제4항 각 호의 어느 하나에 해당하는 시설 중 1)에 따른 시설 외 시설의 소유자·점유자 또는 관리자는 가급적 실외에 흡연실을 설치하되, 부득이한 경우 건물 내에 흡연실을 설치할 수 있다.

나. 흡연실의 표지 부착

1) 건물 내에 흡연실을 설치한 경우 해당 시설의 소유자·점유자 또는 관리자는 시설 전체가 금연구역이라는 표시와 함께 해당 시설을 이용하는 자가 잘 볼 수 있는 위치에 아래 예시와 같이 흡연실임을 나타내는 표지판을 달거나 부착하여야 한다.

(예시) | 흡 연 실 |

2) 건물 또는 시설의 규모나 구조에 따라 표지판 또는 스티커의 크기를 다르게 할 수 있으며, 바탕색 및 글씨 색상 등은 그 내용이 눈에 잘 띄도록 배색하여야 한다.

3) 표지판 또는 스티커의 글자는 한글로 표기하되, 필요한 경우에는 영어, 일본어, 중국어 등 외국어를 함께 표기할 수 있다.

4) 실외에 흡연실을 설치하는 경우 흡연이 가능한 영역을 명확히 알 수 있도록 그 경계를 표시하거나, 표지판을 달거나 부착하여야 한다.

다. 흡연실의 설치 방법

1) 실외에 흡연실을 설치하는 경우 자연 환기가 가능하도록 하고, 부득이한 경우에는 별도로 환기시설을 설치하여야 한다. 이 경우 해당 흡연실을 덮을 수 있는 지붕 및 바람막이 등을 설치할 수 있다.

2) 건물 내에 흡연실을 설치하는 경우 해당 시설의 규모나 특성 및 이용자 중 흡연자 수 등을 고려하여 담배 연기가 실내로 유입되지 않도록 실내와 완전히 차단된 밀폐 공간으로 하여야 한다. 이 경우 공동으로 이용하는 시설인 사무실, 화장실, 복도, 계단 등의 공간을 흡연실로 사용하여서는 아니 된다.

3) 건물 내 흡연실에는 흡연실의 연기를 실외로 배출할 수 있도록 환풍기 등 환기시설을 설치하여야 한다.

4) 흡연실에 재떨이 등 흡연을 위한 시설 외에 개인용 컴퓨터 또는 탁자 등 영업에 사용되는 시설 또는 설비를 설치하여서는 아니 된다.

규칙 **제6조의2(공동주택 금연구역의 지정)** ① 법 제9조제5항 전단에 따라 「주택법」 제2조제3호에 따른 공동주택(이하 "공동주택"이라 한다)의 복도 등에 대하여 금연구역의 지정을 받으려는 경우에는 별지 제1호서식의 공동주택 금연구역 지정 신청서(전자문서로 된 신청서를 포함한다)에 다음 각 호의 서류(전자문서를 포함한다)를 첨부하여 특별자치시장·특별자치도지사·시장·군수·구청장에게 제출하여야 한다. 이 경우 제2호에 따른 서류는 금연구역의 지정 신청일 전 3개월 이내에 동의한 것만 해당한다. 〈개정 2018.6.29.〉

1. 해당 공동주택의 세대주 명부에 관한 서류
2. 별지 제1호의2서식의 금연구역 지정 동의서 또는 공동주택 세대주 2분의 1 이상이 금연구역 지정에 동의함을 입증하는 서류(공동주택의 복도·계단·엘리베이터 또는 지하주차장의 구분에 따라 동의한 서류를 말한다)
3. 해당 공동주택의 도면에 관한 서류
4. 해당 공동주택의 복도·계단·엘리베이터 또는 지하주차장의 내역에 관한 서류
5. 그 밖에 보건복지부장관이 공동주택 금연구역 지정을 위하여 필요하다고 인정하여 고시하는 서류

② 특별자치시장·특별자치도지사·시장·군수·구청장은 제1항에 따른 금역구역의 지정 신청을 받은 경우에는 세대주 동의에 대한 진위 여부를 확인하여야 한다. 〈개정 2018. 6. 29.〉

③ 특별자치시장·특별자치도지사·시장·군수·구청장은 제1항에 따른 금연구역의 지정 검토를 위하여 필요한 경우에는 그 신청인에 대하여 제출 서류의 보완 또는 추가 서류의 제출 등을 명할 수 있다. 〈개정 2018.6.29.〉

④ 특별자치시장·특별자치도지사·시장·군수·구청장은 법 제9조제5항 전단에 따라 금연구역을 지정한 경우에는 특별자치시·특별자치도·시·군·구의 인터넷 홈페이지와 해당 공동주택의 인터넷 홈페이지(인터넷 홈페이지가 있는 경우만 해당한다) 및 게시판에 다음 각 호의 사항을 공고하여야 한다. 〈개정 2018.6.29.〉

1. 해당 공동주택의 명칭 및 소재지
2. 금연구역 지정 번호
3. 금연구역 지정 범위
4. 금연구역 지정 시행일

⑤ 제1항부터 제4항까지의 규정에 따른 금연구역 지정 신청, 지정 검토 또는 지정 공고 등에 필요한 세부사항은 보건복지부장관이 정하여 고시한다.

⑥ 공동주택의 금연구역 지정 해제에 관하여는 제1항부터 제4항까지의 규정을 준용한다.

[본조신설 2016.9.2.] [종전 제6조의2는 제6조의4로 이동 〈2016.9.2.〉]

규칙 **제6조의3(공동주택 금연구역 안내표지)** ① 특별자치시장·특별자치도지사·시장·군수·구청장은 법 제9조제5항 전단에 따라 금연구역을 지정한 경우에는 해당 공동주택의 출입구 및 금연구역 지정 시설의 출입구 등 보건복지부장관이 정하여 고시하는 장소에 금연구역 안내표지를 설치하여야 한다. 〈개정 2018.6.29.〉

② 제1항에 따른 금연구역 안내표지에는 다음 각 호의 사항이 포함되어야 한다.

1. 금연을 상징하는 그림 또는 문자

2. 금연구역에서 흡연한 경우 법 제34조제3항에 따라 과태료 부과대상이 된다는 사실
3. 위반사항에 대한 신고전화번호
4. 그 밖에 금연구역의 안내를 위하여 보건복지부장관이 필요하다고 인정하는 사항

③ 제1항 및 제2항에 따른 금연구역 안내표지의 설치장소 및 안내내용에 필요한 세부사항은 보건복지부장관이 정하여 고시한다.

[본조신설 2016.9.2.] [종전 제6조의3은 제6조의5로 이동 〈2016.9.2.〉]

제9조의2(담배에 관한 경고문구 등 표시) ① 「담배사업법」에 따른 담배의 제조자 또는 수입판매업자(이하 "제조자등"이라 한다)는 담배갑포장지 앞면·뒷면·옆면 및 대통령령으로 정하는 광고(판매촉진 활동을 포함한다. 이하 같다)에 다음 각 호의 내용을 인쇄하여 표기하여야 한다. 다만, 제1호의 표기는 담배갑포장지에 한정하되 앞면과 뒷면에 하여야 한다. 〈개정 2015.6.22.〉

1. 흡연의 폐해를 나타내는 내용의 경고그림(사진을 포함한다. 이하 같다)
2. 흡연이 폐암 등 질병의 원인이 될 수 있다는 내용 및 다른 사람의 건강을 위협할 수 있다는 내용의 경고문구
3. 타르 흡입량은 흡연자의 흡연습관에 따라 다르다는 내용의 경고문구
4. 담배에 포함된 다음 각 목의 발암성물질

   가. 나프틸아민 나. 니켈 다. 벤젠
   라. 비닐 크롤라이드 마. 비소 바. 카드뮴
5. 보건복지부령으로 정하는 금연상담전화의 전화번호

② 제1항에 따른 경고그림과 경고문구는 담배갑포장지의 경우 그 넓이의 100분의 50 이상에 해당하는 크기로 표기하여야 한다. 이 경우 경고그림은 담배갑포장지 앞면, 뒷면 각각의 넓이의 100분의 30 이상에 해당하는 크기로 하여야 한다. 〈신설 2015.6.22.〉

③ 제1항 및 제2항에서 정한 사항 외의 경고그림 및 경고문구 등의 내용과 표기 방법·형태 등의 구체적인 사항은 대통령령으로 정한다. 다만, 경고그림은 사실적 근거를 바탕으로 하고, 지나치게 혐오감을 주지 아니하여야 한다. 〈개정 2015.6.22.〉

④ 제1항부터 제3항까지의 규정에도 불구하고 전자담배 등 대통령령으로 정하는 담배에 제조자등이 표기하여야 할 경고그림 및 경고문구 등의 내용과 그 표기 방법·형태 등은 대통령령으로 따로 정한다. 〈개정 2015.6.22.〉

영 **제16조(담배갑포장지에 대한 경고그림등의 표기내용 및 표기방법)** ① 법 제9조의2제1항 및 제3항에 따라 다음 각 호의 담배의 담배갑포장지에 표기하는 경고그림 및 경고문구의 표기내용은 법 제9조의2제1항제1호부터 제3호까지의 내용을 명확하게 알릴 수 있어야 한다.

1. 제27조의2제1호의 궐련
2. 제27조의2제3호의 파이프담배
3. 제27조의2제4호의 엽궐련
4. 제27조의2제5호의 각련
5. 제27조의2제7호의 냄새 맡는 담배

② 제1항에 따른 경고그림 및 경고문구의 구체적 표기내용은 보건복지부장관이 정하여 고시한다. 이 경우 보건복지부장관은 그 표기내용의 사용기준 및 사용방법 등 그 사용에

필요한 세부사항을 함께 고시할 수 있다.

③ 보건복지부장관은 제2항에 따라 경고그림 및 경고문구의 구체적 표기내용을 고시하는 경우에는 다음 각 호의 구분에 따른다. 이 경우 해당 고시의 시행에 6개월 이상의 유예기간을 두어야 한다.

1. 정기 고시: 10개 이하의 경고그림 및 경고문구를 24개월 마다 고시한다.
2. 수시 고시: 경고그림 및 경고문구의 표기내용을 새로 정하거나 변경하는 경우에는 수시로 고시한다.

④ 법 제9조의2제1항 및 제3항에 따라 이 조 제1항 각 호의 담배의 담배갑포장지에 표기하는 경고그림·경고문구·발암성물질 및 금연상담전화의 전화번호(이하 "경고그림등"이라 한다)의 표기방법은 별표 1의2와 같다.

⑤ 제4항에 따른 경고그림등의 표기방법을 변경하는 경우에는 그 시행에 6개월 이상의 유예기간을 두어야 한다.

⑥ 「담배사업법」에 따른 담배(제1항 각 호의 담배를 말한다)의 제조자 또는 수입판매업자(이하 "제조자등"이라 한다)는 다음 각 호의 어느 하나에 해당하는 담배에 대해서는 제3항에 따른 고시 또는 제5항에 따른 변경이 있는 날부터 1년까지는 종전의 내용과 방법에 따른 경고그림등을 표기하여 판매할 수 있다.

1. 고시 또는 변경 이전에 발주·제조 또는 수입된 담배
2. 고시 또는 변경 이후 6개월 이내에 제조되거나 수입된 담배

⑦ 제1항부터 제6항까지에서 규정한 사항 외에 경고그림등의 표기내용 및 표기방법 등에 필요한 세부사항은 보건복지부령으로 정한다.

[본조신설 2016.6.21.] [종전 제16조는 제16조의2로 이동 〈2016.6.21.〉]

영 제16조의2(전자담배 등에 대한 경고그림등의 표기내용 및 표기방법) ① 법 제9조의2제4항에서 "전자담배 등 대통령령으로 정하는 담배"란 다음 각 호의 담배를 말한다.

1. 제27조의2제2호의 전자담배
2. 제27조의2제6호의 씹는 담배
3. 제27조의2제8호의 물담배
4. 제27조의2제9호의 머금는 담배

② 법 제9조의2제4항에 따라 이 조 제1항 각 호에 해당하는 담배의 담배갑포장지에 표기하는 경고그림 및 경고문구의 표기내용은 흡연의 폐해, 흡연이 니코틴 의존 및 중독을 유발시킬 수 있다는 사실과 담배 특성에 따른 다음 각 호의 구분에 따른 사실 등을 명확하게 알릴 수 있어야 한다.

1. 제27조의2제2호의 전자담배: 담배 특이 니트로사민(tobacco specific nitrosamines), 포름알데히드(formaldehyde) 등이 포함되어 있다는 내용
2. 제27조의2제6호의 씹는 담배 및 제27조의2제9호의 머금는 담배: 구강암 등 질병의 원인이 될 수 있다는 내용
3. 제27조의2제8호의 물담배: 타르 검출 등 궐련과 동일한 위험성이 있다는 내용과 사용 방법에 따라 결핵 등 호흡기 질환에 감염될 위험성이 있다는 내용

③ 법 제9조의2제4항에 따라 이 조 제1항 각 호에 해당하는 담배의 담배갑포장지에 표기하는 경고그림등(발암성물질은 제외한다. 이하 이 조에서 같다)의 표기방법은 별표 1의2와 같다.

④ 제1항 각 호에 해당하는 담배의 담배갑포장지에 표기하는 경고그림등의 표기내용, 표기방법 및 시행유예 등에 관하여는 제16조제2항, 제3항 및 제5항부터 제7항까지의 규정을 준용한다.

[전문개정 2016.6.21.] [제16조에서 이동, 종전 제16조의2는 제16조의3으로 이동 〈2016.6.21.〉]

■ **별표 1의2** ■ 〈신설 2016. 6. 21.〉

담배갑포장지에 대한 경고그림등의 표기방법(제16조제4항 및 제16조의2제3항 관련)

1. 위치

가. 담배갑포장지의 앞면 · 뒷면에 경고그림등을 표기하되, 상단에 표기한다.

나. 담배갑포장지의 옆면에 경고문구를 표기하되, 옆면 넓이의 100분의 30 이상의 크기로 표기한다.

2. 형태

경고그림등은 사각형의 테두리 안에 표기한다. 다만, 담배 제품의 모양이 원통형으로 되어있는 등 불가피한 사유가 있는 경우에는 적절한 형태의 테두리 안에 표기한다.

3. 글자체

경고그림등에 사용되는 글자는 고딕체로 표기한다.

4. 색상

경고그림등에 사용되는 색상은 그 포장지와 보색 대비로 선명하게 표기한다. 다만, 경고그림의 색상은 보건복지부장관이 정하여 고시하는 경고그림의 색상을 그대로 표기한다.

비고

1. 위 표의 제2호에 따른 사각형의 테두리는 두께 2 밀리미터의 검정색 선으로 만들어야 한다.
2. 위 표의 제2호에 따른 사각형의 테두리 안에는 경고그림등 외의 다른 그림, 문구 등을 표기해서는 안 된다.

영 **제16조의3(담배광고에 대한 경고문구등의 표기내용 및 표기방법)** ① 법 제9조의2제1항 각 호 외의 부분 본문에서 "대통령령으로 정하는 광고"란 다음 각 호의 광고(판매촉진 활동을 포함한다. 이하 같다)를 말한다. 〈개정 2019.7.2.〉

1. 법 제9조의4제1항제1호에 따라 지정소매인의 영업소 내부에 전시(展示) 또는 부착하는 표시판, 포스터, 스티커(붙임딱지) 및 보건복지부령으로 정하는 광고물에 의한 광고
2. 법 제9조의4제1항제2호에 따라 잡지에 게재하는 광고

② 법 제9조의2제1항 각 호 외의 부분 본문 및 같은 조 제3항에 따라 담배광고에 표기하는

경고문구의 표기내용은 다음 각 호의 구분에 따른다. 이 경우 경고문구의 구체적 표기내용은 보건복지부장관이 정하여 고시한다.

1. 담배(제16조의2제1항 각 호에 해당하는 담배는 제외한다)의 경우: 흡연이 건강에 해롭다는 사실, 흡연이 다른 사람의 건강을 위협할 수 있다는 사실 및 타르 흡입량은 흡연자의 흡연습관에 따라 다르다는 사실 등을 명확하게 알릴 수 있을 것
2. 제16조의2제1항 각 호에 해당하는 담배의 경우: 흡연이 니코틴 의존 및 중독을 유발시킬 수 있다는 사실 등을 명확하게 알릴 수 있을 것

③ 보건복지부장관은 제2항 각 호 외의 부분 후단에 따라 경고문구의 구체적 표기내용을 고시하는 경우에는 그 시행에 6개월 이상의 유예기간을 두어야 한다.

④ 법 제9조의2제1항 각 호 외의 부분 본문 및 같은 조 제3항에 따라 담배광고에 표기하는 경고문구 · 발암성물질 및 금연상담전화의 전화번호(이하 "경고문구등"이라 한다)의 표기방법은 별표 1의3과 같다.

⑤ 제4항에 따른 경고문구등의 표기방법을 변경하는 경우에는 그 시행에 6개월 이상의 유예기간을 두어야 한다.

[전문개정 2016.6.21.] [제16조의2에서 이동, 종전 제16조의3은 제16조의4로 이동 〈2016.6.21.〉]

■ 별표 1의3 ■ 〈신설 2016. 6. 21.〉

담배광고에 대한 경고문구등의 표기방법(제16조의3제4항 관련)

1. 위치
담배광고의 하단 중앙에 경고문구등을 표기한다.

2. 형태
경고문구등은 사각형의 테두리 안에 표기하되, 테두리 크기는 다음의 기준에 따른다. 다만, 담배광고의 면적이 다음 표에 해당하지 않는 경우에는 표준광고면적에 대한 테두리의 크기에 비례하여 소비자가 명확히 잘 볼 수 있는 크기로 하여야 한다.

(단위: 밀리미터)

표준광고면적	테두리의 크기
B4 초과(257×364 초과)	112×25 초과
B4(257×364)	112×25
A4(210×297)	94×20
B5(182×257)	80×17.5
A5(148×210)	62×15
A5 미만(148×210 미만)	62×15 미만

3. 글자체
경고문구등에 사용되는 글자체는 고딕체로 표기한다.

4. 색상
경고문구등에 사용되는 색상은 담배광고의 도안 색상과 보색 대비로 선명하게 표기한다.

비고
1. 위 표의 제2호에 따른 사각형의 테두리는 두께 2 밀리미터의 검정색 선으로 만들어야 한다.
2. 위 표의 제2호에 따른 사각형의 테두리 안에는 경고문구등 외의 다른 그림이나 문구 등을 표기해서는 안 된다.

규칙 **제6조의6(광고내용의 사실 여부에 대한 검증 신청)** 영 제16조의3제2항에 따라 담배 광고내용의 사실 여부에 대한 검증을 신청하려는 자는 별지 제1호의3서식의 담배광고 검증 신청서에 담배광고안과 광고내용을 증명할 수 있는 자료를 첨부하여 보건복지부장관에게 제출하여야 한다. 〈개정 2016.9.2.〉

[본조신설 2014.11.21.] [제6조의4에서 이동 〈2016.9.2.〉]

영 **제16조의4(광고내용의 검증 방법 및 절차 등)** ① 보건복지부장관은 담배 광고에 국민의 건강과 관련하여 검증되지 아니한 내용이 포함되어 있다고 인정되면 해당 광고내용의 사실 여부에 대한 검증을 실시할 수 있다.

② 제조자등은 담배 광고를 실시하기 전에 보건복지부령으로 정하는 바에 따라 보건복지부장관에게 해당 광고내용의 사실 여부에 대한 검증을 신청할 수 있다.

③ 보건복지부장관은 제1항 또는 제2항에 따라 광고내용의 사실 여부에 대한 검증을 실시하기 위하여 필요한 경우에는 제조자등에게 관련 자료의 제출을 요청할 수 있고, 제출된 자료에 대하여 조사·확인을 할 수 있다.

④ 보건복지부장관은 제1항 또는 제2항에 따라 광고내용의 사실 여부에 대한 검증을 실시한 경우에는 그 결과를 제조자등에게 서면으로 통보하여야 한다.

[본조신설 2014.11.20.] [제16조의3에서 이동, 종전 제16조의4는 제16조의5로 이동 〈2016.6.21.〉]

규칙 **제6조의4(금연상담전화 전화번호)** 법 제9조의2제1항제5호에서 "보건복지부령으로 정하는 금연상담전화의 전화번호"란 1544 - 9030을 말한다.

[전문개정 2016.12.23.]

규칙 **제6조의5** 삭제 〈2016.12.23.〉

제9조의3(가향물질 함유 표시 제한) 제조자등은 담배에 연초 외의 식품이나 향기가 나는 물질(이하 "가향물질"이라 한다)을 포함하는 경우 이를 표시하는 문구나 그림·사진을 제품의 포장이나 광고에 사용하여서는 아니 된다.

[본조신설 2011.6.7.]

제9조의4(담배에 관한 광고의 금지 또는 제한) ① 담배에 관한 광고는 다음 각 호의 방법에 한하여 할 수 있다.

1. 지정소매인의 영업소 내부에서 보건복지부령으로 정하는 광고물을 전시(展示) 또는 부착하는 행위. 다만, 영업소 외부에 그 광고내용이 보이게 전시 또는 부착하는 경우에는 그러하지 아니하다.
2. 품종군별로 연간 10회 이내(1회당 2쪽 이내)에서 잡지[「잡지 등 정기간행물의 진흥에 관한 법률」에 따라 등록 또는 신고되어 주 1회 이하 정기적으로 발행되는 제책(製冊)된 정기간행물 및 「신문 등의 진흥에 관한 법률」에 따라 등록된 주 1회 이하 정기적으로 발행되는 신문과 「출판문화산업 진흥법」에 따른 외국간행물로서 동일한 제호로 연 1회 이상 정기적으로 발행되는 것(이하 "외국정기간행물"이라 한다)을 말하며, 여성 또는 청소년을 대상으로 하는 것은 제외한다]에 광고를 게재하는 행위. 다만, 보건복지부령으로 정하는 판매부수 이하로 국내에서 판매되는 외국정기간행물로서 외국문자로만 쓰여져 있는 잡지인 경우에는 광고게재의 제한을 받지 아니한다.
3. 사회·문화·음악·체육 등의 행사(여성 또는 청소년을 대상으로 하는 행사는 제외한다)를 후원하는 행위. 이 경우 후원하는 자의 명칭을 사용하는 외에 제품광고를 하여서는 아니 된다.
4. 국제선의 항공기 및 여객선, 그 밖에 보건복지부령으로 정하는 장소 안에서 하는 광고

② 제조자등은 제1항에 따른 광고를 「담배사업법」에 따른 도매업자 또는 지정소매인으로 하여금 하게 할 수 있다. 이 경우 도매업자 또는 지정소매인이 한 광고는 제조자등이 한 광고로 본다.

③ 제1항에 따른 광고 또는 그에 사용되는 광고물은 다음 각 호의 사항을 준수하여야 한다. 〈개정 2014.5.20.〉

1. 흡연자에게 담배의 품명·종류 및 특징을 알리는 정도를 넘지 아니할 것
2. 비흡연자에게 직접적 또는 간접적으로 흡연을 권장 또는 유도하거나 여성 또는 청소년의 인물을 묘사하지 아니할 것
3. 제9조의2에 따라 표기하는 흡연 경고문구의 내용 및 취지에 반하는 내용 또는 형태가 아닐 것
4. 국민의 건강과 관련하여 검증되지 아니한 내용을 표시하지 아니할 것. 이 경우 광고내용의 사실 여부에 대한 검증 방법·절차 등 필요한 사항은 대통령령으로 정한다.

④ 제조자등은 담배에 관한 광고가 제1항 및 제3항에 위배되지 아니하도록 자율적으로 규제하여야 한다.

⑤ 보건복지부장관은 문화체육관광부장관에게 제1항 또는 제3항을 위반한 광고가 게재된 외국정기간행물의 수입업자에 대하여 시정조치 등을 할 것을 요청할 수 있다.

[본조신설 2011.6.7.]

규칙 제7조(담배에 관한 광고) ① 법 제9조의4제1항제1호 본문 및 영 제16조제1호에서 "보건복지부령으로 정하는 광고물"이란 표시판, 스티커 및 포스터를 말한다. 〈개정 2012.12.7.〉

② 법 제9조의4제1항제2호 본문에서 "여성 또는 청소년을 대상으로 하는 것"이란 잡지의 명칭, 내용, 독자, 그 밖의 그 성격을 고려할 때 여성 또는 청소년이 주로 구독하는 것을 말한다.

③ 법 제9조의4제1항제2호 단서에서 "보건복지부령으로 정하는 판매부수"란 판매부수 1만

부를 말한다.

④ 법 제9조의4제1항제3호에서 "여성 또는 청소년을 대상으로 하는 행사"란 행사의 목적, 내용, 참가자, 관람자, 청중, 그 밖의 그 성격을 고려할 때 주로 여성 또는 청소년을 대상으로 하는 행사를 말한다.

[본조신설 2011.12.8.] [종전 제7조는 제6조의2로 이동 〈2011.12.8.〉]

제9조의5(금연지도원) ① 시·도지사 또는 시장·군수·구청장은 금연을 위한 조치를 위하여 대통령령으로 정하는 자격이 있는 사람 중에서 금연지도원을 위촉할 수 있다.

② 금연지도원의 직무는 다음 각 호와 같다.

1. 금연구역의 시설기준 이행 상태 점검
2. 금연구역에서의 흡연행위 감시 및 계도
3. 금연을 위한 조치를 위반한 경우 관할 행정관청에 신고하거나 그에 관한 자료 제공
4. 그 밖에 금연 환경 조성에 관한 사항으로서 대통령령으로 정하는 사항

③ 금연지도원은 제2항의 직무를 단독으로 수행하려면 미리 시·도지사 또는 시장·군수·구청장의 승인을 받아야 하며, 시·도지사 또는 시장·군수·구청장은 승인서를 교부하여야 한다.

④ 금연지도원이 제2항에 따른 직무를 단독으로 수행하는 때에는 승인서와 신분을 표시하는 증표를 지니고 이를 관계인에게 내보여야 한다.

⑤ 제1항에 따라 금연지도원을 위촉한 시·도지사 또는 시장·군수·구청장은 금연지도원이 그 직무를 수행하기 전에 직무 수행에 필요한 교육을 실시하여야 한다.

⑥ 금연지도원은 제2항에 따른 직무를 수행하는 경우 그 권한을 남용하여서는 아니 된다.

⑦ 시·도지사 또는 시장·군수·구청장은 금연지도원이 다음 각 호의 어느 하나에 해당하면 그 금연지도원을 해촉하여야 한다.

1. 제1항에 따라 대통령령으로 정한 자격을 상실한 경우
2. 제2항에 따른 직무와 관련하여 부정한 행위를 하거나 그 권한을 남용한 경우
3. 그 밖에 개인사정, 질병이나 부상 등의 사유로 직무 수행이 어렵게 된 경우

⑧ 금연지도원의 직무범위 및 교육, 그 밖에 필요한 사항은 대통령령으로 정한다.

[본조신설 2014.1.28.]

영 **제16조의5(금연지도원의 자격 등)** ① 법 제9조의5제1항에서 "대통령령으로 정하는 자격이 있는 사람"이란 다음 각 호의 어느 하나에 해당하는 사람을 말한다.

1. 「민법」 제32조에 따른 비영리법인 또는 「비영리민간단체 지원법」 제4조에 따라 등록된 비영리민간단체에 소속된 사람으로서 해당 법인 또는 단체의 장이 추천하는 사람
2. 건강·금연 등 보건정책 관련 업무를 수행한 경력이 3개월 이상인 사람 또는 이에 준하는 경력이 있다고 시·도지사 또는 시장·군수·구청장이 인정하는 사람

② 법 제9조의5제2항제4호에서 "대통령령으로 정하는 사항"이란 지역사회 금연홍보 및 금연교육 지원 업무를 말한다.

③ 법 제9조의5제2항에 따른 금연지도원의 직무범위는 별표 1의4와 같다. 〈개정 2016.6.21.〉

④ 시·도지사 또는 시장·군수·구청장은 법 제9조의5제5항에 따라 금연지도원에 대하여 금연 관련 법령, 금연의 필요성, 금연지도원의 자세 등에 대한 교육을 실시하여야 한다. 이 경우 시·도지사 또는 시장·군수·구청장은 효율적인 교육을 위하여 금연지도원

에 대한 합동교육을 실시할 수 있다.

⑤ 시·도지사 또는 시장·군수·구청장은 금연지도원의 활동을 지원하기 위하여 예산의 범위에서 수당을 지급할 수 있다.

⑥ 제1항부터 제5항까지에서 규정한 사항 외에 금연지도원 제도 운영에 필요한 사항은 해당 지방자치단체의 조례로 정한다.

[본조신설 2014.7.28.] [제16조의4에서 이동 〈2016.6.21.〉]

■ **별표 1의4** ■ 〈신설 2016. 6. 21.〉

금연지도원의 직무범위(제16조의5제3항 관련)

직 무	직 무 범 위
1. 금연구역의 시설기준 이행 상태 점검	법 제9조제4항에 따른 금연구역의 지정 여부를 점검하기 위한 다음 각 목의 상태 확인 업무 지원 가. 금연구역을 알리는 표지의 설치 위치 및 관리 상태 나. 금연구역의 재떨이 제거 등 금연 환경 조성 상태 다. 흡연실 설치 위치 및 설치 상태 라. 흡연실의 표지 부착 상태 마. 청소년 출입금지 표시 부착 상태
2. 금연구역에서의 흡연행위 감시 및 계도	금연구역에서의 흡연행위를 예방하기 위한 감시 활동 및 금연에 대한 지도·계몽·홍보
3. 금연을 위한 조치를 위반한 경우 관할 행정관청에 신고하거나 그에 관한 자료 제공	법 제9조제6항을 위반한 자를 발견한 경우 다음 각 목의 조치 가. 금연구역에서의 흡연행위 촬영 등 증거수집 나. 관할 행정관청에 신고를 하기 위한 위반자의 인적사항 확인 등
4. 금연홍보 및 금연교육 지원	가. 금연을 위한 캠페인 등 홍보 활동 나. 청소년 등을 대상으로 한 금연교육 다. 금연시설 점유자·소유자 및 관리자에 대한 금연구역 지정·관리에 관한 교육 지원

제10조(건강생활실천협의회) ① 시·도지사 및 시장·군수·구청장은 건강생활의 실천운동을 추진하기 위하여 지역사회의 주민·단체 또는 공공기관이 참여하는 건강생활실천협의회를 구성하여야 한다.

② 제1항의 규정에 의한 건강생활실천협의회의 조직 및 운영에 관하여 필요한 사항은 지방자치단체의 조례로 정한다.

제11조 (보건교육의 관장) 보건복지부장관은 국민의 보건교육에 관하여 관계중앙행정기관의 장과 협의하여 이를 총괄한다. 〈개정 2010.1.18.〉

제12조 (보건교육의 실시 등) ① 국가 및 지방자치단체는 모든 국민이 건강생활을 실천할 수 있도록 그 대상이 되는 개인 또는 집단의 특성·건강상태·건강의식 수준 등에 따라 적절한 보건교육을 실시한다.

② 국가 또는 지방자치단체는 국민건강증진사업관련 법인 또는 단체 등이 보건교육을 실시할 경우 이에 필요한 지원을 할 수 있다. 〈개정 1999.2.8.〉

③ 보건복지부장관, 시·도지사 및 시장·군수·구청장은 제2항의 규정에 의하여 보건교육을 실시하는 국민건강증진사업관련 법인 또는 단체 등에 대하여 보건교육의 계획 및 그 결과에 관한 자료를 요청할 수 있다. 〈개정 2010.1.18.〉

④ 제1항의 규정에 의한 보건교육의 내용은 대통령령으로 정한다. 〈개정 1999.2.8.〉

영 제17조 (보건교육의 내용) 법 제12조에 따른 보건교육에는 다음 각 호의 사항이 포함되어야 한다. 〈개정 2018.12.18.〉

1. 금연·절주 등 건강생활의 실천에 관한 사항
2. 만성퇴행성질환 등 질병의 예방에 관한 사항
3. 영양 및 식생활에 관한 사항
4. 구강건강에 관한 사항
5. 공중위생에 관한 사항
6. 건강증진을 위한 체육활동에 관한 사항
7. 그 밖에 건강증진사업에 관한 사항

제12조의 2 (보건교육사자격증의 교부 등) ① 보건복지부장관은 국민건강증진 및 보건교육에 관한 전문지식을 가진 자에게 보건교육사의 자격증을 교부할 수 있다. 〈개정 2010.1.18.〉

② 다음 각 호의 1에 해당하는 자는 보건교육사가 될 수 없다. 〈개정 2014.3.18.〉

1. 피성년후견인
2. 삭제 〈2013.7.30.〉
3. 금고 이상의 실형의 선고를 받고 그 집행이 종료되지 아니하거나 그 집행을 받지 아니하기로 확정되지 아니한 자
4. 법률 또는 법원의 판결에 의하여 자격이 상실 또는 정지된 자

③ 제1항의 규정에 의한 보건교육사의 등급은 1급 내지 3급으로 하고, 등급별 자격기준 및 자격증의 교부절차 등에 관하여 필요한 사항은 대통령령으로 정한다.

④ 보건교육사 1급의 자격증을 교부받고자 하는 자는 국가시험에 합격하여야 한다.

⑤ 보건복지부장관은 제1항의 규정에 의하여 보건교육사의 자격증을 교부하는 때에는 보건복지부령이 정하는 바에 의하여 수수료를 징수할 수 있다. 〈개정 2010.1.18.〉

영 제18조 (보건교육사 등급별 자격기준 등) ① 법 제12조의 2 제3항에 따른 보건교육사의 등급별 자격기준은 별표 2와 같다.

② 보건교육사 자격증을 발급받으려는 자는 보건복지부령으로 정하는 바에 따라 보건교육사 자격증 발급신청서에 그 자격을 증명하는 서류를 첨부하여 보건복지부장관에게 제

출하여야 한다. 〈개정 2010.3.15.〉

제12조의 3 (국가시험) ① 제12조의 2 제4항의 규정에 의한 국가시험은 보건복지부장관이 시행한다. 다만, 보건복지부장관은 국가시험의 관리를 대통령령이 정하는 바에 의하여 「한국보건의료인국가시험원법」에 따른 한국보건의료인국가시험원에 위탁할 수 있다. 〈개정 2015.6.22.〉

② 보건복지부장관은 제1항 단서의 규정에 의하여 국가시험의 관리를 위탁한 때에는 그에 소요되는 비용을 예산의 범위 안에서 보조할 수 있다. 〈개정 2010.1.18.〉

③ 보건복지부장관(제1항 단서의 규정에 의하여 국가시험의 관리를 위탁받은 기관을 포함한다)은 보건복지부령이 정하는 금액을 응시수수료로 징수할 수 있다. 〈개정 2010.1.18.〉

④ 시험과목·응시자격 등 자격시험의 실시에 관하여 필요한 사항은 대통령령으로 정한다.

[본조신설 2003.9.29.]

영 제18조의 2 (국가시험의 시행 등) ① 보건복지부장관은 법 제12조의 3에 따른 보건교육사 국가시험(이하 "시험"이라 한다)을 매년 1회 이상 실시한다. 〈개정 2010.3.15.〉

② 보건복지부장관은 법 제12조의3제1항 단서에 따라 시험의 관리를 「한국보건의료인국가시험원법」에 따른 한국보건의료인국가시험원에 위탁한다. 〈개정 2015.12.22.〉

1. 정부가 설립·운영비용의 일부를 출연한 비영리법인
2. 국가시험에 관한 조사·연구 등을 통하여 국가시험에 관한 전문적인 능력을 갖춘 비영리법인

③ 제2항에 따라 시험의 관리를 위탁받은 기관(이하 "시험관리기관"이라 한다)의 장은 시험을 실시하려면 미리 보건복지부장관의 승인을 받아 시험일시·시험장소 및 응시원서의 제출기간, 합격자 발표의 예정일 및 방법, 그 밖에 시험에 필요한 사항을 시험 90일 전까지 공고하여야 한다. 다만, 시험장소는 지역별 응시인원이 확정된 후 시험 30일 전까지 공고할 수 있다. 〈개정 2012.5.1.〉

④ 법 제12조의 3 제4항에 따른 시험과목은 별표 3과 같다.

⑤ 시험방법은 필기시험으로 하며, 시험의 합격자는 각 과목 4할 이상, 전 과목 총점의 6할 이상을 득점한 자로 한다. [본조신설 2008.12.31.]

■ **별표 3** ■ 〈신설 2008.12.31.〉

보건교육사 시험과목 (제18조의 2 제4항 관련)

구분	시험 과목
보건교육사 1급	보건프로그램 개발 및 평가, 보건교육방법론, 보건사업관리
보건교육사 2급	보건교육학, 보건학, 보건프로그램 개발 및 평가, 보건교육방법론, 조사방법론, 보건사업관리, 보건의사소통, 보건의료법규
보건교육사 3급	보건교육학, 보건학, 보건프로그램 개발 및 평가, 보건의료법규

영 제18조의 3(시험의 응시자격 및 시험관리) ① 법 제12조의 3 제4항에 따른 시험의 응시자격은 별표 4와 같다.

② 시험에 응시하려는 자는 시험관리기관의 장이 정하는 응시원서를 시험관리기관의 장에게 제출(전자문서에 따른 제출을 포함한다)하여야 한다.

③ 시험관리기관의 장은 시험을 실시한 경우 합격자를 결정·발표하고, 그 합격자에 대한 다음 각 호의 사항을 보건복지부장관에게 통보하여야 한다. 〈개정 2010.3.15.〉

1. 성명 및 주소
2. 시험 합격번호 및 합격연월일 [본조신설 2008.12.31.]

■ **별표 4** ■ 〈개정 2012.12.7.〉

보건교육사 국가시험 응시자격 (제18조의 3 제1항 관련)

등급	응시자격
보건교육사 1급	1. 보건교육사 2급 자격을 취득한 자로서 시험일 현재 보건복지부장관이 정하여 고시하는 보건교육 업무에 3년 이상 종사한 자 2. 「고등교육법」에 따른 대학원 또는 이와 동등 이상의 교육과정에서 보건복지부령으로 정하는 보건교육 관련 교과목을 이수하고 석사 또는 박사학위를 취득한 자로서 시험일 현재 보건복지부장관이 정하여 고시하는 보건교육 업무에 2년 이상 종사한 자
보건교육사 2급	「고등교육법」 제2조에 따른 학교 또는 이와 동등 이상의 교육과정에서 보건복지부령으로 정하는 보건교육 관련 교과목을 이수하고 전문학사 학위 이상을 취득한 자
보건교육사 3급	1. 시험일 현재 보건복지부장관이 정하여 고시하는 보건교육 업무에 3년 이상 종사한 자 2. 2009년 1월 1일 이전에 보건복지부장관이 정하여 고시하는 민간단체의 보건교육사 양성과정을 이수한 자 3. 「고등교육법」 제2조에 따른 학교 또는 이와 동등 이상의 교육과정에서 보건복지부령으로 정하는 보건교육 관련 교과목 중 필수과목 5과목 이상, 선택과목 2과목 이상을 이수하고 전문학사 학위 이상을 취득한 자

규칙 제7조의 2(보건교육사 관련 교과목) 영 별표 4에서 "보건복지부령으로 정하는 보건교육 관련 교과목"이란 별표 4의 교과목을 말한다. 〈개정 2010.3.19.〉

규칙 제7조의 3(보건교육사 자격증 발급절차) ① 영 제18조에 따라 보건교육사의 자격증(이하 "자격증"이라 한다)을 발급받으려는 자는 별지 제1호의4서식의 보건교육사 자격증 발급신청서(전자문서로 된 신청서를 포함한다)에 다음 각 호의 서류(전자문서를 포함한다)를 첨부하여 보건복지부장관(영 제32조에 따라 업무를 위탁한 경우에는 위탁받은 보건교육 관련 법인 또는 단체의 장을 말한다. 이하 이 조에서 같다)에게 제출하여야 한다. 〈개정 2016.9.2.〉

1. 6개월 이내에 촬영한 탈모 정면 상반신 반명함판(3×4cm) 사진 2매
2. 보건복지부장관이 정하여 고시하는 보건교육 업무 경력을 증명하는 서류 1부(보건

교육사 3급 자격을 취득한 자로서 보건교육 업무에 3년 이상 종사하고 보건교육사 2급 자격증 발급을 신청하는 자만 제출한다)

3. 졸업증명서 및 별표 4의 보건교육 관련 교과목 이수를 증명하는 서류 각 1부(시험 응시원서 제출 당시 졸업예정자였던 경우에만 제출한다)

② 제1항에 따라 자격증을 발급받은 자가 그 자격증을 잃어버리거나 헐어서 못쓰게 되어 재발급 받으려는 때에는 별지 제2호 서식의 보건교육사 자격증 재발급 신청서(전자문서로 된 신청서를 포함한다)에 다음 각 호의 서류(전자문서를 포함한다)를 첨부하여 보건복지부장관에게 제출하여야 한다. 〈개정 2010.3.19.〉

1. 보건교육사 자격증(헐어서 못쓰게 된 경우에만 제출한다) 1부
2. 6개월 이내에 촬영한 탈모 정면 상반신 반명함판(3×4cm) 사진 1매

③ 보건복지부장관은 제1항 및 제2항에 따라 자격증의 발급 또는 재발급신청을 받은 때에는 별지 제3호 서식의 보건교육사 자격증 발급대장에 이를 기재한 후 별지 제4호 서식의 보건교육사 자격증을 발급하여야 한다. 〈개정 2010.3.19.〉

④ 보건교육사 3급 자격을 취득하고 보건교육 업무에 3년 이상 종사하여 보건교육사 2급 자격증 발급을 신청하는 자 또는 자격증을 재발급 받으려는 자는 법 제12조의 2 제5항에 따라 수수료로 1만 원을 납부하여야 한다. [본조신설 2008.12.31.]

규칙 **제7조의 4 (응시수수료)** ① 법 제12조의 3 제3항에 따른 보건교육사 국가시험의 응시수수료는 7만 8천원으로 한다.

② 보건교육사 국가시험에 응시하려는 사람은 제1항에 따른 응시수수료를 수입인지로 내야 한다. 다만, 시험 시행기관의 장은 이를 현금으로 납부하게 하거나 정보통신망을 이용하여 전자화폐·전자결제 등의 방법으로 납부하게 할 수 있다. 〈신설 2012.12.7.〉

③ 제1항에 따른 응시수수료는 다음 각 호의 구분에 따라 반환한다. 〈개정 2012.12.7.〉

1. 응시수수료를 과오납한 경우 : 그 과오납한 금액의 전부
2. 시험 시행기관의 귀책사유로 시험에 응시하지 못한 경우 : 납입한 응시수수료의 전부
3. 응시원서 접수기간 내에 접수를 취소하는 경우 : 납입한 응시수수료의 전부
4. 시험 시행일 전까지 응시자격심사 과정에서 응시자격 결격사유로 접수가 취소된 경우 : 납입한 응시수수료의 전부
5. 응시원서 접수 마감일의 다음 날부터 시험 시행 20일 전까지 접수를 취소하는 경우 : 납입한 응시수수료의 100분의 60
6. 시험 시행 19일 전부터 시험 시행 10일 전까지 접수를 취소하는 경우 : 납입한 응시수수료의 100분의 50 [본조신설 2008.12.31.]

영 **제18조의 4 (시험위원)** ① 시험관리기관의 장은 시험을 실시하려는 경우 시험과목별로 전문지식을 갖춘 자 중에서 시험위원을 위촉한다.

② 제1항에 따른 시험위원에게는 예산의 범위에서 수당과 여비를 지급할 수 있다. [본조신설 2008.12.31.]

영 **제18조의 5 (관계 기관 등에의 협조요청)** 시험관리기관의 장은 시험 관리업무를 원활하게 수행하기 위하여 필요하면 국가·지방자치단체 등 또는 관계 기관·단체에 대하여 시험장소 제공 및 시험감독 지원 등 협조를 요청할 수 있다. [본조신설 2008.12.31.]

제12조의 4 (보건교육사의 채용) 국가 및 지방자치단체는 대통령령이 정하는 국민건강증진사업관련 법인 또는 단체 등에 대하여 보건교육사를 그 종사자로 채용하도록 권장하여야 한다.
[본조신설 2003.9.29.]

제13조 (보건교육의 평가) ① 보건복지부장관은 정기적으로 국민의 보건교육의 성과에 관하여 평가를 하여야 한다. 〈개정 2010.1.18.〉
② 제1항의 규정에 의한 평가의 방법 및 내용은 보건복지부령으로 정한다. 〈개정 2010.1.18.〉

규칙 제8조 (보건교육의 평가방법 및 내용) ① 보건복지부장관이 법 제13조의 규정에 의하여 국민의 보건교육의 성과에 관한 평가를 할 때에는 세부계획 및 그 추진실적에 기초하여 평가하여야 한다. 〈개정 2010.3.19.〉
② 보건복지부장관은 필요하다고 인정하는 경우에는 제1항의 규정에 의한 평가 외에 다음 각 호의 사항을 조사하여 평가할 수 있다. 〈개정 2010.3.19.〉
1. 건강에 관한 지식·태도 및 실천
2. 주민의 상병유무 등 건강상태
③ 영 제17조 제7호에서 "기타 건강증진사업에 관한 사항"이라 함은 「산업안전보건법」에 의한 산업보건에 관한 사항 기타 국민의 건강을 증진시키는 사업에 관한 사항을 말한다. 〈개정 2006.4.25.〉

제14조 (보건교육의 개발 등) 보건복지부장관은 정부출연연구기관 등의 설립·운영 및 육성에 관한 법률에 의한 한국보건사회연구원으로 하여금 보건교육에 관한 정보·자료의 수집·개발 및 조사, 그 교육의 평가 기타 필요한 업무를 행하게 할 수 있다. 〈개정 2010.1.18.〉

제15조 (영양개선) ① 국가 및 지방자치단체는 국민의 영양상태를 조사하여 국민의 영양개선방안을 강구하고 영양에 관한 지도를 실시하여야 한다.
② 국가 및 지방자치단체는 국민의 영양개선을 위하여 다음 각 호의 사업을 행한다. 〈개정 2010.1.18.〉
1. 영양교육사업
2. 영양개선에 관한 조사·연구사업
3. 기타 영양개선에 관하여 보건복지부령이 정하는 사업

규칙 제9조 (영양개선사업) 법 제15조 제2항 제3호에서 "보건복지부령이 정하는 사업"이라 함은 다음 각 호의 사업을 말한다. 〈개정 2010.3.19.〉
1. 국민의 영양상태에 관한 평가사업
2. 지역사회의 영양개선사업

제16조 (국민영양조사 등) ① 보건복지부장관은 국민의 건강상태·식품섭취·식생활조사 등 국민의 영양에 관한 조사(이하 "국민영양조사"라 한다)를 정기적으로 실시한다. 〈개정 2010.1.18.〉
② 특별시·광역시 및 도에는 국민영양조사와 영양에 관한 지도업무를 행하게 하기 위한 공무원을 두어야 한다.
③ 국민영양조사를 행하는 공무원은 그 권한을 나타내는 증표를 관계인에게 내보여야 한다.
④ 국민영양조사의 내용 및 방법 기타 국민영양조사와 영양에 관한 지도에 관하여 필요한 사항은 대통령령으로 정한다.

영 **제19조 (국민영양조사의 주기)** 법 제16조제1항에 따른 국민영양조사(이하 "영양조사"라 한다)는 매년 실시한다.

[전문개정 2017.11.7.] [시행일 : 2018.1.1.] 제19조

규칙 **제10조** 삭제 〈2017.11.29.〉

영 **제20조(조사대상)** ① 보건복지부장관은 매년 구역과 기준을 정하여 선정한 가구 및 그 가구원에 대하여 영양조사를 실시한다. 〈개정 2018.12.18.〉
② 보건복지부장관은 노인·임산부등 특히 영양개선이 필요하다고 판단되는 사람에 대해서는 따로 조사기간을 정하여 영양조사를 실시할 수 있다. 〈개정 2018.12.18.〉
③ 관할 시·도지사는 제1항에 따라 조사대상으로 선정된 가구와 제2항에 따라 조사대상이 된 사람에게 이를 통지해야 한다. 〈개정 2018.12.18.〉

규칙 **제11조 (조사대상가구의 재선정 등)** ① 시·도지사는 영 제20조제1항에 따라 조사대상가구가 선정된 때에는 영 제20조제3항에 따라 별지 제5호 서식의 조사가구선정통지서를 해당가구주에게 송부하여야 한다. 〈개정 2017.11.29.〉
② 영 제20조에 따라 선정된 조사가구 중 전출·전입 등의 사유로 선정된 조사가구에 변동이 있는 경우에는 같은 구역 안에서 조사가구를 다시 선정하여 조사할 수 있다.
〈개정 2008.12.31.〉
③ 보건복지부장관은 조사지역의 특성이 변경된 때에는 조사지역을 달리하여 조사할 수 있다. 〈개정 2010.3.19.〉

영 **제21조 (조사항목)** ① 영양조사는 건강상태조사·식품섭취조사 및 식생활조사로 구분하여 행한다.
② 건강상태조사는 다음 각 호의 사항에 대하여 행한다. 〈개정 2018.12.18.〉
1. 신체상태
2. 영양관계 증후
3. 그 밖에 건강상태에 관한 사항
③ 식품섭취조사는 다음 각 호의 사항에 대하여 행한다. 〈개정 2018.12.18.〉
1. 조사가구의 일반사항
2. 일정한 기간의 식사상황
3. 일정한 기간의 식품섭취상황
④ 식생활조사는 다음 각 호의 사항에 대하여 행한다. 〈개정 2018.12.18.〉

1. 가구원의 식사 일반사항
2. 조사가구의 조리시설과 환경
3. 일정한 기간에 사용한 식품의 가격 및 조달방법

⑤ 제2항부터 제4항까지의 규정에 따른 조사사항의 세부내용은 보건복지부령으로 정한다. 〈개정 2018.12.18.〉

규칙 **제12조 (조사내용)** 영 제21조 제5항의 규정에 의한 조사사항의 세부내용은 다음 각 호와 같다. 〈개정 2010.3.19.〉

1. 건강상태조사 : 급성 또는 만성질환을 앓거나 앓았는지 여부에 관한 사항, 질병·사고 등으로 인한 활동제한의 정도에 관한 사항, 혈압 등 신체계측에 관한 사항, 흡연·음주 등 건강과 관련된 생활태도에 관한 사항 기타 보건복지부장관이 정하여 고시하는 사항
2. 식품섭취조사 : 식품의 섭취횟수 및 섭취량에 관한 사항, 식품의 재료에 관한 사항 기타 보건복지부장관이 정하여 고시하는 사항
3. 식생활조사 : 규칙적인 식사여부에 관한 사항, 식품섭취의 과다여부에 관한 사항, 외식의 횟수에 관한 사항, 2세 이하 영유아의 수유기간 및 이유보충식의 종류에 관한 사항 기타 보건복지부장관이 정하여 고시하는 사항 [전문개정 1998.11.6.]

영 **제22조 (영양조사원 및 영양지도원)** ① 영양조사를 담당하는 자(이하 "영양조사원"이라 한다)는 보건복지부장관 또는 시 · 도지사가 다음 각 호의 어느 하나에 해당하는 사람 중에서 임명 또는 위촉한다. 〈개정 2017.11.7.〉

1. 의사·영양사 또는 간호사의 자격을 가진 자
2. 전문대학이상의 학교에서 식품학 또는 영양학의 과정을 이수한 자

② 특별자치시장·특별자치도지사·시장·군수·구청장은 법 제15조 및 법 제16조의 영양개선사업을 수행하기 위한 국민영양지도를 담당하는 사람(이하 "영양지도원"이라 한다)을 두어야 하며 그 영양지도원은 영양사의 자격을 가진 사람으로 임명한다. 다만, 영양사의 자격을 가진 사람이 없는 경우에는 의사 또는 간호사의 자격을 가진 사람 중에서 임명할 수 있다. 〈개정 2018.12.18.〉

③ 영양조사원 및 영양지도원의 직무에 관하여 필요한 사항은 보건복지부령으로 정한다. 〈개정 2010.3.15.〉

④ 보건복지부장관, 시·도지사 또는 시장·군수·구청장은 영양조사원 또는 영양지도원의 원활한 업무 수행을 위하여 필요하다고 인정하는 경우에는 그 업무 지원을 위한 구체적 조치를 마련·시행할 수 있다. 〈신설 2017.11.7.〉

규칙 **제13조 (영양조사원)** ① 영 제22조제1항에 따른 영양조사원(이하 "영양조사원"이라 한다)은 건강상태조사원·식품섭취조사원 및 식생활조사원으로 구분하되, 각 조사원의 직무는 다음 각 호와 같다. 다만, 보건복지부장관·시·도지사는 필요하다고 인정할 때에는 식품섭취조사원으로 하여금 식생활조사원의 직무를 행하게 할 수 있다. 〈개정 2017.11.29〉

1. 건강상태조사원 : 제12조제1호의 규정에 의한 건강상태에 관한 조사사항의 조사·기록
2. 식품섭취조사원 : 제12조제2호의 규정에 의한 식품섭취에 관한 조사사항의 조사·기록
3. 식생활조사원 : 제12조 제3호의 규정에 의한 식생활에 관한 조사사항의 조사·기록

② 삭제 〈2017.11.29〉

규칙 **제14조 (조사원증)** 법 제16조 제3항의 규정에 의한 조사원증은 별지 제9호 서식에 의한다.

규칙 **제15조 (조사표 작성 등)** 보건복지부장관은 영양조사가 끝난 때에는 지체 없이 조사표를 작성하여 분류·집계 등 통계처리를 하고 이를 공표하여야 한다. 〈개정 2010.3.19.〉

규칙 **제16조 (조사자료의 분석과 이용)** 보건복지부장관은 영양조사의 시기·대상·세부내용·결과 등을 분석하여 이를 국민영양개선을 위한 자료로 활용하여야 한다. 〈개정 2010.3.19.〉

규칙 **제17조 (영양지도원)** ① 영 제22조의 규정에 의한 영양지도원의 임명은 별지 제10호 서식에 의한다. 〈개정 2017.11.29〉

② 시·도의 영양지도원은 다음 각 호의 업무를 담당한다.

1. 영양지도의 기획·분석 및 평가
2. 지역주민에 대한 영양상담·영양교육 및 영양평가
3. 지역주민의 건강상태 및 식생활 개선을 위한 세부 방안 마련
4. 집단급식시설에 대한 현황 파악 및 급식업무 지도
5. 영양교육자료의 개발·보급 및 홍보
6. 그 밖에 제1호부터 제5호까지의 규정에 준하는 업무로서 지역주민의 영양관리 및 영양개선을 위하여 특히 필요한 업무

③ 시·군·구의 영양지도원은 다음 각 호의 업무를 담당한다.

1. 영양지도의 계획·분석
2. 지역주민의 영양지도(영·유아, 임산부, 수유부, 노인, 환자, 성인의 영양관리) 및 상담
3. 집단급식시설에 대한 현황파악 및 급식업무지도
4. 영양조사 및 지역주민의 영양평가실시
5. 영양교육자료의 개발·홍보 및 영양교육
6. 지역주민의 영양조사결과 자료활용
7. 기타 영양과 식생활개선에 관한 사항

제17조~제18조 (생략)

제19조 (건강증진사업 등) ① 국가 및 지방자치단체는 국민건강증진사업에 필요한 요원 및 시설을 확보하고, 그 시설의 이용에 필요한 시책을 강구하여야 한다.

② 특별자치시장·특별자치도지사·시장·군수·구청장은 지역주민의 건강증진을 위하여 보건복지부령이 정하는 바에 의하여 보건소장으로 하여금 다음 각 호의 사업을 하게 할 수 있다. 〈개정 2010.1.18.〉

1. 보건교육 및 건강상담
2. 영양관리
3. 구강건강의 관리
4. 질병의 조기발견을 위한 검진 및 처방

(계속)

4. 질병의 조기발견을 위한 검진 및 처방
5. 지역사회의 보건문제에 관한 조사·연구
6. 기타 건강교실의 운영 등 건강증진사업에 관한 사항

③ 보건소장이 제2항의 규정에 의하여 제2항 제1호 내지 제4호의 업무를 행한 때에는 이용자의 개인별 건강상태를 기록하여 유지·관리하여야 한다.

④ 건강증진사업에 필요한 시설·운영에 관하여는 보건복지부령으로 정한다. 〈개정 2010.1.18.〉

규칙 제19조 (건강증진사업의 실시 등) ① 법 제19조의 규정에 의하여 건강증진사업을 행하는 특별자치시장·특별자치도지사·시장·군수·구청장은 보건교육·영양관리·구강건강관리·건강검진·운동지도(체력측정을 행하는 경우에 한한다) 등에 필요한 인력을 확보하여야 한다. 〈개정 2018.6.29.〉

② 보건복지부장관은 법 제4조의 규정에 의한 기본시책과 건강증진사업 실시지역의 생활여건 등을 감안하여 법 제19조 제2항의 규정에 의하여 보건소장이 행하는 건강증진사업을 단계적으로 실시하게 할 수 있다. 〈개정 2010.3.19.〉

③ 법 제19조 제3항의 규정에 의하여 보건소장이 개인별 건강상태를 기록한 때에는 보건복지부장관이 정하는 바에 따라 이를 유지·관리하여야 한다. 〈개정 2010.3.19.〉

④ 법 제19조 제4항의 규정에 의한 건강증진사업을 행하는 보건소장은 다음 각 호의 시설 및 장비를 확보하여 지역주민에 대한 건강증진사업을 수행하여야 한다.

1. 시청각교육실 및 시청각교육장비
2. 건강검진실 및 건강검진에 필요한 장비
3. 운동지도실 및 운동부하검사장비(체력측정을 행하는 경우에 한한다)
4. 영양관리·구강건강사업 등 건강증진사업에 필요한 시설 및 장비

제20조 (이하 생략)

부칙 생략

2 학교급식법

학교급식법

[시행 2013.11.23.] [법률 제11771호, 2013.5.22., 일부개정]

학교급식법 시행령

[시행 2019.7.2.] [대통령령 제29950호, 2019.7.2., 타법개정]

학교급식법 시행규칙

[시행 2016.4.20.] [교육부령 제96호, 2016.4.20., 타법개정]

제1장 총칙

제1조 (목적) 이 법은 학교급식 등에 관한 사항을 규정함으로써 학교급식의 질을 향상시키고 학생의 건전한 심신의 발달과 국민 식생활 개선에 기여함을 목적으로 한다.

제2조 (정의) 이 법에서 사용하는 용어의 정의는 다음과 같다.

1. "학교급식"이라 함은 제1조의 목적을 달성하기 위하여 제4조의 규정에 따른 학교 또는 학급의 학생을 대상으로 학교의 장이 실시하는 급식을 말한다.
2. "학교급식공급업자"라 함은 제15조의 규정에 따라 학교의 장과 계약에 의하여 학교급식에 관한 업무를 위탁받아 행하는 자를 말한다.
3. "급식에 관한 경비"라 함은 학교급식을 위한 식품비, 급식운영비 및 급식시설·설비비를 말한다.

제3조 (국가·지방자치단체의 임무) ① 국가와 지방자치단체는 양질의 학교급식이 안전하게 제공될 수 있도록 행정적·재정적으로 지원하여야 하며, 영양교육을 통한 학생의 올바른 식생활 관리능력 배양과 전통 식문화의 계승·발전을 위하여 필요한 시책을 강구하여야 한다.

② 특별시·광역시·도·특별자치도의 교육감(이하 "교육감"이라 한다)은 매년 학교급식에 관한 계획을 수립·시행하여야 한다.

제4조 (학교급식 대상) 학교급식은 대통령령이 정하는 바에 따라 다음 각 호의 어느 하나에 해당하는 학교 또는 학급에 재학하는 학생을 대상으로 실시한다. 〈개정 2012.3.21.〉

1. 「초·중등교육법」 제2조 제1호부터 제4호까지의 어느 하나에 해당하는 학교
2. 「초·중등교육법」 제52조의 규정에 따른 근로청소년을 위한 특별학급 및 산업체부설 중·고등학교
3. 그 밖에 교육감이 필요하다고 인정하는 학교

영 **제2조 (학교급식의 운영원칙)** ① 학교급식은 수업일의 점심시간[「학교급식법」(이하 "법"이라 한다) 제4조 제2호에 따른 근로청소년을 위한 특별학급 및 산업체부설학교에 있어서는 저녁시간]에 법 제11조 제2항에 따른 영양관리기준에 맞는 주식과 부식 등을 제공하는 것을 원칙으로 한다.

② 학교급식에 관한 다음 각 호의 사항은 「초·중등교육법」 제31조에 따른 학교운영위원회(이하 "학교운영위원회"라 한다)의 심의 또는 자문을 거쳐 학교의 장이 결정하여야 한다. 〈개정 2009.2.25.〉

1. 학교급식 운영방식, 급식대상, 급식횟수, 급식시간 및 구체적 영양기준 등에 관한 사항
2. 학교급식 운영계획 및 예산·결산에 관한 사항
3. 식재료의 원산지, 품질등급, 그 밖의 구체적인 품질기준 및 완제품 사용 승인에 관한 사항
4. 식재료 등의 조달방법 및 업체선정 기준에 관한 사항
5. 보호자가 부담하는 경비 및 급식비의 결정에 관한 사항
6. 급식비 지원대상자 선정 등에 관한 사항
7. 급식활동에 관한 보호자의 참여와 지원에 관한 사항
8. 학교우유급식 실시에 관한 사항
9. 그 밖에 학교의 장이 학교급식 운영에 관하여 중요하다고 인정하는 사항

영 **제3조 (학교급식의 개시보고 등)** ① 법 제4조에 따라 학교급식을 실시하려는 학교의 장은 법 제6조에 따른 급식시설·설비를 갖추고 교육부령이 정하는 바에 따라 교육부장관 또는 교육감에게 학교급식의 개시보고를 하여야 한다. 다만, 교내에 급식시설을 갖추지 못하여 외부에서 제조·가공한 식품을 운반하여 급식을 실시하는 경우 등에는 급식시설·설비를 갖추지 않고 학교급식의 개시보고를 할 수 있다. 〈개정 2013.3.23.〉

② 제1항에 따른 학교급식의 개시보고 후 급식운영방식의 변경, 급식시설 대수선 또는 증·개축, 급식시설의 운영중단 또는 폐지 등 중요한 사항이 변경된 경우에는 그 내용을 교육부장관 또는 교육감에게 보고하여야 한다. 〈개정 2013.3.23.〉

규칙 **제2조 (학교급식의 개시보고 등)** ① 「학교급식법 시행령」(이하 "영"이라 한다) 제3조 제1항에 따른 학교급식의 개시보고는 급식 개시 전 10일까지 별지 제1호 서식의 학교급식 개시보고서에 따라 하여야 한다.

② 영 제3조 제2항에 따른 변경보고는 변경 후 20일 이내에 그 내용을 보고하여야 한다.

③ 학교의 장은 매 학년도말 현재의 급식현황을 2월 28일까지 별지 제2호 서식의 급식실시현황에 따라 교육부장관 또는 교육감에게 보고하고, 교육감은 이를 3월 20일까지 교육부장관에게 보고하여야 한다. 〈개정 2013.3.23.〉

④ 교육부장관 또는 교육감은 제1항 내지 제3항의 보고를 받은 사항에 대하여 「초·중등교육법」 제30조의 4에 따른 교육정보시스템에 입력하여 관리하여야 한다. 〈개정 2013.3.23.〉

영 **제4조 (학교급식 운영계획의 수립 등)** ① 학교의 장은 학교급식의 관리·운영을 위하여 매 학년도 시작 전까지 학교운영위원회의 심의 또는 자문을 거쳐 학교급식 운영계획을 수립하여야 한다.

② 제1항에 따른 학교급식 운영계획에는 급식계획, 영양·위생·식재료·작업·예산관리 및 식생활 지도 등 학교급식 운영관리에 필요한 사항이 포함되어야 한다.

③ 학교의 장은 운영계획의 이행상황을 연 1회 이상 학교운영위원회에 보고하여야 한다.

제5조 (학교급식위원회 등) ① 교육감은 학교급식에 관한 다음 각 호의 사항을 심의하기 위하여 그 소속하에 학교급식위원회를 둔다.

1. 제3조 제2항의 규정에 따른 학교급식에 관한 계획
2. 제9조의 규정에 따른 급식에 관한 경비의 지원
3. 그 밖에 학교급식의 운영 및 지원에 관한 사항으로서 교육감이 필요하다고 인정하는 사항

② 제1항의 규정에 따른 학교급식위원회의 구성·운영 등에 관하여 필요한 사항은 대통령령으로 정한다.

③ 특별시장·광역시장·도지사·특별자치도지사 및 시장·군수·자치구의 구청장은 제8조 제4항의 규정에 따른 학교급식 지원에 관한 중요사항을 심의하기 위하여 그 소속하에 학교급식지원심의위원회를 둘 수 있다.

④ 특별자치도지사·시장·군수·자치구의 구청장은 우수한 식자재 공급 등 학교급식을 지원하기 위하여 그 소속하에 학교급식지원센터를 설치·운영할 수 있다.

⑤ 제3항의 규정에 따른 학교급식지원심의위원회의 구성·운영과 제4항의 규정에 따른 학교급식지원센터의 설치·운영에 관하여 필요한 사항은 해당지방자치단체의 조례로 정한다.

영 **제5조 (학교급식위원회의 구성)** ① 법 제5조 제1항에 따른 학교급식위원회는 위원장 1인을 포함한 15인 이내의 위원으로 구성한다.

② 학교급식위원회의 위원장(이하 "위원장"이라 한다)은 특별시·광역시·도·특별자치도 교육청(이하 "시·도교육청"이라 한다)의 부교육감(부교육감이 2인일 때에는 제1부교육감을 말한다)이 된다.

③ 위원은 시·도교육청 학교급식업무 담당국장, 특별시·광역시·도·특별자치도의 학교급식지원업무 담당국장 및 보건위생업무 담당국장, 학교의 장, 학부모, 학교급식분야 전문가, 「비영리민간단체 등지원법」 제2조에 따른 시민단체가 추천한 자 그 밖에 교육감이 필요하다고 인정하는 자 중에서 교육감이 임명 또는 위촉한다.

④ 학교급식위원회에는 간사 1인을 두되, 시·도교육청 공무원 중에서 위원장이 임명한다.

영 제6조 (학교급식위원회의 운영) ① 위원장은 학교급식위원회의 사무를 총괄하고, 학교급식위원회를 대표한다.

② 위원장은 학교급식위원회의 회의를 소집하고, 그 의장이 된다.

③ 학교급식위원회의 회의는 재적위원 과반수의 출석으로 개의하고, 출석위원 과반수의 찬성으로 의결한다.

④ 간사는 위원장의 명을 받아 학교급식위원회의 사무를 처리한다.

⑤ 위촉위원의 임기는 2년으로 하되, 1차에 한하여 연임할 수 있다.

⑥ 그 밖에 학교급식위원회의 운영에 관하여 필요한 사항은 학교급식위원회의 의결을 거쳐 위원장이 정한다.

제2장 학교급식 시설·설비 기준 등

제6조 (급식시설·설비) ① 학교급식을 실시할 학교는 학교급식을 위하여 필요한 시설과 설비를 갖추어야 한다. 다만, 2 이상의 학교가 인접하여 있는 경우에는 학교급식을 위한 시설과 설비를 공동으로 할 수 있다.

② 제1항의 규정에 따른 시설·설비의 종류와 기준은 대통령령으로 정한다.

영 제7조 (시설·설비의 종류와 기준) ① 법 제6조 제2항에 따라 학교급식시설에서 갖추어야 할 시설·설비의 종류와 기준은 다음 각 호와 같다. 〈개정 2019.7.2.〉

1. 조리장 : 교실과 떨어지거나 차단되어 학생의 학습에 지장을 주지 않는 시설로 하되, 식품의 운반과 배식이 편리한 곳에 두어야 하며, 능률적이고 안전한 조리기기, 냉장·냉동시설, 세척·소독시설 등을 갖추어야 한다.
2. 식품보관실 : 환기·방습이 용이하며, 식품과 식재료를 위생적으로 보관하는데 적합한 위치에 두되, 방충 및 쥐막기 시설을 갖추어야 한다.
3. 급식관리실 : 조리장과 인접한 위치에 두되, 컴퓨터 등 사무장비를 갖추어야 한다.
4. 편의시설 : 조리장과 인접한 위치에 두되, 조리종사자의 수에 따라 필요한 옷장과 샤워시설 등을 갖추어야 한다.

② 제1항에 따른 시설에서 갖추어야 할 시설과 그 부대시설의 세부적인 기준은 교육부령으로 정한다. 〈개정 2013.3.23.〉

규칙 제3조 (급식시설의 세부기준) ① 영 제7조 제2항에 따른 시설과 부대시설의 세부기준은 별표 1과 같다.

② 제1항에 따른 기준 중 냉장·냉동시설, 조리 및 급식 관련 설비·기계·기구에 대한 용량 등 구체적 기준은 교육감이 정한다.

■ **별표 1** ■ 〈개정 2013.11.22.〉

급식시설의 세부기준 (제3조 제1항 관련)

1. 조리장
   가. 시설·설비
      1) 조리장은 침수될 우려가 없고, 먼지 등의 오염원으로부터 차단될 수 있는 등 주변 환경이 위생적이며 쾌적한 곳에 위치하여야 하고, 조리장의 소음·냄새 등으로 인하여 학생의 학습에 지장을 주지 않도록 해야 한다.
      2) 조리장은 작업과정에서 교차오염이 발생되지 않도록 전처리실(前處理室), 조리실 및 식기구세척실 등을 벽과 문으로 구획하여 일반작업구역과 청결작업구역으로 분리한다. 다만, 이러한 구획이 적절하지 않을 경우에는 교차오염을 방지할 수 있는 다른 조치를 취하여야 한다.
      3) 조리장은 급식설비·기구의 배치와 작업자의 동선(動線) 등을 고려하여 작업과 청결유지에 필요한 적정한 면적이 확보되어야 한다.
      4) 내부벽은 내구성, 내수성(耐水性)이 있는 표면이 매끈한 재질이어야 한다.
      5) 바닥은 내구성, 내수성이 있는 재질로 하되, 미끄럽지 않아야 한다.
      6) 천장은 내수성 및 내화성(耐火性)이 있고 청소가 용이한 재질로 한다.
      7) 바닥에는 적당한 위치에 상당한 크기의 배수구 및 덮개를 설치하되 청소하기 쉽게 설치한다.
      8) 출입구와 창문에는 해충 및 쥐의 침입을 막을 수 있는 방충망 등 적절한 설비를 갖추어야 한다.
      9) 조리장 출입구에는 신발소독 설비를 갖추어야 한다.
      10) 조리장 내의 증기, 불쾌한 냄새 등을 신속히 배출할 수 있도록 환기시설을 설치하여야 한다.
      11) 조리장의 조명은 220Lx 이상이 되도록 한다. 다만, 검수구역은 540Lx 이상이 되도록 한다.
      12) 조리장에는 필요한 위치에 손 씻는 시설을 설치하여야 한다.
      13) 조리장에는 온도 및 습도관리를 위하여 적정 용량의 급배기시설, 냉·난방시설 또는 공기조화시설(空氣調和施設) 등을 갖추도록 한다.
   나. 설비·기구
      1) 밥솥, 국솥, 가스테이블 등의 조리기기는 화재, 폭발 등의 위험성이 없는 제품을 선정하되, 재질의 안전성과 기기의 내구성, 경제성 등을 고려하여 능률적인 기기를 설치하여야 한다.
      2) 냉장고(냉장실)와 냉동고는 식재료의 보관, 냉동 식재료의 해동(解凍), 가열조리된 식품의 냉각 등에 충분한 용량과 온도(냉장고 5℃ 이하, 냉동고 −18℃ 이하)를 유지하여야 한다.
      3) 조리, 배식 등의 작업을 위생적으로 하기 위하여 식품 세척시설, 조리시설, 식기구 세척시설, 식기구 보관장, 덮개가 있는 폐기물 용기 등을 갖추어야 하며, 식품과 접촉하는 부분은 내수성 및 내부식성 재질로 씻기 쉽고 소독·살균이 가능한 것이어야 한다.
      4) 식기세척기는 세척, 헹굼 기능이 자동적으로 이루어지는 것이어야 한다.
      5) 식기구를 소독하기 위하여 전기살균소독기 또는 열탕소독시설을 갖추거나 충분히 세척·소독할 수 있는 세정대(洗淨臺)를 설치하여야 한다.
      6) 급식기구 및 배식도구 등을 안전하고 위생적으로 세척할 수 있도록 온수공급 설비를 갖추어야 한다.

2. 식품보관실 등
   가. 식품보관실과 소모품보관실을 별도로 설치하여야 한다. 다만, 부득이하게 별도로 설치하지 못할 경우에는 공간구획 등으로 구분하여야 한다.
   나. 바닥의 재질은 물청소가 쉽고 미끄럽지 않으며, 배수가 잘 되어야 한다.

다. 환기시설과 충분한 보관선반 등이 설치되어야 하며, 보관선반은 청소 및 통풍이 쉬운 구조이어야 한다.

3. 급식관리실, 편의시설
   가. 급식관리실, 휴게실은 외부로부터 조리실을 통하지 않고 출입이 가능하여야 하며, 외부로 통하는 환기시설을 갖추어야 한다. 다만, 시설 구조상 외부로의 출입문 설치가 어려운 경우에는 출입시에 조리실 오염이 일어나지 않도록 필요한 조치를 취하여야 한다.
   나. 휴게실은 외출복장으로 인하여 위생복장이 오염되지 않도록 외출복장과 위생복장을 구분하여 보관할 수 있는 옷장을 두어야 한다.
   다. 샤워실을 설치하는 경우 외부로 통하는 환기시설을 설치하여 조리실 오염이 일어나지 않도록 하여야 한다.
4. 식당 : 안전하고 위생적인 공간에서 식사를 할 수 있도록 급식인원 수를 고려한 크기의 식당을 갖추어야 한다. 다만, 공간이 부족한 경우 등 식당을 따로 갖추기 곤란한 학교는 교실배식에 필요한 운반기구와 위생적인 배식도구를 갖추어야 한다.
5. 이 기준에서 정하지 않은 사항에 대하여는 식품위생법령의 집단급식소 시설기준에 따른다.

제7조 (영양교사의 배치 등) ① 제6조의 규정에 따라 학교급식을 위한 시설과 설비를 갖춘 학교는 「초·중등교육법」 제21조 제2항의 규정에 따른 영양교사와 「식품위생법」 제53조 제1항에 따른 조리사를 둔다. 〈개정 2009.2.6.〉
② 교육감은 학교급식에 관한 업무를 전담하게 하기 위하여 그 소속하에 학교급식에 관한 전문지식이 있는 직원을 둘 수 있다.

영 제8조 (영양교사의 직무) 법 제7조 제1항에 따른 영양교사는 학교의 장을 보좌하여 다음 각 호의 직무를 수행한다.
1. 식단 작성, 식재료의 선정 및 검수
2. 위생·안전·작업관리 및 검식
3. 식생활 지도, 정보 제공 및 영양상담
4. 조리실 종사자의 지도·감독
5. 그 밖에 학교급식에 관한 사항

제8조 (경비부담 등) ① 학교급식의 실시에 필요한 급식시설·설비비는 당해 학교의 설립·경영자가 부담하되, 국가 또는 지방자치단체가 지원할 수 있다.
② 급식운영비는 당해 학교의 설립·경영자가 부담하는 것을 원칙으로 하되, 대통령령이 정하는 바에 따라 보호자(친권자, 후견인 그 밖에 법률에 따라 학생을 부양할 의무가 있는 자를 말한다. 이하 같다)가 그 경비의 일부를 부담할 수 있다.
③ 학교급식을 위한 식품비는 보호자가 부담하는 것을 원칙으로 한다.

(계속)

④ 특별시장·광역시장·도지사·특별자치도지사 및 시장·군수·자치구의 구청장은 학교급식에 품질이 우수한 농수산물 사용 등 급식의 질 향상과 급식시설·설비의 확충을 위하여 식품비 및 시설·설비비 등 급식에 관한 경비를 지원할 수 있다. 〈개정 2019.4.23.〉

영 제9조(급식운영비 부담) ① 법 제8조 제2항에 따른 급식운영비는 다음 각 호와 같다.

1. 급식시설·설비의 유지비
2. 종사자의 인건비
3. 연료비, 소모품비 등의 경비

② 제1항 제2호와 제3호에 따른 경비는 학교운영위원회의 심의 또는 자문을 거쳐 그 경비의 일부를 보호자로 하여금 부담하게 할 수 있다.

③ 학교의 설립·경영자는 제2항에 따른 보호자의 부담이 경감되도록 노력하여야 한다.

제9조(급식에 관한 경비의 지원) ① 국가 또는 지방자치단체는 제8조의 규정에 따라 보호자가 부담할 경비의 전부 또는 일부를 지원할 수 있다.

② 제1항의 규정에 따라 보호자가 부담할 경비를 지원하는 경우에는 다음 각 호의 어느 하나에 해당하는 학생을 우선적으로 지원한다. 〈개정 2010.7.23.〉

1. 학생 또는 그 보호자가 「국민기초생활 보장법」 제2조의 규정에 따른 수급권자, 차상위계층에 속하는 자, 「한부모가족지원법」 제5조의 규정에 따른 보호대상자인 학생
2. 「도서·벽지 교육진흥법」 제2조의 규정에 따른 도서벽지에 있는 학교와 그에 준하는 지역으로서 대통령령이 정하는 지역의 학교에 재학하는 학생
3. 「농어업인 삶의 질 향상 및 농어촌지역 개발촉진에 관한 특별법」 제3조 제4호에 따른 농어촌학교와 그에 준하는 지역으로서 대통령령이 정하는 지역의 학교에 재학하는 학생
4. 그 밖에 교육감이 필요하다고 인정하는 학생

영 제10조(급식비 지원기준 등) ① 법 제9조 제1항에 따라 보호자가 부담할 경비를 지원하는 경우 그 지원액 및 지원대상은 학교급식위원회의 심의를 거쳐 교육감이 정한다.

② 법 제9조 제2항 제2호와 제3호에서 "대통령령이 정하는 지역의 학교"라 함은 각각 다음 각 호의 학교를 말한다. 〈개정 2011.1.17.〉

1. 법 제9조 제2항 제2호 : 「도서·벽지 교육진흥법」 제2조에 따른 도서벽지에 준하는 지역에 소재하는 학교로서 7할 이상에 해당하는 학생의 학부모가 도서벽지의 학부모와 유사한 생활여건에 처하여 있다고 교육감이 인정하는 학교
2. 법 제9조 제2항 제3호 : 「농어업인 삶의 질 향상 및 농어촌지역 개발촉진에 관한 특별법」 제3조 제1호에 따른 농어촌에 준하는 지역에 소재하는 학교로서 7할 이상에 해당하는 학생의 학부모가 농어촌의 학부모와 유사한 생활여건에 처하여 있다고 교육감이 인정하는 학교

제3장 학교급식 관리·운영

제10조 (식재료) ① 학교급식에는 품질이 우수하고 안전한 식재료를 사용하여야 한다.

② 식재료의 품질관리기준 그 밖에 식재료에 관하여 필요한 사항은 교육부령으로 정한다. 〈개정 2013.3.23.〉

규칙 제4조 (학교급식 식재료의 품질관리기준 등) ① 「학교급식법」 (이하 "법"이라 한다) 제10조 제2항에 따른 식재료의 품질관리기준은 별표 2와 같다.

② 학교급식의 질 제고 및 안전성 확보를 위하여 품질을 우선적으로 고려하여야 하는 경우 식재료의 구매에 관한 계약은 「국가를 당사자로 하는 계약에 관한 법률 시행령」 제43조 또는 「지방자치단체를 당사자로 하는 계약에 관한 법률 시행령」 제43조에 따른 협상에 의한 계약체결방법을 활용할 수 있다.

■ **별표 2** ■ 〈개정 2013.11.22.〉

학교급식 식재료의 품질관리기준 (제4조 제1항 관련)

1. 농산물

가. 「농수산물의 원산지 표시에 관한 법률」 제5조 및 「대외무역법」 제33조에 따라 원산지가 표시된 농산물을 사용한다. 다만, 원산지 표시 대상 식재료가 아닌 농산물은 그러하지 아니하다.

나. 다음의 농산물에 해당하는 것 중 하나를 사용한다.

1) 「친환경농어업 육성 및 유기식품 등의 관리·지원에 관한 법률」 제19조에 따라 인증받은 유기식품 등 및 같은 법 제34조에 따라 인증받은 무농약농수산물등

2) 「농수산물 품질관리법」 제5조에 따른 표준규격품 중 농산물표준규격이 "상" 등급 이상인 농산물. 다만, 표준규격이 정해져 있지 아니한 농산물은 상품가치가 "상" 이상에 해당하는 것을 사용한다.

3) 「농수산물 품질관리법」 제6조에 따른 우수관리인증농산물

4) 「농수산물 품질관리법」 제24조에 따른 이력추적관리농산물

5) 「농수산물 품질관리법」 제32조에 따라 지리적 표시의 등록을 받은 농산물

다. 쌀은 수확연도부터 1년 이내의 것을 사용한다.

라. 부득이하게 전처리(前處理)농산물(수확 후 세척, 선별, 박피 및 절단 등의 가공을 통하여 즉시 조리에 이용할 수 있는 형태로 처리된 식재료)을 사용할 경우에는 나목과 다목에 해당되는 품목으로 다음 사항이 표시된 것으로 한다.

1) 제품명(내용물의 명칭 또는 품목)

2) 업소명(생산자 또는 생산자단체명)

3) 제조연월일(전처리작업일 및 포장일)

4) 전처리 전 식재료의 품질(원산지, 품질등급, 생산연도)

5) 내용량

6) 보관 및 취급방법

마. 수입농산물은 「대외무역법」, 「식품위생법」 등 관계 법령에 적합하고, 나목부터 라목까지의 규정에 상당하는 품질을 갖춘 것을 사용한다.

2. 축산물

가. 공통 기준은 다음과 같다. 다만, 「축산물위생관리법」 제2조 제6호에 따른 식용란(食用卵)은 공통기준을 적용하지 아니한다.

1) 「축산물위생관리법」 제9조 제2항에 따라 위해요소중점관리기준을 적용하는 도축장에서 처리된 식육을 사용한다.

2) 「축산물위생관리법」 제9조 제3항에 따라 위해요소중점관리기준 적용 작업장으로 지정받은 축산물가공장 또는 식육포장처리장에서 처리된 축산물(수입축산물을 국내에서 가공 또는 포장처리 하는 경우에도 동일하게 적용)을 사용한다.

나. 개별기준은 다음과 같다. 다만, 닭고기, 계란 및 오리고기의 경우에는 등급제도 전면 시행 전까지는 권장사항으로 한다.

1) 쇠고기 : 「축산법」 제35조에 따른 등급판정의 결과 3등급 이상인 한우 및 육우를 사용한다.

2) 돼지고기 : 「축산법」 제35조에 따른 등급판정의 결과 2등급 이상을 사용한다.

3) 닭고기 : 「축산법」 제35조에 따른 등급판정의 결과 1등급 이상을 사용한다.

4) 계란 : 「축산법」 제35조에 따른 등급판정의 결과 2등급 이상을 사용한다.

5) 오리고기 : 「축산법」 제35조에 따른 등급판정의 결과 1등급 이상을 사용한다.

6) 수입축산물 : 「대외무역법」, 「식품위생법」, 「축산물위생관리법」 등 관련법령에 적합하며, 1)부터 5)까지에 상당하는 품질을 갖춘 것을 사용한다.

3. 수산물

가. 「농수산물의 원산지 표시에 관한 법률」 제5조 및 「대외무역법」 제33조에 따른 원산지가 표시된 수산물을 사용한다.

나. 「농수산물 품질관리법」 제14조에 따른 품질인증품, 같은 법 제32조에 따라 지리적 표시의 등록을 받은 수산물 또는 상품가치가 "상" 이상에 해당하는 것을 사용한다.

다. 전처리수산물

1) 전처리수산물(세척, 선별, 절단 등의 가공을 통해 즉시 조리에 이용할 수 있는 형태로 처리된 식재료를 말한다. 이하 같다)을 사용할 경우 나목에 해당되는 품목으로서 다음 시설 또는 영업소에서 가공 처리(수입수산물을 국내에서 가공 처리하는 경우에도 동일하게 적용한다)된 것으로 한다.

가) 「농수산물 품질관리법」 제74조에 따라 위해요소중점관리기준을 이행하는 시설로서 해양수산부장관에게 등록한 생산·가공시설

나) 「식품위생법」 제48조에 따라 위해요소중점관리기준을 적용하는 업소로서 「식품위생법 시행규칙」 제62조 제1항 제2호에 따른 냉동수산식품 중 어류·연체류 식품제조·가공업소

2) 전처리수산물을 사용할 경우 다음 사항이 표시된 것으로 한다.

가) 제품명(내용물의 명칭 또는 품목)

나) 업소명(생산자 또는 생산자단체명)

다) 제조연월일(전처리작업일 및 포장일)

라) 전처리 전 식재료의 품질(원산지, 품질등급, 생산연도)

마) 내용량

바) 보관 및 취급방법

라. 수입수산물은 「대외무역법」, 「식품위생법」 등 관련법령에 적합하고 나목 및 다목에 상당하는 품질을 갖춘 것을 사용한다.

4. 가공식품 및 기타

가. 다음에 해당하는 것 중 하나를 사용한다.

1) 「식품산업진흥법」 제22조에 따라 품질인증을 받은 전통식품

2) 「산업표준화법」 제15조에 따라 산업표준 적합 인증을 받은 농축수산물 가공품

3) 「농수산물 품질관리법」 제32조에 따라 지리적 표시의 등록을 받은 식품

4) 「농수산물 품질관리법」 제14조에 따른 품질인증품

5) 「식품위생법」 제48조에 따라 위해요소중점관리기준을 적용하는 업소에서 생산된 가공식품

6) 「식품위생법」 제37조에 따라 영업 등록된 식품제조·가공업소에서 생산된 가공식품

7) 「축산물위생관리법」 제9조에 따라 위해요소중점관리기준을 적용하는 업소에서 가공 또는 처리된 축산물가공품

8) 「축산물위생관리법」 제6조 제1항에 따른 표시기준에 따라 제조업소, 유통기한 등이 표시된 축산물 가공품

나. 김치 완제품은 「식품위생법」 제48조에 따라 위해요소중점관리기준을 적용하는 업소에서 생산된 제품을 사용한다.

다. 수입 가공식품은 「대외무역법」, 「식품위생법」 등 관련법령에 적합하고 가목에 상당하는 품질을 갖춘 것을 사용한다.

라. 위에서 명시되지 아니한 식품 및 식품첨가물은 식품위생법령에 적합한 것을 사용한다.

5. 예외

가. 수해, 가뭄, 천재지변 등으로 식품수급이 원활하지 않은 경우에는 품질관리기준을 적용하지 않을 수 있다.

나. 이 표에서 정하지 않는 식재료, 도서(島嶼)·벽지(僻地) 및 소규모 학교 또는 지역 여건상 학교급식 식재료의 품질관리기준 적용이 곤란하다고 인정되는 경우에는 교육감이 학교급식위원회의 심의를 거쳐 별도의 품질관리기준을 정하여 시행할 수 있다.

제11조 (영양관리) ① 학교급식은 학생의 발육과 건강에 필요한 영양을 충족할 수 있으며, 올바른 식생활습관 형성에 도움을 줄 수 있는 식품으로 구성되어야 한다.

② 학교급식의 영양관리기준은 교육부령으로 정한다. 〈개정 2013.3.23.〉

규칙 **제5조 (학교급식의 영양관리기준 등)** ① 법 제11조 제2항에 따른 학교급식의 영양관리기준은 별표 3과 같다.

② 제1항의 기준에 따라 식단 작성 시 고려하여야 할 사항은 다음 각 호와 같다.

1. 전통 식문화(食文化)의 계승·발전을 고려할 것
2. 곡류 및 전분류, 채소류 및 과일류, 어육류 및 콩류, 우유 및 유제품 등 다양한 종류의 식품을 사용할 것
3. 염분·유지류·단순당류 또는 식품첨가물 등을 과다하게 사용하지 않을 것
4. 가급적 자연식품과 계절식품을 사용할 것
5. 다양한 조리방법을 활용할 것

■ 별표 3 ■

학교급식의 영양관리기준 (제5조 제1항 관련)

구분	학년	에너지 (kcal)	단백질 (g)	비타민 A (R.E.)		티아민 (비타민 B_1) (mg)		리보플라빈 (비타민 B_2) (mg)		비타민 C (mg)		칼슘 (mg)		철 (mg)	
				평균 필요량	권장 섭취량	평균 필요량	권장 섭취량	평균 필요량	권장 섭취량	평균 필요량	권장 섭취량	평균 필요량	권장 섭취량	평균 필요량	권장 섭취량
남자	초등 1~3학년	534	8.4	97	134	0.20	0.24	0.24	0.30	13.4	20.0	184	234	2.4	3.0
	초등 4~6학년	634	11.7	127	184	0.27	0.30	0.30	0.37	18.4	23.4	184	267	3.0	4.0
	중학생	800	16.7	167	234	0.34	0.40	0.44	0.50	25.0	33.4	267	334	3.0	4.0
	고등학생	900	20.0	200	284	0.37	0.47	0.50	0.60	28.4	36.7	267	334	4.0	5.4
여자	초등 1~3학년	500	8.4	90	134	0.17	0.20	0.20	0.24	13.4	20.0	184	234	2.4	3.0
	초등 4~6학년	567	11.7	117	167	0.24	0.27	0.27	0.30	18.4	23.4	184	267	3.0	4.0
	중학생	667	15.0	154	217	0.27	0.34	0.34	0.40	23.4	30.0	250	300	3.0	4.0
	고등학생	667	15.0	167	234	0.27	0.34	0.34	0.40	25.0	33.4	250	300	4.0	5.4

비고) R.E.는 레티놀 당량(Retinol Equivalent)임.

1. 학교급식의 영양관리기준은 한 끼의 기준량을 제시한 것으로 학생 집단의 성장 및 건강상태, 활동정도, 지역적 상황 등을 고려하여 탄력적으로 적용할 수 있다.
2. 영양관리기준은 계절별로 연속 5일씩 1인당 평균영양공급량을 평가하되, 준수범위는 다음과 같다.
   가. 에너지는 학교급식의 영양관리기준 에너지의 ±10%로 하되, 탄수화물 : 단백질 : 지방의 에너지 비율이 각각 55~70% : 7~20% : 15~30%가 되도록 한다.
   나. 단백질은 학교급식 영양관리기준의 단백질량 이상으로 공급하되, 총공급에너지 중 단백질 에너지가 차지하는 비율이 20%를 넘지 않도록 한다.
   다. 비타민 A, 티아민, 리보플라빈, 비타민 C, 칼슘, 철은 학교급식 영양관리기준의 권장섭취량 이상으로 공급하는 것을 원칙으로 하되, 최소한 평균필요량 이상이어야 한다.

제12조 (위생 · 안전관리) ① 학교급식은 식단 작성, 식재료 구매 · 검수 · 보관 · 세척 · 조리, 운반, 배식, 급식기구 세척 및 소독 등 모든 과정에서 위해한 물질이 식품에 혼입되거나 식품이 오염되지 아니하도록 위생과 안전관리에 철저를 기하여야 한다.
② 학교급식의 위생 · 안전관리기준은 교육부령으로 정한다. 〈개정 2013.3.23.〉

규칙 제6조 (학교급식의 위생 · 안전관리기준 등) ① 법 제12조 제2항에 따른 학교급식의 위생 · 안전관리기준은 별표 4와 같다.
② 교육부장관은 제1항에 따른 기준의 준수 및 향상을 위한 지침을 정할 수 있다. 〈개정 2013.3.23.〉

■ **별표 4** ■ 〈개정 2013.11.22.〉

학교급식의 위생·안전관리기준 (제6조 제1항 관련)

1. 시설관리
   가. 급식시설·설비, 기구 등에 대한 청소 및 소독계획을 수립·시행하여 항상 청결하게 관리하여야 한다.
   나. 냉장·냉동고의 온도, 식기세척기의 최종 헹굼수 온도 또는 식기소독보관고의 온도를 기록·관리하여야 한다.
   다. 급식용수로 수돗물이 아닌 지하수를 사용하는 경우 소독 또는 살균하여 사용하여야 한다.
2. 개인위생
   가. 식품취급 및 조리작업자는 6개월에 1회 건강진단을 실시하고, 그 기록을 2년간 보관하여야 한다. 다만, 폐결핵검사는 연 1회 실시할 수 있다.
   나. 손을 잘 씻어 손에 의한 오염이 일어나지 않도록 하여야 한다. 다만, 손 소독은 필요시 실시할 수 있다.
3. 식재료 관리
   가. 잠재적으로 위험한 식품 여부를 고려하여 식단을 계획하고, 공정관리를 철저히 하여야 한다.
   나. 식재료 검수 시 「학교급식 식재료의 품질관리기준」에 적합한 품질 및 신선도와 수량, 위생상태 등을 확인하여 기록하여야 한다.
4. 작업위생
   가. 칼과 도마, 고무장갑 등 조리기구 및 용기는 원료나 조리과정에서 교차오염을 방지하기 위하여 용도별로 구분하여 사용하고 수시로 세척·소독하여야 한다.
   나. 식품 취급 등의 작업은 바닥으로부터 60cm 이상의 높이에서 실시하여 식품의 오염이 방지되어야 한다.
   다. 조리가 완료된 식품과 세척·소독된 배식기구·용기 등은 교차오염의 우려가 있는 기구·용기 또는 원재료 등과 접촉에 의해 오염되지 않도록 관리하여야 한다.
   라. 해동은 냉장해동(10℃ 이하), 전자레인지 해동 또는 흐르는 물(21℃ 이하)에서 실시하여야 한다.
   마. 해동된 식품은 즉시 사용하여야 한다.
   바. 날로 먹는 채소류, 과일류는 충분히 세척·소독하여야 한다.
   사. 가열조리 식품은 중심부가 75℃(패류는 85℃) 이상에서 1분 이상으로 가열되고 있는지 온도계로 확인하고, 그 온도를 기록·유지하여야 한다.
   아. 조리가 완료된 식품은 온도와 시간 관리를 통하여 미생물 증식이나 독소 생성을 억제하여야 한다.
5. 배식 및 검식
   가. 조리된 음식은 안전한 급식을 위하여 운반 및 배식기구 등을 청결히 관리하여야 하며, 배식 중에 운반 및 배식기구 등으로 인하여 오염이 일어나지 않도록 조치하여야 한다.
   나. 급식실 외의 장소로 운반하여 배식하는 경우 배식용 운반기구 및 운송차량 등을 청결히 관리하여 배식 시까지 식품이 오염되지 않도록 하여야 한다.
   다. 조리된 식품에 대하여 배식하기 직전에 음식의 맛, 온도, 조화(영양적인 균형, 재료의 균형), 이물(異物), 불쾌한 냄새, 조리 상태 등을 확인하기 위한 검식을 실시하여야 한다.
   라. 급식시설에서 조리한 식품은 온도관리를 하지 아니하는 경우에는 조리 후 2시간 이내에 배식을 마쳐야 한다.
6. 세척 및 소독 등
   가. 식기구는 세척·소독 후 배식 전까지 위생적으로 보관·관리하여야 한다.

나. 「감염병의 예방 및 관리에 관한 법률 시행령」 제24조에 따라 급식시설에 대하여 소독을 실시하고 소독필증을 비치하여야 한다.

7. 안전관리
   가. 관계규정에 따른 정기안전검사[가스·소방·전기안전, 보일러·압력용기·덤웨이터(dumbwaiter) 검사 등]를 실시하여야 한다.
   나. 조리기계·기구의 안전사고 예방을 위하여 안전작동방법을 게시하고 교육을 실시하며, 관리책임자를 지정, 그 표시를 부착하고 철저히 관리하여야 한다.
   다. 조리장 바닥은 안전사고 방지를 위하여 미끄럽지 않게 관리하여야 한다.
8. 기타 : 이 기준에서 정하지 않은 사항에 대해서는 식품위생법령의 위생·안전관련 기준에 따른다.

제13조 (식생활 지도 등) 학교의 장은 올바른 식생활습관의 형성, 식량생산 및 소비에 관한 이해 증진 및 전통 식문화의 계승·발전을 위하여 학생에게 식생활 관련 지도를 하며, 보호자에게는 관련 정보를 제공한다.

제14조 (영양상담) 학교의 장은 식생활에서 기인하는 영양불균형을 시정하고 질병을 사전에 예방하기 위하여 저체중 및 성장부진, 빈혈, 과체중 및 비만학생 등을 대상으로 영양상담과 필요한 지도를 실시한다.

제15조 (학교급식의 운영방식) ① 학교의 장은 학교급식을 직접 관리·운영하되, 「초·중등교육법」 제31조의 규정에 따른 학교운영위원회의 심의를 거쳐 일정한 요건을 갖춘 자에게 학교급식에 관한 업무를 위탁하여 이를 행하게 할 수 있다. 다만, 식재료의 선정 및 구매·검수에 관한 업무는 학교급식 여건상 불가피한 경우를 제외하고는 위탁하지 아니한다.

② 제1항의 규정에 따라 의무교육기관에서 업무위탁을 하고자 하는 경우에는 미리 관할청의 승인을 얻어야 한다.

③ 제1항의 규정에 따른 학교급식에 관한 업무위탁의 범위, 학교급식공급업자가 갖추어야 할 요건 그 밖에 업무위탁에 관하여 필요한 사항은 대통령령으로 정한다.

영 제11조 (업무위탁의 범위 등) ① 법 제15조 제1항에서 "학교급식 여건상 불가피한 경우"라 함은 다음 각 호의 경우를 말한다.
1. 공간적 또는 재정적 사유 등으로 학교급식시설을 갖추지 못한 경우
2. 학교의 이전 또는 통·폐합 등의 사유로 장기간 학교의 장이 직접 관리·운영함이 곤란한 경우
3. 그 밖에 학교급식의 위탁이 불가피한 경우로서 교육감이 학교급식위원회의 심의를 거쳐 정하는 경우

② 법 제15조 제3항에 따른 학교급식공급업자가 갖추어야 할 요건은 다음 각 호와 같다. 〈개정 2009.8.6.〉

1. 법 제12조 제1항에 따른 학교급식 과정 중 조리, 운반, 배식 등 일부업무를 위탁하는 경우 : 「식품위생법 시행령」 제21조 제8호 마목에 따른 위탁급식영업의 신고를 할 것
2. 법 제12조 제1항에 따른 학교급식 과정 전부를 위탁하는 경우
   가. 학교 밖에서 제조·가공한 식품을 운반하여 급식하는 경우 : 「식품위생법 시행령」 제21조 제1호에 따른 식품제조·가공업의 신고를 할 것
   나. 학교급식시설을 운영위탁하는 경우 : 「식품위생법 시행령」 제21조 제8호 마목에 따른 위탁급식영업의 신고를 할 것

③ 학교의 장은 법 제15조 제1항에 따라 학교급식에 관한 업무를 위탁하고자 하는 경우 「식품위생법」 제88조에 따른 집단급식소 신고에 필요한 면허소지자를 둔 학교급식공급업자에게 위탁하여야 한다. 〈개정 2009.8.6.〉

영 **제12조(업무위탁 등의 계약방법)** 법 제15조에 따른 학교급식업무의 위탁에 관한 계약은 국가를 당사자로 하는 계약에 관한 법령 또는 지방자치단체를 당사자로 하는 계약에 관한 법령의 관계 규정을 적용 또는 준용한다.

제16조(품질 및 안전을 위한 준수사항) ① 학교의 장과 그 학교의 학교급식 관련 업무를 담당하는 관계 교직원(이하 "학교급식관계교직원"이라 한다) 및 학교급식공급업자는 학교급식의 품질 및 안전을 위하여 다음 각 호의 어느 하나에 해당하는 식재료를 사용하여서는 아니 된다. 〈개정 2011.7.21.〉

1. 「농수산물의 원산지 표시에 관한 법률」 제5조 제1항에 따른 원산지 표시를 거짓으로 적은 식재료
2. 「농수산물 품질관리법」 제56조에 따른 유전자변형농수산물의 표시를 거짓으로 적은 식재료
3. 「축산법」 제40조의 규정에 따른 축산물의 등급을 거짓으로 기재한 식재료
4. 「농수산물 품질관리법」 제5조 제2항에 따른 표준규격품의 표시, 같은 법 제14조 제3항에 따른 품질인증의 표시 및 같은 법 제34조 제3항에 따른 지리적 표시를 거짓으로 적은 식재료

② 학교의 장과 그 소속 학교급식관계교직원 및 학교급식공급업자는 다음 사항을 지켜야 한다. 〈개정 2013.3.23.〉

1. 제10조 제2항의 규정에 따른 식재료의 품질관리기준, 제11조 제2항의 규정에 따른 영양관리기준 및 제12조 제2항의 규정에 따른 위생·안전관리기준
2. 그 밖에 학교급식의 품질 및 안전을 위하여 필요한 사항으로서 교육부령이 정하는 사항

③ 학교의 장과 그 소속 학교급식관계교직원 및 학교급식공급업자는 학교급식에 알레르기를 유발할 수 있는 식재료가 사용되는 경우에는 이 사실을 급식 전에 급식 대상 학생에게 알리고, 급식 시에 표시하여야 한다. 〈신설 2013.5.22.〉

④ 알레르기를 유발할 수 있는 식재료의 종류 등 제3항에 따른 공지 및 표시와 관련하여 필요한 사항은 교육부령으로 정한다. 〈신설 2013.5.22.〉

규칙 제7조(품질 및 안전을 위한 준수사항) ① 법 제16조 제2항 제2호에서 "그 밖에 학교급식의 품질 및 안전을 위하여 필요한 사항"이라 함은 다음 각 호의 사항을 말한다. 〈개정 2013.11.22.〉

1. 매 학기별 보호자부담 급식비 중 식품비 사용비율의 공개
2. 학교급식관련 서류의 비치 및 보관(보존연한은 3년)
   가. 급식인원, 식단, 영양 공급량 등이 기재된 학교급식일지
   나. 식재료 검수일지 및 거래명세표

② 법 제16조 제3항에 따라 학교의 장과 그 소속 학교급식관계교직원 및 학교급식공급업자는 학교급식에 「식품위생법」 제10조에 따라 식품의약품안전처장이 고시한 식품의 표시기준에 따른 한국인에게 알레르기를 유발하는 것으로 알려져 있는 식품을 사용하는 경우 다음 각 호의 방법으로 알리고 표시하여야 한다. 다만, 해당 식품으로부터 추출 등의 방법으로 얻은 성분을 함유하고 있는 식품에 대해서는 다음 각 호의 방법에 따를 수 있다. 〈신설 2013.11.22.〉

1. 공지방법 : 알레르기를 유발할 수 있는 식재료가 표시된 월간 식단표를 가정통신문으로 안내하고 학교 인터넷 홈페이지에 게재할 것
2. 표시방법 : 알레르기를 유발할 수 있는 식재료가 표시된 주간 식단표를 식당 및 교실에 게시할 것

제17조(생산품의 직접사용 등) 학교에서 작물재배·동물사육 그 밖에 각종 생산활동으로 얻은 생산품이나 그 생산품의 매각대금은 다른 법률의 규정에 불구하고 학교급식을 위하여 직접 사용할 수 있다.

제4장 보칙

제18조(학교급식 운영평가) ① 교육부장관 또는 교육감은 학교급식 운영의 내실화와 질적 향상을 위하여 학교급식의 운영에 관한 평가를 실시할 수 있다. 〈개정 2013.3.23.〉
② 제1항의 규정에 따른 평가의 방법·기준 그 밖에 학교급식 운영평가에 관하여 필요한 사항은 대통령령으로 정한다.

영 제13조(학교급식 운영평가 방법 및 기준) ① 법 제18조 제1항에 따른 학교급식 운영평가를 효율적으로 실시하기 위하여 교육부장관 또는 교육감은 평가위원회를 구성·운영할 수 있다. 〈개정 2013.3.23.〉

② 법 제18조 제2항에 따른 학교급식 운영평가기준은 다음 각 호와 같다.

1. 학교급식 위생·영양·경영 등 급식운영관리
2. 학생 식생활지도 및 영양상담
3. 학교급식에 대한 수요자의 만족도

4. 급식예산의 편성 및 운용
5. 그 밖에 평가기준으로 필요하다고 인정하는 사항

제19조 (출입·검사·수거 등) ① 교육부장관 또는 교육감은 필요하다고 인정하는 때에는 식품위생 또는 학교급식 관계공무원으로 하여금 학교급식 관련 시설에 출입하여 식품·시설·서류 또는 작업상황 등을 검사 또는 열람을 하게 할 수 있으며, 검사에 필요한 최소량의 식품을 무상으로 수거하게 할 수 있다. 〈개정 2013.3.23.〉

② 제1항의 규정에 따라 출입·검사·열람 또는 수거를 하고자 하는 공무원은 그 권한을 표시하는 증표를 지니고, 이를 관계인에게 내보여야 한다.

③ 제1항의 규정에 따른 검사 등의 결과 제16조 제2항 제1호·제2호 또는 같은 조 제3항의 규정을 위반한 때에는 교육부장관 또는 교육감은 해당학교의 장 또는 학교급식공급업자에게 시정을 명할 수 있다. 〈개정 2013.5.22.〉

영 **제14조 (출입·검사·수거 등 대상시설)** 법 제19조 제1항에 따른 학교급식관련 시설은 다음 각 호와 같다.
1. 학교 안에 설치된 학교급식시설
2. 학교급식에 식재료 또는 제조·가공한 식품을 공급하는 업체의 제조·가공시설

규칙 **제8조 (출입·검사 등)** ① 영 제14조 제1호의 시설에 대한 출입·검사 등은 다음 각 호와 같이 실시하되, 학교급식 운영상 필요한 경우에는 수시로 실시할 수 있다.
1. 제4조 제1항에 따른 식재료 품질관리기준, 제5조 제1항에 따른 영양관리기준 및 제7조에 따른 준수사항 이행여부의 확인·지도 : 연 1회 이상 실시하되, 제2호의 확인·지도 시 함께 실시할 수 있음
2. 제6조 제1항에 따른 위생·안전관리기준 이행여부의 확인·지도 : 연 2회 이상

② 영 제14조 제2호의 시설에 대한 출입·검사 등을 효율적으로 시행하기 위하여 필요하다고 인정하는 경우 교육부장관, 교육감 또는 교육장은 식품의약품안전처장, 특별시장·광역시장·특별자치시장·도지사·특별자치도지사 또는 시장·군수·구청장(자치구의 구청장을 말한다)에게 행정응원을 요청할 수 있다. 〈개정 2013.11.22.〉

③ 제1항 및 제2항에 따른 출입·검사를 실시한 관계공무원은 해당 학교급식관련 시설에 비치된 별지 제3호 서식의 출입·검사 등 기록부에 그 결과를 기록하여야 한다.

④ 법 제19조 제2항에 따른 공무원의 권한을 표시하는 증표는 별지 제4호 서식과 같다.

규칙 **제9조 (수거 및 검사의뢰 등)** ① 법 제19조 제1항에 따라 다음 각 호의 검사를 실시할 수 있다.
1. 미생물 검사
2. 식재료의 원산지, 품질 및 안전성 검사

② 제1항에 따라 검체를 수거한 관계공무원은 검체를 수거한 장소에서 봉함(封函)하고 관계공무원 및 피수거자의 날인이나 서명으로 봉인(封印)한 후 지체 없이 특별시·광역시·도·특별자치도의 보건환경연구원, 시·군·구의 보건소 등 관계검사기관에 검사를

의뢰하거나 자체적으로 검사를 실시한다. 다만, 제1항 제2호의 검사에 대하여는 국립농산물품질관리원, 농림축산검역본부, 국립수산물품질관리원 등 관계행정기관에 수거 및 검사를 의뢰할 수 있다. 〈개정 2013.11.22.〉

③ 제2항에 따라 검체를 수거한 때에는 별지 제5호 서식의 수거증을 교부하여야 하며, 검사를 의뢰한 때에는 별지 제6호 서식의 수거검사처리대장에 그 내용을 기록하고 이를 비치하여야 한다.

영 제15조 (관계공무원의 교육) 교육감은 법 제19조에 따른 공무원의 검사기술 및 자질 향상을 위하여 교육을 실시할 수 있다.

영 제16조 (급식연구학교 등의 지정·운영) 교육감은 학교급식의 교육효과 증진과 발전을 위하여 학교급식 연구학교 또는 시범학교를 지정·운영할 수 있다.

제20조 (권한의 위임) 이 법에 의한 교육부장관 또는 교육감의 권한은 그 일부를 대통령령이 정하는 바에 따라 교육감 또는 교육장에게 위임할 수 있다. 〈개정 2013.3.23.〉

영 제17조 (권한의 위임) 교육감은 법 제20조에 따라 법 제19조에 따른 출입·검사·수거 등, 법 제21조에 따른 행정처분 등의 요청 및 법 제25조에 따른 과태료 부과·징수권한을 조례로 정하는 바에 따라 교육장에게 위임할 수 있다. 〈개정 2010.6.29.〉

제21조 (행정처분 등의 요청) ① 교육부장관 또는 교육감은 「식품위생법」·「농수산물 품질관리법」·「축산법」·「축산물위생관리법」의 규정에 따라 허가 및 신고·지정 또는 인증을 받은 자가 제19조의 규정에 따른 검사 등의 결과 각 해당법령을 위반한 경우에는 관계행정기관의 장에게 행정처분 등의 필요한 조치를 할 것을 요청할 수 있다. 〈개정 2013.3.23.〉

② 제1항의 규정에 따라 요청을 받은 관계행정기관의 장은 특별한 사유가 없는 한 이에 응하여야 하며, 그 조치결과를 교육부장관 또는 당해 교육감에게 알려야 한다. 〈개정 2013.3.23.〉

규칙 제10조 (행정처분의 요청 등) 법 제21조에 따라 관할 행정기관의 장에게 행정처분 등 필요한 조치를 요청하고자 하는 때에는 별지 제7호 서식의 확인서 또는 제9조 제1항의 검사결과를 첨부하여 요청하여야 한다.

제22조 (징계) 학교급식의 적정한 운영과 안전성 확보를 위하여 징계의결 요구권자는 관할학교의 장 또는 그 소속 교직원 중 다음 각 호의 어느 하나에 해당하는 자에 대하여 당해 징계사건을 관할하는 징계위원회에 그 징계를 요구하여야 한다. 〈개정 2013.3.23.〉

1. 고의 또는 과실로 식중독 등 위생·안전상의 사고를 발생하게 한 자

(계속)

2. 학교급식 관련 계약상의 계약해지 사유가 발생하였음에도 불구하고 정당한 사유 없이 계약해지를 하지 아니한 자
3. 제19조 제3항의 규정에 따라 교육부장관 또는 교육감으로부터 시정명령을 받았음에도 불구하고 정당한 사유 없이 이를 이행하지 아니한 자
4. 학교급식과 관련하여 비리가 적발된 자

제5장 벌칙

제23조 (벌칙) ① 제16조 제1항 제1호 또는 제2호의 규정을 위반한 학교급식공급업자는 7년 이하의 징역 또는 1억원 이하의 벌금에 처한다. 〈개정 2008.3.21.〉

② 제16조 제1항 제3호의 규정을 위반한 학교급식공급업자는 5년 이하의 징역 또는 5천만 원 이하의 벌금에 처한다. 〈개정 2008.3.21.〉

③ 다음 각 호의 어느 하나에 해당하는 자는 3년 이하의 징역 또는 3천만 원 이하의 벌금에 처한다.
1. 제16조 제1항 제4호의 규정을 위반한 학교급식공급업자
2. 제19조 제1항의 규정에 따른 출입·검사·열람 또는 수거를 정당한 사유 없이 거부하거나 방해 또는 기피한 자

제24조 (양벌규정) 법인의 대표자나 법인 또는 개인의 대리인, 사용인, 그 밖의 종업원이 그 법인 또는 개인의 업무에 관하여 제23조의 위반행위를 하면 그 행위자를 벌하는 외에 그 법인 또는 개인에게도 해당 조문의 벌금형을 과(科)한다. 다만, 법인 또는 개인이 그 위반행위를 방지하기 위하여 해당 업무에 관하여 상당한 주의와 감독을 게을리 하지 아니한 경우에는 그러하지 아니하다. [전문개정 2010.3.17.]

제25조 (과태료) ① 제16조 제2항 제1호의 규정을 위반하여 제19조 제3항의 규정에 따른 시정명령을 받았음에도 불구하고 정당한 사유 없이 이를 이행하지 아니한 학교급식공급업자는 500만 원 이하의 과태료에 처한다.

② 제16조 제2항 제2호 또는 같은 조 제3항의 규정을 위반하여 제19조 제3항의 규정에 따른 시정명령을 받았음에도 불구하고 정당한 사유 없이 이를 이행하지 아니한 학교급식공급업자는 300만 원 이하의 과태료에 처한다. 〈개정 2013.5.22.〉

③ 제1항 및 제2항의 규정에 따른 과태료는 대통령령이 정하는 바에 따라 교육부장관 또는 교육감이 부과·징수한다. 〈개정 2013.3.23.〉

영 **제18조 (과태료의 부과기준)** 법 제25조 제1항 및 제2항에 따른 과태료의 부과기준은 별표와 같다. [전문개정 2011.4.5.]

■ **별표** ■ 〈개정 2013.11.22.〉

과태료의 부과기준 (제18조 관련)

1. 일반기준

가. 위반행위의 횟수에 따른 과태료의 기준은 최근 3년간 같은 위반행위로 과태료를 부과받은 경우에 적용한다. 이 경우 위반행위에 대하여 과태료 부과처분을 한 날과 다시 같은 위반행위를 적발한 날을 각각 기준으로 하여 위반횟수를 계산한다.

나. 부과권자는 다음의 어느 하나에 해당하는 경우에는 제2호에 따른 과태료 금액의 2분의 1의 범위에서 그 금액을 감경할 수 있다. 다만, 과태료를 체납하고 있는 위반행위자의 경우에는 그러하지 아니하다.

1) 위반행위자가 「질서위반행위규제법 시행령」 제2조의 2 제1항 각 호의 어느 하나에 해당하는 경우
2) 위반행위자가 위법행위로 인한 결과를 시정하거나 해소한 경우
3) 위반행위가 사소한 부주의나 오류 등 과실로 인한 것으로 인정되는 경우
4) 위반행위의 결과가 경미한 경우
5) 그 밖에 위반행위의 정도, 위반행위의 동기와 그 결과 등을 고려하여 감경할 필요가 있다고 인정되는 경우

2. 개별기준

위반행위	근거 법조문	과태료 금액(만 원)		
		1회 위반	2회 위반	3회 이상 위반
가. 학교급식공급업자가 법 제16조 제2항 제1호를 위반하여 법 제19조 제3항에 따른 시정명령을 받았음에도 불구하고 정당한 사유 없이 이를 이행하지 않은 경우	법 제25조 제1항	100	300	500
나. 학교급식공급업자가 법 제16조 제2항 제2호를 위반하여 법 제19조 제3항에 따른 시정명령을 받았음에도 불구하고 정당한 사유 없이 이를 이행하지 않은 경우	법 제25조 제2항	100	200	300
다. 학교급식공급업자가 법 제16조 제3항을 위반하여 법 제19조 제3항에 따른 시정명령을 받았음에도 불구하고 정당한 사유 없이 이를 이행하지 않은 경우	법 제25조 제2항	100	200	300

규칙 **제11조(규제의 재검토)** 교육부장관은 제3조 및 별표 1에 따른 급식시설의 세부기준에 대하여 2015년 1월 1일을 기준으로 2년마다(매 2년이 되는 해의 기준일과 같은 날 전까지를 말한다) 그 타당성을 검토하여 개선 등의 조치를 하여야 한다.

[본조신설 2014.12.31.]

3 국민영양관리법

국민영양관리법
[시행 2019.6.12.] [법률 제15877호, 2018.12.11., 일부개정]

국민영양관리법 시행령
[시행 2015.5.24.] [대통령령 제26218호, 2015.4.29., 일부개정]

국민영양관리법 시행규칙
[시행 2016.12.30.] [보건복지부령 제462호, 2016.12.30., 타법개정]

제1장 총칙

제1조 (목적) 이 법은 국민의 식생활에 대한 과학적인 조사·연구를 바탕으로 체계적인 국가영양정책을 수립·시행함으로써 국민의 영양 및 건강 증진을 도모하고 삶의 질 향상에 이바지하는 것을 목적으로 한다.

제2조 (정의) 이 법에서 사용하는 용어의 정의는 다음과 같다.

1. "식생활"이란 식문화, 식습관, 식품의 선택 및 소비 등 식품의 섭취와 관련된 모든 양식화된 행위를 말한다.
2. "영양관리"란 적절한 영양의 공급과 올바른 식생활 개선을 통하여 국민이 질병을 예방하고 건강한 상태를 유지하도록 하는 것을 말한다.
3. "영양관리사업"이란 국민의 영양관리를 위하여 생애주기 등 영양관리 특성을 고려하여 실시하는 교육·상담 등의 사업을 말한다.

제3조 (국가 및 지방자치단체의 의무) ① 국가 및 지방자치단체는 올바른 식생활 및 영양관리에 관한 정보를 국민에게 제공하여야 한다.
② 국가 및 지방자치단체는 국민의 영양관리를 위하여 필요한 대책을 수립하고 시행하여야 한다.
③ 지방자치단체는 영양관리사업을 시행하기 위한 공무원을 둘 수 있다.

제4조 (영양사 등의 책임) ① 영양사는 지속적으로 영양지식과 기술의 습득으로 전문능력을 향상시켜 국민영양개선 및 건강증진을 위하여 노력하여야 한다.
② 식품·영양 및 식생활 관련 단체와 그 종사자, 영양관리사업 참여자는 자발적 참여와 연대를 통하여 국민의 건강증진을 위하여 노력하여야 한다.

제5조 (국민의 권리 등) ① 누구든지 영양관리사업을 통하여 건강을 증진할 권리를 가지며 성별, 연령, 종교, 사회적 신분 또는 경제적 사정 등을 이유로 이에 대한 권리를 침해받지 아니한다.
② 모든 국민은 올바른 영양관리를 통하여 자신과 가족의 건강을 보호·증진하기 위하여 노력하여야 한다.

제6조 (다른 법률과의 관계) 국민의 영양관리에 대하여 다른 법률에 특별한 규정이 있는 경우를 제외하고는 이 법에서 정하는 바에 따른다.

제2장 국민영양관리기본계획 등

제7조 (국민영양관리기본계획) ① 보건복지부장관은 관계 중앙행정기관의 장과 협의하고 「국민건강증진법」 제5조에 따른 국민건강증진정책심의위원회(이하 "위원회"라 한다)의 심의를 거쳐 국민영양관리기본계획(이하 "기본계획"이라 한다)을 5년마다 수립하여야 한다.
② 기본계획에는 다음 각 호의 사항이 포함되어야 한다.
1. 기본계획의 중장기적 목표와 추진방향
2. 다음 각 목의 영양관리사업 추진계획
   가. 제10조에 따른 영양·식생활 교육사업
   나. 제11조에 따른 영양취약계층 등의 영양관리사업
   다. 제13조에 따른 영양관리를 위한 영양 및 식생활 조사
   라. 그 밖에 대통령령으로 정하는 영양관리사업
3. 연도별 주요 추진과제와 그 추진방법
4. 필요한 재원의 규모와 조달 및 관리 방안
5. 그 밖에 영양관리정책수립에 필요한 사항

③ 보건복지부장관은 제1항에 따라 기본계획을 수립한 경우에는 관계 중앙행정기관의 장, 특별시장·광역시장·도지사·특별자치도지사(이하 "시·도지사"라 한다) 및 시장·군수·구청장(자치구의 구청장을 말한다. 이하 같다)에게 통보하여야 한다.
④ 제1항의 기본계획 수립에 따른 협의절차, 제3항의 통보방법 등에 관하여 필요한 사항은 보건복지부령으로 정한다.

영 제2조 (영양관리사업의 유형) 「국민영양관리법」(이하 "법"이라 한다) 제7조 제2항 제2호 라목에 따른 영양관리사업은 다음 각 호와 같다.
1. 법 제14조에 따른 영양소 섭취기준 및 식생활 지침의 제정·개정·보급 사업
2. 영양취약계층을 조기에 발견하여 관리할 수 있는 국가영양관리감시체계 구축 사업
3. 국민의 영양 및 식생활 관리를 위한 홍보 사업

4. 고위험군·만성질환자 등에게 영양관리식 등을 제공하는 영양관리서비스산업의 육성을 위한 사업
5. 그 밖에 국민의 영양관리를 위하여 보건복지부장관이 필요하다고 인정하는 사업

규칙 **제2조 (국민영양관리기본계획 협의절차 등)** ① 보건복지부장관은 「국민영양관리법」(이하 "법"이라 한다) 제7조에 따른 국민영양관리기본계획(이하 "기본계획"이라 한다) 수립 시 기본계획안을 작성하여 관계 중앙행정기관의 장에게 통보하여야 한다.

② 보건복지부장관은 제1항에 따른 기본계획안에 관계 중앙행정기관의 장으로부터 수렴한 의견을 반영하여 「국민건강증진법」 제5조에 따른 국민건강증진정책심의위원회의 심의를 거쳐 기본계획을 확정한다.

규칙 **제3조 (시행계획의 수립시기 및 추진절차 등)** ① 법 제7조 제3항에 따라 기본계획을 통보받은 시장·군수·구청장(자치구의 구청장을 말한다. 이하 같다)은 법 제8조에 따른 국민영양관리시행계획(이하 "시행계획"이라 한다)을 수립하여 매년 1월 말까지 특별시장·광역시장·도지사·특별자치도지사(이하 "시·도지사"라 한다)에게 보고하여야 하며, 이를 보고받은 시·도지사는 관할 시·군·구(자치구를 말한다. 이하 같다)의 시행계획을 종합하여 매년 2월 말까지 보건복지부장관에게 제출하여야 한다.

② 시장·군수·구청장은 제1항에 따른 시행계획을 「지역보건법」 제7조제2항에 따른 지역보건의료계획의 연차별 시행계획에 포함하여 수립할 수 있다. 〈개정 2015.11.18.〉

③ 시장·군수·구청장은 해당 연도의 시행계획에 대한 추진실적을 다음 해 2월 말까지 시·도지사에게 보고하여야 하며, 이를 보고받은 시·도지사는 관할 시·군·구의 추진실적을 종합하여 다음 해 3월 말까지 보건복지부장관에게 제출하여야 한다.

④ 시장·군수·구청장은 지역 내 인구의 급격한 변화 등 예측하지 못한 지역 환경의 변화에 따라 필요한 경우에는 관련 단체 등 및 전문가 등의 의견을 들어 시행계획을 변경할 수 있다.

⑤ 시장·군수·구청장은 제4항에 따라 시행계획을 변경한 때에는 지체 없이 이를 시·도지사에게 보고하여야 하며, 이를 보고받은 시·도지사는 지체없이 이를 보건복지부장관에게 제출하여야 한다.

규칙 **제4조 (국민영양관리 시행계획 및 추진실적의 평가)** ① 보건복지부장관은 시행계획의 내용이 국가의 영양관리시책에 부합되지 아니하는 경우에는 조정을 권고할 수 있다.

② 보건복지부장관은 제3조에 따라 제출받은 추진실적을 현황분석·목표·활동전략의 적절성 등 보건복지부장관이 정하는 평가기준에 따라 평가하여야 한다.

③ 보건복지부장관은 제2항에 따라 추진실적을 평가하였을 때에는 그 결과를 공표할 수 있다.

규칙 **제5조 (영양·식생활 교육의 대상·내용·방법 등)** ① 보건복지부장관, 시·도지사 및 시장·군수·구청장은 국민 또는 지역 주민에게 영양·식생활 교육을 실시하여야 하며, 이 경우 생애주기 등 영양관리 특성을 고려하여야 한다.

② 영양·식생활 교육의 내용은 다음 각 호와 같다.

1. 생애주기별 올바른 식습관 형성·실천에 관한 사항

2. 식생활 지침 및 영양소 섭취기준
3. 질병 예방 및 관리
4. 비만 및 저체중 예방·관리
5. 바람직한 식생활문화 정립
6. 식품의 영양과 안전
7. 영양 및 건강을 고려한 음식 만들기
8. 그 밖에 보건복지부장관, 시·도지사 및 시장·군수·구청장이 국민 또는 지역 주민의 영양관리 및 영양개선을 위하여 필요하다고 인정하는 사항

제8조 (국민영양관리시행계획) ① 시장·군수·구청장은 기본계획에 따라 매년 국민영양관리시행계획(이하 "시행계획"이라 한다)을 수립·시행하여야 하며 그 시행계획 및 추진실적을 시·도지사를 거쳐 보건복지부장관에게 제출하여야 한다.
② 보건복지부장관은 시·도지사로부터 제출된 시행계획 및 추진실적에 관하여 보건복지부령으로 정하는 방법에 따라 평가하여야 한다.
③ 시행계획의 수립 및 추진 등에 필요한 사항은 보건복지부령으로 정하는 기준에 따라 해당 지방자치단체의 조례로 정한다.

제9조 (국민영양정책 등의 심의) 위원회는 국민의 영양관리를 위하여 다음 각 호의 사항을 심의한다.
1. 국민영양정책의 목표와 추진방향에 관한 사항
2. 기본계획의 수립에 관한 사항
3. 그 밖에 영양관리를 위하여 위원장이 필요하다고 인정한 사항

제3장 영양관리사업

제10조 (영양·식생활 교육사업) ① 국가 및 지방자치단체는 국민의 건강을 위하여 영양·식생활 교육을 실시하여야 하며 영양·식생활 교육에 필요한 프로그램 및 자료를 개발하여 보급하여야 한다.
② 제1항에 따른 영양·식생활 교육의 대상·내용·방법 등에 필요한 사항은 보건복지부령으로 정한다.

제11조 (영양취약계층 등의 영양관리사업) 국가 및 지방자치단체는 다음 각 호의 영양관리사업을 실시할 수 있다. 〈개정 2011.6.7.〉

1. 영유아, 임산부, 아동, 노인, 노숙인 및 사회복지시설 수용자 등 영양취약계층을 위한 영양관리사업
2. 어린이집, 유치원, 학교, 집단급식소, 의료기관 및 사회복지시설 등 시설 및 단체에 대한 영양관리사업
3. 생활습관질병 등 질병예방을 위한 영양관리사업

제12조 (통계·정보) ① 보건복지부장관은 영양정책 및 영양관리사업 등에 활용할 수 있도록 식품 및 영양에 관한 통계 및 정보를 수집·관리하여야 한다.

② 보건복지부장관은 제1항에 따른 통계 및 정보를 수집·관리하기 위하여 필요한 경우 관련 기관 또는 단체에 자료를 요청할 수 있다.

③ 제2항에 따라 자료를 요청받은 기관 또는 단체는 이에 성실히 응하여야 한다.

제13조 (영양관리를 위한 영양 및 식생활 조사) ① 국가 및 지방자치단체는 지역사회의 영양문제에 관한 연구를 위하여 다음 각 호의 조사를 실시할 수 있다.

1. 식품 및 영양소 섭취조사
2. 식생활 행태 조사
3. 영양상태 조사
4. 그 밖에 영양문제에 필요한 조사로서 대통령령으로 정하는 사항

② 보건복지부장관은 국민의 식품섭취 · 식생활 등에 관한 국민 영양 및 식생활 조사를 매년 실시하고 그 결과를 공표하여야 한다. 〈개정 2019.4.23.〉

③ 보건복지부장관은 제2항에 따른 조사를 위하여 관련 기관 · 법인 또는 단체의 장에게 필요한 자료의 제출 또는 의견의 진술을 요청할 수 있다. 이 경우 요청을 받은 자는 정당한 사유가 없으면 이에 협조하여야 한다. 〈신설 2019.4.23.〉

④ 제1항 및 제2항에 따른 조사의 방법과 그 밖에 필요한 사항은 대통령령으로 정한다. 〈개정 2019.4.23.〉

영 제3조 (영양 및 식생활 조사의 유형) 법 제13조 제1항 제4호에 따른 영양문제에 필요한 조사는 다음 각 호와 같다.

1. 식품의 영양성분 실태조사
2. 당·나트륨·트랜스지방 등 건강 위해가능 영양성분의 실태조사
3. 음식별 식품재료량 조사
4. 그 밖에 국민의 영양관리와 관련하여 보건복지부장관 또는 지방자치단체의 장이 필요하다고 인정하는 조사

영 제4조 (영양 및 식생활 조사의 시기와 방법 등) ① 보건복지부장관은 법 제13조 제1항 제1호

부터 제3호까지 및 같은 조 제2항에 따른 조사를 「국민건강증진법」 제16조에 따른 국민영양조사에 포함하여 실시한다.

② 보건복지부장관은 제3조 제1호 및 제2호에 따른 실태조사를 가공식품과 식품접객업소·집단급식소 등에서 조리·판매·제공하는 식품 등에 대하여 보건복지부장관이 정한 기준에 따라 매년 실시한다. 〈개정 2013.3.23.〉

③ 보건복지부장관은 제3조 제3호에 따른 조사를 식품접객업소 및 집단급식소 등의 음식별 식품재료에 대하여 보건복지부장관이 정한 기준에 따라 매년 실시한다.

제14조 (영양소 섭취기준 및 식생활 지침의 제정 및 보급) ① 보건복지부장관은 국민건강증진에 필요한 영양소 섭취기준을 제정하고 정기적으로 개정하여 학계·산업계 및 관련 기관 등에 체계적으로 보급하여야 한다.

② 보건복지부장관은 관계 중앙행정기관의 장과 협의하여 다음 각 호의 분야에서 제1항에 따른 영양소 섭취기준을 적극 활용할 수 있도록 하여야 한다. 〈신설 2018.12.11.〉

1. 「국민건강증진법」 제2조제1호에 따른 국민건강증진사업
2. 「학교급식법」 제11조에 따른 학교급식의 영양관리
3. 「식품위생법」 제2조제12호에 따른 집단급식소의 영양관리
4. 「식품 등의 표시·광고에 관한 법률」 제5조에 따른 식품등의 영양표시
5. 「식생활교육지원법」 제2조제2호에 따른 식생활 교육
6. 그 밖에 영양관리를 위하여 대통령령으로 정하는 분야

③ 보건복지부장관은 국민건강증진과 삶의 질 향상을 위하여 질병별·생애주기별 특성 등을 고려한 식생활 지침을 제정하고 정기적으로 개정·보급하여야 한다. 〈개정 2018.12.11.〉

④ 제1항에 따른 영양소 섭취기준 및 제3항에 따른 식생활 지침의 주요 내용 및 발간 주기 등 세부적인 사항은 보건복지부령으로 정한다. 〈개정 2018.12.11.〉

규칙 제6조 (영양소 섭취기준과 식생활 지침의 주요 내용 및 발간 주기 등) ① 법 제14조 제1항에 따른 영양소 섭취기준에는 다음 각 호의 내용이 포함되어야 한다.

1. 국민의 생애주기별 영양소 요구량(평균 필요량, 권장 섭취량, 충분 섭취량 등) 및 상한 섭취량
2. 영양소 섭취기준 활용을 위한 식사 모형
3. 국민의 생애주기별 1일 식사 구성안
4. 그 밖에 보건복지부장관이 영양소 섭취기준에 포함되어야 한다고 인정하는 내용

② 법 제14조 제2항에 따른 식생활 지침에는 다음 각 호의 내용이 포함되어야 한다.

1. 건강증진을 위한 올바른 식생활 및 영양관리의 실천
2. 생애주기별 특성에 따른 식생활 및 영양관리
3. 질병의 예방·관리를 위한 식생활 및 영양관리
4. 비만과 저체중의 예방·관리
5. 영양취약계층, 시설 및 단체에 대한 식생활 및 영양관리
6. 바람직한 식생활문화 정립

7. 식품의 영양과 안전
8. 영양 및 건강을 고려한 음식 만들기
9. 그 밖에 올바른 식생활 및 영양관리에 필요한 사항

③ 영양소 섭취기준 및 식생활 지침의 발간 주기는 5년으로 하되, 필요한 경우 그 주기를 조정할 수 있다.

제4장 영양사의 면허 및 교육 등

제15조 (영양사의 면허) ① 영양사가 되고자 하는 사람은 다음 각 호의 어느 하나에 해당하는 사람으로서 영양사 국가시험에 합격한 후 보건복지부장관의 면허를 받아야 한다. 〈개정 2018.12.11.〉

1. 「고등교육법」에 따른 대학, 산업대학, 전문대학 또는 방송통신대학에서 식품학 또는 영양학을 전공한 자로서 교과목 및 학점이수 등에 관하여 보건복지부령으로 정하는 요건을 갖춘 사람
2. 외국에서 영양사면허(보건복지부장관이 정하여 고시하는 인정기준에 해당하는 면허를 말한다)를 받은 사람
3. 외국의 영양사 양성학교(보건복지부장관이 정하여 고시하는 인정기준에 해당하는 학교를 말한다)를 졸업한 사람

② 보건복지부장관은 제1항에 따른 국가시험의 관리를 보건복지부령으로 정하는 바에 따라 시험 관리능력이 있다고 인정되는 관계 전문기관에 위탁할 수 있다.

③ 영양사 면허와 국가시험 등에 필요한 사항은 보건복지부령으로 정한다.

[시행일 : 2019.12.12.] 제15조제1항제2호, 제15조제1항제3호

규칙 제7조 (영양사 면허 자격 요건) ① 법 제15조제1항제1호에서 "보건복지부령으로 정하는 요건을 갖춘 사람"이란 별표 1에 따른 교과목 및 학점을 이수하고 별표 1의2에 따른 학과 또는 학부(전공)를 졸업한 사람 및 제8조에 따른 영양사 국가시험의 응시일로부터 3개월 이내에 졸업이 예정된 사람을 말한다. 이 경우 졸업이 예정된 사람은 그 졸업예정시기에 별표 1에 따른 교과목 및 학점을 이수하고 별표 1의2에 따른 학과 또는 학부(전공)를 졸업하여야 한다. 〈개정 2015.5.19.〉

② 법 제15조 제1항 제2호 및 제3호에서 "외국"이란 다음 각 호의 어느 하나에 해당하는 국가를 말한다. 〈개정 2013.3.23.〉

1. 대한민국과 국교(國交)를 맺은 국가
2. 대한민국과 국교를 맺지 아니한 국가 중 보건복지부장관이 외교부장관과 협의하여 정하는 국가

■ 별표 1 ■

교과목 및 학점이수 기준 (제7조 제1항 관련)

다음 교과목 중 각 영역별 최소이수 과목(총 18과목) 및 학점(총 52학점) 이상을 전공과목(필수 또는 선택)으로 이수해야 한다.

영역	교과목	유사인정과목	최소이수 과목 및 학점
기초	생리학	인체생리학, 영양생리학	총 2과목 이상 (6학점 이상)
	생화학	영양생화학	
	공중보건학	환경위생학, 보건학	
영양	기초영양학	영양학, 영양과 현대사회, 영양과 건강, 인체영양학	총 6과목 이상 (19학점 이상)
	고급영양학	영양화학, 고급인체영양학, 영양소 대사	
	생애주기영양학	특수영양학, 생활주기영양학, 가족영양학, 영양과 (성장)발달	
	식사요법	식이요법, 질병과 식사요법	
	영양교육	영양상담, 영양교육 및 상담, 영양정보관리 및 상담	
	임상영양학	영양병리학	
	지역사회영양학	보건영양학, 지역사회 영양 및 정책	
	영양판정	영양(상태)평가	
식품 및 조리	식품학	식품과 현대사회, 식품재료학	총 5과목 이상 (14학점 이상)
	식품화학	고급식품학, 식품(영양)분석	
	식품미생물학	발효식품학, 발효(미생물)학	
	식품가공 및 저장학	식품가공학, 식품저장학, 식품제조 및 관리	
	조리원리	한국음식연구, 외국음식연구, 한국조리, 서양조리	
	실험조리	조리과학, 실험조리 및 관능검사, 실험조리 및 식품평가, 실험조리 및 식품개발	
급식 및 위생	단체급식관리	급식관리, 다량조리, 외식산업과 다량조리	총 4과목 이상 (11학점 이상)
	급식경영학	급식경영 및 인사관리, 급식경영 및 회계, 급식경영 및 마케팅 전략	
	식생활관리	식생활계획, 식생활(과) 문화, 식문화사	
	식품위생학	식품위생 및 (관계) 법규	
	식품위생 관계 법규	식품위생법규	
실습	영양사 현장실습	영양사 실무	총 1과목 이상 (2학점 이상)

비고) 위의 교과목명이나 유사인정과목명에 "~ 및 실험", "~ 및 실습", "~실험", "~실습", "~학", "~연습", "~ I 과 II", "~관리", "~개론"을 붙여도 해당 교과목으로 인정할 수 있다.

■ **별표 1의2** ■ 〈신설 2015.5.19.〉

영양사 면허 취득에 필요한 학과, 학부(전공) 기준 (제7조제1항 관련)

구분	내용
학과	영양학과, 식품영양학과, 영양식품학과
학부(전공)	식품학, 영양학, 식품영양학, 영양식품학

규칙 **제8조(영양사 국가시험의 시행과 공고)** ① 보건복지부장관은 매년 1회 이상 영양사 국가시험을 시행하여야 한다.

② 보건복지부장관은 영양사 국가시험의 관리를 시험관리능력이 있다고 인정하여 지정·고시하는 다음 각 호의 요건을 갖춘 관계전문기관(이하 "영양사 국가시험관리기관"이라 한다)으로 하여금 하도록 한다.

1. 정부가 설립·운영비용의 일부를 출연(出捐)한 비영리법인
2. 국가시험에 관한 조사·연구 등을 통하여 국가시험에 관한 전문적인 능력을 갖춘 비영리법인

③ 영양사 국가시험관리기관의 장이 영양사 국가시험을 실시하려면 미리 보건복지부장관의 승인을 받아 시험일시, 시험장소, 응시원서 제출기간, 응시 수수료의 금액 및 납부방법, 그 밖에 영양사 국가시험의 실시에 관하여 필요한 사항을 시험 실시 30일 전까지 공고하여야 한다.

규칙 **제9조(영양사 국가시험 과목 등)** ① 영양사 국가시험의 과목은 다음 각 호와 같다. 〈개정 2015.5.19.〉

1. 영양학 및 생화학(기초영양학 · 고급영양학 · 생애주기영양학 등을 포함한다)
2. 영양교육, 식사요법 및 생리학(임상영양학 · 영양상담 · 영양판정 및 지역사회영양학을 포함한다)
3. 식품학 및 조리원리(식품화학 · 식품미생물학 · 실험조리 · 식품가공 및 저장학을 포함한다)
4. 급식, 위생 및 관계 법규(단체급식관리 · 급식경영학 · 식생활관리 · 식품위생학 · 공중보건학과 영양 · 보건의료 · 식품위생 관계 법규를 포함한다)

② 영양사 국가시험은 필기시험으로 한다.

③ 영양사 국가시험의 합격자는 전 과목 총점의 60퍼센트 이상, 매 과목 만점의 40퍼센트 이상을 득점하여야 한다. 〈개정 2015.5.19.〉

④ 영양사 국가시험의 출제방법, 배점비율, 그 밖에 시험 시행에 필요한 사항은 영양사 국가시험관리기관의 장이 정한다.

규칙 **제10조(부정행위에 대한 제재)** 부정한 방법으로 영양사 국가시험에 응시한 사람이나, 영양사 국가시험에서 부정행위를 한 사람에 대해서는 그 수험(受驗)을 정지시키거나 합격을 무효로 한다.

규칙 제11조(시험위원) 영양사 국가시험관리기관의 장은 영양사 국가시험을 실시할 때마다 시험과목별로 전문지식을 갖춘 사람 중에서 시험위원을 위촉한다.

규칙 제12조(영양사 국가시험의 응시 및 합격자 발표 등) ① 영양사 국가시험에 응시하려는 사람은 영양사 국가시험관리기관의 장이 정하는 응시원서를 영양사 국가시험관리기관의 장에게 제출하여야 한다.

② 영양사 국가시험관리기관의 장은 영양사 국가시험을 실시한 후 합격자를 결정하여 발표한다.

③ 영양사 국가시험관리기관의 장은 합격자 발표 후 합격자에 대한 다음 각 호의 사항을 보건복지부장관에게 보고하여야 한다.

1. 성명, 성별 및 주민등록번호(외국인은 국적, 성명, 성별 및 생년월일)
2. 출신학교 및 졸업 연월일
3. 합격번호 및 합격 연월일

규칙 제13조(관계 기관 등에의 협조 요청) 영양사 국가시험관리기관의 장은 영양사 국가시험의 관리업무를 원활하게 수행하기 위하여 필요한 경우에는 국가·지방자치단체 등 또는 관계 기관·단체에 시험장소 및 시험감독의 지원 등 필요한 협조를 요청할 수 있다.

제15조의2(응시자격의 제한 등) ① 부정한 방법으로 영양사 국가시험에 응시한 사람이나 영양사 국가시험에서 부정행위를 한 사람에 대해서는 그 수험을 정지시키거나 합격을 무효로 한다.

② 보건복지부장관은 제1항에 따라 수험이 정지되거나 합격이 무효가 된 사람에 대하여 처분의 사유와 위반 정도 등을 고려하여 보건복지부령으로 정하는 바에 따라 3회의 범위에서 영양사 국가시험 응시를 제한할 수 있다.

[본조신설 2019. 4. 23.]

제16조(결격사유) 다음 각 호의 어느 하나에 해당하는 사람은 영양사의 면허를 받을 수 없다. 〈개정 2018.12.11.〉

1. 「정신건강증진 및 정신질환자 복지서비스 지원에 관한 법률」 제3조 제1호에 따른 정신질환자. 다만, 전문의가 영양사로서 적합하다고 인정하는 사람은 그러하지 아니하다.
2. 「감염병의 예방 및 관리에 관한 법률」 제2조 제13호에 따른 감염병환자 중 보건복지부령으로 정하는 사람
3. 마약·대마 또는 향정신성의약품 중독자
4. 영양사 면허의 취소처분을 받고 그 취소된 날부터 1년이 지나지 아니한 사람

규칙 제14조(감염병환자) 법 제16조 제2호에서 "감염병환자"란 「감염병의 예방 및 관리에 관한 법률」 제2조 제3호 아목에 따른 B형간염 환자를 제외한 감염병환자를 말한다.

규칙 제15조(영양사 면허증의 교부) ① 영양사 국가시험에 합격한 사람은 합격자 발표 후 별지 제1호 서식의 영양사 면허증 교부신청서에 다음 각 호의 서류를 첨부하여 보건복지부장관

에게 영양사 면허증의 교부를 신청하여야 한다. 〈개정 2016.12.30.〉

1. 다음 각 목의 구분에 따른 자격을 증명할 수 있는 서류
   가. 법 제15조 제1항 제1호 : 졸업증명서 및 별표 1에 따른 교과목 및 학점이수 확인에 필요한 증명서
   나. 법 제15조 제1항 제2호 : 면허증 사본
   다. 법 제15조 제1항 제3호 : 졸업증명서
2. 법 제16조 제1호 본문에 해당되지 아니함을 증명하는 의사의 진단서 또는 같은 호 단서에 해당하는 경우에는 이를 증명할 수 있는 전문의의 진단서
3. 법 제16조 제2호 및 제3호에 해당되지 아니함을 증명하는 의사의 진단서
4. 응시원서의 사진과 같은 사진(가로 3.5센티미터, 세로 4.5센티미터) 2장

② 보건복지부장관은 영양사 국가시험에 합격한 사람이 제1항에 따른 영양사 면허증의 교부를 신청한 날부터 14일 이내에 별지 제2호 서식의 영양사 면허대장에 그 면허에 관한 사항을 등록하고 별지 제3호 서식의 영양사 면허증을 교부하여야 한다. 다만, 법 제15조 제1항 제2호 및 제3호에 해당하는 사람의 경우에는 외국에서 영양사 면허를 받은 사실 등에 대한 조회가 끝난 날부터 14일 이내에 영양사 면허증을 교부한다.

규칙 **제16조(면허증의 재교부)** ① 영양사가 면허증을 잃어버리거나 면허증이 헐어 못 쓰게 된 경우, 성명 또는 주민등록번호의 변경 등 영양사 면허증의 기재사항이 변경된 경우에는 별지 제4호 서식의 면허증(자격증) 재교부신청서에 다음 각 호의 서류를 첨부하여 보건복지부장관에게 제출하여야 한다. 이 경우 보건복지부장관은 「전자정부법」 제36조 제1항에 따른 행정정보의 공동이용을 통하여 주민등록표 등(초)본을 확인(주민등록번호가 변경된 경우만 해당한다)하여야 하며, 신청인이 확인에 동의하지 않는 경우에는 해당 서류를 첨부하도록 하여야 한다. 〈개정 2016.12.30.〉

1. 영양사 면허증이 헐어 못 쓰게 된 경우 : 영양사 면허증
2. 성명 또는 주민등록번호 등이 변경된 경우 : 영양사 면허증 및 변경 사실을 증명할 수 있는 다음 각 목의 구분에 따른 서류
   가. 성명 변경 시 : 가족관계등록부 등의 증명서 중 기본증명서
   나. 주민등록번호 변경 시 : 주민등록표 등(초)본(「전자정부법」 제36조 제1항에 따른 행정정보의 공동이용을 통한 확인에 동의하지 않는 경우에만 제출한다)
3. 사진(신청 전 6개월 이내에 모자 등을 쓰지 않고 촬영한 천연색 상반신 정면사진으로 가로 3.5센티미터, 세로 4.5센티미터의 사진을 말한다. 이하 같다) 2장

② 보건복지부장관은 제1항에 따라 영양사 면허증의 재교부 신청을 받은 경우에는 해당 영양사 면허대장에 그 사유를 적고 영양사 면허증을 재교부하여야 한다.

규칙 **제17조(면허증의 반환)** 영양사가 제16조에 따라 영양사 면허증을 재교부 받은 후 분실하였던 영양사 면허증을 발견하였거나, 법 제21조에 따라 영양사 면허의 취소처분을 받았을 때에는 그 영양사 면허증을 지체 없이 보건복지부장관에게 반환하여야 한다.

제17조 (영양사의 업무) 영양사는 다음 각 호의 업무를 수행한다.

1. 건강증진 및 환자를 위한 영양·식생활 교육 및 상담
2. 식품영양정보의 제공
3. 식단 작성, 검식(檢食) 및 배식관리
4. 구매식품의 검수 및 관리
5. 급식시설의 위생적 관리
6. 집단급식소의 운영일지 작성
7. 종업원에 대한 영양지도 및 위생교육

제18조 (면허의 등록) ① 보건복지부장관은 영양사의 면허를 부여할 때에는 영양사 면허대장에 그 면허에 관한 사항을 등록하고 면허증을 교부하여야 한다.
② 영양사는 면허증을 다른 사람에게 대여하지 못한다.
③ 제1항에 따른 면허의 등록 및 면허증의 교부 등에 관하여 필요한 사항은 보건복지부령으로 정한다.

제19조 (명칭사용의 금지) 제15조에 따라 영양사 면허를 받지 아니한 사람은 영양사 명칭을 사용할 수 없다.

제20조 (보수교육) ① 보건기관·의료기관·집단급식소 등에서 각각 그 업무에 종사하는 영양사는 영양관리수준 및 자질 향상을 위하여 보수교육을 받아야 한다.
② 제1항에 따른 보수교육의 시기·대상·비용 및 방법 등에 관하여 필요한 사항은 보건복지부령으로 정한다.

규칙 제18조 (보수교육의 시기·대상·비용·방법 등) ① 법 제20조에 따른 보수교육은 법 제22조에 따른 영양사협회(이하 "협회"라 한다)에 위탁한다.
② 협회의 장은 보수교육을 2년마다 실시하여야 하며, 교육시간은 6시간 이상으로 한다. 다만, 해당 연도에 「식품위생법」 제56조 제1항 단서에 따른 교육을 받은 경우에는 법 제20조에 따른 보수교육을 받은 것으로 보며, 이 경우 이를 증명할 수 있는 서류를 협회의 장에게 제출하여야 한다.
③ 보수교육의 대상자는 다음 각 호와 같다. 〈개정 2015.11.18.〉
1. 「지역보건법」 제10조 및 제13조에 따른 보건소·보건지소(이하 "보건소·보건지소"라 한다), 「의료법」 제3조에 따른 의료기관(이하 "의료기관"이라 한다) 및 「식품위생법」 제2조 제12호에 따른 집단급식소(이하 "집단급식소"라 한다)에 종사하는 영양사
2. 「영유아보육법」 제7조에 따른 보육정보센터에 종사하는 영양사

3. 「어린이 식생활안전관리 특별법」 제21조에 따른 어린이급식관리지원센터에 종사하는 영양사

4. 「건강기능식품에 관한 법률」 제4조 제1항 제3호에 따른 건강기능식품판매업소에 종사하는 영양사

④ 제3항에 따른 보수교육 대상자 중 다음 각 호의 어느 하나에 해당하는 사람은 해당 연도의 보수교육을 면제한다. 이 경우 보수교육이 면제되는 사람은 해당 보수교육이 실시되기 전에 별지 제5호서식의 보수교육 면제신청서에 면제 대상자임을 인정할 수 있는 서류를 첨부하여 협회의 장에게 제출하여야 한다. 〈개정 2015.5.19.〉

1. 군복무 중인 사람
2. 본인의 질병 또는 그 밖의 불가피한 사유로 보수교육을 받기 어렵다고 보건복지부장관이 인정하는 사람

⑤ 보수교육은 집합교육, 온라인 교육 등 다양한 방법으로 실시하여야 한다.

⑥ 보수교육의 교과과정, 비용과 그 밖에 보수교육을 실시하는데 필요한 사항은 보건복지부장관의 승인을 받아 협회의 장이 정한다.

규칙 **제19조 (보수교육계획 및 실적 보고 등)** ① 협회의 장은 별지 제6호 서식의 해당 연도 보수교육계획서를 해당 연도 1월 말까지, 별지 제7호 서식의 해당 연도 보수교육 실적보고서를 다음 연도 2월 말까지 각각 보건복지부장관에게 제출하여야 한다.

② 협회의 장은 보수교육을 받은 사람에게 별지 제8호 서식의 보수교육 이수증을 발급하여야 한다.

규칙 **제20조 (보수교육 관계 서류의 보존)** 협회의 장은 다음 각 호의 서류를 3년간 보존하여야 한다.

1. 보수교육 대상자 명단(대상자의 교육 이수 여부가 명시되어야 한다)
2. 보수교육 면제자 명단
3. 그 밖에 이수자의 교육 이수를 확인할 수 있는 서류

제20조의 2 (실태 등의 신고) ① 영양사는 대통령령으로 정하는 바에 따라 최초로 면허를 받은 후부터 3년마다 그 실태와 취업상황 등을 보건복지부장관에게 신고하여야 한다.

② 보건복지부장관은 제20조 제1항의 보수교육을 이수하지 아니한 영양사에 대하여 제1항에 따른 신고를 반려할 수 있다.

③ 보건복지부장관은 제1항에 따른 신고 수리 업무를 대통령령으로 정하는 바에 따라 관련 단체 등에 위탁할 수 있다. [본조신설 2012.5.23.]

영 **제4조의2(영양사의 실태 등의 신고)** ① 영양사는 법 제20조의2제1항에 따라 그 실태와 취업상황 등을 법 제18조제1항에 따른 면허증의 교부일(법률 제11440호 국민영양관리법 일부개정법률 부칙 제2조제1항에 따라 신고를 한 경우에는 그 신고를 한 날을 말한다)부터 매 3년이 되는 해의 12월 31일까지 보건복지부장관에게 신고하여야 한다.

② 보건복지부장관은 법 제20조의2제3항에 따라 신고 수리 업무를 법 제22조에 따른 영양사협회(이하 "협회"라 한다)에 위탁한다.

③ 제1항에 따른 신고의 방법 및 절차 등에 관하여 필요한 사항은 보건복지부령으로 정한다.

[본조신설 2015.4.29.]

규칙 제20조의2(영양사의 실태 등의 신고 및 보고) ① 법 제20조의2제1항 및 영 제4조의2제1항에 따라 영양사의 실태와 취업상황 등을 신고하려는 사람은 별지 제8호의2 서식의 영양사의 실태 등 신고서에 다음 각 호의 서류를 첨부하여 협회의 장에게 제출하여야 한다.

1. 제19조제2항에 따른 보수교육 이수증(이수한 사람만 해당한다)
2. 제18조제4항에 따른 보수교육 면제 확인서(면제된 사람만 해당한다)

② 제1항에 따른 신고를 받은 협회의 장은 신고를 한 자가 제18조에 따른 보수교육을 이수하였는지 여부를 확인하여야 한다.

③ 협회의 장은 제1항에 따른 신고 내용과 그 처리 결과를 반기별로 보건복지부장관에게 보고하여야 한다. 다만, 법 제21조제5항에 따라 면허의 효력이 정지된 영양사가 제1항에 따른 신고를 한 경우에는 신고 내용과 그 처리 결과를 지체 없이 보건복지부장관에게 보고하여야 한다.

[본조신설 2015.5.19.]

제21조 (면허취소 등) ① 보건복지부장관은 영양사가 다음 각 호의 어느 하나에 해당하는 경우 그 면허를 취소할 수 있다. 다만, 제1호에 해당하는 경우 면허를 취소하여야 한다. 〈개정 2012.5.23.〉

1. 제16조 제1호부터 제3호까지의 어느 하나에 해당하는 경우
2. 제2항에 따른 면허정지처분 기간 중에 영양사의 업무를 하는 경우
3. 제2항에 따라 3회 이상 면허정지처분을 받은 경우

② 보건복지부장관은 영양사가 다음 각 호의 어느 하나에 해당하는 경우 6개월 이내의 기간을 정하여 그 면허의 정지를 명할 수 있다.

1. 영양사가 그 업무를 행함에 있어서 식중독이나 그 밖에 위생과 관련한 중대한 사고 발생에 직무상의 책임이 있는 경우
2. 면허를 타인에게 대여하여 이를 사용하게 한 경우

③ 제1항, 제2항 및 제5항에 따른 행정처분의 세부적인 기준은 그 위반행위의 유형과 위반의 정도 등을 참작하여 대통령령으로 정한다. 〈개정 2012.5.23.〉

④ 보건복지부장관은 제1항의 면허취소처분 또는 제2항의 면허정지처분을 하고자 하는 경우에는 청문을 실시하여야 한다.

⑤ 보건복지부장관은 영양사가 제20조의 2에 따른 신고를 하지 아니한 경우에는 신고할 때까지 면허의 효력을 정지할 수 있다. 〈신설 2012.5.23.〉

영 제5조 (행정처분의 세부기준) 법 제21조 제3항에 따른 행정처분의 세부적인 기준은 별표와 같다.

■ 별표 ■

행정처분 기준 (제5조 관련)

Ⅰ. 일반기준

1. 둘 이상의 위반행위가 적발된 경우에는 가장 중한 면허정지처분 기간에 나머지 각각의 면허정지처분 기간의 2분의 1을 더하여 처분한다.
2. 위반행위에 대하여 행정처분을 하기 위한 절차가 진행되는 기간 중에 반복하여 같은 위반행위를 하는 경우에는 그 위반횟수마다 행정처분 기준의 2분의 1씩 더하여 처분한다.
3. 위반행위의 횟수에 따른 행정처분의 기준은 최근 1년간 같은 위반행위를 한 경우에 적용한다.
4. 제3호에 따른 행정처분 기준의 적용은 같은 위반행위에 대하여 행정처분을 한 날과 그 처분 후 다시 적발된 날을 기준으로 한다.
5. 어떤 위반행위든 그 위반행위에 대하여 행정처분이 이루어진 경우에는 그 처분 이전에 이루어진 같은 위반행위에 대해서도 행정처분이 이루어진 것으로 보아 다시 처분해서는 아니 된다.
6. 제1호에 따른 행정처분을 한 후 다시 행정처분을 하게 되는 경우 그 위반행위의 횟수에 따른 행정처분의 기준을 적용할 때 종전의 행정처분의 사유가 된 각각의 위반행위에 대하여 각각 행정처분을 하였던 것으로 본다.

Ⅱ. 개별기준

위반행위	근거 법령	행정처분 기준		
		1차 위반	2차 위반	3차 위반
1. 법 제16조 제1호부터 제3호까지의 어느 하나에 해당하는 경우	법 제21조 제1항 제1호	면허취소		
2. 면허정지처분 기간 중에 영양사의 업무를 하는 경우	법 제21조 제1항 제2호	면허취소		
3. 영양사가 그 업무를 행함에 있어서 식중독이나 그 밖에 위생과 관련한 중대한 사고 발생에 직무상의 책임이 있는 경우	법 제21조 제2항 제1호	면허정지 1개월	면허정지 2개월	면허취소
4. 면허를 타인에게 대여하여 사용하게 한 경우	법 제21조 제2항 제2호	면허정지 2개월	면허정지 3개월	면허취소

규칙 제21조(행정처분 및 청문 대장 등) 보건복지부장관은 법 제21조에 따라 행정처분 및 청문을 한 경우에는 별지 제9호 서식의 행정처분 및 청문 대장에 그 내용을 기록하고 이를 갖춰 두어야 한다.

제22조(영양사협회) ① 영양사는 영양에 관한 연구, 영양사의 윤리 확립 및 영양사의 권익증진 및 자질향상을 위하여 대통령령으로 정하는 바에 따라 영양사협회(이하 "협회"라 한다)를 설립할 수 있다.
② 협회는 법인으로 한다.
③ 협회에 관하여 이 법에 규정되지 아니한 사항은 「민법」 중 사단법인에 관한 규정을 준용한다.

영 제6조(협회의 설립허가) 법 제22조에 따라 협회를 설립하려는 자는 다음 각 호의 서류를 보건복지부장관에게 제출하여 설립허가를 받아야 한다.

1. 정관
2. 사업계획서
3. 자산명세서
4. 설립결의서
5. 설립대표자의 선출 경위에 관한 서류
6. 임원의 취임승낙서와 이력서

영 제7조(정관의 기재사항) 협회의 정관에는 다음 각 호의 사항이 포함되어야 한다.

1. 목적
2. 명칭
3. 소재지
4. 재산 또는 회계와 그 밖에 관리·운영에 관한 사항
5. 임원의 선임에 관한 사항
6. 회원의 자격 및 징계에 관한 사항
7. 정관 변경에 관한 사항
8. 공고 방법에 관한 사항

영 제8조(정관의 변경 허가) 협회가 정관을 변경하려면 다음 각 호의 서류를 보건복지부장관에게 제출하고 허가를 받아야 한다.

1. 정관 변경의 내용과 그 이유를 적은 서류
2. 정관 변경에 관한 회의록
3. 신구 정관 대조표와 그 밖의 참고서류

영 제9조(협회의 지부 및 분회) 협회는 특별시·광역시·도와 특별자치도에 지부를 설치할 수 있으며, 시·군·구(자치구를 말한다)에 분회를 설치할 수 있다.

제5장 보칙

제23조(임상영양사) ① 보건복지부장관은 건강관리를 위하여 영양판정, 영양상담, 영양소 모니터링 및 평가 등의 업무를 수행하는 영양사에게 영양사 면허 외에 임상영양사 자격을 인정할 수 있다.

② 제1항에 따른 임상영양사의 업무, 자격기준, 자격증 교부 등에 관하여 필요한 사항은 보건복지부령으로 정한다.

규칙 제22조(임상영양사의 업무) 법 제23조에 따른 임상영양사(이하 "임상영양사"라 한다)는 질병의 예방과 관리를 위하여 질병별로 전문화된 다음 각 호의 업무를 수행한다.

1. 영양문제 수집·분석 및 영양요구량 산정 등의 영양판정

2. 영양상담 및 교육
3. 영양관리상태 점검을 위한 영양모니터링 및 평가
4. 영양불량상태 개선을 위한 영양관리
5. 임상영양 자문 및 연구
6. 그 밖에 임상영양과 관련된 업무

규칙 **제23조 (임상영양사의 자격기준)** 임상영양사가 되려는 사람은 다음 각 호의 어느 하나에 해당하는 사람으로서 보건복지부장관이 실시하는 임상영양사 자격시험에 합격하여야 한다. 〈개정 2015.5.19.〉

1. 제24조에 따른 임상영양사 교육과정 수료와 보건소·보건지소, 의료기관, 집단급식소 등 보건복지부장관이 정하는 기관에서 1년 이상 영양사로서의 실무경력을 충족한 사람
2. 외국의 임상영양사 자격이 있는 사람 중 보건복지부장관이 인정하는 사람

규칙 **제24조 (임상영양사의 교육과정)** ① 임상영양사의 교육은 보건복지부장관이 지정하는 임상영양사 교육기관이 실시하고 그 교육기간은 2년 이상으로 한다.

② 임상영양사 교육을 신청할 수 있는 사람은 영양사 면허를 가진 사람으로 한다.

규칙 **제25조 (임상영양사 교육기관의 지정 기준 및 절차)** ① 제24조 제1항에 따른 임상영양사 교육기관으로 지정받을 수 있는 기관은 다음 각 호의 어느 하나의 기관으로서 별표 2의 임상영양사 교육기관 지정기준에 맞아야 한다.

1. 영양학, 식품영양학 또는 임상영양학 전공이 있는 「고등교육법」 제29조의 2에 따른 일반대학원, 특수대학원 또는 전문대학원
2. 임상영양사 교육과 관련하여 전문 인력과 능력을 갖춘 비영리법인

② 제1항에 따른 임상영양사 교육기관으로 지정받으려는 자는 별지 제10호 서식의 임상영양사 교육기관 지정신청서에 다음 각 호의 서류를 첨부하여 보건복지부장관에게 제출하여야 한다.

1. 교수요원의 성명과 이력이 적혀 있는 서류
2. 실습협약기관 현황 및 협약 약정서
3. 교육계획서 및 교과과정표
4. 해당 임상영양사 교육과정에 사용되는 시설 및 장비 현황

③ 보건복지부장관은 제2항에 따른 신청이 제1항의 지정기준에 맞다고 인정하면 임상영양사 교육기관으로 지정하고, 별지 제11호 서식의 임상영양사 교육기관 지정서를 발급하여야 한다.

■ 별표 2 ■

임상영양사 교육기관 지정기준 (제25조 제1항 관련)

교수요원		실습협약기관 (각 호의 요건을 모두 갖추어야 한다)
전공전임 교수	실습지도 겸임교수	
학생 10명 당 1명 이상	학생 5명 당 1명 이상	1. 보건소·보건지소, 의료기관, 그 밖에 보건복지부장관이 인정하는 시설을 실습협약기관으로 지정해야 한다. 이 경우 의료기관은 실습협약기관에 반드시 포함되어야 한다. 2. 실습협약기관에는 임상영양사 1명 이상을 배치하여야 한다. 3. 실습협약기관에는 임상영양사 실습을 위한 별도의 교육훈련 프로그램을 갖추어야 한다.

규칙 **제26조 (임상영양사 교육생 정원)** ① 보건복지부장관은 제25조 제3항에 따라 임상영양사 교육기관을 지정하는 경우에는 교육생 정원을 포함하여 지정하여야 한다.

② 임상영양사 교육기관의 장은 제1항에 따라 정해진 교육생 정원을 변경하려는 경우에는 별지 제12호 서식의 임상영양사과정 교육생 정원 변경신청서에 제25조 제2항 각 호의 서류를 첨부하여 보건복지부장관에게 제출하여야 한다.

③ 보건복지부장관은 제2항에 따른 정원 변경신청이 제25조 제1항의 지정기준에 맞으면 정원 변경을 승인하고 지정서를 재발급하여야 한다.

규칙 **제27조 (임상영양사 교육과정의 과목 및 수료증 발급)** ① 임상영양사 교육과정의 과목은 이론과목과 실습과목으로 구분하고, 과목별 이수학점 기준은 별표 3과 같다.

② 임상영양사 교육기관의 장은 임상영양사 교육과정을 마친 사람에게 별지 제13호 서식의 임상영양사 교육과정 수료증을 발급하여야 한다.

■ 별표 3 ■

임상영양사 교육과정의 과목별 이수학점 기준(제27조제1항 관련)

구분	과목명	학점
이론과목	고급영양이론	3
	병태생리학	3
	임상영양치료	6
	고급영양상담 및 교육	2
	임상영양연구	2
실습과목	임상영양실습	8
계		24

규칙 **제28조(임상영양사 자격시험의 시행과 공고)** ① 보건복지부장관은 매년 1회 이상 임상영양사 자격시험을 시행하여야 한다. 다만, 영양사 인력 수급(需給) 등을 고려하여 시험을 시행하는 것이 적절하지 않다고 인정하는 경우에는 임상영양사 자격시험을 시행하지 않을 수 있다.

② 보건복지부장관은 임상영양사 자격시험의 관리를 다음 각 호의 요건을 갖춘 관계 전문기관(이하 "임상영양사 자격시험관리기관"이라 한다)으로 하여금 하도록 한다.

1. 정부가 설립·운영비용의 일부를 출연한 비영리법인
2. 자격시험에 관한 전문적인 능력을 갖춘 비영리법인

③ 제2항에 따라 임상영양사 자격시험을 실시하는 임상영양사 자격시험관리기관의 장은 보건복지부장관의 승인을 받아 임상영양사 자격시험의 일시, 시험장소, 시험과목, 시험방법, 응시원서 및 서류 접수, 응시 수수료의 금액 및 납부방법, 그 밖에 시험 시행에 필요한 사항을 정하여 시험 실시 30일 전까지 공고하여야 한다.

규칙 **제29조(임상영양사 자격시험의 응시자격 및 응시절차)** ① 임상영양사 자격시험에 응시할 수 있는 사람은 제23조 각 호의 어느 하나에 해당하는 사람으로 한다.

② 임상영양사 자격시험에 응시하려는 사람은 별지 제14호 서식의 임상영양사 자격시험 응시원서를 임상영양사 자격시험관리기관의 장에게 제출하여야 한다.

규칙 **제30조(임상영양사 자격시험의 시험방법 등)** ① 임상영양사 자격시험은 필기시험으로 한다.

② 임상영양사 자격시험의 합격자는 총점의 60% 이상을 득점한 사람으로 한다.

③ 임상영양사 자격시험의 시험과목, 출제방법, 배점비율, 그 밖에 시험 시행에 필요한 사항은 임상영양사 자격시험관리기관의 장이 정한다.

규칙 **제31조(임상영양사 합격자 발표 등)** ① 임상영양사 자격시험관리기관의 장은 임상영양사 자격시험을 실시한 후 합격자를 결정하여 발표한다.

② 제1항의 합격자는 다음 각 호의 서류를 합격자 발표일로부터 10일 이내에 임상영양사 자격시험관리기관의 장에게 제출하여야 한다.

1. 제27조 제2항에 따른 수료증 사본 또는 외국의 임상영양사 자격증 사본
2. 영양사 면허증 사본
3. 사진 3장

③ 임상영양사 자격시험관리기관의 장은 합격자 발표 후 15일 이내에 다음 각 호의 서류를 보건복지부장관에게 제출하여야 한다.

1. 합격자의 성명, 주민등록번호, 영양사 면허번호 및 면허 연월일, 수험번호 등이 적혀 있는 합격자 대장
2. 제27조 제2항에 따른 수료증 사본 또는 외국의 임상영양사 자격증 사본
3. 사진 1장

규칙 **제32조(임상영양사 자격증 교부)** ① 보건복지부장관은 제31조 제3항에 따라 임상영양사 자격시험관리기관의 장으로부터 서류를 제출받은 경우에는 임상영양사 자격인정대장에 다음 각 호의 사항을 적고, 합격자에게 별지 제15호 서식의 임상영양사 자격증을 교부하여야 한다.

1. 성명 및 생년월일
2. 임상영양사 자격인정번호 및 자격인정 연월일

3. 임상영양사 자격시험 합격 연월일

4. 영양사 면허번호 및 면허 연월일

② 임상영양사의 자격증의 재교부에 관하여는 제16조를 준용한다. 이 경우 "영양사"는 "임상영양사"로, "면허증"은 "자격증"으로 본다.

제24조 (비용의 보조) 국가나 지방자치단체는 회계연도마다 예산의 범위에서 영양관리사업의 수행에 필요한 비용의 일부를 부담하거나 사업을 수행하는 법인 또는 단체에 보조할 수 있다.

제25조 (권한의 위임·위탁) ① 이 법에 따른 보건복지부장관의 권한은 대통령령으로 정하는 바에 따라 그 일부를 시·도지사에게 위임할 수 있다.

② 이 법에 따른 보건복지부장관의 업무는 대통령령으로 정하는 바에 따라 그 일부를 관계 전문기관에 위탁할 수 있다.

영 제10조 (업무의 위탁) ① 보건복지부장관은 법 제25조 제2항에 따라 법 제20조에 따른 보수교육업무를 협회에 위탁한다.

② 보건복지부장관은 법 제25조 제2항에 따라 다음 각 호의 업무를 관계 전문기관에 위탁한다.

1. 법 제10조에 따른 영양·식생활 교육사업
2. 법 제11조에 따른 영양취약계층 등의 영양관리사업
3. 법 제12조에 따른 통계·정보의 수집·관리
4. 법 제13조에 따른 영양 및 식생활 조사
5. 법 제14조에 따른 영양소 섭취기준 및 식생활 지침의 제정·개정·보급
6. 법 제23조에 따른 임상영양사의 자격시험 관리

③ 제2항에서 "관계 전문기관"이란 다음 각 호의 어느 하나에 해당하는 기관 중에서 보건복지부장관이 지정하는 기관을 말한다.

1. 「고등교육법」에 따른 학교로서 식품학 또는 영양학 전공이 개설된 전문대학 이상의 학교
2. 협회
3. 정부가 설립하거나 정부가 운영비용의 전부 또는 일부를 지원하는 영양관리업무 관련 비영리법인
4. 그 밖에 영양관리업무에 관한 전문 인력과 능력을 갖춘 비영리법인

영 제10조의 2 (민감정보 및 고유식별정보의 처리) 보건복지부장관(법 제15조제2항, 이 영 제4조의2제2항 및 제10조에 따라 보건복지부장관의 권한을 위탁받은 자를 포함한다)은 다음 각 호의 사무를 수행하기 위하여 불가피한 경우 「개인정보 보호법」 제23조에 따른 건강에 관한 정보, 같은 법 시행령 제19조제1호, 제2호 또는 제4호에 따른 주민등록번호, 여권번호 또는 외국인등록번호가 포함된 자료를 처리할 수 있다. 〈개정 2015.4.29.〉

1. 법 제10조에 따른 영양·식생활 교육사업에 관한 사무
2. 법 제11조에 따른 영양취약계층 등의 영양관리사업에 관한 사무

3. 법 제12조에 따른 통계·정보에 관한 사무
4. 법 제13조에 따른 영양관리를 위한 영양 및 식생활 조사에 관한 사무
5. 법 제15조에 따른 영양사 면허 및 국가시험 등에 관한 사무
6. 법 제16조에 따른 영양사 면허의 결격사유 확인에 관한 사무
7. 법 제18조에 따른 영양사 면허의 등록에 관한 사무
8. 법 제20조에 따른 영양사 보수교육에 관한 사무
8의2. 법 제20조의2에 따른 영양사의 실태와 취업상황 등의 신고에 관한 사무
9. 법 제21조에 따른 영양사 면허취소처분 및 면허정지처분에 관한 사무
10. 법 제23조에 따른 임상영양사의 자격기준 및 국가시험에 관한 사무

제26조 (수수료) ① 지방자치단체의 장은 영양관리사업에 드는 경비 중 일부에 대하여 그 이용자로부터 조례로 정하는 바에 따라 수수료를 징수할 수 있다.
② 제1항에 따라 수수료를 징수하는 경우 지방자치단체의 장은 노인, 장애인, 「국민기초생활 보장법」에 따른 수급권자 등의 수수료를 감면하여야 한다.
③ 영양사의 면허를 받거나 면허증을 재교부 받으려는 사람 또는 국가시험에 응시하려는 사람은 보건복지부령으로 정하는 바에 따라 수수료를 내야 한다.
④ 제15조제2항에 따라 영양사 국가시험 관리를 위탁받은 「한국보건의료인국가시험원법」에 따른 한국보건의료인국가시험원은 국가시험의 응시수수료를 보건복지부장관의 승인을 받아 시험관리에 필요한 경비에 직접 충당할 수 있다. 〈개정 2015.6.22.〉

규칙 제33조 (수수료) ① 영양사 국가시험에 응시하려는 사람은 법 제26조 제3항에 따라 영양사 국가시험관리기관의 장이 보건복지부장관의 승인을 받아 결정한 수수료를 내야 한다.
② 제16조(제32조 제2항에서 준용하는 경우를 포함한다)에 따라 면허증 또는 자격증의 재교부를 신청하거나 면허 또는 자격사항에 관한 증명을 신청하는 사람은 다음 각 호의 구분에 따른 수수료를 수입인지로 내거나 정보통신망을 이용하여 전자화폐·전자결제 등의 방법으로 내야 한다. 〈개정 2013.4.17.〉
1. 면허증 또는 자격증의 재교부수수료 : 2천원
2. 면허 또는 자격사항에 관한 증명수수료 : 500원(정보통신망을 이용하여 발급받는 경우 무료)
③ 임상영양사 자격시험에 응시하려는 사람은 임상영양사 자격시험관리기관의 장이 보건복지부장관의 승인을 받아 결정한 수수료를 내야 한다.

제27조 (벌칙 적용에서의 공무원 의제) 제15조 제2항에 따라 위탁받은 업무에 종사하는 전문기관의 임직원은 「형법」 제129조부터 제132조까지의 규정에 따른 벌칙의 적용에서는 공무원으로 본다.

규칙 제34조(규제의 재검토) 보건복지부장관은 다음 각 호의 사항에 대하여 다음 각 호의 기준일

을 기준으로 2년마다(매 2년이 되는 해의 기준일과 같은 날 전까지를 말한다) 그 타당성을 검토하여 개선 등의 조치를 하여야 한다.

1. 제23조에 따른 임상영양사의 자격기준: 2015년 1월 1일

2. 제25조제1항 및 별표 2에 따른 임상영양사 교육기관 지정기준: 2015년 1월 1일

[본조신설 2015.1.5.]

제6장 벌칙

제28조 (벌칙) ① 제18조 제2항을 위반하여 다른 사람에게 영양사 면허증을 대여한 사람은 1년 이하의 징역 또는 1천만 원 이하의 벌금에 처한다.

② 제19조를 위반하여 영양사라는 명칭을 사용한 사람은 300만 원 이하의 벌금에 처한다.

부칙 〈제15877호, 2019.12.11.〉

제1조(시행일) 이 법은 공포 후 6개월이 경과한 날부터 시행한다. 다만, 제16조제1호의 개정규정은 공포한 날부터 시행하고, 제15조제1항제2호 및 제3호의 개정규정은 공포 후 1년이 경과한 날부터 시행한다.

제2조(영양사 국가시험의 응시자격에 관한 경과조치) 이 법 시행 당시 종전의 제15조제1항제2호 및 제3호에 따라 영양사 국가시험의 응시자격을 인정받은 사람은 이 법에 따른 응시자격이 있는 것으로 본다.

부칙 〈제26218호, 2015.4.29.〉

이 영은 2015년 5월 24일부터 시행한다.

부칙 〈제462호, 2016.12.30.〉

(공공기관 사진제출 관련 국민불편 해소방안 마련을 위한 국민영양관리법 시행규칙 등 일부개정령)

이 규칙은 공포한 날부터 시행한다.

4 보건범죄 단속에 관한 특별조치법(발췌)

보건범죄 단속에 관한 특별조치법

[시행 2017.12.19.] [법률 제15252호, 2017.12.19., 일부개정]

보건범죄단속에 관한 특별조치법 시행령

[시행 2010.3.19.] [대통령령 제22075호, 2010.3.15., 타법개정]

보건범죄단속에 관한 특별조치법 시행규칙

[시행 2010.3.19.] [보건복지부령 제1호, 2010.3.19., 타법개정]

제1조 (목적) 이 법은 부정식품 및 첨가물, 부정의약품 및 부정유독물의 제조나 무면허 의료행위 등의 범죄에 대하여 가중처벌 등을 함으로써 국민보건 향상에 이바지함을 목적으로 한다. [전문개정 2011.4.12.]

제2조 (부정식품 제조 등의 처벌) ①「식품위생법」 제37조제1항·제4항 및 제5항의 허가를 받지 아니하거나 신고 또는 등록을 하지 아니하고 제조·가공한 사람, 「건강기능식품에 관한 법률」 제5조에 따른 허가를 받지 아니하고 건강기능식품을 제조·가공한 사람, 이미 허가받거나 신고된 식품, 식품첨가물 또는 건강기능식품과 유사하게 위조하거나 변조한 사람, 그 사실을 알고 판매하거나 판매할 목적으로 취득한 사람 및 판매를 알선한 사람, 「식품위생법」 제6조, 제7조 제4항 또는 「건강기능식품에 관한 법률」 제24조 제1항을 위반하여 제조·가공한 사람, 그 정황을 알고 판매하거나 판매할 목적으로 취득한 사람 및 판매를 알선한 사람은 다음 각 호의 구분에 따라 처벌한다.

1. 식품, 식품첨가물 또는 건강기능식품이 인체에 현저히 유해한 경우 : 무기 또는 5년 이상의 징역에 처한다.
2. 식품, 식품첨가물 또는 건강기능식품의 가액(價額)이 소매가격으로 연간 5천만 원 이상인 경우 : 무기 또는 3년 이상의 징역에 처한다.
3. 제1호의 죄를 범하여 사람을 사상(死傷)에 이르게 한 경우 : 사형, 무기 또는 5년 이상의 징역에 처한다.

② 제1항의 경우에는 제조, 가공, 위조, 변조, 취득, 판매하거나 판매를 알선한 제품의 소매가격의 2배 이상 5배 이하에 상당하는 벌금을 병과(倂科)한다. [전문개정 2011.4.12.]

영 제4조 (부정식품의 유해기준) ① 법 제2조 제1항 제1호의 규정에 의한 "인체에 현저한 유해"의 기준은 다음 각 호와 같다.

1. 다류 : 허용 외의 착색료가 함유된 경우
2. 과자류 : 허용 외의 착색료나 방부제가 함유되거나, 비소가 2ppm 이상 또는 납이

3ppm 이상 함유된 경우

3. 빵류 : 허용 외의 방부제가 함유된 경우
4. 엿류 : 허용 외의 방부제가 함유된 경우
5. 시유 : 허용 외의 방부제가 함유되거나, 포스파타아제가 검출된 경우
6. 식육 및 어육제품 : 허용 외의 방부제가 함유되거나, 납이 3ppm 이상 함유된 경우
7. 청량음료수 : 허용 외의 착색료나 방부제가 함유되거나, 비소가 0.3ppm 이상 또는 납이 0.5ppm 이상 함유된 경우
8. 장류 : 허용 외의 착색료나 방부제가 함유되거나, 비소가 5ppm 이상 함유된 경우
9. 주류 : 허용 외의 착색료나 방부제가 함유되거나, 메틸알코올이 1mL 당 1mg 이상 함유된 경우
10. 분말 청량음료 : 허용 외의 착색료나 방부제가 함유되거나, 수용상태에서 비소가 0.3ppm 이상 또는 납이 0.5ppm 이상 함유된 경우

제3조 (생략)

제3조의 2 (재범자의 특수가중) 제2조 또는 제3조의 죄로 형을 받아 그 집행을 종료하거나 면제받은 후 3년 내에 다시 제2조 제1항 제1호 또는 제3조 제1항 제1호의 죄를 범한 사람은 사형, 무기 또는 5년 이상의 징역에 처한다. [전문개정 2011.4.12.]

제4조, 제5조 (생략)

제6조 (양벌규정) 법인의 대표자나 법인 또는 개인의 대리인, 사용인, 그 밖의 종업원이 그 법인 또는 개인의 업무에 관하여 제2조, 제3조, 제4조 및 제5조의 어느 하나에 해당하는 위반행위를 하면 그 행위자를 벌하는 외에 그 법인 또는 개인을 1억 원 이하의 벌금에 처한다. 다만, 법인 또는 개인이 그 위반행위를 방지하기 위하여 해당 업무에 관하여 상당한 주의와 감독을 게을리하지 아니한 경우에는 그러하지 아니하다. [전문개정 2009.12.29.]

제7조 (허가 취소) ① 이 법에 따라 처벌을 받았거나, 그 제품이 규격기준을 위반하여 인체에 유해하거나, 효능 또는 함량이 현저히 부족하다고 식품의약품안전처에서 검정된 영업에 대하여는 해당 허가, 면허 또는 등록을 관할하는 기관의 장은 보건복지부장관, 식품의약품안전처장 또는 환경부장관의 요구에 따라 그 허가, 면허 또는 등록을 취소하여야 한다. 〈개정 2013.3.23.〉

② 제1항의 경우 이 법에 따라 영업이 취소된 자는 취소된 날부터(처벌을 받은 자는 그 형의 집행이 종료되거나 집행을 받지 아니하기로 확정된 후) 5년간 해당 업무에 종사하지 못한다. [전문개정 2011.4.12.]

제8조 (유해 등의 기준) 제2조, 제3조, 제4조 및 제7조 중 "현저히 유해" 및 "현저히 부족"의 기준은 따로 대통령령으로 정한다. [전문개정 2011.4.12.]

제9조 (상금 등) ① 이 법에서 규정하는 범죄를 범죄가 발각되기 전에 수사기관 또는 감독청에 통보한 자 또는 검거한 자에게는 대통령령으로 정하는 바에 따라 상금을 지급한다.

② 타인으로 하여금 이 법에 따른 처벌 또는 행정처분을 받게 할 목적으로 거짓 정보를 제공한 사람은 1년 이상의 유기징역에 처한다. [전문개정 2011.4.12.]

영 제6조 (상금의 지급액) ① 법 제9조 제1항의 규정에 의한 상금의 지급액은 당해 사건으로 부과된 벌금액의 100분의 20 상당액으로 하되, 상금의 총액은 50만 원을 초과할 수 없다.

② 당해 사건이 검사의 기소유예처분을 받은 경우에는 전항의 규정에 불구하고 3만 원 이하의 범위 안에서 그 공로, 범죄의 경중 기타의 사정을 참작하여 보건복지부장관이 정하는 금액으로 한다. 〈개정 2010.3.15.〉

규칙 제6조 (상금의 청구) 법 제9조의 규정에 의한 상금의 급여신청은 당해사건의 통보자 또는 검거자가 별지 제1호 서식에 의한 신청서에 다음 각 호의 서류를 첨부하여 보건복지부장관에게 제출하여야 한다. 〈개정 2010.3.19.〉

1. 통보자 또는 검거자에 대한 범죄인지관서장의 증명서
2. 확정판결의 판결문등본 또는 검사의 기소유예 처분증명서 [전문개정 1978.12.7.]

규칙 제7조 (통보인 또는 검거인이 2인 이상인 경우의 상금의 지급기준) 통보인 또는 검거인이 2인 이상인 경우에는 상금은 등분하여 이를 지급한다.

규칙 제8조 (지급조서 등의 작성) 보건복지부장관은 제6조 및 제7조의의 규정에 의하여 상금을 지급한 때에는 별지 제2호 및 제3호의 서식에 의한 상금지급조서와 지급대장을 작성하여 지급상황을 명기하여 이를 비치하여야 한다. 〈개정 2010.3.19.〉

제10조 (적용 범위) 「축산물위생관리법」 제22조, 「주세법」 제6조, 「농약관리법」 제3조 및 제8조에 따라 그 제조, 가공 또는 판매에 관하여 허가 또는 면허를 받거나 등록을 하여야 할 축산물, 주류 또는 유독성 농약은 각각 「식품위생법」 또는 「유해화학물질 관리법」에 따른 식품, 유독물 또는 취급제한·금지물질의 예에 따라 이 법을 적용한다. [전문개정 2011.4.12.]

부칙 〈제15252호, 2017.12.19.〉

이 법은 공포한 날부터 시행한다.

5 조리사 및 영양사 교육에 관한 규정

[시행 2016.8.18] [식품의약품안전처고시 제2016-81호, 2016.8.18, 일부개정]

제1조 (목적) 이 지침은 식품위생법(이하 "법"이라 한다) 제56조 및 식품위생법 시행규칙(이하 "시행규칙"이라 한다) 제84조 규정에 의한 조리사 및 영양사에 대한 교육실시에 따른 구체적인 기준과 방법을 규정함을 목적으로 한다.

제2조 (교육실시기관) 교육은 시행규칙 제84조 제1항의 규정에 따라 식품의약품안전처장이 지정한 교육실시기관에서 실시한다.

제3조 (교육시행규정 및 교육계획 보고) ① 교육실시기관의 장은 효율적인 교육실시를 위하여 다음 각 호의 사항이 포함된 교육시행규정을 제정·시행하여야 한다.

1. 교육의 목적
2. 교육과목 및 교육교재 편찬 방법
3. 교육진행에 관한 사항
4. 강사 및 수강료에 관한 사항
5. 결강 등에 관한 조치사항
6. 교육수료증, 수료증교부대장 등 교육과 관련된 제서식
7. 기타 교육실시 및 운영에 필요한 사항

② 교육실시기관의 장은 다음 각 호의 사항이 포함된 교육계획을 수립하여 시행하여야 한다.

1. 교육대상자 및 대상자별 예상인원
2. 교육장소
3. 수강료 및 산출내역
4. 교육실시 방법(대상별, 지역별, 조합별 등)
5. 교육과목 및 교육내용(교재포함)
6. 과목별 교육시간
7. 월별 교육일정표
8. 기타 교육시행에 필요한 사항

③ 교육실시기관의 장은 교육시행규정을 제정 또는 개정하고자 하는 때와 교육계획을 수립·시행하고자 하는 때에는 미리 그 내용을 식품의약품안전처장에게 보고하여야 한다.

④ 식품의약품안전처장은 제1항부터 제3항까지의 규정에 의한 사항에 대하여 교육의 실효성 확보를 위해 시정지시를 할 수 있으며, 교육실시기관의 장은 그 지시사항을 지체 없이 시정조치하고 그 결과를 식품의약품안전처장에게 보고하여야 한다.

제4조 (교육대상 및 시간) ① 교육대상자는 식품위생법 제2조 및 같은 법 시행령 제2조의 규정에 의한 집단급식소에 근무하는 조리사 및 영양사로 한다.

② 교육시간은 법 제56조 및 동법 시행규칙 제84조 제3항에 따라 6시간으로 한다.

제5조 (교육실시기간) 교육은 2008년을 기준으로 2년 마다 실시한다.

제6조 (교육내용 및 교재의 편찬 등) ① 교육내용은 시행규칙 제84조 제2항에 규정된 내용을 포함하여야 한다.

② 교육실시기관의 장은 제1항의 교육내용이 포함된 교육교재를 편찬하여 피교육자에게 배부하여야 한다.

제7조 (교육과정 편성) 교육과정은 원칙적으로 거주 지역, 교육시간 등을 고려하여 편성한 후 실시한다.

제8조 (강사) 강사는 학계 및 관련분야의 전문가, 소비자단체, 관계공무원 등 식품위생업무의 전문가로 구성하여야 한다.

제9조 (교육장소) 교육 장소는 교육대상인원을 충분히 수용할 수 있는 좌석수와 피교육자가 교육에 전념할 수 있는 시설을 갖춘 곳으로서 교통이 편리한 곳이어야 한다.

제10조 (수강료) ① 교육실시기관의 장은 피교육자로부터 교육에 필요한 수강료를 수납할 수 있다.

② 제1항의 수강료는 교육수준, 지역적 특성 등을 고려하여 실비수준으로 교육실시기관의 장이 결정한다.

③ 교육실시기관의장은 수강료를 변경하고자 하는 때에는 미리 식품의약품안전처장에게 보고하여야 한다.

제11조 (교육의 유예) ① 법 제56조 규정에 의한 조리사 및 영양사가 다음 각 호 중 어느 하나의 사유로 교육을 받을 수 없을 경우에는 교육실시기관에서 별도로 정하는 기간 내에 교육을 받을 수 있다.

1. 질병이나 부상으로 입원중이거나 거동이 심히 곤란한 자
2. 본인, 배우자 또는 직계 존·비속의 결혼, 회갑이나 사망 시
3. 법령의 규정에 의한 일신 전속적인 교육이나 법원 등에의 출석, 증언, 재판을 받기 위한 경우
4. 업무와 관련한 국외여행 시
5. 기타 교육실시기관이 사전교육을 받기가 곤란하다고 인정한 경우

제12조 (교육통지서송부 및 교육결과 보고) ① 교육실시기관의 장은 교육예정일 15일전까지 다음 각 호의 사항을 기재한 교육통지서를 교육대상자에게 송부하여야 한다.

1. 교육대상자의 성명 및 주소
2. 교육일시 및 장소
3. 수강료 및 지참물 등 구체적인 교육안내
4. 불참사유 발생 시 사전통보의무 고지
5. 교육 불참 시 과태료 부과 등 불이익발생 고지

② 교육실시기관의 장은 교육실시 후 피교육자에게 교육수료증 또는 교육확인필증을 교부하고, 동 교육수료사항을 교육수료증교부(교육확인)대장에 기재하여 2년 이상 보관하여야 한다.
③ 교육실시기관의 장은 교육실시결과를 교육실시후 1월 이내에 허가관청 또는 신고관청, 교육실시 연도 다음해 1월 31일까지 식품의약품안전처장에게 각각 보고하여야 한다.

제13조 (행정지원) ① 시·도지사는 관할지역에서 교육을 실시할 경우 교육대상자의 소집, 교육장소의 확보 등과 관련하여 교육실시기관의 장의 지원요청이 있을 경우 소속직원으로 하여금 최대한 협조토록 하여야 한다.

제14조 (교육불참자에 대한 조치) ① 교육실시기관의 장은 매 교육이 종료될 때마다 허가관청 또는 신고관청에 교육 참석 및 불참현황을 보고하여야 한다.
② 교육대상자가 교육통보를 받고 정당한 사유 없이 교육을 이수하지 않아 교육실시기관의 장이 허가관청 또는 신고관청에 불참자로 통보하였을 경우 허가관청 또는 신고관청은 통보 받을 때마다 사실관계를 확인한 후 식품위생법령에 따라 필요한 조치를 하여야 한다.

제15조 (회계처리) ① 교육실시기관의 장은 교육실시에 따른 수입·지출의 회계처리는 별도의 계정과목으로 하여야 한다.
② 교육실시에 따른 수강료 등 수입금은 교육실시 목적 외의 다른 용도로 사용할 수 없다. 다만, 식품의약품안전처장의 승인을 받은 경우에는 그러하지 아니하다.

제16조 (재검토기한) 식품의약품안전처장은 「훈령·예규 등의 발령 및 관리에 관한 규정」에 따라 이 고시에 대하여 2017년 1월 1일 기준으로 매 3년이 되는 시점(매 3년째의 12월 31일까지를 말한다)마다 그 타당성을 검토하여 개선 등의 조치를 하여야 한다.

부칙 <제2016-81호, 2016.8.18>

제1조 (시행일) 이 지침은 공포한 날부터 시행한다.

6 식품위생 분야 종사자의 건강진단 규칙

[시행 2018.12.31.] [총리령 제1519호, 2018.12.31., 일부개정]

제1조 (목적) 이 규칙은 「식품위생법」 제40조 제1항 및 제4항에 따른 건강진단의 실시에 필요한 사항을 규정함을 목적으로 한다.

제2조 (건강진단 항목 등) 「식품위생법」 제40조 제1항 및 같은 법 시행규칙 제49조에 따라 건강진단을 받아야 하는 사람의 진단 항목 및 횟수는 별표와 같다.

■ 별표 ■

건강진단 항목 및 횟수 (제2조 관련)

대상	건강진단 항목	횟수
식품 또는 식품첨가물(화학적 합성품 또는 기구 등의 살균·소독제는 제외한다.)을 채취·제조·가공·조리·저장·운반 또는 판매하는 데 직접 종사하는 사람. 다만, 영업자 또는 종업원 중 완전 포장된 식품 또는 식품첨가물을 운반하거나 판매하는 데 종사하는 사람은 제외한다.	1. 장티푸스(식품위생 관련 영업 및 집단급식소 종사자만 해당한다) 2. 폐결핵 3. 전염성 피부질환(한센병 등 세균성 피부질환을 말한다)	1회/년

제3조 (건강진단 실시) 이 규칙에 따른 건강진단은 「지역보건법」에 따른 보건소(이하 "보건소"라 한다), 「의료법」에 따른 종합병원·병원 또는 의원(이하 "의료기관"이라 한다)에서 실시한다. 다만, 영업자가 요청하는 경우에는 의료기관의 의료인이 해당 영업소에 방문하여 건강진단을 실시할 수 있다. 〈개정 2018.12.31.〉

제4조 (감염병환자의 발생 신고 등) 의료기관의 장은 제3조에 따라 건강진단을 실시한 결과 감염병환자가 발생한 경우에는 「감염병의 예방 및 관리에 관한 법률」 제11조에 따라 관할 보건소장에게 신고하고, 「의료법」 제22조에 따라 진료기록부 등을 기록·보존하여야 한다.

제5조 (수수료) 보건소에서 제2조에 따른 건강진단을 받으려는 사람은 수수료 3천원을 내야 한다. 〈개정 2018.3.28.〉

부칙 〈총리령 제1519호, 2018.12.31..〉

제1조 (시행일) 이 규칙은 공포한 날부터 시행한다.

MEMO

4장

외식사업 관련 법규

1. 옥외광고물 등의 관리와 옥외광고산업 진흥에 관한 법률 (약칭: 옥외광고물법) : (발췌)
2. 상가건물 임대차보호법 (약칭: 상가임대차법)
3. 화재예방, 소방시설 설치 · 유지 및 안전관리에 관한 법률 (약칭: 소방시설법) : (발췌)

4장 외식사업 관련 법규

1 옥외광고물 등의 관리와 옥외광고산업 진흥에 관한 법률(발췌)(약칭 : 옥외광고물법)

옥외광고물 등의 관리와 옥외광고산업 진흥에 관한 법률

[시행 2017.7.26.] [법률 제14839호, 2017.7.26., 타법개정]

옥외광고물 등의 관리와 옥외광고산업 진흥에 관한 법률 시행령

[시행 2019.6.25.] [대통령령 제29895호, 2019.6.25., 일부개정]

제1조(목적) 이 법은 옥외광고물의 표시 · 설치 등에 관한 사항과 옥외광고물의 질적 향상을 위한 기반 조성에 필요한 사항을 정함으로써 안전하고 쾌적한 생활환경을 조성하고 옥외광고산업의 경쟁력을 높이는 데 이바지함을 목적으로 한다.

[전문개정 2016.1.6.]

영 제1조(목적) 이 영은 「옥외광고물 등의 관리와 옥외광고산업 진흥에 관한 법률」에서 위임된 사항과 그 시행에 필요한 사항을 규정함을 목적으로 한다. 〈개정 2016.7.6.〉

제2조 (정의) 이 법에서 사용하는 용어의 뜻은 다음과 같다. 〈개정 2016.1.6.〉

1. "옥외광고물"이란 공중에게 항상 또는 일정 기간 계속 노출되어 공중이 자유로이 통행하는 장소에서 볼 수 있는 것(대통령령으로 정하는 교통시설 또는 교통수단에 표시되는 것을 포함한다)으로서 간판 · 디지털광고물(디지털 디스플레이를 이용하여 정보 · 광고를 제공하는 것으로서 대통령령으로 정하는 것을 말한다) · 입간판 · 현수막(懸垂幕) · 벽보 · 전단(傳單)과 그 밖에 이와 유사한 것을 말한다.
2. "게시시설"이란 광고탑 · 광고판과 그 밖의 인공구조물로서 옥외광고물(이하 "광고물"이라 한다)을 게시하거나 표시하기 위한 시설을 말한다.
3. "옥외광고업"이란 광고물이나 게시시설을 제작 · 표시 · 설치하거나 옥외광고를 대행하는 영업을 말한다. [전문개정 2011.3.29.]

영 **제2조(옥외광고물 표시 대상 등)** ① 「옥외광고물 등의 관리와 옥외광고산업 진흥에 관한 법률」(이하 "법"이라 한다) 제2조제1호에서 "대통령령으로 정하는 교통시설 또는 교통수단"이란 다음 각 호의 교통시설 또는 교통수단을 말한다. 〈개정 2017.3.29.〉

1. 다음 각 목의 교통시설
   가. 지하도
   나. 철도역
   다. 지하철역
   라. 공항
   마. 항만
   바. 고속국도
2. 다음 각 목의 교통수단
   가. 「철도산업발전기본법」 제3조 제4호에 따른 철도차량(이하 "철도차량"이라 한다) 및 「도시철도법」에 따른 도시철도차량(이하 "도시철도차량"이라 한다)
   나. 「자동차관리법」 제2조 제1호에 따른 자동차
   다. 「선박법」 제1조의 2 제1항 제1호 및 제2호에 따른 기선 및 범선(이하 "선박"이라 한다)
   라. 「항공안전법」 제2조제1호 및 제3호에 따른 항공기 및 초경량비행장치(이하 "항공기등"이라 한다)

② 법 제2조제1호에서 "디지털 디스플레이를 이용하여 정보·광고를 제공하는 것으로서 대통령령으로 정하는 것"이란 디지털 디스플레이(전기·전자제어장치를 이용하여 광고내용을 평면 혹은 입체적으로 표시하게 하는 장치를 말한다. 이하 같다)를 이용하여 빛의 점멸 또는 빛의 노출로 화면·형태의 변화를 주는 등 정보·광고의 내용을 수시로 변화하도록 한 옥외광고물(이하 "디지털광고물"이라 한다)을 말한다. 〈신설 2016.7.6.〉

[제목개정 2016.7.6.]

영 **제3조(옥외광고물의 분류)** 옥외광고물(이하 "광고물"이라 한다)은 다음 각 호와 같이 분류한다. 〈개정 2019.4.30.〉

1. 벽면 이용 간판: 다음 각 목의 것
   가. 문자·도형 등을 목재·아크릴·금속재·디지털 디스플레이 등을 이용하여 판이나 입체형으로 제작·설치하여 건물·시설물·점포·영업소 등의 벽면, 유리벽의 바깥쪽, 옥상난간 등에 길게 붙이거나 표시하는 것
   나. 문자·도형 등을 도료, 색상이 표시된 천·종이·비닐·테이프 등을 이용하여 건물·시설물·점포·영업소 등의 벽면, 유리벽의 바깥쪽, 옥상난간 등에 길게 표시하는 것
   다. 주유소 또는 가스충전소의 주유기 또는 충전기시설의 차양면(遮陽面)에 상호·정유사 등의 명칭을 표시하거나 상호를 현수식(懸垂式)으로 표시하는 광고물
   라. 「환경친화적 자동차의 개발 및 보급 촉진에 관한 법률」 제2조제9호에 따른 수소연료공급시설(이하 "수소연료공급시설"이라 한다) 또는 같은 법 시행령 제18조의5 제1항에 따른 충전시설(이하 "환경친화적 자동차의 충전시설"이라 한다)의 차양면

에 문자·도형 등을 표시하거나 문자·도형 등을 매다는 방식으로 표시하는 광고물

2. 삭제 〈2016.7.6.〉

3. 돌출간판 : 문자·도형 등을 표시한 목재·아크릴·금속재 등의 판이나 이용업소·미용업소의 표지등(標識燈)을 건물의 벽면에 튀어나오게 붙이는 광고물

4. 공연간판: 공연·영화를 알리기 위한 문자·그림 등을 목재·아크릴·금속재·디지털 디스플레이 등의 판에 표시하거나 실물의 모형 등을 제작하여 해당 공연 건물의 벽면에 표시하는 광고물

5. 옥상간판 : 건물의 옥상에 따로 삼각형·사각형 또는 원형 등의 게시시설을 설치하여 문자·도형 등을 표시하거나 승강기탑·계단탑·망루·장식탑·옥탑 등 건물의 옥상구조물에 문자·도형 등을 직접 표시하는 광고물

6. 지주(支柱) 이용 간판 : 다음 각 목의 것

   가. 문자·도형 등을 표시한 목재·아크릴·금속재·디지털 디스플레이 등의 판을 지면에 따로 설치한 지주에 붙이는 광고물

   나. 문자·도형 등을 따로 설치한 삼각기둥·사각기둥·원기둥 등의 게시시설 기둥면에 직접 표시하는 광고물

   다. 군사시설, 철도의 주요 경계시설, 공사 현장 등을 가리기 위하여 지주 형태로 설치한 시설물에 문자·도형 등을 표시하는 광고물

6의2. 입간판: 건물의 벽에 기대어 놓거나 지면에 세워두는 등 고정되지 아니한 목재, 아크릴 또는 조례로 정하는 재료로 만들어진 게시시설에 문자·도형 등을 표시하는 광고물

7. 현수막 : 천·종이·비닐 등에 문자·도형 등을 표시하여 건물 등의 벽면, 지주, 게시시설 또는 그 밖의 시설물 등에 매달아 표시하는 광고물

8. 애드벌룬 : 비닐 등을 사용한 기구에 문자·도형 등을 표시하여 건물의 옥상 또는 지면에 설치하거나 공중에 띄우는 광고물

9. 벽보 : 종이·비닐 등에 문자·그림 등을 표시하여 지정게시판·지정벽보판 또는 그 밖의 시설물 등에 붙이는 광고물

10. 전단 : 종이·비닐 등에 문자·그림 등을 표시하여 옥외에서 배부하는 광고물

11. 공공시설물 이용 광고물 : 공공의 목적을 위하여 설치하는 인공구조물 또는 편익시설물에 표시하는 광고물

12. 교통시설 이용 광고물 : 제2조 제1호 각 목의 교통시설에 문자·도형 등을 표시하거나 목재·아크릴·금속재·디지털 디스플레이 등의 게시시설을 설치하여 표시하는 광고물

13. 교통수단 이용 광고물 : 제2조 제2호 각 목의 교통수단 외부에 문자·도형 등을 아크릴·금속재·디지털 디스플레이 등의 판에 표시하여 붙이거나 직접 도료로 표시하는 광고물

14. 선전탑 : 도로 등의 일정한 장소에 광고탑을 설치하여 탑면에 문자·도형 등을 표시하는 광고물

15. 아치광고물 : 도로 등의 일정한 장소에 문틀형 또는 반원형 등의 게시시설을 설치하여 문자·도형 등을 표시하는 광고물

16. 창문 이용 광고물: 다음 각 목의 것

   가. 문자·도형 등을 목재·아크릴·금속재·디지털 디스플레이 등을 이용하여 판이

나 입체형으로 제작·설치하여 건물·시설물·점포·영업소 등의 유리벽의 안쪽, 창문, 출입문에 붙이거나 표시하는 광고물

나. 문자·도형 등을 도료, 천·종이·비닐·테이프 등을 이용하여 건물·시설물·점포·영업소 등의 유리벽의 안쪽, 창문, 출입문에 표시하는 것 [전문개정 2011.10.10.]

17. 특정광고물: 그 밖에 이 조 각 호의 분류에 해당하지 아니하는 광고물로서 법 제7조의2제1항에 따른 옥외광고정책위원회(이하 "정책위원회"라 한다)의 심의를 거쳐 행정안전부장관이 정하여 고시한 광고물

영 **제3조의2(디지털광고물의 적용 · 표시대상)** 제3조제1호, 제4호부터 제6호까지, 제11호부터 제13호까지 또는 제16호의 광고물에 해당하는 경우에만 디지털광고물을 적용하거나 표시할 수 있다. [본조신설 2016.7.6.]

제2조의 2 (적용상의 주의) 이 법을 적용할 때에는 국민의 정치활동의 자유 및 그 밖의 자유와 권리를 부당하게 침해하지 아니하도록 주의하여야 한다. [전문개정 2011.3.29.]

제3조 (광고물 등의 허가 또는 신고) ① 다음 각 호의 어느 하나에 해당하는 지역·장소 및 물건에 광고물 또는 게시시설(이하 "광고물 등"이라 한다) 중 대통령령으로 정하는 광고물 등을 표시하거나 설치하려는 자는 대통령령으로 정하는 바에 따라 특별자치시장 · 특별자치도지사 · 시장 · 군수 또는 자치구의 구청장(이하 "시장 등"이라 한다)에게 허가를 받거나 신고하여야 한다. 허가 또는 신고사항을 변경하려는 경우에도 또한 같다. 〈개정 2016.1.6.〉

1. 「국토의 계획 및 이용에 관한 법률」 제36조에 따른 도시지역
2. 「문화재보호법」에 따른 문화재 및 보호구역
3. 「산지관리법」에 따른 보전산지
4. 「자연공원법」에 따른 자연공원
5. 도로·철도·공항·항만·궤도(軌道)·하천 및 대통령령으로 정하는 그 부근의 지역
6. 대통령령으로 정하는 교통수단
7. 그 밖에 아름다운 경관과 도시환경을 보전하기 위하여 대통령령으로 정하는 지역·장소 및 물건

② 제1항 제6호의 교통수단이 둘 이상의 특별자치시장 · 특별자치도·시·군·자치구에 걸쳐 운행되는 경우에는 해당 교통수단의 주된 사무소 소재지 또는 해당 교통수단이 등록된 주소지의 시장 등에게 허가를 받거나 신고하여야 한다. 허가 또는 신고사항을 변경하려는 경우에도 또한 같다. 〈개정 2016.1.6.〉

③ 제1항에 따른 광고물 등의 종류·모양·크기·색깔, 표시 또는 설치의 방법 및 기간 등 허가 또는 신고의 기준에 관하여 필요한 사항은 대통령령으로 정한다.

④ 특별시장·광역시장·도지사(이하 "시·도지사"라 한다. 이 항에서 특별자치시장 및 특별자치도지사를 포함한다)는 아름다운 경관과 미풍양속을 보존하고 공중에 대한 위해를 방지하며 건강하고 쾌적한 생활환경을 조성하는 데 방해가 되지 아니한다고 인정하면 제1항 각 호의 지역으로서 상업지역·관광지·관광단지 등 대통령령으로 정하는 지역을 특정구역으로 지정하여 제3항에 따른 허가 또는 신고의 기준을 완화할 수 있다. 〈개정 2016.1.6.〉

(계속)

⑤ 시장 등(특별자치시장 및 특별자치도지사는 제외한다)은 제4항에 따른 허가 또는 신고의 기준을 완화하여 적용하고자 하는 때에는 시·도지사에게 이를 요청할 수 있다. 〈개정 2016.1.6.〉

⑥ 제4항에 따른 허가 또는 신고 기준의 완화에 필요한 사항은 대통령령으로 정한다.

⑦ 대통령령으로 정하는 일정 규모 이상의 건축물의 경우 그 건축물의 소유자 또는 관리자는 건축물에 대한 간판표시계획서(건축물의 배치도와 입면도에 광고물등의 위치 · 면적 · 크기 등을 표시한 설치 계획을 작성한 것을 말한다)를 대통령령으로 정하는 기한 내에 시장등에게 제출하여야 하며, 건축물에 광고물등을 표시하거나 설치하려는 자는 건축물의 소유자 또는 관리자가 제출한 간판표시계획서에 따라 허가를 받거나 신고하여야 한다. 〈개정 2016.1.6.〉

영 **제4조(허가 대상 광고물 및 게시시설)** ① 법 제3조 제1항 전단에 따라 허가를 받아 표시 또는 설치(이하 "표시"라 한다)를 하여야 하는 광고물은 다음 각 호와 같다. 〈개정 2018.5.28.〉

1. 제3조제1호에 따른 벽면 이용 간판(이하 "벽면 이용 간판"이라 한다) 중 다음 각 목의 어느 하나에 해당하는 것
   가. 한 변의 길이가 10미터 이상인 것
   나. 건물의 4층 이상 층의 벽면 등에 설치하는 것으로서 타사광고(건물·토지·시설물·점포 등을 사용하고 있는 자와 관련이 없는 광고내용을 표시하는 광고물을 말한다. 이하 같다)를 표시하는 것
2. 제3조 제3호에 따른 돌출간판(이하 "돌출간판"이라 한다). 다만, 다음 각 목의 어느 하나에 해당하는 것은 제외한다.
   가. 의료기관·약국의 표지등("+" 또는 "약"을 표시하는 표지등을 말한다. 이하 같다) 또는 이용업소·미용업소의 표지등을 표시하는 것
   나. 윗부분까지의 높이가 지면으로부터 5미터 미만인 것
   다. 한 면의 면적이 1제곱미터 미만인 것
3. 제3조 제4호에 따른 공연간판(이하 "공연간판"이라 한다)으로서 최초로 표시하는 것
4. 제3조 제5호에 따른 옥상간판(이하 "옥상간판"이라 한다)
5. 제3조 제6호에 따른 지주 이용 간판(이하 "지주 이용 간판"이라 한다) 중 윗부분까지의 높이가 지면으로부터 4미터 이상인 것
6. 제3조 제8호에 따른 애드벌룬(이하 "애드벌룬"이라 한다)
7. 제3조 제11호에 따른 공공시설물 이용 광고물(이하 "공공시설물 이용 광고물"이라 한다)
8. 제3조 제12호에 따른 교통시설 이용 광고물(이하 "교통시설 이용 광고물"이라 한다). 다만, 지하도·지하철역·철도역·공항 또는 항만의 시설 내부에 표시하는 것은 제외한다.
9. 제3조 제13호에 따른 교통수단 이용 광고물(이하 "교통수단 이용 광고물"이라 한다) 중 다음 각 목의 어느 하나에 해당하는 교통수단을 이용하는 것
   가. 「여객자동차 운수사업법」에 따른 사업용 자동차(이하 "사업용 자동차"라 한다)
   나. 「화물자동차 운수사업법」에 따른 사업용 화물자동차(이하 "사업용 화물자동차"라 한다)

다. 항공기등 중 비행선(이하 "비행선"이라 한다)

라. 「자동차관리법」 제3조제1항제3호에 따른 화물자동차로서 이동용 음식판매 용도인 소형 경형화물자동차 또는 같은 항 제4호에 따른 특수자동차로서 이동용 음식판매 용도인 특수작업형 특수자동차(이하 "음식판매자동차"라 한다) 〈신설 2017.12.29.〉

10. 제3조 제14호에 따른 선전탑(이하 "선전탑"이라 한다)

11. 제3조 제15호에 따른 아치광고물(이하 "아치광고물"이라 한다)

12. 전기를 이용하는 광고물로서 다음 각 목의 어느 하나에 해당하는 광고물

가. 네온류(유리관 내부에 수은·네온·아르곤 등의 기체를 집어넣어 문자 또는 모양을 나타내는 것을 말한다. 이하 같다) 광고물 또는 전광류[발광다이오드, 액정표시장치 등의 발광(發光) 장치를 이용한 것을 말한다. 이하 같다] 광고물 중 광원(光源)이 직접 노출되어 표시되는 광고물로서 광고내용의 변화를 주지 아니하는 광고물 〈개정 2017.12.29.〉

나. 네온류 또는 전광류 등을 이용하여 동영상 등 광고내용을 평면적으로 수시로 변화하도록 한 디지털광고물

다. 디지털홀로그램, 전자빔 등을 이용하여 광고내용을 공간적·입체적으로 수시로 변화하도록 한 디지털광고물

13. 제3조제17호에 따른 특정광고물(이하 "특정광고물"이라 한다)

② 법 제3조 제1항 전단에 따라 허가를 받아 설치하여야 하는 게시시설은 다음 각 호와 같다.

1. 제1항 각 호의 광고물을 설치하기 위한 게시시설

2. 면적이 30제곱미터를 초과하는 현수막 게시시설 [전문개정 2011.10.10.]

영 **제5조 (신고 대상 광고물 및 게시시설)** ① 법 제3조 제1항 전단에 따라 신고를 하고 표시하여야 하는 광고물은 다음 각 호와 같다. 〈개정 2016.7.6.〉

1. 벽면 이용 간판 중 다음 각 목의 어느 하나에 해당하는 것. 다만, 제4조제1항제1호 및 제12호에 해당하는 것은 제외한다.

가. 면적이 5제곱미터 이상인 것. 다만, 건물의 출입구 양 옆에 세로 로 표시하는 것은 제외한다.

나. 건물의 4층 이상 층에 표시하는 것

2. 삭제 〈2016.7.6.〉

3. 최초로 표시하는 공연간판을 제외한 공연간판

4. 제4조 제1항 제2호 각 목의 어느 하나에 해당하는 돌출간판

5. 윗부분까지의 높이가 지면으로부터 4미터 미만인 지주 이용 간판

5의2. 제3조제6호의2에 따른 입간판

6. 현수막[가로등 현수기(懸垂旗)를 포함한다]

7. 제4조 제1항 제9호에 따른 허가 대상 교통수단 이용 광고물을 제외한 교통수단 이용 광고물

8. 벽보

9. 전단

② 법 제3조 제1항 전단에 따라 신고를 하고 표시하여야 하는 게시시설은 제1항 각 호의 광고물을 설치하기 위한 게시시설로 한다. 다만, 면적이 30제곱미터를 초과하는 현수막 게시시설은 제외한다. [전문개정 2011.10.10.]

영 **제6조(허가·신고 대상 지역·장소 및 물건)** ① 법 제3조 제1항 제5호에서 "대통령령으로 정하는 그 부근의 지역"이란 도로·철도·공항·항만·궤도(軌道) 및 하천의 경계지점으로부터 직선거리 1킬로미터 이내의 지역으로서 경계지점의 지상 2미터의 높이에서 직접 보이는 지역을 말한다.

② 법 제3조 제1항 제6호에서 "대통령령으로 정하는 교통수단"이란 제2조 제2호 각 목의 교통수단을 말한다.

③ 법 제3조 제1항 제7호에서 "대통령령으로 정하는 지역·장소 및 물건"이란 다음 각 호의 지역·장소 및 물건을 말한다. 〈개정 2016.7.6.〉

1. 「국토의 계획 및 이용에 관한 법률」에 따른 지구단위계획구역
2. 「관광진흥법」 제2조 제6호 및 제7호에 따른 관광지 또는 관광단지
3. 특별시장·광역시장·특별자치시장·도지사 또는 특별자치도지사(이하 "시·도지사"라 한다)가 법 제7조에 따라 해당 특별시·광역시·도 또는 특별자치도(이하 "시·도"라 한다)에 설치된 옥외광고심의위원회(이하 "시·도 심의위원회"라 한다)의 심의를 거쳐 고시하는 지역·장소 및 물건

영 **제7조(허가 및 신고의 절차)** ① 법 제3조제1항 전단에 따라 광고물 또는 게시시설(이하 "광고물등"이라 한다)의 표시 허가를 받으려는 자는 별지 제1호서식의 신청서에 다음 각 호의 서류·도서 등을 첨부하여 특별자치시장·특별자치도지사·시장·군수 또는 자치구의 구청장(이하 "시장등"이라 한다)에게 제출하여야 한다. 다만, 특별자치시·특별자치도·시·군 또는 구(자치구를 말한다. 이하 같다)의 조례(이하 "시·군·구 조례"라 한다)로 정하는 광고물등의 경우에는 해당 시·군·구 조례로 정하는 바에 따라 제1호에 따른 원색사진 및 제2호에 따른 서류·도서의 일부를 제출하지 아니할 수 있다. 〈개정 2016.7.6.〉

1. 광고물 등을 표시하려는 장소의 주변을 알 수 있는 원색사진 및 광고물 등의 원색도안
2. 광고물 등의 모양·규격·재료·구조·디자인 등에 관한 설명서 및 설계도서
3. 다른 사람이 소유하거나 관리하는 토지나 물건 등에 광고물 등을 표시하려는 경우에는 그 소유자 또는 관리자의 승낙을 받았음을 증명하는 서류
4. 법 제7조에 따라 해당 시·군·구에 설치된 옥외광고심의위원회(이하 "시·군·구 심의위원회"라 한다)의 심의 관련 서류(시·군·구 조례에서 시·군·구 심의위원회의 심의를 거치도록 한 광고물등만 해당한다)
5. 구조안전확인서류(시·군·구 조례에서 제출하도록 한 경우만 해당한다)

② 법 제3조 제1항 전단에 따라 광고물 등의 표시 신고를 하려는 자는 별지 제1호 서식의 신고서에 제1항 제3호부터 제5호까지의 서류를 첨부하여 시장 등에게 제출하여야 한다.

③ 시장 등은 제1항 또는 제2항에 따른 허가를 하거나 신고를 수리하였으면 별지 제2호 서식의 허가증 또는 신고증명서를 신청인에게 발급하여야 한다. 다만, 현수막·벽보·

전단에 대해서는 시·군·구 조례로 정하는 조치로 신고증명서 발급을 갈음할 수 있다.

④ 같은 허가 대상이거나 같은 신고 대상인 광고물과 그 게시시설에 대하여 함께 제1항 또는 제2항에 따른 허가를 신청하거나 신고를 하는 경우 그 광고물에 대한 허가 또는 신고 수리는 게시시설에 대한 허가 또는 신고 수리를 포함하는 것으로 본다. [전문개정 2011.10.10.]

영 **제8조 (허가 및 신고 수리의 기준)** 법 제3조 제3항에 따른 허가 및 신고 수리의 기준은 다음 각 호와 같다.

1. 광고물 등의 표시가 법 제5조에 따라 금지되는 것이 아닐 것
2. 광고물 등의 표시방법은 제3장부터 제5장까지의 규정을 준수할 것
3. 광고물 등의 표시기간은 별표 1의 기준에 맞을 것 [전문개정 2011.10.10.]

■ **별표 1** ■ 〈개정 2016.7.6.〉

광고물 등의 표시기간(제8조 제3호 관련)

광고물의 종류	표시기간
1. 벽면이용 간판	3년 이내
2. 삭제 〈2016.7.6.〉	3년 이내
3. 돌출간판	3년 이내
4. 공연간판	2년 이내
5. 옥상간판	3년 이내
6. 지주 이용 간판	3년 이내
7. 현수막	• 건물의 벽면을 이용하는 현수막 : 1년 이내 • 시공 또는 철거 중인 건물의 가림막에 표시하는 현수막 : 해당 공사의 공사기간 이내 • 그 밖의 현수막 : 15일 이내 • 현수막 게시시설 : 3년 이내
8. 애드벌룬	• 공중에 띄우는 경우 : 60일 이내 • 옥상 또는 지면에 표시하는 경우 : 3년 이내
9. 벽보	15일 이내
10. 전단	15일 이내
11. 공공시설물 이용 광고물	3년 이내
12. 교통시설 이용 광고물	3년 이내
13. 교통수단 이용 광고물 가. 「철도산업발전기본법」 제3조 제4호에 따른 철도차량 및 「도시철도법」에 따른 도시철도차량, 「자동차관리법」 제2조 제1호에 따른 자동차, 「선박법」 제1조의2 제1항 제1호 및 제2호에 따른 기선 및 범선, 「항공법」 제2조 제1호 및 제28호에 따른 항공기 및 초경량비행장치(비행선은 제외한다)	3년 이내

(계속)

광고물의 종류	표시기간
나. 「항공법」에 따른 비행선	30일 이내
14. 선전탑	30일 이내
15. 아치광고물	30일 이내
16. 전기를 이용하는 광고물	3년 이내

비고 : 1. 게시시설의 표시기간은 그 게시시설에 표시되는 광고물의 표시기간에 따른다.
2. 위 표 제1호, 제3호, 제6호 또는 제6호의2에도 불구하고 해당 광고물이 법 제3조제1항 전단에 따라 허가를 받거나 신고한 후 자사광고로 계속하여 사용하는 광고물등(제36조에 따른 안전점검 대상 광고물등은 제외한다)인 경우에는 표시기간의 제한을 받지 않는다.

영 **제9조 (변경허가 및 변경신고의 절차)** ① 법 제3조제1항 전단에 따라 광고물 등의 표시 허가를 받은 자는 다음 각 호의 어느 하나에 해당하는 사항을 변경하려는 경우에는 같은 항 후단에 따라 시장 등의 허가를 받아야 한다. 다만, 시·군·구 조례로 정하는 광고물 등의 경우에는 시·군·구 조례로 정하는 바에 따라 시장 등에게 신고하고 광고내용을 변경할 수 있으며, 전광류를 사용하는 광고물 또는 디지털광고물의 경우에는 허가 또는 신고 없이 광고내용을 변경할 수 있다. 〈개정 2016.7.6.〉

1. 광고물 등의 규격
2. 사용자재
3. 광고내용
4. 표시 위치 또는 장소(같은 건물에서의 위치 또는 장소를 말한다. 이하 같다)

② 제1항에 따라 변경허가를 받으려는 자는 별지 제1호서식의 신청서에 변경사항에 관한 제7조제1항 각 호의 서류 및 도서를 첨부하여 시장등에게 제출하여야 한다. 다만, 광고내용만을 변경하려는 경우에는 그 광고내용을 알 수 있는 원색사진 또는 원색도안을 첨부한다. 〈개정 2015.12.31.〉

③ 법 제3조 제1항 전단에 따라 광고물 등의 표시 허가를 받은 자는 본인 또는 법 제10조에 따른 광고물 관리자의 주소 또는 성명(법인인 경우에는 그 명칭, 주된 사무소의 소재지 및 대표자의 성명)이 변경되었을 때에는 변경된 날부터 15일 이내에 별지 제3호 서식의 신고서에 변경내용을 확인할 수 있는 서류를 첨부하여 시장 등에게 신고하여야 한다.

④ 법 제3조 제1항 전단에 따라 광고물 등의 표시 신고를 한 자는 제1항 각 호의 어느 하나에 해당하는 사항을 변경하려는 경우에는 법 제3조 제1항 후단에 따라 시장 등에게 신고하여야 한다. 다만, 건물의 벽면에 표시하는 현수막(벽면의 게시시설을 이용하는 것을 포함한다)의 광고내용은 신고 없이 변경할 수 있다.

⑤ 제4항 본문에 따라 신고를 하려는 자는 별지 제1호 서식의 신고서에 제7조 제2항에 따른 서류 및 도서와 신고증명서를 첨부하여 시장 등에게 제출하여야 한다.

⑥ 시장 등은 제1항부터 제5항까지의 규정에 따라 변경허가를 하거나 변경신고를 수리하였을 때에는 변경된 내용을 반영하여 허가증 또는 신고증명서를 새로 발급하여야 한다.
[전문개정 2011.10.10.]

영 **제10조(광고물 등 표시기간의 연장)** ① 법 제3조제1항 전단에 따라 허가를 받거나 신고한 광고물등의 표시기간을 연장하려는 자는 그 표시기간의 만료일 전후 30일 이내에 별지 제1호서식의 신청서 또는 신고서를 시장등에게 제출하여 허가를 받거나 신고하여야 한다. 이 경우 종전의 표시기간이 1년 이상인 광고물등의 경우에는 다음 각 호의 서류를 추가로 첨부하여야 한다. 〈개정 2016.7.6.〉

1. 광고물 등의 원색사진(신고의 경우는 제외한다)
2. 제7조 제1항 제3호의 서류[자사광고(자기가 사용하고 있는 건물·시설물·점포·영업소 등에 자기의 광고내용을 표시하는 광고물 등을 말한다. 이하 같다)인 경우는 제외한다]

② 제1항에 따른 허가 대상 광고물 등으로서 다음 각 호의 어느 하나에 해당하는 광고물 등의 경우에는 시·군·구 조례로 정하는 바에 따라 시장 등에게 신고하고 표시기간을 연장할 수 있다.

1. 시·군·구 조례로 정하는 광고물 등
2. 제37조 제2항 제3호에 따른 안전점검에 합격한 광고물 등으로서 시·군·구 조례로 정하는 광고물 등

③ 시장 등은 제1항 및 제2항에 따라 표시기간 연장허가를 하거나 신고를 수리하였을 때에는 연장된 표시기간이 기재된 허가증 또는 신고증명서를 새로 발급하여야 한다. 이 경우 새로운 표시기간은 종전의 표시기간 만료일 다음 날부터 시작하는 것으로 한다.

[본조신설 2011.10.10.]

제3조의2(광역단위 광고물에 관한 허가 등 예외) 시·도지사(특별자치도지사를 포함한다)가 동일모형으로 설치하는 버스승강장, 택시승강장, 노선버스안내표지판 등의 공공시설물에 표시되는 광고물 및 제4조의4제1항에 따라 지정된 자유표시구역에 표시하거나 설치하는 광고물등의 경우에는 제3조제1항에도 불구하고 시·도지사에게 허가를 받거나 신고하여야 한다. 허가 또는 신고사항을 변경하려는 경우에도 또한 같다. 〈개정 2016.1.6.〉

영 **제11조(광역단위 광고물에 대한 허가 등)** 법 제3조의 2에 따른 공공시설물 이용 광고물의 허가·신고 또는 변경허가·변경신고에 관하여는 제7조부터 제10조까지의 규정을 준용한다. 이 경우 "시장 등"은 "시·도지사"로, "시·군·구 조례"는 "시·도 조례"로 본다. [전문개정 2011.10.10.]

영 **제12조(일반적 표시방법)** ① 법 제3조 제3항에 따른 광고물 등의 표시방법은 이 장에서 정하는 바에 따른다.

② 광고물의 문자는 원칙적으로 한글맞춤법, 국어의 로마자표기법 및 외래어표기법 등에 맞추어 한글로 표시하여야 하며, 외국문자로 표시할 경우에는 특별한 사유가 없으면 한글과 병기(倂記)하여야 한다.

③ 광고물 등은 상품·업소 등을 상징하는 도형 등으로 표시할 수 있다.

④ 광고물 등의 모양은 아름다운 경관과 안전에 지장이 없는 범위에서 삼각형·사각형·원형 또는 그 밖의 모형 등으로 표시할 수 있다.

⑤ 광고물 등은 보행자 및 차량의 통행 등에 지장이 없도록 표시하여야 하며, 바람이나 충격 등으로 인하여 떨어지거나 넘어지지 않도록 하여야 한다.

⑥ 광고물 등에는 형광도료 또는 야광도료(도료를 바른 테이프를 포함한다)를 사용해서는 아니 된다.

⑦ 지면이나 건물, 그 밖의 인공구조물 등에 고정되어야 하며, 이동할 수 있는 간판을 설치해서는 아니 된다. 다만, 제3조제6호의2에 따른 입간판의 경우에는 공중에게 위해를 끼치지 아니하는 범위에서 시·도 조례로 정하는 바에 따라 설치할 수 있다. 〈개정 2014.12.9.〉

⑧ 한 업소에서 표시할 수 있는 간판의 총수량은 3개(도로의 굽은 지점에 접한 업소이거나 건물의 앞면과 뒷면에 도로를 접한 업소는 4개) 이내의 범위에서 시·도 조례로 정한다. 다만, 제3조제6호의2에 따른 입간판의 경우 1개를 추가로 설치할 수 있다. 〈개정 2014.12.9.〉

⑨ 제1항부터 제8항까지에서 규정한 방법 외에 추가적인 표시방법은 시 · 도 조례로 정할 수 있다. [전문개정 2011.10.10.]

영 제13조 삭제 〈2014.12.9.〉

영 **제14조(전기를 사용하는 광고물 등의 표시방법)** ① 전기를 사용하는 광고물 등은 다음 각 호의 기준에 따라 표시하여야 한다. 〈개정 2017.1.26.〉

1. 전기 자재는 「전기용품 및 생활용품 안전관리법」에 따른 안전인증을 받은 것을 사용하여야 한다.
2. 전기배선은 외부에 노출되지 아니하여야 하며, 전선을 연결하는 부분은 겉을 감싸야 한다.
3. 전기공사의 설계와 시공은 「전기공사업법」에 맞게 하여야 한다.

② 광고물 등에 백열등·형광등을 사용하여 표시하는 경우에는 백열등·형광등이 간판의 외부에 직접 노출되지 않도록 하여야 한다.

③ 광고물 등에 네온류를 사용하는 경우에는 다음 각 호의 기준에 따라 표시하여야 한다. 〈개정 2016.7.6.〉

1. 제24조제2항 각 호의 광고물등을 표시하는 경우에도 「국토의 계획 및 이용에 관한 법률」에 따른 전용주거지역·일반주거지역(너비 15미터 이상의 도로변은 제외한다) 또는 시설보호지구(상업지역은 제외한다. 이하 같다)에서는 사용할 수 없다. 다만, 다음 각 목의 어느 하나에 해당하는 경우는 예외로 한다.
   가. 의료기관 또는 약국에 표시하는 경우
   나. 광원이 직접 노출되지 않도록 덮개를 씌워 표시하는 경우로서 빛이 점멸하지 아니하고 동영상 변화가 없는 경우
2. 시·도지사가 주거환경 등의 보장을 위하여 제1호 각 목 외의 부분 본문에 따른 지역·지구와 이웃한 지역 중 시·도 조례로 정하는 바에 따라 시·도 심의위원회의 심의를 거쳐 고시한 지역에서는 네온류를 사용할 수 없다.
3. 빛이 점멸하거나 동영상 변화가 있는 광고물을 도로와 잇닿은 장소에 차량의 진행

방향 정면으로 표시하는 경우에는 그 광고물의 아랫부분까지의 높이는 지면으로부터 10미터 이상이어야 한다.

4. 교통신호기로부터 보이는 직선거리 30미터 이내의 지역에는 빛이 점멸하거나 신호등과 같은 색깔을 나타내는 광고물을 표시해서는 아니 된다. 다만, 지면으로부터의 15미터 이상 높이에 표시하는 경우에는 그러하지 아니하다.
5. 빛의 밝기 및 색깔에 관하여 시·도 조례로 정하는 바에 따라야 한다.

④ 광고물등에 전광류를 사용하거나 디지털광고물인 경우에는 다음 각 호의 기준에 따라 표시하여야 한다.

1. 제3항 각 호의 표시기준을 준용하여 표시하여야 한다.
2. 광고내용을 표시하는 면적이 30제곱미터 이상으로서 타사광고를 표시하는 광고물등은 국가 또는 지방자치단체가 의뢰하는 공공목적의 광고내용을 시간당 표출비율의 100분의 20의 범위에서 시·도 조례로 정하는 비율 이상 표출하여야 한다. 이 경우 국가와 지방자치단체가 의뢰하는 광고내용의 표출비율은 같아야 한다.
3. 제2호에 따라 국가가 의뢰하는 공공목적 광고의 구체적인 표출방법에 관하여 문화체육관광부장관이 정하는 바에 따라야 한다.
4. 제2호에 따라 지방자치단체가 의뢰하는 공공목적 광고의 구체적인 표출방법에 관하여 시·도지사가 시장 등의 의견을 수렴하여 정하는 바에 따라야 한다.
5. 제2호에 따라 공공목적의 광고내용을 의뢰하는 국가 또는 지방자치단체는 광고내용의 표출 및 관리에 직접 소요되는 비용을 옥외광고사업자에게 지급하여야 한다.

⑤ 시·도지사는 관계 법령에 따라 전기의 공급 또는 사용이 제한되는 광고물에 대해서는 그 표시를 금지하거나 제한할 수 있다. [전문개정 2011.10.10.]

영 **제15조 (옥상간판의 표시방법)** 옥상간판은 다음 각 호의 기준에 따라 표시하여야 한다. 〈개정 2014.12.9.〉

1. 다음 각 목의 건물에만 표시할 수 있다.
   가. 「국토의 계획 및 이용에 관한 법률」에 따른 상업지역에 있는 건물(하나의 건물이 상업지역과 다른 용도지역에 걸쳐 있는 경우에는 상업지역에 있는 것으로 본다) 및 같은 법에 따른 공업지역에 있는 건물(도시지역 외에 있는 공장 및 그 부속건물은 공업지역에 있는 것으로 본다. 이하 같다). 다만, 시·도지사가 주거 또는 생활 환경이나 도시미관을 해칠 우려가 있다고 인정하여 시·도 심의위원회의 심의를 거쳐 고시한 지역에 있는 건물은 제외한다.
   나. 철도역·공항·항만·버스터미널 및 트럭터미널의 건물
   다. 나목에 따른 건물의 부지와 잇닿은 지역으로서 시·도지사가 특히 필요하다고 인정하여 시·도 심의위원회의 심의를 거쳐 고시한 지역에 있는 건물
   라. 시·도지사가 지역여건상 특히 필요하다고 인정하여 시·도 심의위원회의 심의를 거쳐 고시한 지역에 있는 건물
2. 다음 각 목의 어느 하나에 해당하는 경우에는 제1호에 따라 옥상간판을 표시할 수 있는 건물 외의 건물에도 옥상간판을 표시할 수 있다. 다만, 제1호 가목 단서에 따

른 건물에는 표시할 수 없다.

가. 자기 건물(자기가 그 건물 연면적의 2분의 1 이상을 사용하고 있는 건물을 말한다. 이하 같다)에 그 건물명이나 자사광고를 표시하는 경우(네온류 또는 전광류를 사용하는 경우에는 광원이 직접 노출되지 않도록 덮개를 씌워 표시하되 빛이 점멸하지 아니하고 동영상 변화가 없는 경우로 한정한다)

나. 해당 건물을 사용 중인 종교시설에서 네온류 또는 전광류를 사용하여 표시하는 경우로서 빛이 점멸하지 아니하고 동영상 변화가 없는 경우

3. 옥상간판은 다음 각 목의 구분에 따른 층수의 건물에만 표시할 수 있다. 다만, 시·도지사가 지역적 특색을 반영하기 위하여 필요하다고 인정하여 시·도 심의위원회의 심의를 거쳐 고시한 지역에서는 다음 각 목의 구분에 따른 층수에 하나의 층을 4미터로 적용하여 계산한 높이를 충족하는 건물에도 표시할 수 있다.

가. 특별시의 경우 : 5층 이상 15층 이하의 건물

나. 광역시(군 지역은 제외한다)의 경우 : 4층 또는 5층 중 해당 광역시의 조례로 정하는 층수 이상 15층 이하의 건물

다. 시(읍·면 지역은 제외한다)의 경우 : 4층 이상 15층 이하의 건물

라. 군(시의 읍·면 지역을 포함한다)의 경우 : 3층 이상 15층 이하의 건물

4. 다음 각 목의 어느 하나에 해당하는 경우에는 제3호에 따라 옥상간판을 표시할 수 없는 건물에도 옥상간판을 표시할 수 있다.

가. 16층 이상의 자기 건물에 그 건물명이나 자기의 광고내용을 입체형 또는 도료로 직접 표시하는 경우

나. 제3호에 따른 지역별 최하 허용층수 미만인 자기 건물에 표시하는 경우로서 다음의 요건을 모두 갖춘 경우

1) 해당 건물명이나 자기의 광고내용을 표시하는 것일 것

2) 간판의 높이는 180센티미터 이하일 것

3) 간판의 한 면에만 표시할 것

4) 네온류 또는 전광류를 사용하는 경우에는 광원이 직접 노출되지 않도록 덮개를 씌워 표시하되 빛이 점멸하지 아니하고 동영상 변화가 없을 것

다. 「국토의 계획 및 이용에 관한 법률」에 따른 공업지역에 있는 공장 및 그 부속건물에 표시하는 경우

라. 철도역·공항·항만·버스터미널 및 트럭터미널의 건물에 표시하는 경우

5. 「국토의 계획 및 이용에 관한 법률」에 따른 공업지역에 있는 공장 및 그 부속건물에는 하나의 옥상간판에 그 공장의 상호와 그 공장에서 생산되는 제품의 광고만을 표시할 수 있다. 다만, 본문에 따른 공장 및 그 부속건물(「국토의 계획 및 이용에 관한 법률」에 따른 도시지역 외에 있는 공장 및 그 부속건물은 제외한다)로서 제3호에 따라 옥상간판을 표시할 수 있는 공장 및 그 부속건물은 제외한다.

6. 옥상간판의 규격은 다음 각 목의 기준에 따른다.

가. 가장 넓은 면 또는 단면(공 모양 등 평면이 없는 간판만 해당한다)의 최대 길이는 30미터 이내여야 하고, 간판 각 면의 면적합계는 1,050제곱미터 이내여야 한다.

나. 간판의 높이는 다음의 기준에 따른다.
1) 15미터 이내로 하되, 건물 높이의 2분의 1을 초과해서는 아니 된다.
2) 높이는 해당 건물의 옥상 바닥부터 산정하되, 제4호 나목에 따라 표시하는 간판의 경우에는 옥상난간 벽면의 아랫부분부터 위쪽으로 120센티미터가 되는 지점부터 산정한다.
3) 옥상구조물 위에 표시하는 경우에는 그 옥상구조물의 수평투영면적의 합계가 해당 건물 건축면적의 8분의 1 이하이거나 옥상구조물의 수평투영면적의 합계가 해당 건물 건축면적의 8분의 1을 초과하고 해당 간판이 옥상구조물 벽면의 직상수직면(直上垂直面)으로부터 튀어나와 있으면 옥상구조물의 높이는 간판 높이에 산입(算入)하고 건물 높이에는 산입하지 아니한다.

다. 옥상간판을 표시하는 건물의 높이·층수 등의 산정방법은 나목 2) 및 3)을 제외하고는 「건축법 시행령」에 따른다.

7. 간판은 옥상 바닥의 끝부분으로부터 안쪽에 표시하여야 한다.
8. 「국토의 계획 및 이용에 관한 법률」에 따른 상업지역 및 공업지역에서는 옥상간판 간의 수평거리가 30미터부터 50미터까지의 범위에서 시·도 조례로 정하는 거리 이상이어야 한다. 다만, 가목 및 나목의 간판은 본문에 따른 수평거리를 적용할 때에는 이를 간판으로 보지 아니하며, 다목 및 라목의 간판 간의 거리에 대해서는 본문에 따른 수평거리 제한을 적용하지 아니한다.

가. 자기 건물에 해당 건물명이나 자기의 성명·주소·전화번호·상호 또는 이를 상징하는 도형을 표시하는 간판
나. 「국토의 계획 및 이용에 관한 법률」에 따른 공업지역에 있는 공장 및 그 부속건물에 그 공장의 상호와 그 공장에서 생산되는 제품의 광고만을 표시하는 하나의 간판
다. 특별시 및 광역시(군 지역은 제외한다)에 있는 왕복 8차로 이상의 도로를 사이에 두고 있는 간판 간
라. 시 및 군 지역에 있는 왕복 6차로 이상의 도로를 사이에 두고 있는 간판 간

9. 목조건물·가설건축물 또는 「건축법」 제22조에 따른 사용승인을 받지 아니한 건물에는 간판 또는 게시시설을 설치하거나 표시해서는 아니 된다.
10. 옥상간판은 「건축법」에 맞게 설계하여야 하며, 다음 각 목의 어느 하나에 해당하는 것을 제외하고는 「건축사법」에 따라 건축사 업무신고를 한 자가 설계하여야 한다.
가. 높이가 180센티미터 이하인 간판
나. 게시시설 없이 옥상구조물에 입체형 또는 도료로 직접 표시하는 간판
11. 제1호부터 제10호까지의 규정에도 불구하고 제24조 제2항 제6호 가목에 따른 가림간판인 옥상간판, 볼링핀 모형의 옥상간판 등의 표시방법은 시·도 조례로 따로 정한다. [전문개정 2011.10.10.]

영 **제16조(지주 이용 간판의 표시방법)** ① 건물의 부지 안에 설치하는 지주 이용 간판은 다음 각 호의 기준에 따라 표시하여야 한다. 〈개정 2019.4.30.〉

1. 건물을 사용하고 있는 자의 성명·주소·상호·전화번호 또는 이를 상징하는 도형[주유소, 가스충전소, 수소연료공급시설 또는 환경친화적 자동차의 충전시설의 표시등(表示燈)을 포함한다]만 표시할 수 있다.
2. 삭제 〈2016.7.6.〉

② 건물의 부지 밖에 설치하는 지주 이용 간판은 다음 각 호의 기준에 따라 표시하여야 한다.
1. 너비가 6미터 이상인 도로변의 가장 가까운 지점에서 직접 보이지 아니하는 업소 등만 표시할 수 있다.
2. 전기를 사용해서는 아니 되며, 녹색·청색 등 각종 도로표지·교통안전표지 등의 색상과 혼동될 우려가 있는 색깔을 사용해서는 아니 된다.
3. 표시내용은 특정한 지역·장소·건물 또는 업소 등의 명칭·위치 등을 유도하거나 안내하는 것만 표시할 수 있다.
4. 그 밖에 건물 부지 밖에 설치하는 지주 이용 간판의 표시방법에 관하여 시·도 조례로 정하는 바에 따라야 한다.

③ 제1항과 제2항에도 불구하고 제24조 제2항 제6호 가목부터 다목까지의 규정에 따른 가림간판인 지주 이용 간판의 표시방법은 시·도 심의위원회의 심의를 거쳐 시·도지사가 따로 정할 수 있다. 이 경우 도시지역 외의 지역의 고속국도·일반국도·지방도 또는 군도의 도로경계선으로부터 수평거리 500미터 이내인 지역에 대해서는 그 지역을 관할하는 지방경찰청장과 협의하여야 한다. 〈개정 2013.6.21.〉

④ 제1항과 제2항에도 불구하고 제24조 제2항 제6호 라목에 따른 가설울타리에 설치하는 지주 이용 간판은 다음 각 호의 기준에 따라 표시하여야 한다.
1. 가설울타리에 직접 도료 등으로 표시하여야 하며, 전기를 사용해서는 아니 된다.
2. 시공자·발주자 등 공사내용을 알리거나 공공의 목적을 위한 내용만 표시할 수 있다.
3. 그 밖에 시·도 심의위원회의 심의를 거쳐 시·도지사가 따로 정하는 사항이 있으면 이에 따라야 한다.

⑤ 제1항 및 제2항에도 불구하고 시장등은 국가, 지방자치단체 또는 제29조제2항 각 호의 법인(이하 "국가등"이라 한다)이 공공의 목적을 위하여 광고를 표시하도록 하거나 관할구역 안에 있는 소상공인·전통시장 등을 홍보하기 위한 광고를 표시할 필요가 있는 경우에는 디지털광고물인 지주 이용 간판(이하 "전자게시대"라 한다)을 다음 각 호의 기준에 따라 설치·운영할 수 있다. 〈신설 2016.7.6.〉
1. 전자게시대는 다음 각 목의 어느 하나에 해당하는 지역에 설치할 수 있다.
   가. 「국토의 계획 및 이용에 관한 법률」에 따른 상업지역·공업지역
   나. 「관광진흥법」에 따른 관광지·관광단지·관광특구
   다. 그 밖에 시·도 조례로 정하는 지역
2. 전자게시대의 표시방법은 제14조를 따른다.
3. 교통신호기와 가까운 거리에 있는 전자게시대의 경우로서 교통신호기와 혼동이 되지 아니하도록 관할 경찰서장과 협의하여 설치하는 경우에는 제14조제3항제4호의 기준을 지방자치단체의 조례로 정하는 바에 따라 완화하여 적용할 수 있다.

4. 전자게시대 간 수평거리는 100미터 이상으로서 시·도 조례로 정하는 거리 이상 이어야 한다.

5. 광고내용의 표시면적은 12제곱미터 이내이어야 한다. [전문개정 2011.10.10.]

영 **제17조(공공시설물 이용 광고물의 표시방법)** 공공시설물 이용 광고물은 다음 각 호의 기준에 따라 표시하여야 한다. 〈개정 2019.4.30.〉

1. 다음 각 목의 공공시설물에만 표시할 수 있다.
   가. 철도역·공항·항만·버스터미널 및 트럭터미널의 광장에 설치되어 있는 시계탑·조명탑·교통안내소·안내게시판·관광안내도 및 일기예보탑
   나. 고속국도 휴게소에 설치되어 있는 안내탑·시계탑·교통안내소·관광안내도 및 게시판
   다. 버스승강장·택시승강장·노선버스안내표지판·지정벽보판 및 현수막 지정 게시대
   라. 「도시철도법」 제2조제2호에 따른 도시철도 중 모노레일형식, 노면전차형식, 철제차륜형식, 고무차륜형식, 선형유도전동기형식, 자기부상추진형식 등으로 운행되고, 차량 최대 설계축중이 13.5톤 이하(분포하중의 경우 단위 미터당 2.8톤 이하를 말한다)인 전기철도의 선로 교각
   마. 가목부터 다목까지에 규정되지 아니한 공공시설물 중 시·도 조례로 정하는 편익시설물로서 시장 등이 시·군·구 심의위원회의 심의를 거쳐 인정하는 시설물. 다만, 가목부터 다목까지의 공공시설물 외에 국가등이 시책 홍보 등을 목적으로 광고물 등을 표시한 공공시설물과 제29조 제3항 제5호부터 제7호까지의 광고물은 편익시설물로 정할 수 없다.
2. 공공시설물의 효용을 해쳐서는 아니 된다.
3. 시·도지사 또는 시장 등이 지정하는 부분에 표시하여야 한다.
4. 표시면적은 공공시설물 면적의 4분의 1 이내여야 한다.
5. 그 밖에 지역 특성, 보행자 및 차량의 통행과 안전, 도시미관 및 쾌적한 생활환경 조성을 위하여 특히 필요하다고 인정되어 시·도 조례로 정하는 사항을 지켜야 한다.
   [전문개정 2011.10.10.]

영 **제18조(교통시설 이용 광고물의 표시방법)** 교통시설 이용 광고물은 이 영에서 정하는 광고물의 표시방법에 따라 표시하여야 한다. 다만, 지하도·지하철역·철도역·공항 또는 항만의 시설 내부에 표시하는 경우에는 다음 각 호의 기준에 따라야 한다.

1. 시설 외부에서 광고내용이 보이지 않도록 표시하는 경우의 표시방법은 그 시설의 관리청이 따로 정할 수 있다. 이 경우 옥외광고를 통한 수익에 치중하여 이용자의 편의, 도시미관을 해치거나 위해 방지에 소홀하지 않도록 하여야 한다.
2. 시설 외부에서 광고내용이 보이도록 표시하는 경우에는 도시미관 등을 위하여 그 시설의 관리청이 해당 지역의 시장 등과 미리 협의하여야 한다. [전문개정 2011.10.10.]

영 **제19조(교통수단 이용 광고물의 표시방법)** ① 사업용 자동차, 사업용 화물자동차 및 음식판매자동차의 외부에는 다음 각 호의 기준에 따라 광고물을 표시하여야 한다. 〈개정 2017.12.29.〉

1. 창문 부분을 제외한 차체의 옆면, 뒷면 또는 버스돌출번호판(버스의 출입문에 부착하여 출입문 개방 시 돌출되게 설치한 번호판을 말한다)에 표시하여야 한다.

2. 표시면적은 각 면(창문 부분은 제외한다) 면적의 2분의 1 이내여야 한다.

② 비행선에는 다음 각 호의 기준에 따라 광고물을 표시하여야 한다. 〈개정 2019.4.30.〉

1. 비행선의 옆면에 표시하되, 튀어나오게 표시하거나 매다는 방식으로 표시해서는 아니 된다.
2. 시장 등은 비행안전을 위하여 광고물 등의 표시 허가를 신청한 자에게 비행구간·비행시간 등이 포함된 비행계획을 제출하도록 하여 비행지역을 관할하는 지방항공청장과 협의하여야 한다.

③ 철도차량 및 도시철도차량의 외부에 표시하는 광고물의 표시면적은 차량 1량의 각 옆면(창문 부분은 제외한다) 면적의 4분의 1의 범위에서 해당 시설의 관리청이 따로 정한다. 〈개정 2014.12.9.〉

④ 선박의 외부에는 다음 각 호의 기준에 따라 광고물을 표시하여야 한다.

1. 선체 옆면에 표시하되, 튀어나오게 표시하거나 현수식으로 표시해서는 아니 된다.
2. 표시면적은 각 면(창문 부분은 제외한다) 면적의 2분의 1 이내여야 한다.
3. 광고물이 선박의 명칭, 선적항, 만재흘수선 및 흘수의 치수 등 해사(海事)에 관한 법령에 따라 표시하여야 하는 사항을 가리거나 그 식별에 지장을 주어서는 아니 된다.

⑤ 제1항부터 제4항까지의 규정에 따른 교통수단 외의 교통수단 외부에는 다음 각 호의 기준에 따라 광고물을 표시하여야 한다.

1. 자기가 소유하는 자동차 또는 항공기 등(비행선은 제외한다) 외부의 창문 부분을 제외한 본체 옆면에 표시하여야 한다.
2. 소유자의 성명·명칭·주소·업소명·전화번호, 자기의 상표 또는 상징형 도안만 표시할 수 있다.
3. 표시면적은 각 면(창문 부분은 제외한다) 면적의 2분의 1 이내여야 한다.

⑥ 교통수단 이용 광고물에는 전기를 사용하거나 발광방식의 조명을 하여서는 아니 되며, 보행자 및 차량의 통행에 방해가 되지 않도록 광고물을 밀착하여 붙여야 한다. [전문개정 2011.10.10.]

영 **제19조의 2 (택시표시등 전광류사용광고의 시범운영)** ① 제19조 제1항 및 제6항에도 불구하고 「여객자동차 운수사업법 시행령」 제3조 제2호다목 및 라목에 따른 일반택시운송사업 및 개인택시운송사업에 사용되는 사업용 자동차 윗부분에 설치된 택시 표시등에는 전광류를 사용하는 광고(이하 이 조에서 "택시표시등 전광류사용광고"라 한다)를 2021년 6월 30일까지의 기간 중 시범적으로 표시할 수 있다. 〈개정 2019.6.25.〉

② 제1항에 따라 택시표시등 전광류사용광고를 시범적으로 표시할 수 있는 지역과 기간은 행정안전부장관과 국토교통부장관이 협의하여 정하고 이를 고시한다. 이 경우 택시 등록대수, 교통안전에 미치는 영향 및 광고의 파급효과 등을 고려하여야 한다. 〈개정 2017.7.26.〉

③ 택시표시등 전광류사용광고의 표시방법, 규격 등은 교통안전에 미치는 영향과 도시미관 등을 고려하여 행정안전부장관과 국토교통부장관이 협의하여 정하고 이를 고시한다. 〈개정 2017.7.26.〉

[본조신설 2014.8.6.]

영 **제19조의3(특정광고물의 표시방법)** 특정광고물의 표시방법 또는 배부방법은 정책위원회의 심의를 거쳐 행정안전부장관이 정하여 고시한다.

[본조신설 2018.5.28.]

영 **제20조 (그 밖의 광고물 등의 표시방법)** ① 제3조제6호의2에 따른 입간판은 건물의 부지 안에 설치하여야 한다. 〈신설 2014.12.9.〉

② 제3조 각 호의 광고물등으로서 이 장에 규정되지 아니한 광고물등의 표시방법 또는 배부방법은 시·도 조례로 정한다. [전문개정 2011.10.10.]

영 **제21조 (표시방법의 완화)** ① 법 제3조 제4항에서 "상업지역·관광지·관광단지 등 대통령령으로 정하는 지역"이란 다음 각 호의 지역을 말한다.

1. 「국토의 계획 및 이용에 관한 법률」에 따른 상업지역 및 미관지구
2. 「국토의 계획 및 이용에 관한 법률」에 따른 지구단위계획구역
3. 너비가 30미터 이상인 도로변
4. 「관광진흥법」에 따른 관광지·관광단지 및 관광특구(제24조 제1항 제1호 다목·사목 및 아목에 따른 지구·지역 등은 제외한다)
5. 법 제4조 제2항에 따라 시·도지사가 지정한 특정구역

② 제1항 제5호의 지역에서는 법 제4조 제2항에 따라 허가 또는 신고의 기준이 강화되지 아니한 광고물 등에 대해서만 표시방법을 완화하여 적용할 수 있다.

③ 시·도지사는 법 제3조 제4항에 따라 특정구역을 지정하여 표시방법을 완화하려면 주민의 의견을 듣고 시·도 심의위원회의 심의를 거쳐야 한다.

④ 시·도지사는 법 제3조 제4항에 따라 지정한 특정구역의 범위 및 표시방법의 완화내용을 고시하여야 한다.

⑤ 법 제3조 제4항에 따른 특정구역의 세부적인 지정절차는 시·도 조례로 정한다.

⑥ 법 제3조 제4항에 따른 특정구역에서도 다음 각 호의 표시방법은 완화할 수 없다.

1. 제14조 제3항 제3호 및 제4호(같은 조 제4항 제1호에서 준용하는 경우를 포함한다)에 따른 표시기준
2. 제17조 제4호에 따른 공공시설물 이용 광고물의 표시면적 [전문개정 2011.10.10.]

영 **제22조 (표시방법 등에 대한 특례)** ① 다음 각 호의 어느 하나에 해당하는 지역에서는 시·도 조례로 정하는 바에 따라 광고물 등을 건물면적에 따라 제한할 수 있다.

1. 「신행정수도 후속대책을 위한 연기·공주지역 행정중심복합도시 건설을 위한 특별법」에 따른 행정중심복합도시
2. 「기업도시개발 특별법」에 따른 기업도시
3. 「공공기관 지방이전에 따른 혁신도시 건설 및 지원에 관한 특별법」에 따른 혁신도시
4. 「도시재정비 촉진을 위한 특별법」에 따른 재정비촉진지구
5. 「택지개발촉진법」에 따른 택지개발지구(면적 330만 제곱미터 이상인 지구만 해당한다)
6. 그 밖에 시·도지사가 결정하여 고시한 지역

② 물가안정 등 국민생활과 국민경제의 안정에 이바지하는 광고물 등의 경우에는 제12조

제8항 및 제16조 제1항에도 불구하고 해당 업종을 관할하는 중앙행정기관의 장이 행정안전부장관과 협의하여 고시하는 바에 따라 2개 이하의 간판을 추가로 설치할 수 있다. 〈개정 2017.7.26.〉

영 **제23조 (간판표시계획서의 제출)** ① 법 제3조 제7항에서 "대통령령으로 정하는 일정 규모 이상의 건물"이란 다음 각 호의 용도로 사용되는 바닥면적(「건축법 시행령」 제119조 제1항 제3호에 따른 바닥면적을 말한다)의 합계가 300제곱미터 이상인 건물을 말한다.

1. 「건축법」 제2조 제2항 제3호·제4호 및 제16호에 따른 제1종 근린생활시설, 제2종 근린생활시설 및 위락시설
2. 「건축법」 제2조 제2항에 따른 건축물의 용도 중 시·군·구 조례로 정하는 용도

② 제1항에 따른 건물의 건물주는 그 건물에 간판 및 게시시설의 표시를 위한 허가 신청 또는 신고 전에 법 제3조 제7항에 따른 간판표시계획서(이하 "간판표시계획서"라 한다)를 시장 등에게 제출하여야 한다.

③ 간판표시계획서에는 표시되는 간판 및 게시시설의 규모와 표시 위치 또는 장소(건물 입면도에 표시하여야 한다)가 포함되어야 한다. [전문개정 2011.10.10.]

제4조 (광고물 등의 금지 또는 제한 등) ① 제3조 제1항 각 호의 지역·장소 또는 물건 중 아름다운 경관과 미풍양속을 보존하고 공중에 대한 위해를 방지하며 건강하고 쾌적한 생활환경을 조성하기 위하여 대통령령으로 정하는 지역·장소 또는 물건에는 광고물 등(대통령령으로 정하는 광고물 등은 제외한다)을 표시하거나 설치하여서는 아니 된다.

② 시·도지사(특별자치시장 및 특별자치도지사를 포함한다)는 아름다운 경관과 미풍양속을 보존하고 공중에 대한 위해를 방지하며 건강하고 쾌적한 생활환경을 조성하기 위하여 특히 필요하다고 인정되면 제3조 제1항 각 호의 지역으로서 대통령령으로 정하는 지역을 특정구역으로 지정하여 제3조 제3항에 따른 허가 또는 신고의 기준을 강화할 수 있다. 〈개정 2016.1.6.〉

③ 시장 등(특별자치시장 및 특별자치도지사는 제외한다)은 제2항에 따른 허가 또는 신고의 기준을 강화하여 적용하고자 하는 때에는 시·도지사에게 이를 요청할 수 있다. 〈개정 2016.1.6.〉

④ 제2항에 따른 허가 또는 신고 기준의 강화에 필요한 사항은 대통령령으로 정한다.

⑤ 시·도지사(특별자치시장 및 특별자치도지사를 포함한다)는 공중보건, 교통안전 또는 주민생활과 밀접히 관련이 있는 사업장으로서 대통령령으로 정하는 사업장의 경우에는 제2항에 따른 허가 또는 신고의 기준을 강화하는 대상에서 제외할 수 있다. 〈개정 2016.1.6.〉

영 **제24조 (광고물 등의 표시가 금지되는 지역·장소 또는 물건)** ① 법 제4조 제1항에서 "대통령령으로 정하는 지역·장소 또는 물건"이란 다음 각 호의 지역·장소 또는 물건을 말한다. 〈개정 2016.7.6.〉

1. 광고물 등의 표시가 금지되는 지역 및 장소
   가. 「국토의 계획 및 이용에 관한 법률」에 따른 전용주거지역·일반주거지역·녹지지역 및 시설보호지구
   나. 「국토의 계획 및 이용에 관한 법률」에 따른 경관지구 및 보존지구 중 시·도지사가 시·도 심의위원회의 심의를 거쳐 고시한 지역

다. 「자연공원법」에 따른 공원자연보존지구 및 공원자연환경지구
라. 「하천법」에 따른 하천
마. 「공유수면 관리 및 매립에 관한 법률」에 따른 공유수면
바. 「산림보호법」에 따른 산림보호구역
사. 「자연환경보전법」에 따른 생태·경관보전지역 및 자연유보지역
아. 「문화재보호법」에 따른 지정문화재 및 보호구역
자. 관공서·학교·도서관·박물관, 「의료법」에 따른 병원급 의료기관, 공회당·사찰·교회 및 그 부속시설
차. 화장장·장례식장 및 묘지
카. 「국토의 계획 및 이용에 관한 법률」에 따른 도시지역 외의 지역의 고속국도·일반국도·지방도·군도의 도로경계선 및 철도·고속철도의 철도경계선으로부터 수평거리 500미터 이내의 지역. 다만, 10대 이상의 대형승합자동차가 한꺼번에 주차할 수 있는 시설을 갖춘 휴게소, 버스정류장과 도로경계선 및 철도경계선으로부터 직접 보이지 아니하는 지역은 제외한다.
타. 다리·축대·육교·터널·고가도로 및 삭도(索道)

2. 광고물 등의 표시가 금지되는 물건
가. 도로표지·교통안전표지·교통신호기 및 보도분리대
나. 전봇대
다. 가로등 기둥
라. 가로수
마. 동상 및 기념비
바. 발전소·변전소·송신탑·송전탑·가스탱크·유류탱크 및 수도탱크
사. 우편함·소화전 및 화재경보기
아. 전망대 및 전망탑
자. 담장(제2항 제6호 라목에 따른 가설울타리는 제외한다)
차. 재배 중인 농작물
카. 도로교통안전과 주거 또는 생활환경을 위한 시설물로서 시·도 조례로 정하는 물건

② 법 제4조 제1항에서 “대통령령으로 정하는 광고물 등”이란 다음 각 호의 광고물 등을 말한다. 〈개정 2016.7.6.〉

1. 자사광고
2. 지정게시판 또는 지정벽보판에 표시하는 벽보
3. 공공시설물 이용 광고물
4. 지정게시대나 시공 또는 철거 중인 건물의 가림막에 표시하는 현수막
5. 교통수단 이용 광고물
6. 다음 각 목의 어느 하나에 해당하는 가림간판(자연적인 방법 또는 다른 인위적인 방법으로 가리는 것이 불가능한 경우만 해당한다)
가. 국방부장관이 승인한 군사시설의 가림간판

나. 국토교통부장관이 승인한 철도의 주요 경계시설의 가림간판
다. 국가 등이 「폐기물관리법」에 따라 폐기물을 수집·보관 또는 처분하는 지역으로서 시·도지사가 시·도 심의위원회의 심의를 거쳐 고시한 지역의 가림간판
라. 「건축법」 등 관계 법령에 따라 적법하게 건물·시설물 등을 시공하거나 철거하는 경우로서 시공 또는 철거에 따른 위해를 방지하기 위하여 설치하는 가설울타리에 표시하는 광고물 [전문개정 2011.10.10.]

7. 문화·예술·관광·체육·종교·학술 등의 진흥을 위한 행사·공연 또는 국가등의 주요 시책 등을 홍보하기 위한 가로등 현수기. 다만, 다음 각 목의 요건을 모두 갖춘 것에 한정한다.
가. 가로등 기둥에만 표시하여야 한다.
나. 전기를 사용하여서는 아니된다.
다. 표시방법은 제29조제5항을 준용한다. [전문개정 2011.10.10.]

영 **제25조 (표시방법의 강화)** ① 법 제4조 제2항에서 "대통령령으로 정하는 지역"이란 다음 각 호의 지역을 말한다.

1. 「국토의 계획 및 이용에 관한 법률」에 따른 미관지구 및 시설보호지구
2. 「국토의 계획 및 이용에 관한 법률」에 따른 지구단위계획구역
3. 너비가 30미터 이상인 도로변
4. 그 밖에 시·도지사가 특히 필요하다고 인정하여 고시한 구역

② 시·도지사는 법 제4조 제2항에 따른 특정구역을 지정하여 표시방법을 강화하려면 미리 주민의 의견을 듣고 시·도 심의위원회의 심의를 거쳐야 한다.

③ 법 제4조 제2항에 따른 특정구역의 세부적인 지정절차와 강화되는 표시방법의 범위에 관하여는 시·도 조례로 정한다.

④ 시·도지사는 법 제4조제2항에 따른 특정구역을 지정할 때에는 「행정절차법」 제46조에 따른 행정예고를 하고, 주민·광고주·광고물 소유자 등 이해관계인의 의견을 들어야 하며, 특정구역 안의 건물 소유자, 업소 또는 타사광고 등이 지나치게 제한되지 않도록 주의하여야 한다. 〈개정 2016.7.6.〉

⑤ 법 제4조 제5항에서 "대통령령으로 정하는 사업장"이란 다음 각 호의 사업장을 말한다. 〈개정 2019.4.30.〉

1. 의료기관 또는 약국
2. 주유소 또는 가스충전소

2의2. 「고압가스 안전관리법」 제4조제5항에 따른 고압가스 판매소(수소연료공급시설이 설치된 경우로 한정한다) 또는 「전기사업법」 제2조제12호의5에 따른 전기자동차충전사업자의 전기자동차충전사업장

3. 은행
4. 그 밖에 시·도 조례로 정하는 사업장 [전문개정 2011.10.10.]

제4조의 2 (광고물 등 자율관리구역) ① 시장 등은 지역 주민이 자율적으로 창의성을 발휘하여 아름다운 경관을 조성하고 쾌적한 생활환경을 지속적으로 유지·관리할 수 있도록 하기 위하여 제3조 제1항 각 호의 지역으로서 대통령령으로 정하는 지역을 광고물 등 자율관리구역(이하 "자율관리구역"이라 한다)으로 지정할 수 있다.

② 자율관리구역에서는 제3조 제3항에도 불구하고 광고물 등의 모양·크기·색깔, 표시 또는 설치의 방법을 주민들이 협의를 통하여 자율적으로 정할 수 있다.

③ 제1항에 따라 지정된 자율관리구역에서는 주민협의회를 구성·운영하여야 하며, 주민협의회의 구성 및 운영방법 등에 필요한 사항은 대통령령으로 정한다.

④ 시장 등은 자율관리구역이 지정 취지에 적합하게 운영되지 아니한다고 인정하면 대통령령으로 정하는 바에 따라 자율관리구역의 지정을 취소할 수 있다.

⑤ 자율관리구역의 지정 범위와 절차 등에 필요한 사항은 대통령령으로 정한다.

⑥ 행정안전부장관과 시·도지사(특별자치시장 및 특별자치도지사를 포함한다)는 자율관리구역의 효율적인 운영과 이를 통한 자율적인 광고문화 개선을 제도적으로 뒷받침하는 데 필요한 지원을 하여야 한다. 〈개정 2017.7.26.〉

영 제26조 (광고물 등 자율관리구역의 지정 등) ① 법 제4조의 2 제1항에서 "대통령령으로 정하는 지역"이란 법 제3조 제1항 각 호의 지역을 말한다.

② 제1항에 따른 지역의 일정한 구역 내의 토지 또는 건물의 소유자·지상권자·임차권자(이하 "토지소유자 등"이라 한다)는 다음 각 호의 사항이 포함된 협정(이하 "자율관리협정"이라 한다)을 체결하여 시장 등에게 법 제4조의 2에 따른 광고물 등 자율관리구역(이하 "자율관리구역"이라 한다)의 지정을 신청할 수 있다.

1. 자율관리구역의 범위 및 명칭
2. 광고물 등의 위치·모양·크기·색깔·수량 등 광고물 등의 표시방법에 관한 사항
3. 자율관리협정 체결자의 성명 및 주소
4. 제27조에 따른 주민협의회(이하 "주민협의회"라 한다)의 명칭·주소 및 그 대표자·위원의 성명·주소
5. 자율관리협정의 유효기간
6. 자율관리협정을 위반하였을 때의 조치
7. 그 밖에 자율관리협정에 필요한 사항으로서 시·군·구 조례로 정하는 사항

③ 시장 등은 제2항에 따라 자율관리구역의 지정 신청을 받은 경우에는 시·군·구 심의위원회의 심의를 거쳐 자율관리구역 지정 여부를 결정하여야 한다.

④ 시장 등은 제3항에 따라 자율관리구역을 지정하였을 경우에는 다음 각 호의 사항을 고시하여야 한다.

1. 자율관리구역의 범위
2. 자율관리협정의 주요 내용

⑤ 자율관리협정은 그 협정을 체결한 토지소유자등에게만 효력이 미친다.

⑥ 주민협의회는 자율관리협정의 내용을 변경하려는 경우에는 그 전원의 합의로 시장 등에게 자율관리구역의 변경지정을 신청하여야 한다. 이 경우 제3항 및 제4항을 준용한다.

⑦ 제3항에 따라 고시된 자율관리구역 내의 토지소유자 등으로서 자율관리협정 체결자가 아닌 자는 주민협의회에 의사를 표시하고 자율관리협정에 가입할 수 있으며, 주민협의회는 그 가입 요청을 거절할 수 없다.

⑧ 시장 등은 법 제4조의 2 제4항에 따라 자율관리구역의 지정을 취소하려는 경우에는 주민협의회의 의견을 들은 후 시·군·구 심의위원회의 심의를 거쳐야 한다. [본조신설 2011.10.10.]

영 **제27조(주민협의회의 운영)** ① 제26조에 따라 자율관리협정을 체결하는 자는 법 제4조의 2 제3항에 따라 협정 체결자들 간의 자율적 기구로서 주민협의회를 구성·운영하여야 한다.

② 주민협의회는 자율관리협정 체결자 과반수의 동의를 받아 그 대표자 및 위원을 선임하여야 한다.

③ 주민협의회의 업무는 다음 각 호와 같다.

1. 자율관리협정의 작성 및 자율관리구역 지정의 신청
2. 광고물 등의 유지·관리 및 감시 활동
3. 제1호 및 제2호에서 규정한 사항 외에 시·군·구 조례로 정하는 사항

④ 제1항 및 제2항에서 규정한 사항 외에 주민협의회의 구성·운영에 필요한 사항은 시·군·구 조례로 정한다. [전문개정 2012.7.9.]

제4조의 3(광고물 등 정비시범구역) ① 시장 등은 도시의 아름다운 경관을 조성하고 쾌적한 생활환경을 지속적으로 유지·관리하기 위하여 제3조 제1항 각 호의 지역으로서 대통령령으로 정하는 지역을 광고물 등 정비시범구역(이하 "정비시범구역"이라 한다)으로 지정할 수 있다.

② 정비시범구역에서는 제3조제3항에도 불구하고 시장등이 광고물등의 모양·크기·색깔, 표시 또는 설치의 방법을 정하여 고시할 수 있다. 이 경우 시장등(특별자치시장 및 특별자치도지사는 제외한다)은 시·도지사와 미리 협의하여야 한다. 〈개정 2016.1.6.〉

③ 시장 등과 시·도지사는 제2항에 따라 고시한 광고물 등을 표시하거나 설치한 자에 대하여 예산의 범위에서 광고물 등의 제작비용과 설치비용 등을 지원할 수 있다.

④ 정비시범구역의 지정 범위와 절차 등에 필요한 사항은 대통령령으로 정한다. [본조신설 2011.3.29.]

영 **제28조(광고물 등 정비시범구역)** ① 법 제4조의 3 제1항에서 "대통령령으로 정하는 지역"이란 다음 각 호의 지역을 말한다.

1. 「국토의 계획 및 이용에 관한 법률」에 따른 미관지구 및 시설보호지구
2. 「국토의 계획 및 이용에 관한 법률」에 따른 상업지역
3. 너비 30미터 이상의 도로변
4. 법 제3조 제4항 및 제4조 제2항에 따라 시·도지사가 지정한 특정구역
5. 제1호부터 제4호까지의 지역 외에 시장 등이 특히 필요하다고 인정하여 고시한 구역

② 시장등은 법 제4조의3제1항 및 제2항에 따라 정비시범구역을 지정하거나 광고물등의 모양·크기·색깔, 표시 또는 설치의 방법을 정하려는 경우에는 「행정절차법」 제46조에 따른 행정예고를 하고, 주민·광고주·광고물 소유자 등 이해관계인의 의견을 들어야 한다. 〈개정 2016.7.6.〉

③ 제1항 및 제2항에서 규정한 사항 외에 정비시범구역의 지정·운영에 필요한 사항은 시·군·구 조례로 정한다. [본조신설 2011.10.10.]

제4조의4(광고물등 자유표시구역) ① 행정안전부장관은 시·도지사(특별자치시장 및 특별자치도지사를 포함한다. 이하 이 조에서 같다)의 신청을 받아 제3조제1항 각 호의 지역 등으로서 대통령령으로 정하는 지역 등을 광고물등 자유표시구역(이하 "자유표시구역"이라 한다)으로 지정할 수 있다. 이 경우 국제행사 또는 연말연시 등 특정시기에 개최되는 행사를 위하여 특성화된 환경을 조성하는 경우에는 기한을 정하여 자유표시구역을 지정할 수 있다. 〈개정 2017.7.26.〉

② 시·도지사는 제3조제3항에도 불구하고 자유표시구역에서 광고물등의 모양·크기·색깔, 표시 또는 설치의 방법 및 기간 등에 관하여 별도의 기준을 정할 수 있다.

③ 시·도지사는 제1항에 따라 자유표시구역의 지정을 신청하려는 경우에는 다음 각 호의 사항이 포함된 자유표시구역 운영기본계획(이하 "기본계획"이라 한다)을 작성하여 행정안전부장관에게 제출하여야 한다. 〈개정 2017.7.26.〉

1. 자유표시구역의 운영 취지
2. 자유표시구역의 위치·범위
3. 자유표시구역의 운영 기간
4. 광고물등의 모양·크기·색깔, 표시 또는 설치의 방법 및 기간 등에 관한 기준
5. 그 밖에 자유표시구역의 운영에 필요한 사항

④ 시·도지사는 제3항에 따라 기본계획을 제출하려는 경우에는 대통령령으로 정하는 바에 따라 주민, 옥외광고사업자 또는 관련 전문가 등과의 협의 및 제7조제1항에 따른 특별시·광역시·특별자치시·도·특별자치도 옥외광고심의위원회의 심의를 거쳐야 한다. 이 경우 주민, 옥외광고사업자 또는 관련 전문가 등과의 협의 절차와 방법 등에 필요한 사항은 대통령령으로 정한다.

⑤ 제3항에 따라 기본계획을 제출받은 행정안전부장관은 제7조의2에 따른 옥외광고정책위원회의 심의를 거쳐 기본계획을 확정한다. 〈개정 2017.7.26.〉

⑥ 제5항에 따라 확정된 기본계획을 변경하려는 경우에는 제3항부터 제5항까지의 규정을 준용한다. 다만, 대통령령으로 정하는 경미한 사항을 변경하는 경우에는 제4항 및 제5항에 따른 협의 및 심의를 생략할 수 있다.

⑦ 행정안전부장관은 시·도지사의 요청이 있거나 자유표시구역이 지정 취지에 적합하게 운영되지 아니한다고 인정되는 경우에는 대통령령으로 정하는 바에 따라 자유표시구역의 지정을 취소할 수 있다. 〈개정 2017.7.26.〉

⑧ 행정안전부장관과 시·도지사는 자유표시구역의 효율적인 운영을 위하여 필요한 지원을 할 수 있다. 〈개정 2017.7.26.〉

⑨ 제1항부터 제8항까지에서 규정한 사항 외에 자유표시구역의 지정·운영에 필요한 사항은 대통령령으로 정한다.

[본조신설 2016.1.6.]

영 제28조의2(광고물등 자유표시구역의 지정) ① 법 제4조의4제1항에서 "대통령령으로 정하는 지역"이란 다음 각 호의 어느 하나에 해당하는 지역을 말한다.

1. 법 제3조제1항 각 호(제6호는 제외한다)의 지역

2. 제21조제1항제1호부터 제4호까지의 지역

② 시·도지사는 법 제4조의4제1항에 따라 자유표시구역의 지정을 신청하는 경우 법 제4조의4제3항에 따른 자유표시구역 운영기본계획(이하 "기본계획"이라 한다)을 행정안전부장관에게 제출하기 전에 공청회를 개최하여 주민, 옥외광고사업자 및 관련 전문가 등과 협의하여야 한다. 〈개정 2017.7.26.〉

③ 행정안전부장관은 법 제4조의4제1항에 따라 자유표시구역을 지정하였을 때에는 관보 또는 행정안전부 인터넷 홈페이지 등에 다음 각 호의 사항을 게재하여야 하며, 관할 시·도지사 및 시장등에게 지체 없이 이를 통지하여야 한다. 〈개정 2017.7.26.〉

1. 지정된 자유표시구역의 명칭, 위치 및 면적
2. 자유표시구역의 지정 사유
3. 자유표시구역 지정일

④ 시·도지사 및 시장등은 제3항에 따른 통지를 받으면 해당 기관의 인터넷 홈페이지 등에 제3항 각 호의 사항을 14일 이상 게재하여야 한다.

[본조신설 2016.7.6.]

영 **제28조의3(광고물등 자유표시구역의 지정취소)** ① 행정안전부장관은 법 제4조의4제7항에 따라 자유표시구역의 지정을 취소하려면 미리 다음 각 호의 사항을 관보 또는 행정안전부 인터넷 홈페이지 등에 게재하여야 하고, 관할 시·도지사 및 시장등에게 지체 없이 이를 통지하여야 한다. 〈개정 2017.7.26.〉

1. 지정 취소할 자유표시구역의 명칭, 위치 및 면적
2. 자유표시구역의 지정 취소 사유
3. 자유표시구역 지정 취소 예정일
4. 지정 취소되는 자유표시구역에서 이루어진 기존 사업의 경과조치에 관한 사항

② 시·도지사 및 시장등은 제1항에 따른 통지를 받으면 해당 기관의 인터넷 홈페이지 등에 제1항 각 호의 사항을 14일 이상 게재하여야 한다.

[본조신설 2016.7.6.]

영 **제28조의4(기본계획 중 경미한 사항의 변경)** 법 제4조의4제6항에서 "대통령령으로 정하는 경미한 사항을 변경하는 경우"란 다음 각 호의 어느 하나에 해당하는 사항을 말한다.

1. 기본계획에서 정한 자유표시구역의 총면적을 최초 기본계획에서 정한 총면적의 10퍼센트 범위에서 변경하는 경우
2. 기본계획에서 정한 자유표시구역의 운영기간을 10퍼센트 범위에서 변경하는 경우
3. 기본계획에서 정한 범위에서 법 제4조의4제3항제4호에 따른 개별 광고물등의 표시 방법 등에 관한 기준을 변경하는 경우

[본조신설 2016.7.6.]

제5조 (금지광고물 등) ① 누구든지 다음 각 호의 어느 하나에 해당하는 광고물 등을 표시하거나 설치하여서는 아니 된다. 〈개정 2016.1.6.〉

1. 신호기 또는 도로표지 등과 유사하거나 그 효용(效用)을 떨어뜨리는 형태의 광고물 등

1의2. 소방시설 또는 소방용품 등과 유사하거나 그 효용(效用)을 떨어뜨리는 형태의 광고물등

2. 그 밖에 교통수단의 안전과 이용자의 통행안전을 해칠 우려가 있는 광고물등

3. 「사행산업통합감독위원회법」 제2조제1호가목부터 다목까지에 따른 사행산업의 광고물등. 다만, 사행산업통합감독위원회에서 직접 표시·설치하는 광고와 사행산업사업자가 영업장 및 장외발매소의 위치를 표시·안내하기 위하여 영업장 및 장외발매소에 설치하는 광고물등은 제외한다.

② 누구든지 광고물에 다음 각 호의 어느 하나에 해당하는 내용을 표시하여서는 아니 된다. 〈개정 2016.1.6.〉

1. 범죄행위를 정당화하거나 잔인하게 표현하는 것
2. 음란하거나 퇴폐적인 내용 등으로 미풍양속을 해칠 우려가 있는 것
3. 청소년의 보호·선도를 방해할 우려가 있는 것
4. 「사행산업통합감독위원회법」 제2조제1호라목부터 바목까지에 따른 사행산업의 광고물로서 사행심을 부추기는 것
5. 인종차별적 또는 성차별적 내용으로 인권침해의 우려가 있는 것
6. 그 밖에 다른 법령에서 광고를 금지한 것 [전문개정 2011.3.29.]

제5조의 2 (국가와 시·도의 지원 및 시·군·자치구 등의 책무) ① 국가와 지방자치단체는 광고물 등의 질적 향상과 옥외광고산업의 진흥을 도모하기 위하여 필요한 예산을 확보하고 관련 정책을 수립·추진하여야 한다.

② 행정안전부장관은 관계 중앙행정기관의 장 및 시·도지사(특별자치시장 및 특별자치도지사를 포함한다)와 협의하여 다음 각 호의 사항이 포함된 광고물 및 관련 산업의 발전을 위한 종합계획을 수립·시행하여야 한다. 〈개정 2017.7.26.〉

1. 광고물 및 관련 산업 발전의 기본방향과 추진체계에 관한 사항
2. 지방자치단체의 광고물 등에 대한 자율적 정비체제 구축에 관한 사항
3. 광고주 및 옥외광고업자 등에 의한 협력적 자율규제 기반 조성에 관한 사항
4. 주민참여와 민간단체활동의 활성화를 위한 제도 및 그 기반 조성에 관한 사항
5. 옥외광고업의 시설과 기술능력 향상을 위한 지원 및 교육에 관한 사항
6. 필요한 예산의 확보, 법령 및 제도 개선에 관한 사항
7. 우수 광고물, 모범 옥외광고업자 및 제11조의 3에 따른 옥외광고 사업자단체 등에 대한 지원 등 옥외광고산업의 발전을 위하여 필요한 사항

(계속)

③ 시·도지사는 제2항의 종합계획에 따라 시·군·자치구의 광고물등의 전반적인 수준 향상과 특색 있는 발전을 종합적으로 지원하기 위하여 시장등(특별자치시장 및 특별자치도지사는 제외한다. 이하 이 항에서 같다)과의 협의 및 제7조제1항에 따른 특별시·광역시·도(이하 "시·도"라 한다) 옥외광고심의위원회의 심의를 거쳐 시·도 단위의 지원계획을 수립·시행한다. 이 경우 시·도지사는 시장등에게 지원계획의 효율적 추진과 종합적 조정을 위하여 지도·조언 및 권고를 하거나 기준을 제시할 수 있다. 〈개정 2016.1.6.〉

④ 시장 등은 제3항의 지원계획(특별자치시장 및 특별자치도지사의 경우에는 제2항의 종합계획을 말한다)에 따라 자체 시행계획을 수립·추진하고, 자율관리구역 및 정비시범구역을 지정·운영하며, 광고주·옥외광고업자 등의 자율적 규제를 촉진하기 위하여 규제를 완화하고 우대하는 등 필요한 조치를 마련하여야 한다. 〈개정 2016.1.6.〉

⑤ 시장 등은 관광진흥, 세계화 촉진 등을 위하여 필요하다고 인정하는 경우에는 조례에 따라 일정한 구역을 지정하여 광고물에 한글과 외국어를 병기(倂記)하도록 할 수 있다.

⑥ 행정안전부장관과 시장등(제3조의2에 따른 광역단위 광고물의 경우에는 시·도지사를 말한다)은 광고물등의 허가 또는 신고의 편의를 위하여 「전자정부법」 제2조제10호에 따른 정보통신망을 개발·보급할 수 있다. 〈신설 2016.1.6., 2017.7.26.〉

영 **제29조 (공공목적 광고물 등의 표시방법)** ① 법 제6조 제2항 본문에서 "대통령령으로 정하는 광고물 등"이란 국가 등이 표시하는 다음 각 호의 광고물 등으로서 이 영에 따른 표시방법에 맞는 광고물 등을 말한다.

1. 국가 등의 청사 또는 건물 벽면을 이용하는 간판(면적이 5제곱미터 이상인 간판은 제외한다)
2. 국가 등의 청사 또는 건물의 부지 안에 설치하는 현수막 게시대와 벽보판 및 그 게시 광고물
3. 시설물 또는 장소 등의 위험·경고·안전의 안내를 위하여 전기를 사용하지 아니하고 설치하는 안내표지판

② 법 제6조 제2항 본문에서 "대통령령으로 정하는 공공단체"란 다음 각 호의 법인을 말한다.

1. 「공공기관의 운영에 관한 법률」 제4조 제1항에 따라 지정된 공공기관
2. 「지방공기업법」에 따라 설립된 지방공사 또는 지방공단
3. 개별 법률에 따라 주무부장관의 인가·허가 없이 직접 설립된 법인
4. 「민법」에 따라 설립된 재단법인(국가 또는 지방자치단체가 재산의 일부 또는 전부를 출연하고 그 운영에 관여하는 법인으로 한정한다)

③ 법 제6조 제2항 단서에서 "대통령령으로 정하는 표시·설치 기준 등에 맞는 광고물 등"이란 다음 각 호의 광고물 등을 말한다. 〈개정 2019.4.30.〉

1. 국가 등의 청사 또는 건물의 부지 안에 설치하는 홍보용 간판 1개. 이 경우 지주 이용 간판, 옥상간판 또는 건물 등의 벽면을 이용하는 광고물 등 중 하나를 선택하여야 하며, 홍보용 간판에 전광류를 사용하는 경우에는 제14조 제4항 제2호에 따른 비율의 범위에서 해당 기관을 제외한 국가 등의 공공목적 광고내용을 표출하여야 한다.
2. 국가 등의 청사 또는 건물의 부지 밖에 설치하는 현수막 게시대와 벽보판 및 그 게시 광고물

3. 문화·예술·관광·체육·종교·학술 등의 진흥을 위한 행사·공연 또는 국가 등의 주요 시책 등을 홍보하기 위하여 30일 이내의 기간 동안 설치하는 가로등 현수기
4. 국가 등이 개최하는 행사나 주요 정책 등을 홍보하기 위하여 국가 등의 청사 또는 건물 벽면에 30일 이내의 기간 동안 설치하는 현수막 1개
5. 대기오염 항목의 측정 결과와 날씨 정보 등을 알리기 위하여 설치하는 대기오염 옥외전광판 및 그 표시 홍보물
6. 기상특보·강우량 등 기상정보, 안전문화 및 재난상황 등을 알리기 위하여 설치하는 재난문자전광판 및 그 표시 홍보물
7. 문화·예술·관광·체육 등의 진흥을 위한 주요 시책, 국가 등의 행사 또는 사업의 홍보를 위하여 육교에 설치하는 현판 및 그 게시 홍보물(전기를 사용하지 아니하는 경우로 한정한다)
8. 국가안보·범죄신고 홍보를 위하여 청사 밖에 설치하는 지주 이용 간판(한 면의 면적이 12제곱미터 이내이고, 각 면의 합계면적이 24제곱미터 이내인 간판으로 한정한다)
9. 교통법규 위반 단속 또는 도로·교통시설의 정비·점검 업무를 수행 중인 차량에 해당 업무를 안내하기 위해 설치하는 안내전광판 및 표시 홍보물

④ 국가 등은 제3항 각 호의 광고물 등을 표시하려면 관할 시장 등과 미리 협의하여야 한다.

⑤ 제3항 제3호에 따른 가로등 현수기는 다음 각 호의 기준에 따라 표시하여야 한다. 〈개정 2013.6.21.〉

1. 보행자 및 차량의 통행을 방해하지 아니하여야 한다.
2. 도로표지 또는 교통안내표지가 붙어 있는 가로등 기둥에 표시해서는 아니 된다.
3. 하나의 가로등기둥에 표시하는 현수기는 2개를 초과할 수 없다.
4. 현수기의 가로 길이는 70센티미터 이내여야 하고, 세로 길이는 2미터 이내여야 하며, 현수기는 가로등기둥에 10센티미 이내로 밀착시켜 표시하여야 한다.
5. 지면으로부터 현수기 밑 부분까지의 높이는 200센티미 이상이어야 한다.
6. 현수기의 밑 부분을 나무·철근·플라스틱 등을 이용하여 고정시켜서는 아니 된다.

⑥ 국가 등의 공공목적 광고물 등에는 제21조를 적용하지 아니한다.

⑦ 시장 등은 광고물 등의 안전성 확보, 차량 교통 및 보행안전의 확보, 도시미관 및 쾌적한 생활환경 조성을 위하여 특히 필요하다고 인정하면 제3항에 따른 광고물 등의 설치 장소·수량 등을 제한할 수 있다. [전문개정 2011.10.10.]

영 **제30조 (기금조성용 옥외광고사업 및 광고물 등의 설치기준 등)** ① 법 제6조 제3항 단서에서 "대통령령으로 정하는 주요 국제행사"란 별표 2 제1호에 따른 주요 국제행사를 말한다. 〈개정 2013.6.21.〉

② 법 제6조 제4항에서 "대통령령으로 정하는 설치기준 등"이란 다음 각 호의 기준 등을 말한다. 〈개정 2013.12.27.〉

1. 홍보탑(구조물을 설치하고 구조물을 직접 이용하거나 그 구조물에 목재·아크릴·금속재 등의 판을 붙여 문자·도형 등을 표시하는 광고물을 말한다. 이하 같다)을 이용하여 광고할 수 있다.

2. 광고물 등의 종류·규격 및 설치장소 등 표시방법은 제3장의 규정에도 불구하고 별표 3에 따른다.
3. 광고물 등의 표시기간은 별표 1에도 불구하고 2018년 12월 31일까지로 한다. 다만, 새로운 국제행사 등을 지원하기 위한 법령이 제정되는 경우 그에 따라 표시기간을 연장할 수 있다.
4. 법 제11조의 4에 따른 한국옥외광고센터(이하 "한국옥외광고센터"라 한다)는 법 제6조 제4항에 따라 옥외광고사업을 수행하려면 제7조 제1항 제1호부터 제3호까지의 서류에 토지 또는 건물의 구조안전확인서류를 첨부하여 시장 등과 미리 협의하여야 한다.
5. 한국옥외광고센터는 제4호에 따른 협의를 마친 광고물 등의 규격·형태 또는 장소를 변경하려면 시장 등과 협의하여야 하며, 광고물 등의 표시기간을 연장하거나 광고내용을 변경하려는 경우에는 시장 등에게 통보하여야 한다.

③ 한국옥외광고센터는 공정하고 투명한 경쟁방식으로 옥외광고사업의 시행을 위한 옥외광고업자를 선정하여야 한다.

④ 제3항에 따른 옥외광고업자 선정의 구체적인 기준·방식 등은 한국옥외광고센터가 안전행정부장관의 승인을 받아 정한다. 〈개정 2013.3.23.〉

■ **별표 3** ■ 〈개정 2014.7.14.〉

기금조성 옥외광고물의 종류 등(제30조 제2항 제2호 관련)

종류	규격, 형태 및 디자인	설치장소 및 방법
1. 지주 이용 간판	1. 하나의 광고면의 크기는 가로 18m, 세로 8m(총 광고면적은 288m²) 이내로 하되, 입체형·복합형 광고면적의 산정은 최대 외곽선을 사각형으로 가상연결한 면적 또는 단면적의 70%에 면수를 적용한다. 2. 광고물 윗부분까지의 높이는 게시시설의 높이를 포함하여 도로면 수평높이로부터 25m 이하여야 한다. 다만, 게시시설의 위치가 도로면 수평높이보다 낮은 경우에는 해당 높이만큼 더 높게 할 수 있다. 3. 광고물의 형태는 다음 각 목과 같다. 가. 평면형 : 광고판의 한 면 이상을 이용하여 광고내용을 문자, 그림, 이미지 등 평면적 형태로 표시하는 광고물 나. 입체형 : 원형, 사각기둥 등 입체형 도형이나 그 조합형태 또는 실물모형 등을 이용하여 광고내용을 입체적·조형적 형태로 표시하는 광고물 다. 복합형 : 평면형과 입체형을 조합한 형태로 광고내용을 표시하는 광고물	1. 「도로법」 제10조에 따른 고속국도, 일반국도, 특별시도·광역시도의 도로경계선 및 「철도안전법」 제45조에 따른 철도보호지구로부터 30m 밖의 지역에 설치해야 하며, 「국토의 계획 및 이용에 관한 법률」에 따른 개발제한구역 및 녹지지역, 「하천법」에 따른 하천구역에도 설치할 수 있다. 다만, 다음 각 목의 사항에 유의해야 한다. 가. 도로·제방·하천 등 시설물의 기능이 유지되고, 자연수목이나 농작물의 생육에 지장이 없는 곳에 설치해야 한다. 나. 자동차 등의 운전 시계(視界)에 장애가 되지 않는 곳에 설치하여야 한다. 2. 광고물 등 간 이격거리는 주행방향을 기준으로 하여 500m 이상이 되게 설치해야 한다. 3. 「하천법」 제2조 제2호에 따른 하천구역에 광고물을 설치하는 경우에는 다음 각 목의 사항에 유의해야 한다.

(계속)

종류	규격, 형태 및 디자인	설치장소 및 방법
1. 지주 이용 간판	4. 게시시설은 구조확인 및 안전검사를 거쳐 하나 이상의 철골 또는 파이프 등 지주로 광고물을 지탱할 수 있도록 설치되어야 하고, 철재 게시시설은 주변 환경 및 자연경관과 조화될 수 있도록 철골모양이 외부로 드러나지 않게 해야 하며, 안전성에 지장이 없는 범위에서 입체적·조형적 형태의 게시시설을 설치할 수 있다. 5. 광고물의 디자인은 도시미관 및 자연환경과 조화될 수 있도록 하되, 광고의 창의성과 다양성을 구현할 수 있도록 해야 한다. 이 경우 한국옥외광고센터는 광고물 디자인에 관하여 관계 전문가 등에게 자문해야 한다.	가. 홍수 시 유수(流水)의 소통 및 하천관리에 지장이 없는 장소에 설치해야 하며, 광고물의 기초 바닥은 「하천법」 제10조 제1항 제4호에 따른 계획홍수위보다 낮아서는 안 된다. 나. 제방에 설치하는 경우에는 「엔지니어링산업 진흥법」 제2조 제4호에 따른 엔지니어링사업자 또는 「기술사법」 제6조에 따라 기술사사무소 개설등록을 한 기술사가 작성한 안전검토서를 첨부하여 하천관리청으로부터 하천점용허가를 받아야 하며, 제방이 도로 등 다른 기능을 겸하는 경우에는 다른 기능에 지장을 주지 않도록 설치해야 한다.
2. 홍보탑	1. 하나의 광고면의 크기는 가로 10m, 세로 5m(총 광고면적은 100m²) 이내이어야 하고, 광고물 윗부분까지의 높이는 10m 이내로 하되, 입체형·복합형 광고면적의 산정은 최대 외곽선을 사각형으로 가상연결한 면적 또는 단면적의 70%에 면수를 적용한다. 2. 고속국도 휴게소 부지 안에서만 광고물 면적이 12m² 이내, 광고물 등의 윗부분까지 높이가 지면으로부터 8m 이내인 전광류 간판을 설치할 수 있다. 3. 그 밖의 사항에 대해서는 제1호 지주 이용 간판의 제3호부터 제5호까지의 규정을 준용한다.	1. 공항·철도역사·버스 및 항만터미널, 고속국도 휴게소(휴게소 진입로 및 출입로는 제외한다) 부지 안에만 설치할 수 있다. 2. 도로경계선으로부터 1m 이상의 거리를 두어야 하며, 보행자 및 차량 등의 통행에 방해가 되지 않아야 한다. 3. 적색·녹색·청색 등 각종 도로표지·교통안전표지 등의 색상과 혼동될 우려가 있는 색상은 사용할 수 없다. 4. 광고물 등 간의 이격거리는 두지 않되, 이미 설치된 광고물과 경합으로 인한 민원이 발생하지 않도록 해야 하며, 도시경관을 고려하여 설치해야 한다.
3. 옥상간판	표시규격은 제15조 제6호를 준용한다.	1. 표시를 할 수 있는 건물 층수는 제15조 제3호를 준용한다. 2. 광고물 등 간 이격거리는 주행방향기준 200m 이상이어야 한다. 다만, 자기의 건물에 그 건물명이나 자기의 성명·주소·전화번호·상호 또는 이를 상징하는 도형을 표시하는 광고물과 공업지역에 있는 공장 및 그 부속건물에 표시하는 광고물은 이 호에 따른 광고물 간의 이격거리를 적용할 때 광고물로 보지 않는다. 3. 옥상간판은 고속국도변 지주 이용 간판의 설치가 어려운 지역의 50m 이내에 인접한 건물에만 설치해야 한다.

비고) 1. 전기를 이용하여 표시하는 경우에는 광원이 직접 노출되지 않도록 덮개를 씌워 표시해야 하며 빛이 점멸하지 않아야 한다. 다만, 고속국도 휴게소 부지 안에 설치하는 전광류 광고물 등은 제외한다.
2. 지역적 특성 등을 감안한 설치특례
가. 나들목과 분기점, 올림픽대로, 인천국제공항고속국도, 경부고속국도(서울~안성 구간)에 대해서는 정책위원회의 심의를 거쳐 광고물 등에 대한 안전성과 주변경관과의 조화가 충분히 확보되는 범위에서 도로 및 광고물간의 거리·높이 제한을 완화할 수 있다. 다만, 평면형 광고물 등의 높이는 도로와의 이격거리를 초과할 수 없다.
나. 산지지역에는 입체형 간판만 설치할 수 있으며, 이 경우 광고물의 높이는 설치지점으로부터 산정한다.

영 제31조(기금조성용 옥외광고사업의 수익금 배분 등) ① 법 제6조제5항에 따른 옥외광고사업 수익금의 배분 비율 및 방법은 별표 2 제2호와 같다. 〈개정 2013.6.21.〉

② 국제행사에 지원되는 옥외광고사업 수익금은 국제행사 준비 및 운영 등에 사용하고, 시·도 및 시·군·구에 지원되는 옥외광고사업 수익금은 광고물 등의 정비사업에 사용한다.

③ 한국옥외광고센터는 법 제6조 제3항 단서에 따른 옥외광고사업으로 적립된 수익금을 수입 및 지출 계획서와 집행계획서를 작성하여 배분하여야 하고, 한국옥외광고센터에 배분되는 수익금에 대해서는 「한국지방재정공제회법」에 따른 한국지방재정공제회의 정관으로 정하는 바에 따라 운용하여야 한다. [전문개정 2011.10.10.]

제6조(다른 법령 또는 국가 등의 광고물 제한) (조문생략)

제6조의 2(옥외광고정비기금의 설치) (조문생략)

제7조(옥외광고심의위원회) (조문생략)

제7조의 2(옥외광고정책위원회의 설치) (조문생략)

제8조(적용 배제) 표시·설치 기간이 30일 이내인 비영리 목적의 광고물 등이 다음 각 호의 어느 하나에 해당하면 허가·신고에 관한 제3조 및 금지·제한 등에 관한 제4조를 적용하지 아니한다. 이 경우 제3호는 표시·설치 기간이 30일을 초과하는 광고물 등도 포함한다.

1. 관혼상제 등을 위하여 표시·설치하는 경우
2. 학교행사나 종교의식을 위하여 표시·설치하는 경우
3. 시설물의 보호·관리를 위하여 표시·설치하는 경우
4. 단체나 개인이 적법한 정치활동을 위한 행사 또는 집회 등에 사용하기 위하여 표시·설치하는 경우
5. 단체나 개인이 적법한 노동운동을 위한 행사 또는 집회 등에 사용하기 위하여 표시·설치하는 경우
6. 안전사고 예방, 교통 안내, 긴급사고 안내, 미아 찾기, 교통사고 목격자 찾기 등을 위하여 표시·설치하는 경우
7. 「선거관리위원회법」에 따른 각급선거관리위원회의 선거, 국민투표, 주민투표(주민소환투표를 포함한다)에 관한 계도 및 홍보를 위하여 표시·설치하는 경우 [전문개정 2011.3.29.]

제9조 (광고물 등의 안전점검) ① 대통령령으로 정하는 광고물등을 설치하거나 관리하는 자는 공중에 대한 위해 방지를 위하여 시장등(제3조의2에 따라 시·도지사에게 허가를 받거나 신고한 경우에는 시·도지사를 말한다. 이하 이 조에서 같다)이 실시하는 안전점검을 받아야 한다. 이 경우 안전점검의 기준·시기 및 방법 등에 관하여 필요한 사항은 대통령령으로 정한다. 〈개정 2016.1.6.〉

② 시장 등은 제1항에 따른 안전점검 업무를 제11조의 3에 따른 옥외광고 사업자단체 및 대통령령으로 정하는 자에게 위탁할 수 있다.

③ 제2항에 따라 안전점검 업무를 위탁받을 수 있는 자의 시설기준과 자격 등에 관하여 필요한 사항은 대통령령으로 정한다.

④ 제2항에 따라 안전점검 업무를 위탁받은 자(그의 임직원을 포함한다)는 「형법」 제129조부터 제132조까지의 규정을 적용할 때에는 공무원으로 본다. [전문개정 2011.3.29.]

영 **제36조 (안전점검 대상 광고물 등)** 법 제9조 제1항 전단에서 "대통령령으로 정하는 광고물등"이란 다음 각 호의 광고물 등을 말한다. 〈개정 2016.7.6.〉

1. 다음 각 목의 어느 하나에 해당하는 가로형 간판. 다만, 건물의 벽면 등에 직접 도료로 표시한 것은 제외한다.
   가. 건물의 4층 이상에 설치하는 것
   나. 한 변의 길이가 10미터 이상인 것
2. 광고물 윗부분까지의 높이가 지면으로부터 5미터 이상이고 한 면의 면적이 1제곱미터 이상인 돌출간판
3. 옥상간판. 다만, 다음 각 목의 어느 하나에 해당하는 것은 제외한다.
   가. 옥상 바닥으로부터 윗부분까지의 높이가 4미터 미만인 볼링핀 모형의 것
   나. 게시시설 없이 옥상구조물에 직접 도료나 입체형으로 표시하는 것
4. 지면으로부터의 높이가 4미터 이상인 지주 이용 간판(제24조 제2항 제6호 라목에 따른 가설울타리에 도료로 표시하는 지주 이용 간판은 제외한다), 공공시설물 이용 광고물, 교통시설 이용 광고물 및 현수막 지정게시시설
5. 높이가 4미터 이상인 게시시설을 이용하여 설치하는 애드벌룬
6. 공중의 안전을 도모하기 위하여 시·도 조례로 광고물의 표시방법 및 표시 위치 또는 장소 등을 정하는 광고물
7. 특정광고물 중에서 안전점검이 필요하다고 인정되어 정책위원회의 심의를 거쳐 행정안전부장관이 정하여 고시한 광고물
8. 제1호부터 제7호까지의 광고물의 게시시설 [전문개정 2011.10.10.]

영 **제37조 (안전점검의 기준·시기 및 방법 등)** ① 법 제9조 제1항에 따른 안전점검의 기준은 별표 4와 같다.

② 법 제9조제1항에 따른 안전점검은 다음 각 호의 어느 하나에 해당하는 경우에 받아야 한다. 〈개정 2016.7.6.〉

1. 광고물 등을 최초로 표시한 경우. 이 경우 「건축법」 제22조에 따른 사용승인을 받아야 하는 게시시설에 대한 최초의 안전점검은 같은 법에 따른 사용승인으로 갈음

한다.

2. 허가 또는 신고 사항 중 광고물 등의 규격·사용자재·위치 또는 장소를 변경한 경우
3. 허가받거나 신고한 표시기간을 연장 받으려는 경우
4. 시장등(법 제3조의2에 따라 시·도지사에게 허가를 받거나 신고한 경우에는 시·도지사를 말한다. 이하 이 조에서 같다)이 공중에 대한 위해를 방지하기 위하여 특히 필요하다고 인정하여 시·군·구 심의위원회의 심의를 거쳐 결정한 경우

③ 제2항에 따라 안전점검을 받으려는 자는 다음 각 호의 구분에 따른 기일 내에 별지 제5호 서식의 신청서를 시장 등에게 제출하여야 한다. 〈개정 2016.7.6.〉

1. 제2항 제1호 전단 및 같은 항 제2호에 해당하는 경우 : 표시 또는 변경일부터 15일 이내(제2항 제1호 전단에 해당하는 경우에는 광고물 등의 설계도서를 첨부하여야 한다)
2. 제2항 제3호에 해당하는 경우 : 허가받거나 신고한 표시기간의 만료일 전후 30일 이내

④ 시장등은 법 제9조제1항에 따른 안전점검에 합격한 광고물등에 대해서는 별지 제6호서식의 안전점검증명서를 발급하여야 한다. 〈개정 2016.7.6.〉 [전문개정 2011.10.10.]

■ **별표 4** ■ 〈개정 2011.10.10.〉

광고물 등의 안전점검의 기준(제37조 제1항 관련)

구분		내용
기본사항		설계도서 및 허가사항과의 일치 여부(시설·구조·규격·내용 등의 무단변경 등)
법규		각종 법규 및 고시·명령 위반 여부
사용자재		부식을 방지하는 자재의 사용 또는 도장 시공 여부
		국가·공공기관이 공인한 규격품 및 자재의 사용 여부
		철근, 앵커볼트, 골조 등 주요 구조부에 사용한 자재의 규격·밀도·배치상태 등
접합부위	기초부분	콘크리트 기초 표면의 기울기, 노화, 균열, 변형 등 적합성 및 접합상태
		접합부분 건물의 강도 확보 : 건물의 균열, 파손, 변형 등(무게, 풍압력 등 고려)
	구성자재	접합상태, 볼트·리벳·너트 등의 풀림, 마모 등
		변형, 휨, 균열, 이탈, 파손, 부식 여부 등
	용접상태	균열, 변형, 부식, 틈 발생 등
전기설비		배선상태 : 적정용량, 과열, 오손(汚損), 파손, 노후, 노출 등
		애자 연결 부위 등 각종 자재의 상태
		「전기용품안전 관리법」 제2조 제3호에 따른 안전인증대상전기용품의 경우 안전인증을 받은 전기자재 사용 여부, 「산업표준화법」에 따라 한국산업규격의 표시인증을 받은 제품 사용 여부, 피뢰시설의 적정 설치 및 유지 등 여부
통행		교통신호기, 교통안전표지, 도로표지 등의 기능 장애 사항
		차량 및 보행자의 통행 장애
천재지변, 인위적 상황 변동 후의 점검사항		강풍, 폭우·폭설 후, 폭발·충격 후
그 밖의 사항		안전·미관·생활환경의 저해여부, 광고물 퇴색(退色) 여부 등

영 제38조(안전점검 업무의 위탁 등) ① 법 제9조 제2항에서 "대통령령으로 정하는 자"란 다음 각 호의 어느 하나에 해당하는 자로서 시·군·구 조례로 정하는 자를 말한다.

1. 「건축사법」에 따른 건축사
2. 건축사 관련 단체 또는 비영리법인
3. 건축·옥외광고 관련 기술자격을 취득한 자의 사업자단체 또는 비영리법인
4. 그 밖에 제1호부터 제3호까지의 자와 같은 수준의 안전점검능력을 갖춘 것으로 인정되는 단체 또는 비영리법인

② 제1항에 따라 안전점검 업무를 위탁받을 수 있는 자의 검사 시설 및 장비, 검사자의 자격 및 인원, 검사요령, 그 밖에 안전점검에 필요한 사항은 시·군·구 조례로 정한다.
[전문개정 2011.10.10.]

제9조의2(풍수해 등에 대비한 안전점검 등) ① 시장등(제3조의2에 따라 시·도지사에게 허가를 받거나 신고한 경우에는 시·도지사를 말한다)은 풍수해 등에 대비하기 위하여 옥외광고물안전점검계획을 수립하여 안전점검을 실시하여야 한다. 이 경우 안전점검의 기준·시기 및 방법 등에 필요한 사항은 대통령령으로 정한다.
② 제1항에 따른 안전점검의 위탁에 관하여는 제9조제2항부터 제4항까지의 규정을 준용한다.
[본조신설 2016.1.6.]

영 제38조의2(풍수해 등에 대비한 안전점검의 기준 · 시기 및 방법 등) ① 시장등(법 제3조의2에 따라 시·도지사에게 허가를 받거나 신고한 경우에는 시·도지사를 말한다)은 법 제9조의2에 따라 매년 옥외광고물 안점점검계획(이하 "안전점검계획"이라 한다)을 수립하여 연 1회 이상 안전점검을 실시하여야 한다.
② 제1항에 따른 안전점검계획에는 다음 각 호의 사항이 포함되어야 한다.

1. 점검시기
2. 점검대상
3. 점검방법

[본조신설 2016.7.6.]

제10조(위반 등에 대한 조치) ① 시장등(제3조의2에 따라 시·도지사에게 허가를 받거나 신고한 경우에는 시·도지사를 말한다. 이하 이 조에서 같다)은 광고물등의 허가·신고·금지·제한 등에 관한 제3조, 제3조의2, 제4조, 제4조의2, 제4조의3, 제4조의4 및 제5조를 위반하거나 제9조에 따른 안전점검에 합격하지 못한 광고물등 또는 제9조의2제1항에 따른 안전점검 결과 안전을 저해할 우려가 있다고 판단되는 광고물등에 대하여 다음 각 호에 해당하는 자(이하 "관리자등"이라 한다)에게 그 광고물등을 제거하거나 그 밖에 필요한 조치를 하도록 명하여야 한다.
〈개정 2016.1.6.〉

(계속)

1. 광고물 등을 표시하거나 설치한 자
2. 광고물 등을 관리하는 자
3. 광고주
4. 옥외광고업자
5. 광고물 등의 표시·설치를 승낙한 토지·건물 등의 소유자 또는 관리자

② 시장 등은 제1항에 따른 명령을 받은 자가 그 명령을 이행하지 아니하면 「행정대집행법」에 따라 해당 광고물 등을 제거하거나 필요한 조치를 하고 그 비용을 청구할 수 있다.

③ 시장등은 광고물등의 허가·신고에 관한 제3조를 위반하거나 제5조에 해당하는 광고물 중 전화번호 외에는 연락처가 없는 광고물에 대해서는 「정보통신망 이용촉진 및 정보보호 등에 관한 법률」 제2조제1항제3호에 따른 정보통신서비스 제공자(이하 "정보통신서비스 제공자"라 한다)에게 해당 정보통신서비스 이용자의 성명·주소·주민등록번호 및 이용기간에 대한 자료의 열람이나 제출을 요청할 수 있다. 이 경우 제5조에 해당하는 광고물에 대해서는 정보통신서비스 제공자에게 해당 전화번호에 대한 전기통신서비스 이용의 정지를 요청할 수 있다. 〈개정 2016.1.6.〉

④ 정보통신서비스 제공자는 제3항 전단에 따른 요청을 받으면 「전기통신사업법」 제83조제1항 및 제2항에도 불구하고 지체 없이 그 요청에 따라야 한다. 이 경우 자료를 제출받은 시장등은 위반행위에 대한 조사목적 외의 용도로 제출받은 자료를 사용할 수 없다. 〈개정 2016.1.6.〉

⑤ 제3항 후단에 따른 요청으로 전기통신서비스 이용이 정지되는 이용자는 시장등에게 대통령령으로 정하는 바에 따라 이의신청을 할 수 있다. 〈개정 2016.1.6.〉

⑥ 시장등은 입간판·현수막·벽보·전단의 광고내용이 미풍양속과 청소년의 정서를 저해할 우려가 있다고 판단될 때에는 대통령령으로 정하는 바에 따라 청소년보호위원회에 심의를 요청할 수 있다.

⑦ 시·도지사는 제3조, 제4조, 제4조의2, 제4조의3, 제4조의4 및 제5조를 위반한 광고물등의 정비를 위하여 필요한 경우에는 대통령령으로 정하는 바에 따라 시장등(특별자치시장 및 특별자치도지사는 제외한다. 이하 제8항 및 제9항에서 같다)과 합동점검을 할 수 있다. 〈신설 2016.1.6.〉

⑧ 시·도지사는 제7항에 따른 합동점검 결과를 시장등에게 통보하여야 한다. 이 경우 통보를 받은 시장등은 제1항부터 제3항까지에 해당하는 조치 등을 취하고, 그 결과를 시·도지사에게 보고하여야 한다. 〈신설 2016.1.6.〉

⑨ 시장등이 제8항에 따른 조치 등을 이행하지 아니하는 경우 시·도지사는 직접 제1항부터 제3항까지에 해당하는 조치 등을 취할 수 있다. 〈신설 2016.1.6.〉

[제목개정 2016.1.6.]

영 **제38조의3(전기통신서비스 이용정지에 대한 이의신청)** ① 전기통신서비스 이용이 정지되는 이용자는 법 제10조제5항에 따라 이용정지의 통지를 받은 날부터 30일 이내에 이용의 정지를 요청한 시장등(법 제3조의2에 따라 시·도지사에게 허가를 받거나 신고한 경우에는 시·도지사를 말한다. 이하 이 조에서 같다)에게 이의신청을 할 수 있다.

② 제1항에 따라 이의신청하려는 사람은 이의신청의 취지와 이유를 적은 이의신청서를 제출하여야 한다.

③ 시장등은 이의신청을 받은 날부터 15일 이내에 결정하고 이의신청의 결과 및 이유 등을

이의신청인에게 통지하여야 한다. 다만, 부득이한 사정으로 그 기간에 결정을 할 수 없을 때에는 15일의 범위에서 기간을 연장할 수 있다.

④ 제3항에 따른 결정에 이의가 있는 자는 「행정심판법」에 따라 행정심판을 청구할 수 있다.

영 **제39조 (청소년보호위원회에 대한 심의요청 절차)** 시장 등은 법 제10조 제6항에 따라 광고내용에 대하여 청소년보호위원회에 심의를 요청하려면 미리 시·군·구 심의위원회의 심의를 거쳐야 한다. [본조신설 2011.10.10.]

영 **제39조의2(시·도지사와 시장등의 합동점검 절차)** 시·도지사는 법 제10조제7항에 따른 합동점검을 하려는 경우에는 다음 각 호의 사항이 포함된 점검계획을 수립하여 해당 시장등(특별자치시장 및 특별자치도지사는 제외한다. 이하 이 조에서 같다)에게 통보하여야 한다.

1. 점검의 필요성
2. 점검 대상 지역
3. 점검 시기·방법 등
4. 점검 인력·장비·물품 등 점검에 필요한 시장등과의 협력사항
5. 그 밖에 점검에 필요한 사항

[본조신설 2016.7.6.]

제10조의 2 (행정대집행의 특례) ① 시장등은 추락 등 급박한 위험이 있는 광고물등 또는 불법 입간판·현수막·벽보·전단 등에 대하여 「행정대집행법」 제3조제1항 및 제2항에 따른 대집행(代執行) 절차를 밟으면 그 목적을 달성하기가 곤란한 경우에는 그 절차를 거치지 아니하고 그 광고물등을 제거하거나 그 밖에 필요한 조치를 할 수 있다. 〈개정 2016.1.6.〉

② 제1항에 따른 광고물 등의 제거나 그 밖에 필요한 조치는 광고물 등의 관리에 필요한 최소한도에서 하여야 한다.

③ 제1항과 제2항에 따른 대집행으로 제거된 광고물 등의 보관 및 처리에 필요한 사항은 대통령령으로 정한다. [전문개정 2011.3.29.]

영 **제40조 (제거된 광고물 등의 보관 및 처리)** ① 시장 등은 법 제10조의 2 제1항에 따라 광고물 등을 제거한 경우에는 시·군·구 조례로 정하는 바에 따라 다음 각 호의 자(이하 "관리자 등"이라 한다)가 쉽게 그 광고물 등의 보관 장소를 알 수 있도록 조치하여야 한다. 다만, 벽보·전단·현수막 등 재활용할 수 없거나 보관하기 곤란한 광고물 등은 즉시 폐기할 수 있다. 〈개정 2016.7.6.〉

1. 해당 광고물 등을 표시하거나 설치한 자
2. 해당 광고물 등을 관리하는 자
3. 광고주
4. 옥외광고사업자

② 시장 등은 법 제10조의 2 제1항에 따라 제거한 광고물 등을 보관하는 경우에는 시·군·구 조례로 정하는 바에 따라 해당 시·군·구의 게시판에 그 사실을 15일 이상 공고하여야 하며, 보관하고 있는 광고물 등의 목록을 작성하여 관계자가 열람할 수 있도록

갖추어 두어야 한다.

③ 시장 등은 법 제10조의 2 제1항에 따라 제거한 광고물 등이 파손 또는 훼손되거나, 반환할 경우 계속하여 불법으로 표시될 우려가 있을 때에는 그 광고물 등을 매각하여 매각대금을 보관할 수 있다. 이 경우 제2항을 준용하여 공고하여야 한다.

④ 제3항에 따라 광고물 등을 매각하는 경우에는 다음 각 호의 어느 하나에 해당하는 경우를 제외하고는 「지방자치단체를 당사자로 하는 계약에 관한 법률」에 따른 일반입찰의 방법으로 하여야 한다.

1. 일반입찰에 부쳐도 응찰자가 없을 것으로 인정되는 경우
2. 해당 광고물 등의 재산적 가치가 아주 낮은 경우 등 일반입찰에 부치는 것이 부당하다고 인정되는 경우 [전문개정 2011.10.10.]

영 **제41조(광고물 등의 반환 등)** ① 시장 등은 제40조에 따라 보관한 광고물 등(매각대금을 포함한다)을 관리자 등에게 반환하려는 경우에는 반환받는 사람의 성명·주소 및 생년월일과 정당한 권리자인지를 확인하여야 한다. 〈개정 2016.7.6.〉

② 시장 등은 제1항에 따라 광고물 등을 반환할 때에는 과태료 부과, 광고물 등의 제거·운반·보관 또는 매각 등에 든 비용을 관리자 등으로부터 징수할 수 있다. [전문개정 2011.10.10.]

영 **제42조(미반환 광고물 등의 귀속)** 제40조 제2항에 따른 공고기간 마지막 날부터 1개월이 지나도 그 광고물 등을 반환받을 관리자 등을 알 수 없거나 반환요구가 없을 때에는 그 광고물 등은 그 시·군·구에 귀속된다. [전문개정 2011.10.10.]

제10조의 3(이행강제금) ① 시장 등(제3조의 2에 따라 시·도지사에게 허가를 받거나 신고한 경우에는 시·도지사를 말한다. 이하 이 조에서 같다)은 제10조 제1항에 따른 명령을 받은 후 그 조치 기간 내에 이행하지 아니한 관리자 등(입간판·현수막·벽보·전단의 관리자 등은 제외한다. 이하 이 조에서 같다)에 대하여는 대통령령으로 정하는 바에 따라 500만 원 이하의 이행강제금을 부과·징수할 수 있다. 다만, 「건축법」 제80조에 따른 이행강제금 부과로 그 이행을 강제할 수 있는 경우에는 그러하지 아니하다.

② 시장 등은 제1항에 따른 이행강제금을 부과하기 전에 미리 상당한 기간을 정하여 이를 부과·징수한다는 뜻을 해당 관리자 등에게 문서로써 계고(戒告)하여야 한다.

③ 시장 등은 제1항에 따른 이행강제금을 부과하는 경우에는 이행강제금의 금액·부과사유·납부기한 및 수납기관, 이의제기 방법 및 기간 등을 자세히 밝힌 문서로써 하여야 한다.

④ 시장 등은 제10조 제1항에 따른 최초의 명령을 한 날을 기준으로 1년에 2회 이내의 범위에서 해당 명령이 이행될 때까지 반복하여 제1항에 따른 이행강제금을 부과·징수할 수 있다.

⑤ 시장 등은 명령을 받은 자가 그 명령을 이행하는 경우에는 새로운 이행강제금 부과를 즉시 중지하되, 이미 부과된 이행강제금은 징수하여야 한다.

⑥ 시장 등은 제3항에 따라 이행강제금 부과처분을 받은 자가 이행강제금을 기한 내에 납부하지 아니하는 때에는 「지방세외수입금의 징수 등에 관한 법률」에 따라 징수한다. 〈개정 2013.8.6.〉

[전문개정 2011.3.29.]

[제20조의 2에서 이동 〈2011.3.29.〉]

영 제43조 (이행강제금의 부과·징수) ① 법 제10조의 3에 따른 이행강제금의 부과기준은 별표 5의 범위에서 해당 지방자치단체의 조례로 정한다. 〈개정 2018.12.18.〉

② 제1항에 따른 이행강제금의 부과 및 징수 절차(과오납 및 결손처분을 포함한다)에 관하여는 국고금 관리법령을 준용한다. 이 경우 납입고지서에는 이의신청방법 및 이의신청기간을 함께 기재하여야 한다. [전문개정 2011.10.10.]

■ **별표 5** ■ 〈개정 2016.7.6.〉

이행강제금 부과기준(제43조 제1항 관련)

1. 위반행위
   가. 법 제3조, 제3조의 2, 제4조, 제4조의 2, 제4조의 3 및 제5조를 위반하여 제2호에 따른 광고물 등을 표시하거나 설치한 경우
   나. 제2호에 따른 광고물 등이 법 제9조에 따른 안전점검에 합격하지 못한 경우
2. 광고물 등의 종류와 크기에 따른 이행강제금 산정기준

광고물 등	이행강제금
가. 가로형 간판, 세로형 간판 및 공연간판 1) 면적 $5m^2$ 미만	• 20만 원 이상 50만 원 미만
2) 면적 $5m^2$ 이상 $10m^2$ 미만	• 50만 원 이상 100만 원 미만
3) 면적 $10m^2$ 이상 $20m^2$ 미만	• 100만 원 이상 200만 원 미만
4) 면적 $20m^2$ 이상	• 200만 원+면적 $20m^2$를 초과하는 면적의 $1m^2$ 당 10만 원을 더한 금액 미만
나. 돌출간판 1) 연면적 $5m^2$ 미만	• 20만 원 이상 50만 원 미만
2) 연면적 $5m^2$ 이상 $10m^2$ 미만	• 50만 원 이상 100만 원 미만
3) 연면적 $10m^2$ 이상 $20m^2$ 미만	• 100만 원 이상 200만 원 미만
4) 연면적 $20m^2$ 이상	• 200만 원+연면적 $20m^2$를 초과하는 면적의 $1m^2$당 10만 원을 더한 금액 미만
다. 지주 이용 간판 및 지면에 설치하는 애드벌룬 1) 연면적 $3m^2$ 미만	• 30만 원 이상 50만 원 미만
2) 연면적 $3m^2$ 이상 $5m^2$ 미만	• 50만 원 이상 100만 원 미만
3) 연면적 $5m^2$ 이상 $10m^2$ 미만	• 100만 원 이상 200만 원 미만
4) 연면적 $10m^2$ 이상	• 200만 원+연면적 $10m^2$ 초과하는 면적의 $1m^2$ 당 10만 원을 더한 금액 미만
라. 옥상간판, 옥상에 고정하여 설치하는 애드벌룬 및 건물 4층 이상 벽면에 표시하는 벽면 이용 간판 1) 연면적 $5m^2$ 미만	• 30만 원 이상 50만 원 미만

(계속)

광고물 등	이행강제금
2) 연면적 $5m^2$ 이상 $10m^2$ 미만	• 50만 원 이상 100만 원 미만
3) 연면적 $10m^2$ 이상 $20m^2$ 미만	• 100만 원 이상 200만 원 미만
4) 연면적 $20m^2$ 이상 $50m^2$ 미만	• 200만 원 이상 300만 원 미만
5) 연면적 $50m^2$ 이상	• 300만 원+연면적 $50m^2$ 초과 면적의 $1m^2$ 당 10만 원을 더한 금액 미만
마. 선전탑, 아치광고물 및 공중에 띄우는 애드벌룬	• 30만 원 이상 100만 원 이하
바. 공공시설물 이용 광고물 1) 시계탑·조명탑·안내탑·일기예보탑	• 30만 원 이상 100만 원 이하
2) 교통안내소	• 벽면 이용 간판에 준함
3) 안내게시판·지정벽보판·버스승강장·택시승강장·관광안내도	• 지주 이용 간판에 준함
4) 제17조 제1호 라목에 따라 시장 등이 인정한 편익시설물	• 비슷한 유형의 광고물 등에 준함
5) 가목부터 라목까지 외의 공공시설물	• 20만 원 이상 50만 원 미만
사. 교통시설 이용 광고물	• 비슷한 유형의 광고물 등에 준함
아. 교통수단 이용 광고물 1) 비행선	• 100만 원 이상 500만 원 이하
2) 그 밖의 교통수단 가) 연면적 $3m^2$ 미만	• 10만 원 이상 30만 원 미만
나) 연면적 $3m^2$ 이상 $5m^2$ 미만	• 30만 원 이상 50만 원 미만
3) 연면적 $5m^2$ 이상	• 50만 원+연면적 $5m^2$ 초과 면적의 $1m^2$ 당 5만 원을 더한 금액 미만
자. 그 밖의 유형의 광고물	• 가로형 간판에 준함

비고) 이행강제금 부과금액의 계산방법

1. 이행강제금은 광고물의 표시면적을 기준으로 산정하되, 면적을 산정할 때 지주는 제외하고, 게시틀(광고물의 테두리)은 포함한다.
2. 광고물의 표시면적을 계산한 단위 소수점 이하는 반올림하여 산정한다.
3. 입체형·모형 등 변형된 광고물의 표시면적을 산정할 때에는 최대 외곽선을 사각형으로 가상연결한 면적 또는 단면적의 70%에 면수를 적용한다.
4. 전기를 이용하는 광고물 등의 계산방법
   가. 백열등 또는 형광등을 이용하는 단순조명 광고물 등과 광원이 직접 노출되지 않도록 덮개를 씌워 표시하는 네온류 또는 전광류(빛이 점멸하거나 동영상 변화가 있는 경우는 제외한다)를 사용하는 광고물 등은 500만 원 이하의 범위에서 해당 이행강제금의 1.5배를 적용한다.
   나. 광원이 직접 노출되어 표시되는 네온류 또는 전광류를 사용하는 광고물 등은 500만 원 이하의 범위에서 해당 이행강제금의 2배를 적용한다.
   다. 광고물 등의 일부가 전기를 사용하는 경우에는 500만 원 이하의 범위에서 이행강제금 산정금액에 전기사용 부분의 비율에 해당하는 금액을 가산한다.
5. 법 제10조의 3 제4항에 따라 이행강제금을 반복하여 부과하는 경우에는 500만 원 이하의 범위에서 직전 이행강제금 부과금액의 30%를 가산하여 부과할 수 있다.
6. 한 업소에서 여러 개의 불법 광고물이 발견되어 이행강제금을 부과하는 경우에는 각 광고물 표시면적을 모두 합산하여 500만 원 이하의 범위에서 계산한다.
7. 이행강제금의 총 금액에서 1천원 미만은 버린다.

제11조의4(한국옥외광고센터의 설립) (조문생략)
제11조의2(결격사유) (조문생략)
제11조의3(옥외광고 사업자단체의 설립 등) (조문생략)
제11조의4(한국옥외광고센터의 설립) (조문생략)
제12조(광고물등에 관한 교육) (조문생략)
제13조(허가 취소 등) (조문생략)
제14조(등록의 취소와 영업정지) (조문생략)
제15조(청문) (조문생략)

영 제44조 ~ 영 제54조 (별표 6, 별표 7) : 생략

제16조 (광고물 실명제) ① 광고물의 설치·표시 허가를 받거나 신고를 한 자는 해당 광고물에 허가 또는 신고번호, 표시기간, 제작자명 등을 표시하여야 한다.
② 제1항에 따라 허가 또는 신고번호 등을 표시하여야 할 광고물의 종류, 표시내용, 위치, 규격, 그 밖에 필요한 사항은 시·도(특별자치시 및 특별자치도를 포함한다) 조례로 정한다. [전문개정 2011.3.29.]

제17조 (수수료) (조문생략)
제17조의2(규제의 재검토) (조문생략)

제17조의3(벌칙) 제5조제2항제2호를 위반하여 금지광고물을 제작·표시한 자는 2년 이하의 징역 또는 2천만원 이하의 벌금에 처한다.
[본조신설 2016.1.6.]

제18조 (벌칙) ① 다음 각 호의 어느 하나에 해당하는 자는 1년 이하의 징역 또는 1천만 원 이하의 벌금에 처한다. 〈개정 2016.1.6.〉

1. 제3조에 따른 허가를 받지 아니하고 광고물 등(입간판·현수막·벽보·전단은 제외한다)을 표시하거나 설치한 자
2. 제3조의 2에 따른 허가를 받지 아니한 광고물(입간판·현수막·벽보·전단은 제외한다)을 표시한 자
3. 제4조 제1항, 제5조 제1항 또는 제2항제4호를 위반하여 광고물 등을 표시하거나 설치한 자
4. 제11조 제1항에 따른 등록을 하지 아니하고 옥외광고업을 한 자

(계속)

② 다음 각 호의 어느 하나에 해당하는 자는 500만 원 이하의 벌금에 처한다.

1. 제3조에 따른 신고를 하지 아니하고 광고물 등(입간판·현수막·벽보·전단은 제외한다)을 표시하거나 설치한 자
2. 제3조의 2에 따른 신고를 하지 아니하고 광고물(입간판·현수막·벽보·전단은 제외한다)을 표시한 자 [전문개정 2011.3.29.]

제19조 (양벌규정) 법인의 대표자나 법인 또는 개인의 대리인, 사용인, 그 밖의 종업원이 그 법인 또는 개인의 업무에 관하여 제17조의3 또는 제18조의 위반행위를 하면 그 행위자를 벌하는 외에 그 법인 또는 개인에게도 해당 조문의 벌금형을 과(科)한다. 다만, 법인 또는 개인이 그 위반행위를 방지하기 위하여 해당 업무에 관하여 상당한 주의와 감독을 게을리 하지 아니한 경우에는 그러하지 아니하다. 〈개정 2016.1.6.〉

제20조 (과태료) ① 다음 각 호의 어느 하나에 해당하는 자에게는 500만 원 이하의 과태료를 부과한다. 〈개정 2016.1.6.〉

1. 제3조 또는 제3조의 2를 위반하여 입간판·현수막·벽보 및 전단을 표시하거나 설치한 자

1의2. 제5조제2항제3호를 위반하여 금지광고물을 제작·표시한 자

2. 제11조제1항 단서를 위반하여 변경등록을 하지 아니한 자
3. 삭제 〈2016.1.6.〉
4. 삭제 〈2016.1.6.〉
5. 제16조를 위반하여 광고물에 허가 또는 신고번호 등의 표시를 하지 아니하거나 거짓으로 표시한 자

② 제12조 제2항을 위반하여 교육을 이수하지 아니한 자에게는 100만 원 이하의 과태료를 부과한다.

③ 제1항과 제2항에 따른 과태료는 대통령령으로 정하는 바에 따라 시장 등 또는 시·도지사가 부과·징수한다. [전문개정 2011.3.29.]

영 제55조 (과태료의 부과) 법 제20조 제3항에 따른 과태료의 부과기준은 별표 8의 범위에서 해당 지방자치단체의 조례로 정한다. 〈개정 2018.12.18.〉

■ **별표 8** ■ 〈개정 2017.12.29.〉

과태료의 부과기준(제55조 관련)

위반행위	근거 법조문	과태료 금액
1. 법 제3조 또는 제3조의2를 위반하여 입간판 · 현수막 · 벽보 · 전단을 표시 또는 설치하거나 법 제5조제2항제3호를 위반하여 금지광고물을 제작 · 표시한 경우	법 제20조 제1항 제1호	
가. 입간판		
1) 도로(보도를 포함한다, 이하 같다)의 경우		
가) 연면적 1m² 미만		• 개당 8만 원 이상 35만 원 미만
나) 연면적 1m² 이상 2m² 미만		• 개당 35만 원 이상 65만 원 미만
다) 연면적 2m² 이상 3m² 미만		• 개당 65만 원 이상 130만 원 미만
라) 연면적 3m² 이상		• 개당 130만 원+연면적 3m² 초과하는 면적의 0.5m² 당 15만 원을 더한 금액 이하
2) 도로 외의 경우		
가) 연면적 1m² 미만		• 개당 5만 원 이상 15만 원 미만
나) 연면적 1m² 이상 2m² 미만		• 개당 15만 원 이상 50만 원 미만
다) 연면적 2m² 이상 3m² 미만		• 개당 50만 원 이상 80만 원 미만
라) 연면적 3m² 이상		• 개당 80만 원+연면적 3m² 초과하는 면적의 0.5m² 당 8만 원을 더한 금액 이하
나. 현수막	법 제20조 제1항 제1호	
1) 면적 3m² 미만		• 8만 원 이상 15만 원 미만
2) 면적 3m² 이상 5m² 미만		• 15만 원 이상 35만 원 미만
3) 면적 5m² 이상 10m² 미만		• 35만 원 이상 80만 원 미만
4) 면적 10m² 이상		• 80만 원+면적 10m² 초과하는 면적의 1m² 당 15만 원을 더한 금액 이하
다. 벽보		• 장당 8천 원 이상 5만 원 이하
라. 전단		• 장당 5천 원 이상 5만 원 이하
2. 법 제11조 제1항 단서에 따른 변경등록을 하지 않은 경우	법 제20조 제1항 제2호	
가. 30일 이상 90일 미만		• 15만 원 이상 80만 원 미만
나. 90일 이상 180일 미만		• 80만 원 이상 150만 원 미만
다. 180일 이상 1년 미만		• 150만 원 이상 300만 원 미만
라. 1년 이상		• 300만 원 이상 500만 원 이하

(계속)

위반행위	근거 법조문	과태료 금액
3. 법 제11조 제5항 및 제6항에 따른 영업소 내 옥외광고물 관련 장부 등을 비치하지 아니하였거나 등록번호 등을 표시하지 않은 경우 가. 연 1회 위반한 경우	법 제20조 제1항 제3호 및 제4호	• 20만 원 이상 100만 원 미만
나. 연 2회 위반한 경우		• 100만 원 이상 250만 원 미만
다. 연 3회 이상 위반한 경우		• 250만 원 이상 500만 원 이하
4. 법 제16조에 따른 광고물 실명제 표시를 하지 않거나 허위로 표시한 경우 가. 연 1회 위반한 경우	법 제20조 제1항 제5호	• 20만 원 이상 100만 원 미만
나. 연 2회 위반한 경우		• 100만 원 이상 250만 원 미만
다. 연 3회 이상 위반한 경우		• 250만 원 이상 500만 원 이하
5. 법 제12조 제2항을 위반하여 교육을 이수하지 않은 경우 가. 1회 위반한 경우	법 제20조 제2항	• 10만 원 이상 30만 원 미만
나. 2회 연속 위반한 경우		• 30만 원 이상 50만 원 미만
다. 3회 연속 위반한 경우		• 50만 원 이상 100만 원 이하

비고) 과태료 금액의 계산방법

1. 과태료는 광고물의 표시면적을 기준으로 산정하되, 면적을 산정할 때에는 지주는 제외하고 게시틀(광고물의 테두리)은 포함한다.
2. 광고물의 표시면적을 산정할 때에 소수점 이하는 반올림하여 산정한다.
3. 입체형·모형 등 변형된 광고물의 표시면적을 산정할 때에는 최대 외곽선을 사각형으로 가상 연결한 면적 또는 단면적의 70%에 면수를 적용한다.
4. 전기를 이용하는 광고물 등에 대한 과태료 금액의 계산방법은 다음과 같다.
   가. 백열등 또는 형광등을 이용하는 단순조명 광고물 등과 광원이 직접 노출되지 않도록 덮개를 씌워 표시하는 네온류 또는 전광류(빛이 점멸하거나 동영상 변화가 있는 경우에는 제외한다)를 사용하는 광고물 등은 500만 원 이하의 범위에서 해당 과태료의 1.5배를 적용한다.
   나. 광원이 직접 노출되어 표시되는 네온류 또는 전광류 등을 사용하는 광고물 등은 500만 원 이하의 범위에서 해당 과태료의 2배를 적용한다.
   다. 광고물 등의 일부가 전기를 사용하는 경우에는 500만 원 이하의 범위에서 과태료 산정금액에 전기 사용 부분의 비율에 해당하는 금액을 가산한다.
5. 위 표 제1호나목에 해당하는 경우로서 차량통행이나 일반인의 보행을 철저히 방해한 경우에는 해당 과태료의 2배까지 증과한다.
6. 최초로 과태료 처분을 받은 날부터 1년 이내에 다시 법을 위반하여 과태료 처분 대상자가 된 자에 대해서는 500만 원 이하의 범위에서 직전 과태료 부과금액의 30%를 가산하여 부과할 수 있다.
7. 과태료의 총 금액에서 1천 원 미만은 버린다.

2 상가건물 임대차보호법(약칭: 상가임대차법)

상가건물 임대차보호법

[시행 2019.4.17.] [법률 제15791호, 2018.10.16., 일부개정]

상가건물 임대차보호법 시행령 (약칭 : 상가임대차법 시행령)

[시행 2019.4.17.] [대통령령 제29671호, 2019.4.2., 일부개정]

제1조 (목적) 이 법은 상가건물 임대차에 관하여 「민법」에 대한 특례를 규정하여 국민 경제생활의 안정을 보장함을 목적으로 한다. [전문개정 2009.1.30.]

제2조 (적용범위) ① 이 법은 상가건물(제3조 제1항에 따른 사업자등록의 대상이 되는 건물을 말한다)의 임대차(임대차 목적물의 주된 부분을 영업용으로 사용하는 경우를 포함한다)에 대하여 적용한다. 다만, 대통령령으로 정하는 보증금액을 초과하는 임대차에 대하여는 그러하지 아니하다.

② 제1항 단서에 따른 보증금액을 정할 때에는 해당 지역의 경제 여건 및 임대차 목적물의 규모 등을 고려하여 지역별로 구분하여 규정하되, 보증금 외에 차임이 있는 경우에는 그 차임액에 「은행법」에 따른 은행의 대출금리 등을 고려하여 대통령령으로 정하는 비율을 곱하여 환산한 금액을 포함하여야 한다. 〈개정 2010.5.17.〉

③ 제1항 단서에도 불구하고 제10조 제1항, 제2항, 제3항 본문 및 제10조의 2는 제1항 단서에 따른 보증금액을 초과하는 임대차에 대하여도 적용한다. 〈신설 2013.8.13.〉

영 제2조 (적용범위) ① 「상가건물 임대차보호법」(이하 "법"이라 한다) 제2조 제1항 단서에서 "대통령령으로 정하는 보증금액"이란 다음 각 호의 구분에 의한 금액을 말한다. 〈개정 2019.4.2.〉

1. 서울특별시 : 9억원
2. 「수도권정비계획법」에 따른 과밀억제권역(서울특별시는 제외한다) 및 부산광역시 : 6억9천만원
3. 광역시(「수도권정비계획법」에 따른 과밀억제권역에 포함된 지역과 군지역, 부산광역시는 제외한다), 세종특별자치시, 파주시, 화성시, 안산시, 용인시, 김포시 및 광주시: 5억4천만원
4. 그 밖의 지역 : 3억7천만원

② 법 제2조 제2항의 규정에 의하여 보증금 외에 차임이 있는 경우의 차임액은 월 단위의 차임액으로 한다.

③ 법 제2조 제2항에서 "대통령령으로 정하는 비율"이라 함은 1분의 100을 말한다. 〈개정 2010.7.21.〉

제3조 (대항력 등) ① 임대차는 그 등기가 없는 경우에도 임차인이 건물의 인도와 「부가가치세법」 제8조, 「소득세법」 제168조 또는 「법인세법」 제111조에 따른 사업자등록을 신청하면 그 다음 날부터 제3자에 대하여 효력이 생긴다. 〈개정 2013.6.7.〉

② 임차건물의 양수인(그 밖에 임대할 권리를 승계한 자를 포함한다)은 임대인의 지위를 승계한 것으로 본다.

③ 이 법에 따라 임대차의 목적이 된 건물이 매매 또는 경매의 목적물이 된 경우에는 「민법」 제575조 제1항·제3항 및 제578조를 준용한다.

④ 제3항의 경우에는 「민법」 제536조를 준용한다. [전문개정 2009.1.30.]

제4조(확정일자 부여 및 임대차정보의 제공 등) ① 제5조제2항의 확정일자는 상가건물의 소재지 관할 세무서장이 부여한다.

② 관할 세무서장은 해당 상가건물의 소재지, 확정일자 부여일, 차임 및 보증금 등을 기재한 확정일자부를 작성하여야 한다. 이 경우 전산정보처리조직을 이용할 수 있다.

③ 상가건물의 임대차에 이해관계가 있는 자는 관할 세무서장에게 해당 상가건물의 확정일자 부여일, 차임 및 보증금 등 정보의 제공을 요청할 수 있다. 이 경우 요청을 받은 관할 세무서장은 정당한 사유 없이 이를 거부할 수 없다.

④ 임대차계약을 체결하려는 자는 임대인의 동의를 받아 관할 세무서장에게 제3항에 따른 정보제공을 요청할 수 있다.

⑤ 확정일자부에 기재하여야 할 사항, 상가건물의 임대차에 이해관계가 있는 자의 범위, 관할 세무서장에게 요청할 수 있는 정보의 범위 및 그 밖에 확정일자 부여사무와 정보제공 등에 필요한 사항은 대통령령으로 정한다.

[전문개정 2015.5.13.]

영 제3조(확정일자부 기재사항 등) ① 상가건물 임대차 계약증서 원본을 소지한 임차인은 법 제4조제1항에 따라 상가건물의 소재지 관할 세무서장에게 확정일자 부여를 신청할 수 있다. 다만, 「부가가치세법」 제8조제3항에 따라 사업자 단위 과세가 적용되는 사업자의 경우 해당 사업자의 본점 또는 주사무소 관할 세무서장에게 확정일자 부여를 신청할 수 있다.

② 확정일자는 제1항에 따라 확정일자 부여의 신청을 받은 세무서장(이하 "관할 세무서장"이라 한다)이 확정일자 번호, 확정일자 부여일 및 관할 세무서장을 상가건물 임대차 계약증서 원본에 표시하고 관인을 찍는 방법으로 부여한다.

③ 관할 세무서장은 임대차계약이 변경되거나 갱신된 경우 임차인의 신청에 따라 새로운 확정일자를 부여한다.

④ 관할 세무서장이 법 제4조제2항에 따라 작성하는 확정일자부에 기재하여야 할 사항은 다음 각 호와 같다.

1. 확정일자 번호
2. 확정일자 부여일
3. 임대인·임차인의 인적사항

가. 자연인인 경우: 성명, 주민등록번호(외국인은 외국인등록번호)

나. 법인인 경우: 법인명, 대표자 성명, 법인등록번호

다. 법인 아닌 단체인 경우: 단체명, 대표자 성명, 사업자등록번호·고유번호

4. 임차인의 상호 및 법 제3조제1항에 따른 사업자등록 번호
5. 상가건물의 소재지, 임대차 목적물 및 면적
6. 임대차기간
7. 보증금·차임

⑤ 제1항부터 제4항까지에서 규정한 사항 외에 확정일자 부여 사무에 관하여 필요한 사항은 법무부령으로 정한다. [전문개정 2015.11.13.]

영 **제3조의2(이해관계인의 범위)** 법 제4조제3항에 따라 정보의 제공을 요청할 수 있는 상가건물의 임대차에 이해관계가 있는 자(이하 "이해관계인"이라 한다)는 다음 각 호의 어느 하나에 해당하는 자로 한다.

1. 해당 상가건물 임대차계약의 임대인·임차인
2. 해당 상가건물의 소유자
3. 해당 상가건물 또는 그 대지의 등기부에 기록된 권리자 중 법무부령으로 정하는 자
4. 법 제5조제7항에 따라 우선변제권을 승계한 금융기관 등
5. 제1호부터 제4호까지에서 규정한 자에 준하는 지위 또는 권리를 가지는 자로서 임대차 정보의 제공에 관하여 법원의 판결을 받은 자 [본조신설 2015.11.13.]

영 **제3조의3(이해관계인 등이 요청할 수 있는 정보의 범위)** ① 제3조의2제1호에 따른 임대차계약의 당사자는 관할 세무서장에게 다음 각 호의 사항이 기재된 서면의 열람 또는 교부를 요청할 수 있다.

1. 임대인·임차인의 인적사항(제3조제4항제3호에 따른 정보를 말한다. 다만, 주민등록번호 및 외국인등록번호의 경우에는 앞 6자리에 한정한다)
2. 상가건물의 소재지, 임대차 목적물 및 면적
3. 사업자등록 신청일
4. 보증금·차임 및 임대차기간
5. 확정일자 부여일
6. 임대차계약이 변경되거나 갱신된 경우에는 변경·갱신된 날짜, 새로운 확정일자 부여일, 변경된 보증금·차임 및 임대차기간
7. 그 밖에 법무부령으로 정하는 사항

② 임대차계약의 당사자가 아닌 이해관계인 또는 임대차계약을 체결하려는 자는 관할 세무서장에게 다음 각 호의 사항이 기재된 서면의 열람 또는 교부를 요청할 수 있다.

1. 상가건물의 소재지, 임대차 목적물 및 면적
2. 사업자등록 신청일
3. 보증금 및 차임, 임대차기간
4. 확정일자 부여일
5. 임대차계약이 변경되거나 갱신된 경우에는 변경·갱신된 날짜, 새로운 확정일자 부

여일, 변경된 보증금·차임 및 임대차기간

6. 그 밖에 법무부령으로 정하는 사항

③ 제1항 및 제2항에서 규정한 사항 외에 임대차 정보의 제공 등에 필요한 사항은 법무부령으로 정한다. [본조신설 2015.11.13.]

제5조 (보증금의 회수) ① 임차인이 임차건물에 대하여 보증금반환청구소송의 확정판결, 그 밖에 이에 준하는 집행권원에 의하여 경매를 신청하는 경우에는 「민사집행법」 제41조에도 불구하고 반대의무의 이행이나 이행의 제공을 집행개시의 요건으로 하지 아니한다.

② 제3조 제1항의 대항요건을 갖추고 관할 세무서장으로부터 임대차계약서상의 확정일자를 받은 임차인은 「민사집행법」에 따른 경매 또는 「국세징수법」에 따른 공매 시 임차건물(임대인 소유의 대지를 포함한다)의 환가대금에서 후순위권리자나 그 밖의 채권자보다 우선하여 보증금을 변제받을 권리가 있다.

③ 임차인은 임차건물을 양수인에게 인도하지 아니하면 제2항에 따른 보증금을 받을 수 없다.

④ 제2항 또는 제7항에 따른 우선변제의 순위와 보증금에 대하여 이의가 있는 이해관계인은 경매법원 또는 체납처분청에 이의를 신청할 수 있다. 〈개정 2013.8.13.〉

⑤ 제4항에 따라 경매법원에 이의를 신청하는 경우에는 「민사집행법」 제152조부터 제161조까지의 규정을 준용한다.

⑥ 제4항에 따라 이의신청을 받은 체납처분청은 이해관계인이 이의신청일부터 7일 이내에 임차인 또는 제7항에 따라 우선변제권을 승계한 금융기관 등을 상대로 소(訴)를 제기한 것을 증명한 때에는 그 소송이 종결될 때까지 이의가 신청된 범위에서 임차인 또는 제7항에 따라 우선변제권을 승계한 금융기관 등에 대한 보증금의 변제를 유보(留保)하고 남은 금액을 배분하여야 한다. 이 경우 유보된 보증금은 소송 결과에 따라 배분한다. 〈개정 2013.8.13.〉

⑦ 다음 각 호의 금융기관 등이 제2항, 제6조 제5항 또는 제7조 제1항에 따른 우선변제권을 취득한 임차인의 보증금반환채권을 계약으로 양수한 경우에는 양수한 금액의 범위에서 우선변제권을 승계한다. 〈개정 2016.5.29.〉

1. 「은행법」에 따른 은행
2. 「중소기업은행법」에 따른 중소기업은행
3. 「한국산업은행법」에 따른 한국산업은행
4. 「농업협동조합법」에 따른 농협은행
5. 「수산업협동조합법」에 따른 수협은행
6. 「우체국예금·보험에 관한 법률」에 따른 체신관서
7. 「보험업법」 제4조 제1항 제2호 라목의 보증보험을 보험종목으로 허가받은 보험회사
8. 그 밖에 제1호부터 제7호까지에 준하는 것으로서 대통령령으로 정하는 기관

⑧ 제7항에 따라 우선변제권을 승계한 금융기관 등(이하 "금융기관 등"이라 한다)은 다음 각 호의 어느 하나에 해당하는 경우에는 우선변제권을 행사할 수 없다. 〈신설 2013.8.13.〉

1. 임차인이 제3조 제1항의 대항요건을 상실한 경우
2. 제6조 제5항에 따른 임차권등기가 말소된 경우
3. 「민법」 제621조에 따른 임대차등기가 말소된 경우

⑨ 금융기관 등은 우선변제권을 행사하기 위하여 임차인을 대리하거나 대위하여 임대차를 해지할 수 없다. 〈신설 2013.8.13.〉

제6조 (임차권등기명령) ① 임대차가 종료된 후 보증금이 반환되지 아니한 경우 임차인은 임차건물의 소재지를 관할하는 지방법원, 지방법원지원 또는 시·군법원에 임차권등기명령을 신청할 수 있다. 〈개정 2013.8.13.〉

② 임차권등기명령을 신청할 때에는 다음 각 호의 사항을 기재하여야 하며, 신청 이유 및 임차권등기의 원인이 된 사실을 소명하여야 한다.

1. 신청 취지 및 이유
2. 임대차의 목적인 건물(임대차의 목적이 건물의 일부분인 경우에는 그 부분의 도면을 첨부한다)
3. 임차권등기의 원인이 된 사실(임차인이 제3조 제1항에 따른 대항력을 취득하였거나 제5조 제2항에 따른 우선변제권을 취득한 경우에는 그 사실)
4. 그 밖에 대법원규칙으로 정하는 사항

③ 임차권등기명령의 신청에 대한 재판, 임차권등기명령의 결정에 대한 임대인의 이의신청 및 그에 대한 재판, 임차권등기명령의 취소신청 및 그에 대한 재판 또는 임차권등기명령의 집행 등에 관하여는 「민사집행법」 제280조 제1항, 제281조, 제283조, 제285조, 제286조, 제288조 제1항·제2항 본문, 제289조, 제290조 제2항 중 제288조 제1항에 대한 부분, 제291조, 제293조를 준용한다. 이 경우 "가압류"는 "임차권등기"로, "채권자"는 "임차인"으로, "채무자"는 "임대인"으로 본다.

④ 임차권등기명령신청을 기각하는 결정에 대하여 임차인은 항고할 수 있다.

⑤ 임차권등기명령의 집행에 따른 임차권등기를 마치면 임차인은 제3조 제1항에 따른 대항력과 제5조 제2항에 따른 우선변제권을 취득한다. 다만, 임차인이 임차권등기 이전에 이미 대항력 또는 우선변제권을 취득한 경우에는 그 대항력 또는 우선변제권이 그대로 유지되며, 임차권등기 이후에는 제3조 제1항의 대항요건을 상실하더라도 이미 취득한 대항력 또는 우선변제권을 상실하지 아니한다.

⑥ 임차권등기명령의 집행에 따른 임차권등기를 마친 건물(임대차의 목적이 건물의 일부분인 경우에는 그 부분으로 한정한다)을 그 이후에 임차한 임차인은 제14조에 따른 우선변제를 받을 권리가 없다.

⑦ 임차권등기의 촉탁, 등기관의 임차권등기 기입 등 임차권등기명령의 시행에 관하여 필요한 사항은 대법원규칙으로 정한다.

⑧ 임차인은 제1항에 따른 임차권등기명령의 신청 및 그에 따른 임차권등기와 관련하여 든 비용을 임대인에게 청구할 수 있다.

⑨ 금융기관 등은 임차인을 대위하여 제1항의 임차권등기명령을 신청할 수 있다. 이 경우 제3항·제4항 및 제8항의 "임차인"은 "금융기관 등"으로 본다. 〈신설 2013.8.13.〉

제7조 (「민법」에 따른 임대차등기의 효력 등) ① 「민법」 제621조에 따른 건물임대차등기의 효력에 관하여는 제6조 제5항 및 제6항을 준용한다.

② 임차인이 대항력 또는 우선변제권을 갖추고 「민법」 제621조 제1항에 따라 임대인의 협력을 얻어 임대차등기를 신청하는 경우에는 신청서에 「부동산등기법」 제74조 제1호부터 제5호까지의 사항 외에 다음 각 호의 사항을 기재하여야 하며, 이를 증명할 수 있는 서면(임대차의 목적이 건물의 일부분인 경우에는 그 부분의 도면을 포함한다)을 첨부하여야 한다. 〈개정 2011.4.12.〉

(계속)

1. 사업자등록을 신청한 날
2. 임차건물을 점유한 날
3. 임대차계약서상의 확정일자를 받은 날 [전문개정 2009.1.30.]

제8조 (경매에 의한 임차권의 소멸) 임차권은 임차건물에 대하여 「민사집행법」에 따른 경매가 실시된 경우에는 그 임차건물이 매각되면 소멸한다. 다만, 보증금이 전액 변제되지 아니한 대항력이 있는 임차권은 그러하지 아니하다. [전문개정 2009.1.30.]

제9조 (임대차기간 등) ① 기간을 정하지 아니하거나 기간을 1년 미만으로 정한 임대차는 그 기간을 1년으로 본다. 다만, 임차인은 1년 미만으로 정한 기간이 유효함을 주장할 수 있다.
② 임대차가 종료한 경우에도 임차인이 보증금을 돌려받을 때까지는 임대차 관계는 존속하는 것으로 본다. [전문개정 2009.1.30.]

제10조 (계약갱신 요구 등) ① 임대인은 임차인이 임대차기간이 만료되기 6개월 전부터 1개월 전까지 사이에 계약갱신을 요구할 경우 정당한 사유 없이 거절하지 못한다. 다만, 다음 각 호의 어느 하나의 경우에는 그러하지 아니하다. 〈개정 2013.8.13.〉
1. 임차인이 3기의 차임액에 해당하는 금액에 이르도록 차임을 연체한 사실이 있는 경우
2. 임차인이 거짓이나 그 밖의 부정한 방법으로 임차한 경우
3. 서로 합의하여 임대인이 임차인에게 상당한 보상을 제공한 경우
4. 임차인이 임대인의 동의 없이 목적 건물의 전부 또는 일부를 전대(轉貸)한 경우
5. 임차인이 임차한 건물의 전부 또는 일부를 고의나 중대한 과실로 파손한 경우
6. 임차한 건물의 전부 또는 일부가 멸실되어 임대차의 목적을 달성하지 못할 경우
7. 임대인이 다음 각 목의 어느 하나에 해당하는 사유로 목적 건물의 전부 또는 대부분을 철거하거나 재건축하기 위하여 목적 건물의 점유를 회복할 필요가 있는 경우
   가. 임대차계약 체결 당시 공사시기 및 소요기간 등을 포함한 철거 또는 재건축 계획을 임차인에게 구체적으로 고지하고 그 계획에 따르는 경우
   나. 건물이 노후·훼손 또는 일부 멸실되는 등 안전사고의 우려가 있는 경우
   다. 다른 법령에 따라 철거 또는 재건축이 이루어지는 경우
8. 그 밖에 임차인이 임차인으로서의 의무를 현저히 위반하거나 임대차를 계속하기 어려운 중대한 사유가 있는 경우

② 임차인의 계약갱신요구권은 최초의 임대차기간을 포함한 전체 임대차기간이 10년을 초과하지 아니하는 범위에서만 행사할 수 있다. 〈개정 2018.10.16.〉
③ 갱신되는 임대차는 전 임대차와 동일한 조건으로 다시 계약된 것으로 본다. 다만, 차임과 보증금은 제11조에 따른 범위에서 증감할 수 있다.

(계속)

④ 임대인이 제1항의 기간 이내에 임차인에게 갱신 거절의 통지 또는 조건 변경의 통지를 하지 아니한 경우에는 그 기간이 만료된 때에 전 임대차와 동일한 조건으로 다시 임대차한 것으로 본다. 이 경우에 임대차의 존속기간은 1년으로 본다. 〈개정 2009.5.8.〉

⑤ 제4항의 경우 임차인은 언제든지 임대인에게 계약해지의 통고를 할 수 있고, 임대인이 통고를 받은 날부터 3개월이 지나면 효력이 발생한다. [전문개정 2009.1.30.]

제10조의 2 (계약갱신의 특례) 제2조 제1항 단서에 따른 보증금액을 초과하는 임대차의 계약갱신의 경우에는 당사자는 상가건물에 관한 조세, 공과금, 주변 상가건물의 차임 및 보증금, 그 밖의 부담이나 경제사정의 변동 등을 고려하여 차임과 보증금의 증감을 청구할 수 있다. [본조신설 2013.8.13.]

제10조의3(권리금의 정의 등) ① 권리금이란 임대차 목적물인 상가건물에서 영업을 하는 자 또는 영업을 하려는 자가 영업시설·비품, 거래처, 신용, 영업상의 노하우, 상가건물의 위치에 따른 영업상의 이점 등 유형·무형의 재산적 가치의 양도 또는 이용대가로서 임대인, 임차인에게 보증금과 차임 이외에 지급하는 금전 등의 대가를 말한다.

② 권리금 계약이란 신규임차인이 되려는 자가 임차인에게 권리금을 지급하기로 하는 계약을 말한다. [본조신설 2015.5.13.]

제10조의4(권리금 회수기회 보호 등) ① 임대인은 임대차기간이 끝나기 6개월 전부터 임대차 종료 시까지 다음 각 호의 어느 하나에 해당하는 행위를 함으로써 권리금 계약에 따라 임차인이 주선한 신규임차인이 되려는 자로부터 권리금을 지급받는 것을 방해하여서는 아니 된다. 다만, 제10조제1항 각 호의 어느 하나에 해당하는 사유가 있는 경우에는 그러하지 아니하다. 〈개정 2018.10.16.〉

1. 임차인이 주선한 신규임차인이 되려는 자에게 권리금을 요구하거나 임차인이 주선한 신규임차인이 되려는 자로부터 권리금을 수수하는 행위
2. 임차인이 주선한 신규임차인이 되려는 자로 하여금 임차인에게 권리금을 지급하지 못하게 하는 행위
3. 임차인이 주선한 신규임차인이 되려는 자에게 상가건물에 관한 조세, 공과금, 주변 상가건물의 차임 및 보증금, 그 밖의 부담에 따른 금액에 비추어 현저히 고액의 차임과 보증금을 요구하는 행위
4. 그 밖에 정당한 사유 없이 임대인이 임차인이 주선한 신규임차인이 되려는 자와 임대차계약의 체결을 거절하는 행위

② 다음 각 호의 어느 하나에 해당하는 경우에는 제1항제4호의 정당한 사유가 있는 것으로 본다.

1. 임차인이 주선한 신규임차인이 되려는 자가 보증금 또는 차임을 지급할 자력이 없는 경우

(계속)

2. 임차인이 주선한 신규임차인이 되려는 자가 임차인으로서의 의무를 위반할 우려가 있거나 그 밖에 임대차를 유지하기 어려운 상당한 사유가 있는 경우
3. 임대차 목적물인 상가건물을 1년 6개월 이상 영리목적으로 사용하지 아니한 경우
4. 임대인이 선택한 신규임차인이 임차인과 권리금 계약을 체결하고 그 권리금을 지급한 경우

③ 임대인이 제1항을 위반하여 임차인에게 손해를 발생하게 한 때에는 그 손해를 배상할 책임이 있다. 이 경우 그 손해배상액은 신규임차인이 임차인에게 지급하기로 한 권리금과 임대차 종료 당시의 권리금 중 낮은 금액을 넘지 못한다.

④ 제3항에 따라 임대인에게 손해배상을 청구할 권리는 임대차가 종료한 날부터 3년 이내에 행사하지 아니하면 시효의 완성으로 소멸한다.

⑤ 임차인은 임대인에게 임차인이 주선한 신규임차인이 되려는 자의 보증금 및 차임을 지급할 자력 또는 그 밖에 임차인으로서의 의무를 이행할 의사 및 능력에 관하여 자신이 알고 있는 정보를 제공하여야 한다. [본조신설 2015.5.13.]

제10조의5(권리금 적용 제외) 제10조의4는 다음 각 호의 어느 하나에 해당하는 상가건물 임대차의 경우에는 적용하지 아니한다. 〈개정 2018.10.16.〉

1. 임대차 목적물인 상가건물이 「유통산업발전법」 제2조에 따른 대규모점포 또는 준대규모점포의 일부인 경우. (다만, 「전통시장 및 상점가 육성을 위한 특별법」 제2조제1호에 따른 전통시장은 제외한다)
2. 임대차 목적물인 상가건물이 「국유재산법」에 따른 국유재산 또는 「공유재산 및 물품 관리법」에 따른 공유재산인 경우 [본조신설 2015.5.13.]

제10조의6(표준권리금계약서의 작성 등) 국토교통부장관은 임차인과 신규임차인이 되려는 자가 권리금 계약을 체결하기 위한 표준권리금계약서를 정하여 그 사용을 권장할 수 있다. [본조신설 2015.5.13.]

제10조의7(권리금 평가기준의 고시) 국토교통부장관은 권리금에 대한 감정평가의 절차와 방법 등에 관한 기준을 고시할 수 있다. [본조신설 2015.5.13.]

제10조의8(차임연체와 해지) 임차인의 차임연체액이 3기의 차임액에 달하는 때에는 임대인은 계약을 해지할 수 있다. [본조신설 2015.5.13.]

제11조 (차임 등의 증감청구권) ① 차임 또는 보증금이 임차건물에 관한 조세, 공과금, 그 밖의 부담의 증감이나 경제 사정의 변동으로 인하여 상당하지 아니하게 된 경우에는 당사자는 장래의 차임 또는 보증금에 대하여 증감을 청구할 수 있다. 그러나 증액의 경우에는 대통령령으로 정하는 기준에 따른 비율을 초과하지 못한다.

② 제1항에 따른 증액 청구는 임대차계약 또는 약정한 차임 등의 증액이 있은 후 1년 이내에는 하지 못한다. [전문개정 2009.1.30.]

영 제4조 (차임 등 증액청구의 기준) 법 제11조 제1항의 규정에 의한 차임 또는 보증금의 증액청구는 청구당시의 차임 또는 보증금의 100분의 5의 금액을 초과하지 못한다. 〈개정 2018.1.26.〉

제12조 (월 차임 전환 시 산정률의 제한) 보증금의 전부 또는 일부를 월 단위의 차임으로 전환하는 경우에는 그 전환되는 금액에 다음 각 호 중 낮은 비율을 곱한 월 차임의 범위를 초과할 수 없다. 〈개정 2013.8.13.〉

1. 「은행법」에 따른 은행의 대출금리 및 해당 지역의 경제 여건 등을 고려하여 대통령령으로 정하는 비율
2. 한국은행에서 공시한 기준금리에 대통령령으로 정하는 배수를 곱한 비율 [전문개정 2009.1.30.]

영 제5조 (월차임 전환 시 산정률) ① 법 제12조 제1호에서 "대통령령으로 정하는 비율"이란 연 1할2푼을 말한다.

② 법 제12조 제2호에서 "대통령령으로 정하는 배수"란 4.5배를 말한다. [전문개정 2013.12.30.]

제13조 (전대차관계에 대한 적용 등) ① 제10조부터 제12조까지의 규정은 전대인(轉貸人)과 전차인(轉借人)의 전대차관계에 적용한다.

② 임대인의 동의를 받고 전대차계약을 체결한 전차인은 임차인의 계약갱신요구권 행사기간 이내에 임차인을 대위(代位)하여 임대인에게 계약갱신요구권을 행사할 수 있다. [전문개정 2009.1.30.]

제14조 (보증금 중 일정액의 보호) ① 임차인은 보증금 중 일정액을 다른 담보물권자보다 우선하여 변제받을 권리가 있다. 이 경우 임차인은 건물에 대한 경매신청의 등기 전에 제3조 제1항의 요건을 갖추어야 한다.

② 제1항의 경우에 제5조 제4항부터 제6항까지의 규정을 준용한다.

③ 제1항에 따라 우선변제를 받을 임차인 및 보증금 중 일정액의 범위와 기준은 임대건물가액(임대인 소유의 대지가액을 포함한다)의 2분의 1 범위에서 해당 지역의 경제 여건, 보증금 및 차임 등을 고려하여 대통령령으로 정한다. 〈개정 2013.8.13.〉

[전문개정 2009.1.30.]

영 제6조 (우선변제를 받을 임차인의 범위) 법 제14조의 규정에 의하여 우선변제를 받을 임차인

은 보증금과 차임이 있는 경우 법 제2조 제2항의 규정에 의하여 환산한 금액의 합계가 다음 각 호의 구분에 의한 금액 이하인 임차인으로 한다. 〈개정 2013.12.30.〉

1. 서울특별시 : 6천500만원
2. 「수도권정비계획법」에 따른 과밀억제권역(서울특별시는 제외한다) : 5천 500만 원
3. 광역시(「수도권정비계획법」에 따른 과밀억제권역에 포함된 지역과 군지역은 제외한다), 안산시, 용인시, 김포시 및 광주시 : 3천 8백만 원
4. 그 밖의 지역 : 3천만원

영 **제7조 (우선변제를 받을 보증금의 범위 등)** ① 법 제14조의 규정에 의하여 우선변제를 받을 보증금 중 일정액의 범위는 다음 각 호의 구분에 의한 금액 이하로 한다. 〈개정 2013.12.30.〉

1. 서울특별시 : 2천200만원
2. 「수도권정비계획법」에 따른 과밀억제권역(서울특별시는 제외한다) : 1천900만원
3. 광역시(「수도권정비계획법」에 따른 과밀억제권역에 포함된 지역과 군지역은 제외한다), 안산시, 용인시, 김포시 및 광주시 : 1천300만원
4. 그 밖의 지역 : 1천만원

② 임차인의 보증금 중 일정액이 상가건물의 가액의 2분의 1을 초과하는 경우에는 상가건물의 가액의 2분의 1에 해당하는 금액에 한하여 우선변제권이 있다. 〈개정 2013.12.30.〉

③ 하나의 상가건물에 임차인이 2인 이상이고, 그 각 보증금 중 일정액의 합산액이 상가건물의 가액의 2분의 1을 초과하는 경우에는 그 각 보증금 중 일정액의 합산액에 대한 각 임차인의 보증금 중 일정액의 비율로 그 상가건물의 가액의 2분의 1에 해당하는 금액을 분할한 금액을 각 임차인의 보증금 중 일정액으로 본다. 〈개정 2013.12.30.〉

영 **제8조(상가건물임대차분쟁조정위원회의 설치)** ① 법 제20조제1항 전단에 따라 「법률구조법」 제8조에 따른 대한법률구조공단(이하 "공단"이라 한다)의 다음 각 호의 지부에 법 제20조제1항 전단에 따른 상가건물임대차분쟁조정위원회(이하 "조정위원회"라 한다)를 둔다.

1. 서울중앙지부
2. 수원지부
3. 대전지부
4. 대구지부
5. 부산지부
6. 광주지부

② 제1항에 따라 공단의 지부에 두는 각 조정위원회의 관할구역은 별표와 같다.

[본조신설 2019.4.2.]

[종전 제8조는 제12조로 이동 〈2019.4.2.〉]

영 **제9조(조정위원회의 심의 · 조정 사항)** 법 제20조제2항제6호에서 "대통령령으로 정하는 상가건물 임대차에 관한 분쟁"이란 다음 각 호의 분쟁을 말한다.

1. 임대차계약의 이행 및 임대차계약 내용의 해석에 관한 분쟁
2. 임대차계약 갱신 및 종료에 관한 분쟁
3. 임대차계약의 불이행 등에 따른 손해배상청구에 관한 분쟁

4. 공인중개사 보수 등 비용부담에 관한 분쟁
5. 법 제19조에 따른 상가건물임대차표준계약서의 사용에 관한 분쟁
6. 그 밖에 제1호부터 제5호까지의 규정에 준하는 분쟁으로서 조정위원회의 위원장(이하 "위원장"이라 한다)이 조정이 필요하다고 인정하는 분쟁

[본조신설 2019. 4. 2.]

영 **제10조(공단의 지부에 두는 조정위원회의 사무국)** ① 법 제20조제3항에 따라 공단의 지부에 두는 조정위원회의 사무국(이하 "사무국"이라 한다)에는 사무국장 1명을 두며, 사무국장 밑에 심사관 및 조사관을 둔다.

② 사무국장은 공단의 이사장이 임명하며, 조정위원회의 위원을 겸직할 수 있다.

③ 심사관 및 조사관은 공단의 이사장이 임명한다.

④ 사무국장은 사무국의 업무를 총괄하고, 소속 직원을 지휘·감독한다.

⑤ 심사관은 다음 각 호의 업무를 담당한다.

1. 분쟁조정 신청 사건에 대한 쟁점정리 및 법률적 검토
2. 조사관이 담당하는 업무에 대한 지휘·감독
3. 그 밖에 위원장이 조정위원회의 사무 처리를 위하여 필요하다고 인정하는 업무

⑥ 조사관은 다음 각 호의 업무를 담당한다.

1. 분쟁조정 신청의 접수
2. 분쟁조정 신청에 관한 민원의 안내
3. 조정당사자에 대한 송달 및 통지
4. 분쟁의 조정에 필요한 사실조사
5. 그 밖에 위원장이 조정위원회의 사무 처리를 위하여 필요하다고 인정하는 업무

⑦ 사무국장 및 심사관은 변호사의 자격이 있는 사람으로 한다.

[본조신설 2019. 4. 2.]

영 **제11조(시·도의 조정위원회 사무국)** 특별시·광역시·특별자치시·도 및 특별자치도가 법 제20조제1항 후단에 따라 조정위원회를 두는 경우 사무국의 조직 및 운영 등에 관한 사항은 그 지방자치단체의 실정을 고려하여 해당 지방자치단체의 조례로 정한다.

[본조신설 2019. 4. 2.]

영 **제12조 (고유식별정보의 처리)** 관할 세무서장은 법 제4조에 따른 확정일자 부여에 관한 사무를 수행하기 위하여 불가피한 경우 「개인정보 보호법 시행령」 제19조제1호 및 제4호에 따른 주민등록번호 및 외국인등록번호가 포함된 자료를 처리할 수 있다. 〈개정 2015. 11. 13.〉

[제8조에서 이동 〈2019. 4. 2.〉]

제15조 (강행규정) 이 법의 규정에 위반된 약정으로서 임차인에게 불리한 것은 효력이 없다.
[전문개정 2009.1.30.]

제16조 (일시사용을 위한 임대차) 이 법은 일시사용을 위한 임대차임이 명백한 경우에는 적용하지 아니한다. [전문개정 2009.1.30.]

제17조 (미등기전세에의 준용) 목적건물을 등기하지 아니한 전세계약에 관하여 이 법을 준용한다. 이 경우 "전세금"은 "임대차의 보증금"으로 본다. [전문개정 2009.1.30]

제18조 (「소액사건심판법」의 준용) 임차인이 임대인에게 제기하는 보증금반환청구소송에 관하여는 「소액사건심판법」 제6조·제7조·제10조 및 제11조의 2를 준용한다. [전문개정 2009.1.30]

제19조(표준계약서의 작성 등) 법무부장관은 보증금, 차임액, 임대차기간, 수선비 분담 등의 내용이 기재된 상가건물임대차표준계약서를 정하여 그 사용을 권장할 수 있다.
[본조신설 2015.5.13.]

제20조(상가건물임대차분쟁조정위원회) ① 이 법의 적용을 받는 상가건물 임대차와 관련된 분쟁을 심의·조정하기 위하여 대통령령으로 정하는 바에 따라 「법률구조법」 제8조에 따른 대한법률구조공단의 지부에 상가건물임대차분쟁조정위원회(이하 "조정위원회"라 한다)를 둔다. 특별시·광역시·특별자치시·도 및 특별자치도는 그 지방자치단체의 실정을 고려하여 조정위원회를 둘 수 있다.

② 조정위원회는 다음 각 호의 사항을 심의·조정한다.

1. 차임 또는 보증금의 증감에 관한 분쟁
2. 임대차 기간에 관한 분쟁
3. 보증금 또는 임차상가건물의 반환에 관한 분쟁
4. 임차상가건물의 유지·수선 의무에 관한 분쟁
5. 권리금에 관한 분쟁
6. 그 밖에 대통령령으로 정하는 상가건물 임대차에 관한 분쟁

③ 조정위원회의 사무를 처리하기 위하여 조정위원회에 사무국을 두고, 사무국의 조직 및 인력 등에 필요한 사항은 대통령령으로 정한다.

④ 사무국의 조정위원회 업무담당자는 「주택임대차보호법」 제14조에 따른 주택임대차분쟁조정위원회 사무국의 업무를 제외하고 다른 직위의 업무를 겸직하여서는 아니 된다.

[본조신설 2018. 10. 16.]

제21조(주택임대차분쟁조정위원회 준용) 조정위원회에 대하여는 이 법에 규정한 사항 외에는 주택임대차분쟁조정위원회에 관한 「주택임대차보호법」 제14조부터 제29조까지의 규정을 준용한다. 이 경우 "주택임대차분쟁조정위원회"는 "상가건물임대차분쟁조정위원회"로 본다.
[본조신설 2018. 10. 16.]

제22조(벌칙 적용에서 공무원 의제) 공무원이 아닌 상가건물임대차분쟁조정위원회의 위원은 「형법」 제127조, 제129조부터 제132조까지의 규정을 적용할 때에는 공무원으로 본다.
[본조신설 2018. 10. 16.]

부칙 〈법률 제15791호, 2018.10.16.〉

제1조(시행일) 이 법은 공포한 날부터 시행한다. 다만, 제20조부터 제22조까지의 개정규정은 공포 후 6개월이 경과한 날부터 시행한다.

부칙 〈대통령령 제29671호, 2019.4.2.〉

제1조(시행일) 이 영은 공포한 날부터 시행한다. 다만, 제8조부터 제11조까지의 개정규정은 2019년 4월 17일부터 시행한다.

3 화재예방, 소방시설 설치 · 유지 및 안전관리에 관한 법률 (발췌)(약칭 : 소방시설법)

화재예방, 소방시설 설치 · 유지 및 안전관리에 관한 법률 (약칭 : 소방시설법)
[시행 2019.10.17.] [법률 제15810호, 2018.10.16., 일부개정]

화재예방, 소방시설 설치 · 유지 및 안전관리에 관한 법률 시행령 (약칭: 소방시설법 시행령)
[시행 2018.9.3] [대통령령 제29122호, 2018.8.28, 일부개정]

화재예방, 소방시설 설치 · 유지 및 안전관리에 관한 법률 시행규칙 (약칭: 소방시설법 시행규칙)
[시행 2019.4.17.] [행정안전부령 제110호, 2019.4.15., 일부개정]

제1조(목적) 이 법은 화재와 재난·재해, 그 밖의 위급한 상황으로부터 국민의 생명 · 신체 및 재산을 보호하기 위하여 화재의 예방 및 안전관리에 관한 국가와 지방자치단체의 책무와 소방시설등의 설치·유지 및 소방대상물의 안전관리에 관하여 필요한 사항을 정함으로써 공공의 안전과 복리 증진에 이바지함을 목적으로 한다. 〈개정 2015.1.20.〉

제2조 (정의) ① 이 법에서 사용하는 용어의 뜻은 다음과 같다.

1. "소방시설"이란 소화설비, 경보설비, 피난설비, 소화용수설비, 그 밖에 소화활동설비로서 대통령령으로 정하는 것을 말한다.
2. "소방시설 등"이란 소방시설과 비상구(非常口), 그 밖에 소방 관련 시설로서 대통령령으로 정하는 것을 말한다.
3. "특정소방대상물"이란 소방시설을 설치하여야 하는 소방대상물로서 대통령령으로 정하는 것을 말한다.
4. "소방용품"이란 소방시설 등을 구성하거나 소방용으로 사용되는 제품 또는 기기로서 대통령령으로 정하는 것을 말한다.

② 이 법에서 사용하는 용어의 뜻은 제1항에서 규정하는 것을 제외하고는 「소방기본법」, 「소방시설공사업법」, 「위험물 안전관리법」 및 「건축법」에서 정하는 바에 따른다. [전문개정 2011.8.4.]

영 제2조(정의) 이 영에서 사용하는 용어의 뜻은 다음과 같다.

1. "무창층"(無窓層)이란 지상층 중 다음 각 목의 요건을 모두 갖춘 개구부(건축물에서 채광·환기·통풍 또는 출입 등을 위하여 만든 창·출입구, 그 밖에 이와 비슷한 것을 말한다)의 면적의 합계가 해당 층의 바닥면적(「건축법 시행령」 제119조제1항제3호에 따라 산정된 면적을 말한다. 이하 같다)의 30분의 1 이하가 되는 층을 말한

다.

가. 크기는 지름 50센티미터 이상의 원이 내접(內接)할 수 있는 크기일 것

나. 해당 층의 바닥면으로부터 개구부 밑부분까지의 높이가 1.2미터 이내일 것

다. 도로 또는 차량이 진입할 수 있는 빈터를 향할 것

라. 화재 시 건축물로부터 쉽게 피난할 수 있도록 창살이나 그 밖의 장애물이 설치되지 아니할 것

마. 내부 또는 외부에서 쉽게 부수거나 열 수 있을 것

2. "피난층"이란 곧바로 지상으로 갈 수 있는 출입구가 있는 층을 말한다.

[전문개정 2012.9.14.]

영 제3조(소방시설) 「화재예방, 소방시설 설치 · 유지 및 안전관리에 관한 법률」(이하 "법"이라 한다) 제2조제1항제1호에서 "대통령령으로 정하는 것"이란 별표 1의 설비를 말한다. 〈개정 2016.1.19.〉

■ **별표 1** ■ 〈개정 2018.6.26.〉

소방시설(제3조 관련)

1. 소화설비 : 물 또는 그 밖의 소화약제를 사용하여 소화하는 기계·기구 또는 설비로서 다음 각 목의 것

가. 소화기구

1) 소화기

2) 간이소화용구 : 에어로졸식 소화용구, 투척용 소화용구 및 소화약제 외의 것을 이용한 간이소화용구

3) 자동확산소화기

나. 자동소화장치

1) 주거용 주방용 자동소화장치

2) 상업용 주방용 자동소화장치

3) 캐비닛형 자동소화장치

4) 가스자동소화장치

5) 분말자동소화장치

6) 고체에어로졸자동소화장치

다. 옥내소화전설비(호스릴옥내소화전설비를 포함한다)

라. 스프링클러설비 등

1) 스프링클러설비

2) 간이스프링클러설비(캐비닛형 간이스프링클러설비를 포함한다)

3) 화재조기진압용 스프링클러설비

마. 물분무 등 소화설비

1) 물분무소화설비

2) 미분무소화설비

3) 포소화설비

4) 이산화탄소소화설비

5) 할론소화설비
6) 할로겐화합물 및 불활성기체 소화설비
7) 분말소화설비
8) 강화액소화설비

바. 옥외소화전설비

2. 경보설비 : 화재발생 사실을 통보하는 기계·기구 또는 설비로서 다음 각 목의 것

가. 단독경보형 감지기

나. 비상경보설비
1) 비상벨설비
2) 자동식사이렌설비

다. 시각경보기

라. 자동화재탐지설비

마. 비상방송설비

바. 자동화재속보설비

사. 통합감시시설

아. 누전경보기

자. 가스누설경보기

3. 피난구조설비 : 화재가 발생할 경우 피난하기 위하여 사용하는 기구 또는 설비로서 다음 각 목의 것

가. 피난기구
1) 피난사다리
2) 구조대
3) 완강기
4) 그 밖에 법 제9조 제1항에 따라 국민안전처장관이 정하여 고시하는 화재안전기준(이하 "화재안전기준"이라 한다)으로 정하는 것

나. 인명구조기구
1) 방열복, 방화복(안전헬멧, 보호장갑 및 안전화를 포함한다)
2) 공기호흡기
3) 인공소생기

다. 유도등
1) 피난유도선
2) 피난구유도등
3) 통로유도등
4) 객석유도등
5) 유도표지

라. 비상조명등 및 휴대용비상조명등

4. 소화용수설비 : 화재를 진압하는 데 필요한 물을 공급하거나 저장하는 설비로서 다음 각 목의 것

가. 상수도소화용수설비

나. 소화수조·저수조, 그 밖의 소화용수설비

5. 소화활동설비 : 화재를 진압하거나 인명구조활동을 위하여 사용하는 설비로서 다음 각 목의 것

가. 제연설비

나. 연결송수관설비

다. 연결살수설비
라. 비상콘센트설비
마. 무선통신보조설비
바. 연소방지설비

영 **제4조 (소방시설 등)** 「화재예방, 소방시설 설치 · 유지 및 안전관리에 관한 법률」(이하 "법"이라 한다) 제2조제1항제1호에서 "대통령령으로 정하는 것"이란 별표 1의 설비를 말한다. 〈개정 2016.1.19.〉

영 **제5조 (특정소방대상물)** 법 제2조 제1항 제3호에서 "대통령령으로 정하는 것"이란 별표 2의 소방대상물을 말한다. [전문개정 2012.9.14.]

■ **별표 2** ■ 〈개정 2018.6.26.〉

특정소방대상물(제5조 관련) : (발췌)

1. 공동주택
   가. 아파트 등 : 주택으로 쓰이는 층수가 5층 이상인 주택
   나. 기숙사 : 학교 또는 공장 등에서 학생이나 종업원 등을 위하여 쓰는 것으로서 공동취사 등을 할 수 있는 구조를 갖추되, 독립된 주거의 형태를 갖추지 않은 것(「교육기본법」 제27조 제2항에 따른 학생복지주택을 포함한다)
2. 근린생활시설
   가. 슈퍼마켓과 일용품(식품, 잡화, 의류, 완구, 서적, 건축자재, 의약품, 의료기기 등) 등의 소매점으로서 같은 건축물(하나의 대지에 두 동 이상의 건축물이 있는 경우에는 이를 같은 건축물로 본다. 이하 같다)에 해당 용도로 쓰는 바닥면적의 합계가 1천m^2 미만인 것
   나. 휴게음식점, 제과점, 일반음식점, 기원(棋院), 노래연습장 및 단란주점(단란주점은 같은 건축물에 해당 용도로 쓰는 바닥면적의 합계가 150m^2 미만인 것만 해당한다)
   다. 이용원, 미용원, 목욕장 및 세탁소(공장이 부설된 것과 「대기환경보전법」, 「수질 및 수생태계 보전에 관한 법률」 또는 「소음·진동관리법」에 따른 배출시설의 설치허가 또는 신고의 대상이 되는 것은 제외한다)
   라. 의원, 치과의원, 한의원, 침술원, 접골원(接骨院), 조산원(「모자보건법」 제2조 제11호에 따른 산후조리원을 포함한다) 및 안마원(「의료법」 제82조 제4항에 따른 안마시술소를 포함한다)
   마. 탁구장, 테니스장, 체육도장, 체력단련장, 에어로빅장, 볼링장, 당구장, 실내낚시터, 골프연습장, 물놀이형 시설(「관광진흥법」 제33조에 따른 안전성검사의 대상이 되는 물놀이형 시설을 말한다. 이하 같다), 그 밖에 이와 비슷한 것으로서 같은 건축물에 해당 용도로 쓰는 바닥면적의 합계가 500m^2 미만인 것
   바. 공연장(극장, 영화상영관, 연예장, 음악당, 서커스장, 「영화 및 비디오물의 진흥에 관한 법률」 제2조 제16호 가목에 따른 비디오물감상실업의 시설, 같은 호 나목에 따른 비디오물소극장업의 시설, 그 밖에 이와 비슷한 것을 말한다. 이하 같다) 또는 종교집회장[교회, 성당, 사찰, 기도원, 수도원, 수녀원, 제실(祭室), 사당, 그 밖에 이와 비슷한 것을 말한다. 이하 같다]으로서 같은 건축물에 해당 용도로 쓰는 바닥면적의 합계가 300m^2 미만인 것

사. 금융업소, 사무소, 부동산중개사무소, 결혼상담소 등 소개업소, 출판사, 서점, 그 밖에 이와 비슷한 것으로서 같은 건축물에 해당 용도로 쓰는 바닥면적의 합계가 500m^2 미만인 것
아. 제조업소, 수리점, 그 밖에 이와 비슷한 것으로서 같은 건축물에 해당 용도로 쓰는 바닥면적의 합계가 500m^2 미만이고, 「대기환경보전법」, 「수질 및 수생태계 보전에 관한 법률」 또는 「소음·진동관리법」에 따른 배출시설의 설치허가 또는 신고의 대상이 아닌 것
자. 「게임산업진흥에 관한 법률」 제2조 제6호의 2에 따른 청소년게임제공업 및 일반게임제공업의 시설, 같은 조 제7호에 따른 인터넷컴퓨터게임시설제공업의 시설 및 같은 조 제8호에 따른 복합유통게임제공업의 시설로서 같은 건축물에 해당 용도로 쓰는 바닥면적의 합계가 500m^2 미만인 것
차. 사진관, 표구점, 학원(같은 건축물에 해당 용도로 쓰는 바닥면적의 합계가 500m^2 미만인 것만 해당하며, 자동차학원 및 무도학원은 제외한다), 독서실, 고시원(「다중이용업소의 안전관리에 관한 특별법」에 따른 다중이용업 중 고시원업의 시설로서 독립된 주거의 형태를 갖추지 않은 것으로서 같은 건축물에 해당 용도로 쓰는 바닥면적의 합계가 500m^2 미만인 것을 말한다), 장의사, 동물병원, 총포판매사, 그 밖에 이와 비슷한 것
카. 의약품 판매소, 의료기기 판매소 및 자동차영업소로서 같은 건축물에 해당 용도로 쓰는 바닥면적의 합계가 1천m^2 미만인 것
타. 삭제 〈2013.1.9.〉

3. 문화 및 집회시설 : (이하 생략)
4. 종교시설 : (이하 생략)
5. 판매시설
   가. 도매시장 : 「농수산물 유통 및 가격안정에 관한 법률」 제2조 제2호에 따른 농수산물도매시장, 같은 조 제5호에 따른 농수산물공판장, 그 밖에 이와 비슷한 것(그 안에 있는 근린생활시설을 포함한다)
   나. 소매시장 : 시장, 「유통산업발전법」 제2조 제3호에 따른 대규모점포, 그 밖에 이와 비슷한 것(그 안에 있는 근린생활시설을 포함한다)
   다. 전통시장 : 「전통시장 및 상점가 육성을 위한 특별법」 제2조제1호에 따른 전통시장(그 안에 있는 근린생활시설을 포함하며, 노점형시장은 제외한다)
   라. 상점 : 다음의 어느 하나에 해당하는 것(그 안에 있는 근린생활시설을 포함한다)
      1) 제2호 가목에 해당하는 용도로서 같은 건축물에 해당 용도로 쓰는 바닥면적 합계가 1천m^2 이상인 것
      2) 제2호 자목에 해당하는 용도로서 같은 건축물에 해당 용도로 쓰는 바닥면적 합계가 500m^2 이상인 것
6. 운수시설 : (이하 생략)
7. 의료시설 : (이하 생략)
8. 교육연구시설
   가. 학교
      1) 초등학교, 중학교, 고등학교, 특수학교, 그 밖에 이에 준하는 학교 : 「학교시설사업 촉진법」 제2조제1호나목의 교사(校舍)(교실·도서실 등 교수·학습활동에 직접 또는 간접적으로 필요한 시설물을 말하되, 병설유치원으로 사용되는 부분은 제외한다. 이하 같다), 체육관, 「학교급식법」 제6조에 따른 급식시설, 합숙소(학교의 운동부, 기능선수 등이 집단으로 숙식하는 장소를 말한다. 이하 같다)
      2) 대학, 대학교, 그 밖에 이에 준하는 각종 학교 : 교사 및 합숙소
   나. 교육원(연수원, 그 밖에 이와 비슷한 것을 포함한다)

다. 직업훈련소
라. 학원(근린생활시설에 해당하는 것과 자동차운전학원·정비학원 및 무도학원은 제외한다)
마. 연구소(연구소에 준하는 시험소와 계량계측소를 포함한다)
바. 도서관

9. 노유자시설 : (이하 생략)
10. 수련시설 : (이하 생략)
11. 운동시설 : (이하 생략)
12. 업무시설 : (이하 생략)
13. 숙박시설
    가. 일반형 숙박시설 : 「공중위생관리법 시행령」 제4조 제1호 가목에 따른 숙박업의 시설
    나. 생활형 숙박시설 : 「공중위생관리법 시행령」 제4조 제1호 나목에 따른 숙박업의 시설
    다. 고시원(근린생활시설에 해당하지 않는 것을 말한다)
    라. 그 밖에 가목부터 다목까지의 시설과 비슷한 것
14. 위락시설
    가. 단란주점으로서 근린생활시설에 해당하지 않는 것
    나. 유흥주점, 그 밖에 이와 비슷한 것
    다. 「관광진흥법」에 따른 유원시설업(遊園施設業)의 시설, 그 밖에 이와 비슷한 시설(근린생활시설에 해당하는 것은 제외한다)
    라. 무도장 및 무도학원
    마. 카지노영업소
15. 공장 : (이하 생략)
16. 창고시설(위험물 저장 및 처리 시설 또는 그 부속용도에 해당하는 것은 제외한다) : (이하 생략)
17. 위험물 저장 및 처리 시설 : (이하 생략)
18. 항공기 및 자동차 관련 시설(건설기계 관련 시설을 포함한다) : (이하 생략)
19. 동물 및 식물 관련 시설 : (이하 생략)
20. 분뇨 및 쓰레기 처리시설 : (이하 생략)
21. 교정 및 군사시설 : (이하 생략)
22. 방송통신시설 : (이하 생략)
23. 발전시설 : (이하 생략)
24. 묘지 관련 시설 : (이하 생략)
25. 관광 휴게시설 : (이하 생략)
26. 장례시설
    가. 장례식장[의료시설의 부수시설(「의료법」 제36조제1호에 따른 의료기관의 종류에 따른 시설을 말한다)은 제외한다]
    나. 동물 전용의 장례식장
27. 지하가
    지하의 인공구조물 안에 설치되어 있는 상점, 사무실, 그 밖에 이와 비슷한 시설이 연속하여 지하도에 면하여 설치된 것과 그 지하도를 합한 것
    가. 지하상가
    나. 터널 : 차량(궤도차량용은 제외한다) 등의 통행을 목적으로 지하, 해저 또는 산을 뚫어서 만든 것
28. 지하구 : (이하 생략)
29. 문화재 : (이하 생략)

30. 복합건축물
  가. 하나의 건축물이 제1호부터 제27호까지의 것 중 둘 이상의 용도로 사용되는 것. 다만, 다음의 어느 하나에 해당하는 경우에는 복합건축물로 보지 않는다.
    1) 관계 법령에서 주된 용도의 부수시설로서 그 설치를 의무화하고 있는 용도 또는 시설
    2) 「주택법」 제35조제1항제3호 및 제4호에 따라 주택 안에 부대시설 또는 복리시설이 설치되는 특정소방대상물
    3) 건축물의 주된 용도의 기능에 필수적인 용도로서 다음의 어느 하나에 해당하는 용도
      가) 건축물의 설비, 대피 또는 위생을 위한 용도, 그 밖에 이와 비슷한 용도
      나) 사무, 작업, 집회, 물품저장 또는 주차를 위한 용도, 그 밖에 이와 비슷한 용도
      다) 구내 식당, 구내 세탁소, 구내 운동시설 등 종업원후생복리시설(기숙사는 제외한다) 또는 구내 소각시설의 용도, 그 밖에 이와 비슷한 용도
  나. 하나의 건축물이 근린생활시설, 판매시설, 업무시설, 숙박시설 또는 위락시설의 용도와 주택의 용도로 함께 사용되는 것

비고 : (이하 생략)

영 **제6조 (소방용품)** 법 제2조 제1항 제4호에서 "대통령령으로 정하는 것"이란 별표 3의 제품 또는 기기를 말한다. [전문개정 2012.9.14.]

■ 별표 3 ■ 〈개정 2018.6.26.〉

소방용품(제6조 관련)

1. 소화설비를 구성하는 제품 또는 기기
  가. 별표 1 제1호 가목의 소화기구(소화약제 외의 것을 이용한 간이소화용구는 제외한다)
  나. 별표 1 제1호 나목의 자동소화장치
  다. 소화설비를 구성하는 소화전, 송수구, 관창(菅槍), 소방호스, 스프링클러헤드, 기동용 수압개폐장치, 유수제어밸브 및 가스관선택밸브
2. 경보설비를 구성하는 제품 또는 기기
  가. 누전경보기 및 가스누설경보기
  나. 경보설비를 구성하는 발신기, 수신기, 중계기, 감지기 및 음향장치(경종만 해당한다)
3. 피난구조설비를 구성하는 제품 또는 기기
  가. 피난사다리, 구조대, 완강기(간이완강기 및 지지대를 포함한다)
  나. 공기호흡기(충전기를 포함한다)
  다. 피난구유도등, 통로유도등, 객석유도등 및 예비 전원이 내장된 비상조명등
4. 소화용으로 사용하는 제품 또는 기기
  가. 소화약제(별표 1 제1호나목2)와 3)의 자동소화장치와 같은 호 마목3)부터 8)까지의 소화설비용만 해당한다)
  나. 방염제(방염액·방염도료 및 방염성물질을 말한다)
5. 그 밖에 총리령으로 정하는 소방 관련 제품 또는 기기

영 **제6조의2(화재안전정책기본계획의 협의 및 수립)** 소방청장은 법 제2조의3에 따른 화재안전정책에 관한 기본계획(이하 "기본계획"이라 한다)을 계획 시행 전년도 8월 31일까지 관계 중앙행정기관의 장과 협의를 마친 후 계획 시행 전년도 9월 30일까지 수립하여야 한다. 〈개정 2017.7.26.〉 [본조신설 2016.1.19.]

영 **제6조의3(기본계획의 내용)** 법 제2조의3제3항제7호에서 "대통령령으로 정하는 화재안전 개선에 필요한 사항"이란 다음 각 호의 사항을 말한다.

1. 화재현황, 화재발생 및 화재안전정책의 여건 변화에 관한 사항
2. 소방시설의 설치·유지 및 화재안전기준의 개선에 관한 사항 [본조신설 2016.1.19.]

영 **제6조의4(화재안전정책시행계획의 수립·시행)** ① 소방청장은 법 제2조의3제4항에 따라 기본계획을 시행하기 위한 시행계획(이하 "시행계획"이라 한다)을 계획 시행 전년도 10월 31일까지 수립하여야 한다. 〈개정 2017.7.26.〉

② 시행계획에는 다음 각 호의 사항이 포함되어야 한다. 〈개정 2017.7.26.〉

1. 기본계획의 시행을 위하여 필요한 사항
2. 그 밖에 화재안전과 관련하여 소방청장이 필요하다고 인정하는 사항

[본조신설 2016.1.19.]

영 **제6조의5(화재안전정책 세부시행계획의 수립·시행)** ① 관계 중앙행정기관의 장 또는 특별시장·광역시장·특별자치시장·도지사·특별자치도지사(이하 "시·도지사"라 한다)는 법 제2조의3제6항에 따른 세부 시행계획(이하 "세부시행계획"이라 한다)을 계획 시행 전년도 12월 31일까지 수립하여야 한다.

② 세부시행계획에는 다음 각 호의 사항이 포함되어야 한다.

1. 기본계획 및 시행계획에 대한 관계 중앙행정기관 또는 특별시·광역시·특별자치시·도·특별자치도(이하 "시·도"라 한다)의 세부 집행계획
2. 그 밖에 화재안전과 관련하여 관계 중앙행정기관의 장 또는 시·도지사가 필요하다고 결정한 사항 [본조신설 2016.1.19.]

제7조 (건축허가 등의 동의) ① 건축물 등의 신축·증축·개축·재축(再築)·이전·용도변경 또는 대수선(大修繕)의 허가·협의 및 사용승인(「주택법」 제15조에 따른 승인 및 같은 법 제49조에 따른 사용검사, 「학교시설사업 촉진법」 제4조에 따른 승인 및 같은 법 제13조에 따른 사용승인을 포함하며, 이하 "건축허가 등"이라 한다)의 권한이 있는 행정기관은 건축허가 등을 할 때 미리 그 건축물 등의 시공지(施工地) 또는 소재지를 관할하는 소방본부장이나 소방서장의 동의를 받아야 한다. 〈개정 2016.1.19.〉

② 건축물 등의 대수선·증축·개축·재축 또는 용도변경의 신고를 수리(受理)할 권한이 있는 행정기관은 그 신고를 수리하면 그 건축물 등의 시공지 또는 소재지를 관할하는 소방본부장이나 소방서장에게 지체 없이 그 사실을 알려야 한다. 〈개정 2014.1.7.〉

(계속)

③ 제1항에 따른 건축허가등의 권한이 있는 행정기관과 제2항에 따른 신고를 수리할 권한이 있는 행정기관은 제1항에 따라 건축허가등의 동의를 받거나 제2항에 따른 신고를 수리한 사실을 알릴 때 관할 소방본부장이나 소방서장에게 건축허가등을 하거나 신고를 수리할 때 건축허가등을 받으려는 자 또는 신고를 한 자가 제출한 설계도서 중 건축물의 내부구조를 알 수 있는 설계도면을 제출하여야 한다. 다만, 국가안보상 중요하거나 국가기밀에 속하는 건축물을 건축하는 경우로서 관계 법령에 따라 행정기관이 설계도면을 확보할 수 없는 경우에는 그러하지 아니하다. 〈신설 2018.10.16.〉

④ 소방본부장이나 소방서장은 제1항에 따른 동의를 요구받으면 그 건축물 등이 이 법 또는 이 법에 따른 명령을 따르고 있는지를 검토한 후 행정안전부령으로 정하는 기간 이내에 해당 행정기관에 동의 여부를 알려야 한다. 〈개정 2018.10.16.〉

⑤ 제1항에 따라 사용승인에 대한 동의를 할 때에는 「소방시설공사업법」 제14조제3항에 따른 소방시설공사의 완공검사증명서를 교부하는 것으로 동의를 갈음할 수 있다. 이 경우 제1항에 따른 건축허가등의 권한이 있는 행정기관은 소방시설공사의 완공검사증명서를 확인하여야 한다. 〈개정 2018.10.16.〉

⑥ 제1항에 따른 건축허가등을 할 때에 소방본부장이나 소방서장의 동의를 받아야 하는 건축물 등의 범위는 대통령령으로 정한다. 〈개정 2018.10.16.〉

⑦ 다른 법령에 따른 인가·허가 또는 신고 등(건축허가등과 제2항에 따른 신고는 제외하며, 이하 이 항에서 "인허가등"이라 한다)의 시설기준에 소방시설등의 설치·유지 등에 관한 사항이 포함되어 있는 경우 해당 인허가등의 권한이 있는 행정기관은 인허가등을 할 때 미리 그 시설의 소재지를 관할하는 소방본부장이나 소방서장에게 그 시설이 이 법 또는 이 법에 따른 명령을 따르고 있는지를 확인하여 줄 것을 요청할 수 있다. 이 경우 요청을 받은 소방본부장 또는 소방서장은 행정안전부령으로 정하는 기간 이내에 확인 결과를 알려야 한다. 〈개정 2018.10.16.〉 [제목개정 2018.10.16.]

제7조의2(전산시스템 구축 및 운영) ① 소방청장, 소방본부장 또는 소방서장은 제7조제3항에 따라 제출받은 설계도면의 체계적인 관리 및 공유를 위하여 전산시스템을 구축·운영하여야 한다.
② 소방청장, 소방본부장 또는 소방서장은 전산시스템의 구축·운영에 필요한 자료의 제출 또는 정보의 제공을 관계 행정기관의 장에게 요청할 수 있다. 이 경우 자료의 제출이나 정보의 제공을 요청받은 관계 행정기관의 장은 정당한 사유가 없으면 이에 따라야 한다.
[본조신설 2018. 10. 16.]

규칙 **제4조(건축허가 등의 동의요구)** ① 법 제7조 제1항에 따른 건축물 등의 신축·증축·개축·재축·이전·용도변경 또는 대수선의 허가·협의 및 사용승인(이하 "건축허가 등"이라 한다)의 동의요구는 다음 각 호의 구분에 따른 기관이 건축물 등의 시공지(施工地) 또는 소재지를 관할하는 소방본부장 또는 소방서장에게 하여야 한다. 〈개정 2014.7.8.〉

1. 영 제12조 제1항 제1호부터 제4호까지 및 제6호에 따른 건축물 등과 영 별표 2 제17호 가목에 따른 위험물 제조소등의 경우 : 「건축법」 제11조에 따른 허가(「건축법」 제29조 제1항에 따른 협의, 「주택법」 제16조에 따른 승인, 같은 법 제29조에

따른 사용검사, 「학교시설사업 촉진법」 제4조에 따른 승인 및 같은 법 제13조에 따른 사용승인을 포함한다)의 권한이 있는 행정기관

2. 영 별표 2 제17호 나목에 따른 가스시설의 경우 : 「고압가스 안전관리법」 제4조, 「도시가스사업법」 제3조 및 「액화석유가스의 안전관리 및 사업법」 제3조·제6조에 따른 허가의 권한이 있는 행정기관

3. 영 별표 2 제28호에 따른 지하구의 경우 : 「국토의 계획 및 이용에 관한 법률」 제88조 제2항에 따른 도시·군계획시설사업 실시계획 인가의 권한이 있는 행정기관

② 제1항 각 호의 어느 하나에 해당하는 기관은 영 제12조 제3항에 따라 건축허가 등의 동의를 요구하는 때에는 동의요구서(전자문서로 된 요구서를 포함한다)에 다음 각 호의 서류(전자문서를 포함한다)를 첨부하여야 한다. 〈개정 2018.9.5.〉

1. 「건축법 시행규칙」 제6조·제8조 및 제12조의 규정에 의한 건축허가신청서 및 건축허가서 또는 건축·대수선·용도변경신고서 등 건축허가 등을 확인할 수 있는 서류의 사본. 이 경우 동의 요구를 받은 담당공무원은 특별한 사정이 없는 한 「전자정부법」 제36조 제1항에 따른 행정정보의 공동이용을 통하여 건축허가서를 확인함으로써 첨부서류의 제출에 갈음하여야 한다.

2. 다음 각 목의 설계도서. 다만, 가목 및 다목의 설계도서는 「소방시설공사업법 시행령」 제4조에 따른 소방시설공사 착공신고대상에 해당되는 경우에 한한다.
   가. 건축물의 단면도 및 주단면 상세도(내장재료를 명시한 것에 한한다)
   나. 소방시설(기계·전기 분야의 시설을 말한다)의 층별 평면도 및 층별 계통도(시설별 계산서를 포함한다)
   다. 창호도

3. 소방시설 설치계획표

4. 임시소방시설 설치계획서(설치 시기·위치·종류·방법 등 임시소방시설의 설치와 관련한 세부사항을 포함한다)

5. 소방시설설계업등록증과 소방시설을 설계한 기술인력자의 기술자격증

6. 「소방시설공사업법」 제21조의3제2항에 따라 체결한 소방시설설계 계약서 사본 1부

③ 제1항에 따른 동의요구를 받은 소방본부장 또는 소방서장은 법 제7조 제3항에 따라 건축허가 등의 동의요구서류를 접수한 날부터 5일(허가를 신청한 건축물 등이 영 제22조 제1항 제1호 각 목의 어느 하나에 해당하는 경우에는 10일) 이내에 건축허가 등의 동의 여부를 회신하여야 한다. 〈개정 2012.2.3.〉

④ 소방본부장 또는 소방서장은 제3항의 규정에 불구하고 제2항의 규정에 의한 동의 요구서 및 첨부서류의 보완이 필요한 경우에는 4일 이내의 기간을 정하여 보완을 요구할 수 있다. 이 경우 보완기간은 제3항의 규정에 의한 회신기간에 산입하지 아니하고, 보완기간 내에 보완하지 아니하는 때에는 동의요구서를 반려하여야 한다. 〈개정 2010.9.10.〉

⑤ 제1항에 따라 건축허가 등의 동의를 요구한 기관이 그 건축허가 등을 취소하였을 때에는 취소한 날부터 7일 이내에 건축물 등의 시공지 또는 소재지를 관할하는 소방본부장 또는 소방서장에게 그 사실을 통보하여야 한다. 〈개정 2013.4.16.〉

⑥ 소방본부장 또는 소방서장은 제3항의 규정에 의하여 동의 여부를 회신하는 때에는 별

지 제5호 서식의 건축허가 등의 동의대장에 이를 기재하고 관리하여야 한다.

⑦ 법 제7조 제6항 후단에서 "행정안전부령으로 정하는 기간"이란 7일을 말한다. 〈개정 2017.7.26.〉

영 **제12조(건축허가 등의 동의대상물의 범위 등)** ① 법 제7조 제5항에 따라 건축허가 등을 할 때 미리 소방본부장 또는 소방서장의 동의를 받아야 하는 건축물 등의 범위는 다음 각 호와 같다. 〈개정 2013.1.9.〉

1. 연면적(「건축법 시행령」 제119조 제1항 제4호에 따라 산정된 면적을 말한다. 이하 같다)이 400제곱미터 이상인 건축물. 다만, 다음 각 목의 어느 하나에 해당하는 시설은 해당 목에서 정한 기준 이상인 건축물로 한다.
   가. 「학교시설사업 촉진법」 제5조의 2 제1항에 따라 건축 등을 하려는 학교시설 : 100제곱미터
   나. 노유자시설(老幼者施設) 및 수련시설 : 200제곱미터
   다. 「정신건강증진 및 정신질환자 복지서비스 지원에 관한 법률」 제3조제5호에 따른 정신의료기관(입원실이 없는 정신건강의학과 의원은 제외하며, 이하 "정신의료기관"이라 한다): 300제곱미터
   라. 「장애인복지법」 제58조제1항제4호에 따른 장애인 의료재활시설(이하 "의료재활시설"이라 한다): 300제곱미터
2. 차고·주차장 또는 주차용도로 사용되는 시설로서 다음 각 목의 어느 하나에 해당하는 것
   가. 차고·주차장으로 사용되는 바닥면적이 200제곱미터 이상인 층이 있는 건축물이나 주차시설
   나. 승강기 등 기계장치에 의한 주차시설로서 자동차 20대 이상을 주차할 수 있는 시설
3. 항공기격납고, 관망탑, 항공관제탑, 방송용 송수신탑
4. 지하층 또는 무창층이 있는 건축물로서 바닥면적이 150제곱미터(공연장의 경우에는 100제곱미터) 이상인 층이 있는 것
5. 별표 2의 특정소방대상물 중 위험물 저장 및 처리 시설, 지하구
6. 제1호에 해당하지 않는 노유자시설 중 다음 각 목의 어느 하나에 해당하는 시설. 다만, 나목부터 바목까지의 시설 중 「건축법 시행령」 별표 1의 단독주택 또는 공동주택에 설치되는 시설은 제외한다.
   가. 노인 관련 시설(「노인복지법」 제31조 제3호 및 제5호에 따른 노인여가복지시설 및 노인보호전문기관은 제외한다)
   나. 「아동복지법」 제52조에 따른 아동복지시설(아동상담소, 아동전용시설 및 지역아동센터는 제외한다)
   다. 「장애인복지법」 제58조 제1항 제1호에 따른 장애인 거주시설
   라. 정신질환자 관련 시설(「정신건강증진 및 정신질환자 복지서비스 지원에 관한 법률」 제27조제1항제2호에 따른 공동생활가정을 제외한 재활훈련시설과 같은 법 시행령 제16조제3호에 따른 종합시설 중 24시간 주거를 제공하지 아니하는

시설은 제외한다)

마. 별표 2 제9호 마목에 따른 노숙인 관련 시설 중 노숙인자활시설, 노숙인재활시설 및 노숙인요양시설

바. 결핵환자나 한센인이 24시간 생활하는 노유자시설

7. 「의료법」 제3조제2항제3호라목에 따른 요양병원(이하 "요양병원"이라 한다). 다만, 정신의료기관 중 정신병원(이하 "정신병원"이라 한다)과 의료재활시설은 제외한다.

② 제1항에도 불구하고 다음 각 호의 어느 하나에 해당하는 특정소방대상물은 소방본부장 또는 소방서장의 건축허가 등의 동의대상에서 제외된다. 〈개정 2018.6.26.〉

1. 별표 5에 따라 특정소방대상물에 설치되는 소화기구, 누전경보기, 피난기구, 방열복·방화복·공기호흡기 및 인공소생기, 유도등 또는 유도표지가 법 제9조제1항 전단에 따른 화재안전기준(이하 "화재안전기준"이라 한다)에 적합한 경우 그 특정소방대상물

2. 건축물의 증축 또는 용도변경으로 인하여 해당 특정소방대상물에 추가로 소방시설이 설치되지 아니하는 경우 그 특정소방대상물

③ 법 제7조 제1항에 따라 건축허가 등의 권한이 있는 행정기관은 건축허가 등의 동의를 받으려는 경우에는 동의요구서에 행정안전부령으로 정하는 서류를 첨부하여 해당 건축물 등의 소재지를 관할하는 소방본부장 또는 소방서장에게 동의를 요구하여야 한다. 이 경우 동의 요구를 받은 소방본부장 또는 소방서장은 첨부서류가 미비한 경우에는 그 서류의 보완을 요구할 수 있다. 〈개정 2017.7.26.〉

제8조 (주택에 설치하는 소방시설) ① 다음 각 호의 주택의 소유자는 대통령령으로 정하는 소방시설을 설치하여야 한다. 〈개정 2015.7.24.〉

1. 「건축법」 제2조 제2항 제1호의 단독주택
2. 「건축법」 제2조 제2항 제2호의 공동주택(아파트 및 기숙사는 제외한다)

② 국가 및 지방자치단체는 제1항에 따라 주택에 설치하여야 하는 소방시설(이하 "주택용 소방시설"이라 한다)의 설치 및 국민의 자율적인 안전관리를 촉진하기 위하여 필요한 시책을 마련하여야 한다. 〈개정 2015.7.24.〉

③ 주택용 소방시설의 설치기준 및 자율적인 안전관리 등에 관한 사항은 특별시 · 광역시 · 특별자치시 · 도 또는 특별자치도의 조례로 정한다. 〈개정 2015.7.24.〉

영 제13조(주택용 소방시설) 법 제8조제1항 각 호 외의 부분에서 "대통령령으로 정하는 소방시설"이란 소화기 및 단독경보형감지기를 말한다.

[본조신설 2016.1.19.]

영 제14조 삭제 〈2007.3.23.〉

제9조 (특정소방대상물에 설치하는 소방시설의 유지·관리 등) ① 특정소방대상물의 관계인은 대통령령으로 정하는 소방시설을 소방청장이 정하여 고시하는 화재안전기준에 따라 설치 또는 유지·관리하여야 한다. 이 경우 「장애인·노인·임산부 등의 편의증진 보장에 관한 법률」 제2조 제1호에 따른 장애인등이 사용하는 소방시설(경보설비 및 피난설비를 말한다)은 대통령령으로 정하는 바에 따라 장애인등에 적합하게 설치 또는 유지·관리하여야 한다. 〈개정 2017.7.26.〉

② 소방본부장이나 소방서장은 제1항에 따른 소방시설이 제1항의 화재안전기준에 따라 설치 또는 유지·관리되어 있지 아니할 때에는 해당 특정소방대상물의 관계인에게 필요한 조치를 명할 수 있다. 〈개정 2014.1.7.〉

③ 특정소방대상물의 관계인은 제1항에 따라 소방시설을 유지·관리할 때 소방시설의 기능과 성능에 지장을 줄 수 있는 폐쇄(잠금을 포함한다. 이하 같다)·차단 등의 행위를 하여서는 아니 된다. 다만, 소방시설의 점검·정비를 위한 폐쇄·차단은 할 수 있다. 〈개정 2014.1.7.〉

영 **제15조 (특정소방대상물의 규모 등에 따라 갖추어야 하는 소방시설)** 법 제9조제1항 전단 및 제9조의4제1항에 따라 특정소방대상물의 관계인이 특정소방대상물의 규모·용도 및 별표 4에 따라 산정된 수용 인원(이하 "수용인원"이라 한다) 등을 고려하여 갖추어야 하는 소방시설의 종류는 별표 5와 같다. 〈개정 2017.1.26.〉

■ **별표 5** ■ 〈개정 2018.6.26.〉

특정소방대상물의 관계인이 특정소방대상물의 규모·용도 및 수용인원 등을 고려하여 갖추어야 하는 소방시설의 종류(제15조 관련) : (생략)

제9조의2(소방시설의 내진설계기준) 「지진·화산재해대책법」 제14조제1항 각 호의 시설 중 대통령령으로 정하는 특정소방대상물에 대통령령으로 정하는 소방시설을 설치하려는 자는 지진이 발생할 경우 소방시설이 정상적으로 작동될 수 있도록 소방청장이 정하는 내진설계기준에 맞게 소방시설을 설치하여야 한다. 〈개정 2017.7.26.〉

영 **제15조의 2 (소방시설의 내진설계)** ① 법 제9조의2에서 "대통령령으로 정하는 특정소방대상물"이란 「건축법」 제2조제1항제2호에 따른 건축물로서 「지진·화산재해대책법 시행령」 제10조제1항 각 호에 해당하는 시설을 말한다.

② 법 제9조의2에서 "대통령령으로 정하는 소방시설"이란 소방시설 중 옥내소화전설비, 스프링클러설비, 물분무등소화설비를 말한다. [전문개정 2016.1.19.]

제9조의3(성능위주설계) ① 대통령령으로 정하는 특정소방대상물(신축하는 것만 해당한다)에 소방시설을 설치하려는 자는 그 용도, 위치, 구조, 수용 인원, 가연물(可燃物)의 종류 및 양 등을 고려하여 설계(이하 "성능위주설계"라 한다)하여야 한다.

② 성능위주설계의 기준과 그 밖에 필요한 사항은 소방청장이 정하여 고시한다. 〈개정 2017.7.26.〉

[본조신설 2014.12.30.]

영 제15조의3(성능위주설계를 하여야 하는 특정소방대상물의 범위) 법 제9조의3제1항에서 "대통령령으로 정하는 특정소방대상물"이란 다음 각 호의 어느 하나에 해당하는 특정소방대상물(신축하는 것만 해당한다)을 말한다.

1. 연면적 20만제곱미터 이상인 특정소방대상물. 다만, 별표 2 제1호에 따른 공동주택 중 주택으로 쓰이는 층수가 5층 이상인 주택(이하 이 조에서 "아파트등"이라 한다)은 제외한다.
2. 다음 각 목의 어느 하나에 해당하는 특정소방대상물. 다만, 아파트등은 제외한다.
   가. 건축물의 높이가 100미터 이상인 특정소방대상물
   나. 지하층을 포함한 층수가 30층 이상인 특정소방대상물
3. 연면적 3만제곱미터 이상인 특정소방대상물로서 다음 각 목의 어느 하나에 해당하는 특정소방대상물
   가. 별표 2 제6호나목의 철도 및 도시철도 시설
   나. 별표 2 제6호다목의 공항시설
4. 하나의 건축물에 「영화 및 비디오물의 진흥에 관한 법률」 제2조제10호에 따른 영화상영관이 10개 이상인 특정소방대상물 [본조신설 2015.6.30.]

제9조의4(특정소방대상물별로 설치하여야 하는 소방시설의 정비 등) ① 제9조제1항에 따라 대통령령으로 소방시설을 정할 때에는 특정소방대상물의 규모·용도 및 수용인원 등을 고려하여야 한다.

② 소방청장은 건축 환경 및 화재위험특성 변화사항을 효과적으로 반영할 수 있도록 제1항에 따른 소방시설 규정을 3년에 1회 이상 정비하여야 한다. 〈개정 2017.7.26.〉

③ 소방청장은 건축 환경 및 화재위험특성 변화 추세를 체계적으로 연구하여 제2항에 따른 정비를 위한 개선방안을 마련하여야 한다. 〈개정 2017.7.26.〉

④ 제3항에 따른 연구의 수행 등에 필요한 사항은 행정안전부령으로 정한다. 〈개정 2017.7.26.〉

[본조신설 2016.1.27.]

제9조의5(소방용품의 내용연수 등) ① 특정소방대상물의 관계인은 내용연수가 경과한 소방용품을 교체하여야 한다. 이 경우 내용연수를 설정하여야 하는 소방용품의 종류 및 그 내용연수 연한에 필요한 사항은 대통령령으로 정한다.

② 제1항에도 불구하고 행정안전부령으로 정하는 절차 및 방법 등에 따라 소방용품의 성능을 확인받은 경우에는 그 사용기한을 연장할 수 있다. 〈개정 2017.7.26.〉

[본조신설 2016.1.27.]

영 **제15조의4(내용연수 설정 대상 소방용품)** ① 법 제9조의5제1항 후단에 따라 내용연수를 설정하여야 하는 소방용품은 분말형태의 소화약제를 사용하는 소화기로 한다.

② 제1항에 따른 소방용품의 내용연수는 10년으로 한다. [본조신설 2017.1.26.]

제10조 (피난시설, 방화구획 및 방화시설의 유지 · 관리) ① 특정소방대상물의 관계인은 「건축법」 제49조에 따른 피난시설, 방화구획(防火區劃) 및 같은 법 제50조부터 제53조까지의 규정에 따른 방화벽, 내부 마감재료 등(이하 "방화시설"이라 한다)에 대하여 다음 각 호의 행위를 하여서는 아니 된다.

1. 피난시설, 방화구획 및 방화시설을 폐쇄하거나 훼손하는 등의 행위
2. 피난시설, 방화구획 및 방화시설의 주위에 물건을 쌓아두거나 장애물을 설치하는 행위
3. 피난시설, 방화구획 및 방화시설의 용도에 장애를 주거나 「소방기본법」 제16조에 따른 소방활동에 지장을 주는 행위
4. 그 밖에 피난시설, 방화구획 및 방화시설을 변경하는 행위

② 소방본부장이나 소방서장은 특정소방대상물의 관계인이 제1항 각 호의 행위를 한 경우에는 피난시설, 방화구획 및 방화시설의 유지·관리를 위하여 필요한 조치를 명할 수 있다.

[전문개정 2011.8.4.]

제10조의 2 (특정소방대상물의 공사 현장에 설치하는 임시소방시설의 유지 · 관리 등) ① 특정소방대상물의 건축·대수선·용도변경 또는 설치 등을 위한 공사를 시공하는 자(이하 이 조에서 "시공자"라 한다)는 공사 현장에서 인화성(引火性) 물품을 취급하는 작업 등 대통령령으로 정하는 작업(이하 이 조에서 "화재위험작업"이라 한다)을 하기 전에 설치 및 철거가 쉬운 화재대비시설(이하 이 조에서 "임시소방시설"이라 한다)을 설치하고 유지·관리하여야 한다.

② 제1항에도 불구하고 시공자가 화재위험작업 현장에 소방시설 중 임시소방시설과 기능 및 성능이 유사한 것으로서 대통령령으로 정하는 소방시설을 제9조 제1항 전단에 따른 화재안전기준에 맞게 설치하고 유지·관리하고 있는 경우에는 임시소방시설을 설치하고 유지·관리한 것으로 본다. 〈개정 2016.1.27.〉

③ 소방본부장 또는 소방서장은 제1항이나 제2항에 따라 임시소방시설 또는 소방시설이 설치 또는 유지·관리되지 아니할 때에는 해당 시공자에게 필요한 조치를 하도록 명할 수 있다.

④ 제1항에 따라 임시소방시설을 설치하여야 하는 공사의 종류와 규모, 임시소방시설의 종류 등에 관하여 필요한 사항은 대통령령으로 정하고, 임시소방시설의 설치 및 유지·관리 기준은 소방청장이 정하여 고시한다. 〈개정 2017.7.26.〉

영 제15조의5(임시소방시설의 종류 및 설치기준 등) ① 법 제10조의2제1항에서 "인화성(引火性) 물품을 취급하는 작업 등 대통령령으로 정하는 작업"이란 다음 각 호의 어느 하나에 해당하는 작업을 말한다. 〈개정 2018.6.26.〉

1. 인화성·가연성·폭발성 물질을 취급하거나 가연성 가스를 발생시키는 작업
2. 용접·용단 등 불꽃을 발생시키거나 화기(火氣)를 취급하는 작업
3. 전열기구, 가열전선 등 열을 발생시키는 기구를 취급하는 작업
4. 소방청장이 정하여 고시하는 폭발성 부유분진을 발생시킬 수 있는 작업
5. 그 밖에 제1호부터 제4호까지와 비슷한 작업으로 소방청장이 정하여 고시하는 작업

② 법 제10조의2제1항에 따라 공사 현장에 설치하여야 하는 설치 및 철거가 쉬운 화재대비시설(이하 "임시소방시설"이라 한다)의 종류와 임시소방시설을 설치하여야 하는 공사의 종류 및 규모는 별표 5의2 제1호 및 제2호와 같다.

③ 법 제10조의2제2항에 따른 임시소방시설과 기능과 성능이 유사한 소방시설은 별표 5의2 제3호와 같다. [본조신설 2015.1.6.]

제11조 (소방시설기준 적용의 특례) ① 소방본부장이나 소방서장은 제9조제1항 전단에 따른 대통령령 또는 화재안전기준이 변경되어 그 기준이 강화되는 경우 기존의 특정소방대상물(건축물의 신축·개축·재축·이전 및 대수선 중인 특정소방대상물을 포함한다)의 소방시설에 대하여는 변경 전의 대통령령 또는 화재안전기준을 적용한다. 다만, 다음 각 호의 어느 하나에 해당하는 소방시설의 경우에는 대통령령 또는 화재안전기준의 변경으로 강화된 기준을 적용한다. 〈개정 2016.1.27.〉

1. 다음 소방시설 중 대통령령으로 정하는 것
   가. 소화기구
   나. 비상경보설비
   다. 자동화재속보설비
   라. 피난설비
2. 지하구 가운데 「국토의 계획 및 이용에 관한 법률」 제2조 제9호에 따른 공동구에 설치하여야 하는 소방시설
3. 노유자(老幼者)시설, 의료시설에 설치하여야 하는 소방시설 중 대통령령으로 정하는 것

② 소방본부장이나 소방서장은 특정소방대상물에 설치하여야 하는 소방시설 가운데 기능과 성능이 유사한 물 분무 소화설비, 간이 스프링클러 설비, 비상경보설비 및 비상방송설비 등의 소방시설의 경우에는 대통령령으로 정하는 바에 따라 유사한 소방시설의 설치를 면제할 수 있다.

③ 소방본부장이나 소방서장은 기존의 특정소방대상물이 증축되거나 용도변경되는 경우에는 대통령령으로 정하는 바에 따라 증축 또는 용도변경 당시의 소방시설의 설치에 관한 대통령령 또는 화재안전기준을 적용한다. 〈개정 2014.1.7.〉

④ 다음 각 호의 어느 하나에 해당하는 특정소방대상물 가운데 대통령령으로 정하는 특정소방대상물에는 제9조 제1항 전단에도 불구하고 대통령령으로 정하는 소방시설을 설치하지 아니할 수 있다. 〈개정 2016.1.27.〉

1. 화재 위험도가 낮은 특정소방대상물
2. 화재안전기준을 적용하기 어려운 특정소방대상물

(계속)

3. 화재안전기준을 다르게 적용하여야 하는 특수한 용도 또는 구조를 가진 특정소방대상물
4. 「위험물 안전관리법」 제19조에 따른 자체소방대가 설치된 특정소방대상물

⑤ 제4항 각 호의 어느 하나에 해당하는 특정소방대상물에 구조 및 원리 등에서 공법이 특수한 설계로 인정된 소방시설을 설치하는 경우에는 제11조의2제1항에 따른 중앙소방기술심의위원회의 심의를 거쳐 제9조제1항 전단에 따른 화재안전기준을 적용하지 아니 할 수 있다. 〈개정 2016.1.27.〉

영 제15조의 6 (**강화된 소방시설기준의 적용대상**) 법 제11조제1항제3호에서 "대통령령으로 정하는 것"이란 다음 각 호의 어느 하나에 해당하는 설비를 말한다. 〈개정 2018.6.26.〉

1. 노유자(老幼者)시설에 설치하는 간이스프링클러설비 및 자동화재탐지설비 및 단독경보형 감지기
2. 의료시설에 설치하는 스프링클러설비, 간이스프링클러설비, 자동화재탐지설비 및 자동화재속보설비 [전문개정 2015.6.30.]

영 제16조 (**유사한 소방시설의 설치 면제의 기준**) 법 제11조 제2항에 따라 소방본부장 또는 소방서장은 특정소방대상물에 설치하여야 하는 소방시설 가운데 기능과 성능이 유사한 소방시설의 설치를 면제하려는 경우에는 별표 6의 기준에 따른다. [전문개정 2012.9.14.]

■ **별표 6** ■ 〈개정 2018.6.26.〉

특정소방대상물의 소방시설 설치의 면제기준(제16조 관련) : (생략)

영 제17조 (**특정소방대상물의 증축 또는 용도변경 시의 소방시설기준 적용의 특례**) ① 법 제11조 제3항에 따라 소방본부장 또는 소방서장은 특정소방대상물이 증축되는 경우에는 기존 부분을 포함한 특정소방대상물의 전체에 대하여 증축 당시의 소방시설의 설치에 관한 대통령령 또는 화재안전기준을 적용하여야 한다. 다만, 다음 각 호의 어느 하나에 해당하는 경우에는 기존 부분에 대해서는 증축 당시의 소방시설의 설치에 관한 대통령령 또는 화재안전기준을 적용하지 아니한다. 〈개정 2014.7.7.〉

1. 기존 부분과 증축 부분이 내화구조(耐火構造)로 된 바닥과 벽으로 구획된 경우
2. 기존 부분과 증축 부분이 「건축법 시행령」 제64조에 따른 갑종 방화문(국토교통부장관이 정하는 기준에 적합한 자동방화셔터를 포함한다)으로 구획되어 있는 경우
3. 자동차 생산공장 등 화재 위험이 낮은 특정소방대상물 내부에 연면적 $33m^2$ 이하의 직원 휴게실을 증축하는 경우
4. 자동차 생산공장 등 화재 위험이 낮은 특정소방대상물에 캐노피(3면 이상에 벽이 없는 구조의 캐노피를 말한다)를 설치하는 경우

② 법 제11조 제3항에 따라 소방본부장 또는 소방서장은 특정소방대상물이 용도변경되는 경우에는 용도변경되는 부분에 대해서만 용도변경 당시의 소방시설의 설치에 관한 대

통령령 또는 화재안전기준을 적용한다. 다만, 다음 각 호의 어느 하나에 해당하는 경우에는 특정소방대상물 전체에 대하여 용도변경 전에 해당 특정소방대상물에 적용되던 소방시설의 설치에 관한 대통령령 또는 화재안전기준을 적용한다. 〈개정 2014.7.7.〉

1. 특정소방대상물의 구조·설비가 화재연소 확대 요인이 적어지거나 피난 또는 화재진압활동이 쉬워지도록 변경되는 경우
2. 문화 및 집회시설 중 공연장·집회장·관람장, 판매시설, 운수시설, 창고시설 중 물류터미널이 불특정 다수인이 이용하는 것이 아닌 일정한 근무자가 이용하는 용도로 변경되는 경우
3. 용도변경으로 인하여 천장·바닥·벽 등에 고정되어 있는 가연성 물질의 양이 줄어드는 경우
4. 「다중이용업소의 안전관리에 관한 특별법」에 따른 다중이용업소, 문화 및 집회시설, 종교시설, 판매시설, 운수시설, 의료시설, 노유자시설, 수련시설, 운동시설, 숙박시설, 위락시설, 창고시설 중 물류터미널, 위험물 저장 및 처리 시설 중 가스시설, 장례식장이 각각 이 호에 규정된 시설 외의 용도로 변경되는 경우 [전문개정 2012.9.14.]

영 **제18조 (소방시설을 설치하지 아니하는 특정소방대상물의 범위)** 법 제11조 제4항에 따라 소방시설을 설치하지 아니할 수 있는 특정소방대상물 및 소방시설의 범위는 별표 7과 같다.

■ **별표 7** ■ 〈개정 2012.9.14.〉

소방시설을 설치하지 아니할 수 있는 특정소방대상물 및 소방시설의 범위(제18조 관련)

구분	특정소방대상물	소방시설
1. 화재 위험도가 낮은 특정소방대상물	석재, 불연성금속, 불연성 건축재료 등의 가공공장·기계조립공장·주물공장 또는 불연성 물품을 저장하는 창고	옥외소화전 및 연결살수설비
	「소방기본법」 제2조 제5호에 따른 소방대(消防隊)가 조직되어 24시간 근무하고 있는 청사 및 차고	옥내소화전설비, 스프링클러설비, 물분무 등 소화설비, 비상방송설비, 피난기구, 소화용수설비, 연결송수관설비, 연결살수설비
2. 화재안전기준을 적용하기 어려운 특정소방대상물	펄프공장의 작업장, 음료수 공장의 세정 또는 충전을 하는 작업장, 그 밖에 이와 비슷한 용도로 사용하는 것	스프링클러설비, 상수도소화용수설비 및 연결살수설비
	정수장, 수영장, 목욕장, 농예·축산·어류양식용 시설, 그 밖에 이와 비슷한 용도로 사용되는 것	자동화재탐지설비, 상수도소화용수설비 및 연결살수설비

(계속)

구분	특정소방대상물	소방시설
3. 화재안전기준을 달리 적용하여야 하는 특수한 용도 또는 구조를 가진 특정소방대상물	원자력발전소, 핵폐기물처리시설	연결송수관설비 및 연결살수설비
4. 「위험물 안전관리법」 제19조에 따른 자체소방대가 설치된 특정소방대상물	자체소방대가 설치된 위험물 제조소 등에 부속된 사무실	옥내소화전설비, 소화용수설비, 연결살수설비 및 연결송수관설비

이하 법령 : (생략)

저자소개

김두진 전) 경남정보대학교 호텔외식조리계열 교수
김석주 우송정보대학교 조리부사관과 교수
김광오 신성대학교 호텔조리제빵계열 교수
김미자 대전과학기술대학교 식품영양과 교수
김부영 한국호텔직업전문학교 부학장

식품위생법 및 외식사업관계법규

2015년 2월 17일 초판 발행 | 2018년 3월 7일 2판 발행 | 2019년 8월 23일 3판 발행

지은이 김두진 외 | **펴낸이** 류원식 | **펴낸곳** **교문사**

편집부장 모은영 | **책임진행** 김선형 | **디자인** 신나리 | **영업** 정용섭·송기윤·진경민

주소 (10881) 경기도 파주시 문발로 116
전화 031-955-6111(代) | **팩스** 031-955-0955
등록 1960. 10. 28. 제406-2006-000035호

홈페이지 www.gyomoon.com | **E-mail** genie@gyomoon.com

ISBN 978-89-363-1862-8 (93590) | **값** 19,500원

* 저자와의 협의하에 인지를 생략합니다.
* 잘못된 책은 바꿔 드립니다.

불법복사는 지적 재산을 훔치는 범죄행위입니다.
저작권법 제136조(권리의 침해죄)에 따라 위반자는 3년 이하의 징역 또는
3천만 원 이하의 벌금에 처하거나 이를 병과할 수 있습니다.